Karl J. Thomé-Kozmiensky

Mineralische Nebenprodukte und Abfälle

– Aschen, Schlacken, Stäube und Baurestmassen –

Bibliografische Information der Deutschen Nationalbibliothek

Die Deutsche Nationalbibliothek verzeichnet diese Publikation in der Deutschen Nationalbibliografie; detaillierte bibliografische Daten sind im Internet über http://dnb.dnb.de abrufbar

Thomé-Kozmiensky, K. J. (Hrsg.): **Mineralische Nebenprodukte und Abfälle**
– Aschen, Schlacken, Stäube und Baurestmassen –

ISBN 978-3-944310-11-4   TK Verlag Karl Thomé-Kozmiensky

Copyright: Professor Dr.-Ing. habil. Dr. h. c. Karl J. Thomé-Kozmiensky
Alle Rechte vorbehalten

Verlag: TK Verlag Karl Thomé-Kozmiensky • Neuruppin 2014
Redaktion und Lektorat: Professor Dr.-Ing. habil. Dr. h. c. Karl J. Thomé-Kozmiensky, Dr.-Ing. Stephanie Thiel, M.Sc. Elisabeth Thomé-Kozmiensky
Erfassung und Layout: Ginette Teske, Cordula Müller, Fabian Thiel, Janin Burbott, M.Sc. Elisabeth Thomé-Kozmiensky, Gabriele Spiegel

Druck: Mediengruppe Universal Grafische Betriebe München GmbH, München

Dieses Werk ist urheberrechtlich geschützt. Die dadurch begründeten Rechte, insbesondere die der Übersetzung, des Nachdrucks, des Vortrags, der Entnahme von Abbildungen und Tabellen, der Funksendung, der Mikroverfilmung oder der Vervielfältigung auf anderen Wegen und der Speicherung in Datenverarbeitungsanlagen, bleiben, auch bei nur auszugsweiser Verwertung, vorbehalten. Eine Vervielfältigung dieses Werkes oder von Teilen dieses Werkes ist auch im Einzelfall nur in den Grenzen der gesetzlichen Bestimmungen des Urheberrechtsgesetzes der Bundesrepublik Deutschland vom 9. September 1965 in der jeweils geltenden Fassung zulässig. Sie ist grundsätzlich vergütungspflichtig. Zuwiderhandlungen unterliegen den Strafbestimmungen des Urheberrechtsgesetzes.

Die Wiedergabe von Gebrauchsnamen, Handelsnamen, Warenbezeichnungen usw. in diesem Werk berechtigt auch ohne besondere Kennzeichnung nicht zu der Annahme, dass solche Namen im Sinne der Warenzeichen- und Markenschutz-Gesetzgebung als frei zu betrachten wären und daher von jedermann benutzt werden dürfen.

Sollte in diesem Werk direkt oder indirekt auf Gesetze, Vorschriften oder Richtlinien, z.B. DIN, VDI, VDE, VGB Bezug genommen oder aus ihnen zitiert worden sein, so kann der Verlag keine Gewähr für Richtigkeit, Vollständigkeit oder Aktualität übernehmen. Es empfiehlt sich, gegebenenfalls für die eigenen Arbeiten die vollständigen Vorschriften oder Richtlinien in der jeweils gültigen Fassung hinzuzuziehen.

Inhaltsverzeichnis

Lebensräume gestalten | *Ersatzbaustoffe*

Ressourcen mit Zukunft

Ersatzbaustoffe sind bereits heute Bestandteil unseres täglichen Lebens. Sie werden im Erd-, Straßen- und Deponiebau oder in den Niederlanden auch im Beton eingesetzt, um Kosten zu senken. Unser „Handbuch Ersatzbaustoffe" fasst die technologischen und ökologischen Informationen zusammen und ist damit ein Wegweiser für innovative Planer. granova® – wirtschaftliche und ökologische Chancen!

www.granova.de

Recht und Strategie

Konkurrierende Aspekte im Umweltschutz
Karl J. Thomé-Kozmiensky 3

Recycling von mineralischen Abfällen
– Aktueller Stand und Ausblick aus Sicht der Wirtschaft –
Michael Stoll 11

Österreichische Recyclingbaustoffverordnung
– Stellungnahme aus der Wirtschaft –
Werner Wruss und Michael Kochberger 29

Die geplante österreichische Recycling-Baustoffverordnung
Roland Starke 51

Recyclingbaustoffe im Vergaberecht
Steffen Hettler 59

**Feste Gemische in der Verordnung über Anlagen zum Umgang
mit wassergefährdenden Stoffen (AwSV)**
Martin Böhme 71

Rechtliche Aspekte des Bergversatzes von Filterstäuben
Peter Kersandt 81

Wieviel Metall steckt im Abfall?
Rainer Bunge 91

Markt für mineralische Recycling-Baustoffe
– Erfahrungen aus der Praxis –
Stefan Schmidmeyer 105

Markt für Sekundärrohstoffe in der Baustoffindustrie bis 2020
– Kraftwerksnebenprodukte, MVA-Schlacken und Recycling-Baustoffe –
Dirk Briese, Andreas Herden und Anna Esper 117

Kreislaufwirtschaft ohne Deponien?
Heinz-Ulrich Bertram 129

Rückstände aus der Verbrennung von Abfällen und Biomassen

Nass- und Trockenentschlackung

Nasse und trockene Entaschung in Abfallverbrennungsanlagen
– Erkenntnisse für die Überarbeitung des BVT-Merkblatts Abfallverbrennung –
Peter Quicker, Battogtokh Zayat-Vogel, Thomas Pretz, Andrea Garth,
Ralf Koralewska, Sasa Malek 153

Die praktische Umsetzung der Trockenentschlackung
Edi Blatter, Marcel zur Mühlen und Eva-Christine Langhein 173

Aufbereitung und Einsatz von Asche/Schlacke

Extraktion von Kupfer und Gold aus Feinstfraktionen von Schlacken
Christian Fuchs und Martin Schmidt 197

Verwendung von Hausmüllverbrennungsschlacke
nach gegenwärtigen und zukünftigen Regelwerken
– als ein Beispiel für die Ersatzbaustoffe –
Reinhard Fischer 209

Ersatzbaustoffe – Grundlagen für den Einsatz von RC-Baustoffen
und HMV-Ascheim Straßen- und Erdbau –
Astrid Onkelbach und Jürgen Schulz 243

Rückstände aus der thermischen Behandlung von Altholz
– Herausforderungen und Lösungsansätze –
Oliver Schiffmann, Boris Breitenstein und Daniel Goldmann 261

Bergversatz und Untertageentsorgung

Aufbereitung von Filterstäuben für den Untertageversatz
Hans-Dieter Schmidt und Dittmar Lack 273

Nebenprodukte aus der Metallurgie

Sechzig Jahre Schlackenforschung in Rheinhausen
– Ein Beitrag zur Nachhaltigkeit –
Heribert Motz, Dirk Mudersbach, Ruth Bialucha,
Andreas Ehrenberg und Thomas Merkel 287

Aufbau und Prozessführung des Lichtbogenofens
unter besonderer Berücksichtigung des Schlackenmanagements
Tim Rekersdrees, Henning Schliephake und Klaus Schulbert 305

Überblick über aktuelle Forschungsvorhaben
zur Rückgewinnung der thermischen Energie aus flüssiger Hochofenschlacke
Dennis Hüttenmeister und Dieter Senk 327

Moderne Aufbereitungstechnik zur Erzeugung von Produkten aus Stahlwerksschlacken
Klaus-Jürgen Arlt 343

Baustoffliche Verwertung und Umweltverträglichkeit von Elektroofenschlacke
– Langzeitstudie am Beispiel der B16 –
Georg Geißler, Alexandra Ciocea und Tanja Raiger 353

Baustoffliche Verwertung und Umweltverträglichkeit von Elektroofenschlacke
– Langzeitstudie am Beispiel der B16 –
Mario Mocker und Martin Faulstich 365

Mineralogie und Auslaugbarkeit von Stahlwerksschlacken
Daniel Höllen und Roland Pomberger 377

Verarbeitung von Filterstäuben aus der Elektrostahlerzeugung im Wälzprozess
Eckhard von Billerbeck, Andreas Ruh und Dae-Soo Kim 387

Alternative Verfahren zur Aufarbeitung von Stäuben aus der Stahlindustrie
Christoph Pichler und Jürgen Antrekowitsch 399

Mineralogisches Verhalten von Seltenerdelementen in Schlacken
– aus einem pyrometallurgischen Recyclingansatz für Neodym-Eisen-Bor-Magnete –
Tobias Elwert, Daniel Goldmann, Thomas Schirmer und Karl Strauß 411

Bauabfälle und sonstige mineralische Nebenprodukte und Abfälle

Der Steirische Baurestmassenleitfaden
Wilhelm Himmel und Josef Mitterwallner 423

Vom Gips zu Gips – Von der Produktion zum Recycling
– Ein EU-Life+ Projekt –
Jörg Demmich 441

Recyclingfähigkeit von Wärmedämmverbundsystemen mit Styropor
Andreas Mäurer und Martin Schlummer 449

Einsatz von Recycling-Baustoffen
Florian Knappe 457

Qualitätssicherung und ökologische Bewertung von Recyclingbaustoffen
Brigitte Strathmann 465

Produktgestaltung mit Sekundärrohstoffen aus der Baustoff- und Keramikindustrie
Ulrich Teipel 479

Raw material challenges in refractory application
Erwan Guéguen, Johannes Hartenstein und Cord Fricke-Begemann 489

Einführung des Recyclings von Kieselgur in die Praxis der Bierherstellung
Eberhard Gock, Volker Vogt, Tobias Leußner, Günther Hoops und Heiko Knauf 503

Weiterführende Literatur 523

Dank 537

Autorenverzeichnis 541

Inserentenverzeichnis 559

Schlagwortverzeichnis 565

Recycling und Rohstoffe

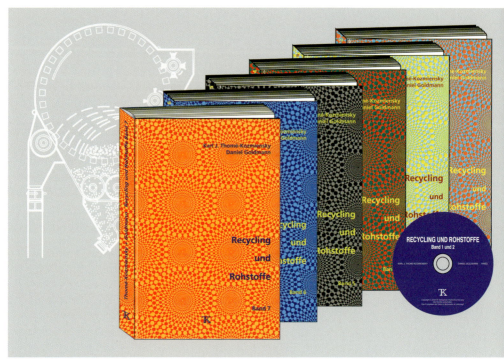

Herausgeber: Karl J. Thomé-Kozmiensky und Daniel Goldmann • Verlag: TK Verlag Karl Thomé-Kozmiensky

CD Recycling und Rohstoffe, Band 1 und 2
ISBN: 978-3-935317-51-1
Erscheinungsjahr: 2008/2009
Preis: 35.00 EUR

Recycling und Rohstoffe, Band 2
ISBN: 978-3-935317-40-5
Erscheinungsjahr: 2009
Hardcover: 765 Seiten
Preis: 35.00 EUR

Recycling und Rohstoffe, Band 3
ISBN: 978-3-935317-50-4
Erscheinungsjahr: 2010
Hardcover: 750 Seiten, mit farbigen Abbildungen
Preis: 50.00 EUR

Recycling und Rohstoffe, Band 4
ISBN: 978-3-935317-67-2
Erscheinungsjahr: 2011
Hardcover: 580 Seiten, mit farbigen Abbildungen
Preis: 50.00 EUR

Recycling und Rohstoffe, Band 5
ISBN: 978-3-935317-81-8
Erscheinungsjahr: 2012
Hardcover: 1004 Seiten, mit farbigen Abbildungen
Preis: 50.00 EUR

Recycling und Rohstoffe, Band 6
ISBN: 978-3-935317-97-9
Erscheinungsjahr: 2013
Hardcover: 711 Seiten, mit farbigen Abbildungen
Preis: 50.00 EUR

Recycling und Rohstoffe, Band 7
ISBN: 978-3-944310-09-1
Erscheinungsjahr: 2014
Hardcover: 532 Seiten, mit farbigen Abbildungen
Preis: 50.00 EUR

175.00 EUR statt 320.00 EUR

Paketpreis
CD Recycling und Rohstoffe, Band 1 und 2
Recycling und Rohstoffe, Band 2 bis 7

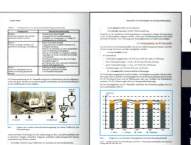

Bestellungen unter www.vivis.de
oder

Dorfstraße 51
D-16816 Nietwerder-Neuruppin
Tel. +49.3391-45.45-0 • Fax +49.3391-45.45-10
E-Mail: tkverlag@vivis.de

TK Verlag Karl Thomé-Kozmiensky

Recht und Strategie

Aschen • Schlacken • Stäube

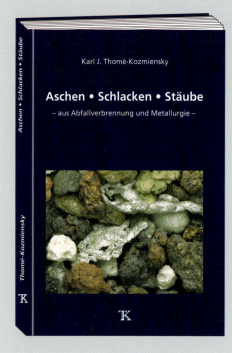
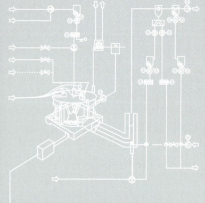

Aschen • Schlacken • Stäube
– aus Abfallverbrennung und Metallurgie –

ISBN:	978-3-935317-99-3
Erschienen:	September 2013
Gebundene Ausgabe:	724 Seiten
	mit zahlreichen farbigen Abbildungen
Preis:	50.00 EUR

Herausgeber: Karl J. Thomé-Kozmiensky • **Verlag:** TK Verlag Karl Thomé-Kozmiensky

Der Umgang mit mineralischen Abfällen soll seit einem Jahrzehnt neu geregelt werden. Das Bundesumweltministerium hat die Verordnungsentwürfe zum Schutz des Grundwassers, zum Umgang mit Ersatzbaustoffen und zum Bodenschutz zur Mantelverordnung zusammengefasst. Inzwischen liegt die zweite Fassung des Arbeitsentwurfs vor. Die Verordnung wurde in der zu Ende gehenden Legislaturperiode nicht verabschiedet und wird daher eines der zentralen und weiterhin kontrovers diskutierten Vorhaben der Rechtsetzung für die Abfallwirtschaft in der kommenden Legislaturperiode sein. Die Reaktionen auf die vom Bundesumweltministerium vorgelegten Arbeitsentwürfe waren bei den wirtschaftlich Betroffenen überwiegend ablehnend. Die Argumente der Wirtschaft sind nachvollziehbar, wird doch die Mantelverordnung große Massen mineralischer Abfälle in Deutschland lenken – entweder in die Verwertung oder auf Deponien.

Weil die Entsorgung mineralischer Abfälle voraussichtlich nach rund zwei Wahlperioden andauernden Diskussionen endgültig geregelt werden soll, soll dieses Buch unmittelbar nach der Bundestagswahl den aktuellen Erkenntnis- und Diskussionsstand zur Mantelverordnung für die Aschen aus der Abfallverbrennung und die Schlacken aus metallurgischen Prozessen wiedergeben.

Die Praxis des Umgangs mit mineralischen Abfällen ist in den Bundesländern unterschiedlich. Bayern gehört zu den Bundesländern, die sich offensichtlich nicht abwartend verhalten. Der Einsatz von Ersatzbaustoffen in Bayern wird ebenso wie die Sicht der Industrie vorgestellt.

Auch in den deutschsprachigen Nachbarländern werden die rechtlichen Einsatzbedingungen für mineralische Ersatzbaustoffe diskutiert. In Österreich – hier liegt der Entwurf einer Recyclingbaustoff-Verordnung vor – ist die Frage der Verwertung von Aschen und Schlacken Thema kontroverser Auseinandersetzungen. In der Schweiz ist die Schlackenentsorgung in der Technischen Verordnung für Abfälle (TVA) geregelt, die strenge Anforderungen bezüglich der Schadstoffkonzentrationen im Feststoff und im Eluat stellt, so dass dies einem Einsatzverbot für die meisten Schlacken gleichkommt. Die Verordnung wird derzeit revidiert.

In diesem Buch stehen insbesondere wirtschaftliche und technische Aspekte der Entsorgung von Aschen aus der Abfallverbrennung und der Schlacken aus der Metallurgie im Vordergrund.

Bestellungen unter www.vivis.de
oder

Dorfstraße 51
D-16816 Nietwerder-Neuruppin
Tel. +49.3391-45.45-0 • Fax +49.3391-45.45-10
E-Mail: tkverlag@vivis.de

vivis
TK Verlag Karl Thomé-Kozmiensky

Konkurrierende Aspekte im Umweltschutz

Karl J. Thomé-Kozmiensky

1.	Produkt- und Stoffrecycling	5
2.	Stoffliches und werkstoffliches Recycling	5
3.	Qualitätsanforderungen an Recyclingstoffe	6
4.	Anforderungen an Abfälle für das Recycling	6
5.	Anforderungen an Recyclingprodukte	7
6.	Ablauf von Abfallverwertungsmaßnahmen	7
7.	Fazit	8
8.	Literatur	8

Umweltschutz ist eine umfassende Aufgabe, die sich mit Gefahrenabwehr nicht begnügen kann. Diese ganzheitlich gestalterische Aufgabe kann in Unterziele gegliedert werden. Umweltschutz ist ein *Bündelungsbegriff*, der nach vielfältigen Umweltschutzaspekten untergliedert werden muss, z.B. Klimaschutz, Natur- und Landschaftsschutz, Immissionsschutz, Gewässerschutz, Bodenschutz, Abfallwirtschaft, Strahlenschutz.

Diese Unterziele lassen sich nicht spannungsfrei nebeneinander verwirklichen, so dass bei der Verfolgung einzelner Umweltschutzziele Kompromisse notwendig sind. Die Ziele der Umweltschutzpolitik werden durch zahlreiche Rechtsnormen verfolgt, die aufeinander abzustimmen sind. Wegen der umfangreichen technischen Sachverhalte handelt es sich überwiegend um technisches Recht.

Das Abfallrecht ist ein Teilgebiet des Umweltschutzrechts, es hat zunächst keine Priorität gegenüber anderen Teilgebieten. Die häufige öffentliche Überschätzung der Abfallwirtschaft gegenüber anderen Teilgebieten des Umweltschutzes findet auch ihre Gründe in mehr oder minder, nicht immer zutreffenden Schlagworten, wie Kreislaufwirtschaft, Recyclinggesellschaft, Null-Abfallgesellschaft. Die Gesellschaft kann und soll sich nicht über Teilziele definieren; das ist zu dürftig, angemessen erscheint die Definition über den Umweltschutz als gesamtgesellschaftliche Aufgabe.

Die systematische Beschäftigung mit Abfällen wurde erst in der zweiten Hälfte des zwanzigsten Jahrhunderts als notwendige Aufgabe mit hoher Bedeutung erkannt. Zu den Vorreitern der Entwicklung der Abfallwirtschaft gehört auch Deutschland.

Die Abfallvermeidung und -verwertung haben für die Abfallwirtschaft hohe Priorität, die sich in der im Kreislaufwirtschaftsgesetz definierten Hierarchie spiegeln. Zum Verständnis einige Begriffserläuterungen:

Vermeidung ist jede Maßnahme, die ergriffen wird, bevor ein Stoff, Material oder Erzeugnis zu Abfall geworden ist. Vermeidung dient dazu, Abfallmengen und -arten, die sich schädlich auf Mensch und Umwelt auswirken, in Materialien und Erzeugnissen zu verringern. Dazu gehören anlageninterne Kreislaufführung von Stoffen in Produktionsprozessen, abfallarme Produktgestaltung, Wiederverwendung von Erzeugnissen, Verlängerung ihrer Lebensdauer sowie Konsumverhalten, das auf den Erwerb von abfall- und schadstoffarmen Produkten gerichtet ist. Die Abfallvermeidung ist kein Tätigkeitsfeld der Abfallwirtschaft. Sie findet in den vorgelagerten Bereichen, Rohstoffgewinnung, Produktion und Konsum statt. Aus der Abfallwirtschaft werden lediglich Signale zur Notwendigkeit der Abfallvermeidung gesendet.

Verwertung ist jedes Verfahren, als dessen Ergebnis die Abfälle einem sinnvollen Zweck zugeführt werden, indem sie entweder andere Materialien ersetzen, die sonst zur Erfüllung einer bestimmten Funktion verwendet worden wären, oder indem die Abfälle so vorbereitet werden, dass sie diese Funktion erfüllen. Zur Verwertung gehören die Wiederverwendung, die Vorbereitung zur Wiederverwendung und das Recycling.

Wiederverwendung ist jedes Verfahren, bei dem Erzeugnisse oder Bestandteile, die keine Abfälle sind, wieder für denselben Zweck verwendet werden, für den sie ursprünglich bestimmt waren.

Vorbereitung zur Wiederverwendung ist jedes Verfahren der Prüfung, Reinigung oder Reparatur, bei dem Erzeugnisse oder Bestandteile von Erzeugnissen, die zu Abfällen geworden sind, so vorbereitet werden, dass sie ohne weitere Vorbehandlung wieder für denselben Zweck verwendet werden können, für den sie ursprünglich bestimmt waren.

Recycling ist jedes Verwertungsverfahren, durch das Abfälle zu Erzeugnissen, Materialien oder Stoffen für den ursprünglichen Zweck oder für andere Zwecke aufbereitet werden.

An letzter Hierarchiestelle steht die **Beseitigung**. Beseitigungsverfahren sind keine Verwertungsverfahren, auch wenn sie zur Nebenfolge haben, dass Stoffe oder Energie zurückgewonnen werden.

Auch in Deutschland wurden bis in die achtziger Jahre des vergangenen Jahrhunderts Abfälle hauptsächlich deponiert, gefährliche Flüssigkeiten in Gewässer geleitet und Abgase in die Atmosphäre emittiert.

Für die Verwertung der Abfälle, Reste und Rückstände sprechen zahlreiche Gründe: Abfälle aus Produktion und Konsumtion enthalten Stoffe, Mischungen oder Gegenstände, die genutzt werden können, sie besitzen Restwerte unterschiedlicher Art, die auch ökonomische Motivation für ihre Verwertung darstellen können.

Für die Erzeugung von Gütern müssen Rohstoffe, Energie, Arbeitskraft und Kapital eingesetzt werden. Mit Weiterverwendung und Wiederverwertung können Rohstoffe und Energie erneut genutzt und damit begrenzte Ressourcen geschont werden.

Die meisten Abfälle enthalten Schadstoffe, so dass sie ohne Vorbehandlung nicht deponiert werden können. Mit Verwertungsprozessen können auch in den Abfällen enthaltene Schadstoffe zumindest vermindert werden.

Die Abfallentsorgung verursacht vielfältige Logistikaufwendungen, insbesondere, wenn die Abfälle an zahlreichen dezentralen Orten anfallen, von denen sie zu zentralen Abfallbehandlungsanlagen transportiert und dann zu Restedeponien verbracht werden müssen. Mit Verwertungsmaßnahmen können die Logistikaufwendungen in Abhängigkeit von der benötigten Infrastruktur erhöht oder reduziert werden.

Die Deponierung verursacht Umweltbelastungen und Kosten. Mit der Abfallvermeidung und Abfallbehandlung können die sonst notwendigen Deponievolumina vermindert werden, Umwelt und Wirtschaft werden geschützt. Kosten für die Abfalldeponierung und für die Verminderung der von Deponien ausgehenden Belastungen von Böden, Gewässern und Grundwasser werden reduziert.

1. Produkt- und Stoffrecycling

Nicht mehr gebrauchsfähige Produkte können durch Aufarbeitung in gebrauchsfähigen Zustand versetzt werden. Mineralische Abfälle können nach Aufbereitung weiterverwendet werden.

Ist die Wieder- oder Weiterverwendung technisch und wirtschaftlich möglich, kann Produktrecycling durchgeführt werden. Produktrecycling kommt für mineralische Abfälle nicht in Frage, weil sich diese Abfälle durch ihre Darbietung als Schüttgüter grundsätzlich von Gegenständen unterscheiden.

2. Stoffliches und werkstoffliches Recycling

Ist das Recycling auf die Verwertung von Stoffen und Mischungen ausgerichtet, handelt es sich um Werkstoffrecycling oder Stoffrecycling.

Dafür werden Prozesse der Verfahrenstechnik angewendet, z.B. biologische, thermische, metallurgische und chemische Verfahrenstechniken. Verfahrenstechniken können in unterschiedlichen Kombinationen miteinander verknüpft werden, bis der ursprüngliche Abfall als Sekundärrohstoff – Stoff oder Mischung – als Ersatz für Primärrohstoff wieder in den Kreislauf eingeführt werden kann. Die Reihenfolge der Verfahrenstechniken in der Verfahrenskette kann durchaus unterschiedlich sein, sie richtet sich im Idealfall ausschließlich nach dem angestrebten Ziel des Gesamtprozesses, d.h. nach den angestrebten Qualitäten und Quantitäten des Verfahrensoutputs.

Die Gestaltung des Verwertungsprozesses, also der Prozesskette, richtet sich nach dessen Zielen, die ebenfalls unterschiedlich sein können. Daher sind auch alternative Verfahrensketten für die gleiche Abfallart möglich. So gibt es traditionelle Verfahrensketten, die auf Ziele abgestimmt waren, die zwischenzeitlich modifiziert oder völlig verändert wurden; z.B. können die zu gewinnenden Sekundärrohstoffe hinsichtlich Qualitäten und Quantitäten von den bisher rückgewonnenen Sekundärrohstoffen abweichen. Dann müssen für vorhandene Anlagen oder Entsorgungsstrukturen Modifikationen oder Kompromisse gefunden werden. Beispielhaft seien hier die sich abzeichnenden Entwicklungen beim Umgang mit Aschen/Schlacken aus der Rostfeuerung von Abfallverbrennungsanlagen und mit Schlacken aus der Metallurgie betrachtet.

Aschen/Schlacken aus der Abfallverbrennung wurden in der Vergangenheit und werden es hauptsächlich heute noch mit dem Ziel behandelt, den gut aussortierbaren Schrott zurückzugewinnen, Unverbranntes in den Verbrennungsprozess zurück zu führen und die Auslaugbarkeit von Schadstoffen zu reduzieren, um die mineralische Fraktion für den Straßen- und Wegebau in geeigneten Zustand zu bringen. Der letzte Aspekt stand lange Zeit im Brennpunkt von Forschung und Entwicklung: so wurden Hochtemperaturprozesse entwickelt, die zum Teil in den Verbrennungsprozess integriert oder diesem nachgeschaltet wurden. Teilweise wurden in diesen Hochtemperaturprozessen auch Stäube aus der Abgasbehandlung mitbehandelt. Später setzte sich die Erkenntnis durch, dass mit weiteren Entwicklungen sowohl das Metallausbringen aus den Aschen/Schlacken verbessert werden als auch die Qualität zahlreicher im Abfall enthaltener Metalle verbessert werden kann und damit zusätzlich die Qualität des mineralischen Anteils der Asche so weit verbessert werden kann, dass sie möglicherweise vielfältiger als bisher verwertet werden kann. Mit der Zielveränderung wurde das Gesamtverfahren Abfallverbrennung zu einem energetischen und stofflichen Verwertungsprozess, der hinsichtlich der Metallrückgewinnung den Prozessen mit mechanischer Aufbereitung als erste Prozessstufe durchaus überlegen sein kann. Dies zeigt sich auch bei den Erlösen, die für Eisen- und NE-Metallschrotte aus der Abfallverbrennung höher sind als diejenigen, die nach nur mechanischen Verfahrenstechniken aus gemischten Siedlungsabfällen erzielt werden.

Eine ähnliche Entwicklung zeichnet sich bei der Behandlung von Schlacken aus metallurgischen Prozessen ab: Mit zusätzlichen Maßnahmen wird das Metallausbringen bei gleichzeitiger Verbesserung der Qualität der mineralischen Fraktion erhöht.

3. Qualitätsanforderungen an Recyclingstoffe

Sekundärrohstoffe sind primären Rohstoffen nur dann wirklich gleichwertig, wenn die Sekundärrohstoffe identische Eigenschaften wie die Primärrohstoffe aufweisen. Dies bezieht sich sowohl auf ihre technologischen Eigenschaften für den angestrebten Zweck als auch auf ihre Umweltverträglichkeit. Dies ist bei reinen Metallschrotten meist ohne große technische Schwierigkeiten und hohe Kosten zu erreichen.

In die Sekundärrohstoffe eingeführte Verunreinigungen sind mit einfachen Verfahrenstechniken verhältnismäßig leicht abzutrennen.

Können aus technischen und wirtschaftlichen Gründen nur Sekundärrohstoffqualitäten erreicht werden, die mit primären Rohstoffen nicht identisch sind, müssen für diese Sekundärrohstoffe ggf. zusätzliche Markterschließungsmaßnahmen getroffen werden, z.B. Schaffung eines Marktes. Wird die notwendige Qualität der Sekundärrohstoffe mit verfügbaren Prozessen nicht erreicht, können z.B. organische Anteile des Abfallinputs für das rohstoffliche Recycling oder die energetische Verwertung oder für eine Kombination von energetischer und rohstofflicher Verwertung hergestellt werden. Dies ist zum Beispiel bei der Herstellung von Zementklinkern Praxis.

Beide Verfahrenstechniken verursachen die teilweise oder vollständige Zerstörung der ursprünglichen Stoffeigenschaften. Für die rohstoffliche Verwertung wird auch marktfähiger Sekundärrohstoff erzeugt. Bei der energetischen Verwertung werden auch primäre Rohstoffe ersetzt. Bei beiden Verfahren gehen allerdings Aufwendungen verloren, die für die Herstellung der Ausgangsstoffe und -mischungen sowie der Produktionsmittel eingesetzt wurden.

4. Anforderungen an Abfälle für das Recycling

Nicht alle Abfälle sind für das Recycling in gleicher Weise geeignet. Günstig sind in großen Mengen anfallende Produktionsabfälle, die zeit- und ortsnahe zur Produktion erfasst werden. Sie sind regelmäßig sauber und weisen nur geringfügige Verunreinigungen auf. Bei Werkstoffabfällen ist der Werkstofftyp bekannt, ihr Restwert ist meist hoch.

Wesentlich minderwertiger sind Abfälle aus der Konsumtion – post consumer-Abfälle – wegen der häufig wenig bekannten Qualitäten der Vermischungen mit unterschiedlichen Stoffen, die auch Schadstoffe enthalten.

5. Anforderungen an Recyclingprodukte

Die Ziele des Recyclings werden erreicht, wenn die technischen Möglichkeiten, die aufzuwendenden Kosten, die Marktsituation und die ökologischen Auswirkungen in ausreichendem Maße berücksichtigt werden. Diese Bedingungen können im Laufe der Zeit Veränderungen unterliegen. Wesentliche Anforderungen sind:

1. Der sekundäre Rohstoff soll möglichst die Qualität des primären Rohstoffs aufweisen.
2. Der Energiebedarf für die Herstellung und Verwertung der Sekundärrohstoffe soll geringer als der für die Herstellung des Primärprodukts sein.
3. Hilfsstoffe sollen nur in geringem Maße notwendig sein.

4. Wirtschaftliche Durchsätze sollen erreichbar sein.
5. Der Verwertungsprozess soll ab einer bestimmten Prozessstufe in die Primärproduktion münden.
6. Es sollen weniger sekundäre Abfälle beim Verwertungsprozess als bei Prozessen mit primären Rohstoffen anfallen.
7. Die volkswirtschaftlichen Kosten sollen unter denen der Produktion mit primären Rohstoffen liegen.
8. Die ökologischen Kosten des gesamten Verwertungsvorgangs sollen geringer als beim Einsatz von Primärrohstoffen sein.

6. Ablauf von Abfallverwertungsmaßnahmen

Abfallverwertungsmaßnahmen umfassen folgende Teilprozesse:

- getrennte Sammlung der Abfälle zur Verwertung nach Abfallgruppen,
- Identifizierung der im Abfall zur Verwertung enthaltenen Werkstofftypen,
- Separierung der im Abfall zur Verwertung enthaltenen Werkstoffsorten in recyclingfähige Wertstoffgruppen durch Zerlegung und Aufbereitung,
- Abtrennung von Verunreinigungen und Erzeugung von guten Endqualitäten,
- Homogenisierung einzelner Sortierprodukte aus Verwertungsprozessen,
- Massenvergrößerung durch Zusammenführung von kompatiblen Massenströmen zu wirtschaftlichen Mengenströmen,
- Integration der Sekundärrohstoffe in Produktionsprozesse, ggf. mit primären Rohstoffen.

7. Fazit

1. Das primäre Ziel von Entwicklungen zur Verbesserung des Metallausbringens ist nicht primär das Recycling, sondern die Verbesserung der Umweltverträglichkeit der mineralischen Fraktion, die damit auch zu einem als Nebenprodukt anerkannten Baustoff mit vielfältigen Anwendungsmöglichkeiten werden kann.
2. Das Ziel der Aktivitäten ist der Umweltschutz. Recycling ist kein Ziel, Recycling ist ein mögliches Instrument des Umweltschutzes, neben anderen.
3. Für Abfallverwertungsprozesse kommen alle verfügbaren Verfahrenstechniken in unterschiedlichen Kombinationen in Frage. Die Art der Kombinationen und deren Reihenfolge in konkreten Prozessketten richten sich im Idealfall nach der Qualität und Quantität des Verfahrensinputs und des gewünschten Verfahrensoutputs. Es ist daher unzulässig, nur die mechanische Verfahrenstechnik für gemischte Siedlungsabfälle als Recycling zu bezeichnen, wie dies gelegentlich von interessierten Kreisen der Abfallwirtschaft propagiert wird, z.B. mit der Behauptung, es gibt kein thermisches Recycling.

4. Als recycelt darf nur der Stoff oder die Mischung des tatsächlich wiederverwerteten Anteils des Verfahrensinputs bezeichnet werden. Die Angabe des Inputs in einen dem Recycling dienenden Prozess als stofflich verwertete Menge ist irreführend und vermittelt den Eindruck nicht tatsächlich erzielter Erfolge. Genau dieser Fehler kennzeichnet die amtliche Statistik zur Abfallwirtschaft und führt zu dem Missverständnis, in Deutschland sei das Ziel der weitestgehenden Abfallverwertung erreicht.

8. Literatur

[1] Kloepfer, H.: Umweltrecht, München: C. H. Becksche Verlagsbuchhandlung, 1998, 1417 Seiten, ISBN 3-406-35005-4

[2] Martens, H.: Recyclingtechnik – Fachbuch für Lehre und Praxis. Heidelberg: Spektrum Akademischer Verlag, 2011, ISBN 978-3-8274-2640-6

[3] Thomé-Kozmiensky, K. J.: Verfahrenstechniken für das Recycling. In: Thome-Kozmiensky, K. J.; Goldmann, D. (Hrsg.): Recycling und Rohstoffe, Band 7. Neuruppin: TK Verlag Karl Thomé-Kozmiensky, 2014, S. 51-65

REMEX SOLUTIONS

granova®

ts.verwertung

remexit®

pp.deponie

PRODUCTS / SERVICES

Nachhaltige Baustoff- und Servicelösungen

Die REMEX und Ihre Tochter- und Beteiligungsgesellschaften sind spezialisiert auf Recycling- und Entsorgungsdienstleistungen. Zusätzlich zum umfangreichen Dienstleistungsportfolio, wozu auch **ts.verwertung** und **pp.deponie** gehören, produziert und vermarktet die Gruppe mehr als 3,6 Millionen Tonnen der güteüberwachten Ersatzbaustoffe **remexit®** und granova®.

www.remex-solutions.de

REMEX GROUP

Recycling von mineralischen Abfällen
– Aktueller Stand und Ausblick aus Sicht der Wirtschaft –

Michael Stoll

1.	Einführung	11
1.1.	Historischer Abriss	11
1.2.	Rechtsentwicklung	12
2.	Fokussierung des Themas auf Recycling-Baustoffe	12
2.1.	Mineralische Abfälle	13
2.2.	Bau- und Abbruchabfall	14
2.3.	Recycling	16
2.4.	Zwischenfazit	17
3.	RC-Baustoff – Fakten, Analysen und Trends	18
3.1.	Verwertungs- bzw. Deponierungsquote/-menge	18
3.2.	Verwendung der RC-Baustoffe	21
3.3.	RC-Baustoffe – Produkt oder Abfall?	22
3.4.	Rechtliche Hindernisse zum Einsatz von RC-Baustoffen	24
3.5.	Mangelnde Verwendung von RC-Baustoffen bei öffentlichen, insbesondere kommunalen, aber auch privaten Baumaßnahmen	26
4.	Schlussbetrachtung	27

1. Einführung

1.1. Historischer Abriss

Das Recycling von mineralischem Abfall, d.h. die Aufbereitung und Wiederverwertung ehemaliger Baumaterialien, hat eine lange Tradition. Schon im Altertum wurde durch Abriss von Stadtmauern, Wohnsiedlungen, Anlagen und Kulturstätten Baumaterial gewonnen. Dabei ging es nicht um ökologisches Denken oder Kreislaufwirtschaft, sondern um ein rein wirtschaftlich-praktisches Handeln, oft auch aus Mangel an Primärbaustoffen.

Diese Praxis setzte sich über alle Jahrhunderte fort, insbesondere nach Kriegen, z.B. Aktivitäten der *Trümmerfrauen* nach dem Zweiten Weltkrieg in Deutschland.

Industriell betriebenes, auf dem Gedanken der Kreislaufwirtschaft beruhendes Baustoffrecycling findet erst seit etwa dreißig Jahren in Deutschland statt.

1.2. Rechtsentwicklung

Die deutsche Rechtslage zum Abfallwesen nach dem Zweiten Weltkrieg kann in mehrere, ineinander übergehende, Phasen unterteilt werden. Die erste Phase war durch landesrechtliche Regelungen gekennzeichnet, häufig angesiedelt im Polizei- und Kommunalrecht. Die erste bundesrechtliche Regelung wurde durch das *Abfallbeseitigungsgesetz* vom 7.6.1972 eingeleitet, hier aber noch ganz vorrangig auf Beseitigung und Deponierung ausgerichtet. Dieses änderte sich erst, nachdem in den achtziger Jahren der Gedanke der Schonung von Ressourcen und Wiederverwertung von Abfällen Einzug hielt. Diesem Denken passte sich auch das deutsche Abfallrecht an. Es entwickelte sich das *Gesetz über die Vermeidung und Entsorgung von Abfällen* vom 27.8.1986 und in noch deutlicherer Form und in Übernahme der Zielrichtung der grundlegenden *Nachhaltigkeitskonferenz* von Rio de Janeiro 1992 – das *Kreislaufwirtschafts- und Abfallgesetz* vom 27.9.1994. Mit den beiden letztgenannten Gesetzen fasste der Gedanke der Kreislaufwirtschaft rechtlich deutlich Fuß, es entwickelte sich industriell betriebenes Recycling von mineralischen Abfällen.

Vollends schließlich dokumentiert sich der politische und gesellschaftliche Wandel zur Kreislaufwirtschaft sowie zu Wiederverwendung und Recycling im neuen *Kreislaufwirtschaftsgesetz* vom 24.2.2012. Es enthält gemäß der europäischen Vorgabe in Art. 4 der EU-Abfallrahmenrichtlinie z.B. eine klare Abfallhierarchie: Vermeidung – Vorbereitung zur Wiederverwendung – Recycling – sonstige Verwertung, u.a. Verfüllung – Beseitigung.

Diese Hierarchie findet sich in vielen Einzelregelungen des Gesetzes wieder, so in der geforderten Verwertungsquote für nicht gefährliche Bau- und Abbruchabfälle von siebzig Gewichtsprozent bis zum Jahr 2020. Dass diese Hierarchie kein leerer Programmsatz ist, zeigt u.a. das aktuelle Vertragsverletzungsverfahren der EU-Kommission gegen Deutschland mit dem Vorwurf, die §§ 6 bis 8 KrWG würden die vorgegebene Abfallhierarchie zu flexibel auslegen.

2. Fokussierung des Themas auf Recycling-Baustoffe

Unter dem Titel dieses Beitrags, der sehr allgemein gefasst ist, könnten viele Themenschwerpunkte behandelt werden. Alle denkbaren Bereiche abzuarbeiten, würde schon den zur Verfügung stehenden Rahmen bei Weitem sprengen. Daher werden die Begriffe dieses Titels genauer betrachtet und bewertet und dieses führt zum Komplex der *Recycling-Baustoffe*.

Dieses Vorgehen bedingt ein Befassen mit einer Anzahl beim *Recycling mineralischer Abfälle* wichtiger verwendeter Begriffe. Das gibt Gelegenheit auf die jeweilige Bedeutung und Unterschiede dieser Begriffe einzugehen. Dieses mag zwar ggf. auf den ersten Blick sehr akademisch/juristisch erscheinen. Aus der Praxis aber wissen wir, wie wichtig die genaue Verwendung der einschlägigen Fachbegriffe und die genauen Bezeichnungen der mineralischen Abfälle zu deren regelkonformem, von der öffentlichen Meinung akzeptiertem Einsatz sind.

2.1. Mineralische Abfälle

Mit *mineralischen Abfällen* werden schnell, gerade wenn wie vorliegend i.V.m. *Recycling* stehend, umgangssprachlich nur Bau- und Abbruchabfälle gleichgesetzt. Jedoch gibt es eine Vielzahl mineralischer Abfälle, z.B. Hausmüllverbrennungsschlacken, Hochofenstückschlacken, Bodenaushub, Hüttensand und Braunkohleflugasche. Einen sehr guten Überblick gibt der (immer noch aktuelle) Entwurf der Ersatzbaustoffverordnung (EBV) vom 31.10.2012. Dieser zählt siebzehn solcher mineralischen Abfälle auf (§ 3 Nr. 17-33) und fasst die in den letzten Jahren insgesamt etwa zweihundert Millionen Tonnen (= etwa sechzig Prozent der Gesamtabfallmenge von 350 Millionen Tonnen) in folgenden Gruppen zusammen[1].

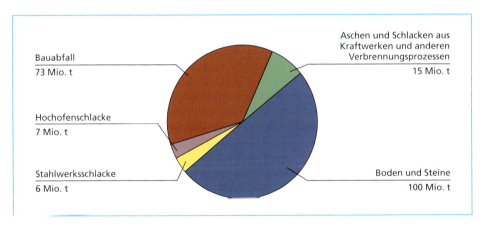

Bild 1. Arten der mineralischen Abfälle

Quelle: BMU

Gemeinsam ist all diesen Materialien, dass sie alle nicht originär als neues Baumaterial zur Erfüllung der mit ihnen beabsichtigten Zwecke, z.B. Unterbau im Straßenbau, produziert worden sind. Vielmehr sollen sie gerade als Ersatz für neue Baumaterialien dienen, diese also substituieren. Folgerichtige Zusammenfassung all dieser mineralischen Abfälle daher unter *Ersatzbaustoffe*.

---

[1] s. Begründung zur Mantelverordnung/EBV, S. 184, 1. Abs.

Sehr unterschiedlich ist jedoch jeweils ihre Herkunft, so z.B. die Hochofenstückschlacke oder der Hüttensand aus der Gewinnung von Stahl und Eisen, die Hausmüllverbrennungsschlacke aus der Verbrennung von Haus- und Gewerbeabfall usw. und der RC-Baustoff im Wesentlichen aus angefallenem Bau- und Abbruchabfall. Die Herkunft hat entscheidende Bedeutung beim Einsatz des Materials. Sowohl die bautechnischen (z.B. Frostwiderstand, Schlagfestigkeit) als auch die umweltrelevanten Eigenschaften (z.B. Metallgehalte) sind je nach Ersatzbaustoff sehr verschieden. Daher ist auch nicht jedes Material für denselben Einsatzzweck geeignet. Es unterliegt jeweils einer spezifischen Betrachtung. Speziell bei der umweltrechtlichen Bewertung gelten unterschiedliche Regelwerke (z.B. LAGA M 20 2003 und in NRW die verschiedenen *Verwertererlasse* vom 9.10.2001 für RC-Baustoffe, HMVA, Metallhüttenschlacken, Hochofenstückschlacken usw.).

Nur bei ersatzbaustoffspezifischer Prüfung ist ein problemloser, rechtskonformer Einbau möglich und nur so wird z.B. auch in Schadensfällen nicht unberechtigterweise die öffentliche Diskussion auf andere, völlig unbeteiligte Ersatzbaustoffe erstreckt. Ursache ist häufig eine oberflächliche oder fehlerhafte Verwendung relevanter Begrifflichkeiten.

Vorliegend soll sich die Betrachtung auf den mineralischen Abfall konzentrieren, der bei Bau- und Abbruchtätigkeiten des Hoch- und Tiefbaus sowie der Produktion mineralischer Primärbaustoffe anfällt, den *Bau- und Abbruchabfall*. Gemäß den bekannten einschlägigen, seit Mitte der neunziger Jahre erstellten Statistiken des Zusammenschlusses *Kreislaufwirtschaft* (KWB) von Verbänden der Bau- und Recyclingbaustoffwirtschaft[2] fallen unter diesen Abfallstrom Boden und Steine, Bauschutt, Straßenaufbruch, Baustellenabfälle und Baustoffe auf Gipsbasis.

2.2. Bau- und Abbruchabfall

Mit der Festlegung auf diese Art der mineralischen Abfälle enden häufig die Differenzierungen bei mineralischen Abfällen. Es wird pauschal von *Bau- und Abbruchabfällen* gesprochen. Auf dieser Basis werden z.B. entsprechende Mengen und Betrachtungen verschiedener Art, insbesondere aktuell zu einer Mengenverschiebung von der Verwertung zur Beseitigung/Deponierung durch die MantelV, angestellt. Das greift aber erheblich zu kurz, vermittelt falsche Eindrücke und es muss mindestens zwischen den beiden großen Komplexen *Boden und Steine* sowie den (sonstigen) Bau- und Abbruchabfällen i.e.S., zu denen Bauschutt, Straßenaufbruch, Baustellenabfälle und Baustoffe auf Gipsbasis üblicherweise gezählt werden, unterschieden werden. Die rechtlichen Regelungen zur Verwertung sind völlig unterschiedlich. So geht die große Masse des Bodenmaterials in die Verfüllung von Gruben, fällt damit unter das Bodenschutzrecht. Hingegen werden die sonstigen Bau- und Abbruchabfälle in technischen Bauwerken (Straßen- und Erdbau) eingesetzt, unterfallen damit den entsprechenden, meistens LAGA M 20-orientierten Länderregelungen (zukünftig bundesweit der EBV, s.u.).

---

[2] s. www.kreislaufwirtschaft-bau.de

Betrachtungen z.B. zu den Auswirkungen der Mantelverordnung, die nicht differenzieren, sind nicht besonders aussagekräftig, eher irritierend. Keinesfalls helfen sie auch, die Situation zu verbessern, weil gar nicht klar wird, bei welchem der verschiedenen Regelwerke wo genau der Hebel anzusetzen ist. Auch erhält bei solchen Pauschalbetrachtungen der Boden als größter dieser Massenströme ein überdurchschnittlich hohes Gewicht. So führt seine – vergleichsweise – höhere Deponierungsmenge (Jahr 2010) von etwa zwölf Prozent = 12,5 Millionen Tonnen dazu, dass die Deponierungsmenge aller Bau- und Abbruchabfälle insgesamt bei 8,3 Prozent = 15,4 Millionen Tonnen liegt. Dabei wird verwischt, dass jedoch die relevante Deponierungsmenge aller Bau- und Abbruchabfälle ohne Boden lediglich bei 3,6 Prozent = 2,9 Millionen Tonnen liegt, die des Einzelstroms *Straßenaufbruch* sogar nur bei 1,42 Prozent = 0,2 Millionen Tonnen.

Einen Überblick über die Arten der (ungefährlichen) Bau- und Abbruchabfälle einschließlich Boden und ihre Mengen im Jahr 2010 gibt Bild 2 (auch die dort aufgeführten Abfallschlüsselnummern).

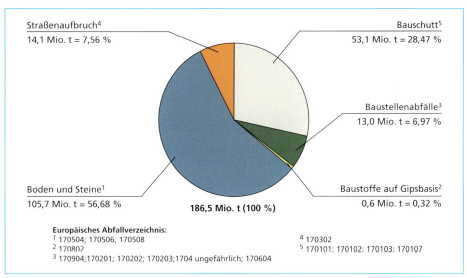

Bild 2.   Statistisch erfasste Mengen von Bau- und Abbruchabfällen 2010 (nur ungefährliche Abbruchabfälle)

Quelle: Statistisches Bundesamt, Bonn

Entsprechend den vorstehenden Ausführungen, die Bau- und Abbruchabfälle sachgerecht unterteilen, zeigt

- Bild 3 die Verwertung von Boden und Steinen,
- Bild 4 die Verwertung und Beseitigung der (übrigen) Bau- und Abbruchabfälle i.e.S.

(zu den einzelnen Arten Bild 2, zu jeder dieser vier Abfallarten gibt es auch Einzelstatistiken zur Verwertung und Beseitigung, KWB-Berichte).

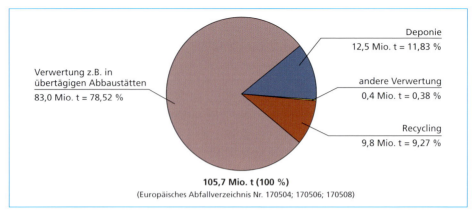

Bild 3: Verwertung und Beseitigung von Boden und Steinen 2010

Quelle: Statistisches Bundesamt, Bonn

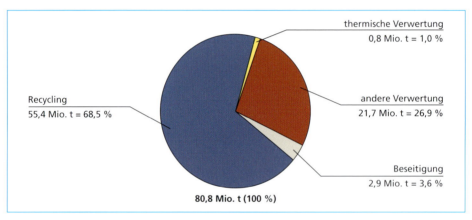

Bild 4: Verwertung und Beseitigung von Bau- und Abbruchabfällen 2010 (ohne Boden und Steine)

Quelle: Statistisches Bundesamt, Bonn; BRB, Duisburg

2.3. Recycling

Auch dieser Begriff wird häufig zu pauschal und unscharf gebraucht und auch dieses führt regelmäßig zu Irritationen und Fehlern.

Mit *Recycling* werden fälschlich häufig gleichgestellt *Verwertung, Verwendung, Wiederverwendung* oder *Aufbereitung*.

1. Wiederverwendung und Vorbereitung zur Wiederverwendung bedeuten, dass ein im Wesentlichen noch vorhandener Gegenstand oder vorhandenes Material, ggf. nach gewissen einfacheren Instandsetzungsmaßnahmen, erneut zum selben, ursprünglichen Zweck eingesetzt werden kann, § 3 Nr. 21 und 24 Kreislaufwirtschaftsgesetz (KrWG). (Ein altes Fahrrad wird repariert).

    Für mineralischen Bau- und Abbruchabfall scheidet dieser Komplex i.d.R. aus.

2. *Verwertung* steht im Gegensatz zur *Abfallbeseitigung*, besagt also, dass angefallener Abfall nicht deponiert, sondern zu irgendeinem sinnvollen, jedoch nicht dem ursprünglichen Zweck entsprechenden Zweck wieder eingesetzt wird, im Regelfall in Substitution anderer mineralischer Materialien, insbesondere auch originärer Baustoffe wie Kies und Schotter.

    In diese Kategorie gehört grundsätzlich der Bau- und Abbruchabfall.

    Aufgrund seines Zustands bei Anfall bedürfen mineralische Abfälle, insbesondere der Bau- und Abbruchabfall, vor ihrer Verwertung einer Aufbereitung bis zur Erreichung der einsatzorientierten Qualität.

    Unstreitig ist die Aufbereitung Teil des Verwertungsvorgangs. Umstritten ist hingegen, ob dieser Vorgang schon mit der Herstellung eines einbaufähigen mineralischen Ersatzbaustoffs endet oder erst mit dem Einbau selbst.

3. *Verwendung* sollte richtigerweise im Unterschied zur Verwertung gesehen werden. Letzteres ist ein abfallrechtlicher Begriff, wo hingegen *Verwendung* an den tatsächlichen Vorgang des Einbaus anknüpft und vor allem Material mit rechtlichem Produktstatus betrifft. So wie ein neuer Ziegel nicht *verwertet*, sondern *verwendet* wird, so sollte auch mineralisches Material, das nicht (mehr) im Abfallstatus steht (dazu unten C III.) *verwendet*, nicht *verwertet* werden. Dabei sollte es allerdings unwesentlich sein, ob dieses mineralische Material als Nebenprodukt oder Sekundärprodukt (Abfallende) einzustufen ist (auch dazu s. u. C III.).

    Zur Betrachtung der Situation beim Bau- und Abbruchabfall s.u.

4. *Recycling* beinhaltet in jedem Falle auch die Aufbereitung des Materials und stellt einen Verwertungsvorgang dar, § 3 Nr.25 KrWG. Fachlich ist es aber richtig, Recycling, zu dem im Übrigen nicht die Verfüllung von mineralischem Bauabfall, ob aufbereitet oder nicht, zählt, nicht mit der allgemeinen Verwertung gleichzusetzen. Denn in der o.g. Abfallhierarchie steht Recycling als gesonderter Punkt, mit Vorrang gegenüber der sonstigen Verwertung.

    Der Unterschied liegt in der Tiefe und dem Ergebnis der Aufbereitung. Das Recycling mineralischen Bau- und Abbruchabfalls führt zum Recycling-Baustoff. Nur dieser ist zur Substitution originärer mineralischer Baustoffe geeignet. Wird dieser Stand bei der Aufbereitung nicht erreicht, kann nur von *Verwertung* die Rede sein.

2.4. Zwischenfazit

Die nachstehenden Erörterungen beziehen sich daher auf den Recycling-Baustoff, der (im Wesentlichen) aus mineralischem Bau- und Abbruchabfall aus dem Hoch- und Tiefbau besteht. Wir empfehlen, diesen Begriff ausschließlich so zu verwenden, auch wenn die weitgefassten o.g. Definitionen in § 3 Abs. 25 KrWG auch eine Anwendung auf andere mineralische Ersatzbaustoffe wohl ermöglichen. Für einen jeden dieser Ersatzbaustoffe aber gibt es eigenständige Regelwerke und Einsatzmöglichkeiten. Zur Klarheit und Verständlichkeit erscheint daher eine Definition des Begriffs *Recycling-Baustoff* beschränkt nur auf diesen Bereich dringend geboten. Nicht ohne Grund geht auch so die EBV vor (§ 3 Nr. 29), dem sollte umfassend gefolgt werden.

3. RC-Baustoff – Fakten, Analysen und Trends

Im Folgenden werden wesentliche aktuelle Themen zu diesem Baustoff dargestellt. Dabei wird mehr Wert auf einen umfassenderen Überblick und auf Breite gelegt, weniger auf eine eingehendere Behandlung eines einzelnen Themas.

3.1. Verwertungs- bzw. Deponierungsquote/-menge

Selbstverpflichtung und Monitoring-Berichte: Zusage der Wirtschaft eingehalten

Zur Förderung der Kreislaufwirtschaft haben die im KWTB-Monitoring-Bericht Nr. 1 vom 20.3.2000 aufgeführten neun *Bauverbände*, u.a. der Bundesverband der Deutschen Recycling-Baustoff-Industrie e.V. Duisburg,[3] im Jahr 1996 zur Förderung des Recyclings eine *Freiwillige Selbstverpflichtung* (gegenüber der damaligen Umweltministerin Frau Merkel) abgegeben, u.a. konkret beinhaltend die *Reduzierung der Ablagerung von verwertbaren Bauabfällen, bezogen auf das Bauvolumen gegenüber dem Stand von 1995, bis zum Jahr 2005 auf die Hälfte*. Zur Überprüfung der Verpflichtung sollten in bestimmten Abständen Monitoring-Berichte von den Beteiligten erstellt und dem Umweltministerium übergeben werden. Der erste Bericht erschien im März 2000, der 10. und bisher letzte, über den Zeitraum der Selbstverpflichtung hinausgehend, im Jahr 2012.

Das vorgenannte Ziel ist vollständig erreicht worden.

Zwar ergibt eine Durchschnittsbetrachtung der Jahre 1995 bis 2011 bei einem Anfall von durchschnittlich 80,0 Millionen Tonnen Bau- und Abbruchabfall i.e.S. (Bild 5)

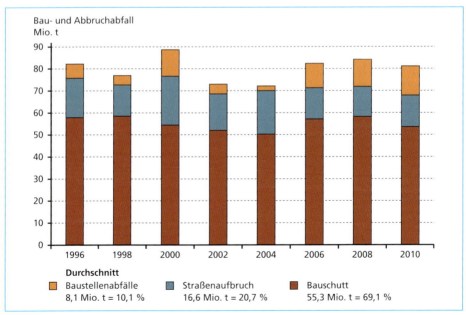

Bild 5: Verteilung mineralischer Bauabfälle (Abbruchmaterial)

---

[3] Der Verfasser ist seit einigen Jahren Präsident dieses Verbandes, heute: Bundesvereinigung Recycling-Baustoffe e.V. (BRB, Duisburg)

eine Verringerung der Beseitigungsquote von 13,3 Prozent = 10,91 Millionen Tonnen im Jahr 1996 auf nur 8,8 Prozent = 7,0 Millionen Tonnen.[4], das angestrebte Ziel der Halbierung wurde also im 16-Jahres-Durchschnitt nicht erreicht (Bild 6).

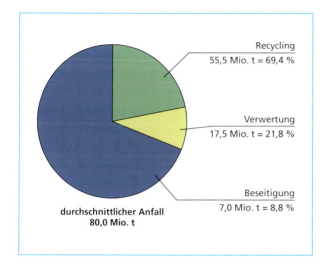

Bild 6:

Verbleib der mineralischen Bauabfälle (Abbruchmaterial)

Jedoch lag die Deponierungsquote spätestens seit dem *Verpflichtungsjahr* 2005 und fortlaufend unter der Hälfte der vorgenannten 13,3 Prozent für das Jahr 1996, so zuletzt z.B. bei 3,6 Prozent = 2,9 Millionen Tonnen (Bild 4).

Dieses bedeutet umgekehrt eine Verwertungsquote von 96,4 Prozent = 77,9 Millionen Tonnen.

Verwertungs-/Deponierungsquote kaum verbesserungsfähig, Schadstoffsenken (Deponien) weiterhin notwendig

Mit dieser Verwertungs- und Deponierungsquote sowie -menge ist nach Auffassung des Verfassers und des Bundesverbandes BRB (Duisburg) die Verwertung in Deutschland auf einem solchen Niveau, dass eine nennenswerte Steigerung nicht möglich erscheint. Es wird immer ein Restbestand an mineralischem Bau- und Abbruchabfall bleiben, der aus bautechnischen oder umweltbezogenen Gründen (Schadstoffpotential), spätestens in Kombination mit wirtschaftlichen Aspekten, nicht mehr in die Verwertung zu bringen ist.

Statt zu sehr und u.E. zum Teil ohne genaue Kenntnis und Prüfung aller vorstehenden Fakten Steigerungsziele zu fordern, sollte vielmehr ständig hervorgehoben werden, welch hohe Verwertungsquoten und hohen Qualitätsstandard die deutsche RC-Baustoff-Industrie, auch im weltweiten Vergleich, erreicht hat (z.B. auch Art. 11 Abs. 2 b EG-AbfRRL: Zielquote in den Mitgliedsstaaten bis 2020 siebzig Prozent und selbst diese Quote wird für viele süd- und osteuropäischen Staaten für illusorisch gehalten).

---

[4] s. KWB-16-Jahresbericht, www.kreislaufwirtschaft-bau.de/Aufk.html, S. 2, und www.kreislaufwirtschaft-bau.de/Verw.html, S. 3

Demgemäß ist auch das – mittlerweile erfreulicherweise wohl aufgegebene – häufig früher verkündete Ziel, bis im Jahr 2020 auf Deponien verzichten zu wollen und zu können, keinesfalls realistisch. Bedenkt man die lange Laufzeit zum Erhalt des erforderlichen Planfeststellungsbeschlusses für die Einrichtung einer Deponie von nicht unter drei bis fünf Jahren, um – heutzutage eher wahrscheinlichen als unwahrscheinlichen – Falle einer Klage Dritter (Umweltrechtsbehelfsgesetz) schnell von zehn Jahren, muss dringend und sofort dem in vielen Bundesländern gegebenen, mittlerweile nun doch auch ministeriell realisierten Deponienotstand bei DK 0 und DK I entgegengewirkt werden (z.B. Bayern, Baden-Württemberg, Niedersachsen, NRW und Rheinland-Pfalz).

Statt eine Steigerung der Verwertungsquote vor Augen zu haben, erscheint es umgekehrt viel wichtiger, durch politisches und tatsächliches Handeln dafür Sorge zu tragen, dass die erreichte Quote und die Gesamtproduktion von RC-Baustoffen nicht einbricht. Gefahren sehen wir zum einen in aktuellen und künftig anstehenden Rechtsvorschriften (s.u. C IV.) und zum anderen in einer zu geringen Abnahme bzw. einem zu geringen Einsatz des RC-Baustoffs, dieses trotz im jeweiligen Falle gegebener rechtlicher und bautechnischer Zulässigkeit (s.u. C V.).

Verwertungsquote setzt sich aus zwei Teilen zusammen

Es ist zu beachten, dass die *Verwertungsquote* zwei verschiedene Bereiche umfasst. Zum einen ist darin die *Recyclingquote* enthalten, die Quote also, die den Anteil des Materials innerhalb der Verwertungsmasse wiedergibt, die zum RC-Baustoff aufbereitet wird. Nur dieser Anteil bzw. dieser Baustoff ist von den einschlägigen landesrechtlichen Regelungen zur Verwertung mineralischer Abfälle als RC-Baustoff umfasst, z.B. gemäß LAGA M 20 oder dem *Verwertererlass* NRW vom 9.10.2001, nur dieses Material wird von einer zukünftigen EBV erfasst sein und nur dieses Material kommt als Substitutionspotential für Primärrohbaustoffe in Frage.

Der restliche Teil erreicht diesen Status nicht, wird aber auch verwertet, z.B. für technische Maßnahmen in Deponien. In manchen Bundesländern ist aber auch die Verfüllung von Gruben in gewissem Rahmen mit Bauschutt statt mit Bodenmaterial erlaubt).

Das obige Bild 4 zeigt den Anteil der beiden Bereiche der *Verwertung* für das Jahr 2010 auf, nämlich bei einer Gesamtverwertungsquote von 96,4 Prozent = 77,9 Millionen Tonnen ein Anteil von Recycling-Baustoffen von 68,5 Prozent = 55,4 Millionen Tonnen und als restliches sonstiges Verwertungsmaterial 27,9 Prozent = 22,5 Millionen Tonnen.

Bemerkenswert ist, dass der Recycling-Anteil dieses Jahres 2010 in etwa dem entspricht, der durchschnittlich in den Jahren 1995 - 2011 angefallen ist (69,4 Prozent, Bild 6). Etwas geringer war hingegen mit 8,8 Prozent = 7,0 Millionen Tonnen im Durchschnitt dieser Jahre die restliche Verwertungsmenge. Daraus kann der Schluss gezogen werden, dass die oben dargestellte Verbesserung der Deponierungsquote seit 1995 auf 3,6 Prozent = 2,9 Millionen Tonnen im Jahr 2010 (Bild 4) nicht zu einer Verbesserung der Recyclingquote geführt hat, sondern ein Teil der früher deponierten Menge in den Bereich der übrigen Verwertung gewechselt ist.

Das Substitutionspotential in Bezug auf Primärrohbaustoffe durch Recycling-Baustoffe ist demnach im Wesentlichen ausgeschöpft, mit Ausnahme der in bestimmten Regionen Deutschlands noch erlaubten Praxis der Verfüllung von Gruben mit Bauschutt. Diese Mengen sollten zukünftig auch der Aufbereitung zugeführt werden; aus ihnen dürften noch nennenswerte Anteile zu RC-Baustoffen umgewandelt werden.

Aber auch in der derzeitigen Situation haben die RC-Baustoffe schon einen beachtlichen Anteil von etwa zwölf Prozent an der Gesamtproduktion der Gesteinskörnungen, zu denen RC-Baustoffe definitorisch zählen, Bild 7.

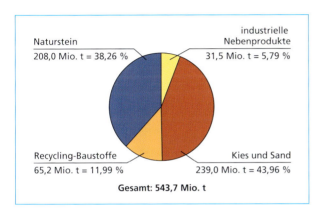

Bild 7:

Produktion von Gesteinskörnungen 2010

Quelle: MIRO e.V., Duisburg; BBS e.V., Berlin

3.2. Verwendung der RC-Baustoffe

Tiefbau

Seit jeher liegen die Hauptanwendungsgebiete im Straßen-, Wege- und Erdbau (z.B. Frostschutz-/Tragschichten, Wälle, Dämme, Verfüllung von Gräben). Bei diesem Einsatz muss der RC-Baustoff in bautechnischer Hinsicht alle Eigenschaften und Anforderungen erfüllen, die Normen und Regelwerke an den entsprechenden Primärrohbaustoff (Kies, Schotter) im Falle desselben Einsatzes stellen (Frostwiderstand, Schlagfestigkeit, DIN EN 13242, TL Gestein StB04, TL SoB StB04 usw.). RC-Baustoffe haben sich in diesen Anwendungsgebieten bewährt und ihre Eignung vielfältig unter Beweis gestellt.

Darüber hinaus muss der RC-Baustoff auch umweltbezogene Anforderungen einhalten, Boden- und Grundwasserschutz müssen sichergestellt sein. Die Anforderungen hängen vom Einsatzzweck und -gebiet ab und sind derzeit noch in Regelungen der einzelnen Bundesländer (Erlasse) festgelegt, oft LAGA M 20-orientiert oder als eigene Regelwerke, z.B. *Verwertererlass* NRW vom 9.10.2001. All diese Länderregelungen sollen zukünftig durch eine bundesweit geltende EBV abgelöst werden, s.u.

Hochbau

Der Einsatz des RC-Baustoffes auch im Hochbau als Zuschlag bei der Herstellung von Beton, fand in den letzten Jahren nur in geringer Menge statt (Bild 8). Im Rahmen von geförderten Pilotprojekten wird jedoch seit einiger Zeit dieser Verwendungsbereich genauer untersucht.

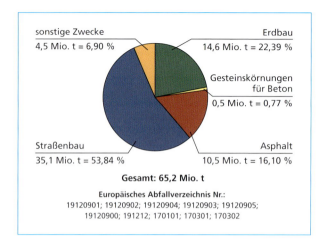

Bild 8:

RC-Baustoff-Verwendung 2010

Quelle: BRB, Duisburg; Statistisches Bundesamt, Bonn; Fachserie 19, Reihe 1, 2010

Unsere Industrie begrüßt diese Projekte und Untersuchungen mit dem *R-Beton* (diese Bezeichnung sollte zukünftig generell verwendet werden, der alternativ verwendete Begriff *RC-Beton* ist unklar, weil er häufig auch für RC-Baustoffe selbst verwendet wird, nämlich für diejenigen, die aus reinem Betonbruch bestehen). In diesen Projekten ist die grundsätzliche Machbarkeit von RC-Gesteinskörnungen als Zuschlag in Beton unter Beweis gestellt worden. Trotzdem sind noch viele Fragen offen, die einer Klärung bedürfen. Ein möglicher flächendeckender Einsatz von R-Beton wird zudem zukünftig aufgrund des geringen Marktpotentials weiterhin eine Nischenanwendung bleiben. Dennoch dient es zweifellos dem Ansehen des RC-Baustoffs, wenn er auch in diesem bautechnisch anspruchsvolleren Bereich eingesetzt werden kann. Die Einstufung des Einsatzes in den o.g. bisherigen Bereichen des Tiefbaus als *downcycling*, wie dieses des Öfteren im Zusammenhang mit dem Einsatz im Hochbau zu vernehmen ist, halten wir allerdings für verfehlt. Schließlich wird auch dort wertvolles Naturmaterial ersetzt und dieses bei Erfüllung derselben an das Naturmaterial gestellten Qualitätsanforderungen.

3.3. RC-Baustoffe – Produkt oder Abfall?

Alle derzeit in Deutschland vorhandenen Regelungen zum Einsatz des RC-Baustoffs, im Übrigen auch zukünftig die EBV (s.u.), legen jeweils nur die Anforderungen an die Materialqualität fest, machen keinen Unterschied, ob das Material rechtlich als Abfall einzustufen ist oder ob es sich in einem (Neben-, Sekundär- oder Abfallende-)Produktstatus befindet. Denn potentielle Umweltgefahren, die mit den Regelwerken vermieden werden sollen, hängen allein von der Qualität des Materials ab, nicht von seiner rechtlichen Einordnung. So sprechen alle aktuellen Regelwerke umfassend nur von *Recycling-Baustoffen* und die künftige EBV fasst alle Materialien, gleich also, welcher der vorgenannten rechtlichen Kategorien sie angehören, als *Ersatzbaustoffe* zusammen.

Unter bestimmten rechtlichen Gesichtspunkten ist es aber wichtig, eine rechtliche Zuordnung vorzunehmen und zu haben. So fallen z.B. Sicherheitsleistungen im Immissionsschutzrecht nur bei Abfällen an, erfassen die Einschränkungen des

Abfallverbringungsrechts (EU-Abfallverbringungs-Verordnung) bei grenzüberschreitenden Transporten nur Abfälle. Auf der anderen Seite aber gelten die umfassenden Pflichten wie Registrierung aller Inhaltsstoffe usw. gemäß der EU-REACH-VO nur für Produkte (Art. 2 Abs. 2).

Für die (von der Thematik insgesamt erfassten) Ersatzbaustoffe kommt prinzipiell nur die Einordnung als Nebenprodukt, Sekundärprodukt oder Abfall in Betracht.

Als Nebenprodukte werden die mineralischen Abfälle bezeichnet, die im Rahmen der gezielten Produktion eines völlig anderen Materials *nebenbei* anfallen, bestimmte bautechnische Qualitäten haben und bestimmte Anforderungen des Umwelt- und Gesundheitsschutzes einhalten; eine besondere Vorbehandlung oder Aufbereitung darf vor einem Einsatz eines Nebenproduktes nicht mehr erforderlich werden (im Einzelnen Art. 5 EU-AbfRRL, § 4 KrWG und § 18 EBV). Als solche mineralischen Abfälle kommen z.B. Stahlwerksschlacken oder Hüttensand der jeweils besten Qualität in Frage, RC-Baustoffe wegen ihres anderen Entstehungsvorgangs hingegen nicht.

RC-Baustoffe können hingegen den Status *Sekundärprodukt* (= Erreichen des Abfallendes) erfüllen. Dieses ist bei dem mineralischen Abfall möglich, z.B. Bau- und Abbruchabfall, der so umfassend aufbereitet wird, dass der bautechnische und umweltbezogene Qualitätsstandard im Wesentlichen den Einsatzzwecken mineralischer Primärrohbaustoffe gleichkommt, also alternativ verwendet, diese substituieren kann (s. Art. 6 EU-RRL, § 5 KrWG und § 19 EBV). Mit der Beendigung der Aufbereitung hat ein *Sekundärprodukt* das *Ende der Abfalleigenschaft* erreicht, also noch vor dem späteren Einsatz als Ersatzbaustoff. Von den Ersatzbaustoff-Gesteinskörnungen ist der RC-Baustoff einer der ersten Kandidaten für die Einordnung als Sekundärprodukt. Nach geltendem Recht ist es jedoch erforderlich, die umwelt-/ gesundheitsbezogenen Anforderungen durch einzelne Kriterien zu konkretisieren, entweder auf Ebene der EU oder, falls von dort eine Zustimmung für diesen Weg erteilt wird, auf Ebene eines jeden Mitgliedsstaats. Nach unserer Auffassung zeichnet sich der letztere Weg ab, die Grundlagen dazu sind in § 19 EBV gegeben. Die EU befasst sich zwar schon jahrelang mit diesen Kriterien, kommt aber immer mehr zum Ergebnis, dass die Festlegung europaweiter Kriterien, vor allem auch wegen des unterschiedlichen Standards des Baustoff-Recyclings in den einzelnen Mitgliedstaaten, äußerst schwierig ist. Wir halten einen nationalen Weg für sachgerechter und den erforderlichen Spielraum gebend, drängen auf eine möglichst baldige klare Aussage der EU und anschließend umgehend auf die Festlegung von Kriterien in Deutschland (§ 19 EBV).

Mineralischer Bau- und Abbruchabfall, der nach einer umfassenden Aufbereitung bestimmte bautechnischer Anforderungen erfüllt, in umwelt-/ gesundheitsbezogener Hinsicht aber nicht bei allen Parametern die (festzulegenden) Grenzwerte o.ä. erreicht, ist ebenfalls ein *RC-Baustoff*, rechtlich hingegen als Abfall einzustufen. Dieses Material kann gemäß einschlägigen bautechnischen und umweltrechtlichen Regelungen in technischen Bauwerken, allerdings in bestimmter eingeschränkter festgelegter Form, eingesetzt werden. Rechtlich handelt es sich dann um *Abfall zur Verwertung*.

Da erfahrungsgemäß nicht der gesamte Bau- und Abbruchabfall die umweltrelevanten Grenzwerte nach Aufbereitung erreichen kann, wird es innerhalb der RC-Baustoffe eine rechtliche Unterscheidung geben: den Baustoff als Sekundärprodukt und den Baustoff im Abfall(zur Verwertung)status.

3.4. Rechtliche Hindernisse zum Einsatz von RC-Baustoffen

Es ist bekannt, dass seit vielen Jahren gerade die RC-Baustoffe unter Gesichtspunkten wie Nachhaltigkeit, Schonung von natürlichen Ressourcen und Deponieraum, Substitution von Primärbaustoffen usw. politisch und gesellschaftlich hohen Stellenwert haben und Gegenstand vieler Äußerungen sowie Veröffentlichungen sind (Deutsches Ressourceneffizienzprogramm – ProGRess – usw.; nahezu jede übergeordnete staatliche Planung von Abbaustätten wie Kiesgruben und Steinbrüchen macht beim Bedarf einen Abschlag wegen Substitution durch RC-Baustoffe, z.B. aktueller LEP-Entwurf NRW.

Dementgegen und völlig unverständlich konterkarieren aktuelle rechtliche Regelwerke diese Zielrichtung, im Regelfall sogar durch denselben politischen und rechtlichen Bereich, der die Zielrichtung kreiert hat und vertritt nämlich den Umweltbereich.

Im Kern liegt dieses an einer übergroßen Vor-Vorsorge bezüglich des Boden-, insbesondere aber Grundwasserschutzes. Dabei ist hier zu betonen, dass diese Schutzbereiche zweifellos auch in unseren Augen Vorrang vor jeglicher industrieller Tätigkeit haben müssen. Schäden beim – lebensnotwendigen – Grundwasser können schwerwiegend, lang andauernd und schwierig zu beseitigen sein. Nur werden im Rahmen von industriellen Tätigkeiten und in diesem Zusammenhang notwendigen Bautätigkeiten, im Übrigen die wirtschaftliche Basis unserer Gesellschaft, immer Emissionen freigesetzt werden. Eine emissionsfreie Industriegesellschaft ist eine Utopie. Deshalb muss die Grenze zwischen Zulassung solcher Emissionen und Grundwasserschutz sorgfältig ermittelt werden, dabei durchaus in Akzeptanz eines gewissen Sicherheitszuschlags. In der Gegenwart aber erfolgt u.E. dieser Sicherheitszuschlag zu grob und zu pauschal, dabei im Übrigen nicht nur zu Lasten der Industrie, sondern auch zu Lasten der Kreislaufwirtschaft, die ja bekanntlich auch ein Ziel des Umweltschutzes ist. Aktuelle Beispiele sind:

Ersatzbaustoffverordnung (EBV)

Unsere Industrie begrüßt die EBV als erste bundesweite einheitliche gesetzliche Regelung. Wir tragen auch darin enthaltene Neuerungen und Erschwernisse mit, s. z.B. verschärfte Maßstäbe beim Grundwasserschutz, völlig neues, die Verwendung bisheriger RC-Baustoff-Qualitäten schwer einschätzbar machende Eluationsverfahren mit W/F 2:1, zwingende Güteüberwachung in allen Bereichen, umfassende Einsatztabellen usw. Wegen unserer grundsätzlich positiven Grundhaltung haben wir uns auch Initiativen gegen die EBV oder für eine grundlegende Änderung, z.B. Einführung einer LAG M 20-orientierten Regelung im Gesetzesform, nicht angeschlossen.

Es geht aber nicht an, wenn diese strengen Grundwasserschutzmaßstäbe, wissenschaftlich von Fachleuten in jahrelangen und millionenschweren aufwendigen Forschungsvorhaben unter Beteiligung öffentlicher Stellen ermittelt, nunmehr ohne überzeugende

Begründung und gegen die Auffassung dieser Fachleute von relevanten öffentlichen Stellen nicht anerkannt und kurzerhand verschärfende Forderungen aufgestellt werden. Solche Forderungen, die im Übrigen auch Verschärfungen gegenüber dem aktuellen bundesweiten Stand darstellen, sind bei RC-Baustoffen z.B. Einbauverbote, falls der höchste zu erwartende Grundwasserstand nicht unter ein Meter unter der Unterkante der Einbauschicht liegt, Prüfung neuer Feststoffwerte (Schwermetalle), Verschärfung des Materialwertes bei PAK (Feststoff), bestimmte (weder in der Praxis leistbare noch unter Umweltschutzgesichtspunkten erforderliche) Input-Kontrollen und bestimmte Getrennthaltungen von Input sowie Output (insbesondere fünfzehn Forderungen der Bund-Länder-AG 2013).

Im Übrigen sind aber auch einige Regelungen, die im aktuellen EBV-Entwurf schon enthalten sind, unbedingt zu diskutieren (z.B. Materialwert für Sulfat und Komplex der Anzeige-, Dokumentations- und Lieferscheinregelungen).

Verordnung über Anlagen zum Umgang mit wassergefährdenden Stoffen (AwSV)

Gemäß aktuellem Stand (15.5.2014) werden vor Abschluss des Bundesratsverfahrens am 23.5.2014 (u.a.) die RC-Baustoffe prinzipiell als *allgemein wassergefährdend* eingestuft (§ 3 Abs. 2 Nr. 8). Dieses ist zwar ein deutlicher Fortschritt gegenüber einer in Erstfassungen vorgesehenen Einstufung in Wassergefährdungsklassen und Gefährdungsstufen. Jedoch ist auch eine solche abgemilderte Einstufung, welche im Übrigen auch für andere mineralische Materialien = *feste Gemische* gilt, weder absatz-/imagefördernd noch vertrauensbildend. Nicht akzeptabel ist in unseren Augen aber vor allem, dass wegen der (von uns massiv monierten) Fassung in § 10 Abs. 1 Nr. 3 in einigen Bundesländern selbst die dortige beste Qualität (RCL I, Z 1.1 oder RW-1) als *allgemein wassergefährdend* eingestuft ist und dieses gerade in den Bundesländern, in denen Baustoff-Recycling besonders umfassend auf hohem Niveau betrieben wird und in denen eine solche negative Einstufung bisher nicht besteht (Bayern, Baden-Württemberg, Nordrhein-Westfalen und Sachsen).

Außerdem sind gemäß der jetzigen Fassung von § 10 Abs. 1 Nr. 2 sämtliche in der EBV aufgeführten Ersatzbaustoffe nach deren Inkrafttreten als *allgemein wassergefährdend* einzustufen (außer Bodenmaterial, Gleisschotter und Baggergut der Spitzenqualität 0). Dieses ist ebenso fatal wie völlig überzogen, der Schritt zu *umweltgefährlich* und damit zu gefährlichem Abfall ist nur noch klein (nachfolgend).

EU-Kriterien für die Einstufung von Abfall als *gefährlich*

Seit einigen Jahren werden auf EU-Ebene die o.g. Kriterien überarbeitet, weil deren Grundlagen, die EU-Stoff- und die Zulassungsrichtlinie, zum 1. Juni 2015 außer Kraft und komplett durch die EU-CLP-VO (Classification, Labeling and Packing) ersetzt werden. Es bedurfte ständiger Aufmerksamkeit und erheblicher Anstrengungen, um zu erreichen, dass die RC-Baustoffe im aktuellen – wohl letzten – Vorschlag der EU-Kommission nicht unter die Gefährlichkeitskriterien von HP 4 (*reizend*, pH-Wert) oder HP 14 (*umweltgefährlich*, wovon ein Kriterium die Wassergefährdung ist, s.o.) fallen.

Es bleibt aber noch die Gefahr bei HP 5 (*gesundheitsschädlich*), weil der bisherige Grenzwert für alveolengängige Stäube um neunzig Prozent, von zehn Prozent auf ein Prozent, gesenkt worden ist und diese Art von Staub ein Faktor im Rahmen der RC-Baustoff-Produktion ist.

Die Absenkung dieses Grenzwertes trifft zahlreiche Industriezweige, ihr wird daher zurzeit vom Bundesverband der Deutschen Industrie (BDI) entgegengetreten.

3.5. Mangelnde Verwendung von RC-Baustoffen bei öffentlichen, insbesondere kommunalen, aber auch privaten Baumaßnahmen

Seit vielen Jahren beklagen die Produzenten von RC-Baustoffen, im Übrigen auch die sämtlicher anderer Ersatzbaustoffe, die zu geringe Abnahme und Akzeptanz des Baustoffs. Obwohl das Material in Bezug auf die einzelne Baumaßnahme unter bautechnischen und umweltbezogenen Anforderungen eingesetzt werden könnte, geschieht dieses vielfach nicht. Lagerplätze quellen über, Annahme von Bau- und Abbruchabfall bereitet Probleme (im Übrigen damit den Anlieferern auch), Wirtschaftlichkeitsberechnungen des Unternehmens erfüllen sich nicht, insbesondere kleine bis mittlere RC-Baustoff-Produzenten haben Existenzschwierigkeiten. Parallel dazu geraten RC-Baustoff-Produzenten vermehrt auch in den Fokus behördlicher Überprüfungen und Anordnungen, so zuletzt z.B. durch die Änderungen im deutschen Immissionsschutzrecht in Umsetzung der EU-Richtlinien über Industrieemissionen (EU-IED).

Geht man den Gründen nach, so stellt man zum einen doch immer noch eine generelle Ablehnung von Ersatz-/RC-Baustoffen fest, oft begründet mit negativen – nicht unbedingt eigenen – Erfahrungen in einem bestimmten Fall.

Mindestens genauso groß sind aber die Gruppen derjenigen, die (nur) eine gewisse allgemeine Zurückhaltung und Skepsis haben und derjenigen, die schlicht aus Unkenntnis oder Unsicherheit über die genauen Regelungen zum Einsatz und zur Ausschreibung von RC-Baustoffen diese nicht verwenden.

Es ist besonders bedenklich, dass gerade die Kommunen, aus deren Bereich im Übrigen nennenswerte Mengen Input anfallen (z.B. Straßenaufbruch), als Auftraggeber im öffentlichen Straßen- und Erdbau zu den vorgenannten Gruppen gehören. Dabei gibt es doch deutliche gesetzliche Vorgaben zur vorrangigen Verwendung von Ersatz-/RC-Baustoffen (im Bereich der Abfallwirtschaft z.B. § 45 KrWG und jedes Abfallgesetz eines Bundeslandes, z.B. § 2 AbfG NRW; wegen des regelmäßig im Vergleich zu Primärbaustoffen günstigeren Preises greifen darüber hinaus auch die landesrechtlichen und kommunalen haushaltsrechtlichen Gesetze bezüglich Sparsamkeit und Wirtschaftlichkeit der öffentlichen Verwaltung, z.B. § 7 Landeshaushaltsordnung und § 75 Gemeindeordnung NRW). Des Weiteren haben auch einige Bundesländer, insbesondere die dortigen Umweltministerien, konkrete Erlasse zur Verwendung von RC-Baustoffen herausgegeben.

All diese Regelungen sind jedoch so ausgestaltet, dass eine rechtliche Handhabung für die Ersatzbaustoff-Produzenten nicht besteht. Umso wichtiger ist es aber dann, dass die Herausgeber dieser Vorschriften, die vorgesetzten Behörden und auch die Leitungen der

Kommunen (Bürgermeister, Verwaltungsspitze, Rat) auf die Befolgung in jedem einzelnen, den Einsatz von RC-Baustoffen ermöglichenden Fall achten. Auch müssen von diesen Stellen Beschwerden der Branche, zumindest im Sinne einer Präventivwirkung, ernst genommen und genau verfolgt werden. Nur so kann sich aktuell etwas ändern, nur so müssen sich diese Stellen auch nicht mehr den in Branchenkreisen ständig und deutlich kursierenden Vorwürfen klar widersprüchlichen, unverständlichen und eher Desinteresse erscheinen lassenden Verhaltens aussetzen.

Die Thematik abschließend soll noch der Komplex der Ausschreibung von Baumaßnahmen angesprochen werden. Hier ist besonders Unwille oder Unkenntnis festzustellen. Abgesehen von den zuvor genannten gesetzlichen Vorgaben, Ersatzbaustoffe im Regelfall sogar bevorzugt einzusetzen – was auch eine entsprechende Ausschreibung ermöglicht –, ist aber gemäß § 7 Abs. 8 Vergabe- und Vertragsordnung für Bauleistungen (VOB), Teil A, rechtliche Mindestvorgabe eine produktneutrale Ausschreibung (z.B. *Gesteinskörnung*, zu der gemäß unzweifelhafter Definition auch die Gesteinskörnung RC-Baustoffe gehört oder *Baustoffgemisch*). Selbst die gegenüber einem völligen Ausschluss von Ersatzbaustoff-/RC-Baustoffen, den es leider auch gibt, etwas günstigere Praxis, Nebenangebote zuzulassen, widerspricht dieser Vorgabe der VOB.

Unwille und Unverständnis über diese Situation sind in der RC-Baustoff-Industrie weit verbreitet. Jahrelange Appelle der einzelnen Unternehmen und der Branche insgesamt (u.a. Verband) haben keine deutliche Verbesserung erbracht. Es ist große Ernüchterung eingetreten.

4. Schlussbetrachtung

Das Recycling von Bau- und Abbruchabfällen ist heute fester Bestandteil einer inzwischen etablierten Kreislaufwirtschaft im Baubereich. Der mineralische Anteil der Abfälle wird zu mindestens 95 Prozent verwertet. Zudem werden jährlich etwa 65 Millionen Tonnen RC-Baustoffe als Substitut zu Primärbaustoffen in den Massenanwendungen des Erd-, Straßen- und Tiefbaus eingesetzt.

Trotz aller Verwertungsbemühungen kann aber auch in diesem Wirtschaftsbereich auf die Schadstoffsenke Deponie für einen geringen Anteil dieser Abfälle nicht verzichtet werden.

Die Erfolge der Kreislaufwirtschaft im Baubereich werden zunehmend in Frage gestellt. Eine Vielzahl neuer gesetzlicher Regelungen erschwert die Produktion und den Einsatz von RC-Baustoffen. Mangelnde Akzeptanz und Unkenntnis sowie unzureichende Ausschreibungsregelungen/-praxis haben eher zu- als abgenommen. Die langanhaltende und inzwischen unzumutbare Diskussion um die *richtigen* umweltrelevanten Anforderungen (Stichwort Mantelverordnung) haben die Unsicherheit für alle Beteiligten weiter erhöht. Hier ist der Gesetzgeber nun gefordert, schnellstmöglichst einen sicheren und pragmatischen Handlungsrahmen für die Ersatzbaustoffbranche zu setzen.

Wenn vorstehend die mangelnde Akzeptanz und Abnahme des RC-Baustoffs kritisiert wurde, soll aber hier im Schlusswort auf der anderen Seite noch ein klarer Appell an die RC-Baustoff-Produzenten gerichtet werden, nämlich alles dafür zu tun, dass die RC-Baustoffe die erforderliche Qualität haben und sicherzustellen, dass die in eine Baumaßnahme zu liefernde Qualität tatsächlich voll umfänglich auch gegeben ist. Ein Garant dafür ist eine unabhängige, anspruchsvolle Gütesicherung/-überwachung. Insoweit begrüßen wir es, haben es sogar selbst im Rahmen des Gesetzgebungsverfahrens gefordert, dass dieses in der EBV zu einem Pflichtinstrument bei jeglicher Produktion von RC-Baustoffen werden soll, unabhängig vom späteren Einsatzbereich.

Qualitätsproduktion bedeutet zweifellos auch Aufwand finanzieller Mittel. Dieses ist aber wiederum möglich, wenn der anschließende Absatz gewährleistet ist. Gegen diesen Absatz spricht aber wiederum nichts und darf nichts sprechen, wenn Qualitätsbaustoffe geliefert werden. Insoweit besteht ein ständiges Ineinandergreifen, ein ständiger positiver Kreislauf, in Vollzug der gewollten und propagierten *Kreislaufwirtschaft*.

Österreichische Recyclingbaustoffverordnung
– Stellungnahme aus der Wirtschaft –

Werner Wruss und Michael Kochberger

1.	Grundlagen	29
1.1.	Begriffsdefinition	30
1.2.	Qualitätssicherung	35
1.2.1.	Qualitätssicherung des Aufbereitungsmaschineneinsatzes	35
1.2.2.	Qualitätssicherung der Recyclingprodukte	35
1.2.3.	Zulässige Verwertung	36
2.	Abfallendeproblematik	37
2.1.	Stellungnahmen	39
2.1.1.	Stellungnahme des österreichischen Baustoffrecyclingverbandes [5]	39
2.1.2.	Stellungnahme der ASFINAG [1]	40
2.1.3.	Stellungnahme der Voest Alpine Stahl GmbH [7]	43
2.1.4.	Stellungnahme der Wirtschaftskammer Österreich – Geschäftsstelle Bau zur Recyclingbaustoff-Verordnung [9]	46
2.1.5.	Stellungnahme der Wirtschaftskammer Österreich – Fachverband Steine-Keramik zur Recycling-Baustoffverordnung [8]	47
2.1.6.	Abschlussbericht Umweltbundesamt [6]	48
2.1.7.	Gleisschotterproblematik	49
3.	Zusammenfassung	49
4.	Quellen	49

1. Grundlagen

Die Verwertung von Hochbaurestmassen, Tiefbaurestmassen, Gleisschotter und Tunnelausbruch ist neben der Schonung von Deponievolumen eine Notwendigkeit hinsichtlich der Rohstoffsubstitution, insbesondere bei Recyclingbeton und Recyclinghochbaurestmassen ist darüber hinaus die Herstellung der selbigen CO_2 wirksam und daher ökologisch problematisch. Zum gegenwärtigen Zeitpunkt bestehen in Österreich Verordnungen (AWG, ALSAG), Regelwerke (Bundesabfallwirtschaftsplan (BAWP) erscheint alle fünf Jahre) und Richtlinien (Richtlinie für Recycling-Baustoffe des österreichischen Baustoff-Recycling-Verbandes). Wie wohl im Zuge der Gesetzgebung

Interessensverbände zur Stellungnahme eingeladen werden, der BAWP Input seitens der Bauherren und Auftragnehmer erfährt und die verschiedensten Richtlinien von Interessensverbänden erstellt werden, werden die Regulative für das Recycling mineralischer Abfälle von verschiedenen Bereichen der Wirtschaft divergierend bewertet und unterschiedliche Spannungsfelder aufgezeigt.

Gegenständlicher Beitrag soll nun basierend auf den derzeitig gültigen Regelwerken unter Berücksichtigung der in Erarbeitung befindlichen Recycling-Baustoffverordnung des Umweltministeriums ausgewählte Stellungnahmen aus der Wirtschaft (Baufirmen, Bauherren und Interessensverbände) behandeln.

1.1. Begriffsdefinition

Die basierend auf der Gesetzgebung der europäischen Union im Abfallwirtschaftsgesetz der Republik Österreich festgeschriebene Abfallhierarchie lautet in § 1 Abs. 2 generell für alle Abfälle:

[11]   *[…]Diesem Bundesgesetz liegt folgende Hierarchie zugrunde:*

1. *Abfallvermeidung;*
2. *Vorbereitung zur Wiederverwendung;*
3. *Recycling;*
4. *sonstige Verwertung, z.B. energetische Verwertung;*
5. *Beseitigung[…]*

Für Bodenaushub im Speziellen ist im § 3 Abs. 1 Z 8 folgendes formuliert:

[…]nicht kontaminierte Böden und andere natürlich vorkommende Materialien, die im Zuge von Bauarbeiten ausgehoben wurden, sofern sichergestellt ist, dass die Materialien in ihrem natürlichen Zustand an dem Ort, an dem sie ausgehoben wurden, für Bauzwecke verwendet werden. […]

In einer Erläuterung des BMLFUW zum AWG ist jedoch festgehalten, dass der o.a. § 3 des AWG explizit nicht für Tunnelausbruch herangezogen werden kann:

[2] […] Eine Ausnahme im Sinne des § 3 Abs. 1 Z 8 AWG 2002 liegt nur dann vor, wenn das Material tatsächlich nicht kontaminiert ist. Im Sinne des Vorsorgeprinzips und zur Vermeidung von Beeinträchtigungen der öffentlichen Interessen muss daher folgendermaßen sichergestellt sein, dass es sich beim Bodenaushubmaterial um nicht kontaminiertes Material handelt:

1) Bei

a) Materialien von Standorten, die industriell genutzt wurden oder werden,

b) Materialien von Standorten, bei denen aufgrund einer gewerblichen (Vor-) Nutzung eine Kontamination des Bodens nicht auszuschließen ist,

c) Material von Standorten, bei denen eine Verunreinigung bekannt ist, und

d) Tunnelausbruch ist daher zum Nachweis, dass es sich um nicht kontaminierte Materialien handelt, eine Untersuchung entsprechend dem Stand der Technik durchzuführen [...]

Im Altlastensanierungsgesetz der Republik Österreich, dessen Ziel die Finanzierung der Sicherung und Sanierung von Altlasten ist, ist unter § 3 Abs. 1a Z 6 bezüglich der Verwertung von mineralischen Baurestmassen formuliert:

[11]   *[...]mineralische Baurestmassen, wie Asphaltgranulat, Betongranulat, Asphalt/ Beton-Mischgranulat, Granulat aus natürlichem Gestein, Mischgranulat aus Beton oder Asphalt oder natürlichem Gestein oder gebrochene mineralische Hochbaurestmassen, sofern durch ein Qualitätssicherungssystem gewährleistet wird, dass eine gleichbleibende Qualität gegeben ist, und diese Abfälle im Zusammenhang mit einer Baumaßnahme im unbedingt erforderlichen Ausmaß zulässigerweise für eine Tätigkeit gemäß Abs. 1 Z 1 lit. c verwendet werden[...].*

So die Verwertung von mineralischen Baurestmassen inkl. Gleisschotter und Tunnelaushub nicht zulässig erfolgt, so ist neben einer allfälligen Beseitigungsverpflichtung eine Gebühr von 9,20 EUR pro angefangener Tonne zu entrichten.

[4] Die Gattungen von Recyclingbaustoffen des Altlastensanierungsgesetzes sind in der Richtlinie für Recycling-Baustoffe folgendermaßen definiert:

RMH	Recyclierte mineralische Hochbaurestmassen
RS	Recycling-Sand
RZ	Recyclierter Ziegelsand; Recyclierter Ziegelsplitt
RHZ	Recyclierter Hochbauziegelsand; Recyclierter Hochbauziegelsplitt
RH	Recyclierter Hochbausand; Recyclierter Hochbausplitt
RA	Recycliertes gebrochenes Asphaltgranulat
RB	Recycliertes gebrochenes Betongranulat
RAB	Recycliertes gebrochenes Asphalt/ Beton Mischgranulat
RM	Recycliertes gebrochenes Mischgranulat aus Beton und/oder Asphalt und Gestein (natürliches und/oder recycliertes) mit einem Anteil von mindestens fünfzig Prozent sowie Beton und/oder Asphalt
RG	Recycliertes Granulat aus Gestein (natürliches und/oder recycliertes) mit einem Anteil von mindestens fünfzig Prozent sowie Beton und/oder Asphalt

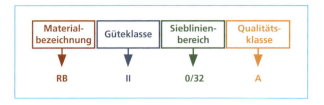

Bild 1:

Materialbezeichnung

Quelle: Grafiken PPP Stanek Vortrag

Im BAWP 2011 ist unter Punkt 7.14. die Verwertung von Recyclingbaustoffen geregelt:

*[10]   […]Recycling-Baustoffe sind zur Verwertung geeignete mineralische Gesteinskörnungen entsprechend den Materialbezeichnungen der relevanten Normen (z.B. ÖNORM EN 13242 **Gesteinskörnungen für ungebundene und hydraulisch gebundene Gemische für Ingenieur- und Straßenbau**, ÖNORM B 3132 **Gesteinskörnungen für ungebundene und hydraulisch gebundene Gemische für Ingenieur und Straßenbau**, Regeln zur Umsetzung der ÖNORM EN 13242) bzw. der im September 2009 verabschiedeten 8. Auflage der Richtlinie für Recycling- Baustoffe des Österreichischen Baustoff- Recycling Verbandes (ÖBRV), die nach der Aufbereitung von Baurestmassen in einer Recyclinganlage entstehen. Voraussetzung für die Herstellung von Gesteinskörnungen aus Baurestmassen, die auch zweckmäßig verwertet werden können, ist eine gute Qualität der Eingangsmaterialien für die Recyclinganlage. Eine derartige Qualität kann insbesondere durch Schadstofferkundung auf der Baustelle und verwertungsorientierten Rückbau erreicht werden. Dazu können insbesondere folgende Maßnahmen dienen:*

Es ist ein Abfallkonzept zu entwickeln für Abfälle aus der Errichtung, der Sanierung oder dem Abbruch von Bauwerken mit einem Brutto-Rauminhalt von mehr als 5.000 m³. Dies gilt ebenso für Neubau, wesentliche Änderungen, Abbruchmaßnahmen oder Generalsanierungsarbeiten von Straßen oder Eisenbahnstrecken auf einer Länge von mehr als 1.000 m.

*Weiterhin ist bei Gebäuden mit einem Brutto- Rauminhalt von mehr als 5.000 m³ eine Schadstofferkundung gemäß ONR 192130 **Schadstofferkundung von Bauwerken vor Abbrucharbeiten** vom 1.5.2006 durchzuführen und zu dokumentieren. Dies gilt ohne Berücksichtigung des Brutto-Rauminhaltes auch für Bauwerke, bei welchen aufgrund der Vornutzung der begründete Verdacht auf eine Schadstoffkontamination besteht. Für den Tiefbau ist besonders darauf zu achten, teerhaltige Materialien zu erfassen und gesondert zu behandeln. Ausbauasphalte dürfen im Fall der Verwertung in einer Heißmischanlage die Grenzwerte der ÖNORM B 3580-1 **Asphaltmischgut – Mischgutanforderungen, Teil 1: Asphaltbeton – Empirischer Ansatz** vom 1.12.2009 keinesfalls überschreiten.[…]*

Das Abbruchmaterial ist bei der Recyclinganlage zu deklarieren. Bei Anlieferung des Materials an die Recyclinganlage erhält und prüft der Anlagenbetreiber die Materialdeklaration (z.B. das Baurestmassennachweisformular) und den Bericht zur Schadstofferkundung (falls erforderlich) und zum Rückbau. Sowohl bei der Anlieferung des Materials als auch beim Abladen hat eine visuelle Kontrolle zu erfolgen. Werden relevante Verunreinigungen gefunden, die nicht aussortiert werden können, so ist

Österreichische Recyclingbaustoffverordnung

das Material zurückzuweisen. Streusplitt aus der Einkehrung darf nach Vorbehandlung (Vorabsiebung) einer Verwertung nach der im September 2009 verabschiedeten 8. Auflage der Richtlinie für Recycling-Baustoffe des ÖBRV zugeführt werden. Das abgesiebte Unterkorn und Überkorn ist ordnungsgemäß zu behandeln. Für den Einsatz als Baustoff (z.B. Zuschlagstoff oder Tragschichtmaterial) ist die Behandlung dieser gewonnenen Gesteinskörnung z.B. gemeinsam mit Gesteinskörnungen der Materialbezeichnungen RA, RB, RM und RG unter Einhaltung der Grenzwerte der Tabelle 1 und bei Hinweisen oder dem Verdacht auf eine Kontamination zusätzlich unter Einhaltung der Tabelle 2 möglich.

Tabelle 1: Qualitätsklassen: Grenzwerte für Recycling-Baustoffe

Parameter Eluat bei L/S 10	Einheit	Qualitätsklasse A+	Qualitätsklasse A	Qualitätsklasse B	Qualitätsklasse C (nur Hochbaurestmassen)
pH-Wert	-	7,5 bis 12,5[2]	7,5 bis 12,5[2]	7,5 bis 12,5[2]	7,5 bis 12,5[2]
Elektrische Leitfähigkeit	mS/m	150[1)2)]	150[1)2)]	150[1)2)]	250[1)2)]
Chrom gesamt	mg/kg TS	0,3	0,5	1	1,5
Kupfer	mg/kg TS	0,5	1	2	5
Ammonium (als N)[6]	mg/kg TS	1	4	8	30
Nitrit (als N)[6]	mg/kg TS	0,5	1	2	8
Sulfat (als SO_4)[4]	mg/kg TS	1.500	2.500	6.000[3]	6.000[5]
KW-Index	mg/kg TS	1	3	5	40
Gesamtgehalt					
PAK (16 Verbindungen)[4]	mg/kg TS	4	12	20	25

[1] Bei einem pH-Wert zwischen 11,0 und 12,5 beträgt der Grenzwert für die elektrische Leitfähigkeit 200 mS/m.

[2] Bei Überschreitung des Wertes siehe Punkt R4.1.4 der Richtlinie für Recycling-Baustoffe (Österreichischer Baustoff-Recycling Verband ÖBRV 2009, 8. Auflage).

[3] Bei einem Ca/SO_4-Verhältnis von ≥ 0,43 im Eluat gilt ein Grenzwert von 8.000 mg/kg TS.

[4] Bei einem Asphaltanteil von maximal 5 Ma-% entfällt diese Prüfung.

[5] Bei einem Ca/SO_4-Verhältnis von ≥ 0,43 im Eluat gilt ein Grenzwert von 10.000 mg/kg TS.

[6] Der Grenzwert gilt als eingehalten, wenn der arithmetische Mittelwert aller Untersuchungsergebnisse der letzten 12 Monate den Grenzwert einhält und dabei kein einzelnes Untersuchungsergebnis den jeweiligen Toleranzwert überschreitet. Zur Berechnung der Toleranzwerte siehe Punkt A7.3.2 der *Richtlinie für Recycling-Baustoffe* (Österreichischer Baustoff-Recycling Verband ÖBRV 2009, 8. Auflage).

Die jeweils zulässigen Einsatzbereiche von Recycling- Baustoffen sind von den Qualitätsklassen abhängig. […]Im Hinblick auf die allgemeine Sorge für die Reinhaltung von Gewässern (§ 30 WRG iVm § 31 WRG) dürfen Recycling-Baustoffe nicht in folgenden Bereichen verwendet werden:

* *in Schutzgebieten gemäß §§ 34, 35 und 37 WRG 1959*
* *unterhalb der Kote des höchsten Grundwasserstandes (HGW)*
* *Qualitätsklasse B nicht unterhalb der Kote des höchsten Grundwasserstandes plus 1,0 m (HGW + 1 m)*

Parameter	Qualitäts-klasse A+	Qualitäts-klasse A	Qualitäts-klasse B
		mg/kg TS	
Eluat bei L/S 10			
Antimon	0,06	0,06	0,1
Arsen	0,5	0,5	0,5
Barium	20	20	20
Blei	0,5	0,5	0,5
Cadmium	0,04	0,04	0,04
Molybdän	0,5	0,5	0,5
Nickel	0,4	0,4	0,6
Quecksilber	0,01	0,01	0,01
Selen	0,1	0,1	0,1
Zink	4	4	18
Chlorid	800	800	1.000
Fluorid	10	10	15
Phenolindex	1	1	1
DOC[1]	500	500	500
TDS[2]	4.000	4.000	8.000
Gesamtgehalt			
Arsen	20	30	30
Blei	30	100	100[3]
Cadmium	0,5	1,1	1,1
Chrom gesamt	40	90	90[3]
Kupfer	30	90	90[3]
Nickel	30	55	55[3]
Quecksilber	0,2	0,7	0,7
Zink	100	450	450

Tabelle 2:

Qualitätsklassen: zusätzliche Grenzwerte für Recycling-Baustoffe

[1] Kann bei eigenem pH-Wert oder alternativ bei L/S = 10 l/kg und pH-Wert 7,5 bis 8,0 untersucht werden.
[2] Statt Sulfat und Chlorid können die Werte für vollständig gelöste Feststoffe (TDS) herangezogen werden. Sulfat muss aber jedenfalls bestimmt werden.
[3] Für geogen bedingte Gehalte in Gesteinskörnungen gelten die Grenzwerte der Spalte II der Tabelle 1 des Anhangs 1 der Deponieverordnung 2008 (siehe auch Kapitel 7.16. Gleisaushubmaterial).

Tabelle 3: Qualitätsklassen: Einsatzbereiche für Recycling-Baustoffe

Anwendungsform	hydrogeologisch sensibles Gebiet	hydrogeologisch weniger sensibles Gebiet	innerhalb des Deponiekörpers[4]
ungebunden ohne Deckschicht[1]	Qualitätsklasse A+	Qualitätsklassen[2] A+, A	Qualitätsklassen A+, A, B, C
ungebunden mit Deckschicht oder in gebundener Form ohne/mit Deckschicht[1]	Qualitätsklassen[3] A+, A	Qualitätsklassen A+, A, B	Qualitätsklassen A+, A, B, C
als Zuschlagstoff für Asphalt oder Beton	Qualitätsklassen A+, A, B	Qualitätsklassen A+, A, B	Qualitätsklassen A+, A, B, C

[1] Als Deckschichten gelten bindemittelgebundene Schichten (Asphaltbelag, Betonbelag), welche die Durchsickerung des gesamten Recycling-Baustoffs mit Niederschlägen verhindert.
[2] Bis zu einer maximalen Schichtdecke von 2 m und einer maximalen Kubatur von 20.000 m3 können auch Recycling-Baustoffe anderer Qualitätsklassen eingesetzt werden, sofern die Grenzwerte der Qualitätsklasse A nur im Parameter Sulfat bis maximal 4.500 mg/kg TS überschritten werden.
[3] Im Falle der Anwendung mit Deckschicht können auch Recycling-Baustoffe anderer Qualitätsklassen eingesetzt werden, sofern die Grenzwerte der Qualitätsklasse A nur im Parameter Sulfat bis maximal 4.500 mg/kg TS überschritten werden.
[4] Nur bei Deponien für nicht gefährliche Abfälle, sofern der Einsatzbereich von der Deponiesickerwassersammlung erfasst ist.

[…]Bei Einhaltung der Anforderungen der im September 2009 verabschiedeten 8. Auflage der Richtlinie für Recycling-Baustoffe des ÖBRV und unter Berücksichtigung der oben stehenden Anforderungen bei Hinweisen oder dem Verdacht auf eine Kontamination ist von einer umweltgerechten qualitätsgesicherten Aufbereitung von mineralischen Baurestmassen auszugehen (nicht erforderlich ist die Einhaltung des Kapitels A8 der Richtlinie). Diese Richtlinie legt auch Anforderungen an bautechnische Kriterien für Recycling-Baustoffe fest. Das Qualitätssicherungssystem kann beispielsweise durch das Gütezeichen für Recycling-Baustoffe dokumentiert werden. Das BMLFUW beabsichtigt für die Qualitätsklassen A+ und A eine Abfallende-Verordnung zum AWG 2002 zu erlassen[…]

Hier wird neben einer großen Zahl an Grenzwerten ein besonderes Augenmerk auf einen Rückbau gelegt, welcher eine weitgehende Verwertung der Bauwerksteile ermöglicht. Dies versteht sich weitestgehend als Rückbau in umgekehrter Richtung zur Errichtung. Die ÖNORM B 2251 liefert technische Grundlagen zu einem Rückbau welcher basierend auf den Erkenntnissen einer Schadstofferkundung gem. ONR 192130 geplant werden soll.

Diese Schadstoffbegehung in Verbindung mit einem Rückbau soll eine möglichst sortenreine Gewinnung der einzelnen Fraktionen der Recyclingbaustoffe ermöglichen. Diese Sortenreinheit in Verbindung mit den o.a. Grenzwerten zielt darauf ab, die Umweltauswirkungen der Recyclingbaustoffe vergleichbar mit jenen von Primärrohstoffen zu halten.

Unter Punkt 7.16 des BAWP 2011 ist festgehalten, dass auch die Verwertung von Gleisschottermaterialien basierend auf dem Grenzwerteregime des Kapitels 7.14 erfolgt. Auch Tunnelausbruchmaterial kann als Recyclingbaustoff verwertet werden. Auch in diesem Falle gelten die Anforderungen des besagten Kapitels 7.14.

1.2. Qualitätssicherung

Die gesetzlich geforderten Vorgaben für die Qualitätssicherung bei der Herstellung von Recyclingbaustoffen betreffen einerseits den Maschineneinsatz und andererseits das Herstellungsprocedere selber. Um eine zulässige Aufbereitung vor Verwertung zu gewährleisten, ist folgendes zu beachten:

1.2.1. Qualitätssicherung des Aufbereitungsmaschineneinsatzes

Die Anlagen für die Aufbereitung von Recyclingbaustoffen müssen eine CE-Zertifizierung aufweisen. Diese bedingt eine gleichbleibende Qualität der Recyclingbaustoffe. Darüber hinaus ist der Aufbereitungsmaschineneinsatz gemäß AWG zu genehmigen, was wiederum einen Genehmigungsbescheid vom Standort des Betreibers erfordert.

1.2.2. Qualitätssicherung der Recyclingprodukte

Die Qualitätssicherung der Recyclingprodukte ist in der Richtlinie für Recyclingprodukte geregelt. In Abhängigkeit vom geplanten Einsatz der Recyclingbaustoffe sind hier bautechnische und abfallchemische Kriterien festgehalten, welche die Zulässigkeit der Verwertung und hiermit die Qualität, welche eine ALSAG - Beitragsfreiheit bedingt, beschreiben.

Ohne Anspruch auf Vollständigkeit handelt es sich hierbei um folgende Eluatparameter:
- pH-Wert
- Elektrische Leitfähigkeit
- Chrom gesamt
- Kupfer
- Ammonium
- Nitrit
- Sulfat
- KW-Index

Als einziger Gesamtgehaltsparameter wird
- PAK gesamt

angeführt.

Darüber hinaus sind seit dem BAWP 2006 weitere Parameter mit Grenzwerten versehen, welche untersucht werden müssen, so erhöhte Gehalte vermutet werden.

[10] [...] Liegen aufgrund von Kenntnissen über die Herkunft Hinweise auf eine Kontamination während der Nutzung oder auf erhöhte Schadstoffgehalte des aufzubereitenden Materials (insbesondere erhöhte Nickel- und Chromgehalte bei Gleisschotter) vor oder besteht beispielsweise aufgrund einer visuellen Eingangskontrolle der Verdacht auf eine Kontamination, so sind jene Parameter der nachfolgenden Liste zu überprüfen [...]

Die bautechnische beinhaltet unter anderem definierte Sieblinien, Frostbeständigkeiten, Abriebfestigkeiten, Fremdanteile, usw.

Die Aufbereitungsarbeiten sind nach einer Erstuntersuchung durch eine externe akkreditierte Fachanstalt vom Aufbereitungsunternehmen täglich visuell, alle fünf Aufbereitungstage bauphysikalisch und alle zehn Aufbereitungstage abfallchemisch zu untersuchen.

Der österreichische Baustoffrecyclingverband trachtet, sowohl die Qualitätssicherung des Aufbereitungsmaschineneinsatzes (der mobilen Recycling-Anlagen) als auch der Recyclingprodukte selber durch Verleihung von Gütezeichen für den alltäglichen Baustellenbetrieb transparent zu gestalten.

1.2.3. Zulässige Verwertung

In der Zusammenschau der unter Punkt 1.1 angeführten gesetzlichen Grundlagen und Regelwerke und den unter Punkt 1.2 aufgeführten Qualitätssicherungssystemen ergibt, dass eine zulässige Verwertung nur durch Erfüllung nachstehender Vorgaben gegeben ist.
- Die Aufbereitung der Recyclingbaustoffe erfolgt mit einer genehmigten CE-zertifizierten, qualitätsgesicherten Aufbereitungsanlage.

Österreichische Recyclingbaustoffverordnung

- Das Material entspricht den für den vorgesehenen Einsatz festgeschriebenen abfallchemischen Grenzwerten.
- Das Material entspricht den für den vorgesehenen Einsatz festgeschriebenen bauphysikalischen Grenzwerten.
- Die Baumaßnahme ist entsprechend den derzeit gültigen Regelwerken genehmigt (z.B. Wasserrechtsgesetz, Naturschutzgesetz oder Bauordnung, usw.).

So eine dieser Kriterien nicht erfüllt ist, ist die Verwertung nicht zulässig und daher der unter Punkt 1.1 angeführte ALSAG-Beitrag zu entrichten.

2. Abfallendeproblematik

Kriterien wann ein Recyclingprodukt oder Aushub das Abfallende ohne den entsprechenden Verwertungsschritt erreicht, werden in der geplanten Abfallendeverordnung für Recyclingmaterialien bzw. Abfallende für Aushubmaterialien entwickelt.

Die Abfallendeverordnung für Recyclingbaustoffe ist im Status Entwurf vom 05.2014 und schon weit fortgeschritten. Die Abfallendeverordnung für Aushubmaterialien befindet sich erst im Status der Vorarbeiten.

Die Abfallendeproblematik fokussiert auf der Tatsache, dass zum gegenwärtigen Zeitpunkt (Juni 2014) Recyclingbaustoffe (inkl. Gleisschotter und Tunnelausbruch) erst nach ihrer zulässigen Verwertung die Abfalleigenschaft verlieren. Bei einer Abfallendeverordnung verlieren jedoch die Recyclingbaustoffe schon bei Einhalten der Kriterien der Abfallendeverordnung die entsprechende Abfalleigenschaft.

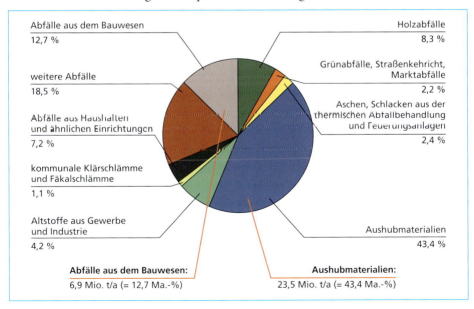

Bild 2: Anteile ausgewählter Abfallgruppen

Quelle: Grafiken PPP Stanek Vortrag

Mit Stichtag 2009 fielen in Österreich 23,5 Millionen Tonnen Aushubmaterialien und 6,9 Millionen Tonnen Abfälle aus dem Bauwesen an.

Von diesen 6,9 Millionen Tonnen werden derzeit 6,5 Millionen Tonnen in 140 mobilen und stationären Anlagen recycelt.

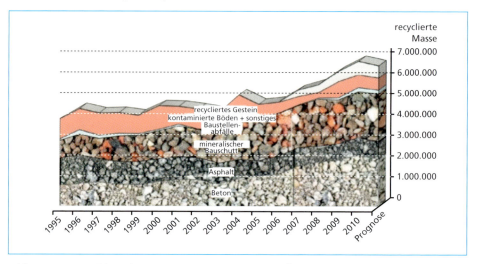

Bild 3: Entwicklung der Recyclingbaustoff-Mengen in Österreich

Quelle: Hochrechnung des Baustoff-Recycling Verbandes: zitiert in: Grafiken PPP Stanek Vortrag

Diese hohe Recyclingquote in Zusammenschau mit umfassenden Regelwerken und gesetzlichen Vorgaben bis hin zu einer im Entwurf befindlichen Abfallendeverordnung lässt den österreichischen Weg des Baustoffrecycling friktionsfrei und ökologisch durchgängig und nachhaltig erscheinen. Dennoch bestehen grundlegende Probleme die einer Lösung bedürfen.

- Als gebirgiges Land mit einem großen Anteil an Kristallinen und ultrabasischen Gebirgsstöcken weisen Recyclinggesteine punktuell hohe Schwermetallgesamtgehalte auf.

- Stahlwerksschlacken besitzen eine geringe Abrasivität. Die österreichische Schwerindustrie insbesondere bei der Voest Alpine Stahl GmbH fallen große Mengen dieser Stahlwerksschlacke an. Aufgrund erhöhter Schwermetallgehalte in der Stahlwerksschlacke wird zurzeit eine Diskussion über deren Bewertung basierend auf den gesetzlichen Vorgaben geführt.

- Im Zuge von Steinkohlevergasungen und anderen kohleverarbeitenden Industrien fällt PAK-haltiger Steinkohleteer an. Die zulässigen PAK-Gesamtgehalte in Recyclingprodukten werden diskutiert.

- Insbesondere im Gleisbau ist der Einbau von Hartgesteinen als Gleisschottermaterialien unabdingbar. Diese Hartgesteine sind oftmals wie o.a. vererzt. Zum gegenwärtigen Zeitpunkt ist eine Wiederverwertung von vererzten Hartgesteinen nur abermals im Bahnbau zulässig.

- Die Testmethoden für die Parameter pH-Wert und Leitfähigkeit sind für Baustoffe mit hohem alkalischen Anteil (z.B. Beton) nicht geeignet. Zusätzliche Untersuchungen, wie eine Schnellcarbonatisierung ermöglichen einen Vergleich mit Grenzwerten für andere Recyclingbaustoffe ohne andere relevante Alkalimitäten.

Im Folgenden werden einzelne Stellungnahmen aus der Wirtschaft, teilweise gekürzt, angeführt.

2.1. Stellungnahmen

Im Folgenden werden einzelne Stellungnahmen aus der Wirtschaft, teilweise gekürzt, angeführt. Diese Kürzung ergibt sich aus der Tatsache, dass die Gesamtstellungnahmen den Rahmen des gegenständlichen Beitrages sprengen würden. Die vollständige Stellungnahme bzw. Literaturquellen sind dem Quellenverzeichnis zu entnehmen. Die Stellungnahmen aus der Wirtschaft zeigen, dass bei der Verwertung von Recycling-Baustoffen bzw. bei der Erstellung von gesetzlichen Grundlagen oft diametrale Interessen aufeinander prallen. Erscheint das Regulativ für Bauherren und Auftragnehmer oft überschießend, so betrachtet der Gesetzgeber und insbesondere Umweltschutzorganisationen, vor allem die Grenzwerte zu hoch angesetzt. Diese oftmals schwerwiegenden Spannungsfelder sollen anhand der u.a. Stellungnahmen skizziert werden.

2.1.1. Stellungnahme des österreichischen Baustoffrecyclingverbandes [5]

Seitens des Vorsitzenden, DI Car, werden folgende Punkte angemerkt:

[…]

Die AbfallendeVO ging von der Richtlinie für Recycling-Baustoffe aus – ein Erfolgsmodell, das 25 Jahre gehalten hat. Nun wird aber komplett davon abgegangen.

Die Neufestlegung von Parametern und Grenzwerten fußt keineswegs auf der Lösung von Problemfällen. In den letzten 25 Jahren gab es keine massiven Probleme, die auf fehlende Untersuchungen usw. zurückzuführen sind. Die Neufestlegung ist auch unter wissenschaftliche Hintergrundarbeit.

Ziel muss die Rechtssicherheit sein UND ein VORGEZOGENES ABFALLENDE. Der Letztentwurf vom Nov. 2013 enthält genau das Gegenteil (bei formalen Fehlern wird sofort das Abfallende obsolet!). Das Abfallende tritt nach dem Vorschlag NICHT mit der Produktion ein, ist auch mit dem Einsatzgebiet noch abhängig (Wasserschongebiet z.B.), trotz Produktstatus.

Der administrative Aufwand ist extrem – z.B. Freigabeprotokoll […]

[…]Unser Ziel:
- *Abfallende mit der Produktion*
- *Abfallende für die Qualitätsklasse A+, A und B (also auch für B)*
- *Beibehaltung der Qualitätsklasse C für den Deponiebau*

- Rechtssicherheit mit Produktstatus
- Administrativ bewältigbarer Aufwand
- Keine Bevorzugung der LD-Schlacke bzw. Schlechterstellung von Recycling-Baustoffen bei gleichem Anwendungsfeld [...]

2.1.2. Stellungnahme der ASFINAG [1]

Die Stellungnahme der ASFINAG als einer der beiden großen österreichischen Infrastrukturbauherren fällt naturgemäß umfassend aus. Aus diesem Grund werden lediglich ausgewählte Anmerkungen angeführt.

Zum Beispiel bestehen bei Großbaustellen immer Probleme der räumlichen Zuordnung:

[...]§ 1 Z 2 iVm § 7 Abs 1

Die hier angeführte Trennung von Abfällen bzw. Stoffgruppen ...am Anfallsort ist aus Sicht der ASFINAG zwar grundsätzlich sinnvoll, eine generelle Verpflichtung dazu würde jedoch zu Problemen in der praktischen Umsetzung führen. Dies da für die zur Trennung teils erforderlichen mobilen Anlagen in bestimmten Fällen vor Ort keine Bewilligung erwirkt werden kann bzw. Platzmangel oder technische Gründe eine Trennung am Anfallsort nicht zulassen. Zudem ist in vielen Fällen eine Trennung in stationären und effizienteren Anlagen sinnvoller.

*Die ASFINAG schlägt daher die Streichung der Wortfolge **am Anfallsort** in den beiden oben angeführten Bestimmungen vor. [...]*

Auch die Verwertung von Schlacke als Zuschlag bei Schwarzdecken bedarf Präzisierungen:

[...]§ 2 Abs. 1 Z 4 iVm § 3

*Das im Geltungsbereich angeführte **Asphaltmischgut D** ist im VO-Text, insbesondere in den Begriffsbestimmungen, nicht weiter definiert. Diesbezüglich wäre klarzustellen, ab welchem Schlacke-Anteil Ausbauasphalt der Qualitätsklasse D zuzuordnen ist oder ob diese Zuordnung nur über die Grenzwerte für Eluat- und Gesamtgehalte geregelt wird. Zudem wäre hierbei auch klarzustellen, ob die Zuordnung in die Qualitätsklasse D für Hochofen-, LD- und Elektroofenschlacke unterschiedlich erfolgen muss.*

Grundsätzlich regt die ASFINAG an dieser Stelle beispielhaft für andere Aspekte in der Verordnung an, möglichst klare und einfache Regelungen vorzugeben, deren Bedeutungsgehalt auch ohne Zusammenschau vieler unterschiedlicher Vorgaben, an unterschiedlichen Stellen leicht erkennbar ist. Dies würde eine rechtssichere Anwendung der VO in der Praxis sehr erleichtern. [...]

Um sicherzustellen, dass der Rückbau im Zuge von Abrissmaßnahmen fachgerecht ausgeführt wird, sind Bestätigungen einer rückbaukundigen Person einzuholen. Zu dieser **rückbaukundigen Person** wird festgehalten:

[…]§ 2 Abs 3 Z 4 iVm § 4 Abs 1 Z 2

*Die Schaffung neuer Fachpersonen – hier der **rückbaukundigen Person** - sollte nach Ansicht der ASFINAG nach Möglichkeit vermieden werden. Im Fall der rückbaukundigen Person sind uE bautechnische Fachausbildungen zur Beurteilung der in der VO angeführten Aspekte ausreichend. Zudem bleibt unklar, ob im Fall von unzulässig erteiltem vorzeitigem Abfallende diese rückbaukundige Person haftbar gemacht werden kann. Eine solche neue Fachperson bedeutet für die tätigen Fachanstalten, Bauingenieure, Bauaufsichten, Abbruchfirmen usw. und nicht zuletzt für die Bauherrn einen bürokratischen und finanziellen Mehraufwand (spezielle Schulungen, gesonderte Beauftragungen von Dienstleistungen usw.), mit dem im Ergebnis – zumindest im vorliegenden Verordnungsentwurf – kein gesichertes Abfallende korrespondiert. […]*

Die Erstellung verpflichtender Abfallkonzepte scheint administrativ überschießend.

[…]§ 5 Abfallkonzept

Vorauszuschicken ist, dass der Recyclinganteil der im Rahmen des Straßenbaus eingesetzten Materialien bereits jetzt schon sehr hoch ist. Es besteht kein Bedarf, in diesem Bereich Maßnahmen (wie etwa ein bindendes Abfallkonzept) vorzuschreiben.

Aus der Sicht der ASFINAG erscheint es zudem nicht sachgerecht, die Bauherrn auf der einen Seite zur umfassenden Erstellung von Abfallkonzepten zu verpflichten, wenn auf der anderen Seite kein gesichertes Abfallende korrespondiert. Dies da die Erstellung derartiger Abfallkonzepte mit einem signifikanten Mehraufwand verbunden ist. Dazu kommt, dass die derzeit geplante zwingende Beilegung als Teil der Ausschreibungsunterlage (§ 5 Abs 3) in der Praxis voraussichtlich zu bauwirtschaftlichen Problemen (insbesondere Mehrkostenforderungen) führen wird, sofern einzelne Teile des aufwändig erstellten Abfallkonzeptes letztlich aufgrund geänderter Baugrundverhältnissen oder sonstigen Unvorhersehbarkeiten nicht umsetzbar sind.[…]

Auch das im BAWP 2011 festgehaltene Verbot, Recycling Baustoffe im Grundwasserschwankungsbereich einzusetzen, ist gemäß ASFINAG zu diskutieren.

[…]§ 15 iVm § 3 Z 12 bis 14

Mit vorliegender Verordnung würde das bereits bestehende Qualitätssicherungssystem noch weiter ausgebaut. Bereits derzeit besitzen Recyclingbaustoffe eine hohe umweltfachliche Qualität, weshalb schon derzeit eine Gefährdung von öffentlichen Interessen de facto nicht zu besorgen ist.

Zukünftig sollen lt. vorliegendem Entwurf Recyclingbaustoffprodukte einem sehr strengen Qualitätssicherungssystem unterworfen werden, weshalb diese Baumaterialien eindeutig spezifizierte, unbedenkliche Baustoffe darstellen.

Vor diesem Hintergrund würde sich aus der Sicht der ASFINAG eine möglichst ausgewogene und sachlich begründete Festlegung hinsichtlich der Zulässigkeit des Einsatzes von Recyclingbaustoffprodukten im Verhältnis zum Einsatz von Natursteinprodukten empfehlen.

> *Dies wäre aus der Sicht der ASFINAG etwa in der Form gewährleistet, dass Materialien der Qualitätsklassen A+ und A keiner Verwendungsbeschränkung unterworfen werden, während Materialien der Qualitätsklasse B teilweisen Verwendungsbeschränkungen (z.B. in hydrologisch besonders sensiblen Gebieten) unterliegen. Jedenfalls ist uE jedoch der Passus der Nichtanwendung von Recycling-Baustoffen **unterhalb der Kote des höchsten Grundwasserstandes** zu streichen. […]*

Da das Erreichen des Abfallendes auf umfassenden Qualitätssicherungen beruht ist zum gegenwärtigen Zeitpunkt eine Ausnahme bei sofortiger Wiederverwendung nicht möglich.

> *[…] § 16 Abs 3 iVm Anhang 3*
>
> *Mit gegenständlicher Regelung können keine A+ und A-Recyclingbaustoffe mehr außerhalb des Abfallende-Regimes bzw. ohne Produktstatus in Verkehr gebracht werden. Damit sind immer alle zur Erreichung des Abfallendes erforderlichen Vorgaben zu erfüllen. Dies wäre jedoch überschießend, da gerade im Fall der Aufbereitung vor Ort und dem Wiedereinbau im selben Bauvorhaben kein Produktstatus zwingend erforderlich wäre und auch kein umweltfachlicher Mehrwert darin gesehen wird (Beispiel: Betondeckenrecycling).*
>
> *Obwohl Recyclingbaustoffe (ohne Abfallendestatus) mit nachgewiesener A+ und A Qualität, aber ohne verwertungsorientierten Rückbau, den Recyclingbaustoffprodukten umweltfachlich gleichwertig sind, gibt es aufgrund des aktuellen VO-Entwurfs für diese Materialien eine Qualitätsklassenreduzierung auf B und damit stark eingeschränkte Einsatzmöglichkeiten. Dies würde uE zu einem Sinken der Recyclingquote dieser Materialien führen.[…]*

Hinsichtlich der Verwertung von LD-Schlacke besteht seitens der ASFINAG Klärungsbedarf.

> *[…] § 19 Abs 9 betreffend Baustoffen aus Schlacke […]*
>
> *Aus Sicht der ASFINAG sollte deshalb im Rahmen der gegenständlichen Verordnung sichergestellt werden, dass Baustoffe aus Schlacke weiterhin rechtssicher für bautechnische Zwecke im Straßenbau verwendet werden dürfen. Dabei sind insbesondere folgende Aspekte wesentlich:*
>
> *Die ASFINAG hat aus technischer Sicht sehr gute Erfahrungen mit Schlacke im Straßenbau. Diese Erfahrung findet sich auch in den entsprechenden normativen Regelungen wieder. […]*

Grenzwerte für geogene Vererzungen sind zu diskutieren:

> *[…] Anhang 3, Tabelle 1, Fußnote 6*
>
> *Für geogen bedingte Gehalte in Gesteinskörnungen sind besondere Vorgaben für die Verwertung nach Ansicht der ASFINAG nicht begründet. Darüber hinaus sind die unterschiedlichen Vorgaben/Beschränkungen für geogen belastetes Material in dieser Fußnote fachlich nicht begründet und sollten zumindest im Sinne einer Gleichbehandlung des Straßenbaus mit dem Gleisbau auf **…wenn dieses Straßenbaumaterial wieder im Straßenbau eingesetzt wird…** geändert werden.[…]*

2.1.3. Stellungnahme der Voest Alpine Stahl GmbH [7]

Hinsichtlich des Einsatzes von Stahlwerksschlacken (LD-Schlacken) werden seitens der Voest Alpine Stahl GmbH umfassende Unterlagen publiziert:

[...]Schlacken sind wertvolle Sekundärrohstoffe

Schlacken zählen zu den ursprünglichsten Gütern überhaupt. Sie sind vergleichbar mit flüssigem Magma aus dem Erdinneren. Wie natürliche Gesteine enthalten Schlacken auch Spurenelemente, diese sind aber fest in das Kristallgitter eingebunden und somit kaum eluierbar (auslaugbar). Darüber hinaus weisen Schlacken einen weiteren Vorteil auf: Sie sind sehr homogen aufgebaut, das heißt selbst innerhalb einzelner gewonnener Chargen von gleichbleibender Qualität und Beschaffenheit. Dank der genauen Analyse und flächendeckenden Prozesskontrolle in der Eisen- und Stahlerzeugung ist die detaillierte Zusammensetzung jeder Schlacke bekannt.

Grundsätzlich wird zwischen Hochofenschlacke und Stahlwerksschlacke unterschieden.

In der voestalpine werden die im Prozess erzeugten Schlacken in Hochofen- und Stahlwerksschlacken getrennt erfasst und aufbereitet und so zu wertvollen Produkten vor allem für die Zement- und Bauindustrie weiterverarbeitet.

Erstere entsteht im Hochofen bei der Produktion von flüssigem Roheisen und wird großteils zu Hüttensand verarbeitet, einem wertvollen Zuschlagstoff in der Zementproduktion. Sein Einsatz vermindert die Verwendung von Klinker und reduziert somit massiv den Energieverbrauch und die CO_2-Produktion.

Zu den Stahlwerksschlacken zählt hauptsächlich die LD-Schlacke, die im Linz-Donawitz-Verfahren gewonnen wird. Sie entsteht im Stahlwerk im LD-Konverter bei der Weiterverarbeitung von Roheisen zu Stahl. Im voestalpine-Konzern werden pro Jahr etwa 650.000 Tonnen, davon etwa 500.000 Tonnen in Linz und 150.000 Tonnen in Donawitz, gewonnen.

Im Sinne der Rohstoffeffizienz wird auch ein Teil der LD-Schlacke aufgrund ihrer spezifischen Eigenschaften wieder in den Prozess der Eisen- und Stahlerzeugung rückgeführt. Damit wird eine erhebliche Menge an primären Eisen- und Kalkträgern substituiert. Der überwiegende Teil der anfallenden Menge ging bislang extern in den Straßenbau, ein geringer Teil wird an die Zementindustrie abgesetzt.

Darüber hinaus wird im Rahmen von F&E-Projekten ständig an der Entwicklung weiterer alternativer Verwertungsmöglichkeiten gearbeitet.

Die jährliche LD-Schlackenproduktion in Europa liegt übrigens nach Angaben der Verbände EUROFER und EUROSLAG bei etwa zehn Millionen Tonnen.

*Durch den Einsatz von Stahlwerksschlacken als Sekundärrohstoff anstelle von Naturgestein wird somit auch den Intentionen der Europäischen Union bezüglich Ressourceneffizienz (**Fahrplan für ein ressourcenschonendes Europa** der EU-Kommission aus dem Jahr 2011) entsprechend Rechnung getragen.[...]*

[…] Höchste Qualität

Die metallurgischen Prozesse der Eisen- und Stahlerzeugung unterliegen einer permanenten Prozess- und Qualitätskontrolle, so auch die Erzeugung der Schlacken im Hochofen und im Stahlwerk.

Um die erforderliche Qualität von LD-Schlacken sicherzustellen, werden gezielt umfangreiche chemische Untersuchungen durchgeführt und als Grundlage für die Prozesssteuerung herangezogen. LD-Schlacken sind also kein Zufallserzeugnis, sondern werden streng überwacht.

Schlacke ist somit das Ergebnis des neben Stahl auch auf die Verwendung von LD-Schlacke ausgerichteten LD-Produktionsverfahrens. Durch die konkrete Prozesssteuerung im Zuge der Stahlherstellung wird sowohl die Qualität von Stahl als auch von Schlacke beeinflusst. Eigene verfahrenstechnische Qualitätssicherungsschritte gewährleisten eine entsprechende Wertigkeit auch der LD-Schlacke.

Die daraus abzuleitende Anerkennung der Nebenprodukteigenschaft ist übrigens Gegenstand eines laufenden Feststellverfahrens beim österreichischen Verwaltungsgerichtshof; dies ist vor allem zur Verhinderung von Wettbewerbsnachteilen für die voestalpine am europäischen Binnenmarkt erforderlich.

Eines ist in diesem Zusammenhang wichtig: Die vor dem Höchstgericht anhängige Frage der Nebenprodukt- oder Abfalleigenschaft darf nicht mit der Frage der umweltbezogenen Zulässigkeit vermengt werden, wie dies manche Interessenverbände immer wieder tun. Der österreichische Gesetzgeber hat gerade zuletzt wieder ausdrücklich klargestellt, dass Schlacke auch bei Einstufung als Abfall jedenfalls zulässigerweise im Straßen- und Ingenieurbau eingesetzt werden darf. Allerdings entstehen durch die drohende doppelte Registrierungs- bzw. Melde- und Nachweispflicht – auf EU-Ebene als Produkt, in Österreich als Abfall – eminente bürokratische Erschwernisse und damit Wettbewerbsnachteile. Mit diesen Erschwernissen wird nicht der Umwelt gedient, sondern nur der Wettbewerb behindert.

[…] Die bisher häufigste Anwendung ist der Einsatz als Gesteinskörnung für die Herstellung von Asphalten, und zwar sowohl Heiß- als auch Kaltasphalten. Auch der Einsatz als Gesteinskörnung für Beton – z.B. Schwerbeton für Abschirmung bei harter Strahlung, für ungebundene Bauweisen, Gleisschotter und Wasserbausteine sowie als Rohstoff für die Zement- und Klinkererzeugung – wurde erfolgreich umgesetzt.

LD-Schlacke wird etwa in Österreich bereits seit den 1970er-Jahren erfolgreich im Straßenbau in Oberösterreich und in der Steiermark – sowie in geringen Mengen auch in Salzburg, Kärnten, Niederösterreich und Wien – eingesetzt. […]

[…] Klare Vorteile von LD-Schlacke im Straßenbau

Eine Straße ist mehrschichtig aufgebaut. Die oberste Schicht (Asphalt) besteht in der Regel aus drei Schichten:

- § *Deckschicht oder Verschleißschicht (3 bis 5 cm)*
- § *Bitukies (20 bis 25 cm)*
- § *Tragschicht (bis 50 cm)*

[...] Die rechtliche Situation in Europa

Die derzeitige Einstufung der LD-Schlacke als (Neben-)Produkt oder Abfall wird in den EU-Mitgliedstaaten sehr unterschiedlich gehandhabt. In Finnland und Belgien (Flämische Region) gibt es klare rechtliche Anerkennungen der LD-Schlacke als Nebenprodukt; in Deutschland bestehen Einzelvereinbarungen mit Unternehmen und werden die rechtlichen Rahmenbedingungen zur Zeit erarbeitet, wohingegen die Regelwerke in anderen Staaten unterschiedliche Definitionen des Abfallendes vorsehen.

Die Bewertung des Verhaltens von Schlacke, also die umwelttechnische Eignung, erfolgt weitaus überwiegend – anders als in Österreich – mittels Eluation; entscheidend ist dabei unter dem Gesichtspunkt der potenziellen Umweltauswirkungen, ob die Schadstoffe nach dem Schlackeneinbau ausgelaugt werden und in Boden oder Wasser gelangen können. Das ist – wie die vorgelegten Studien zeigen – gesichert auszuschließen.

Trotzdem stellt Österreich zusätzliche Einstufungs- und Zulassungskriterien mit Gesamtgehalten auf – obwohl diese für die Frage der Umweltverträglichkeit keine zusätzliche Aussagekraft haben.

Deutschland

Der Entwurf einer geplanten Ersatzbaustoffverordnung geht davon aus, dass unter Vorgabe einer bundesweit einheitlichen und rechtsverbindlichen Regelung betreffend Einbauklassen (Grenzwerte) und Einbaubedingungen (Einbautabellen) eine schadlose Verwendung von mineralischen Ersatzbaustoffen sichergestellt werden kann.

Für LD-Schlacke (Stahlwerksschlacke) soll eine eigene Klasse geschaffen werden (SWS-1), bei deren Einhaltung LD-Schlacke in bestimmten Anwendungen eingesetzt werden kann. LD-Schlacke (nach SWS-1) könnte nach derzeitigem Stand z.B. als Bitumen- oder hydraulisch gebundene Deck- bzw. Tragschicht, als Deckschicht ohne Bindemittel, als Unterbau oder für Verfüllungszwecke verwendet werden. Für den Fall des Recyclings unterliegen alle Materialien dem gleichen Grenzwertregime. Kann mit dem für das Recycling gedachten Material die Qualität einer gewissen Einbauklasse (RC-1) erreicht werden, so ist für dieses Material das Ende der Abfalleigenschaft vorgesehen. Für alle anderen Materialen endet die Abfalleigenschaft erst mit deren unmittelbarer Verwendung als Ersatzbaustoff.

Frankreich

In Frankreich wurde 2011/12 für körnige Abfälle ein nationales Regelwerk zur Festlegung von Umweltkriterien und deren Verwendung im Straßenbau und damit verbundenen Arbeiten (z.B. Dammbau) geschaffen. In einer Detailregelung für Schlacken ist – ohne die Einsatzgebiete für die unterschiedlichen Schlackentypen näher zu unterteilen – festgelegt, wo mögliche Einsatzgebiete für die Schlacken im Straßenbau liegen und welche umweltrelevanten Grenzwerte eingehalten werden müssen. Die Schlacken werden gemäß dieser Detailregelung bis zu ihrer finalen Verwendung im Straßenbau als Abfall angesehen. Hintergrund für die Grenzwertfestlegung sind wieder nur Eluatgrenzwerte.

Großbritannien

Die britische Regelung wählt – im Vergleich zur französischen – einen konträren Ansatz, der die Kategorien des Nebenprodukts und Abfallendes in vollem Umfang auch bei der Regulierung der Schlacken nutzt: Hochofenschlacken sind als Nebenprodukte anerkannt; LD-Schlacken gehören zu einer Stoffgruppe, für die eine Abfallende-Festlegung erwogen wird.

Beide methodischen Zugänge – sowohl jener des Nebenprodukts als auch des Abfallendes – gehen von der Überlegung aus, dass die Wahrung der Umweltverträglichkeit des Einsatzes nicht durch spezifische abfallrechtliche Grenzwertfestlegungen, sondern durch die Anwendung des Produktrechts für die als Produkte anerkannten Schlacken (darunter fallen nach Eintritt des Abfallendes auch LD-Schlacken) in ausreichendem Umfang erfolgt. Das Abfallregime begleitet also in diesen Fällen den Einsatzweg der Schlacke nicht mehr; vielmehr begnügt sich der Gesetzgeber mit der Einhaltung der sogenannten **standard procedures***.*

Dieser auszugsweise Querschnitt der Rechtslage anderer europäischer Industrieländer zeigt, dass die hochwertigen bautechnischen Eigenschaften der LD-Schlacke einhellig anerkannt sind und ihr Einsatz daher in entsprechenden Zulassungsregelungen verankert ist. Auf EU-Ebene hat sich im Chemikalienrecht eine Registrierung als Stoff und eine Zulassung als Bauprodukt durchgesetzt.

Um nunmehr auch in Österreich eine klare rechtliche Anerkennung der Verwendung von LD-Schlacke zu erreichen, ist der Rechtsrahmen – zum Beispiel vor allem durch Erstellung einer Recycling- Baustoffverordnung und Novellierung der Deponieverordnung – auf Basis der ökologischen Faktenlage zu konkretisieren.[…]

2.1.4. Stellungnahme der Wirtschaftskammer Österreich – Geschäftsstelle Bau zur Recyclingbaustoff-Verordnung [9] –

Seitens der Bauwirtschaft werden Probleme bei den administrativen Verpflichtungen bei Abbruchtätigkeiten gesehen. Darüber hinaus wird das Spannungsfeld zwischen gesetzlichen und normativen Vorgaben diskutiert.

[…] Die vorgesehenen **Pflichten bei Bau- und Abbruchtätigkeiten** *im 2. Abschnitt wären in Summe eine extreme Verschärfung der bisher in der Baupraxis üblichen Vorgangsweisen. Dabei nützt es auch nichts, dass die vorgesehenen neuen Verpflichtungen hauptsächlich dem Bauherrn übertragen werden, weil dieser seine Verpflichtungen schon jetzt üblicherweise den ausführenden Baufirmen vertraglich überbindet (Verpflichtungen aus Baurestmassen-TrennungsVO und AbfallnachweisVO, Baurestmassennachweisformular). Zu den neuen Verpflichtungen zählen inklusive Aufzeichnungs- und Aufbewahrungspflichten:*

- Schadstofferkundung lt. ONR 192130 bzw. ÖNORM S 5730
  - *Abfallkonzept*
  - *Verwertungsorientierter Rückbau mit Rückbaukonzept und Freigabeprotokoll laut ÖNORM B 3151*
  - *Trennpflicht ohne Mengenschwellen (als Nachfolge der bewährten BaurestmassentrennungsVO, die derzeit noch Mengenschwellen beinhaltet). […]*

2.1.5. Stellungnahme der Wirtschaftskammer Österreich – Fachverband Steine-Keramik zur Recycling-Baustoffverordnung [8] –

Naturgemäß steht der Einsatz von Stahlwerksschlacken in Konkurrenz zu Rohstofflieferanten. Diese Konkurrenz führt zu Diskussionen, welche neben Erörterungen auf wissenschaftlicher Basis teilweise einen Fachglaubenskrieg mit verschwimmenden Fronten aufweisen.

[…]Keine Ressourceneffizienz durch Einsatz von Stahlwerksschlacke im Straßenbau

In der Diskussion rund um den vorliegenden Arbeitsentwurf wird regelmäßig behauptet, durch den Einsatz von Stahlwerksschlacke im Straßenbau könne man die natürliche Gesteinskörnung ersetzen, die dadurch nicht mehr in Steinbrüchen und Kiesgruben abgebaut werden müsse. Dies ist nicht richtig: In Österreich ist natürlicher Rohstoff hoher Qualität und Reinheit in großen Mengen sowie in sehr kurzen Transportentfernungen zu den Kunden/Einsatzorten regional vorhanden. Bei der Herstellung von Wasserbausteinen, Gleisschotter oder Drainagematerial entstehen große Mengen an feineren Gesteinskörnungen, die im Fall der Verdrängung durch Schlacke deponiert werden müssen. Die Vorgaben des Mineralrohstoffgesetzes sehen einen vollständigen Abbau der Lager-stätte vor, die Entnahme von nur groben Gesteinskörnungen und Deponierung der feinen Gesteinskörnungen widerspricht dem Lagerstättenschutzgedanken und muss daher verhindert werden.

Im Ergebnis liegt der Schluss nahe, dass der Einsatz von Stahlwerksschlacke im Straßenbau zu einer Ressourcenvergeudung im großen Ausmaß führt: Das in der Stahlwerksschlacke enthaltene Eisen und Mangan (Eisengehalt etwa 25 Prozent, Mangangehalt etwa vier Prozent) wird nicht – wie gesetzlich geboten – stofflich verwertet, sondern ungenützt auf österreichischen Straßen eingebaut. Studien aus dem Ausland zeigen aber, dass eine Rückgewinnung und Wiederverwendung der Schlacke im Hochofen möglich ist. Die voestalpine betreibt diesbezüglich angeblich bereits seit eineinhalb Jahren nicht öffentliche Forschungen gemeinsam mit der Montanuniversität Leoben. Anstelle im Sinne der Ressourceneffizienz nun den Eisen- und Mangangehalt der Schlacke rückzugewinnen, wird die einzige abbauwürdige Eisenerzlagerstätte am Erzberg im Ausmaß von jährlich acht Millionen Tonnen ausgebeutet, um für die voestalpine 2,2 Millionen Tonnen Erzkonzentrat mit 30 bis 34 Prozent Eisengehalt zu erzeugen.[…]

[…] Zu § 16 (Abfallende-Kriterien)

Der Vorschlag des § 16 ist zu eng gefasst und umfasst zu viele Kriterien. Es wird folgende neue Formulierung vorgeschlagen:

§ 16. (1) Ein Recycling-Baustoff verliert mit der Erfüllung der Anforderungen nach Abs. 2 und mit der Meldung gemäß § 18 Abs. 1 seine Abfalleigenschaft und wird zum Recycling-Baustoff-Produkt.

(2) Folgende Anforderungen sind für das Ende der Abfalleigenschaft zu erfüllen:

1. die Kriterien für die Qualitätsklassen A+, A, B, Beton oder Asphalt A gemäß § 12 sind erfüllt;

2. der Recycling-Baustoff entspricht einer der Güteklassen S, I, II, III oder IV gemäß § 14;

3. die Qualitätssicherung gemäß § 13 wurde nachweislich durchgeführt und

4. die relevanten technischen und rechtlichen Normen werden eingehalten.

Abs. 3 sollte ersatzlos entfallen; andernfalls ist diese Bestimmung aber sprachlich zu schärfen, da man damit ja wohl eine Deklarationsverpflichtung festlegen wollte. Nach der derzeitigen sprachlichen Fassung könnte man dieser Bestimmung aber auch entnehmen, dass die Recyclingbaustoffe der Qualitätsklassen A+, A, Beton oder Asphalt A lediglich als Produkte, nämlich Recycling-Baustoff-Produkte weitergegeben werden dürfen, was eine Weitergabe als bloßen Recycling-Baustoff (ohne Produktstatus) ausschließen würde. [...]

2.1.6. Abschlussbericht Umweltbundesamt [6]

Auch das österreichische Umweltbundesamt wurde zur Problematik der Schwermetallgesamtgehalte von Schlacken befragt:

Wirkung auf Boden und Grundwasser

[...]Durch Chrom (VI) und Fluor sind selbst bei Annahme eines Worst Case-Szenarios auf Basis vorliegender Daten von LD-Schlacke aus dem Stahl-werk Linz durch einen Einsatz dieser Schlacken im Straßenbau keine negativen Auswirkungen auf das Grundwasser zu erwarten.

Für Vanadium können hingegen negative Auswirkungen auf das Grund-wasser bei einem ungebundenen Einsatz der Schlacke ohne Deckschicht nicht zur Gänze ausgeschlossen werden. Ähnliches gilt vermutlich auch für Molybdän. Hier könnten weitere Untersuchungen zur Eluierbarkeit von Vanadium und Molybdän bei unterschiedlichen pH-Werten Klarheit bringen.

Diese Aussagen treffen auf Basis der dem Umweltbundesamt vorliegen-den Daten, was die Mittelwerte in Hinblick auf die Mobilisierung der betrachteten Stoffe betrifft, auch für österreichische EOS-Schlacken aus der Erzeugung von Kohlenstoffstahl zu. Die Maximalwerte liegen z.T. jedoch deutlich über den Werten der LD-Schlacken.

Dies bedeutet, dass für den Einsatz von Schlacke im Straßenbau verbindliche Qualitätsmerkmale in Form von Gesamtgehalten und Eluierbarkeiten von Schwermetallen festgelegt werden sollten. Zudem wird eine Aufzeichnungspflicht für eingesetzte Schlacke als notwendig erachtet, falls neue Daten etwa über die Toxizität von Inhaltsstoffen verfügbar werden.

Der Einsatz von LD- und EOS-Schlacke in einer ungebundenen Deck-schicht ist jedenfalls abzulehnen. [...]

Wirkung auf die Luftbelastung

[...] Nach derzeitigem Wissensstand treten keine übermäßig hohen Schwermetallkonzentrationen im Nahbereich von Straßen auf, bei denen in der gebundenen Deckschicht LD-Schlacke eingesetzt wurde; alle Werte liegen unter den entsprechenden Richtwerten der WHO bzw. den EU-Zielwerten.

Bei Fortsetzung des Moosmonitorings9 durch das Umweltbundesamt könnte dies gezielt an Standorten mit LD- oder EOS-Schlacke durchgeführt werden.

Bei Sanierungs- und Abbrucharbeiten von Deck- oder Tragschichten, die LD- oder EOS-Schlacke enthalten, sollte – wie bei expositionsrelevanten Baustellen generell – jedenfalls eine Staubminderung nach dem Stand der Technik durchgeführt werden, um eventuelle Gesundheitsrisiken zu mini-mieren.

Ein Einsatz von Schlacke etwa bei nicht befestigten Straßen (wie etwa Forststraßen oder Güterwege) ist auf Grund der erheblichen Staubbelastung abzulehnen. […]

2.1.7. Gleisschotterproblematik

Aufgrund der großen Kubaturen an Gleisschottermaterialien, welche bei Infrastruktur-Großprojekten bzw. Streckenertüchtigungen anfallen und nicht vollständig im Gleisanlagenbau eingesetzt werden können, ist ein Procedere für vererzte Recyclinggesteine (RG-Materialien) auch außerhalb des Bahnbaus zu entwickeln.

3. Zusammenfassung

Das Baustoffrecycling in Österreich präsentiert sich in Zusammenschau von verschiedensten Gesetzen, Richtlinien, Entwürfen und Verordnungen, Stellungnahmen und Interessensverbänden, Anbringen an Ministerien, usw. sehr inhomogen. Es mag sogar den Anschein erwecken, als würde diese ökologisch nachhaltige und ökonomisch sinnvolle Ressourcenschonung durch divergierende Auffassungen merklich behindert sein. Es liegt in der Natur der Sache, dass der Umweltschutzgedanke vordergründig im Widerspruch zu ökologischen Aspekten der Bauwirtschaft oder der dessen beauftragenden Bauherren liegt. Dieser Widerspruch ist jedoch daher nur vordergründig, da bei neuerlichen Rückbauarbeiten, Ertüchtigungsarbeiten wiederum Materialien anfallen, welche bei sorgfältiger Berücksichtigung ökologischer Vorgaben Entsorgungskosten minimieren. Hinsichtlich der in den Stellungnahmen mehrfach diskutierten Problematik der Schwermetallgehalte besteht eindeutig abfallchemisch nach wie vor erhöhter Forschungsbedarf. Da nicht nur die momentane Eluatverfügbarkeit sondern auch das Schadstoffpotential (Gesamtgehalte) ökologisch zu bilanzieren ist. Ziel für die Zukunft sollte sein, ein umfassendes Regelwerk mit Verordnungscharakter im Sinne der Rechtssicherheit zu besitzen, welches alle Aspekte der Aufbereitungstechnik, der bauphysikalischen Eignung, der abfallchemischen Eignungen und dem speziellen Abfallende unter Verweis auf existierende Normen beinhaltet.

4. Quellen

[1] ASFINAG Bau Management GmbH: Arbeitsentwurf der Recyclingbaustoff-Verordnung Stellungnahme der ASFINAG, 2014

[2] Erläuterung des BMLFUW zum AWG

[3] Grafiken PPP Stanek Vortrag

[4] Österreichische Baustoff-Recycling Verband: Die Richtlinie für Recycling-Baustoffe, 8. Auflage, 2009

[5] Österreichischer Baustoff-Recycling Verband DI Car: Stellungnahme, 2014

[6] Umweltbundesamt: Fachdialog LD- und EOS-Schlacke im Straßenbau Endbericht, 2014

[7] voestalpine AG: LD-Schlacke - Daten und Fakten, 2. Auflage, 2014

[8] Wirtschaftskammer Österreich – Fachverband Steine-Keramik: Stellungnahme des Fachverbandes Steine-Keramik zum internen Entwurf der Recycling-Baustoffverordnung, 2014

[9] Wirtschaftskammer Österreich – Geschäftsstelle Bau: Recyclingbaustoff-Verordnung Stellungnahme zum Arbeitsentwurf, November 2013

[10] www.bundesabfallwirtschaftsplan.at

[11] www.ris.at

Die geplante österreichische Recycling-Baustoffverordnung

Roland Starke

1. Ist-Situation des Baurestmassen-Recyclings 51
2. Regelungsbereich 52
3. Ziele und Maßnahmen 52
4. Pflichten für Abbruch- und Sanierungsmaßnahmen – Rückbau 53
5. Vorgaben für die Herstellung von Recycling-Baustoffen 55
6. Sonderregelungen für Recycling-Baustoffe aus bestimmten Abfällen 57
7. Kurzzusammenfassung 58

1. Ist-Situation des Baurestmassen-Recyclings

In Österreich fallen jährlich rund acht Millionen Tonnen Baurestmassen aus Hoch- und Tiefbaumaßnahmen an. Dies ist die zweitgrößte Abfallfraktion nach Aushubmaterialien, wovon etwa 79 Prozent einer Verwertung zugeführt werden. Trotz dieser hohen Recyclingquote sieht sich die Herstellung von Recycling-Baustoffen folgenden zunehmenden Problemen gegenüber:

- Schwankende umwelt- und bautechnische Qualität der hergestellten Recycling-Baustoffe am Markt,
- hohe Konkurrenz der Primärrohstoffindustrie durch niedrige Preise für Primärrohstoffe,
- Handel und Anwendung von Recycling-Baustoffen sind nur innerhalb des Abfallrechts zulässig, damit erhöhter Erlaubnis- und Bilanzierungsaufwand für Hersteller und Anwender gegenüber Primärprodukten.
- Rechtsunsicherheit durch *weiche* Regelung über den Bundes-Abfallwirtschaftsplan, über Richtlinien sowie durch gänzliches Fehlen von Regelungen hinsichtlich besonderer Abfallströme (insbesondere Stahlwerksschlacken, Altasphalt, Streusplitt).

Zur Verbesserung dieser Randbedingungen und zur Sicherstellung einer nachhaltig hohen stofflichen Verwertungsquote arbeitet das österreichische Umweltministerium in intensiven Dialogen mit den entsprechenden Stakeholdern seit rund zwei Jahren an einer *Recycling-Baustoffverordnung*.

2. Regelungsbereich

Die geplante Verordnung soll die Herstellung, das In-Verkehrbringen, das vorzeitige Abfall-Ende sowie die Anwendung von Recycling-Baustoffen aus Abfällen aus Abbruch- und Sanierungsvorhaben im Hoch- und Tiefbau regeln. Zudem sollen Vorgaben zum Recycling von Stahlwerkschlacken, Altasphalten und Streusplitt aus der Straßenbewirtschaftung getroffen und explizite, recyclingrelevante Vorgaben für Abbruch-, Sanierungs- und Neubaumaßnahmen festgelegt werden.

3. Ziele und Maßnahmen

Im Folgenden sollen zwei Hauptziele der Regelung sowie Maßnahmen zur Zielerreichung skizziert werden.

Ziel 1: **Standardisierung und Verbesserung der umwelt- und bautechnischen Qualität von Recycling-Baustoffen**

Für ein ökologisch und technisch sinnvolles Recycling sind allgemein gültige Qualitäts- und Umweltstandards unerlässlich. Insbesondere ist sicherzustellen, dass die Umweltauswirkungen des Einsatzes von Recycling-Baustoffen mit jenen von Primärrohstoffen vergleichbar sind. Die Herstellung von hochqualitativen Recycling-Baustoffen setzt nicht erst beim Recyclingbetrieb an, sondern beginnt bei der *Gewinnung* der Ausgangsstoffe im Zuge von Abbruch- und Sanierungsmaßnahmen. Folgende Maßnahmen sollen durch die geplante Verordnung festgelegt werden:

- Schad- und Störstofferkundung von Gebäuden noch vor der Ausschreibung der Abbruch- oder Sanierungsmaßnahme,
- Entfernung der im Zuge der Erkundung identifizierten Schad- und Störstoffe (*Rückbau*),
- Definition der zur Herstellung von Recyclingbaustoffen zulässigen Inputstoffe,
- Festlegung von Qualitätsklassen und deren Einsatzbereiche,
- Vorgabe eines standardisierten Qualitätssicherungs- und Kennzeichnungssystems.

Da die bautechnischen Anforderungen sowohl für Primär- als auch für Sekundärprodukte über die EU-Bauprodukteverordnung bzw. europäische Normung geregelt sind, sind hier keine weiteren Vorgaben notwendig, jedoch wird eine entsprechende Akkordierung – Qualitätssicherung, Kennzeichnung usw. – angestrebt.

Ziel 2: **Erhöhung der Konkurrenzfähigkeit gegenüber Primärrohstoffen**

Die in Österreich aufgrund der naturräumlichen Gegebenheiten geringen Preise für Primärrohstoffe stellen eine starke Konkurrenz für Sekundärprodukte dar. Im Speziellen führt nicht nur die schwankende Qualität und die Handhabung der

Recycling-Baustoffe im Abfallregime, sondern auch die oft nicht eindeutige Rechtslage oft zu einer Bevorzugung von Primärrohstoffen bis hin zum Ausschluss von Recycling-Baustoffen bei Ausschreibungen. Um die Konkurrenzfähigkeit von Recycling-Baustoffen zu erhöhen sind folgende Maßnahmen geplant:

- Rechtssicherheit für Hersteller und Anwender durch klare rechtliche Regelung im Verordnungsrang
- Vorzeitiges Ende der Abfalleigenschaft für qualitativ hochwertige Recycling-Baustoffe bei Übergabe an Dritte (In-Verkehr-setzen)
- Akkordierung mit der EU-Bauprodukteverordnung bzw. europäischer Normung

4. Pflichten für Abbruch- und Sanierungsmaßnahmen – Rückbau

Die hier dargestellten Vorgaben für Abbruch- und Sanierungsvorhaben wurden im Rahmen einer eigenen ÖNORM (B 3151, Arbeitstitel: *Rückbau von Bauwerken als Standardabbruchmethode*) erarbeitet, die ÖNORM wird im Zuge der geplanten Verordnung als rechtlich verbindlich erklärt werden. Ziel der ÖNORM ist die Bereitstellung von möglich schad- und störstofffreien Abbruchmaterialien als Input für ein Recycling und beinhaltet Maßnahmen sowohl vor, als auch nach der Ausschreibung bzw. Vergabe von Abbruch- oder Sanierungsleistungen.

Maßnahmen vor der Ausschreibung

Vor der Ausschreibung einer Abbruch- und Sanierungsmaßnahme, bei der voraussichtlich mehr als 100 t Abfall anfallen, ist eine Erkundung möglicher Schad- und Störstoffe durchzuführen. Diese ist

- bis zu einem umbauten Raum von 3.500 m³ als *orientierende Schad- und Störstofferkundung* von einer entsprechend geschulten Person (*rückbaukundige Person*) durchzuführen, die ÖNORM stellt dafür ein mehrseitiges Formblatt zur Verfügung oder
- ab einem umbauten Raum von 3.500 m³ als *umfassende Schadstofferkundung* gemäß den bereits bestehenden Standards zur Schadstofferkundung (ONR 192130 und ÖNORM S 5730) durch eine befugte Fachperson oder Fachanstalt (Gutachter) durchzuführen.

Die Dokumentation der Schadstofferkundung ist in weiterer Folge den Ausschreibungsunterlagen beizulegen. Die Erkundung ist auf folgende Schad- oder Störstoffquellen zu fokussieren (Auszug aus dem Entwurf zur ÖNORM):

Schadstoffquellen (in der Regel gefährliche Abfälle, die unabhängig von einem geplanten Recycling jedenfalls aus dem Bauwerk zu entfernen sind):

- Künstliche Mineralfasern,
- Mineralölhaltige Bauteile,

- Industriekamine und -schlote (z.B. Schamottverkleidungen von Heiz- und Industriekaminen),
- (H)FCKW-haltige Dämmstoffe oder Bauteile (z.B. Sandwich-Elemente)
- Brandschutt oder Bauschutt mit schädlichen Verunreinigungen,
- Isolierungen mit PCB,
- schadstoffhältige elektrische Bestandteile und Betriebsmittel (zB Hg-haltige Gasdampflampen, Leuchtstoffröhren, Energiesparlampen; PCB-haltige Kondensatoren, sonstige PCB-haltige elektrische Betriebsmittel, Kabel mit sonstigen Isolierflüssigkeiten),
- PAK-haltige Materialien, (zB Teerasphalt, Teerpappe),
- salz-, öl- oder teeröl-imprägnierte Bauteile (zB Holzbauteile, Pappen, Bahnschwellen, Masten).

Störstoffquellen (Materialien, die ein hochqualitatives Recycling erschweren oder behindern):

- Fußbodenaufbauten, Doppelbodenkonstruktionen,
- nicht-mineralische Boden- oder Wandbeläge (ausgenommen Tapeten) und abgehängte Decken,
- Überputz-Installationen aus Kunststoff (zB Kabel, Kabelkanäle, Sanitäreinrichtungen),
- Fassadenkonstruktionen und -systeme (zB vorgehängte Fassaden, Glasfassaden, Wärmedämm-Verbundsysteme),
- Abdichtungen (zB Bitumenpappe, Kunststofffolien),
- gipshaltige Baustoffe (zB Gipskartonplatten, Gipsdielen, gipshaltige Fließestriche), ausgenommen: gipshaltige Wand- und Deckenputze sowie gipshaltige Verbundestriche,
- Zwischenwände aus Kork, Porenbeton, zementgebundenen Holzwolleplatten usw.
- Glas, Glaswände, Wände aus Glasbausteinen,
- lose verbaute Mineralwolle, Glaswolle und sonstige Dämmstoffe, ausgenommen Trittschalldämmung

Maßnahmen nach der Vergabe der Abbruch- oder Sanierungsleistung

Nach der Vergabe ist von dem jeweiligen Bauunternehmen auf Basis der durchgeführten Schad- und Störstofferkundung ein Rückbaukonzept zu erstellen, das die Maßnahmen zur Entfernung der Schad- und Störstoffe festlegt. Für dieses Rückbaukonzept ist ein Formblatt der ÖNORM zu verwenden.

Der Rückbau umfasst in weiterer Folge die tatsächliche Entfernung aller identifizierten Schad- und Störstoffe in der Regel durch das jeweilige Abbruchunternehmen. Ziel ist dabei die Erreichung des sogenannten *Freigabezustandes*, also der für den maschinellen Abbruch der Hauptbestandteile freigegebene *rohbauähnliche Zustand*.

Der Rückbau hat dabei unter folgenden, grundsätzlichen Bedingungen zu erfolgen:

- Die Verantwortung für die ordnungsgemäße Durchführung des Rückbaus trägt der Bauherr und das ausführende Unternehmen.
- Die Entfernung von einzelnen Schad- und Störstoffen hat gemäß dem Grundsatz der Verhältnismäßigkeit zu erfolgen, daher dann wenn die Entfernung ökologisch zweckmäßig, technisch möglich und nicht mit unverhältnismäßigen Kosten verbunden ist.
- Das Rückbaukonzept (inklusive der Dokumentationen der Schadstofferkundung) hat auf der Baustelle noch vor Beginn der Abbruch- oder Sanierungstätigkeit aufzuliegen, um eine einfache Kontrolle durch die Behörden zu ermöglichen

5. Vorgaben für die Herstellung von Recycling-Baustoffen

Die Vorgaben für die Herstellung von Recycling-Baustoffen betreffen vor allem den Recyclingbetrieb und beinhalten vor allem die zulässigen Inputstoffe, Qualität, Qualitätssicherung, Kennzeichnung, vorzeitiges Abfallende und Bilanzierung.

Zulässige Inputstoffe

Die Recycling-Baustoffverordnung umfasst die Herstellung von Recycling-Baustoffen als recyclierte Gesteinskörnung (Baustoffe, die schon vor dem Recycling als Baustoffe in Verwendung waren) und industriellen Gesteinskörnungen (Baustoffe aus Stahlwerkschlacken). Die Herstellung von Recycling-Baustoffen als natürliche Gesteinskörnung (also das Recycling von Bodenaushubmaterial, Tunnelausbruchmaterial usw.) soll in einer eigenen *Verwertungsverordnung Boden* geregelt werden, die im Anschluss an die Fertigstellung der Recycling-Baustoffverordnung erarbeitet und zu dieser komplementar sein soll

Im aktuellen Entwurf deckt die Recycling-Baustoffverordnung die Herstellung von Baustoffen aus folgenden Abfällen ab:

- Bauschutt
- Technisches Schüttmaterial
- Betonabbruch
- Altasphalt
- Gleisschottermaterial
- Hochofen-, LD-, Elektroofenschlacke (ausgenommen Edelstahlschlack
- Streusplitt

Parameterumfang und Grenzwerte

Die zu analysierenden umweltrelevanten Parameter sowie deren Grenzwerte sollen für die Bereiche *ungebundene Anwendung, Zuschlagstoff für zementöse Bindung* und *Zuschlagstoff für bituminöse Bindung* jeweils extra definiert werden. Da für die ungebundene Anwendung das größte Potential von Schadstoffemissionen besteht, sind hier der umfangreichste Parameterumfang bzw. die strengsten Grenzwerte vorgesehen.

Qualitätsklassen und Anwendungsbereiche

Die folgende Tabelle gibt einen Überblick über die geplanten Qualitätsklassen sowie deren Anwendungsbereiche:

Tabelle 1: Überblick über die geplanten Qualitätsklassen und deren Anwendungsbereiche

	Qualitätsklasse	Vorzeitiges Abfallende?	Anwendungsbereiche*
Ungebundene Anwendung	U-A	Ja	Keine
	U-B	Nein	unter einer gering durchlässigen Deckschicht nicht in Schongebieten und unter HGW +1m
Zuschlagstoff für zementöse Bindung (Beton)	Z-A	Ja	Nur für zementöse Bindung
Zuschlagstoff für bituminöse Bindung (Asphalt)	B-A	Ja	Nur für bituminöse Bindung
	B-B	Nein	Nur für bituminöse Bindung
	B-D	Nein	Nur für bituminöse Bindung

* Die Verwendung von Recycling-Baustoffen im Grundwasserschwankungsbereich und in Wasserschutzgebieten ist generell nicht zulässig

Das Asphaltmischgut unter Verwendung eines Zuschlagstoffs der Qualitätsklasse B-D darf nur in bituminösen Trag- und Deckschichten von Straßen verwendet werden.

Qualitätssicherungssystem

Wesentliche Maßnahme zur Sicherstellung einer einheitlichen Qualität von Recycling-Baustoffen ist ein verlässliches, nachvollziehbares und standardisiertes Qualitätssicherungssystem. Das geplante System umfasst folgende Eckpunkte:

- Untersuchung jeder Produktionscharge eines Recycling-Baustoffes entweder im Zuge der Fremdüberwachung (durch befugte Fachperson oder Fachanstalt, zumindest 1mal pro Jahr) oder durch werkseigene Produktionskontrolle (alle anderen Produktionscharge)
- Eine Produktionscharge entspricht maximal einer Wochenproduktionsmenge (5 Tage oder 50 Produktionsstunden)
- Zwischenlagerung der Produktionscharge bis zum Abschluss der Untersuchung, erst dann ist die Weitergabe an Dritte (In-Verkehrbringen) zulässig
- Zuordnung einer Produktionscharge zu einer bestimmten Qualitätsklasse bei Einhaltung aller Grenzwerte;
- CE-Kennzeichnung des Recycling-Baustoffs

Dieses System stellt den *Regelfall* einer kontinuierlich produzierenden Recyclinganlage dar. Für bestimmte Sonderfälle bzw. bestimmte Abfallströme gelten dabei alternative Sonderregelungen (siehe auch Kapitel *Sonderregelungen*).

Kennzeichnungssystem

Recycling-Baustoffe sind für eine rechtssichere Anwendung einheitlich zu kennzeichnen, es wurde hier das schon bestehende System der österreichischen *Richtlinie für Recyclingbaustoffe* des österreichischen Baustoff-Recycling-Verbandes im Zuge der Erstellung einer eigenen ÖNORM weiterentwickelt. Es definiert für jeden Recycling-Baustoff eine 4-teilige Kennzeichnung aus

- Materialbezeichnung (zB RA für recycliertes, gebrochenes Asphaltgranulat oder RG für recycliertes Granulat aus Gestein usw.)
- (bautechnische) Güteklasse S, I, II, III oder IV (Zusammenfassung bestimmter technischer Eigenschaften wie Frostbeständigkeit, Widerstand gegen Zertrümmerung usw.)
- Sieblinienbereich zB 0/90 oder 0/32 mm
- Qualitätsklasse der Umweltverträglichkeit U-A, U-B, Z-A usw.

Durch diese Kennzeichnung sind die bautechnischen und umwelttechnischen Anwendungsmöglichkeiten eindeutig ableitbar.

Vorzeitiges Abfallende und Bilanzierung

Ein wesentlich Wunsch der Hersteller und Anwender von Recycling-Baustoffen ist das vorzeitige Ende der Abfalleigenschaft von Recycling-Baustoffen bereits beim In-Verkehr-bringen und nicht erst – wie bisher – nach einer tatsächlichen Verwertung. Damit wird der Recycling-Baustoff nicht als Abfall, sondern als Produkt weitergegeben. Der Verordnungsentwurf sieht nun vor, dass hochqualitative Recycling-Baustoffe der Qualitätsklassen U-A, Z-A und B-A (siehe auch Tabelle Qualitätsklassen) bei Übergabe durch den Hersteller an einen Dritten die Abfalleigenschaft verlieren, sie werden daher als *Recycling-Baustoff-Produkte* in Verkehr gebracht.

Gemäß dem österreichischen Abfallwirtschaftsgesetz sind Abfälle, die vorzeitig das Abfallende verlieren und als Produkt in Verkehr gebracht werden, zu melden und zu bilanzieren. Dies soll durch die bereits bestehende Verpflichtung zur Bilanzierung für Abfallsammler und -behandler und die dafür zur Verfügung gestellten elektronischen Applikationen (eBilanz) abgedeckt werden.

6. Sonderregelungen für Recycling-Baustoffe aus bestimmten Abfällen

Bestimmte, massenmäßig relevante Abfallströme, die zur Herstellung von Recycling-Baustoffen geeignet sind, sollen durch folgende Sonderbestimmungen geregelt werden:

Stahlwerksschlacken

Die Verordnung soll explizit die Verwertung von Stahlwerkschlacken (Hochofen-, LD-, Elektroofenschlacke, ausgenommen Edelstahlschlacke) regeln. Dabei ist die konstante

Qualität bei Verarbeitung der Schlacke direkt aus dem Stahlwerk nachzuweisen (Qualitätssicherungssystem auf Basis der Annahmeverfahren der österreichischen Deponieverordnung, damit auch die Deponierung ohne weitere Untersuchung möglich ist).

In weiterer Folge ist die Verwertung in bituminösen Trag- und Deckschichten von Straßen vorgesehen.

Altasphalt

Altasphalt wird in Österreich - neben einer Deponierung - hauptsächlich ungebunden als *Asphaltgranulat* verwertet, eine anzustrebende, höherwertige Verwertung als Substitut bei der Herstellung von Asphaltmischgut spielt eher eine untergeordnete Rolle. Die Verordnung sieht nun für die Herstellung von Asphaltgranulat zur ungebundenen Anwendung ein eigenes, standardisiertes Untersuchungsverfahren mit Probenahme (zB mit Bohrkernen) noch vor Beginn der Abbruch- oder Abfrästätigkeit der Asphaltfläche vor, wo die Einhaltung der entsprechenden Grenzwerte nachgewiesen werden muss.

Soll Altasphalt direkt zur Herstellung von neuem Asphaltmischgut in Mischanlagen verwendet werden, soll keine vorherige Qualitätssicherung des Inputmaterials notwendig sein, solange keine gefährlichen, teerhaltigen Abfälle verarbeitet werden. Da nicht ausgeschlossen werden kann, dass die Inputmaterialien Stahlwerksschlacken enthalten, entspricht der zulässige Einsatzbereich dieses Asphaltmischgutes jenem aus Stahlwerksschlacken (also bituminöse Trag- und Deckschicht von Straßen).

Streusplitt (Einkehrsplitt)

Im Zuge der Recycling-Baustoffverordnung soll auch die Verwertung von Einkehrsplitt aus der Winterbewirtschaftung von Straßen geregelt werden. Das Material fällt jährlich in hohen Mengen an und soll zur Befestigung insbesondere von Forstwegen eingesetzt werden.

Da eine Belastung insbesondere des Feinanteils mit Verunreinigungen aus dem Straßenverkehr nicht ausgeschlossen werden kann, ist hier alternativ entweder der Feinanteil und das Überkorn nachweislich abzusieben, oder das ungesiebte Material einer Qualitätssicherung zu unterziehen.

7. Kurzzusammenfassung

Die geplante österreichische Recycling-Baustoffverordnung soll die Herstellung und das In-Verkehr-bringen von Recycling-Baustoffen aus Abfällen regeln. Ziel ist eine standardisierte hohe umwelt- und bautechnische Qualität dieser Materialien und die Erhöhung der Konkurrenzfähigkeit gegenüber Primärrohstoffen in Österreich. Die Maßnahmen zur Zielerreichung umfassen die verpflichtende Entfernung von Schad- und Störstoffen bei dem Abbruch von Bauwerken, die Definition von Qualitätsklassen, die Anwendungsbereiche, Qualitätssicherung, Kennzeichnung für recyclierte Materialien sowie das vorzeitige Ende der Abfalleigenschaft (Produktstatus) für hochqualitative Recycling-Baustoffe.

Recyclingbaustoffe im Vergaberecht

Steffen Hettler

1.	Abfallrechtliche Einordnung	60
2.	Vergaberecht und VOB/B	61
3.	Anerkannte Regeln der Technik	66
4.	Zusammenfassung	68

Recyclingprodukte sowie industrielle Nebenprodukte, z.B. Aschen und Schlacken aus Abfallverbrennungs- und Stahlgewinnungsprozessen, fallen in großen Mengen an. Der Bausektor und insbesondere Infrastrukturbaumaßnahmen eignen sich aufgrund des erheblichen Bedarfs an Ressourcen für die Verwertung dieser Ersatzbaustoffe. In umweltrechtlicher Hinsicht gilt es nicht zu übersehen, dass Ersatzbaustoffe, insbesondere die industriellen Nebenprodukte, strengsten Produktions- und Kontrollprozessen unterliegen.

Hinzu kommt, dass die öffentlichen Auftraggeber aufgrund von politischen und gesetzlichen Rahmenbedingungen, diese wiederum ausgehend von europäischen Richtlinien und Zielsetzungen, zur Verwendung von Ersatzbaustoffen aus Recyclingprodukten und industriellen Nebenprodukten angehalten sind. Das neue Kreislaufwirtschaftsgesetz (KrWG) bringt dies zum Ausdruck, wenn es ausgehend von einem vorrangigen Produktkreislauf das Ziel zu Grunde legt *Verwertung vor Deponierung*, um damit den Anfall der Mengen an Deponat so gering wie nur möglich zu halten. Damit entspricht das KrWG dem europäischen und letztlich deutschen Willen zu einer ressourceneffizienten Wirtschaft. Es gilt dem Einsatz von Sekundärrohstoffen anstatt den immer weiter schwindenden Primärrohstoffen den Vorrang einzuräumen. Dies gilt auch und besonders für die Bauwirtschaft mit ihrem sehr hohen Bedarf an Ressourcen.

Das Vergaberecht schafft faire Wettbewerbsbedingungen, die es erlauben, den Einsatz von Ersatzbaustoffen durchzusetzen. Daher sollte dem Vergaberecht insbesondere vor dem Hintergrund des neuen KrWG viel höhere Bedeutung zugewandt werden. Dass dies noch nicht geschieht, liegt u.a. wohl daran, dass die Entsorgungsunternehmen bzw. Hersteller von Recyclingbaustoffen und industriellen Nebenprodukten nur selten in Kontakt mit dem Vergaberecht kommen. Die wiederum erfahrenen Bauunternehmen kalkulieren unter der alltäglichen Vergabe- und Baupraxis mit den von den Bauherren unkritisch akzeptierten natürlichen Baustoffen. Im Kern spielt diese Problematik dabei nicht in den vergaberechtlichen Rechtsschutzmöglichkeiten, sondern vielmehr an dem Verständnis des nach vergaberechtlichen Maßstäben vereinbarten Bausolls. Darauf wird nachfolgend der Schwerpunkt liegen.

1. Abfallrechtliche Einordnung

Seit dem 01.06.2012 ist das neue KrWG in Kraft. Es dient u.a. zur Umsetzung der EU-Abfallrahmen-Richtlinie und der Fortentwicklung des zu diesem Zeitpunkt mittlerweile 17 Jahre alten Kreislaufwirtschafts- und Abfallgesetzes. Mit dem KrWG wurde das deutsche Abfallrecht auf den von europäischer Ebene vorgegebenen Ressourcenschutz fortentwickelt. Dadurch wurden die EU-rechtlichen Vorgaben umgesetzt.

Nach der neuen Definition des § 3 Abs. 1 KrWG bezieht sich der Abfallbegriff nicht mehr nur auf *bewegliche Sachen*, sondern auf *alle Stoffe und Gegenstände*. Teil dieser neuen Definition des Abfallbegriffs ist die wichtige Präzisierung der Regelung zur Anerkennung von Nebenprodukten. Im deutschen wie im europäischen Abfallrecht war seit langem anerkannt, dass Nebenprodukte, wie z.B. REA-Gips, Elektroschlacke oder Bruchgestein, nicht unter die Erledigungstatbestände des Abfallbegriffs fallen. Die trotzdem zu diesem Aspekt vorhanden gewesene Rechtsunsicherheit wurde weitgehend durch § 4 KrWG beendet. Danach gelten in einem Herstellungsverfahren unbeabsichtigt anfallende Stoffe oder Gegenstände als **Nebenprodukt** und nicht als Abfall, wenn sie als integraler Bestandteil eines Herstellungsprozesses erzeugt werden und es *sicher* ist, dass sie weiterverwendet werden, und zwar *direkt* ohne weitere Vorbehandlung, die über ein normales industrielles Verfahren hinausgeht.

Bereits im Jahr 2007 hat hierzu die Kommission der Europäischen Union eine *Mitteilung zu Auslegungsfragen betreffend Abfall und Nebenprodukte* veröffentlicht. Für *Schlacke und Staub aus der Eisen- und Stahlindustrie* galt danach:

Bei der Eisenherstellung fällt gleichzeitig auch Hochofenschlacke an. Der Produktionsprozess von Eisen ist darauf ausgerichtet, der Schlacke die erforderlichen technischen Merkmale zu verleihen. Zu Beginn des Produktionsprozesses wird entschieden, welche Art von Schlacke anfallen soll. Außerdem besteht bei einer bestimmten Anzahl genau festgelegter Endverwendungszwecke Gewissheit über die Verwendung, und die Nachfrage ist hoch. Hochofenschlacke kann direkt nach Abschluss des Produktionsprozesses verwendet werden, ohne dass eine weitere Bearbeitung, die nicht integraler Bestandteil des Produktionsprozesses ist (wie z.B. das Zerstoßen zur Erzielung der geeigneten Korngröße), notwendig wird. Dieses Material fällt also nicht unter die Definition von Abfall.

Entsprechend regelt § 4 Abs. 1 KrWG die Abgrenzung des Abfalls von Nebenprodukten nun ausdrücklich:

Fällt ein Stoff oder Gegenstand bei einem Herstellungsverfahren an, dessen hauptsächlicher Zweck nicht auf die Herstellung dieses Stoffes oder Gegenstands gerichtet ist, ist er als **Nebenprodukt** *und* **nicht als Abfall** *anzusehen, wenn*

- sichergestellt ist, dass der Stoff oder Gegenstand **weiterverwendet** wird,
- eine weitere über ein normales industrielles Verfahren **hinausgehende Vorbehandlung** hier **nicht** erforderlich ist,
- der Stoff oder Gegenstand als **integraler Bestandteil eines Herstellungsprozesses erzeugt** wird und

- *die **weitere Verwendung rechtmäßig ist**; dies ist der Fall, wenn der Stoff oder Gegenstand alle für seine jeweilige Verwendung anzuwendenden Produkt-, Umwelt- und Gesundheitsschutzanforderungen erfüllt und insgesamt nicht zu schädlichen Auswirkungen auf Mensch und Umwelt führt.*

Zwischenfazit: Nach dem neuen KrWG sind Abfälle, die nicht vermieden werden können, vorrangig einer Verwertung zuzuführen. Zudem waren schon vor der Neuregelung des Abfallrechts durch das KrWG Ersatzbaustoffe abfallrechtlich als Nebenprodukt eingestuft. Nach dem neuen KrWG ist der Einsatz von Ersatzbaustoffen zur Erhöhung der Ressourceneffizienz noch mehr gefordert. Dazu gilt es wie schon zum alten Abfallrecht in Deutschland länderspezifische Regelungen zu berücksichtigen. In Bayern ist dies z.B. der Recycling-Leitfaden (RC-Leitfaden). Diese in Deutschland auf Länderebene eingeführten Regelwerke werden von den Verwaltungsbehörden angewendet. Die Inhalte dieser länderspezifischen Regelwerke zielen jedoch auf die Anwendung des Umweltrechts ab. Ob und inwiefern dieser Anwendungsbereich Einfluss auf den Einsatz von Ersatzbaustoffen nach vergaberechtlichen Kriterien hat, gilt es gleich zu klären.

Zuvor soll nicht unerwähnt bleiben, dass Abweichungen von der Verwertung nach den Vorgaben der länderspezifischen Regelwerke, wie z.B. dem bayrischen RC-Leitfaden, möglich sind. Es erfolgt die Verwertung der Stoffe nach Einzelfallprüfung. Für den jeweiligen Einzelfall wird die schadlose und ordnungsgemäße Verwertung nachgewiesen. Dieser Nachweis der Einzelfallprüfung ist jeweils vor dem Einbau einzuholen. Es sind dabei die Umwelt- und bautechnischen Vorgaben inklusive Materialprüfungen, Angaben und Qualitätsprüfungen der Betriebseinrichtung und des Betriebsablaufs zu überprüfen. Angaben zu den Anforderungen für eine Prüfung im Einzelfall sind z.B. in Bayern im RC-Leitfaden geregelt. Dabei wird auch auf die **VOB-Regelungen** verwiesen. **Es gilt:** Nach den Grundsätzen des RC-Leitfadens hergestellte und güteüberwachte Recyclingbaustoffe können entsprechend der Verdingungsordnung für Bauleistungen VOB/B als **ungebrauchte Baustoffe verwendet werden,** wenn sie für den jeweiligen Verwendungszweck geeignet und aufeinander abgestimmt sind.

2. Vergaberecht und VOB/B

Aus Sicht des Verwenders, also in der Regel eines Bauunternehmens, sind im Hinblick auf die spätere Materialwahl, etwa der Einsatz eines Ersatzbaustoffes, nachfolgende Regelungen aus dem Vergaberecht für das Verständnis einer Ausschreibung von ganz wesentlicher Bedeutung. Diese vergaberechtlichen Grundsätze hat der öffentliche Auftraggeber bei der Erstellung seiner Vergabeunterlagen zu beachten.

§ 7 Abs. 1 VOB/A:

- Die Leistung ist eindeutig und so erschöpfend zu beschreiben, dass alle Bewerber die Beschreibung im gleichen Sinne verstehen müssen und ihre Preise sicher und **ohne umfangreiche Vorarbeiten** berechnen können.
- Um eine einwandfreie **Preisermittlung** zu ermöglichen, sind **alle** sie **beeinflussenden Umstände** festzustellen und in den Verdingungsunterlagen **anzugeben**.

- Die für die Ausführung der **Leistung wesentlichen Verhältnisse** der Baustelle, z.B. **Boden- und Wasserverhältnisse**, sind so zu beschreiben, dass Bewerber ihre Ausführungen auf die **bauliche Anlage und die Bauausführung** hinreichend **beurteilen** können.
- Die Hinweise für das Aufstellen der Leistungsbeschreibung in Abschnitt 0 der **Allgemeinen Technischen Vertragsbedingungen** für Bauleistungen, DIN 18299 ff., **sind zu beachten**. [Anmerkung: Dies sind die Regelungen der VOB/C]

§ 7 Abs. 8 VOB/A:

- Soweit es nicht durch den Auftragsgegenstand gerechtfertigt ist, darf in technischen Spezifikationen **nicht** auf **eine bestimmte Produktion oder Herkunft** oder ein **besonderes Verfahren** oder auf Marken, Patente oder Typen eines bestimmten Ursprungs oder einer bestimmten Produktion **verwiesen werden, wenn dadurch** bestimmte Unternehmen oder **bestimmte Produkte begünstigt** oder **ausgeschlossen werden**. Solche Verweise sind jedoch ausnahmsweise zulässig, wenn der Auftragsgegenstand nicht hinreichend genau und allgemein verständlich beschrieben werden kann; solche Verweise sind mit dem Zusatz *oder gleichwertig* zu versehen.

Ausschreibungen von öffentlichen Baumaßnahmen müssen somit auch die Vorgaben und Inhalte der VOB/C beachten. Ausgangspunkt dabei ist der Abschnitt 0 der allgemeinen DIN 18299. Die Inhalte des Abschnitt 0 sind nach den Erfordernissen des Einzelfalls in der Leistungsbeschreibung insbesondere anzugeben. Exemplarisch sind dies im Hinblick auf den Einsatz von Baustoffen allgemein:

DIN 18299

- Abschnitt 0.2.8
  Verwendung oder Mitverwendung von wiederaufbereiteten (Recycling-)Stoffen.
- Abschnitt 0.2.9
  Anforderungen an wiederaufbereitete (Recycling-)Stoffe und an nicht genormte Stoffe und Bauteile
- Abschnitt 0.2.11
  Besondere Anforderungen an Art, Güte und Umweltverträglichkeit der Stoffe und Bauteile, auch z.B. an die schnelle biologische Abbaubarkeit von Hilfsstoffen.
- Abschnitt 0.2.12
  Art und Umfang der vom Auftraggeber verlangten Eignungs- und Gütenachweise.

Weiter gilt allgemein nach Abschnitt 0.3.1 der DIN 18299, dass **Einzelangaben im Leistungsverzeichnis erforderlich** sind, wenn abweichend von den Inhalten der als VOB/C geltenden ATV DIN Normen 18299 – 18459 Regelungen getroffen werden sollen. Ist dies nicht der Fall gilt für die Verwendung von Ersatzbaustoffen nach Abschnitt 2.3.1 DIN 18299:

- Stoffe und Bauteile, die der Auftragnehmer zu liefern und einzubauen hat, die also in das Bauwerk eingehen, müssen ungebraucht sein. Wiederaufbereitete (Recycling-)Stoffe **gelten als ungebraucht**, wenn sie den Bedingungen gemäß Abschnitt 2.1.3 entsprechen.

In Abschnitt 2.1.3 der DIN 18299 steht geschrieben:
- Stoffe und Bauteile müssen für den jeweiligen Verwendungszweck geeignet und aufeinander abgestimmt sein.

Da ein typischer Anwendungsbereich für Ersatzbaustoffe der Straßenbau ist, hierzu exemplarisch ein entsprechender Auszug aus der zur VOB/C gehörenden spezielleren DIN 18317, Verkehrswegebauarbeiten – Oberbauschichten aus Asphalt:

Abschnitt 0.3.1
- Wenn andere als die in dieser ATV vorgesehenen Regelungen getroffen werden sollen, sind diese in der Leistungsbeschreibung eindeutig und im Einzelnen anzugeben.

Abschnitt 0.3.2
- Abweichende Regelungen können insbesondere in Betracht kommen bei: Abschnitt 2.1.1: Wenn die Verwendung bestimmter Gesteinskörnungen eingeschränkt werden soll.

Dazu Abschnitt 2.1.1 zu den möglichen Gesteinskörnungen:
- Es gelten die technischen Lieferbedingungen für Gesteinskörnungen im Straßenbau (TL Gestein-StB).

Weiter können sich durch Angabe im Leistungsverzeichnis abweichende Regelungen nach Abschnitt 0.3.2 der DIN 18317 bezüglich Abschnitt 2.1.4.1 ergeben, wenn die Zusammensetzung des Asphalts dem Auftragnehmer **nicht** überlassen bleiben soll. Denn ansonsten gilt allgemein nach Abschnitt 2.1.4.1 der DIN 18317:
- Die Zusammensetzung des Asphalts bleibt dem Auftragnehmer überlassen. Er hat dabei die Angaben zu Verwendungszweck, Verkehrsmengen und Verkehrsarten, klimatischen Einflüssen und örtlichen Verhältnissen zu berücksichtigen.

Der Gesamtzusammenhang dieser aufgezeigten Regelungen führt zu der vergaberechtlichen Schlussfolgerung, dass sich ein beschränkter Einsatz von Ersatzbaustoffen bei einer konkreten Baumaßnahme aus den Angaben der Leistungsbeschreibung ergeben muss. Ein allgemeiner Produktausschluss ist dabei rechtlich untersagt. Es müssen also, insbesondere Boden- und Wasserschutzrechtliche Gründe im Bereich der Baumaßnahme vorliegen, die einen Ausschluss von bestimmten Ersatzbaustoffen begründen; fehlen in der Leistungsbeschränkung Angaben zu besonderen Umweltverhältnissen oder damit verbunden Produkteinschränkungen gilt allgemein nach den gezeigten und vergaberechtlich zu beachtenden Regelungen der VOB/C, dass Recyclingbaustoffe oder Nebenprodukte nach Wahl des Auftragnehmers verwendet werden dürfen. Dies kann auch für Teilbereiche einer Baumaßnahme gelten, wenn z.B. für Teilbereiche bestimmte umweltrechtliche Schutzgebiete den Ausschreibungsunterlagen zu entnehmen sind. **Dies sind aber nicht nur die Vorgaben, nach denen sich die Ausschreibung eines öffentlichen Auftraggebers zu halten hat, sondern diese Vorgaben werden auch zur Auslegung des geschuldeten Bausolls herangezogen.** Das für die rechtliche Auslegung eines durch Zuschlag geschlossenen Bauvertrages maßgebliche Verständnis eines sorgfältig kalkulierenden objektiven Bieters bestimmt sich ebenfalls daraus.

Dies ergibt sich für den nach Durchführung eines öffentlich-rechtlichen Vergabeverfahrens geschlossenen Bauvertrag aus den dann maßgebenden Regelungen der VOB/B. Nach § 1 Abs. 2 VOB/B werden u.a. die Regelungen der VOB/C Vertragsbestandteil und stehen sogar in der Rangfolge der Vertragsbestandteile vor den VOB/B als allgemeine Vertragsbedingungen. Der § 1 Abs. 2 VOB/B gibt folgende Reihenfolge vor:

- Die Leistungsbeschreibung mit Leistungsverzeichnis
- Die Besonderen Vertragsbedingungen
- Etwaige Zusätzliche Vertragsbedingungen
- Etwaige Zusätzliche Technische Vertragsbedingungen, die sogenannten ZTV
- Die Allgemeinen Technischen Vertragsbedingungen für Bauleistungen (VOB/C)
- Die Allgemeinen Vertragsbedingungen für die Ausführungen von Bauleistungen (VOB/B)

Aus dieser Abfolge der Vertragsbedingungen ergibt sich weiter ein noch ganz wichtiger operativer Aspekt für das Verständnis eines Auftragnehmers im Hinblick auf den Einsatz von Ersatzbaustoffen. Sind wie oben erwähnt aus dem Leistungsverzeichnis für die gesamte oder Teile der Baumaßnahme keine Beschränkungen für den Einsatz von Ersatzbaustoffen ersichtlich und kalkuliert der Auftragnehmer mit diesen Baustoffen, dann kann er dabei folgende Regelung in der VOB/B mit in seine Überlegungen einbeziehen:

§ 4 Abs. 1 VOB/B:

- Der Auftraggeber hat für die Aufrechterhaltung der allgemeinen Ordnung auf der Baustelle zu sorgen und das Zusammenwirken der verschiedenen Unternehmen zu regeln. Er hat die **erforderlichen öffentlich-rechtlichen Genehmigungen und Erlaubnisse** – z.B. nach dem Baurecht, dem Straßenverkehrsrecht, **dem Wasserrecht,** dem Gewerberecht – herbeizuführen.

Dies gilt im Übrigen auch für die Beschaffung von erforderlichen Zulassungen im Einzelfall. In der Regel ist dazu auch nichts abweichendes in besonderen Vertragsbedingungen geregelt. Eher kommt es vor, dass der Auftraggeber sich weiter für die Einholung der Genehmigungen in der Verantwortung sieht. Erforderliche Unterlagen sind jedoch oftmals vom Auftragnehmer zur Verfügung zu stellen.

Das aufgezeigte allgemeine Verständnis der vergaberechtlichen Vorschriften zur Beschreibung der auszuführenden Leistung nach den Vorgaben der VOB/A und der Verweisung auf die VOB/C sowie die daraus zu ziehenden Schlussfolgerungen auf das geschuldete Bausoll wurden durch die höchstrichterliche Rechtsprechung des BGH bestätigt. Nach der BGH-Rechtsprechung gilt: Haben die Parteien die Geltung der VOB/B vereinbart, gehören hierzu auch die Allgemeinen Technischen Vertragsbedingungen für Bauleistungen, VOB/C. Für den öffentlichen Auftraggeber folgt hieraus der Regelfall nach § 8 Abs. 3 VOB/A.

§ 8 Abs. 3 VOB/A

- In den Vergabeunterlagen ist **vorzuschreiben**, dass die Allgemeinen Vertragsbedingungen für die Ausführung von Bauleistungen (VOB/B) und die Allgemeinen Technischen Vertragsbedingungen für Bauleistungen (VOB/C) Bestandteile des Vertrags werden. Dies gilt auch für etwaige Zusätzliche Vertragsbedingungen und etwaige Zusätzliche Technische Vertragsbedingungen, soweit sie Bestandteile des Vertrags werden sollen.

Es gilt daher auf der Stufe 1 nach § 7 Abs. 1 Nr. 7, dass die Hinweise des Abschnitts 0 der VOB/C mit ihren DIN-Normen 18299 ff. bei der Aufstellung des Leistungsverzeichnisses im Rahmen eines Vergabeverfahrens zu beachten sind. Nachdem der Zuschlag erteilt wurde, gilt auf der Stufe 2: Das vertraglich geschuldete und insbesondere das zu vergütende Bausoll ergibt sich durch VOB-konforme Auslegung. Der objektiv sorgfältige Bieter darf von einer den Regelungen der VOB/A entsprechenden Ausschreibung ausgehen und darf diese so wie alle üblichen Bieter, im Übrigen ohne großen zusätzlichen Aufwand, verstehen. Damit darf ein Bieter auch davon ausgehen, dass der öffentliche Auftraggeber seine Leistungsbeschreibung nach den Inhalten der VOB/C aufstellt. Im Zusammenspiel mit den oben erwähnten unmittelbaren Regeln der VOB/A § 7 Abs. 1 und Abs. 8 gilt daher, dass ohne konkrete Hinweise nach den anerkannten Regeln der Technik RC-Baustoffe und insbesondere Nebenprodukte, also Ersatzbaustoffe, zum Einsatz kommen dürfen. Sofern dafür noch öffentliche Genehmigungen erforderlich sein sollten, ist nach der genannten Regel der VOB/B der Auftraggeber bzw. Bauherr verpflichtet, diese zu beantragen und einzuholen. Die entspricht auch den üblichen Vertragswerken. Der Auftragnehmer muss nach Erhalt des Zuschlags jedoch rechtzeitig auf die erforderlichen Genehmigungen hinweisen.

Hierzu abschließend das aktuelle BGH-Urteil vom 21.03.2013 im Anschluss und unter leichter Abweichung zum BGH-Urteil vom 22.12.2011:

BGH, 21.03.2013, VII ZR 122/11

- *Der öffentliche Auftraggeber hat in der Leistungsbeschreibung eine Schadstoffbelastung eines auszuhebenden und zu entfernenden Bodens nach den Erfordernissen des Einzelfalls anzugeben. Sind erforderliche Angaben zu Bodenkontaminationen nicht vorhanden, kann der Bieter daraus den Schluss ziehen, dass ein schadstofffreier Boden auszuheben und zu entfernen ist.*

Auf den Fall von Ersatzbaustoffen angewendet, bedeutet dieses Urteil aus rechtlicher Sicht, dass soweit nach den Angaben der Ausschreibungsunterlagen aus umweltrechtlicher Sicht nichts gegen die Anwendung solcher Baustoffe spricht und nach den anerkannten Regeln der Technik für das ausgeschriebene Bauvorhaben der Einsatz solcher Baustoffe möglich ist, ein sorgfältig objektiver Bieter, soweit keine Einschränkungen genannt sind, den Einsatz von Ersatzbaustoffen **planen und kalkulieren** kann. Sollten diese Baustoffe günstiger für den Anbieter sein als natürliche Baustoffe, der Bauherr am Ende aber doch den Einsatz natürlicher Baustoffe wünscht bzw. sogar anordnet, dann hat der Auftragnehmer hieraus einen Anspruch auf zusätzliche Vergütung.

Eine Verpflichtung vorrangig Stoffe zu nutzen, die durch Recycling aus Abfällen hergestellt worden sind oder nach dem Abfallrecht als Nebenprodukte gelten, ist neben den politischen Zielvorgaben baurechtlich noch nicht gegeben. Das gilt jedoch in beide Richtungen.

3. Anerkannte Regeln der Technik

Aus Sicht eines Bauunternehmers, bzw. in vergaberechtlicher Hinsicht eines – objektiven – Bieters, ist dieser in der Wahl des Baustoffes für eine Leistung oder der Zusammensetzung eines Baustoffes im Grundsatz frei, es sei denn, es ergeben sich Einschränkungen aus der Leistungsbeschreibung. Danach gilt für den Fall ohne Einschränkungen, dass Erstbaustoffe wie jeder andere natürliche oder industrielle Baustoff von dem Auftragnehmer zur Ausführung seiner Leistung eingesetzt werden können. Dies gilt jedenfalls dann, wenn Ersatzbaustoffe nach den anerkannten Regeln der Technik für die konkrete Leistung geeignet sind. Dazu gibt es eine Fülle von Regelwerken, die hier im Einzelnen nicht näher beleuchtet werden sollen. Teilweise ergeben sich die Regelwerke direkt oder durch Verweis aus den DIN-Normen der VOB/C. So zum Beispiel im Straßenbau, wo schon die DIN 18317 der VOB/C auf die technischen Lieferbedingungen für Gesteinskörnungen im Straßenbau (TL Gestein-StB) verweisen. Typische bautechnische Anforderungen für den Fall des Straßenbaus ergeben sich auch zum Beispiel aus den Technische Lieferbedingungen für Asphaltmischgut für den Bau von Verkehrsflächenbefestigungen (TL Asphalt-StB), den Technischen Lieferbedingungen für Baustoffgemische und Böden zur Herstellung von Schichten ohne Bindemittel im Straßenbau (TL SoB-StB), den Technischen Lieferbedingungen für Böden und Baustoffe im Erdbau des Straßenbaus (TL BuB E-StB) oder den jeweils geltenden ZTV's, z.B. den zusätzlichen technischen Vertragsbedingungen und Richtlinien für den Bau von Schichten ohne Bindemittel im Straßenbau, ZTV SoB-StB. All diese technischen Regelwerke werden aber nicht nur unter dem Begriff der anerkannten Regeln der Technik maßgeblich für die Ausführung sondern werden in der Regel sowieso bereits vertraglich als Vertragsbestandteil vereinbart.

Speziell für den Einsatz von bestimmten Ersatzbaustoffen im Straßenbau gibt es besonders von der Forschungsgesellschaft für Straßen- und Verkehrswesen (FGSV) spezielle technische Empfehlungen zur Verwendung von z.B. Eisenhüttenschlacke im Straßenbau. Darin sind die Verwendungsmöglichkeiten aus bautechnischer Sicht zusammengefasst. Zur Anwendung von Eisenhüttenschlacken im Straßenbau liegen zum Beispiel diese Merkblätter der FGSV vor: Das *Merkblatt über die Verwendung von Hüttensand in Frostschutz und Schottertragschichten*, das *Merkblatt über die Verwendung von Hüttenmineralstoffgemischen, sekundärmetallurgischen Schlacken sowie Edelstahlschlacken im Straßenbau* sowie das *Merkblatt über die Verwendung von Eisenhüttenschlacken im Straßenbau*. Aus rein bautechnischer Sicht sind diese Regelwerke aktuell anwendbar. Zugegebenermaßen und auch oft kritisiert liegt der Zeitpunkt der Ausgabe dieser Merkblätter jedoch einige Jahre zurück. Dies muss jedoch nicht bedeuten, dass die anerkannten Regeln der Technik nicht mehr darin vorzufinden sind.

Weiter sind Standardbauweisen für den gesicherten Einbau von Elektroofenschlacke im FGSV-Merkblatt *Merkblatt über Bauweisen für technische Sicherungsmaßnahmen beim Einsatz von Böden und Baustoffen mit umweltrelevanten Inhaltsstoffen im Erdbau – M TS E* zu finden.

Die aufgezählten Regelwerke stellen nur einen exemplarischen Auszug dar. Damit soll lediglich aufgezeigt werden, dass es für den Einbau von Ersatzbaustoffen umfangreiche technische Regelwerke und Literatur gibt. Der Einsatz von Ersatzbaustoffen kann also aus Sicht eines Auftragnehmers und Bieters in technischer und auch umwelttechnischer Sicht im Rahmen einer öffentlich-rechtlichen Ausschreibung geplant und kalkuliert werden. Exemplarisch nachfolgend ein Auszug aus dem FGSV-Merkblatt über die Verwendung von Eisenhüttenschlacke im Straßenbau.

Tabelle 1: Anwendungsgebiete für Eisenhüttenschlacken

Anwendungsgebiete	HOS-A	HOS-B	HOS-C	HOS-D	HS	LDS/EOS
Asphaltdecken nach ZTV Asphalt-StB	x				x	x
Bauweisen nach ZTV BEA-StB	x					x
Betondecken nach ZTV Beton-StB	x				x	x
Asphaltdeckschichten nach ZTV LW	x				x	x
Asphalttragdeckschichten nach ZTV Asphalt-StB und ZTV LW	x	x			x	x
Asphalttragschichten, Schottertragschichten und Tragschichten mit hydraulischen Bindemitteln nach ZTV T-StB	x	x			x	x
Betondecken, Deckschichten ohne Bindemittel und Asphalttragschichten nach ZTV LW	x	x			x	x
Bettungsmaterial und Fugenfüllung nach ZTV P-StB	x	x			x	x
Frostschutzschichten nach ZTV T-StB	x	x	x		x	x
Schottertragschichten aus sortiertem Gestein nach ZTV LW	x	x	x		x	x
Tragschichten aus unsortiertem Gestein nach ZTV LW	x	x	x	x	x	x
Unter- und Erdbau sowie Bodenverfestigungen und -verbesserungen nach ZTV E-StB	x	x	x	x	x	x

In der Tabelle sind die Verwendungsmöglichkeiten verschiedener Eisenhüttenschlacken als ein typischer Ersatzbaustoff für unterschiedliche Anwendungsgebiete aus bautechnischer Sicht zusammengefasst. Weitere Tabellen solcher Art enthalten exemplarisch die TL Asphalt-StB oder die TL Beton-StB. Um es nochmals zu sagen: Dies stellt nur einen kleinen Auszug der Fülle an technischen Regelwerken dar, die bereits Vorgaben zum technisch möglichen Einsatz von Ersatzbaustoffen enthalten.

4. Zusammenfassung

Der Begriff Naturmaterialien klingt zunächst sehr ökologisch, sehr natürlich. Aber diese natürlichen Materialien müssen zuerst einmal maschinell abgebaut werden. Dies bedeutet einen erheblichen Eingriff in die Umwelt. In Steinbrüchen kommen Bagger und große schwere Maschinen zum Einsatz. Alles in allem sind natürliche Baumaterialien also vielleicht nicht ganz so ökologisch wie der Name zunächst denken mag. Darüber hinaus sind diese natürlichen Stoffe **nicht unbedingt unbelastet**, wie man aus ihrem Namen schließen könnte.

Dagegen werden RC-Baustoffe und industrielle Nebenprodukte wie z.B. Eisenhüttenschlacken regelmäßig geprüft und begutachtet. Zudem entstammen sie einem sehr kontrollierten Produktionsprozess. Es spricht daher aus umweltpolitischen Zielen und dem Aspekt eines nachhaltigen Ressourceneinsatzes vieles für den Einsatz von Ersatzbaustoffen. Das Vergaberecht schränkt solch einen vermehrt anzustrebenden Einsatz von Ersatzbaustoffen nicht ein. Schafft sogar nach dem Grundsatz des fairen Wettbewerbs Freiräume für solch einen Einsatz. Wie gezeigt, hat nach der VOB/B der Bauherr und Auftraggeber die notwendigen öffentlich-rechtlichen Genehmigungen, in der Regel nach dem Wasserhaushaltsgesetz oder dem Bodenschutzgesetz, soweit solche in dem Konkreten Fall überhaupt erforderlich sind, herbeizubringen. Gelingt ihm das nicht oder möchte er das nicht, müssen gezwungenermaßen die gleichwertigen natürlichen Baustoffe zum Einsatz kommen. Aber dies führt zu einer Abweichung vom Bausoll. Je nach Kalkulation des Auftragnehmers entstehen dadurch ggf. zusätzliche Kosten, die im Wege eines Nachtrags geltend gemacht werden können.

Grundsätzlich gilt, dass der Bieter und spätere Auftragnehmer verpflichtet ist, unter den angegebenen Inhalten der Ausschreibung den Einsatz von Ersatzbaustoffen ordnungsgemäß zu kalkulieren. D.h., soweit aus der Ausschreibung besondere, z.B. wasserschützende, Gebiete bekannt sind, muss für diese Bereiche ggf. mit natürlichen Baustoffen anstatt mit Ersatzbaustoffen kalkuliert werden. Betrachtet man hierzu eine längere Straßenbaustelle, z.B. eine Bundesautobahn, bedeutet dies, dass der Bieter für seine Angebotserstellung Teile der Strecke, einfach gesagt mehrere Kilometer, mit natürlichen Baustoffen und andere Kilometerbereiche oder den Rest mit Ersatzbaustoffen für die Ausführung kalkulieren kann. Dieses Vorgehen ist nach der Definition der hierzu ergangenen Rechtsprechung keine *Mischkalkulation*. Eine vergaberechtlich unzulässige Mischkalkulation ist keine Vermischung von Baustoffen, sondern eine kaufmännisch-kalkulatorische Vermischung von Preisen bzw. Preisanteilen. Nach der ergangenen Rechtsprechung zu dem Begriff *Mischkalkulation* liegt eine solche vor, wenn ein unangemessen niedriger Preis bei einzelnen Positionen durch überhöhte Preise bei anderen Positionen ausgeglichen wird.

Die anerkannten Regeln der Technik erfordern und beachten die Einhaltung der umweltrechtlichen Vorschriften. Dazu gehören die Vorschriften des Schutzes des Grundwassers vor Verunreinigungen z.B. nach dem Wasserhaushaltsgesetz und des Bodens im Sinne des Bodenschutzgesetzes. Gesetzliche Vorgaben hierzu gibt es auf Bundesebene wie auch auf Landesebene. Daran hat sich der Einsatz von Ersatzbaustoffen zu halten.

Alle erforderlichen Umweltgesetze gibt es, wenn auch nicht in zusammengefasster Form. Mit der auf Bundesebene angedachten Mantelverordnung soll eine einheitliche Verordnung über die Anforderungen an den Einbau von mineralischen Ersatzbaustoffen in technischen Bauwerken geschaffen werden. Die Verordnung soll ein abgestimmtes und in sich schlüssiges Gesamtkonzept zum ordnungsgemäßen und schadlosen Einsatz von mineralischen Ersatzbaustoffen sowie für das Auf- und Einbringen von Material auf und in den Boden beinhalten. Damit wird sichergestellt, dass die Verwertung von mineralischen Ersatzbaustoffen gemäß den Zielsetzungen des KrWG erfolgt. Solange es diese Mantelverordnung jedoch nicht gibt, richtet sich der Einsatz von Ersatzbaustoffen eben nach den vorhandenen Gesetzen. Keinesfalls schafft das Vergaberecht für den Einsatz von Ersatzbaustoffen irgendwelche zusätzliche Hürden, die für andere Baustoffe nicht gelten.

Ressourcenschonung im Hinblick auf zukünftige Generationen geht uns alle an und nachweislich unbelastete natürliche Baustoffe sollten für die Bereiche, bei denen eine Belastung der Baustoffe ausgeschlossen werden muss aufgespart werden. Sie dürfen nicht in nicht schützenswerten Bereichen vergeudet werden. Die Verwertung von Sekundärbaustoffen ist an der richtigen Stelle eingebracht ökologischer als Deponierung und Ressourcenverschwendung.

Planung und Umweltrecht

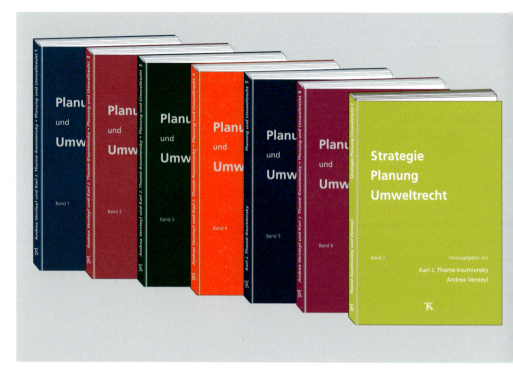

Planung und Umweltrecht, Band 1
Herausgeber: Karl J. Thomé-Kozmiensky, Andrea Versteyl
Erscheinungsjahr: 2008
ISBN: 978-3-935317-33-7
Hardcover: 199 Seiten

Planung und Umweltrecht, Band 2
Herausgeber: Karl J. Thomé-Kozmiensky, Andrea Versteyl
Erscheinungsjahr: 2008
ISBN: 978-3-935317-35-1
Hardcover: 187 Seiten

Planung und Umweltrecht, Band 3
Herausgeber: Karl J. Thomé-Kozmiensky, Andrea Versteyl
Erscheinungsjahr: 2009
ISBN: 978-3-935317-38-2
Hardcover: 209 Seiten

Planung und Umweltrecht, Band 4
Herausgeber: Karl J. Thomé-Kozmiensky, Andrea Versteyl
Erscheinungsjahr: 2010
ISBN: 978-3-935317-47-4
Hardcover: 171 Seiten

Planung und Umweltrecht, Band 5
Herausgeber: Karl J. Thomé-Kozmiensky
Erscheinungsjahr: 2011
ISBN: 978-3-935317-62-7
Hardcover: 221 Seiten

Planung und Umweltrecht, Band 6
Herausgeber: Karl J. Thomé-Kozmiensky, Andrea Versteyl
Erscheinungsjahr: 2012
ISBN: 978-3-935317-79-5
Hardcover: 170 Seiten

Strategie Planung Umweltrecht, Band 7
Herausgeber: Karl J. Thomé-Kozmiensky, Andrea Versteyl
Erscheinungsjahr: 2013
ISBN: 978-3-935317-93-1
Hardcover: 171 Seiten, mit farbigen Abbildungen

Strategie Planung Umweltrecht, Band 8
Herausgeber: Karl J. Thomé-Kozmiensky
Erscheinungsjahr: 2014
ISBN: 978-3-944310-07-7
Hardcover: 270 Seiten, mit farbigen Abbildungen

Paketpreis
Planung und Umweltrecht, Band 1 bis 6;
Strategie Planung Umweltrecht, Band 7-8

125,00 EUR statt 200,00 EUR

Einzelpreis: 25,00 EUR

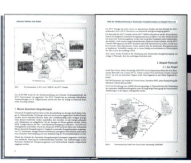

Bestellungen unter www.vivis.de
oder

Dorfstraße 51
D-16816 Nietwerder-Neuruppin
Tel. +49.3391-45.45-0 • Fax +49.3391-45.45-10
E-Mail: tkverlag@vivis.de

TK Verlag Karl Thomé-Kozmiensky

Feste Gemische in der Verordnung über Anlagen zum Umgang mit wassergefährdenden Stoffen (AwSV)

Martin Böhme

1.	Verfahren zur Einstufung wassergefährdender Stoffe	72
2.	Feste Gemische als allgemein wassergefährdende Stoffe	73
3.	Auswirkungen auf die Anlagenplanung und -errichtung	77

Der Begriff *wassergefährdende Stoffe* stammt aus dem Wasserhaushaltsgesetz (WHG). Darunter fallen diejenigen, *die geeignet sind, dauernd oder in einem nicht nur unerheblichen Ausmaß nachteilige Veränderungen der Wasserbeschaffenheit herbeizuführen* (§ 62 Abs. 3 WHG). Es geht also – wie im Gefahrstoffrecht – allein um die Eigenschaften dieser Stoffe und nicht darum, den Eintrag in die Gewässer am Ende eines Wirkungspfades mit Rückhalte- oder Abbauprozessen zu beurteilen und Risiken zu beschreiben. Der Begriff ist als umfassender Oberbegriff zu verstehen und naturwissenschaftlich in Stoffe und in Gemische aufzuteilen. Der in der Verordnung verwandte Stoffbegriff bedeutet nicht, dass es sich um chemisch reine Stoffe (z.B. für Analysenzwecke) handeln muss. Ein gewisses Maß an Beimengungen und Verunreinigungen wird also vernachlässigt. So werden Ottokraftstoffe europarechtlich als Stoff definiert, obwohl es sich beim Ottokraftstoff chemisch gesehen eindeutig um ein Gemisch handelt.

Gemische bestehen aus zwei oder mehreren Stoffen. Bei diesen Gemischen kommt es nicht darauf an, dass diese Stoffe aktiv gemischt worden sind. Unter die Gemische fallen auch Abfälle, die regelmäßig aus mehreren Stoffen bestehen. Die Absicht, sich dieser Gemische entledigen zu wollen, ist bezüglich der Frage, ob von ihnen eine Wassergefährdung ausgehen kann, nicht bedeutsam. In der Begründung zur Neufassung des Wasserhaushaltsgesetzes 2009 wird ausgeführt, dass der Begriff *wassergefährdende Stoffe* Stoffe und Zubereitungen im Sinne des Chemikalienrechts umfasst und Gemische und Abfälle einschließt.

Da der Aggregatzustand von Stoffen für deren Gewässergefährdungspotenzial und damit auch im Hinblick auf die zu stellenden Anforderungen von erheblicher Bedeutung ist, werden in der AwSV die Definitionen für gasförmige, flüssige und feste Stoffe aus dem europäischen Chemikalienrecht übernommen. Auch hier wird deutlich, dass die AwSV zur Vermeidung von Widersprüchen versucht, neue Begriffsdefinitionen dort zu umgehen, wo auf bestehende zurückgegriffen werden kann. Entscheidend für die Zuordnung zu einem Aggregatzustand sind seine Eigenschaften bei Normalbedingungen. Wenn aus verfahrenstechnischen Gründen mit bestimmten Stoffen in einer Anlage bei höheren Temperaturen umgegangen wird, ist dieser Zustand nicht ausschlaggebend.

Die Klassifizierung der wassergefährdenden Stoffe in solche, die keine wassergefährdenden Eigenschaften haben und in solche, die zu einer nachteiligen Veränderung der Gewässereigenschaften führen, wird dem Betreiber einer Anlage auferlegt. An den Hersteller oder Inverkehrbringer kann die Verordnung keine Anforderung stellen, da es im WHG dazu keine Ermächtigung gibt. Allerdings ist davon auszugehen, dass die meisten Betreiber beim Erwerb der Stoffe den Nachweis der Einstufung in eine Wassergefährdungsklasse verlangen werden. Die Wassergefährdungsklassen sind nur im Recht des Umgangs mit wassergefährdenden Stoffen anzuwenden und nicht heranzuziehen, wenn Wirkungen dieser Stoffe in der Umwelt beurteilt werden sollen.

1. Verfahren zur Einstufung wassergefährdender Stoffe

Die in der AwSV geforderte Einstufung der wassergefährdenden Stoffe in Wassergefährdungsklassen oder als nicht wassergefährdend ergibt sich aus den Stoffeigenschaften nach Maßgabe der Anlage 1 der AwSV. Die Daten, die zur Ableitung der wassergefährdenden Stoffeigenschaft erforderlich sind, sind dem Betreiber aufgrund anderer gültiger stoff- oder chemikalienrechtlicher Regelungen bekannt. Maßgebend sind die Eigenschaften der Stoffe in dem Zustand, in dem sie in eine Anlage gelangen. Reaktionen in der Anlage, insbesondere in HBV-Anlagen (Anlagen zum Herstellen, Behandeln oder Verwenden wassergefährdender Stoffe), bleiben unberücksichtigt.

Bei dem Verfahren der Einstufung der wassergefährdenden Stoffe in eine der Wassergefährdungsklassen kann sich herausstellen, dass ein Stoff oder Gemisch nicht wassergefährdend ist. Eine fehlende Einstufung führt nicht dazu, dass ein Stoff oder ein Gemisch nicht als wassergefährdender Stoff anzusehen ist. Ein solcher Stoff oder Gemisch ist sogar vorsorglich wie ein stark wassergefährdender zu behandeln.

Sofern der Betreiber nicht auf eine vorhandene Einstufung zurückgreifen kann, muss er die von ihm für die Selbsteinstufung herangezogenen Daten dokumentieren und dem Umweltbundesamt übermitteln. Der Umfang der Daten muss im Falle der Einstufung als nicht wassergefährdend größer sein als bei der Einstufung wassergefährdender Stoffe, da mit der Einstufung als nicht wassergefährdend die Anlagen, in denen diese Stoffe verwendet werden, vollständig aus dem übrigen Regelungsbereich der Verordnung entlassen werden.

Die Dokumentation über die Selbsteinstufung von Stoffen wird vom Umweltbundesamt auf Plausibilität kontrolliert. Dann entscheidet es endgültig unter Berücksichtigung eigener Erkenntnisse über die Einstufung und veröffentlicht diese Entscheidung, u.a. auch im Internet. Erst damit und mit der Bekanntgabe gegenüber dem Betreiber wird die Selbsteinstufung des Betreibers rechtsverbindlich und kann der Planung, der Errichtung oder dem Betrieb einer Anlage zugrunde gelegt werden. Das geschilderte Verfahren stellt sicher, dass die Betreiber die Selbsteinstufung korrekt vornehmen und dass die Einstufungsentscheidungen nachvollziehbar und zuverlässig sind.

Für Gemische gilt ein vergleichbares Verfahren zu ihrer Selbsteinstufung. Allerdings ist die Dokumentation über deren Einstufung nicht dem Umweltbundesamt, sondern allein der zuständigen Behörde im Rahmen der Zulassung oder der Überwachung der Anlage vorzulegen. Die Behörde hat dann die Möglichkeit zu einer abweichenden Einstufung.

Die von der Stoffeinstufung abweichende Regelung für Gemische ist damit zu begründen, dass Gemische im Unterschied zu Stoffen häufig wechselnde Zusammensetzungen aufweisen und in der Regel in dieser Form nur in einer einzelnen Anlage anfallen. Auf andere Anlagen sind diese Selbsteinstufungen aufgrund abweichender Produktionsprozesse und damit verbundener anderer Zusammensetzungen der Gemische meist nicht übertragbar. Insofern ist es berechtigt, die Einstufung von Gemischen nicht zentral zusammenzufassen und keine Veröffentlichung der Einstufung von Gemischen vorzusehen.

Die Verpflichtung zur Selbsteinstufung eines Stoffes oder Gemisches besteht nicht, wenn sie in der Verordnung als allgemein wassergefährdend bestimmt sind oder bereits mit ihrer Einstufung im Bundesanzeiger veröffentlicht wurden. Sie besteht für Stoffe auch nicht, wenn sie durch eine veröffentlichte Stoffgruppeneinstufung erfasst werden und für Gemische nicht, wenn bereits eine Dokumentation vorliegt. Diese Regelungen erlauben es, auf bestehende Einstufungen zurückzugreifen und dienen damit der Vermeidung von unnötiger Doppelarbeit. Der Betreiber hat zudem noch die Möglichkeit, einen Stoff unabhängig von seinen Eigenschaften als stark wassergefährdend (WGK 3) zu betrachten. Dieser Regelung kann sich ein Betreiber bedienen, der jeglicher Diskussion um die von ihm eingesetzten Stoffe entgehen will und bereit ist, seine Anlage auf der sicheren Seite zu betreiben. Sie gilt natürlich nur für seine Anlage und stellt keine Einstufung des Stoffes dar.

2. Feste Gemische als allgemein wassergefährdende Stoffe

Mit der Neueinführung des Begriffs der *allgemein wassergefährdenden* Stoffe werden Stoffe erfasst, die nicht *nicht wassergefährdend* sind, bei denen aber der Verordnungsgeber von einer Einstufung in Wassergefährdungsklassen absieht. In diese neue Klasse werden insbesondere Jauche, Gülle und Silagesickersäfte, Gärsubstrate landwirtschaftlicher Herkunft für Biogasanlagen oder feste Gemische eingestuft. Bei letzteren erfolgt dieser Schritt insbesondere im Hinblick darauf, dass unter feste Gemische häufig auch Abfälle fallen und für diese aus Sicht der Wirtschaft ein einfaches und unbürokratisches Verfahren der Einstufung gefunden werde musste. Da für viele Abfälle die Eigenschaft einer möglichen nachteiligen Veränderung der Wasserbeschaffenheit nicht ernsthaft in Frage gestellt werden kann, ist es unstrittig, dass sie dem Geltungsbereich der AwSV unterliegen. Mit der neuen Regelung, sie als allgemein wassergefährdend zu bezeichnen, kann in der Regel auf Untersuchungen und eine Vorlage der Ergebnisse bei der zuständigen Behörde verzichtet werden. Auch zeitliche Verzögerungen, die durch eine Einstufung bedingt sind, werden bei der Entsorgung vermieden.

Die von der Wirtschaft immer wieder kritisierte Fiktion, dass alle festen Gemische als allgemein wassergefährdend anzusehen sind, entspricht der Regelung für alle anderen wassergefährdenden Stoffe, die ja auch nur dann nicht wassergefährdend sind, wenn dies nachgewiesen wurde. Sie wird ausdrücklich dadurch entkräftet, dass feste Gemische insbesondere dann nicht als allgemein wassergefährdend gelten, wenn auf Grund ihrer Herkunft oder Zusammensetzung davon auszugehen ist, dass sie nicht geeignet sind, die Wasserbeschaffenheit nachteilig zu verändern. Im Grunde stellt dies keinerlei neue oder abweichende Festlegung für wassergefährdende Stoffe dar, bekräftigt aber eine seit langem bestehende Vorgehensweise, dass bestimmte Gemische nach gesundem Menschenverstand und erfahrungsgemäß nicht wassergefährdend sind. Der im Wasserhaushaltsgesetz verankerte Besorgnisgrundsatz wird dadurch in keiner Weise relativiert. Häufig vorkommende Gemische, wie Gesteine, Boden oder Holz enthalten natürlich in analytisch nachweisbaren Mengen wassergefährdende Stoffe. Unter normalen Umständen wird aber ein Eintrag in ein Gewässer nicht dazu führen, dass die Wasserbeschaffenheit nachteilig verändert wird, wenn die Herkunft des Gemischs oder seine Zusammensetzung nicht für eine Wassergefährdung sprechen. Eine Analyse der genauen Zusammensetzung eines festen Gemischs mit Angabe der Anteile jedes im Gemisch enthaltenen Stoffs würde unter diesen Umständen nicht weiterhelfen, insbesondere auch deshalb, weil eine vollständige Analyse, die nach der Gemischregel für eine Einstufung als nicht wassergefährdend erforderlich ist, mit sehr hohem Aufwand verbunden ist.

Diese Überlegungen gelten natürlich auch für den Fall, dass es sich bei den festen Gemischen um Abfälle handelt, soweit diese nicht offensichtlich oder gar zielgerichtet durch wassergefährdende Stoffe verunreinigt sind. Ein Teil der genannten Beispiele kann sowieso schon unter bestimmte, vom Umweltbundesamt als nicht wassergefährdend definierte Gruppen eingeordnet werden. Diese Einstufung stellt zwar eine Sicherheit für den Betreiber dar, ist aber nicht zwingend erforderlich. Sofern es keinen Hinweis darauf gibt, dass ein festes Gemisch von den in ihm vorhandenen Stoffen her zu einer Verunreinigung des Bodens oder Grundwassers führen kann, ist es nicht als allgemein wassergefährdend anzusehen. Insofern wird eine Anlage, die darauf ausgelegt ist, mit solchen Gemischen umzugehen, nicht als Anlage zum Umgang mit wassergefährdenden Stoffen zu bezeichnen sein. Eine Anlage zur Lagerung von Altglas, Altpapier oder Holzresten ist demnach nicht als Anlage zum Umgang mit wassergefährdenden Stoffen anzusehen, selbst dann nicht, wenn es dort gelegentliche Fehleinwürfe gibt oder das Altholz getrocknete Farbreste enthält. Hölzern, die mit Holzschutzmitteln behandelt sind, oder bei denen aufgrund ihrer Herkunft davon auszugehen ist, dass sie so behandelt wurden, führen jedoch zu erheblichen Gewässerkontaminationen, wenn die Holzschutzmittel ausgewaschen würden. Diese Hölzer sind demnach als wassergefährdende Stoffe anzusehen.

Zusätzlich besteht die Möglichkeit, für den Einzelfall nachzuweisen, dass auch feste Gemische nicht wassergefährdend sind. Dies ist dann der Fall, wenn

1. sie in der Liste der nicht wassergefährdenden Stoffe des Umweltbundesamtes aufgeführt sind,

2. der Betreiber anhand von Untersuchungen nachweist, dass die festen Gemische die Kriterien für nicht wassergefährdende Stoffe erfüllen,
3. sie Gemischen zugeordnet werden können, die nach anderen Rechtvorschriften überall ohne Einschränkungen eingebaut werden dürfen oder
4. sie nach dem LAGA-Merkblatt M20 der Einbauklasse Z0 oder Z1.1 entsprechen.

Zu 1. Gemische, die in der Liste der nicht wassergefährdenden Stoffe aufgeführt sind, die vom Umweltbundesamt veröffentlicht wird, müssen nicht mehr erneut beurteilt werden. Sie sind ohne weitere Ermittlung nicht wassergefährdend. Zu diesen Gemischen zählen beispielsweise auch Metalle, soweit sie fest sind, nicht in kolloidaler Lösung vorliegen und nicht mit Wasser oder Luftsauerstoff reagieren. Auch rostendes Eisen ist also als nicht wassergefährdend eingestuft, nicht hingegen das mit Wasser heftig reagierende elementare Metall Natrium.

Als nicht wassergefährdend sind auch Naturstoffe wie Mineralien, Sand, Holz, Kohle, Zellstoffe sowie Gläser und keramische Materialien und Kunststoffe eingestuft, soweit sie fest, nicht dispergiert, wasserunlöslich und indifferent sind. Die Liste der nicht wassergefährdenden Stoffe wurde gegenüber der 2005 im Bundesanzeiger veröffentlichten zwischenzeitlich um weitere Stoffe ergänzt, zu denen auch die Hochofen-Schlacken oder die Stahlwerkschlacken aus dem Linz-Donawitz-Verfahren gehören. Alle als nicht wassergefährdend eingestuften Stoffe und Gemische können über die Internetseite des Umweltbundesamtes recherchiert werden.

Es ist kein Zufall, dass in der Liste der nicht wassergefährdenden Stoffe wieder diejenigen Gemische auftauchen, die von ihrer Herkunft und Zusammensetzung her als nicht wassergefährdend gelten können. Bei einer vergleichbaren Bewertungsgrundlage sollte sich auch das Ergebnis entsprechen.

Zu 2. Der Betreiber kann das feste Gemisch auch nach der Gemischregel der AwSV einstufen. Dieser Weg ist allerdings in der Tat aufwendig, da eine Komplettanalyse vorliegen muss. Er wird sich deshalb in der Regel nur lohnen, wenn das Gemisch in gleichbleibender Zusammensetzung über einen längeren Zeitraum anfällt.

Zu 3. Die dritte Möglichkeit besteht darin, dass der Einbau der festen Gemische in der Umwelt nach anderen Rechtsvorschriften uneingeschränkt möglich ist und von da her eine nachteilige Veränderung der Eigenschaften des Grundwassers nicht zu besorgen ist. Voraussetzung ist die uneingeschränkt zulässige Verwertung oder Ablagerung und dass eine solche Regelung in einem Gesetz oder einer Verordnung im Bund oder bei den Ländern getroffen wurde.

Im Zusammenhang mit der Erarbeitung der zukünftigen Ersatzbaustoffverordnung wurden umfangreiche Gutachten erstellt, in denen die Freisetzung von Schadstoffen aus Recyclingmaterialien im Hinblick auf das zeitliche Verhalten sowie die auftretenden Konzentrationen untersucht wurden. In Auswertung dieser Gutachten wurde für die unterschiedlichen Materialien definiert, unter welchen Voraussetzungen sie in technische Bauwerke eingebaut werden dürfen. Materialien, die zu keinen nachteiligen Veränderungen von Gewässern führen können, sollen ohne Einschränkungen und ohne behördliches Verfahren eingebaut werden können.

Diese sollen deshalb auch als nicht wassergefährdend gelten. Materialien, die aber aufgrund der vorliegenden wissenschaftlichen Erkenntnisse z.B. nur unter einer hydraulisch gebundenen oder wasserundurchlässigen Deckschicht oder Bauweise eingebaut werden dürfen, bei denen ein bestimmter Abstand zum Grundwasserstand einzuhalten ist oder die in Wasserschutzgebieten Zone III A und III B oder in einem Überschwemmungsgebiet nicht eingebaut werden dürfen, genügen der Vorgabe eines uneingeschränkten Einbaus nicht und fallen damit unter die allgemein wassergefährdenden Stoffe. Ziel ist, dass Gemische, die überall in der Umwelt eingebaut werden dürfen, auch bei ihrer Lagerung, bei ihrem Umschlag oder ihrer Behandlung in Anlagen nicht als wassergefährdend gelten. Bei anderen Gemischen, deren Entsorgung nur unter besonderen Sicherheitsvorkehrungen möglich ist, kommen dagegen die anlagenbezogenen Anforderungen der Verordnung zur Anwendung. Dies ist gerechtfertigt, da dieses Material offensichtlich aufgrund seiner Eigenschaften ohne Schutzmaßnahmen zu einer Schädigung der Umwelt führen kann. Auch Regelungen zu den festen Gemischen verfolgen das Ziel, bezüglich der Abfälle keine eigenständigen Einstufungen vorzunehmen, sondern sich an vorhandene, insbesondere abfallrechtliche, Regelungen anzulehnen und diese für die Verordnung zu nutzen. Dies dient der Vollzugserleichterung und soll vermeiden, dass es zu abweichenden Zuordnungen der Abfälle im Abfall- und Wasserrecht kommt. Bis zum Erlass der Ersatzbaustoffverordnung wird diese Alternative allerdings nur sehr begrenzt zur Anwendung kommen können.

Zu 4. Wenn das Gemisch als Z0- oder Z1.1-Material der Mitteilung 20 der Länderarbeitsgemeinschaft Abfall (LAGA) *Anforderungen an die stoffliche Verwertung von mineralischen Abfällen/Technische Regeln* (Stand: 06.11.2003) eingestuft werden kann, kann es auch als nicht wassergefährdender Stoff betrachtet werden. Diese Technische Regel ist 2004 vom Erich Schmidt Verlag Berlin veröffentlicht und bei der Deutschen Nationalbibliothek archivmäßig gesichert niedergelegt worden. Sie kann auch in der Bibliothek des Bundesumweltministeriums in Bonn eingesehen werden. Dieses Regelwerk ist in der Praxis bekannt und anerkannt, so dass mit diesem Verweis ein einfaches und betreiberfreundliches Verfahren festgeschrieben wird. Die Zuordnung des Z0 und Z1.1-Materials zu den nicht wassergefährdenden Stoffen entspricht der Vollzugspraxis der Länder. Diese hatten Material der Zuordnungsstufe Z1.2 und darüber als wassergefährdend angesehen.

Dieser Verweis auf das LAGA M20 ist allerdings fest, also statisch. Nur die Recyclingmaterialien, die dort als Z0- oder Z1.1-Material aufgeführt sind, können als nicht wassergefährdend gelten. Spätere Ergänzungen dürfen nicht herangezogen werden. Entscheidend sind die Tabellen zu den Eluaten, insbesondere Tabelle II.1.4-3, da die Eluatwerte als Konzentrationsangaben die entscheidende Aussage für den Gewässerschutz machen. Die Feststoffgehalte, die sich im LAGA-Regelwerk finden, verfolgen primär abfallwirtschaftliche Ziele.

Der Vollständigkeit ist zu ergänzen, dass der Betreiber zusätzlich die Möglichkeit hat, feste Gemische in Wassergefährdungsklassen einzustufen. Dies wird dann interessant, wenn ein festes Gemisch vertrieben wird und anschließend zu einem neuen Gemisch verarbeitet wird.

3. Auswirkungen auf die Anlagenplanung und -errichtung

Die Einstufung eines Stoffs oder eines Gemischs als nicht wassergefährdend, in eine der drei Wassergefährdungsklassen oder als allgemein wassergefährdend ist die Grundlage für die technische Ausgestaltung einer Anlage und die Festlegung von risikoproportionalen Anforderungen an diese.

Ein wesentliches Element der Verhütung von Verschmutzungen der Gewässer stellt eine zweite Sicherheitsbarriere dar, mit der bei einer Betriebsstörung ausgetretene wassergefährdende Stoffe sicher aufgefangen werden können. In der Regel geschieht dies mit einer Rückhalteeinrichtung. Eine solche Rückhaltung ist nicht erforderlich, wenn die Anlage doppelwandig mit Leckanzeigesystem ausgeführt wird. Durch diese Konstruktionsweise wird sichergestellt, dass bei Versagen der inneren Behälterwand wegen der intakten äußeren Behälterwand keine wassergefährdenden Stoffe in die Umwelt gelangen können, demnach also ein vollständiges Rückhaltevolumen gewährleistet ist.

Alle Rückhalteeinrichtungen müssen flüssigkeitsundurchlässig ausgeführt sein und dürfen über keine Abläufe verfügen. Flüssigkeitsundurchlässig sind Konstruktionen, wenn die Dicht- und Tragfunktion der Bauausführungen während der Beanspruchungsdauer nicht verloren geht. So kann beispielsweise die Dichtfunktion von Betonflächen verloren gehen, die mit CKW beaufschlagt werden, da der Beton nur eine eingeschränkte Dichtfunktion gegenüber CKW besitzt. Die Tragfunktion ist hingegen nicht beeinträchtigt. Bei Bitumen würde hingegen die Tragfunktion in Frage gestellt, wenn er mit Lösungsmitteln beaufschlagt wird, da die Lösungsmittel den Bitumen auflösen und damit den Zusammenhalt der Bauausführung zerstören. Nur wenn beide Funktionen durch eine auf die Anforderungen der Anlage ausgerichtete Bauweise aufrechterhalten werden, kann die Bauausführung als flüssigkeitsundurchlässig bezeichnet werden. Ausschlaggebend bei der Bauweise ist, dass die wassergefährdenden Stoffe die der Beaufschlagung entgegengesetzte Seite unter Einhaltung eines Sicherheitsabstands nicht erreichen.

Der Begriff *flüssigkeitsundurchlässig* ist zwar ein feststehender Begriff, er bedeutet jedoch nicht, dass eine flüssigkeitsundurchlässige Fläche für alle Anlagen immer gleich aussehen muss. Die Anforderung ist an die jeweilige Anlage und hier insbesondere daran anzupassen, mit welchen Stoffen eine Fläche überhaupt beaufschlagt werden soll. Der Unterschied zwischen einer Bauweise, die allein den betriebstechnischen Anforderungen genügt und einer flüssigkeitsundurchlässigen Bauweise kann gering sein, wenn z.B. Dichtflächen von Schwerlasttransportern befahren werden müssen. Die daraus folgenden betrieblichen Anforderungen können so hoch sein, dass die Anforderung die Flüssigkeitsundurchlässigkeit schon miterfüllt wird.

Das Volumen der Rückhalteeinrichtung muss grundsätzlich so groß sein, dass die im Schadensfall austretenden wassergefährdenden Stoffe vollständig zurückgehalten werden. Das Volumen der Rückhalteeinrichtung kann bei Lager- und HBV-Anlagen dann kleiner als das des zugehörigen Behälters sein, wenn auch unter ungünstigen Bedingungen durch organisatorische Maßnahmen sichergestellt ist, dass die Leckage vor Überschreitung des Volumens der Rückhalteeinrichtung abgedichtet wird oder die wassergefährdenden Stoffe in anderen Behältern aufgefangen werden können. Ungünstig sind die Bedingungen z.B. während der Wochenenden oder Feiertage, sofern kein Betriebspersonal anwesend ist, das Gegenmaßnahmen ergreifen kann. Bei dieser Konstruktionsweise bleibt gegenüber einer Rückhaltung des Gesamtvolumens an wassergefährdenden Stoffen immer ein Restrisiko. Der Kostenvorteil einer solchen Teilrückhaltung ist in der Regel gering, da die Einsparungen bei der Bauweise gegenüber den dauerhaft anfallenden organisatorischen Maßnahmen oft nicht ins Gewicht fallen. Bei Anlagen zum Abfüllen flüssiger wassergefährdender Stoffe muss das zurückzuhaltende Volumen demjenigen entsprechen, das beim größtmöglichen Volumenstrom bis zum Wirksamwerden geeigneter Sicherheitsvorkehrungen austreten kann. Das Rückhaltevolumen von Umschlaganlagen muss der größten Einheit entsprechen, die umgeschlagen wird.

Die erwähnten Regelungen zur Rückhaltung müssen grundsätzlich von allen Anlagen eingehalten werden. Allerdings gibt es eine ganze Reihe von Anlagen, bei denen diese Anforderungen insbesondere aus konstruktiven oder funktionalen Gründen nicht erfüllt werden können. So können z.B. Wärmetauscher nicht doppelwandig aufgestellt werden, da sonst ihre Funktion nicht mehr gewährleistet wäre. Aus diesem Grund ist es notwendig, für diese Fälle besondere Regelungen zu schaffen, die für bestimmte Anlagen definieren, wie ein Sicherheitsniveau erreicht wird, das dem allgemein beschriebenen entspricht. Für diese Anlagen gibt es in der AwSV besondere Regelungen.

Bei festen wassergefährdenden Stoffen ist es angemessen, davon auszugehen, dass der Besorgnisgrundsatz auch dann eingehalten werden kann, wenn nur eine Sicherheitsbarriere vorhanden ist, da feste Stoffe bei der Leckage eines Behälters zwar – in der Regel wohl nur in geringen Mengen – austreten, nicht aber wegfließen können. Wenn die festen wassergefährdenden Stoffe in Behältern oder Verpackungen oder in Räumen aufbewahrt werden, sind daher keine eigenständigen Rückhaltemaßnahmen erforderlich. Die Fläche, auf der mit den festen wassergefährdenden Stoffen umgegangen wird, muss zwar den betriebstechnischen Anforderungen genügen, also z.B. gewährleisten, dass die Behälter oder Verpackungen sicher stehen und nicht in den Boden einsinken. An die Flächen werden aber keine wasserrechtlichen Anforderungen gestellt.

Wenn hingegen mit den festen wassergefährdenden Stoffen nicht in Behältern oder Räumen, sondern offen in Haufwerken umgegangen wird und ein Zutritt von Niederschlagswasser nicht immer zu verhindern ist, muss durch Maßnahmen eine nachteilige Veränderung der Gewässereigenschaften verhindert werden. Diese Forderung entspricht der bundesimmissionsschutzrechtlichen Regelungen (TA Luft). Als zentrale Maßnahme des Gewässerschutzes ist eine Barriere im Sinne einer Bodenfläche erforderlich, bei der das Niederschlagswasser nicht aus der Unterseite des Bauwerks austritt und die über eine geordnete Entwässerung verfügt. Mit dieser Vorgabe werden gepflasterte oder wasserdurchlässige Konstruktionen ausgeschlossen, die Anforderung ist jedoch nicht identisch zu einer flüssigkeitsundurchlässigen Befestigung, da bei dieser die wassergefährdenden Stoffe das Bauwerk nur teilweise durchdringen dürfen.

Eine gegenüber der flüssigkeitsundurchlässigen Befestigung verringerte Anforderung ist azeptabel, da die wassergefährdenden Stoffe erst durch Niederschlagswasser aus dem festen Material eluiert werden. Erst damit liegt eine wässrige Lösung mit wassergefährdenden Eigenschaften vor.

Auch aus betrieblichen Gründen, insbesondere der erforderlichen Sicherstellung des Schwerlastverkehrs beim offenen Umgang mit wassergefährdenden Stoffen müssen die Flächen in der Regel mit dem notwendigen Aufwand ausgestaltet werden. Die Regelung entspricht im Übrigen weitgehend der bisher von vielen Ländern geforderten Straßenbauweise, wurde allerdings bezüglich des bisher offen gebliebenen Anforderungsniveaus in der gebotenen Form präzisiert. Sie gilt nur für feste wassergefährdende Stoffe, die nicht leichtlöslich sind. Als leichtlöslich werden grundsätzlich Stoffe angesehen, die eine Löslichkeit über 10 g/l haben. Bei höheren Löslichkeiten ist in der Regel eine geordnete Entwässerung aufgrund der hohen Gehalte wassergefährdender Stoffe im abfließenden Niederschlagswasser und fehlender Aufbereitungsmöglichkeiten nicht mehr möglich – abgesehen davon, dass die Verluste an wassergefährdenden Stoffen für den Betreiber zu groß werden. Diese Vorgaben gelten auch für Flächen, auf denen feste wassergefährdende Stoffe umgeschlagen werden.

Wie dargestellt, weicht der Umgang mit festen wassergefährdenden Stoffen im Grunde nicht von dem mit anderen wassergefährdenden Stoffen ab. Die Besonderheiten des Aggregatzustandes erlauben es aber, für Anlagen mit diesen Stoffen Vereinfachungen vorzunehmen. Die AwSV nutzt die Chance, entsprechende Differenzierungen vorzunehmen.

Aschen • Schlacken • Stäube

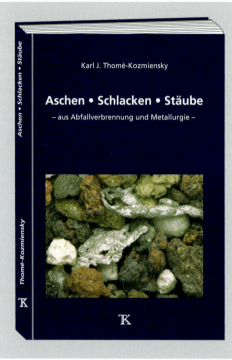
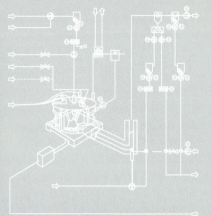

Aschen • Schlacken • Stäube
– aus Abfallverbrennung und Metallurgie –

ISBN:	978-3-935317-99-3
Erschienen:	September 2013
Gebundene Ausgabe:	724 Seiten mit zahlreichen farbigen Abbildungen
Preis:	50.00 EUR

Herausgeber: Karl J. Thomé-Kozmiensky • **Verlag:** TK Verlag Karl Thomé-Kozmiensky

Der Umgang mit mineralischen Abfällen soll seit einem Jahrzehnt neu geregelt werden. Das Bundesumweltministerium hat die Verordnungsentwürfe zum Schutz des Grundwassers, zum Umgang mit Ersatzbaustoffen und zum Bodenschutz zur Mantelverordnung zusammengefasst. Inzwischen liegt die zweite Fassung des Arbeitsentwurfs vor. Die Verordnung wurde in der zu Ende gehenden Legislaturperiode nicht verabschiedet und wird daher eines der zentralen und weiterhin kontrovers diskutierten Vorhaben der Rechtsetzung für die Abfallwirtschaft in der kommenden Legislaturperiode sein. Die Reaktionen auf die vom Bundesumweltministerium vorgelegten Arbeitsentwürfe waren bei den wirtschaftlich Betroffenen überwiegend ablehnend. Die Argumente der Wirtschaft sind nachvollziehbar, wird doch die Mantelverordnung große Massen mineralischer Abfälle in Deutschland lenken – entweder in die Verwertung oder auf Deponien.

Weil die Entsorgung mineralischer Abfälle voraussichtlich nach rund zwei Wahlperioden andauernden Diskussionen endgültig geregelt werden soll, soll dieses Buch unmittelbar nach der Bundestagswahl den aktuellen Erkenntnis- und Diskussionsstand zur Mantelverordnung für die Aschen aus der Abfallverbrennung und die Schlacken aus metallurgischen Prozessen wiedergeben.

Die Praxis des Umgangs mit mineralischen Abfällen ist in den Bundesländern unterschiedlich. Bayern gehört zu den Bundesländern, die sich offensichtlich nicht abwartend verhalten. Der Einsatz von Ersatzbaustoffen in Bayern wird ebenso wie die Sicht der Industrie vorgestellt.

Auch in den deutschsprachigen Nachbarländern werden die rechtlichen Einsatzbedingungen für mineralische Ersatzbaustoffe diskutiert. In Österreich – hier liegt der Entwurf einer Recyclingbaustoff-Verordnung vor – ist die Frage der Verwertung von Aschen und Schlacken Thema kontroverser Auseinandersetzungen. In der Schweiz ist die Schlackenentsorgung in der Technischen Verordnung für Abfälle (TVA) geregelt, die strenge Anforderungen bezüglich der Schadstoffkonzentrationen im Feststoff und im Eluat stellt, so dass dies einem Einsatzverbot für die meisten Schlacken gleichkommt. Die Verordnung wird derzeit revidiert.

In diesem Buch stehen insbesondere wirtschaftliche und technische Aspekte der Entsorgung von Aschen aus der Abfallverbrennung und der Schlacken aus der Metallurgie im Vordergrund.

Bestellungen unter www.vivis.de
oder

Dorfstraße 51
D-16816 Nietwerder-Neuruppin
Tel. +49.3391-45.45-0 • Fax +49.3391-45.45-10
E-Mail: tkverlag@vivis.de

vivis
TK Verlag Karl Thomé-Kozmiensky

Rechtliche Aspekte des Bergversatzes von Filterstäuben

Peter Kersandt

1.	Bergversatz von Filterstäuben als Verwertung	82
2.	Genehmigungsvoraussetzungen für die übertägige Anlage	84
2.1.	Zuordnung zu den Anlagenbezeichnungen der 4. BImSchV	84
2.2.	Prüfungsmaßstab	84
2.3.	Koordinierungspflicht (§ 10 Abs. 5 Satz 2 BImSchG)	85
2.4.	Welcher Langzeitsicherheitsnachweis ist zu erbringen?	86
2.4.1.	§ 6 Abs. 1 Nr. 2 BImSchG (anlagenbezogene Voraussetzungen in sonstigen öffentlich-rechtlichen Vorschriften)	86
2.4.2.	§ 5 Abs. 1 Satz 1 Nr. 3 BImSchG (Abfallpflichten)	86
2.4.3.	Folgen für das Genehmigungsverfahren, Probebetrieb	87
3.	Bergrechtliche Zulassungsvoraussetzungen für den Versatz unter Tage	88
3.1.	Sonderbetriebsplan-Pflicht	88
3.2.	Langzeitsicherheitsnachweis	88
4.	Abfallrecht	89
5.	Arbeitsschutz (GesBergV)	89
6.	Zusammenfassung	90
7.	Quellen	90

Für die Entsorgung von Filterstäuben aus der thermischen Abfallbehandlung bestehen grundsätzlich folgende Entsorgungswege: der untertägige Bergversatz bzw. die Untertagedeponie, die übertägige Deponierung und die stoffliche Verwertung. Die übertägige Deponierung von Filterstäuben als verfestigte oder stabilisierte Abfälle ist durch den behördlichen Vollzug in zahlreichen Bundesländern weitgehend eingeschränkt worden [7]. Die untertägige Entsorgung durch Bergversatz begegnet nicht unerheblichen Akzeptanzdefiziten.[1]

---

[1] Siehe z.B. Antwort der Landesregierung auf eine Kleine Anfrage zur schriftlichen Beantwortung, Landtag von Sachsen-Anhalt, LT-Drs. 6/1479 vom 04.10.2012.

In dem nachfolgenden Beitrag werden die rechtlichen Rahmenbedingungen für den Bergversatz dargestellt. Diese sind deswegen komplex, weil sich mit dem Immissionsschutzrecht, dem Bergrecht, dem Kreislaufwirtschaftsrecht und dem Arbeitsschutzrecht (GesBergV[2]) verschiedene Rechtsbereiche überlagern. Eine dem Planfeststellungsverfahren vergleichbare Konzentrationswirkung dabei besteht nicht. Im Immissionsschutzrecht erfasst die Konzentrationswirkung andere behördliche Entscheidungen nur, soweit die genehmigte Anlage gegenständlich reicht (§ 13 BImSchG[3]) [2].

Der Bergversatz erfolgt durch direkten Einsatz der Filterstäube als Versatzmaterial in der Grube (Direktversatz) oder über eine Mischanlage im Wege des Dickstoffversatzes. Beim Dickstoffversatz wird nach einer von der zuständigen Behörde zugelassenen Rezeptur durch Mischung mit einer geeigneten Flüssigkeit eine als *Dickstoff* bezeichnete Suspension erzeugt. Anschließend wird der Dickstoff mittels Rohrleitungen als pumpfähiger Versatz in unterirdische bergmännische Hohlräume zu deren Stabilisierung verbracht.

1. Bergversatz von Filterstäuben als Verwertung

Die Rechtsfrage, ob es sich bei der Verwendung der Filterstäube als Bestandteil einer Versatzmischung *Dickstoff*, mit der der Bergwerksbetreiber seiner bergrechtlichen Verfüllungspflicht nachkommt, um eine (zulässige) Verwertung von Abfällen oder (unzulässige) Ablagerung von Abfällen zur Beseitigung handelt, lässt sich mithilfe der Rechtsprechung zur Abgrenzung von Verwertung und Beseitigung von Abfällen beantworten. Diese Abgrenzung ist in § 3 Abs. 23 und 26 KrWG[4] erstmals durch eine normative Definition geregelt, die an diese Rechtsprechung anknüpft [6].

Dass die Verfüllung eines der Bergaufsicht unterliegenden Tagebaus mit dazu geeigneten Abfällen im Regelfall einen Verwertungsvorgang darstellt, ist in der Rechtsprechung des Bundesverwaltungsgerichts spätestens seit dem *Tongruben-Urteil* vom 14.04.2005 geklärt. In dem Urteil stellt das Gericht maßgeblich darauf ab, dass aus dem Einsatz der Abfälle ein konkreter Nutzen gezogen wird, wenn das Material die erforderlichen Eigenschaften zur Verfüllung besitzt. Der konkrete Nutzen besteht nach Ansicht des Bundesverwaltungsgerichts darin, dass der Tagebau mit Rohstoffen verfüllt werden müsste, wenn die verwendbaren Abfälle nicht zur Verfügung stünden. Bei Nichtzulassung von Abfällen zu diesem Zweck würden der Vorrang der Verwertung (vgl. § 7 Abs. 2 KrWG) sowie das Ziel der Ressourcenschonung (vgl. § 1 KrWG) verfehlt.[5] Nach Maßgabe dieser Kriterien werden die Filterstäube im Wege des untertägigen Bergversatzes verwertet.

---

[2] Gesundheitsschutz-Bergverordnung vom 31.07.1991 (BGBl. I S. 1751), zuletzt geändert durch Art. 5 Abs. 6 der Verordnung vom 26.11.2010 (BGBl. I S. 1643).

[3] Bundes-Immissionsschutzgesetz in der Fassung der Bekanntmachung vom 17.05.2013 (BGBl. I S. 1274), geändert durch Art. 1 des Gesetzes vom 02.07.2013 (BGBl. I S. 1943).

[4] Kreislaufwirtschaftsgesetz vom 24.02.2012 (BGBl. I S. 212), zuletzt geändert durch § 44 Abs. 4 des Gesetzes vom 22.05.2013 (BGBl. I S. 1324).

[5] BVerwG, Urteil vom 14.04.2005 - 7 C 26/03 -, zit. nach Juris, Rn. 15.

Im Fall der Verfüllung unterirdischer Hohlräume eines Bergwerks mit kalk- und zinkhaltigen Filterstäuben aus einem Stahlwerk als Bestandteilen einer Spülversatzlösung hat das Oberverwaltungsgericht Lüneburg in einem Beschluss vom 14.07.2000 festgestellt, dass es sich hierbei um eine den Erfordernissen des § 5 Abs. 1 Satz 1 Nr. 3 BImSchG genügende Verwertung handelt.[6] Das Gericht stützt seine Auffassung auf das *REA-Gips-Urteil* des Bundesverwaltungsgerichts vom 26.05.1994. Danach stellt die zur Wiedernutzbarmachung der Oberfläche bergrechtlich gebotene Verfüllung eines Tagebaus mit einem Stabilisat aus REA-Gips und Steinkohleasche eine Verwertung von Reststoffen gemäß § 5 Abs. 1 Satz 1 Nr. 3 BImSchG dar.

Folge dieser Rechtsprechung ist, dass der Bergversatz mit solchen Abfällen nicht den Vorschriften über die Entsorgung von Abfällen unterliegt (vgl. § 2 Abs. 1 KrWG), sondern durch eine bergrechtliche Betriebsplanzulassung gestattet werden kann.[7] Dies steht im Einklang mit dem Urteil des Europäischen Gerichtshofs (EuGH) vom 27.02.2002 in der Rechtssache C-6/00 (ASA).[8] Danach muss eine Einbringung von Abfällen in ein stillgelegtes Bergwerk im Einzelfall beurteilt werden, um festzustellen, ob es sich um eine Beseitigung oder Verwertung im Sinne der EU-Abfallrahmenrichtlinie[9] handelt. Eine solche Einbringung stellt nach Auffassung des EuGH eine Verwertung dar, wenn ihr Hauptzweck darauf gerichtet ist, dass die Abfälle eine sinnvolle Aufgabe erfüllen können, indem sie andere Materialien ersetzen, die für diese Aufgabe hätten verwendet werden müssen. Dies ist beim untertägigen Versatz von Filterstäuben aus den o.g. Gründen der Fall.

Anders ist die Rechtslage etwa bei der Verwendung von beigemischtem Kunststoffgranulat zur Verfüllung von Hohlräumen eines eingestellten Salzbergwerks. Diese stellt nach der Rechtsprechung des Bundesverwaltungsgerichts ein Verfahren der Abfallbeseitigung und nicht der Abfallverwertung dar, weil das Granulat lediglich der Vergrößerung des Volumens des Versatzmaterials und damit nicht dem Sicherungszweck des bergbaulichen Versatzes dient.[10]

Demgegenüber erfüllt der aus Filterstäuben unter Zugabe von Flüssigkeit hergestellte Dickstoff einen bergtechnischen Sicherungszweck, weil er geeignet ist, unterirdische Hohlräume dauerhaft zu stabilisieren, und zu diesem Zweck dorthin verbracht wird. Der Dickstoff wird damit einem stofflichen Verwertungsvorgang durch Nutzung seiner stofflichen Eigenschaften zugeführt. Ob der Bergversatz der Filterstäube ordnungsgemäß und schadlos erfolgt, ist im Rahmen des bergrechtlichen Betriebsplanzulassungsverfahrens und ggf. weiterer Zulassungsverfahren zu prüfen (Kap. 4.).

---

[6] OVG Lüneburg, Beschluss vom 14.07.2000 - 7 M 2005/99 -, zit. nach Juris, Rn. 12.

[7] BVerwG, Urteil vom 26.05.1994 - 7 C 14/93 -, zit. nach Juris, Rn. 9 ff.

[8] EuGH, Urteil vom 27.02.2002 – C-6/00, Slg. 2002, I-1961-2012; siehe dazu die Anmerkung von Frenz, DVBl. 2002, S. 543 ff., sowie Wagner, Die Versatzverordnung: Anforderungen an eine hochwertige Verwertung von Abfällen unter Tage, AbfallR 2003, S. 7 ff.

[9] Richtlinie 2006/12/EG des Europäischen Parlaments und des Rates vom 05.04.2006 über Abfälle, ABl. L 114 vom 27.04.2006, S. 9, zuletzt geändert durch Richtlinie 2009/31/EG des Europäischen Parlaments und des Rates vom 23.04.2009, ABl. L 140 vom 05.06.2009, S. 114. Das Urteil des EuGH vom 27.02.2002 bezog sich auf die (aufgehobene) Vorläufer-Richtlinie 75/442/EWG des Rates vom 15.07.1975 über Abfälle, ABl. L 194 vom 25.07.1975, S. 39.

[10] BVerwG, Urteil vom 14.04.2000 - 4 C 13/98 -, zit. nach Juris, Rn. 17 ff.

2. Genehmigungsvoraussetzungen für die übertägige Anlage

2.1. Zuordnung zu den Anlagenbezeichnungen der 4. BImSchV

Die übertägige Dickstoffanlage besteht im Wesentlichen aus Silos zum Lagern der Abfallstoffe, einer Mischanlage und einer Verpumpeinheit. Immissionsschutzrechtlich gesehen handelt es sich um eine Anlage *zur Behandlung von gefährlichen Abfällen [...] durch Vermengung oder Vermischung sowie durch Konditionierung* gemäß Nr. 8.11.1 des Anhangs 1 der 4. BImSchV[11]. Die Einordnung als *G- oder V-Vorhaben*[12] ist von der Durchsatzleistung von Einsatzstoffen je Tag abhängig. Beträgt diese 10 Tonnen oder mehr je Tag, handelt es sich um eine Anlage nach der Industrieemissions-Richtlinie[13] (IED-Anlage).

Eine Zuordnung der Dickstoffanlage zu Nr. 8.8 des Anhangs 1 der 4. BImSchV (Anlagen zur chemischen Behandlung) kommt dagegen nicht in Betracht, denn durch die Konditionierung werden keine neuen Stoffe mit grundsätzlich anderen Eigenschaften gebildet. Die Feststoffe werden lediglich in einen hydratisierten Zustand überführt.

2.2. Prüfungsmaßstab

Die übertägige Anlage unterliegt denselben Genehmigungsvoraussetzungen wie jede andere immissionsschutzrechtlich genehmigungsbedürftige Anlage. Gemäß § 6 Abs. 1 Nr. 1 BImSchG muss der Anlagenbetreiber sicherstellen, dass die sich aus § 5 Abs. 1 Satz 1 BImSchG ergebenden Betreiberpflichten erfüllt werden. Danach sind genehmigungsbedürftige Anlagen so zu errichten und zu betreiben, dass zur Gewährleistung eines hohen Schutzniveaus für die Umwelt insgesamt schädliche Umwelteinwirkungen und sonstige Gefahren, erhebliche Nachteile und erhebliche Belästigungen für die Allgemeinheit und für die Nachbarschaft nicht hervorgerufen werden können (Nr. 1) sowie Vorsorge gegen schädliche Umwelteinwirkungen, sonstige Gefahren, erhebliche Nachteile und erhebliche Belästigungen getroffen wird, insbesondere durch dem Stand der Technik entsprechende Maßnahmen (Nr. 2).

Die immissionsschutzrechtliche Genehmigung setzt gemäß § 6 Abs. 1 Nr. 2 BImSchG außerdem voraus, dass alle anderen (von Abs. 1 Nr. 1 nicht erfassten) öffentlich-rechtlichen Vorschriften eingehalten werden, soweit diese anlagenbezogen sind. Die Genehmigungsbehörde hat daher etwa auch zu prüfen, ob die 12. BImSchV[14] anwendbar ist, ob eine ausreichende Gefährdungsbeurteilung nach § 3 Abs. 2 BetrSichV[15] vorliegt oder naturschutzrechtliche Vorschriften entgegenstehen.

---

[11] Verordnung über genehmigungsbedürftige Anlagen vom 02.05.2013 (BGBl. I S. 973, 3756).

[12] G: Genehmigungsverfahren gemäß § 10 BImSchG (mit Öffentlichkeitsbeteiligung); V: vereinfachtes Verfahren gemäß § 19 BImSchG (ohne Öffentlichkeitsbeteiligung).

[13] Richtlinie 2010/75/EU des Europäischen Parlaments und des Rates vom 24.11.2010 über Industrieemissionen (integrierte Vermeidung und Verminderung der Umweltverschmutzung) (Neufassung), ABl. L 334 vom 17.12.2010, S. 17.

[14] Störfall-Verordnung in der Fassung der Bekanntmachung vom 08.06.2005 (BGBl. I S. 1598), geändert durch Art. 1 der Verordnung vom 14.08.2013 (BGBl. I S. 3230).

[15] Betriebssicherheitsverordnung vom 27.09.2002 (BGBl. I S. 377), zuletzt geändert durch Art. 5 des Gesetzes vom 08.11.2011 (BGBl I S. 2178).

Die immissionsschutzrechtliche Genehmigungsbehörde ist verpflichtet, sämtliche Genehmigungsvoraussetzungen zeitlich parallel und sobald wie möglich zu prüfen [3]. Die Entscheidung über den Genehmigungsantrag muss gemäß § 10 Abs. 6a BImSchG innerhalb einer bestimmten Frist erfolgen, die im förmlichen Genehmigungsverfahren sieben Monate beträgt und nur unter bestimmten Voraussetzungen um drei Monate verlängert werden kann. Eine nochmalige Verlängerung ist nur in Ausnahmefällen aufgrund außergewöhnlicher Umstände möglich [4]. Aus diesem Grund und mit Blick auf die sich überlagernden, zeitlich aber nicht umfassend zu koordinierenden Prüfschritte wird die Genehmigungsbehörde die Genehmigungsvoraussetzungen, insbesondere hinsichtlich der von der Anlage ausgehenden Staub-, Geruchs- und Schallimmissionen, auch dann zu klären haben, wenn der bergrechtliche Langzeitsicherheitsnachweis noch nicht (vollständig) erbracht ist.

Mit diesen Fragen hatte sich im Jahr 2011 das Verwaltungsgericht Halle zu befassen. Anlass war die Verpflichtungsklage eines Grubenbetreibers auf Erteilung der immissionsschutzrechtlichen Genehmigung für eine Anlage zur Herstellung von Versatzmaterial für die Verfüllung eines stillgelegten Kalisalz-Bergwerks in Sachsen-Anhalt. Das Gericht setzte das Verfahren gemäß § 75 Satz 3 VwGO aus, weil nach seiner Ansicht ein zureichender Grund vorlag, dass über den immissionsschutzrechtlichen Genehmigungsantrag der Klägerin noch nicht entschieden war. Diesen sah das Gericht darin, dass auch in einem immissionsschutzrechtlichen Verfahren auf Erteilung der Genehmigung für eine Anlage zur Herstellung von Versatzmaterial unter Einsatz gefährlicher Abfälle, insbesondere zur Herstellung von Dickstoff, zu prüfen sei, ob eine ordnungsgemäße Verwertung dieser Abfälle bzw. des hergestellten Versatzmaterials durch Versatz unter Tage nach den Vorschriften der VersatzV[16] zulässig ist; hierfür sei ein Langzeitsicherheitsnachweis erforderlich.[17] Diese Auffassung begegnet mit Blick auf die Koordinierungspflicht der immissionsschutzrechtlichen Genehmigungsbehörde sowie das ihr nach §§ 6 Abs. 1 Nr. 2, 5 Abs. 1 Satz 1 Nr. 3 BImSchG obliegende Prüfprogramm erheblichen Bedenken.

2.3. Koordinierungspflicht (§ 10 Abs. 5 Satz 2 BImSchG)

Gemäß § 13 BImSchG schließt die immissionsschutzrechtliche Genehmigung andere die Anlage betreffende behördliche Entscheidungen, insbesondere öffentlich-rechtliche Genehmigungen, Zulassungen, Erlaubnisse und Bewilligungen, ein. Ausdrücklich ausgenommen von der Konzentrationswirkung sind Zulassungen bergrechtlicher Betriebspläne.

Aus der fehlenden Konzentrationswirkung für Zulassungen bergrechtlicher Betriebspläne kann sich für ein Vorhaben, das zugleich die Verbringung des Dickstoffs in die Hohlräume unter Tage betrifft, eine Koordinierungspflicht BImSchG ergeben. Diese ergibt sich aus § 10 Abs. 5 Satz 2 BImSchG und besagt, dass, soweit für eine Anlage

---

[16] Versatzverordnung vom 24.07.2002 (BGBl. I S. 2833), zuletzt geändert durch Art. 5 Abs. 25 des Gesetzes vom 24.02.2012 (BGBl. I S. 212).

[17] VG Halle, Beschluss vom 30.11.2011 - 4 A 416/10 -, zit. nach Juris, Rn. 10.

oder das übergreifende Vorhaben andere Zulassungen erforderlich sind, die immissionsschutzrechtliche Genehmigungsbehörde zu einer vollständigen Koordinierung der Zulassungsverfahren und Genehmigungsinhalte verpflichtet ist.

Nach richtiger Ansicht gehört zu den zu koordinierenden behördlichen Zulassungsverfahren auch die Eignungsprüfung für den Dickstoff als Versatzmaterial. Diese ist Gegenstand des bergrechtlichen Betriebsplanzulassungsverfahrens nach §§ 51 ff. BBergG[18] und richtet sich nach den Vorschriften der VersatzV. Die Eignung besteht in dem in der Versatzverordnung geforderten Langzeitsicherheitsnachweis für Salzgesteine (Kap. 3.2.).

2.4. Welcher Langzeitsicherheitsnachweis ist zu erbringen?

2.4.1. § 6 Abs. 1 Nr. 2 BImSchG (anlagenbezogene Voraussetzungen in sonstigen öffentlich-rechtlichen Vorschriften)

Die Genehmigungserteilung setzt voraus, dass der Errichtung und dem Betrieb der Anlage auch alle anderen, d.h. von § 6 Abs. 1 Nr. 1 BImSchG nicht erfassten, öffentlich-rechtlichen Vorschriften nicht entgegenstehen (§ 6 Abs. 1 Nr. 2 BImSchG). Sonstige öffentlich-rechtliche Vorschriften werden – dem Charakter der immissionsschutzrechtlichen Genehmigung entsprechend – allerdings nur erfasst, wenn sie anlagenbezogen, d.h. (auch) für die Errichtung der Anlage von Bedeutung, sind [5].

Der Langzeitsicherheitsnachweis bezieht sich nicht auf die Errichtung der übertägigen Anlage zur Herstellung von Dickstoff. Soweit die Versatzverordnung in § 4 Abs. 1 stoffliche Anforderungen an die (zweifellos anlagenbezogene) Herstellung von Versatzmaterial regelt, gelten diese gemäß § 4 Abs. 3 Satz 1 VersatzV *nicht bei einer Verwendung des Versatzmaterials in Betrieben im Salzgestein*, wenn ein Langzeitsicherheitsnachweis gegenüber der zuständigen Behörden geführt wurde. Der Langzeitsicherheitsnachweis bezieht sich demnach nicht auf die Herstellung, sondern auf die **Verwendung** des Versatzmaterials, d.h. dessen Einbringung in das Bergwerk bzw. untertägigen Einsatz.[19] Er ist demzufolge nicht anlagenbezogen und kann damit auch nicht Genehmigungsvoraussetzung nach § 6 Abs. 1 Nr. 2 BImSchG sein.[20]

2.4.2. § 5 Abs. 1 Satz 1 Nr. 3 BImSchG (Abfallpflichten)

Immissionsschutzrechtlich genehmigungsbedürftige Anlagen sind gemäß § 5 Abs. 1 Satz 1 Nr. 3 BImSchG so zu errichten und zu betreiben, dass Abfälle vermieden, nicht zu vermeidende Abfälle verwertet und nicht zu verwertende Abfälle ohne Beeinträchtigung des Wohls der Allgemeinheit beseitigt werden. Die Verwertung und Beseitigung der Abfälle erfolgt nach den Vorschriften des Kreislaufwirtschaftsgesetzes und den sonstigen für die Abfälle geltenden Vorschriften (§ 5 Abs. 1 Satz 1 Nr. 3 Hs. 4 BImSchG).

---

[18] Bundesberggesetz vom 13.08.1980 (BGBl. I S. 1310), zuletzt geändert durch Art. 4 Abs. 71 des Gesetzes vom 07.08.2013 (BGBl. I S. 3154).

[19] Vgl. Anlage 4 zu § 4 Abs. 3 Satz 2 VersatzV, insbesondere Nr. 1.1.

[20] Entgegen VG Halle, Beschluss vom 30.11.2011 - 4 A 416/10 -, zit. nach Juris, Rn. 9 f.

Sofern es sich bei dem in der Anlage hergestellten Dickstoff um Abfall handelt,[21] der einer stofflichen Verwertung zugeführt wird (Kap. 1.), ergibt aus § 5 Abs. 1 Satz 1 Nr. 3 BImSchG hinsichtlich anlagenexterner Entsorgungsvorgänge nach richtiger Ansicht nur eine eingeschränkte Pflichtenstellung. Diese ist auf Vorbereitungsmaßnahmen im Anlagenbereich gerichtet. Der Betreiber hat sich insoweit lediglich zu vergewissern, dass die Abfälle in gesetzestreuer Weise verwertet bzw. beseitigt werden können und den Entsorgungsweg grundsätzlich nachzuweisen. Auch hinsichtlich der anlagenexternen Durchsetzung und Überwachung kommen nicht die immissionsschutzrechtlichen Vorschriften, sondern die des Abfallrechts zum Tragen [1].

Ob der Bergversatz im Einzelfall ordnungsgemäß und schadlos erfolgt, ist im Rahmen des bergrechtlichen Betriebsplanzulassungsverfahrens (und ggf. weiterer Zulassungsverfahren) zu prüfen.[22] Die bergrechtliche Betriebsplanzulassung ist nach Verfahren und materiellen Zulassungsvoraussetzungen so ausgestaltet, dass mögliche Gefährdungen der menschlichen Gesundheit, der Umwelt und anderer rechtlich geschützter öffentlicher und privater Belange verhindert werden müssen (vgl. § 1 Nr. 3, § 48 Abs. 2, §§ 50 ff. BBergG). Sie genügt damit auch unter Berücksichtigung der EU-Abfallrahmenrichtlinie den Vorgaben, die für die Verwertung von Abfällen im Sinne des § 5 Abs. 1 Satz 1 Nr. 3 BImSchG gelten.[23] Ob bei der Herstellung des Dickstoffs als Versatzmaterial die einschlägigen Vorschriften der Versatzverordnung (Kap. 3.2.) eingehalten werden, ist demnach im Rahmen von § 5 Abs. 1 Satz 1 Nr. 3 BImSchG nicht zu prüfen.

2.4.3. Folgen für das Genehmigungsverfahren, Probebetrieb

Im Ergebnis ist die immissionsschutzrechtliche Genehmigungsbehörde nicht berechtigt, die Genehmigung für die übertägige Anlage mit der Begründung des (noch) fehlenden Langzeitsicherheitsnachweises zu versagen oder das Genehmigungsverfahren bis zu der (vollständigen) Erbringung des Langzeitsicherheitsnachweises *auszusetzen*. Ein solches Vorgehen wäre mit dem Genehmigungsanspruch des Antragstellers und dem Beschleunigungsgebot unvereinbar.

Damit der Langzeitsicherheitsnachweis nach Maßgabe der Anlage 4 zu § 4 Abs. 3 Satz 2 VersatzV überhaupt geführt werden kann, wird in der Regel ein Probebetrieb auf der Grundlage der Versatzverordnung erforderlich und zuzulassen sein. Nach Nr. 2.2 der Anlage 4 sind für die Beurteilung der Langzeitsicherheit detaillierte Basisinformationen erforderlich, zu denen unter anderem Informationen über das geomechanische Verhalten der Abfälle sowie deren Reaktionsverhalten im Falle des Zutritts von Wasser und salinaren Lösungen gehören (Nr. 2.2.4). Insoweit können hinreichend genaue Erkenntnisse, die gemäß § 2 Nr. 2 VersatzV auf den konkreten Standort bezogen sein müssen, nicht allein durch Laborversuche, sondern müssen (auch) durch Untersuchungen im Probebetrieb vor Ort, also **in situ**, gewonnen werden. Der Übergang der Dickstoffanlage in den Regelbetrieb kann dann vom Vorliegen des Langzeitsicherheitsnachweises abhängig gemacht werden (aufschiebende Bedingung).

---

[21] So VG Halle, Beschluss vom 30.11.2011 - 4 A 416/10 -, zit. nach Juris, Rn. 7.
[22] OVG Lüneburg, Beschluss vom 14.07.2000 - 7 M 2005/99 -, zit. nach Juris, Rn. 13 unter Bezugnahme auf BVerwG, Urteil vom 26.05.1994 - 7 C 14/93 -.
[23] BVerwG, Urteil vom 26.05.1994 - 7 C 14/93 -, zit. nach Juris, Rn. 14.

3. Bergrechtliche Zulassungsvoraussetzungen für den Versatz unter Tage

3.1. Sonderbetriebsplan-Pflicht

Die Durchführung der Versatzarbeiten (Versatzbetrieb) bedarf der bergrechtlichen Betriebsplanzulassung. Die Zulassung bergrechtlicher Betriebspläne richtet sich nach den Bestimmungen des § 55 Abs. 2 i. V. m. § 48 Abs. 2 BBergG.

Der Antrag wird regelmäßig auf die Zulassung eines Sonderbetriebsplans gerichtet sein, der auf der Zulassung eines Abschlussbetriebsplans basiert und gemäß § 52 Abs. 2 Nr. 2 BBergG für bestimmte Teile eines Betriebs oder für bestimmte Vorhaben aufgestellt wird. Die beantragte Betriebsplanzulassung ist zu erteilen, wenn die in § 55 Abs. 1 BBergG genannten Zulassungsvoraussetzungen vorliegen bzw. durch Nebenbestimmungen im Zulassungsbescheid sichergestellt werden können. Die bergrechtlichen Zulassungsvoraussetzungen umfassen insbesondere:

- das Vorliegen einer Bergbauberechtigung für das betreffende Grubenfeld,
- die Einhaltung des Arbeitsschutzes und der Betriebssicherheit,
- den Schutz der Oberfläche im Interesse der persönlichen Sicherheit und des öffentlichen Verkehrs,
- die ordnungsgemäße Beseitigung im Rahmen der Bergbautätigkeit anfallender Abfälle,
- die Vorsorge zur Wiedernutzbarmachung der Oberfläche sowie
- die fehlende Erwartung gemeinschädlicher Auswirkungen der geplanten Maßnahmen.

Zudem dürfen dem Vorhaben keine überwiegenden öffentlichen Interessen im Sinne des § 48 Abs. 2 BBergG entgegenstehen. Zu den öffentlichen Interessen gehören insbesondere Belange des Umwelt- und Naturschutzes.

3.2. Langzeitsicherheitsnachweis

Der Langzeitsicherheitsnachweis erfordert den Nachweis, dass die Nachbetriebsphase eines Bergwerks, in das Abfälle zur Verwertung eingebracht werden sollen, zu keiner Beeinträchtigung der Biosphäre führen kann (Prinzip des vollständigen Einschlusses). Er richtet sich nach den Vorschriften der Versatzverordnung.

Nach der Versatzverordnung ist der Einsatz von Abfällen zur Herstellung von Versatzmaterial sowie unmittelbar als Versatzmaterial grundsätzlich nur dann zulässig, wenn die in Anlage 2 Tabelle 1 und Tabelle 1a der Verordnung aufgeführten Feststoffgrenz- und Zuordnungswerte im jeweiligen verwendeten unvermischten Abfall nicht überschritten werden und bei dem Einsatz des Versatzmaterials keine schädliche Verunreinigung des Grundwassers oder von oberirdischen Gewässern oder eine sonstige nachteilige Veränderung der Eigenschaften der Gewässer zu besorgen ist.

Hierfür darf das Versatzmaterial die in Anlage 2 Tabelle 2 aufgeführten Grenzwerte im Eluat grundsätzlich nicht überschreiten (§ 4 Abs. 1 VersatzV).

Bei einer Verwendung des Versatzmaterials in Betrieben im Salzgestein gelten die Grenzwerte der Anlage 2 der Verordnung jedoch nicht, wenn ein Langzeitsicherheitsnachweis gegenüber der zuständigen Behörde geführt wurde (§ 4 Abs. 3 VersatzV). Ist demnach der vollständige Einschluss der eingebrachten Abfälle unter den Standortbedingungen nachgewiesen, sind keine weiteren Grenzwerte für den Einbau (Ablagerung) der Abfälle unter Tage, also auch nicht nach Anlage 2 der Verordnung, einzuhalten. Es sind dann lediglich außerhalb der Versatzverordnung die Festlegungen (Grenzwerte) der GesBergV für den gefahrlosen Umgang der Beschäftigten des Bergwerkes beim Einbau zu beachten (Arbeitsschutz, Kap. 5.).

4. Abfallrecht

Hinsichtlich des Verhältnisses von Immissionsschutzrecht und Kreislaufwirtschaftsrecht wird zunächst auf die Ausführungen unter Kap. 2.3. und Kap. 2.4. verwiesen. In jedem Fall hat die Annahme und Verwertung der Abfälle unter Einhaltung der abfallrechtlichen Vorschriften zu erfolgen. Die Entsorgung bedarf ggfs. der Bestätigung nach § 5 der Nachweisverordnung (NachwV)[24].

Die Abfälle unterliegen zudem den abfallrechtlichen Registerpflichten gemäß § 49 KrWG i. V. m. §§ 23 bis 25 NachwV. Soweit Abfälle weder nach dem Abfallrecht noch nach der GesBergV genehmigungsbedürftig sind, können in der Zulassung des Sonderbetriebsplans nachträgliche Auflagen gemäß § 56 Abs. 1 BBergG vorbehalten werden.

5. Arbeitsschutz (GesBergV)

Die Anforderungen des Arbeitsschutzes ergeben sich aus § 4 Abs. 1 Nr. 2 GesBergV. Danach darf der Unternehmer Personen nur so beschäftigen, dass sie mit bestimmten Gefahrstoffen nur umgehen, wenn sie von der zuständigen Behörde aufgrund einer jeweils auf die Stoffeigenschaften und den beabsichtigten Umgang abgestellten Prüfung allgemein zugelassen worden sind.

Die allgemeine Zulassung nach § 4 Abs. 1 Nr. 2 ist gemäß § 4 Abs. 3 GesBergV vom Hersteller oder Unternehmer schriftlich zu beantragen. Der Antrag muss die für die Beurteilung der Stoffe erforderlichen Angaben und eine Beschreibung des beabsichtigten Umgangs enthalten. Der Antragsteller hat Stoffproben in einer zur Prüfung der notwendigen Menge zur Verfügung zu stellen. Die Prüfung der Gefahrstoffe erfolgt hinsichtlich bergbauhygienischer Belange nach § 4 Abs. 2 Nr. 1 GesBergV durch das Hygiene-Institut des Ruhrgebiets, Gelsenkirchen.

---

[24] Nachweisverordnung vom 20.10.2006 (BGBl. I S. 2298), zuletzt geändert durch Art. 4 der Verordnung vom 05.12.2013 (BGBl. I S. 4043).

Die Regelung des § 4 Abs. 1 Nr. 2 GesBergV ist als so genanntes repressives Verbot mit Befreiungsvorbehalt ausgestaltet. Wenn die Anforderungen nach § 4 Abs. 2, 3 und 6 GesBergV erfüllt sind und keine Versagungsgründe nach § 4 Abs. 4 GesBergV vorliegen, steht die Zulassung der beantragten Rezepturen im pflichtgemäßen Ermessen der Behörde. Die zuständige Behörde kann auf schriftlichen Antrag des Unternehmers Ausnahmen von den Vorschriften des § 4 Abs. 1 GesBergV zulassen, wenn die Durchführung der Vorschrift im Einzelfall zu einer unverhältnismäßigen Härte führen würde und die Abweichung mit dem Schutz der Beschäftigten vereinbar ist (§ 4 Abs. 7 GesBergV).

6. Zusammenfassung

Die Rechtsunsicherheiten bei der Verwertung von Filterstäuben durch Bergversatz sind auf die sich überlagernden, zeitlich aber nicht vollständig zu koordinierenden unterschiedlichen Zulassungsverfahren zurückzuführen. Gerade aus diesem Grund hat die immissionsschutzrechtliche Genehmigungsbehörde die Genehmigungsvoraussetzungen und die zu koordinierenden Prüfschritte zügig und zeitlich parallel zu klären.

Der Langzeitsicherheitsnachweis ist im Rahmen der bergrechtlichen Betriebsplanzulassung zu prüfen. Sofern § 5 Abs. 1 Satz 1 Nr. 3 BImSchG auf die einzubringenden Versatzstoffe wegen ihrer Abfalleigenschaft anzuwenden ist, folgt auch daraus nicht, dass der Langzeitsicherheitsnachweis im Zeitpunkt der Erteilung der immissionsschutzrechtlichen Genehmigung bereits (vollständig) erbracht sein muss. Erforderlichenfalls kann und muss ein Probebetrieb zugelassen und der Übergang in den Regelbetrieb vom Vorliegen des Langzeitsicherheitsnachweises abhängig gemacht werden.

7. Quellen

[1] Dietlein: In: Landmann/Rohmer, Umweltrecht, Kommentar, München, Loseblatt, Stand: 70. EL, § 5, Rn. 175

[2] Jarass: Bundes-Immissionsschutzgesetz, Kommentar, 10. Aufl., § 13, Rn. 20 m. w. N., München, 2013

[3] Jarass: Probleme um die Entscheidungsfrist der immissionsschutzrechtlichen Genehmigung, S. 205 (206 f.), DVBl., 2009

[4] Jarass: [2], S. 209

[5] Jarass: [2], § 6, Rn. 23 m. w. N.

[6] Schink; Versteyl: In: dies. (Hrsg.), KrWG, Kommentar zum Kreislaufwirtschaftsgesetz, Einleitung, Rn. 17 f., Berlin, 2012

[7] Schlupeck: Gefahrstoff Filterstaub aus Müllverbrennung, RECYCLING magazin 23, S. 14 (14), 2011; Kleine Anfrage der Fraktion Bündnis 90/Die Grünen vom 06.12.2011: Entsorgung von Filterstäuben aus Müllverbrennungsanlagen, Antwort des Senats vom 10.01.2012, Bremische Bürgerschaft, LT-Drs. 18/193

Wieviel Metall steckt im Abfall?

Rainer Bunge

1.	Stoffliche Zusammensetzung des Abfalls	91
2.	Herkunft der Metalle im Abfall	93
3.	Charakterisierung der Rostasche hinsichtlich Wertstoffinhalt	94
4.	Charakterisierung der zurückgewonnenen Metallfraktionen	97
5.	Bestimmung der Metallgehalte in MVA-Schlacken	99
6.	Blick in die Zukunft	102
7.	Literatur	103

Während Abfälle bis vor wenigen Jahren vorwiegend als umweltschädlich angesehen wurden (Schadstoffperspektive), hat sich mittlerweile die Erkenntnis durchgesetzt, dass Abfälle auch als Sekundärrohstoffe betrachtet werden können (Ressourcenperspektive). Eine Möglichkeit zur Gewinnung von Wertstoffen aus Abfällen ist die Separatsammlung. In diesem Fall führt der Konsument stark wertstoffhaltige Abfallfraktionen einer direkten Verwertung zu (z.B. Altmetalle, Elektronikschrott, Batterien usw.). Dennoch verbleiben im Haus- und Gewerbemüll noch erhebliche Mengen an Wertstoffen, insbesondere Metalle.

Dieser Beitrag beschäftigt sich mit der Frage, wieviel Metalle in den zur Entsorgung gelangenden Restabfällen enthalten sind, in welcher Form diese vorliegen, und in welchem Umfang sie potenziell zurückgewinnbar sind. Die meisten der hier verwendeten Betrachtungen beziehen sich auf die Schweiz. Die daraus abgeleiteten Ergebnisse lassen sich aber auf viele andere europäische Länder übertragen.

1. Stoffliche Zusammensetzung des Abfalls

In Bild 1 sind die Ergebnisse einer manuellen Verlesung von Schweizer Hausmüll dargestellt. Neben einzelnen Stücken aus Eisen (Fe = 1,1 Prozent) und Nichteisenmetallen (NE = 1,1 Prozent) wurden Metalle auch in Form von Verbundstoffen, z.B. *übrige Verbundwaren* und *Elektronik* gefunden, ohne dass detailliert aufgeschlüsselt wurde, wieviel Metall welcher Art festgestellt wurde.

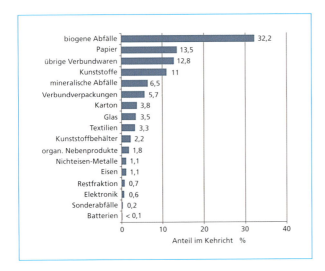

Bild 1:

Zusammensetzung von Schweizer Hausmüll *(Kehricht)*

Quelle: Erhebung der Kehrichtzusammensetzung: Bundesamt für Umwelt, Bern, 2012

Ein präziseres Bild vom Metallinventar im Schweizer Haus- und Gewerbemüll ergibt sich aus der chemischen Zusammensetzung der Abfälle. Haushaltsabfälle sind sehr heterogen, sodass die Probenahme und Probenvorbereitung zur direkten chemischen Analyse extrem aufwändig wären.

Tabelle 1: Chemische Zusammensetzung von Hausmüll, Industrie- und Gewerbeabfällen aus der Abfallverbrennunsanlage Thurgau

Parameter		Hausmüll Durchschnittswert ± 2σ			Industrie- und Gewerbeabfälle Durchschnittswert ± 2σ		
		mg/kgWM					
Aluminium	Al	11.000	±	830	16.000	±	1.800
Calcium	Ca	18.000	±	1.400	31.000	±	2.500
Eisen	Fe	23.000	±	1.800	29.000	±	4.600
Kalium	K	2.100	±	150	2.900	±	200
Magnesium	Mg	2.500	±	190	2.500	±	220
Natrium	Na	4.600	±	590	5.500	±	480
Silikon	Si	21.000	±	2.800	26.000	±	2.100
Arsen	As	1,4	±	0,1	5,1	±	0,4
Cadmium	Cd	7,8	±	0,63	19	±	1,6
Chrom	Cr	140	±	13	210	±	48
Kupfer	Cu	910	±	100	900	±	180
Quecksilber	Hg	0,64	±	0,06	0,46	±	0,07
Nickel	Ni	51	±	4	83	±	29
Blei	Pb	400	±	43	880	±	83
Antimon	Sb	52	±	6	160	±	12
Zinn	Sn	97	±	22	110	±	22
Zink	Zn	1.100	±	100	3.100	±	280

Quelle: Morf L.: Chemische Zusammensetzung verbrannter Siedlungsabfälle. Untersuchungen im Einzugsgebiet der KVA Thurgau. Umwelt-Wissen Nr. 0620. Bundesamt für Umwelt, Bern, S. 104, 2006

Metall im Abfall

Da in der Schweiz jedoch der gesamte nicht recyclierbare Abfall verbrannt wird, und die Metalle als chemische Elemente in die Verbrennung nicht zerstört werden, kann aus der chemischen Analyse der Verbrennungsrückstände der im ursprünglichen Abfall enthaltene Metallgehalt zurückgerechnet werden. In den Tabellen 1 und 2 finden sich Daten zur chemischen Zusammensetzung der an zwei Schweizer Müllverbrennungsanlagen angelieferten Abfälle (aus der chemischen Analyse der Verbrennungsrückstände zurückgerechnet).

Tabelle 2: Chemische Zusammensetzung des Abfalls in der Abfallverbrennungsanlage Hinwil

Metall		mg/kg	Metall		mg/kg	Metall		mg/kg
Silber	Ag	5,3	Indium	In	0,29	Lithium	Li	9
Gold	Au	0,4	Niob	Nb	2,5	Molybdän	Mo	8,6
Platin	Pt	0,059	Tantal	Ta	1,2	Nickel	Ni	120
Rhodium	Rh	0,000092	Wolfram	W	56	Rubidium	Ru	8,31
Ruthenium	Ru	0,0005	Aluminium	Al	17.000	Scandium	Sc	0,96
Gadolinium	Gd	0,75	Barium	Ba	749	Selen	Se	0,45
Neodym	Nd	7,26	Bismut	Bi	2,8	Strontium	Sr	130
Praseodym	Pr	1,9	Kupfer	Cu	2.230	Tellur	Te	0,085
Yttrium	Y	7,85	Cadmium	Cd	8,9	Thallium	Tl	0,079
Beryllium	Be	0,28	Chrom	Cr	180	Zinn	Sn	74
Cobalt	Co	11	Hafnium	Hf	2,6	Vanadium	V	11
Gallium	Ga	2,2	Eisen	Fe	32.000	Zink	Zn	1.600
Germanium	Ge	0,21	Blei	Pb	540	Zirconium	Zr	116

Quelle: Morf et al.: Precious metals and rare earth elements in municipal solid waste – Sources and fate in a Swiss incineration plant. Waste Management, Volume 33, Issue 3, Pages 634-644, March 2013

Die Unterschiede zwischen den Messwerten der beiden untersuchten MVA kommen vor allem durch Unterschiede bezüglich Menge und Zusammensetzung der mit dem Hausmüll verarbeiteten Gewerbe- und Industrieabfälle zu Stande. So wird in der MVA Hinwil – im Vergleich zu anderen Schweizer MVA – deutlich mehr RESH (Shredderleichtfraktion aus der Aufbereitung von Auto und Elektroschrotten) verbrannt. Dies mag auch der Grund für die ungewöhnlich hohen in Hinwil gemessenen Goldgehalte gewesen sein (0,4 g/t MVA Hinwil im Vergleich zu etwa 0,2 g/t in typischen Haushaltsabfällen).

Untersuchungen der Abfälle respektive der Verbrennungsrückstände in anderen europäischen Ländern haben in Bezug auf die darin vorliegenden Metallgehalte mit den Schweizer Verhältnissen vergleichbare Ergebnisse erbracht [2, 5].

2. Herkunft der Metalle im Abfall

Die in der MVA-Schlacke gefundenen Wertstoffe stammen nur zum kleineren Teil aus metallischen Kleinteilen, die vom Konsumenten aus Bequemlichkeit nicht in die entsprechende Separatsammlung abgeführt wurden (z.B. Münzen in Fremdwährung; Büroklammern usw.). Meist bestehen sie aus Metallteilen, die ursprünglich im Verbund mit anderen Materialien, insbesondere mit Kunststoffen vorgelegen haben (z.B. Metallclips aus Kunststoff-Kugelschreibern). Ein großer Teil des in der Schlacke gefundenen Kupfers deutet z.B. auf eine Herkunft aus Kleinelektronik hin.

Durch die Separatsammlung von Haushaltsbatterien werden in der Schweiz etwa zwei Drittel der gesamten Batteriemenge rezykliert. Das restliche Drittel gelangt in die MVA. Der überwiegende Teil dieser Batterien wird mit der Schlacke ausgetragen, und zwar in Form von weitgehend intakten Batterien, die noch die ursprünglichen schwermetallhaltigen Inhaltsstoffe enthalten. Dies obwohl die Schwermetalle in relativ leicht flüchtiger Form vorliegen. Vermutlich entmischen sich die Batterien wegen ihres hohen spezifischen Gewichts auf dem Verbrennungsrost vom restlichen Abfall und gelangen deshalb nicht in den Hochtemperaturbereich im oberen Bereich des Materialbettes.

Die Korngrößenverteilungen der in Schlacke vorliegenden Metallstücke sind in Bild 2 dargestellt. Hieraus ist ersichtlich, dass 80 Prozent der NE-Metallstücke < 20 mm sind. Die gelegentlich beobachteten größeren *spektakulären* NE-Metallstücke, wie z.B. Türgriffe aus Messing, sind untypisch und spielen mengenmäßig praktisch keine Rolle. Anders beim Eisen: knapp 20 Prozent der Eisenstücke in der Schlacke sind sogar gröber als 100 mm. Viele Eisenstücke liegen als Schrauben, oder in Form von Möbelbeschlägen, vor. Es wird vermutet, dass diese Eisenstücke ursprünglich im Verbund mit Holz vorgelegen haben und erst durch die Verbrennung freigelegt wurden.

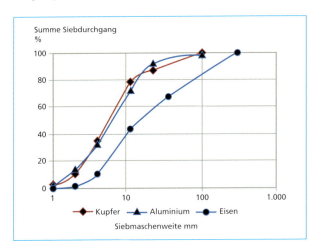

Bild 2:

Korngrößenverteilung der Metallstücke. Die Eisenstücke in der Schlacke sind wesentlich gröber, als die Nichteisenstücke (Kupfer und Aluminium)

3. Charakterisierung der Rostasche hinsichtlich Wertstoffinhalt

Theoretisch ließen sich die Metalle direkt aus dem Abfall zurückgewinnen, was ja auch im Rahmen der *mechanisch-biologischen Aufbereitung* versucht wird. In der Praxis werden bei diesem Vorgehen, zumindest bei den Nichteisenmetallen, allerdings nur sehr geringe Rückgewinnungsgrade erzielt. Der Grund liegt vor allem in der oben diskutierten Korngröße der Nichteisenmetalle (90 Prozent < 30 mm) und deren innigem Verbund mit Kunststoffen und Textilien. Sehr viel wirkungsvoller ist die Rückgewinnung aus den Verbrennungsrückständen, die im Folgenden diskutiert wird.

Die Rostasche aus Müllverbrennungsanlagen besteht aus einem Gemisch von mineralischen und metallischen Bestandteilen. Der Massenanteil der Schlacke liegt bei etwa 22 Prozent der Masse des verbrannten Abfalls. Die in der Schlacke gemessenen Metallgehalte können also mittels Division durch 4.5 auf den Abfall zurückgerechnet werden. Zu beachten ist herbei noch, dass einige Metalle (Zn, Cd, Pb, Hg) auch in der Flugasche ausgetragen werden und bei einer Bilanzierung der Metallgehalte im Abfall aus den Verbrennungsrückständen ebenfalls einzubeziehen sind.

Die Metalle liegen entweder in elementarer Form vor, oder aber chemisch gebunden, z.B. als Oxide. Wertstoffcharakter haben nur elementar vorliegende Metalle, denn nur diese lassen sich mit vertretbarem Aufwand wieder in den Stoffkreislauf rezyklieren. Elementare Metalle werden vor allem in den Fraktionen > 2 mm gefunden, während die Metalle in den Feinkornfraktionen ganz überwiegend chemisch gebunden sind. Makroskopisch betrachtet liegen die Metalle entweder frei, oder im Verbund mit anderen Materialien, z.B. in mineralischem Schlackenmaterial eingeschlossen, vor. Hierbei spielen zwei Mechanismen eine wichtige Rolle.

Erstens können die Metallstücke in gesinterten Schlackenbrocken oder erstarrten Schmelzen eingeschlossen sein (Bild 3). Etwa 15 Prozent der Schlacke werden in Form von solchen Stücken ausgebracht. Unsere Untersuchungen an trocken ausgetragener Schlacke haben ergeben, dass diese gesinterten Schlackenbrocken weniger Metallstücke beinhalten, als typischerweise im Schlackenmaterial durchschnittlich vorhanden sind.

Bild 3:   Metallstücke eingeschlossen in Schlacke (links). Die Metallstücke freigelegt und von der Schlacke separiert (rechts)

Zweitens können die Metalle in Mineralneubildungen eingeschlossen sein, die sich nach dem Befeuchten der Schlacke gebildet haben (z.B. durch puzzolanische Reaktionen). Von Bedeutung ist dieser Mechanismus beim Nassaustrag. Nach dem Kontakt mit Wasser reagiert die Schlacke, wobei sich das ursprünglich rieselfähige Material verfestigt und die ursprünglich frei vorliegenden Metallstücke in die verfestigte Mineralmatrix eingeschlossen werden. Nach einigen Wochen sind diese Vorgänge weitgehend abgeschlossen und die Schlacke ist dann nicht mehr rieselfähig, sondern bildet ein zusammenhängendes Gefüge. Vor der Wertstoffrückgewinnung aus solcherweise verfestigten Schlacken wird das Schlackenmaterial zunächst zerkleinert und dadurch werden die Wertstoffe freigelegt (Bild 3 rechts).

Für eine Wertstoffextraktion im großtechnischen Maßstab sind vor allem Metallstücke von Bedeutung, die größer als etwa 2 mm sind, denn nur diese lassen sich mit konventioneller Technologie trockenmechanisch (und damit einigermaßen kostengünstig) abtrennen. Unter Berücksichtigung zahlreicher eigener Untersuchungen und unter Hinzuziehung diverser externer Studien kommen wir zu einer Abschätzung der Metallgehalte in Schweizer MVA-Schlacke wie in Bild 4 dargestellt.

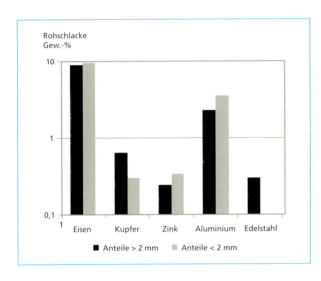

Bild 4:

Durchschnittliche Gehalte an Metallen in Schweizer MVA-Schlacke (Schätzungen des Autors). Die Anteile > 2 mm sind metallisch und durch eine trockenmechanische Aufbereitung grundsätzlich zurückgewinnbar. Die Anteile < 2 mm sind bei Eisen und Aluminium überwiegend chemisch gebunden (meist als Oxide)

Zink kommt als reines Metall in der Schlacke nur untergeordnet vor (0,2 Prozent). Im Allgemeinen liegt Zink in der Schlacke legiert mit Kupfer vor, nämlich als Messing. MVA-Schlacke enthält etwa 0,4 Prozent Messing, welches zu rund 60 Prozent aus Kupfer und 40 Prozent Zink besteht. In die in Bild 4 dargestellten Kupfer- und Zinkgehalte sind bereits die aus Messing stammenden Anteile eingerechnet. Der unmagnetische Edelstahl wird branchenüblich, obwohl chemisch ganz überwiegend aus Eisen bestehend, den NE-Metallen zugerechnet.

Edelmetalle, finden sich ebenfalls in der Schlacke, z.B. Gold mit etwa 1 g/t. Die in der Fraktion > 2 mm vorliegenden Edelmetalle stammen vorwiegend aus Schmuckstücken. In der Feinfraktion < 2 mm stammt das Gold hingegen vorwiegend aus Elektronik. Das Gold in der Feinkornfraktion kommt sowohl in Form feinster reiner Flitterchen vor, als auch im Verbund mit anderen Metallen, insbesondere Edelstahl (vergoldete elektrische Kontakte). Die Zurückgewinnung von Gold aus MVA-Schlacken ist bislang nicht kostendeckend. Allerdings wird in der Regel der Edelmetallgehalt in dem aus der Schlackenaufbereitung gewonnenen NE-Konzentrat von der Metallhütte vergütet. Zurzeit sind diverse Entwicklungen im Gange, die auf eine Rückgewinnung, zumindest teilweise des Goldes aus den Verbrennungsrückständen abzielen.

Insgesamt enthält Schweizer MVA-Schlacke rund 9 Prozent zurückgewinnbares Eisen und 3,5 Prozent zurückgewinnbare Nichteisenmetalle, davon mehr als die Hälfte Aluminium. Auf der Basis von 700.000 Tonnen Schlacke pro Jahr sind dies etwa 63.000 Tonnen zurückgewinnbares Eisen und 25.000 Tonnen zurückgewinnbare NE-Metalle. Tatsächlich zurück gewonnen werden in Schweizer Schlackenaufbereitungsanlagen rund 50.000 Tonnen Eisen (80 Prozent) und 9.000 Tonnen NE-Metalle (36 Prozent).

Der Wertinhalt der auf konventionelle Weise potenziell zurückgewinnbaren Metalle in der MVA-Schlacke beträgt etwa 60 EUR und teilt sich etwa folgendermaßen auf:

- Kupfer   40 Prozent
- Aluminium   35 Prozent
- Eisen   20 Prozent
- Edelstahl und andere   5 Prozent

Bei einem Rückgewinnungsgrad von rund 50 Prozent und einer Vergütung von knapp 80 Prozent des Wertstoffgehalts durch die Metallhütten ergibt sich ein Erlös von etwa 25 EUR pro Tonne verarbeiteter Schlacke.

Mit *unkonventionellen Mitteln* zusätzlich erschließbar sind noch folgende Metallpotenziale:

- Münzen   etwa 8 EUR/Tonne Schlacke
- Gold   etwa 30 EUR/Tonne Schlacke

4. Charakterisierung der zurückgewonnenen Metallfraktionen

Metallstücke werden durch die mechanische Aufbereitung chemisch/physikalisch praktisch nicht verändert und werden so gewonnen, wie sie in der Schlacke vorliegen. Da Eisen und Kupfer bei MVA-typischen Temperaturen (um 900 °C) nicht schmelzen, werden diese Metalle in ihrer ursprünglichen Morphologie in der Schlacke ausgebracht.

Bild 6:   Aluminium-*Nuggets* (links) und Messingstücke (rechts) aus MVA-Schlacke (Trockenaustrag)

Anders beim Aluminium, denn der Schmelzpunkt von Aluminiumlegierungen liegt bei rund 600 °C. Massige Aluminiumstücke schmelzen unter den Bedingungen der Müllverbrennung, fließen als Schmelze durch das Gutbett auf den Rost, erstarren dort zu bizarr geformten *Nuggets*, und werden so mit der Schlacke ausgetragen (Bild 5 links). Unsere Untersuchungen in einem Muffelofen deuten darauf hin, dass bei Temperaturen knapp über dem Schmelzpunkt von Aluminium eine Schicht von etwa 5-15 Mikrometer Dicke oxidiert. Massige Aluminiumstücke sind von einem Verlust durch Oxidation also praktisch nicht betroffen, während Aluminiumfolien überwiegend verbrennen. Bei Aluminiumdosen, mit einer Wandstärke von etwa 100 Mikrometer, würden rund 20 Prozent des Aluminiums oxidiert (jeweils 10 Mikrometer auf der Innen- und Außenseite).

In Tabelle 3 sind die Resultate einer Untersuchung von 46 zufällig ausgewählten Aluminiumstücken (8-25 mm) dargestellt. Die Aluminiumstücke wurden chemisch untersucht und den branchenüblichen Legierungsgruppen zugeordnet. Überraschend ist die hohe Qualität des in der Schlacke angetroffenen Aluminiums. Rund ein Drittel ist Reinaluminium, welches vorwiegend für Verpackungen eingesetzt wird. Andere wichtige Aluminiumanteile kommen vermutlich aus dem Getränkebereich, z.B. in Form von Schraubdeckeln (8XXX) und Getränkedosen (3XXX, 5XXX). Die Mischprobe aus Aluminiumschrott ex MVA ergab eine Ausbeute von 92,3 Prozent Aluminium. Die Zusammensetzung ist sehr gut geeignet als Ausgangsprodukt für Gusslegierungen.

Legierungen EN	Beispiele	Anteil %
1XXX	Reinaluminium > 99 %	28
2XXX	Schrauben, Nieten	2
3XXX	Mantel Getränkedosen	17
4XXX	Druckguss	0
5XXX	Deckel Getränkedosen	11
6XXX	Verkehrszeichen, Schrauben	9
7XXX	hochfeste Produkte, Skistöcke	2
8XXX	Flaschendeckel, Weithalsverschluss	22
Aluguss	Töpfe, Pfannen	9

Tabelle 3: Qualität von Aluminium aus Schlacke

Messing, dessen Schmelzpunkt bei Temperaturen knapp über 900 °C liegt, wird überwiegend in der ursprünglichen Form ausgebracht (Bild 5 rechts), aber gelegentlich auch, wie beim Aluminium, in Form von *Nuggets*.

Ähnlich wie bei Aluminium findet auch bei Eisen eine oberflächliche Oxidation der Metallstücke statt, sodass die aus der Schlacke gewonnenen Eisenstücke nicht *blank* vorliegen, sondern mit einer dunkelgrauen Zunderschicht überzogen sind.

Beim konventionellen *Nassaustrag* können sich die Metalle zwischen dem Zeitpunkt des Austrages aus dem Ofen und dem Zeitpunkt der Schlackenaufbereitung noch verändern. Da die Schlacke hierbei durch einen mit Wasser gefüllten Siphon aus dem Ofen ausgebracht wird, enthält sie knapp 20 Prozent Wasser, was zur Korrosion der Metalle führen kann. Diese betrifft vor allem Eisen und Aluminium. Eisenstücke rosten an der Oberfläche und Aluminium korrodiert bei den in der Schlacke vorherrschenden alkalischen Bedingungen unter Wasserstoffentwicklung zu Aluminiumhydroxid. Allerdings schreitet die Korrosion in aufgehäufter Schlacke nicht sehr weit voran. Auch Schlacken, die nach mehr als 10 Jahre aus Deponien ausgegraben werden, enthalten noch fast die gesamten ursprünglichen Metallanteile, wobei Aluminiumstücke allerdings mit einer etwa 1 mm dicken, weißen Hydroxidschicht überzogen sind.

Die Qualität der aus MVA-Schlacke gewonnenen, und schließlich in Metallhütten abgeführten, Metallkonzentrate hängt weitgehend von den Prozessschritten ab, die der Schlackenaufbereitung nachgeschaltet sind. Wie oben diskutiert, liegen die Metalle häufig eingeschlossen in dem mineralischen Matrixmaterial vor. Insbesondere den zurückgewonnenen Eisenstücken haften, trotz einer vorgängigen Zerkleinerung des verfestigten Schlackenmaterials, noch substanzielle Mengen an mineralischem Material an. Solcher MVA-Schrott muss vor der Abgabe an eine Stahlhütte zunächst gereinigt werden. Wichtig ist auch die Entfernung von Kupfer, welches in Form von elektrischen Spulen um einen magnetischen Eisenkern in den Eisenschrott gelangt. Weiterhin ist die Abtrennung der Batterien aus dem Eisenschrott wünschenswert, denn Stahlwerke meist nicht mit einer Abgasreinigung zur Abtrennung von Zink, Kadmium und Quecksilber ausgerüstet.

Eine baustoffliche Verwertung der mineralischen Anteile von MVA-Schlacke, aus der die Metallstücke durch trockenmechanische Aufbereitung weitgehend entfernt wurden, kommt in der Schweiz nicht in Frage. Hierfür sind auch nach der Aufbereitung die Schwermetallgehalte noch viel zu hoch. Eine Einschleusung dieser Schwermetalle in den Baustoffkreislauf würde bei dem in der Schweiz praktizierten Bauschuttrecycling zu einer sukzessiven Akkumulation der Schwermetalle in der Bausubstanz führen. Anders in Deutschland, den Niederlanden und anderen Ländern. Dort wird die Schlacke – nach entsprechender Vorbehandlung – im Straßenbau eingesetzt. In diesem Fall ergibt sich ein Zielkonflikt betreffend die Extraktion der Metalle. Zum Aufschluss auch kleiner Metallstücke muss die Schlacke vor der Metallabtrennung zerkleinert werden. Allerdings ist feinkörniges mineralisches Material für den Straßenbau unbrauchbar.

5. Bestimmung der Metallgehalte in MVA-Schlacken

Die Bestimmung der Metallanteile in Abfällen ist, sofern die Metalle in gediegener Form vorliegen, schwierig und wird in den meisten Labors falsch durchgeführt. Die von uns entwickelte *UMTEC-Methode* zur Bestimmung der Metallgehalte in MVA-Schlacken ist zwar aufwändig, führt aber zu korrekten Ergebnissen. In diesem Abschnitt wird unsere Methode in stark gekürzter Form vorgestellt.

Von großer Bedeutung ist zunächst die Abschätzung der zu verarbeitenden Probenmasse. Diese orientiert sich an der maximalen Größe der Metallstücke, die in dem Material vorliegen, d^+_{max}. Ebenfalls Einfluss auf die zu ziehende Probenmasse hat die Dichte des Metalls ρ^+, dessen Anteil bestimmt werden soll, sowie der Gehalt an diesem Metall in der Schlacke ω.

Bei der Probenahme bahnt sich ein iteratives Problem an: Zur Berechnung der Probenmasse, die für eine Metallgehaltsbestimmung notwendig ist, wird eben dieser Metallgehalt benötigt. Ersatzweise wird daher der zu bestimmende Metallgehalt grob abgeschätzt und daraus die Probenmasse bestimmt. Diese ergibt sich aus folgender Formel (siehe auch Bild 6):

$$M_{min} \approx \frac{25\, \rho^+}{\omega} {d^+_{max}}^3 \qquad (1)$$

M_{min} minimal zu ziehende Probenmasse (kg)

d^+_{max} der Durchmesser des größten zu erwartenden Metallstückes (m)

ρ^+ die Dichte des zu bestimmenden Metalls (kg/m³)

ω der Massenanteil an diesem Metall in der Schlacke (-)

Beispiel: Eine Schlacke (0-32 mm), die mittels Wirbelstromscheider aufbereitet wurde, soll auf den Aluminiumgehalt untersucht werden. Typischerweise enthalten Schlacken ω = 2 Prozent Aluminium in stückiger Form (Dichte 2,7 g/cm³). Bei einer konventionellen Wirbelstromscheidung werden hiervon etwa 50 Prozent im Konzentrat ausgetragen – die restlichen 50 Prozent verbleiben im Rückstand, der folglich ungefähr ω = 1 Prozent Aluminium enthält. Somit errechnet sich die zu ziehende Probenmasse zu M = 25 x 2700 x 0,032³/0,01 = 221 kg. Unter der zusätzlichen Annahme, dass bei der Wirbelstromscheidung vorzugsweise die gröberen Aluminiumstücke abgeschieden wurden und im Rückstand nur noch Aluminiumstücke kleiner als 16 mm vorliegen, reduziert sich die Probenmasse auf 27 kg.

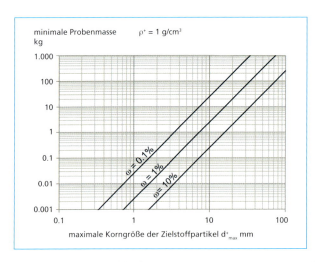

Bild 6:

Die minimal zu ziehende Probenmasse für repräsentative Proben von MVA-Schlacke. Die an der y-Achse abgelesene Probenmasse muss noch mit der Dichte des zu bestimmenden Metalls in g/cm³ multipliziert werden und ergibt die tatsächlich zu ziehende Probenmasse

Beispiel: für eine Schlacke mit 1 Prozent Aluminiumstücken < 16 mm werden 10 kg abgelesen. Die tatsächlich zu ziehende Probe muss folglich 27 kg umfassen (ρ_{Al}=2,7 g/cm³).

Die Methode zur Metallgehaltsbestimmung in MVA-Schlacken beruht auf dem Prinzip der *selektiven* Zerkleinerung (Bild 7). Hierbei wird ausgenutzt, dass bei mechanischer Beanspruchung die spröden mineralischen Schlackenbestandteile *selektiv* pulverisiert werden, während die Metalle allenfalls verformt werden. Erfolgt nach der

Druckbeanspruchung des Materials (im Brecher) eine anschließende Absiebung, so rieselt das pulverisierte mineralische Schlackenmaterial durch die Siebmaschen, während die Metallstücke, praktisch frei von Anbackungen und anderen mineralischen Komponenten, auf dem Sieb liegen bleiben (Bild 8). Die nach der Riffelteilung ermittelten Metallanteile < 8 mm werden massenproportional zum Teilungsfaktor (Bild 7: M_{total}/M_{0-8}) den Metallanteilen > 8 mm zugeschlagen. Essenziell für korrekte Resultate ist, dass die gesamte nach der obigen Formel bestimmte Probenmasse verarbeitet wird.

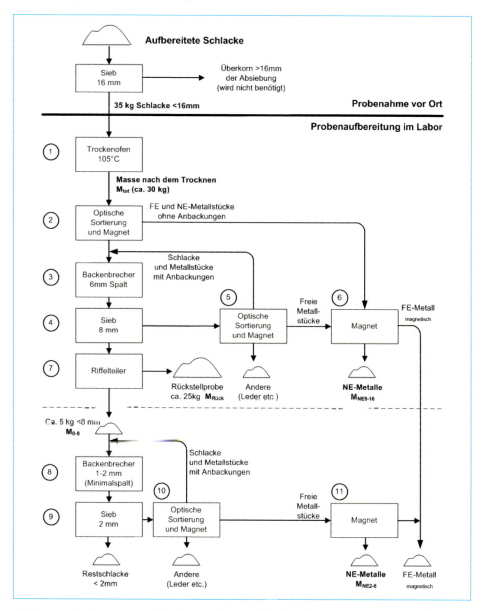

Bild 7: Bestimmung der Gehalte an gediegenen Metallstücken im Rückstand von aufbereiteter MVA-Schlacke gemäß *UMTEC-Methode*

Erfasst werden mit der UMTEC-Methode nur Metallstücke > 2 mm, also solche, die mittels konventioneller trockenmechanischer Sortierung potenziell zurückgewonnen werden können. Nicht erfasst werden Metallanteile, die kleiner sind als 2 mm sowie solche, die in chemischen Verbindungen, z.B. Oxyden, vorliegen. Sofern diese Metallgehalte von Interesse sind, können sie durch eine konventionelle chemische Analyse bestimmt werden.

Eisen- (FE) und Nichteisenmetalle (NE) werden anhand der magnetischen Eigenschaften getrennt (Bild 8). Ferromagnetische Bestandteile werden als FE Metall klassifiziert, und zwar unabhängig davon, ob sie tatsächlich Eisen enthalten. Nichteisenmetalle, die im engen Verbund mit Eisen vorliegen (z.B. elektrische Spulen mit Kupferdraht auf Eisenkernen) werden ebenfalls als *magnetisch* klassifiziert. Alle nichtmagnetischen Metalle werden als NE-Metalle klassifiziert, auch wenn diese Eisen enthalten, z.B. in Form von unmagnetischen Chrom-Nickel-Stählen. Die Nichteisenmetalle werden durch verschiedene Methoden (z.B. Schwimm/Sink-Sortierung in Natrium-Polywolframat-Lösung, selektive Anfärbung und anschließende manuelle Auslese) in die einzelnen Metallfraktionen unterteilt (Aluminium, Kupfer, Messing, Zink, andere).

Bild 8:

Die auf dem Sieb liegen gebliebenen Metallstücke (flachgedrückt) werden mittels Magneten getrennt in eine magnetische Fraktion (links) und eine nicht magnetische Fraktion (rechts)

6. Blick in die Zukunft

In einem Projekt im Jahr 2003 untersuchten wir die Schlacken verschiedener chinesischer MVA auf deren Gehalte an Kupfer und rechneten daraus die Kupfergehalte im Abfall zurück. Diese Daten wurden, wie in Bild 9 gezeigt, gegen das Bruttoinlandsprodukt der entsprechenden Region aufgetragen. Ebenfalls dargestellt sind die Daten für die Schweiz. Die gute Korrelation deutet darauf hin, dass man den Kupfergehalt im Abfall als Leitparameter für den Entwicklungsgrad einer Region verwenden kann. Er bildet den Grad der *Elektronisierung* ab und kann damit auch als Indiz für den Wohlstand dieser Region herangezogen werden. Mit zunehmendem Wohlstand werden in Zukunft global nicht nur die Gehalte an Kupfer, sondern auch an den anderen Metallen, in den Abfällen zunehmen.

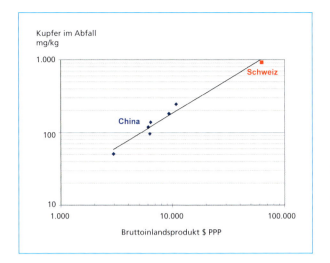

Bild 9:

Je wohlhabender eine Region, umso mehr Kupfer findet sich in deren Abfall

Quelle: Solenthaler, B.; Bunge, R.: Müllverbrennung in China; Müll und Abfall 11(2003); p. 593 ff.

7. Literatur

[1] Bundesamt für Umwelt, Bern: Erhebung der Kehrichtzusammensetzung, 2012

[2] Meinfelder, T.; Richers, U.: Entsorgung der Schlacke aus der thermischen Restabfallbehandlung; Forschungszentrum Karlsruhe; Wissenschaftliche Berichte FZKA 7422, Juli 2008

[3] Morf, L.: Chemische Zusammensetzung verbrannter Siedlungsabfälle. Untersuchungen im Einzugsgebiet der KVA Thurgau. Umwelt-Wissen Nr. 0620. Bundesamt für Umwelt, Bern, S. 104, 2006

[4] Morf et al.: Precious metals and rare earth elements in municipal solid waste – Sources and fate in a Swiss incineration plant. Waste Management, Volume 33, Issue 3, Pages 634-644, March 2013

[5] Mostbauer, P.; Böhm, K.: Grundlagen für die Verwertung von MV-Rostasche, BOKU Juni 2010

[6] Solenthaler, B.; Bunge R.: Müllverbrennung in China; Müll und Abfall 11; p. 593 ff., 2003

TRENDS, ANALYSEN, MEINUNGEN UND FAKTEN ZUR KREISLAUFWIRTSCHAFT

RECYCLING magazin

KOSTENLOS TESTEN

RECYCLING MAGAZIN
LESEN, WAS DIE BRANCHE BEWEGT

ENTDECKEN SIE JETZT UNSER SPECIAL

- 6 AUSGABEN GRATIS PROBELESEN
- ALLE 14 TAGE NEU
- NEUESTE ENTWICKLUNGEN ZU TECHNIK, WIRTSCHAFT, POLITIK UND RECHT
- REPORTAGEN, INTERVIEWS, MARKTANALYSEN

JETZT ONLINE BESTELLEN UNTER:
www.recyclingmagazin.de/probelesen

Weitere Informationen: www.recyclingmagazin.de/probelesen
Ihre Service-Hotline T: +49 (0)61 23 92 38-2 15 | F: +49 (0)61 23 92 38-2 16 | E: order@recyclingmagazin.de

Markt für mineralische Recycling-Baustoffe
– Erfahrungen aus der Praxis –

Stefan Schmidmeyer

1.	Marktsituation für Recyclingbaustoffe	106
1.1.	Straßen- und Erdbau	106
1.2.	Asphaltbau	109
1.3.	Betonbau	109
1.4.	Sonstige Verwertung	110
2.	Zusammenfassung und Folgen für die Entsorgung von Bauabfällen	111
3.	Förderung des Einsatzes von Recycling-Baustoffen	112
3.1.	Vorbildfunktion der Öffentlichen Hand	112
3.2.	Qualitätssteigerung	113
3.3.	Verwendung aller Einbauklassen	114
3.4.	Aufbereitung aller verfügbaren Ausgangsstoffe	114
4.	Fazit	115
5.	Quellen	115

In Deutschland fallen jährlich etwa zweihundert Millionen Tonnen mineralische Bauabfälle – ohne Berücksichtigung gefährlicher Abfälle sowie industrieller Nebenprodukte wie Aschen und Schlacken – an [15], die sich im Wesentlichen zu den in Tabelle 1 aufgeführten Abfallarten zusammenfassen lassen.

Tabelle 1: Mineralische Bauabfälle ohne industrielle Nebenprodukte Abfallarten

Bauschutt	Beton	AVV 17 01 01
	Ziegel	AVV 17 01 02
	Fliesen, Ziegel und Keramik	AVV 17 01 03
	Gemische aus Beton, Ziegeln, Fliesen und Keramik mit Ausnahme derjenigen, die unter 17 01 06 fallen	AVV 17 01 07
Straßenaufbruch	Bitumengemische mit Ausnahme derjenigen, die unter 17 03 01 fallen	AVV 17 03 02
Bodenaushub	Boden und Steine mit Ausnahme derjenigen, die unter 17 05 03 fallen	AVV 17 05 04
	Baggergut mit Ausnahme desjenigen, das unter 17 05 05 fällt	AVV 17 05 06
	Gleisschotter mit Ausnahme desjenigen, der unter 17 05 07 fällt	AVV 17 05 08
Bauabfälle auf Gipsbasis	Bauabfälle auf Gipsbasis mit Ausnahme derjenigen, die unter 17 08 01 fallen	AVV 17 08 02
Baustellenabfälle	wie Holz, Glas, Kunststoffe, Metalle, Dämmmaterialien sowie Gemischte Bau- und Abbruchabfälle	AVV versch. AVV 17 09 04

Auf Bodenaushub entfällt dabei durchschnittlich ein Anteil von mehr als 61 Prozent des Gesamtaufkommens, gefolgt von Bauschutt (27 Prozent), Straßenaufbruch (acht Prozent) und Baustellenabfällen (vier Prozent). Der Anteil an Bauabfällen auf Gipsbasis betrug in 2010 lediglich 0,6 Millionen Tonnen [15].

In 2010 wurde der Großteil dieser Bauabfälle (65 Prozent) in Gruben, Brüchen und Tagebauen verfüllt (51,8 Prozent), auf Deponien verwertet (4,9 Prozent) oder beseitigt (8,3 Prozent). 35 Prozent wurden mit Recyclingverfahren wieder als Recycling-Baustoffe in den Stoffkreislauf zurückgeführt [15].

Recycling-Baustoffe sind durch Aufbereitung gewonnene Gesteinskörnungen, die bei Bautätigkeiten wie Rückbau, Abriss, Umbau, Ausbau und Erhaltung von Hoch- und Tiefbauten, Straßen, Wegen, Flugplätzen und sonstigen Verkehrswegen anfallen und zuvor als natürliche oder künstliche mineralische Baustoffe in gebundener oder ungebundener Form im Hoch- und Tiefbau eingesetzt waren (§ 3 Nr. 29 EBV-E 10.12) [7].

2010 wurden in Deutschland 65,2 Millionen Tonnen Recycling-Baustoffe produziert [15]:

	Aufkommen	Recycling	Recycling
	Mio. t		%
Bauschutt	53,1	41,6	78,3
Straßenaufbruch	14,1	13,5	95,7
Bodenaushub	105,7	9,8	9,3
Bauabfälle auf Gipsbasis	0,6		0,0
Baustellenabfälle	13,0	0,3	2,3
	186,5	65,2	ø 35,0

Tabelle 2:

Abfallarten und Anteil im Recycling

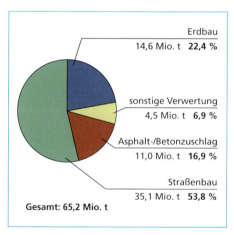

Bild 1: Verbleib der Recycling-Baustoffe 2010

Quelle: 8. Monitoring-Bericht Kreislaufwirtschaft Bau, 2013

1. Marktsituation für Recycling-baustoffe

Recycling-Baustoffe werden überwiegend im Straßenbau 53,8 Prozent und im Erdbau 22,4 Prozent verwendet. Im Asphalt-/Betonbau werden 16,9 Prozent sowie in der Sonstige Verwertung (vor allem im Deponiebau) 6,9 Prozent eingesetzt [15].

1.1. Straßen- und Erdbau

Der Straßen- und Erdbau ist der wichtigste Markt für die Baustoffrecyclingindustrie.

Bedient wird überwiegend die gewerbliche und private Bauwirtschaft. Die Öffentliche Hand – staatliche Straßenbauverwaltungen, Landesbauverwaltungen, Kommunen – steht Recycling-Baustoffen zum großen Teil sehr zurückhaltend bis ablehnend gegenüber.

Recycling-Baustoffe werden als kostengünstige Alternative zu natürlichen Baustoffen – Sand, Kies und Gesteine – im Einsatz als Schüttmaterialien für Bodenaustausch- und Bodenverbesserungsmaßnahmen, für die Erstellung von Wällen und Dämmen, von Bauwerkshinterfüllungen und -überschüttungen, für Baustrassen oder Geländemodellierungen usw. gesehen. Für den Straßen-, Wege- und Verkehrsflächenbau werden zudem für Trag- und Deckschichten auch frostunempfindliche Recycling-Baustoffe hergestellt. Bautechnische anspruchsvolle Materialien wie für Schottertragschichten oder Frostschutzschichten werden bisher nur in geringen Umfang angeboten.

Recycling-Baustoffe werden hauptsächlich mit mobilen Aufbereitungsanlagen auf Baustellen und Sammel- und Lagerplätzen mit dem Ziel produziert, durch die Zerkleinerung der Bau- und Abbruchabfälle möglichst kostengünstige Baustoffe zu gewinnen. Fremdstoffe werden i.d.R. manuell und/oder durch eine möglichst sortenreine Gewinnung der Bauabfälle im selektiven Rückbau aussortiert. Auf aufwendige Qualitätssicherung wird meistens verzichtet. Die Herstellung qualitativ hochwertiger Recycling-Baustoffe ist auf diese Weise nur bedingt möglich.

Möglichkeiten, die bautechnischen Qualitäten gezielt zu beeinflussen und hochwertige Recycling-Baustoffe herzustellen, bieten hingegen stationäre Anlagen. Der Betrieb von stationären Anlagen ist jedoch sehr kostenintensiv (Anlagengenehmigung, befestigte Betriebsflächen, immissionsschutzrechtliche Auflagen, Anlagenüberwachung, Aufbereitungstechnik usw.). Dem steht kein ausreichender Markt für hochwertige Recycling-Baustoffe gegenüber. Der notwendige Mehraufwand für diese Recycling-Baustoffe wird bisher über erzielbare Marktpreise nicht honoriert.

Bautechnisch gesehen sind beim Einsatz von Recycling-Baustoffen im Straßen- und Erdbau vor allem Baustoffe nachgefragt, die hohe Beständigkeit gegen Druck-, Schlag- und Witterungseinflüssen besitzen. Insbesondere die stoffliche Zusammensetzung wirkt sich auf die Qualität der produzierten Recycling-Baustoffe aus. Im Straßenoberbau sind deshalb die Anteile sog. weicher und unbeständiger Stoffe stark reglementiert [12]:

Tabelle 3: Anforderungen an die stoffliche Zusammensetzung von Recycling-Baustoffen, im Anteil > 4 mm

Bestandteile	gem. TL SoB-StB Ma.-%
Asphaltgranulat	≤ 30
Klinker, Ziegel und Steinzeug	≤ 30
Kalksandstein, Mörtel und ähnliche Stoffe	≤ 5
Mineralische Leicht- und Dämmbaustoffe, wie Poren- und Bimsbeton	≤ 1
Fremdstoffe wie Holz, Gummi, Kunststoffe und Textilien	≤ 0,2

Die technischen Lieferbedingungen für Baustoffgemische und Böden zur Herstellung von Schichten ohne Bindemittel im Straßenbau (TL SoB-StB) sind zwar nur für den Bereich des öffentlichen Straßenbaus verbindlich, in der Praxis orientiert man sich auch außerhalb des öffentlichen Straßenbaus sowie im Erdbau meist an diesen Vorgaben, um beständige, tragfähige und wasserdurchlässige Schichten und Schüttungen herzustellen.

Im Straßenbau – Ober- und Unterbau – werden deshalb in der Regel ausschließlich sortenreine Gesteinskörnungen oder Gesteinskörnungsgemische aus Beton (AVV 17 01 01), Gleisschotter (AVV 17 05 08) oder Steinen (AVV 17 05 04) eingesetzt und dort als Frostschutzschichten, Schichten aus frostunempfindlichen Material oder als Deckschichten ohne Bindemittel verwendet. Recycling-Baustoffgemische, die sich aus unterschiedlichen Abfallarten zusammensetzen, werden dagegen fast nur im Straßenunterbau oder überwiegend im Erdbau eingesetzt. Voraussetzung dafür ist, dass sie die in Tabelle 3 genannten Grenzwerte zur stofflichen Zusammensetzung einhalten. Diesen Recycling-Baustoffen und Gemischen stehen ausreichende Nachfrage und Absatzmöglichkeiten gegenüber.

Nur mäßige oder keine Nachfrage finden jedoch Recycling-Baustoffe, die ausschließlich oder überwiegend aus Klinker, Ziegel und Steinzeug, Kalksandstein, Mörtel, gipshaltigen Baustoffen oder ähnlichen Stoffen oder mineralischen Leicht- und Dämmbaustoffen, wie z.B. Poren- und Bimsbeton, bestehen. Je höher die Anteile an diesen Stoffen sind, desto geringer ist ihre bautechnische Eignung.

Vor dem Einsatz von Recycling-Baustoffen ist nicht nur die bautechnische, sondern auch die umwelttechnische Qualität zu prüfen. Grundsätzlich ist sicherzustellen, dass von den eingesetzten Recycling-Baustoffen keine nachteilige Veränderung der Grundwasserbeschaffenheit ausgehen kann [13]. Dafür werden den Recycling-Baustoffen unterschiedliche Einbauklassen und Zuordnungswerten gemäß der durch die LAGA M20 eingeführten Systematik zugewiesen [14] (Tabelle 4).

Tabelle 4: Einbauklassen und Zuordnungswerte nach LAGA M20

		Einbaubereich
Einbauklasse 0 – nur Bodenmaterial gilt nur für die Verwertung in bodenähnlichen Anwendungen (Verfüllung von Abgrabungen und Abfallverwertung im Landschaftsbau außerhalb von Bauwerken)	Z 0	uneingeschränkter Einbau
Einbauklasse 1 für die Verwertung in technischen Bauwerken	Z 1.1 Z 1.2	eingeschränkter offener Einbau
Einbauklasse 2 für die Verwertung in technischen Bauwerken	Z 2	Einbau mit definierten technischen Sicherungsmaßnahmen

Je höher die Einbauklasse desto geringer sind die Verwendungsmöglichkeiten (z.B. Ausschluss aus Überschwemmungsgebieten, Verwendung nur in Großbaumaßnahmen usw.) und desto höher sind auch die Einbauanforderungen wie Grundwasserabstand, Beschaffenheit und Mächtigkeit von Deck- und Sorptionsschichten, Sicherungsmaßnahmen, Dokumentationspflichten. Materialien, die den Zuordnungswert Z 2 überschreiten, sind zu beseitigen oder zu behandeln, um sie von Schadstoffen zu entfrachten und dadurch eine niedrigere Einbauklasse zu erreichen.

In der Praxis zeigt sich, dass nur die beste Klasse (Einbauklasse 1/Z 1.1) nachgefragt wird. Bereits für Einbauklasse 1/Z 1.2 ist vielen Auftraggebern/Bauherren der damit verbundene Aufwand zu hoch und die Beachtung von Einbaubeschränkungen zu kompliziert. Materialien der Einbauklasse 2/Z 2 finden oftmals keinen Absatzweg und müssen auf Deponien verwertet oder beseitigt werden.

1.2. Asphaltbau

Im Asphaltbau werden Recycling-Baustoffe als Zuschlagsstoffe verwendet. Hierzu wird ausschließlich auf sortenreine Gesteinskörnungen aus Straßenaufbruch (Ausbauasphalt AVV 17 03 02) und teilweise aus Gleisschotter (AVV 17 05 08) zurückgegriffen. Diese sind geeignet, die bau- und umwelttechnischen Anforderungen gemäß den Technischen Vertragsbedingungen und Richtlinien für den Bau von Verkehrsflächen aus Asphalt, für Asphaltmischgut und Asphaltbauweisen zu erfüllen.

Ein Großteil des Straßenaufbruchs wird in Asphaltmischanlagen verwertet. Nur ein geringer Teil wird, soweit bautechnisch nicht für Asphaltbauweisen geeignet oder soweit überschüssige Mengen vorhanden sind – unaufbereitet (Fräsgut) oder aufbereitet – außerhalb des staatlichen Straßenbaus in kommunalen, gewerblichen und privaten Anwendungsbereichen als Deckschichten ohne Bindemittel (DoB) oder als Tragschichten im Wege- und Verkehrsflächenbau verwertet.

Die hohe Recyclingquote von Straßenaufbruch (95,7 Prozent)[15] spiegelt die große Nachfrage in diesem Marktbereich wieder. Begründet ist dies zum einen durch vertragliche Vorgaben der Straßenbauverwaltungen, durch die relativ einfache Handhabung und vor allem durch die wirtschaftlichen Vorteile, die sich daraus ergeben. Im Straßenaufbruch (AVV 17 03 02) sind hohe Anteile an wertvollem, für die Asphaltherstellung notwendigen Bitumen vorhanden. Zum anderen besteht Straßenaufbruch ausschließlich aus hochwertigen Primärrohstoffen. Durch den Einsatz von Gleisschotter (AVV 17 05 08) können natürliche Gesteinskörnungen – Festgestein, Hartgestein – substituiert werden, die oft nur über sehr weite Transportentfernungen und mit damit verbundenen hohen Kosten zur Verfügung stehen.

1.3. Betonbau

Die bau- und umwelttechnischen Anforderung für die Herstellung rezyklierter Gesteinskörnungen im Betonbau ergeben sich maßgeblich aus der DIN EN 12620, der DIN EN 206-1, der DIN 4226-100 sowie der DIN 1045-2.

Auf dieser Grundlage können im Betonbau nach den Vorgaben des Deutschen Ausschusses für Stahlbeton rezyklierte Gesteinskörnungen des

Typ 1   Anteil Beton ≥ 90 Ma.-%, Klinker-Ziegel-Kalksandstein ≤ 10 Ma.-% und

Typ 2   Anteil Beton ≥ 70 Ma.-%, Klinker-Ziegel-Kalksandstein ≤ 30 Ma.-%

für Betone bis zur Druckfestigkeitsklasse C 30/37 verwendet werden. Für die Herstellung von Spannbeton und Leichtbeton sind rezyklierte Gesteinskörnungen nicht zugelassen. Zudem sind die Anforderungen der Alkalirichtlinie zu beachten. Der Körnungsanteil < 2 mm muss grundsätzlich aus Primärmaterial bereitgestellt werden [5].

Die umwelttechnischen Anforderungen ergeben sich aus der DIN 4226-100. Gemäß DAfStb-Richtlinie Beton nach DIN EN 206-1 und DIN 1045-2 mit rezyklierten Gesteinskörnungen nach DIN EN 12620 ist diese durch eine bauaufsichtliche Zulassung nachzuweisen [3].

Die Erfahrungen in verschiedenen Pilotprojekten [16] mit aus sortenreinen Altbeton hergestellten Gesteinskörnungen (Typ 1) zeigen, dass sich RC-Beton von konventionellem Beton nicht oder nur unwesentlich unterscheidet [10]. Für die Verwendung der Gesteinskörnungen von Typ 2 (ziegelreiche Gesteinskörnungen, Mischkörnungen) gibt es bisher nur geringe Erfahrungswerte. Erste Ergebnisse aus einem weiteren Pilotprojekt in Baden-Württemberg zeigen, dass die Anwendung ziegelreicher Gesteinskörnungen nach Typ 2 ohne Abstriche an die Eigenschaften des Betons möglich wäre [11].

Der Bauauftraggeber/Bauherr ordert i.d.R. Beton mit bestimmten Eigenschaften. Aus welchen Gesteinskörnungen (natürliche oder rezyklierte Gesteinskörnungen) dieser Beton hergestellt wird, ist vor Ort unerheblich. Aus bau- und umwelttechnischen Gründen bestehen deshalb keine Hindernisse für eine ausreichende Nachfrage nach rezyklierten Gesteinskörnungen. Der Markt für rezyklierte Gesteinskörnungen im Betonbau beschränkt sich bisher auf wenige Pilotprojekte.

Gründe sind zum einen die große Verfügbarkeit natürlicher Baustoffe wie Sand, Kies und Gesteine und zum anderen ist es für die Baustoffaufbereitungsindustrie schwierig, ausreichende Mengen an rezyklierten Gesteinskörnungen zur Verfügung zu stellen, da im Betonbau bisher nur auf sortenreine Ausgangsstoffe wie Altbeton zurückgegriffen wird. Das sind Ausgangsstoffe, die mit geringerem Aufbereitungsaufwand auch im Straßen- und Erdbau bevorzugt werden.

1.4. Sonstige Verwertung

In Bereich der sonstigen Verwertung entfällt der Hauptanteil auf den Deponiebau (Wege- und Lagerflächen, Funktionsschichten). Die bau- und umwelttechnischen Anforderungen ergeben sich aus der Deponieverordnung (DepV) [4]. Bautechnisch sind auch hier vor allem beständige Materialien (Betonbruch, Gleisschotter, Steine) verwertbar. Im Deponiebau ist es zudem durchaus möglich, Z 1.2, Z 2 oder höher belastete Materialien zu verwenden. Die Nachfrage ist regional sehr unterschiedlich und natürlich abhängig von den Maßnahmen im Deponiebau.

Als Sonstige Verwertung sind zuletzt auch die bodenähnlichen Anwendungen, z.B. Herstellung von Rekultivierungsschichten und die Herstellung von Kultursubstraten zu nennen. Maßgeblich sind die Vorgaben der Bundesbodenschutzverordnung (BBodSchV) [2] sowie der Düngemittelverordnung (DüMV) [6]. In diesem Bereich sind einerseits Böden (Einbauklasse 0/Z 0) und andererseits für die Produktion von

Kultursubstraten (z.B. Pflanzsubstrate, Schotterrasen usw.) zusätzlich sortenreiner Ziegelbruch aus Tondachziegeln ohne Fremdstoffe (Ziegel AVV 17 01 02) zugelassen. Andere Abfallarten und Gemische sind i.d.R. von diesem Marktbereich ausgeschlossen. Auch in diesem Bereich besteht ausreichende Nachfrage.

2. Zusammenfassung und Folgen für die Entsorgung von Bauabfällen

Durch die Aufbereitung von Bauabfällen können aus Altmaterialien Baustoffe mit definierten bau- und umwelttechnischen Eigenschaften (Recycling-Baustoffe) auch für hochwertige Verwendungsbereiche hergestellt werden.

Recycling-Baustoffe werden überwiegend in der gewerblichen und privaten Bauwirtschaft nachgefragt. Die Öffentliche Hand steht Recycling-Baustoffen meist ablehnend gegenüber.

Der Markt für Recycling-Baustoffe konzentriert sich deshalb auf

- die Bereitstellung kostengünstiger Recycling-Baustoffe geringer bautechnischer Qualität für den gewerblichen und privaten Straßen-, Wege- und Verkehrsflächenbau sowie den Erdbau,
- die beste Einbauklasse 1/Z 1.1; höher belastete Recycling-Baustoffe können i.d.R. nur im Deponiebau eingesetzt werden oder müssen in der Verfüllung von Abgrabungen verwertet oder auf Deponien beseitigt werden,
- sortenreine Materialien – Beton, (Ton-)Ziegel, Gleisschotter und Steine – sowie Gemische mit lediglich geringen Anteilen an Klinker, Ziegel und Steinzeug, Kalksandstein, Mörtel, gipshaltigen Baustoffen oder ähnlichen Stoffen oder mineralischen Leicht- und Dämmbaustoffen, wie Poren- und Bimsbeton.

Bauabfälle wie Klinker, Ziegel und Steinzeug, Kalksandstein, Mörtel, gipshaltigen Baustoffen, Leicht- und Dämmbaustoffen oder gemischte Bau- und Abbruchabfälle, werden aufgrund der wenigen Verwertungsoptionen unaufbereitet oder als Reststoffe aus der Aufbereitung in der Verfüllung abgelagert oder auf Deponien beseitigt. Insbesondere Bodenmaterialien (sandig, kiesig, steinig), zu denen auch das beim Rückbau von Straßen anfallende Kies- und Schottermaterial zählt, gelangt ungenutzt in großen Umfang in die Verfüllung von Abgrabungen. Dadurch wird ein Großteil des in Bauabfällen vorhandenen Nutzungspotentials verschwendet.

Die Wiederverwendung von Recycling-Baustoffen in der Produktion von Bauprodukten ist bisher in der Praxis ohne Bedeutung.

Das Kreislaufwirtschaftsgesetz (KrWG) und die daraus resultierende auf den Ressourcenschutz fokussierte Gesetz- und Verordnungsgebung, z.B. im Boden- und Wasserschutz (BBodSchG, BBodSchV, WHG, GrwV) oder im Bereich Anlagengenehmigung (BImSchG, BImSchV, IED, AwSV), in stoffstrombezogenen Regelungen (z.B. AltholzV, BioAbfV, GewAbfV usw.) sowie in den länderspezifischen

Abfallwirtschaftsgesetzen, erschweren und verhindern inzwischen mehr und mehr diese bisher praktizierten Entsorgungswege in der Bauwirtschaft. Deponiekapazitäten gehen zur Neige (z.B. Niedersachsen [9]), Verfüllmöglichkeiten im Bereich größer Z 0 stehen nur bedingt zur Verfügung [1] und die Kosten für die Entsorgung von Bauabfällen steigen überproportional.

Preisentwicklung Bauabfälle in München (Preise ab Baustelle) 2011 bis 2013

Wolfgang Fuchs, Geiger Unternehmensgruppe Oberstdorf [8]

Z 0	unverändert
Z 1.1	+ 2,00 EUR/t (20 Prozent)
Z 2	+ 10,00 EUR/t (67 Prozent)
DK I	+ 25,00 EUR/t (100 Prozent)
DK II	+ 25,00 EUR/t (55 Prozent)
DK III	+ 20,00 EUR/t (20 Prozent)

Aus Sicht des Boden- und Grundwasserschutzes scheint eine Lockerung der Anforderungen für die Erhöhung der Verfüllkapazitäten nicht darstellbar. Die Ausweitung der Beseitigung (Deponierung) ist mit den umweltpolitischen Zielsetzungen und Festlegungen zur Ressourceneffizienz und Kreislaufwirtschaft nicht vereinbar. Deshalb bleiben als Ausweg die konsequente Förderung des Recyclings und eine signifikante Steigerung des Einsatzes von Recycling-Baustoffen.

3. Förderung des Einsatzes von Recycling-Baustoffen

Entscheidend für die Erhöhung der Recyclingquote ist die Nachfrage nach Recycling-Baustoffen. Nur wenn die Produktion von Recycling-Baustoffen – auch für qualitativ hochwertige Anwendungsbereiche – durch ausreichenden Absatz wirtschaftlich abgesichert ist, kann auch von der Aufbereitungsindustrie ein entsprechendes Angebot zur Verfügung gestellt werden. Dies setzt voraus, dass die hergestellten Baustoffe nach ihren Eigenschaften vermarktet werden können und nicht nur in untergeordneten Anwendungsbereichen eingesetzt werden können.

3.1. Vorbildfunktion der Öffentlichen Hand

Eine Schlüsselposition für die steigende und nachhaltige Nachfrage nach Recyclingbaustoffen und somit zum Gelingen einer echten Kreislaufwirtschaft am Bau nimmt die Öffentliche Hand als größter Auftraggeber in der Bauwirtschaft ein. Aber gerade die Verantwortlichen in der Öffentlichen Verwaltung hegen viele Vorbehalte gegen Recyclingbaustoffe und verwehren sich immer noch gegen den Einsatz von Recyclingbaustoffen in öffentlichen Baumaßnahmen. Die Öffentliche Hand sollte deshalb geschlossen und konsequent ihrer Vorbildfunktion gerecht werden und entsprechend den gesetzlichen Vorgaben handeln.

Ein wichtiger Schritt zur Erfüllung der Vorbildfunktion wäre es, den Grundsatz der produktneutralen Ausschreibung wie in der Verdingungsordnung für Bauleistungen (VOB) gefordert, ausnahmslos zu verwirklichen. Dies schließt ein, dass in den öffentlichen Ausschreibungen natürliche Baustoffe wie Sand, Kies, Schotter usw. nicht mehr bevorzugt werden (gleiche Kriterien bei bau- und umwelttechnischen Anforderungen und an die Qualitätssicherung), i.d.R. mindestens Einbauklasse 1 ausgeschrieben werden sollte, Recyclingbaustoffe nur in begründeten Fällen z.B. auf Grund ungünstiger hydrogeologischer Standortbedingungen am Einbauort ausgeschlossen werden dürfen, in den Vorbedingungen öffentlicher Ausschreibungen bewusst auf die Einsatzmöglichkeiten von Recyclingbaustoffen hingewiesen wird und die Ausschreibungstexte und Textvorlagen dahingehend abgeändert werden und finanzielle Anreize – z.B. über Fördermittel, Kriterien zur nachhaltigen Beschaffung usw. – für den vermehrten Einsatz von Recyclingbaustoffen geschaffen werden.

3.2. Qualitätssteigerung

Durch die Konzentration auf die Bereitstellung kostengünstiger Recycling-Baustoffe geringer bautechnischer Qualität für den Bereich des Straßen- und Erdbaus werden die Verwendungsmöglichkeiten von Recycling-Baustoffen stark eingeschränkt und der Markt auf den reinen Preiswettbewerb reduziert. Dies wird den Möglichkeiten von Recycling-Baustoffen nicht gerecht. Nur durch eine Steigerung der bau- und umwelttechnischen Qualität der angebotenen Materialien mit einem gezielten Stoffstrommanagement (selektiver Rückbau, sortenreine Gewinnung der Abfallarten, verbesserte Aufbereitungstechnik, Schadstoffentfrachtung) in Verbindung mit einer konsequenten Qualitätssicherung im Produktionsprozess kann dem entgegengewirkt werden.

Allein um die geforderte, verstärkte Nachfrage von Seiten der Öffentlichen Hand zu bedienen, ist es unabdingbar, z.B. die bautechnischen Anforderungen gemäß den Technischen Lieferbedingungen und Richtlinien im Straßenbau wie der TL SoB-StB, TL BuB E-StB, TL Gestein-StB u.a. in Verbindung mit einer ständigen Güteüberwachung durch Eignungsnachweise, werkseigene Produktionskontrollen und Fremdüberwachungen durch anerkannte externe Prüfstellen zu gewährleisten. Die Öffentliche Hand ist aufgrund vertragsrechtlicher Vorgaben verpflichtet, diese Nachweise zu fordern.

Dies zeigt sich derzeit deutlich in Bayern. Die bayerische Oberste Baubehörde versucht, Recycling-Baustoffe verstärkt im staatlichen Straßenbau – einschließlich des begleitenden Erdbaus – einzusetzen, scheitert jedoch oft daran, dass vielerorts keine Recyclingbetriebe vorhanden sind, die die geforderten Qualitäten liefern können. Wegen dieser Nachfrage versuchen mittlerweile mehr Aufbereiter, geprüfte und güteüberwachte Recycling-Baustoffe herzustellen, um ein entsprechendes Angebot zu schaffen.

Ein Mehr an Qualitätssicherung führt, wie sich in der Praxis auch zeigt, nicht unbedingt zu unangemessenem Mehraufwand für die Unternehmen. Unterstützung bei der Durchführung und Umsetzung einer auf den jeweiligen Betrieb abgestimmten und wirtschaftlich vertretbaren Qualitätssicherung finden die Unternehmen bei Gütegemeinschaften, Überwachungs- und Zertifizierungsvereinen. Mittelfristig werden jedoch in allen Unternehmen Investitionen in eine verbesserte Aufbereitungstechnik, in das Qualitätssicherungssystem und in die Qualifikation ihrer Mitarbeiter unumgänglich sein, um den Qualitätsstandard der Recycling-Baustoffe zu heben. Dem Mehraufwand stehen regelmäßig steigende Absatzmengen und Verkaufserlöse gegenüber.

3.3. Verwendung aller Einbauklassen

Die Beschränkung auf die jeweils beste Einbauklasse 1/Z 1.1 ist unangebracht. Unproblematisch ist die Verwendung von Recycling-Baustoffen der Kategorie Z 1.2 (Einbauklasse 1), die gegenüber Z 1.1 gemäß LAGA M20 nur einen erhöhten Grundwasserabstand erfordert. Auch die Einbauklasse 2/Z 2, d.h. Materialien die nur mit technischen Sicherungsmaßnahmen eingebaut werden können, sollte in vielen Fällen möglich sein.

Voraussetzung dafür ist, bereits in der Planungsphase die Verwendung höherer Einbauklassen in Erwägung zu ziehen und zu berücksichtigen. Ein eventuell erhöhter Planungs- und Einbauaufwand, insbesondere für die Einbauklasse 2, kann durch niedrige Beschaffungskosten und niedrige Entsorgungskosten ausgeglichen werden.

Der Öffnung der Auftraggeber gegenüber höheren Einbauklassen muss dennoch das Bemühen der Aufbereitungsbetriebe bleiben, durch Behandlungsschritte im Aufbereitungsprozess die Schadstofffrachten abzusenken. Die Ziele der Kreislaufwirtschaft dürfen nicht zum Anlass genommen werden, um die Schadstoffbelastungen über Bedarf anzuheben. Andererseits muss es gelingen, in der Festlegung von Grenzwerten und Einbaukriterien einen angemessenen Ausgleich zwischen den Interessen und Zielen des Boden- und Grundwasserschutzes und der Kreislaufwirtschaft zu schaffen und geogene sowie anthropogene weiträumig vorhandene Hintergrundbelastungen ausreichend zu berücksichtigen.

3.4. Aufbereitung aller verfügbaren Ausgangsstoffe

Alle Marktbereiche greifen letztendlich auf die gleichen Ausgangsstoffe zurück: Betonabbruch, Gleisschotter, Steine und sortenreiner Ziegel. Alle anderen Abfallarten wie gemischt anfallenden Bauabfälle und Böden werden nicht oder nur im geringen Maße wiederverwendet. Große Potentiale für das Recycling bleiben so ungenutzt.

Die Erhöhung des Einsatzes in einem Marktbereich führt so unweigerlich zu einer Verringerung der verfügbaren Recycling-Baustoffe in einem anderen Marktbereich. Würde z.B. die Nachfrage nach rezyklierten Gesteinskörnungen für den Betonbau erhöht, müssten die im Straßen- und Erdbau bisher eingesetzten Recycling-Baustoffe dort wieder mit natürlichen Baustoffen ersetzt werden. Dies wäre sinnlos und widerspräche dem Ziel der Ressourcenschonung.

Eine Steigerung der Recyclingquote kann nur erreicht werden, wenn diese bisher ungenutzten Recyclingpotentiale erschlossen werden. Möglich wäre dies,

- indem bereits in den Ausschreibungen von Rückbaumaßnahmen die möglichst sortenreine Gewinnung von Bauabfällen eingefordert wird, z.B. selektiver Rückbau. Sortenreine Ausgangsstoffe sind die Voraussetzung für eine effektive und wirtschaftliche Aufbereitung zu hochwertigen Recycling-Baustoffen.

- indem Bauabfälle grundsätzlich einer Aufbereitung zugeführt werden müssen (Aufbereitungsvorbehalt). Nur durch Aufbereitung können Wertstoffe gewonnen, definierte Produkteigenschaften hergestellt sowie das Material von Schadstoffen entfrachtet werden. Auch für Bodenmaterialien – insbesondere sandige, kiesige, steinige Böden – sind bereits Aufbereitungstechniken verfügbar. Lediglich Abfälle, für die eine Aufbereitung technisch und wirtschaftlich nicht möglich ist und keine bautechnische Eignung hergestellt werden kann, sollten für die Sonstige Verwertung oder Beseitigung freigegeben werden.

- indem durch verstärkte Anstrengungen in Forschung und Entwicklung neue Anwendungsmöglichkeiten für Recycling-Baustoffe in der Produktion von Bauprodukten erschlossen werden: z.B. als Zuschlagstoffe für die Ziegel- und Keramikindustrie, als Leichtgranulate aus ziegelreichen Abfällen/Mauerwerksabbruch usw.

4. Fazit

Das Potential für Recycling-Baustoffe ist nur zu geringem Teil ausgeschöpft. Mehr Abfälle können aufbereitet und vorhandene Märkte besser und neue Märkte erschlossen werden.

Entscheidend ist, dass eine ausreichende und den Produkteigenschaften entsprechende Nachfrage nach Recycling-Baustoffen geschaffen wird.

5. Quellen

[1] BBodSchG, BBodSchV: eine Verfüllung ist i.d.R. nur noch mit Bodenmaterial möglich, das die Vorsorgewerte einhält. Gemäß der LAGA M20 TR Boden 2004 soll die Verfüllung ausschließlich mit Bodenmaterial bis zu den Zuordnungswerten Z 0 bzw. Z 0* erfolgen. Davon abweichende länderspezifische Regelungen sind jedoch möglich und zu beachten. Siehe auch http://www.laga-online.de/

[2] Bundesbodenschutzverordnung (BBodSchV)

[3] DAfStb-Richtlinie Beton nach DIN EN 206-1 und DIN 1045-2 mit rezyklierten Gesteinskörnungen nach DIN EN 12620, 12.2010

[4] Deponieverordnung (DepV)

[5] DIN EN 2620, DIN EN 206-1, DIN 4226-100 und DIN 1045-2, Alkalirichtlinie, 02.2007: DAfStb-Richtlinie: Vorbeugende Maßnahmen gegen schädigende Alkalireaktion im Beton

[6] Düngemittelverordnung (DüMV)

[7] Ersatzbaustoffverordnung – Entwurf vom 31.10.2012 (EBV-E 10.12)

[8] Fuchs, W.: KrWG und BayAbfG -Vorbildfunktion der Öffentlichen Hand, Theorie und Praxis, Baustoff Recycling Forum 2014, 25.02.2014

[9] Pressemitteilung d. Niedersächsischen Ministeriums für Umwelt, Energie und Umweltschutz vom 30.01.2014 Nr. 012/2014

[10] RC-Beton im Baubereich, Ministerium für Umwelt, Naturschutz und Verkehr Baden-Württemberg, März 2011

[11] Stoffkreisläufe von RC-Beton, Ministerium für Umwelt, Naturschutz und Verkehr Baden-Württemberg, Dezember 2013

[12] Technische Regelwerke im Straßenbau der FGSV und deren länderspezifischen Ergänzungen z.B. ZTV SoB-StB – TL SoB-StB, ZTV E-StB – TL BuB E-StB, TL G SoB-StB usw.

[13] Wasserhaushaltsgesetz (WHG) § 48 Besorgnisgrundsatz i.V.m. § 8 Abs. 1 und § 9 Abs. 2

[14] www.laga.de

[15] www.kreislaufwirtschaft-bau.de

[16] www.rc-beton.de

Markt für Sekundärrohstoffe in der Baustoffindustrie bis 2020
– Kraftwerksnebenprodukte, MVA-Schlacken und Recycling-Baustoffe –

Dirk Briese, Andreas Herden und Anna Esper

1.	Kraftwerksnebenprodukte	119
1.1.	Reststoffe aus der Abgasreinigung	120
1.2.	REA-Gips	120
1.3.	Flugasche/Filterasche	121
1.4.	Verbrennungsrückstände/Asche	122
2.	MVA-Schlacken	122
3.	Recycling-Baustoffe	125
4.	Fazit	127

Aktuell wird Deutschland im Wesentlichen mit zentralen Erzeugungsanlagen wie leistungsstarken Großkraftwerken mit öffentlichem Strom versorgt. Seit einigen Jahren zeichnet sich u.a. durch die *Energiewende* ein Trend zur dezentralen Stromversorgung ab. Diese ist in erster Linie durch die Erzeugung in kleinen Leistungseinheiten und weitestgehend verbrauchernah, d.h. in räumlicher Nähe zum Verbraucher, geprägt. Zukünftig werden weniger Großkraftwerke – sowohl in Anzahl der bestehenden Kraftwerke als auch in deren jeweiliger Laufzeit (Volllaststunden) pro Jahr – eingesetzt werden, was gleichermaßen zu sinkenden Reststoffen aus Kohlekraftwerken führt. Die Karte in Bild 1 zeigt den derzeitigen deutschen Kraftwerkspark der Braun- und Steinkohlekraftwerke und die sich abzeichnenden Veränderungen durch Stilllegungen.

Einen weiteren Bereich im Zusammenhang mit Sekundärrohstoffen stellen auch die Reststoffe aus Abfallverbrennungsanlagen (MVA) und Ersatzbrennstoff-(EBS)-Kraftwerken dar. Auch wenn diese in erster Linie als Kostenfaktor der jeweiligen Betreiber angesehen werden, werden beispielsweise – aufbereitete – Schlacken bereits in großem Ausmaß als Zuschlagmaterial im Straßenbau eingesetzt und können damit vermarktet werden. Darüber hinaus werden Reststoffe aus der Abfallverbrennung u.a. auch als Verfüllmaterial im Bergbau oder bei Deponiebaumaßnahmen verwendet.

Bild 1:

Übersicht über im Bau befindliche Braun- und Steinkohlekraftwerke sowie geplante Stilllegungen in Deutschland

Auch die Bedeutung von Recycling-Baustoffen steigt an. Dabei werden u.a. Baumaterialien wie Steine und Beton nach dem Abriss von Gebäuden zerkleinert und werden – z.B. in neuem Beton (RC-Beton) – wieder eingesetzt. Eine Aufbereitung und Nutzung der Bau- und Abbruchabfälle – v.a. Steine und Erden – als Sekundärrohstoffe findet jedoch bisher nur in vergleichsweise geringem Ausmaß statt, während der größte Teil verfüllt oder deponiert wird.

Wesentlich für den Handel mit Sekundärrohstoffen ist deren Einstufung als Produkt oder Nebenprodukt. Im deutschen Recht wurde die Abgrenzung zwischen Abfall und Nebenprodukt und Abfallende weitgehend aus der EU-Abfallrahmenrichtlinie (AbfRRL) in das *Gesetz zur Förderung der Kreislaufwirtschaft und Sicherung der umweltverträglichen Bewirtschaftung von Abfällen (Kreislaufwirtschaftsgesetz – KrWG)* übernommen (Inkrafttreten: 01. Juni 2012). Demnach gilt, dass ein Stoff oder Gegenstand, der als Nebenprodukt (§ 4 KrWG) anzusehen ist oder das Ende der Abfalleigenschaft (§ 5 KrWG) erreicht, nicht mehr dem Abfallregime unterliegt. So wurde beispielsweise REA-Gips im Rahmen der zur Novellierung der Abfallrahmenrichtlinie untersuchten Beispiele als Produkt anerkannt und ist inzwischen von der OECD-Abfallliste und aus dem Europäischen Abfallkatalog gestrichen.

Stoffe und Gegenstände aus dem Abfallregime zu entlassen – Abfallende – oder von vornherein aus diesem auszunehmen – Nebenprodukte – dient dazu, die Recyclingmärkte zu stützen und einen unbürokratischen und effizienten Handel mit Rohstoffen zu realisieren, d.h. frei von Im- oder Exportverboten, der Einhaltung der Vorgaben des Basler Übereinkommens/VVA usw. Für die Erzeuger und Besitzer dieser Materialien ist dies aus wirtschaftlicher Perspektive von großer Bedeutung, da anstatt der sonst anfallenden Entsorgungskosten Erlöse generiert werden können.

Der Beitrag basiert auf Studien, z.B. *Der Markt für Schlacken, Aschen und Filterstäube aus der Abfallverbrennung bis 2020* und *Der Markt für die Mitverbrennung alternativer Brennstoffe in Zementwerken und Kohlekraftwerken in Europa bis 2020*, sowie weiteren Gutachten und Projekten, die vom Marktforschungsinstitut trend:research durchgeführt wurden. Neben einer Dokumentenrecherche wurden im Rahmen der Studien leitfadengestützte Experteninterviews geführt, u.a. mit Betreibern und Herstellern von Abfallverbrennungsanlagen, Herstellern und Betreibern von Schlackenaufbereitungsverfahren, Herstellern von Abgasreinigungsanlagen, Verwertern von Produkten aus Schlacken (z.B. aus der Bauwirtschaft), öffentlich-rechtlichen und privatrechtlichen Entsorgungsunternehmen sowie Experten von Verbänden, aus Wissenschaft und Institutionen.

1. Kraftwerksnebenprodukte

Traditionell stellt die Kohle den höchsten Anteil als Energieträger im Rahmen der deutschen Stromerzeugung. So machen Stein- und Braunkohlekraftwerke zusammen 45,5 Prozent des hiesigen Stromerzeugungsmixes (2013) aus. Auch im Zuge des Ausbaus der Erneuerbaren Energien wird der Kohle auch in den kommenden Jahren noch eine bedeutende Stellung als Energielieferant zur Verstromung zukommen.

Die deutschen Braunkohlekraftwerke sind aufgrund des hohen Brennstoffbedarfs bei der Stromerzeugung und den sich daraus ergebenden hohen spezifischen Transportkosten in unmittelbarer Nähe zu den heimischen Braunkohlevorkommen (Rheinisches, Helmstedter und Lausitzer Revier sowie im Mitteldeutschen Raum) zu finden. Die Steinkohlekraftwerke liegen hingegen sowohl in den traditionellen Steinkohle-Bergbaurevieren (Ruhr- und Saarrevier) als auch entlang der schiffbaren Binnenwasserstraßen bzw. in Küstennähe, wo die benötigten Energieträgermengen vergleichsweise kostengünstig angeliefert werden können. Durch das Ende der Subventionen im Steinkohlebergbau wird dieser 2018 eingestellt werden.

In Bezug auf die Entsorgung oder Verwertung von Kraftwerksnebenprodukten (Flugasche, Gips und Schlacken/Kesselasche) ist die aus dem Chemikalienrecht der EU stammende Verordnung (1907/2006/EG) *zur Registrierung, Bewertung, Zulassung und Beschränkung chemischer Stoffe (Registration Evaluation Authorisation and restriction of CHemicals - REACH)* relevant, die deren Weiterverwertung regelt. So müssen bestimmte Qualitätskriterien eingehalten werden. Bei der Vermarktung von Kraftwerksnebenprodukten muss demnach geklärt werden, ob es sich um Abfall, bei dem keine Registrierung notwendig ist, oder um einen Stoff oder eine Zubereitung oder ein Erzeugnis handelt. Für die bei der Mitverbrennung in Kohlekraftwerken relevanten Kraftwerksnebenprodukte Kesselsand, Flugasche und REA-Gips liegen beispielsweise inzwischen REACH-Registrierungen vor.

1.1. Reststoffe aus der Abgasreinigung

Bei der Verfeuerung fossiler Energieträger werden als Nebenprodukt in hohen Mengen Schadstoffe erzeugt und freigesetzt, die beim Eindringen in die Umwelt langfristig Schäden verursachen. Vor allem Schwefeldioxid, Stickstoffoxide, Kohlenwasserstoffe und verschiedene Stäube sind in diesem Zusammenhang zu nennen. Kraftwerksbetreiber sind gesetzlich an Grenzwerte gebunden, wobei die Richtwerte für den Ausstoß von Abgasmengen und -konzentrationen derzeit je nach Land unterschiedlich definiert und kontrolliert werden.

Mit Abgasreinigungsanlagen werden im Verbrennungsprozess freigesetzte Schadstoffe aus dem abgeleiteten Abgas beseitigt. Technologien zur Abgasreinigung sind unabhängig vom vorgeschalteten Feuerungssystem universell einsetzbar und können miteinander kombiniert werden. Moderne Anlagen wie in Deutschland und Österreich setzen mehrstufige Verfahren bei der Abgasreinigung ein. Der Reinigungsvorgang umfasst dabei in der Regel drei Abschnitte:

- Entstaubung
- Entschwefelung
- Entstickung

Als verwertbare Reststoffe entstehen bei Abgasreinigungsverfahren sowohl REA-Gips als auch Filteraschen/Flugaschen.

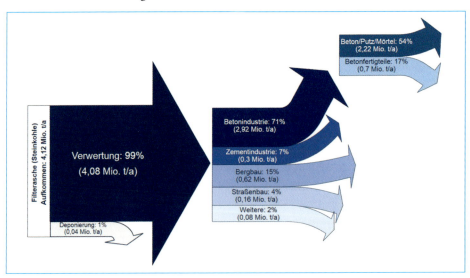

Bild 2: Stoffstromdiagramm Filterasche aus Steinkohlekraftwerken in Deutschland in 2010

1.2. REA-Gips

REA-Gips ist chemisch identisch mit Naturgips und bildet damit einen hochwertigen Sekundärrohstoff. Im Jahr 2010 sind insgesamt – bedingt durch den Schwefelgehalt – bei Braunkohle bis zu 3 Prozent – rund 6,3 Millionen Tonnen Gips als Nebenprodukt in den deutschen Kohlekraftwerken angefallen. Davon stammen etwa 4,8 Millionen Tonnen aus Braunkohlekraftwerken. In Steinkohlekraftwerken fällt die Produktion von REA-Gips mit etwa 1,5 Millionen Tonnen aufgrund der um rund ein Drittel geringeren Einsatzmenge des Brennstoffs deutlich niedriger aus (zum Vergleich des Brennstoffinputs der beiden Kraftwerkstypen: Steinkohle: 54 Millionen Tonnen, Braunkohle: 165 Millionen Tonnen). Aufgrund der Entwicklung auf dem deutschen Kraftwerksmarkt – wegen der zunehmenden Bedeutung von Erneuerbaren Energien – sind die Mengen in den letzten Jahren rückläufig.

REA-Gipse aus Steinkohlekraftwerken werden, aufgrund der vergleichsweise einfachen Zertifizierung, nahezu vollständig verwertet. Lediglich ein Prozent wurde im Jahr 2010 auf Deponien entsorgt, während 97 Prozent zur Herstellung von Baustoffen in der Gips- und Zementindustrie – als Gipsplatten, Gipsputz usw. – genutzt wurden. Die übrigen zwei Prozent flossen in sonstige Verwertungsmaßnahmen, wie in die Anwendung als Düngemittel zur Bodenverbesserung oder als Rohstoff für die Herstellung von Füllstoffen in der Klebstoff-, Lack- und Farbindustrie.

Wegen der Produktqualität ist ein Einsatz von Braunkohle-REA-Gips, je nach technischer Ausstattung der verarbeitenden Werke (v.a. in der Zementindustrie), anteilsmäßig geringer ausgeprägt als bei Steinkohle. In die direkte Verwertung sind im Jahr 2010 etwa 85 Prozent gegangen, während die übrigen 15 Prozent zunächst zwischengelagert wurden. Etwa 80 Prozent der REA-Gipse wurden in der Gips- und Zementindustrie verarbeitet, rund fünf Prozent wurden zur Verfüllung im Braunkohletagebau verwendet.

Gipswerke, die sich auf die Verarbeitung von REA-Gipsen spezialisiert haben, sind in den letzten Jahren zum Teil in direkter Nähe von Kohlekraftwerken errichtet worden und nutzen diesen als exklusiven Lieferanten. Da Naturgips nur begrenzt vorhanden ist, kann langfristig von einem steigenden Bedarf an REA-Gips oder alternativen Verfahren (z.B. Gipsrecycling aus Baustoffen) ausgegangen werden. Das Recycling von Gipsprodukten als Konkurrenzprodukt zum Natur- und REA-Gips ist bisher noch kaum gewinnbringend, da nur saubere und sortenreine Gipsabfälle weiterverwertet werden können. Dadurch ist das Feld entsprechender Verwertungsmöglichkeiten deutlich beschränkt – eine Änderung ist mittelfristig noch nicht absehbar. Nach 2020 ist davon auszugehen, dass aufgrund sinkender Natur- und REA-Gips-Mengen größere Mengen recycelt werden.

Die Mengen an REA-Gips sind, in Abhängigkeit von der Entwicklung der Stromerzeugung mit konventionellen Kohlekraftwerken, langfristig (bis 2020) rückläufig. Primär wird REA-Gips weiterhin in der Gipsindustrie verwendet werden. Um den Bedarf zukünftig zu decken, werden die Gipshersteller zunehmend weitere REA-Gips-Lieferanten in Anspruch nehmen (außerhalb des nahen Umfelds). Dadurch werden u.a. auch die zwischengelagerten sowie die im Braunkohletagebau verfüllten Mengen zurückgehen.

1.3. Flugasche/Filterasche

Flugasche/Filterasche ist im Jahr 2010 in einer Gesamtmenge von 12 Millionen Tonnen angefallen, wobei die Braunkohleflugasche mit etwa acht Millionen Tonnen in etwa das doppelte Volumen der aus der Steinkohlefeuerungen erreicht hatte.

Steinkohle liefert aufgrund ihrer homogenen Eigenschaften gut verwertbare Flugasche, die zu 99 Prozent im Bauwesen verwendet wird. Dies umfasst die Baustoffindustrie – z.B. Herstellung von Beton, Estrich, Putz, Mörtel, Zement, den Bergbau – z.B. Bergbaumörtel, Verpressmörtel, Verfüllung, den Erd- und Straßenbau – z.B. Asphaltfüller, Tragschichtmaterial, Bodenverfestigung – sowie die Nutzung als Ersatzbaustoff auf Deponien.

Braunkohleflugasche ist aufgrund ihrer schwankenden Zusammensetzung nur bedingt als Einsatzmaterial in der Bauwirtschaft nutzbar. So ist beispielsweise nach DIN EN 450 eine Verwendung als Betonzusatzstoff nur erlaubt, wenn eine allgemeine bauaufsichtliche Zulassung vorliegt. In der geplanten Mantelverordnung Grundwasser, Ersatzbaustoffe, Bodenschutz (Verordnung zur Festlegung von Anforderungen für das Einbringen und das Einleiten von Stoffen in das Grundwasser, an den Einbau von Ersatzbaustoffen und für die Verwendung von Boden und bodenähnlichem Material) liegen die zulässigen Verwertungsmöglichkeiten für Braunkohleflugaschen zu hundert Prozent bei den teildurchströmten Bauweisen (Schottertragschichten, Frostschutzschichten, Unterbau unter gebundenen Deckschichten im Straßendamm mit seitlicher Durchströmung im Böschungsbereich). Auch bestimmte Zementsorten erlauben keinen Einsatz als Zuschlagstoff (z.B. Portlandzement). Daher wird der überwiegende Teil (etwa 95 Prozent) im Tagebau verfüllt.

Der Anteil der Filteraschen, der an die Baustoffindustrie geliefert wird, steigt zukünftig leicht an, die Nutzung von Braunkohleflugasche bleibt jedoch aus qualitätstechnischen Gründen begrenzt. Somit wird Filterasche aus Braunkohlekraftwerken auch weiterhin verstärkt zur Verfüllung von Tagebauen eingesetzt werden.

1.4. Verbrennungsrückstände/Asche

Im Jahr 2010 sind etwa 3,6 Millionen Tonnen an Verbrennungsrückständen (Nassasche/Kesselasche, Wirbelschichtasche, Schmelzkammergranulat) angefallen, davon jeweils in etwa die Hälfte aus Stein- bzw. Braunkohlekraftwerken.

Kesselaschen und Nassaschen aus Steinkohlekraftwerken wurden 2010 zu 96 Prozent verwertet. Knapp über die Hälfte wurden im Erd- und Straßenbau (einschließlich des Garten- und Landschaftsbaus) als Verfüllbaustoff genutzt. Rund 37 Prozent wurden in der Baustoffindustrie – z.B. Zuschlagstoff Beton, Mörtel – und etwa sechs Prozent im Deponiebau eingesetzt. Beim Schmelzkammergranulat dominiert ebenfalls der Straßen- und Wegebau (etwa 58 Prozent), während die Baustoffindustrie auf etwa 16 Prozent zurückgegriffen hat. Der Deponiebau kam auf 13 Prozent. Zudem wurden rund 12 Prozent als Strahlmittel verwendet. Die Reststoffe aus der Braunkohlefeuerung werden nahezu vollständig im Braunkohletagebau verfüllt, während lediglich drei Prozent im Erd- und Straßenbau genutzt werden.

2. MVA-Schlacken

Schlacken und Kesselaschen sind die bei der Abfallverbrennung zurückbleibenden inerten Reststoffe, darin sind Verunreinigungen und mineralische Stoffe gebunden. Diese Schlacken sind – wie die Abfälle selbst – von äußerst ungleicher Zusammensetzung,

Markt für Sekundärrohstoffe in der Baustoffindustrie

was den Inhalt an Mineralstoffen, Eisenschrott, Wasser und Schwermetallen betrifft. Schlacken mit hohem Schadstoffgehalt müssen deponiert werden, die restlichen Schlacken müssen vor einer Anwendung, beispielsweise als Baustoff im Straßen- und Wegebau, aufbereitet werden. Die Schlacken werden vielfach in eigens dafür errichteten Anlagen aufbereitet, die entweder direkt an die Abfallverbrennungsanlage angeschlossen sind oder von externen Unternehmen betrieben werden.

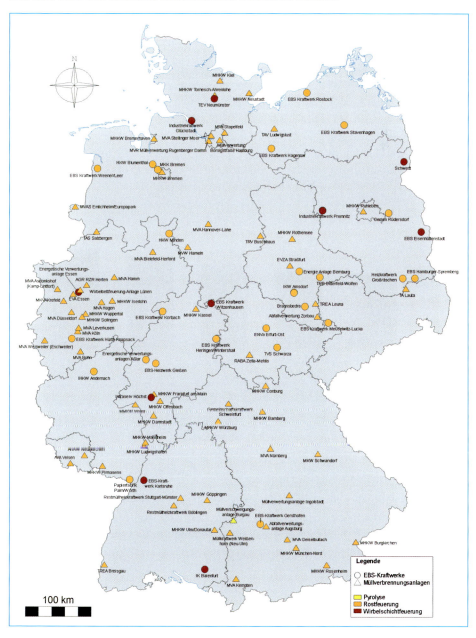

Bild 3: Regionale Verteilung der Abfallverbrennungsanlagen und Ersatzbrennstoffkraftwerke in Deutschland

Derzeit bestehen in Deutschland 68 MVA mit einer Gesamtkapazität von rund 20,1 t/a (Bild 3). Weiterhin gibt es aktuell 37 EBS-KW mit einer genehmigten Kapazität von rund 5,7 Millionen Tonnen/Jahr. Die Errichtung neuer Anlagen (MVA und EBS-KW) ist zurzeit nicht geplant. Die Verteilung von MVA und EBS-KW in Deutschland ist flächendeckend, wobei insbesondere in Industriezentren und dicht besiedelten Gebieten Cluster dieser Anlagen zu finden sind.

Schlacken bilden den Hauptbestandteil der in diesen Anlagen anfallenden Reststoffe. Daneben fallen in der Abgasreinigung Filterstäube an, die überwiegend deponiert werden. Auf 1.000 Tonnen Abfall entfallen bei MVA etwa 200 bis 300 kg Schlacke, denen Metalle entzogen und die einer Verwertung im Straßen- und Wegebau sowie im Deponiebau zugeführt werden können. Dies ergibt auf Grundlage der Anlagenzahl in Deutschland ein Gesamtaufkommen von etwa 5,1 Millionen Tonnen aus der Abfallverbrennung in MVA pro Jahr (Annahme etwa 260 kg Schlacke je 1.000 Tonnen Input). Die Verwertungsquote der nicht gefährlichen Rost- und Kesselaschen sowie Schlacken (190112) lag in den Jahren 2007 bis 2011 zwischen 87 und 92 Prozent. In 2011 lag die Verwertungsquote dieser Stoffgruppe bei etwa 89 Prozent. 9 Prozent dieser Stoffe sind in dem betreffenden Jahr beseitigt worden (Bild 4).

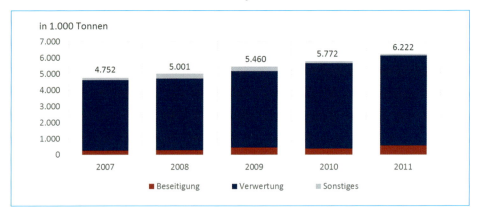

Bild 4: Aufkommen von Rost- und Kesselaschen sowie Schlacken (190112) aus der thermischen Behandlung und der energetischen Verwertung von Abfällen 2007 bis 2011

Quelle: Statistisches Bundesamt, 2013

Das höchste Aufkommen an Schlacken aus der Abfallverbrennung in MVA hat mit 31 Prozent Nordrhein-Westfalen zu verzeichnen, das zweithöchste Aufkommen besteht mit rund 16 Prozent in Bayern. Der Anteil der weiteren Bundesländer liegt jeweils unter 10 Prozent, im Falle von Thüringen, Mecklenburg-Vorpommern und Brandenburg unter jeweils einem Prozent.

Das Gesamtaufkommen von Schlacken und Aschen aus der thermischen Behandlung und der energetischen Verwertung von Abfällen hat sich seit 2007 stetig erhöht. Lag sie 2007 noch bei 4,8 Tonnen, waren es im Jahr 2009 bereits etwa 5,4 Tonnen und 2011 bereits 6,2 Tonnen. Die Steigerung ist vor allem auf einen Zuwachs an verbrannten

Abfällen zurückzuführen. Bis 2020 wird das Restabfallaufkommen u.a. durch die flächendeckende Einführung der Biotonne und der Getrenntsammlung von Wertstoffen (Wertstofftonne) – jeweils ab 2015 verpflichtend – sinken und damit auch die zu verbrennenden Mengen in MVA und EBS-Kraftwerken sowie die Erzeugung von Reststoffen zurückgehen.

Betreiber von Abfallverbrennungsanlagen sind verpflichtet, die Schlacken der Beseitigung oder der Verwertung zuzuführen. Die Preise, die sie dafür zahlen, variieren beträchtlich. Aufbereiter können Erlöse zwischen 15 und 35 EUR/Tonne erzielen. Entscheidend sind für die Preise sowohl anfallende Mengen als auch Nutzungsmöglichkeiten im Umfeld der Anlage. 34 Prozent der aufbereiteten Schlacken werden für den Straßenbau, 49 Prozent für den Deponiebau und zehn Prozent für den Versatz unter Tage eingesetzt.

Der Markt für die Schlacken als Baustoff wird einerseits durch die steigenden Mengen an Schlacken und andererseits durch die Baukonjunktur beeinflusst. In 2011 lag der Durchschnittspreis für Baustoffe aus aufbereiteten Schlacken bei 3,50 Euro pro Tonne. Dieser Preis ist nicht für alle Regionen gleich, da für den Einsatz von Baustoffen aus Schlacken vor allem das regionale Vorhandensein von Naturbaustoffen ausschlaggebend ist. Darüber hinaus kommt den Transportkosten eine entscheidende Bedeutung zu. Dennoch wird ein stetiges Wachstum zu erzielen sein, wenn auch auf niedrigem Niveau. So ist in 2020 mit Preisen über sechs Euro pro Tonne zu rechnen.

Ein Hemmnis für den weiteren Einsatz aufbereiteter Schlacke aus der Abfallverbrennung stellt die Umweltverträglichkeit dar. Aus Expertenbefragungen ging hervor, dass gerade bei öffentlichen Aufträgen häufig auf den Einsatz von Schlacken verzichtet wird, da die Befürchtung besteht, dass Grenzwerte von Umweltgiften überschritten werden. Um dem zu entgehen, wird u.a. die Anforderung gestellt, dass die Qualität der von Naturgestein ähnelt. Insbesondere im Westen und Süden Deutschlands wird frisches und unbelastetes Naturmaterial für den technischen Bau – Straßen, Wege, Deponien, usw. – vorgezogen, da zahlreiche Steinbrüche Material zur Verfügung stellen. Im Norden verhält sich dies aufgrund des Mangels an Steinbrüchen umgekehrt.

3. Recycling-Baustoffe

Bei den betrachteten Recycling-Baustoffen (RC-Baustoffen) handelt es sich um mineralische Bauabfälle, Bauteile und Abbruchmaterialien, die zur Herstellung von neuen, hochwertigen Baustoffen genutzt werden und dadurch in entsprechendem Ausmaß natürliche Rohstoffe ersetzen. Dies wird in einem teilweise mehrstufigen Aufbereitungsverfahren umgesetzt, wobei sowohl ortsfeste als auch mobile Anlagen eingesetzt werden, dies in der Regel durch Zerkleinerung, Sortierung und Klassierung durch Siebung. Technisch aufwändigere Verfahren umfassen beispielsweise ebenfalls Komponenten zur Windsichtung, Wäsche, Magnetscheidung, Dichtetrennung oder Sortierbänder, um eine Abtrennung von Störstoffen zu erreichen und damit die Qualität zu steigern. Die aufbereiteten RC-Baustoffe müssen aus bautechnischer Perspektive mit dem Primärmaterial vergleichbar sein.

Zudem muss die Umweltverträglichkeit gewährleistet sein, d.h. es dürfen keine Schadstoffe emittiert werden, die negative Auswirkungen auf Grundwasser und Boden ausüben. Dafür sind Kontrollen und Maßnahmen zur Qualitätssicherung notwendig. Haupteinsatzbereiche von Ersatz- und Recyclingbaustoffen sind der Straßenbau sowie der Erd-, Landschafts- und Tiefbau. Zunehmend findet auch eine Nutzung als Zuschlagmaterial bei der Betonproduktion statt. Bodenmaterial wird hingegen überwiegend im Rahmen von Rekultivierungsmaßnahmen zum Verfüllen von Abgrabungen und Tagebauen genutzt.

Neben der Schonung von Primärrohstoffen ist ein weiteres Argument für die Aufbereitung, dass ohne Recycling die gebrauchten Baustoffe ungenutzt deponiert werden müssen, was einerseits Deponieraum verbraucht und andererseits gegen das forcierte Prinzip der Kreislaufwirtschaft spricht. Mineralische Bau- und Abbruchabfälle weisen deutschlandweit das größte Abfallvolumen auf (2011: etwa 199,5 Millionen Tonnen bei einem Gesamtabfallaufkommen von 386,7 Millionen Tonnen, vgl. Bild 5). Boden, Steine und Baggergut bilden die größte Abfallfraktion.

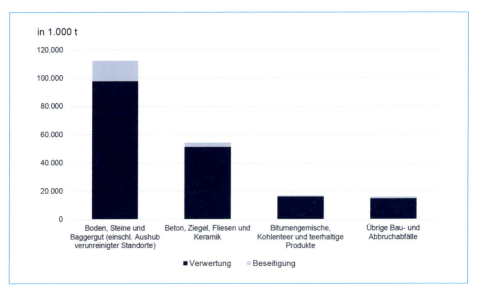

Bild 5: Aufkommen und Entsorgungswege von Bau- und Abbruchabfällen in Deutschland in 2011

Quelle: Statistisches Bundesamt, 2013

Etwa neunzig Prozent des Aufkommens an Bau- und Abbruchabfällen werden Verwertungsmaßnahmen zugeführt, wobei der überwiegende Teil (insgesamt etwa 178,1 Millionen Tonnen) stofflich verwertet wird. Allerdings ist zu berücksichtigen, dass dies ebenfalls die Verfüllung einschließt, was insbesondere in der Fraktion *Boden und Steine* eine erhebliche Menge ausmacht. In dieser Fraktion wird zudem mit 18,7 Millionen Tonnen ein vergleichsweise großer (nutzbarer) Anteil deponiert. Höherwertiges Recycling, d.h. eine gezielte Aufbereitung zu RC-Baustoffen, beispielsweise auch RC-Beton, findet bisher noch nicht im potenziell möglichen Ausmaß statt.

Besonders effektiv hinsichtlich der Recyclingmaßnahmen ist der Straßenaufbruch, der zu fast 97 Prozent verwertet wird. Nach Angaben des Bundesverbandes Baustoffe – Steine und Erden e.V. werden aktuell etwa zwölf Prozent des Bedarfs der Bauwirtschaft an primärer Gesteinskörnung mit RC-Baustoffen abgedeckt. Bei Nutzung des Gesamtpotenzials ist eine Steigerung auf etwa dreißig Prozent möglich.

Unter anderem vor diesem Hintergrund wird die geplante Mantelverordnung Grundwasser, Ersatzbaustoffe, Bodenschutz kritisch betrachtet. In erster Linie wird die Relation zwischen den Umweltschutzbelangen (Boden- und Grundwasserschutz) und den Erfordernissen einer effizienten Kreislaufwirtschaft, d.h. der möglichst optimalen Nutzung der vorhandenen Sekundärrohstoffressourcen bemängelt, da die Mantelverordnung deutlich zugunsten des Umweltschutzes geht. Eine stoffliche Verwertung oder ein Recycling wird durch die vorgesehenen Regelungen eher verhindert, statt im Sinne der fünfstufigen Abfallhierarchie forciert. Folglich sind zusätzliche Deponiekapazitäten erforderlich, weil derzeit noch verwertete Bau- und Abbruchabfälle zukünftig in erheblichen Mengen der Beseitigung zugeführt werden müssen. Grundsätzlich ist Potenzial vorhanden, um das Recycling von Baustoffen weiter voranzutreiben und verstärkt Primär- durch Sekundärrohstoffe zu substituieren.

4. Fazit

In den kommenden Jahren werden in den Bereichen der Kraftwerksnebenprodukte und MVA-Schlacken auf Nachfragerseite keine großen Verschiebungen der Entsorgungswege stattfinden. Hingegen werden unter Umständen einzelne Regionen – sofern sich der politische Wille dahingehend entwickeln sollte – mehr MVA-Schlacken vom Deponie- in den Straßenbau umleiten. Beim Versatz von Reststoffen wird es zu keinen Änderungen kommen.

Trotz der bereits vergleichsweise hohen Quote bei der Verwertung von Bau- und Abbruchabfällen gibt es noch weiteres Steigerungspotenzial, insbesondere hin zu einem höherwertigen Recycling. Dieses ist – im Hinblick auf Ressourcenschutz und dem begrenzt vorhandenen Deponieraum für Bau- und Abbruchabfälle – grundsätzlich auch anzustreben. In den kommenden Jahren wird die Entwicklung maßgeblich von der geplanten Mantelverordnung abhängig sein. In der vorliegenden Fassung führt sie zu einer Verschiebung hin zur Deponierung und einer Begrenzung des Recyclings. Auf Herstellerseite ist dabei u.a. auch relevant, ob durch die Zertifizierung aufbereiteter Materialen eine Absatzsteigerung generiert werden kann, welche die Wirtschaftlichkeit der Aufbereitungsmaßnahmen begründet.

Waste Management

Waste Management, Volume 1
Publisher: Karl J. Thomé-Kozmiensky, Luciano Pelloni
ISBN: 978-3-935317-48-1
Company: TK Verlag Karl Thomé-Kozmiensky
Released: 2010
Hardcover: 623 pages
Language: English, Polish and German
Price: 35.00 EUR

Waste Management, Volume 2
Publisher: Karl J. Thomé-Kozmiensky, Luciano Pelloni
ISBN: 978-3-935317-69-6
Company: TK Verlag Karl Thomé-Kozmiensky
Release: 2011
Hardcover: 866 pages, numerous coloured images
Language: English
Price: 50.00 EUR

CD Waste Management, Volume 2
Language: English, Polish and German
ISBN: 978-3-935317-70-2
Price: 50.00 EUR

Waste Management, Volume 3
Publisher: Karl J. Thomé-Kozmiensky, Stephanie Thiel
ISBN: 978-3-935317-83-2
Company: TK Verlag Karl Thomé-Kozmiensky
Release: 10. September 2012
Hardcover: ca. 780 pages, numerous coloured images
Language: English
Price: 50.00 EUR

CD Waste Management, Volume 3
Language: English
ISBN: 978-3-935317-84-9
Price: 50.00 EUR

110.00 EUR save 125.00 EUR

Package Price
Waste Management, Volume 1 • Waste Management, Volume 2 • CD Waste Management, Volume 2
Waste Management, Volume 3 • CD Waste Management, Volume 3

Order now on www.vivis.de
or

Dorfstraße 51
D-16816 Nietwerder-Neuruppin
Phone: +49.3391-45.45-0 • Fax +49.3391-45.45-10
E-Mail: tkverlag@vivis.de

vivis
TK Verlag Karl Thomé-Kozmiensky

Kreislaufwirtschaft ohne Deponien?

Heinz-Ulrich Bertram[*]

1.	Einführung	129
2.	Illusion einer vollständigen Kreislaufwirtschaft	131
3.	Entwicklungstendenzen in der Abfallwirtschaft	138
4.	Deponiebedarf auch in Zukunft	141
5.	Ausblick und Fazit	146
6.	Quellen	148

Die Vision von einer vollständigen Kreislaufwirtschaft lässt außer Acht, dass Deponien als Schadstoffsenke unverzichtbar sind. Die Abfallwirtschaft wird daher auch zukünftig nicht ohne Deponien auskommen. Um Fehlentwicklungen zu vermeiden, bedarf es eines ganzheitlichen Konzeptes einer umfassenden Abfallwirtschaft.

1. Einführung

Die Entwicklung von Wirtschaft und Technik, ein stetig gestiegener Lebensstandard und damit verbundene veränderte Verbrauchergewohnheiten sowie ein ständig wachsender Konsum haben in den vergangenen Jahrzehnten zu einer erheblichen Zunahme der Abfallmasse und der Abfallvielfalt geführt. Zentrale Aufgabe der Abfallwirtschaft ist es, die daraus resultierenden Probleme zu lösen.

In der Vergangenheit und insbesondere vor dem Inkrafttreten des Abfallgesetzes [16] war der Umgang mit Abfällen überwiegend an der Beseitigung orientiert. Die klassische Aufgabe der Abfallwirtschaft bestand darin, anfallende Abfälle zu erfassen und zu beseitigen. Dadurch wurden die in diesen enthaltenen Rohstoffe und Energie nicht genutzt. Die unkontrollierte Beseitigung der Abfälle führte durch Methangasemissionen und schadstoffhaltiges Sickerwasser zu erheblichen Belastungen der Umwelt.

Abfälle unserer Industriegesellschaft bieten sich jedoch vielfach als sekundäre Rohstoffe und als Energieträger zum Ersatz von Primärrohstoffen an und können somit zur Schonung der Rohstoff- und Energiereserven beitragen. Auch aufgrund der

---

[*] Die Veröffentlichung gibt die persönliche Auffassung des Verfassers wieder.

Endlichkeit der natürlichen Rohstoffreserven in Verbindung mit den Erkenntnissen über den begrenzten Zugriff auf strategische Rohstoffe war es naheliegend und sowohl aus ökologischer als auch aus volkswirtschaftlicher Sicht erforderlich, die Abfallbeseitigung über die Abfallwirtschaft zur Kreislaufwirtschaft weiterzuentwickeln.

Der Übergang von der Abfallwirtschaft zur Kreislaufwirtschaft war verbunden mit der Weiterentwicklung der gesetzlichen Regelungen, die sich auf der nationalen Ebene beim Übergang vom Abfallbeseitigungsgesetz über das Abfallgesetz zum Kreislaufwirtschafts- und Abfallgesetz nicht nur auf eine Überarbeitung beschränkte, sondern neue Schwerpunkte setzte:

- Abfälle sollen möglichst nicht entstehen oder zumindest in ihrer Masse und Schädlichkeit vermindert werden (Abfallvermeidung),
- nicht vermeidbare Abfälle sollen stofflich verwertet oder zur Gewinnung von Energie genutzt werden (energetische Verwertung),
- Abfälle, die nicht vermieden und nicht verwertet werden können, müssen gemeinwohlverträglich beseitigt werden (Abfallbeseitigung).

Die diesbezüglichen rechtlichen Rahmenbedingungen wurden auf der europäischen Ebene durch die Abfallrahmenrichtlinie und deren Fortschreibung geschaffen sowie in Deutschland durch das Kreislaufwirtschafts- und Abfallgesetz umgesetzt und aktuell durch das Kreislaufwirtschaftsgesetz fortgeschrieben.

Diese Instrumente reichen jedoch nach Auffassung der Europäischen Kommission nicht aus, um den bevorstehenden Herausforderungen beim Umgang mit den natürlichen Ressourcen wirksam begegnen zu können. Innerhalb der Strategie Europa 2020 hat sie daher am 26.01.2011 die Leitinitiative *Ressourcenschonendes Europa* als Mitteilung an das Europäische Parlament, den Rat, den Europäischen Wirtschafts- und Sozialausschuss und den Ausschuss der Regionen vorgelegt [14]. Ziel ist es, den Ressourcenverbrauch Europas drastisch zu reduzieren, um Europa von Rohstoffimporten unabhängiger zu machen und die Wettbewerbsfähigkeit der europäischen Wirtschaft zu stärken. Sie gibt den Rahmen vor, der gewährleisten soll, dass langfristige Strategien der Energie-, Klima-, Forschungs- und Innovations-, Verkehrs-, Landwirtschafts-, Fischerei- und Umweltpolitik zu einem schonenderen Umgang mit Ressourcen führen.

Als wesentliche Komponenten des langfristigen Rahmens sind mehrere koordinierte Fahrpläne vorgesehen. Den Fahrplan für ein ressourcenschonendes Europa, der die diesbezüglichen Ziele bis zum Jahr 2050 enthält, hat die Europäische Kommission am 20.09.2011 ebenfalls als Mitteilung an das Europäische Parlament, den Rat, den Europäischen Wirtschafts- und Sozialausschuss und den Ausschuss der Regionen vorgelegt [15]. Unter der Überschrift *Aus Abfällen Ressourcen gewinnen* wird die Vision einer *vollständigen Recyclinggesellschaft* beschrieben, in der das Abfallaufkommen verringert und Abfall als Ressource betrachtet werden soll. In dem Etappenziel heißt es:

Spätestens 2020 wird Abfall als Ressource bewirtschaftet. … Mehr und mehr Werkstoffe, besonders solche, die erhebliche Auswirkungen auf die Umwelt haben, und kritische Rohstoffe, werden recycelt. … Die energetische Verwertung ist auf nicht recyclingfähige

Werkstoffe begrenzt, Deponierungen gibt es praktisch nicht mehr, und ein hochwertiges Recycling ist sichergestellt.

In diesem Zusammenhang wird die Kommission im Jahr 2014 die bestehenden Ziele auf den Gebieten Vermeidung, Wiederverwendung, Recycling, Verwertung und Abkehr von Deponien überprüfen, um zu einer auf Wiederverwendung basierenden Wirtschaft überzugehen, in der das Restabfallaufkommen nahe Null liegt.

Der Ausschuss der Regionen hat am 11.01.2012 die Leitinitiative *Ressourcenschonendes Europa*, mit der die effiziente Ressourcennutzung als Leitmotiv in einer Vielzahl von Politikbereichen (u. a. Abfallbewirtschaftung) verankert werden soll, in seiner Stellungnahme [1] befürwortet. Unter der Überschrift *Die Europäische Union zu einer Kreislaufwirtschaft machen*

- fordert er die Annahme eines Ziels *Null-Abfall-Gesellschaft*, indem die Abfallvermeidung und die Bewirtschaftung von Abfall als Ressource in einer Stoffkreislaufwirtschaft optimiert werden (Nr. 69),

- verweist er darauf, dass zahlreiche fortgeschrittene Städte und Regionen die EU-Mindestziele für Wiederverwertung und andere Formen der Abfallbewirtschaftung als Alternative zur Deponierung bereits bei weitem übertroffen haben und nunmehr auf ein *Null-Abfall-Ziel* für Deponien oder Verbrennungsanlagen sowie hohe Wiederverwertungsraten für Haushaltsabfälle hinarbeiten. Diesbezüglich fordert der Ausschuss die Europäische Union und die Mitgliedstaaten auf, die Einführung von Instrumenten zur Förderung der Wiederverwertung, die in fortgeschrittenen Städten und Regionen bereits zum Einsatz kommen, insbesondere in den in diesem Bereich am wenigsten fortgeschrittenen Regionen zu unterstützen (Nr. 75),

- fordert er die Europäische Kommission auf, die Anhebung des geltenden verbindlichen Ziels für die Wiederverwertung fester Siedlungsabfälle zu beschleunigen (Nr. 76).

In Anbetracht des hohen Stellenwertes dieser abfallpolitischen Forderung der Europäischen Kommission ist die Frage zu beantworten, ob dieses Ziel unter Berücksichtigung der bisher gewonnenen Erfahrungen und Erfordernisse sachgerecht sowie mit den Zielen und den Anforderungen des vorsorgenden Umweltschutzes zu vereinbaren ist.

2. Illusion einer vollständigen Kreislaufwirtschaft

Als zentrales Element für die Problemlösung beim Umgang mit Abfällen wird im Zusammenhang mit der Weiterentwicklung der Abfallwirtschaft eine vollständige Kreislaufwirtschaft mit geschlossenen Materialkreisläufen nach dem Vorbild der Natur propagiert. Diese Vision wird durch das Streichen des Begriffes *Abfallwirtschaft* in der Bezeichnung des neuen Abfallgesetzes als Kreislaufwirtschaftsgesetz (KrWG) [17] zum Ausdruck gebracht. Bei der Vision, natürliche Stoffkreisläufe auf die Kreislaufwirtschaft zu übertragen, also in technischen Produkten verwendete Rohstoffe und Materialien im Kreislauf zu führen, werden jedoch wesentliche Unterschiede zwischen natürlichen und technischen Kreisläufen übersehen. Dies birgt die Gefahr, die Erwartungen höher einzuschätzen als die Realitäten. Das heißt, die Vision wird zur Illusion.

Die grundlegenden Unterschiede zwischen der Produktion organischer Stoffe in der Natur und den von Menschen entwickelten Produkten sind auf deren stoffliche Zusammensetzung zurückzuführen, die sich unmittelbar auf die Kreislaufeignung auswirkt. Zentraler Baustein natürlicher Produkte ist Kohlenstoff, der dort in unterschiedliche organische Verbindungen (z.B. Kohlenhydrate, Fette, Proteine) eingebaut wird. Diese Verbindungen sind dem Abbau durch Destruenten zugänglich. Die für die Produktion und den Abbau der natürlichen Produkte erforderliche Energie wird durch die Sonne unbegrenzt und ohne CO_2-Emissionen zur Verfügung gestellt. Der Faktor *Zeit* ist für die Natur im Vergleich zu den Aktivitäten des Menschen nicht limitierend und an Veränderungen der Umwelt kann sich die Natur aufgrund deutlich kürzerer Reproduktionszyklen schneller anpassen als der Mensch.

Für Produkte, die für die Nutzung durch den Menschen entwickelt werden, werden neben Kohlenstoff(verbindungen) in großem Umfang und teilweise ausschließlich auch Metalle und mineralische Rohstoffe sowie synthetische Verbindungen verwendet. Diese sind nicht oder nur sehr begrenzt Bestandteil natürlicher Stoffkreisläufe und einem Abbau durch Destruenten nicht zugänglich. Sie lagern in der Regel außerhalb natürlicher Kreisläufe in Rohstofflagerstätten und werden allein durch die Menschen für die Herstellung von technischen Produkten gewonnen. Die für die Produktion der menschlichen Güter erforderliche Energie steht derzeit in Form fossiler Energieträger nur begrenzt zur Verfügung. Ihre Erzeugung führt zu erheblichen Belastungen der Umwelt.

Hintergrund für die komplexe Zusammensetzung technischer Produkte sind zahlreiche Ansprüche an deren Funktionalität, die häufig einer Kreislaufeignung entgegenstehen. So sind z.B. die Ansprüche an die Fassade eines Gebäudes vielfältig: Wärmeschutz, Feuchtigkeitsschutz, Lichtdurchlässigkeit, Sonnenschutz, Widerstandsfähigkeit gegenüber mechanischen Belastungen, optische Gestaltung, geringes Gewicht. Um sämtliche Funktionen unter Beachtung der Kosten möglichst umfassend erfüllen zu können, müssen unterschiedliche Stoffe in komplexen Verbundbauweisen verwendet werden, die einem vollständigen Recycling nicht zugänglich sind. Dies wird auch bei der Abdichtung einer Kellerwand gegenüber Feuchtigkeit oder bei der Wärmedämmung eines Mauerwerkes mit Dämmstoffen deutlich. Der Isolieranstrich und das mineralische Mauerwerk lassen sich nicht mehr trennen. Die Wärmedämmung des Gebäudes kann zwar möglicherweise noch vom Mauerwerk getrennt werden, eine Rückführung in Stoffkreisläufe ist jedoch nicht möglich. Für andere komplexe Produkte gilt Entsprechendes, z.B. für Kraftfahrzeuge und für elektronische Geräte, an die eine Vielzahl von funktionalen und sonstigen Anforderungen gestellt werden.

Dies erklärt, dass es zwar möglich ist, Produktionsabfälle, die z.B. bei der Herstellung von Kunststoffbauteilen anfallen, unmittelbar dem Produktionsprozess zuzuführen. Diese Möglichkeit besteht jedoch bei der Rückführung der Einzelbestandteile komplexer Produkte auf die ursprüngliche Produktionsebene nicht. Das Recycling von

Kraftfahrzeugen und die Verwertung von elektronischen Geräten belegen dies beispielhaft. Eine gewisse Ausnahme bildet in diesem Zusammenhang der Stahlkreislauf, wobei auch aus diesem bestimmte Legierungsbestandteile nicht mehr entfernt werden können. Komplexe Produkte lassen sich aufgrund der maßgeblichen physikalischen Gesetzmäßigkeiten in der Regel nicht mit vertretbarem Aufwand auf ihre chemischen Ausgangselemente zurückführen.

Zu beachten ist diesem Zusammenhang insbesondere der zweite Hauptsatz der Thermodynamik, auf den auch der Rat von Sachverständigen für Umweltfragen in seinem Jahresbericht 2012 [9] hinweist:

> Thermodynamisch gesehen ist das globale ökologische System durch komplexe Strukturen mit geringer Entropie, das heißt hoher Ordnung, gekennzeichnet. Das ökonomische System dagegen wandelt natürliche Strukturen mit niedriger Entropie um (beispielsweise durch die Verbrennung von Kohle und Öl) und erhöht dadurch das Entropieniveau. … Die Ökonomie zehrt in ihren stofflichen Dimensionen von *Größen*, die sie nicht selbst produzieren, sondern nur verbrauchen kann.
>
> Alle natürlichen Prozesse, nicht nur thermodynamische Umwandlungsprozesse, sind nicht umkehrbar (reversibel). Das heißt, sie können von *selbst* nur in eine Richtung ablaufen. Während des Prozesses wird Energie entwertet … Die Umkehrung natürlicher Prozesse, die einer Reduktion der Entropie gleichkommt, ist somit immer mit einem bestimmten Energieaufwand *von außen* verbunden.

Mit der Erhöhung der Entropie kann auch erklärt werden, dass die Verwertung von mineralischen Abfällen (z.B. Schlacken, Aschen) zu einer unumkehrbaren großräumigen Verteilung von Schadstoffen (organische Schadstoffe, Schwermetalle, Salze) in der Umwelt führt. Mineralische Abfälle werden unter anderem im Straßen- und Verkehrsflächenbau zur Substitution von Primärrohstoffen (Kies, Sand, Brechkorngemische) verwendet. Sie werden in der Regel nicht zielgerichtet hergestellt, sondern sind das Ergebnis einer anderweitigen Nutzung von Rohstoffen (z.B. Erzeugung von Metallen oder Energie) oder entstehen beim Neubau, Umbau oder Abriss von Bauwerken (z.B. Bauschutt, Straßenaufbruch). Daher entspricht ihre Zusammensetzung nicht exakt der der durch sie substituierten Primärrohstoffe, sondern ist durch die in die Prozesse eingebrachten Rohstoffe oder die ursprüngliche Nutzung geprägt. Mineralische Abfälle können sich daher im Hinblick auf ihre Schadstoffbelastung (Gesamtgehalte) und ihr Freisetzungsverhalten (Schadstoffkonzentrationen im Eluat oder im Sickerwasser) bei vergleichbaren bauphysikalischen Eigenschaften erheblich von Primärrohstoffen unterscheiden [13].

Die Erfahrungen der letzten Jahre haben gezeigt, dass von derartigen Verwertungsmaßnahmen nicht nur erhebliche Umweltbelastungen ausgehen können, sondern durch die in diesen Fällen nachträglich erforderlichen Sicherungs- und Sanierungsmaßnahmen ein hoher volkswirtschaftlicher Schaden entstehen kann. *Verwertung um jeden Preis* darf daher nicht das Grundprinzip einer ökologischen Abfallwirtschaft sein. Der ehemalige Hamburger Umweltsenator Vahrenholt hat bereits 1995 im Zusammenhang mit der Rückführung schadstoffhaltiger Abfälle in den Stoffkreislauf auf Folgendes hingewiesen [22]:

Eine Kreislaufwirtschaft, die diese Stoffe durch Verwertung immer weiter anreichern lässt, kann nicht unser Ziel sein. Das wäre keine ökologische Kreislaufwirtschaft. In einer ökologischen Kreislaufwirtschaft muss es Schadstoffsenken geben, solange die Produkte, die uns umgeben, mit Schadstoffen belastet sind.

Denn trotz aller gut gemeinten Bemühungen um Abfallverwertung handelt es sich bei vielen sogenannten Kreislaufprozessen um offene Systeme mit einem hohen Anreicherungsrisiko in den Medien Wasser und Boden bei zusätzlichen externen Stoffeinträgen.

Diese Entwicklung, deren Auswirkungen nicht in jedem Einzelfall als *Schaden* quantifizierbar sind, führt zu einer permanenten Erhöhung der Hintergrundgehalte in den Medien Wasser und Boden sowie zu einer Verschlechterung der natürlichen Bodenfunktionen als Filter, Puffer und Lebensraum. Für die Schonung der natürlichen Ressourcen Boden, Wasser und Luft bedeutet das, dass die Abfallwirtschaft bei der Rückführung von Abfällen in Stoffkreisläufe ihre bisher zu wenig beachtete *Nierenfunktion* stärker wahrnehmen muss und Schadstoffe ausgeschleust, aufkonzentriert und zerstört oder – soweit eine Zerstörung nicht möglich ist – diese Schadstoffe sicher in die Erdkruste zurückgeführt und dort deponiert werden müssen. Dieses lässt sich durch einen Vergleich des Stoff- und Produktkreislaufes mit dem Blutkreislauf untermauern (Bild 1). Das Herz der Marktwirtschaft ist der Markt, der Stoffe und Produkte (Güter) in den Wirtschaftskreislauf befördert. Diese Güter (Blut mit Nähr- und Schadstoffen) werden durch das Herz über Transportwege (Blutbahnen) zu den Verbrauchern (Organen) gepumpt.

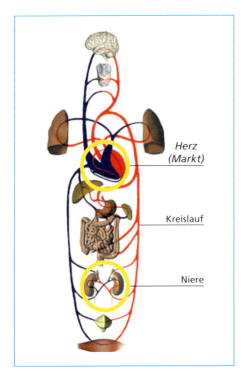

Bild 1:

Analogie zwischen Blutkreislauf und Stoffkreislauf

Quelle: http://www.internisten-im-netz.de

Kaum beachtet, aber von zentraler Bedeutung für den Blutkreislauf sind die Nieren als *Kläranlagen* des Körpers. Sie schützen diesen vor einer Vergiftung, in dem sie das Blut von schädlichen Substanzen reinigen und diese über den Harn ausscheiden. Die Bedeutung der Nieren für den Blutkreislauf und dessen Schadstoffentfrachtung wird vor allem daran deutlich, dass sie mit etwa 20 bis 25 Prozent des Herzzeitvolumens durchströmt werden, obwohl ihr Gewicht nur etwa 0,5 Prozent des Körpergewichtes beträgt, es im Blutkreislauf zwei Nieren gibt, die auch bei dem Ausfall einer Niere die Funktionsfähigkeit der Schadstoffentfrachtung in vollem Umfang gewährleisten.

Analog dazu ist bei Stoff- und Produktkreisläufen sicherzustellen, dass diese von den in den Stoffen und Produkten enthaltenen Schadstoffen entfrachtet und die Kreisläufe damit vor einer Schadstoffanreicherung geschützt werden. Dabei ist zu berücksichtigen, dass die Stoffe, die zu einer Schadstoffanreicherung führen, den Produkten in der Regel zur Gewährleistung definierter Produkteigenschaften zugesetzt worden sind, oder in technischen Prozessen oder bei der Produktnutzung entstanden sind.

Das unabdingbare Erfordernis der Schadstoffentfrachtung zur Gewährleistung funktionierender Kreisläufe deckt sich mit der Position des Sachverständigenrates für Umweltfragen zur Abfallverwertung, die er im Umweltgutachten 2000 formuliert hat [10]:

> Allerdings kann nur eine gründliche Prüfung aller umweltpolitischen Vorteile und Risiken der tatsächlich eingesetzten Verwertungsverfahren und der jeweiligen wiederverwertbaren Stoffe, der Reststoffe und der Emissionen ein Urteil darüber ermöglichen, ob der eingeschlagene Verwertungsweg auf lange Sicht umweltverträglicher ist als die kontrollierte Beseitigung. Der Umweltrat hat die Sorge, dass insbesondere hinsichtlich der im Stoffkreislauf gehaltenen wiederverwertbaren Stoffe und der aus ihnen entstehenden Produkte zu wenig Kenntnisse über mögliche Langzeitwirkungen für Umwelt und Gesundheit vorliegen und empfiehlt, ... entsprechende Vorsorgemaßnahmen zu treffen.

In seinem Umweltgutachten 2002 [11] ergänzt er diese Forderung durch den Hinweis, dass pauschale Aussagen über die Vorteile der Verwertung für die Umwelt nicht sachgerecht und daher auch nicht zulässig seien.

> Ob eine Verwertung von Abfällen tatsächlich umweltfreundlicher ist als die Beseitigung, kann demnach nicht pauschal, sondern nur fallgruppenweise, für konkrete Abfallarten und Verwertungswege, durch Vergleich der aufgeführten umweltrelevanten Vor- und Nachteile festgestellt werden. ... Ob Verwertung oder Beseitigung die umweltpolitisch günstigere Option ist, hängt daher letztlich von einer Abwägung zahlreicher Gesichtspunkte ab. Das Ergebnis kann in Abhängigkeit von den jeweiligen Umständen unterschiedlich ausfallen. ...

> Die Abwägungsprobleme, mit denen man es hier zu tun hat, sind allerdings offensichtlich überkomplex. ... Ein Steuerungsanspruch, der sich darauf richtete, auf konsistente Weise in jedem Einzelfall für den jeweiligen Abfall in seiner konkreten Zusammensetzung den unter Berücksichtigung aller Gesichtspunkte objektiv optimalen Entsorgungsweg zu ermitteln, wäre daher zum Scheitern verurteilt. ...

Vor diesem Hintergrund weist Brunner [23] im Zusammenhang mit dem Ziel einer *vollständigen Verwertung* von Abfällen mit Recht darauf hin, dass es nicht das Ziel sei, *die Abfälle im Kreislauf herumzuführen.* Nicht die Kreislaufwirtschaft sei das Ziel, sondern der Schutz der Umwelt und des Menschen. Die Kreislaufwirtschaft könne lediglich als Instrument dienen, um dieses Ziel zu erreichen. Von daher solle der Erfolg der Abfallwirtschaft nicht in erster Linie an Recyclingraten gemessen werden, sondern an dem Umstand, wie das eigentliche Ziel erreicht worden ist. Vorzuziehen seien deshalb diejenigen Verfahren, mit deren Hilfe die größtmögliche Menge an Schadstoffen in die richtige Richtung gesteuert werden könne.

Der Gesetzgeber hat diese Problematik erkannt und in § 5 Abs. 3 des am 07.10.1996 in Kraft getretenen Kreislaufwirtschafts- und Abfallgesetzes (KrWG-/ AbfG) das **gesetzliche Verbot der Schadstoffanreicherung** verankert. Dieses Verbot wurde unverändert in § 7 Abs. 3 des Kreislaufwirtschaftsgesetzes (KrWG) übernommen:

> Die Verwertung von Abfällen ... erfolgt schadlos, wenn nach der Beschaffenheit der Abfälle, dem Ausmaß der Verunreinigungen und der Art der Verwertung eine Beeinträchtigung des Wohls der Allgemeinheit nicht zu erwarten ist, **insbesondere keine Schadstoffanreicherung im Wertstoffkreislauf erfolgt.**

Anlass zur Sorge geben im Hinblick auf die Umsetzung dieses Verbotes allerdings die bisherigen Entwürfe des Bundesumweltministeriums (BMU) für Rechtsverordnungen, mit denen zur Konkretisierung des § 7 Abs. 3 KrWG Anforderungen an die schadlose Verwertung von mineralischen Abfällen – dem mit Abstand größten und auch teilweise erheblich mit Schadstoffen belasteten Abfallstrom – festgelegt werden sollen. Entgegen den Anforderungen, die zurzeit Bewertungsgrundlage für den Verwaltungsvollzug sind [18], wird auch in dem aktuellen Entwurf des BMU [8] weitestgehend auf die Bewertung und Begrenzung von Schadstoffgehalten im Feststoff (Schwermetalle, organische Schadstoffe) und auf organisatorische Sicherungsmaßnahmen[1] zur Begrenzung einer großräumigen Verteilung von schadstoffhaltigen Abfällen (z.B. Schlacken mit Schwermetallgehalten, die im Prozentbereich liegen) verzichtet.

Lediglich für Recyclingbaustoffe wird der Gehalt an krebserzeugenden polyzyklischen aromatischen Kohlenwasserstoffen (PAK) begrenzt. Allerdings liegt der PAK-Gehalt der günstigsten Einbauklasse (RC-1), für die gemäß § 5 KrWG die Abfalleigenschaft bereits vor dem Abschluss der Verwertung enden soll und die somit nicht mehr abfallrechtlichen Regelungen unterliegen würde, mit 10 mg/kg doppelt so hoch wie der PAK-Gehalt in der Einbauklasse 1.1 der LAGA-Mitteilung 20 [18] (5 mg/kg) und 2,5-fach so hoch wie der PAK-Gehalt in der Qualitätsklasse A$^+$ der Richtlinie für Recycling-Baustoffe des Österreichischen Baustoff-Recycling Verbandes [20] (4 mg/kg).

---

[1] Organisatorische Sicherungsmaßnahmen im Sinne der LAGA-Mitteilung 20 [18] sind z.B. die Beschränkung des Einbaus von schadstoffhaltigen mineralischen Abfällen auf kontrollierte Großbaumaßnahmen, Baumaßnahmen ohne häufige Aufbrüche und den Einbau oberhalb der Erdoberfläche.

Die Missachtung des gesetzlichen Verbotes der Schadstoffanreicherung ist auch aus juristischer Sicht unzulässig, da in einem untergesetzlichen Regelwerk (Rechtsverordnung), das eine gesetzliche Norm (§ 7 Abs. 3 KrWG) konkretisieren soll, wesentliche Vorgaben dieser Norm (Verbot der Schadstoffanreicherung) berücksichtigt werden müssen. Darüber hinaus enthält das KrWG an anderer Stelle keine Vorschrift, mit der diese Pflicht relativiert oder einer hohen Verwertungsquote der Vorrang gegenüber der Schadlosigkeit eingeräumt wird.

Auch ökonomische Aspekte sind in diesem Zusammenhang zu beachten. Aufgrund der hohen Anforderungen, die Deponien für die Ablagerung von Abfällen erfüllen müssen, liegen die Kosten der Abfallverwertung in der Regel deutlich unter denen der Beseitigung. Dabei bleibt jedoch unberücksichtigt, dass der Kostenvorteil für den Abfallerzeuger nach Ablauf der physischen Nutzungsdauer (z.B. Verschleiß des Unterbaus von Verkehrsflächen) zu einem Kostenfaktor für den Bauträger wird. Dieses führt nicht nur zu einer Kostenverlagerung auf den vielfach öffentlichen Bauträger (Kommune, Land, Bund), der seine Maßnahmen Steuermitteln finanzieren muss, sondern widerspricht auch dem im Umweltschutz gängigen Prinzip der Internalisierung von Umweltkosten in die Herstellungskosten der Produkte. Die Kosten für die Entsorgung von pechhaltigem Straßenaufbruch und die zukünftig anfallenden Kosten für die Entsorgung der daraus hergestellten HGT-Gemische sind hierfür ein mahnendes Beispiel.

Die Abnahme der Qualität der z.B. im Verkehrsflächenbau verwerteten mineralischen Abfälle im Verlauf ihrer Nutzungsdauer zeigt auch, dass es neben abbau- und schadstoffbezogenen Unterschieden zwischen der Kreislaufführung der in der Natur produzierten organischen Stoffe und der Kreislaufführung der von Menschen entwickelten Produkte auch solche hinsichtlich der physischen Eignung gibt. Produkte natürlicher Prozesse sind in der Regel deshalb unbegrenzt kreislauffähig, weil sie durch Destruenten auf ihre chemischen Ausgangselemente und Ausgangsverbindungen zurückgeführt und durch Produzenten in ihrer ursprünglichen Form wieder hergestellt werden. Eine Zerlegung technischer Produkte bis auf diese Ebene ist in der Regel nicht möglich. So ist der erneute Einsatz von mineralischen Baustoffen auf derselben Wertschöpfungsebene aufgrund der Beanspruchung während der Nutzungsphase und der dadurch bedingten Verminderung der technischen Qualität in der Regel nicht möglich.

Im Ergebnis handelt es sich somit bei einer Vielzahl sogenannter Kreislaufprozesse aufgrund der abnehmenden technischen Eigenschaften der verwendeten Stoffe lediglich um Kaskadennutzungen, die in der letzten Stufe der Kaskade eine energetische Verwertung, eine thermische Behandlung oder die Ablagerung auf einer Deponie erfordern. Diese Tatsache entspricht durchaus den Beobachtungen in natürlichen Kreisläufen. So kennt selbst der durch den Menschen unbeeinflusste Wasserkreislauf Senken, indem mitgeführte Sedimente in den Gewässerbetten und gelöste Salze in den Meeren als *Salzsenke* verbleiben. Analog zu diesen natürlichen Senken muss es daher auch in technischen Kreisläufen Senken geben, in denen Schadstoffe zum Schutz der Umwelt dauerhaft zurückgehalten werden.

3. Entwicklungstendenzen in der Abfallwirtschaft

Die Abfallwirtschaft hat sich in den vergangenen 40 Jahren seit Inkrafttreten des Abfallbeseitigungsgesetzes weitgehend empirisch entwickelt. Ein ganzheitliches und in sich schlüssiges, naturwissenschaftlich-technisches Konzept, das die unterschiedlichen fachlichen Aspekte logisch und widerspruchsfrei miteinander verknüpft, ist nicht erkennbar. Die Abfallwirtschaft ist vor allem durch politische, emotionale, juristische sowie wirtschaftliche Einflüsse und nur in begrenztem Umfang durch fachtechnische Erfordernisse geprägt worden.

Nur so ist es in Anbetracht der Diskussion über den Klimaschutz und die Vermeidung von CO_2-Emissionen zu erklären, dass beispielsweise die Kompostierung von Verpackungsabfällen aus biologisch abbaubaren Werkstoffen propagiert und in Rechtsvorschriften privilegiert wird, obwohl ein biologischer Abbau dieser Abfälle nur in Kompostierungsanlagen möglich ist, die aufgrund ihrer technischen Infrastruktur (z.B. Elektromotoren für das Zerkleinern, Umsetzen, Transportieren, Absieben, Sichten, Belüften, Bewässern) einen erheblichen Energieeinsatz erfordern. Die Erzeugung dieser Energie verbraucht fossile Rohstoffe und verursacht CO_2-Emissionen.

Vor diesem Hintergrund ist es nicht begründbar und nicht nachvollziehbar, dass diese heizwertreichen Abfälle, bei denen es sich im Wesentlichen um Verbindungen aus Kohlenstoff, Wasserstoff und Sauerstoff handelt, nicht unter Nutzung der darin enthaltenen Energie sowie unter Freisetzung von CO_2 und Wasser energetisch verwertet oder thermisch behandelt werden sollen, sondern unter Einsatz von Energie in Kompostierungsanlagen durch Mikroorganismen in dieselben Verbindungen (CO_2 und Wasser) zerlegt werden sollen [3]. Das heißt, es wird nicht die Entsorgungsoption mit der geringsten Umweltbelastung gewählt, sondern diejenige mit der emotional größten Akzeptanz.

Dies verwundert auch deshalb, weil die fachlich umfassend belegte Kritik an der Kompostierung von Produkten aus biologisch abbaubaren Werkstoffen mit Entsorgungserfordernis (z.B. Verpackungsabfälle) seit langem von unterschiedlichen gesellschaftsrelevanten Gruppen unterstützt wird [19].

Unstrittig ist auch, dass eine erhebliche Abfallmasse durch Umweltschutzmaßnahmen entsteht (*Umweltschutzabfälle*). Es handelt sich hierbei zum Beispiel um verunreinigtes Bodenmaterial aus der Altlastensanierung, Filterstäube aus Abfallverbrennungsanlagen, Abfälle aus der Reinigung von Industrieanlagen oder Asbestabfälle aus der Sanierung von Gebäuden. Diese Abfälle sind in der Regel weitgehend inert und erheblich mit Schadstoffen belastet. Eine thermische Behandlung (Verglasung) scheidet in der Regel aus ökologischen (Verbrauch an fossilen Rohstoffen, CO_2-Emissionen) und ökonomischen Gründen aus. Eine stoffliche Verwertung ist aufgrund der enthaltenen Schadstoffe nicht möglich.

Zum Schutz der Umwelt vor diesen Abfällen ist es daher zwingend, diese in über- oder untertägigen Deponien abzulagern [4]. Trotz dieses eindeutigen Sachverhaltes wurde auf nationaler Ebene durch das Bundesumweltministerium (BMU) das *Ziel 2020* postuliert, wonach bis zum Jahr 2020 sämtliche Abfälle einer Verwertung zugeführt werden sollten. Während das BMU inzwischen von diesem Ziel abgerückt ist und auch weiterhin Deponien für erforderlich hält [7], wird auf europäischer Ebene und von Umweltverbänden nach wie vor an dem Null-Abfall-Ziel für Deponien festgehalten.

Dies gibt Anlass zur Sorge. Trotz des zahlenmäßig belegten Erfordernisses haben sich Vorhabensträger bei der Planung von Deponien und in Genehmigungsverfahren in Anbetracht der auf übergeordneter politischer Ebene (Bund, EU) ausgesandten politischen Signale zunehmend mit der Kritik von lokaler und regionaler Politik sowie von Bürgerinitiativen auseinanderzusetzen, dass Deponien angeblich nicht mehr erforderlich seien. Wird dieser Entwicklung nicht entgegengewirkt, besteht die Gefahr, dass

- es zukünftig in einzelnen Regionen und bei einzelnen Deponieklassen zu Entsorgungsengpässen kommen wird,
- die Kosten für die Abfallentsorgung durch die Verknappung von Deponievolumen und größere Transportentfernungen steigen,
- sich nur noch die Firmen an dem Wettbewerb um die Durchführung von Baumaßnahmen beteiligen können, die den Zugang zu einer Deponie besitzen und somit auch der fehlende Wettbewerb zu Kostensteigerungen führen kann,
- Abfälle zukünftig in zweifelhaften *Verwertungsvorhaben* untergebracht werden.

Dabei ist auch zu berücksichtigen, dass zurzeit und zukünftig aufgrund des politisch beschlossenen Ausstiegs aus der Nutzung der Kernenergie und dem damit verbundenen Rückbau von Kernkraftwerken Abfälle entstehen, die aufgrund der Vorgaben des Strahlenschutzrechts selbst dann, wenn sie aus diesem entlassen werden, nur auf Deponien abgelagert werden dürfen (Freigabe nach § 29 Abs. 2 Nr. 2 Strahlenschutzverordnung). Auch gegen die Ablagerung dieser Abfälle auf technisch hierfür gut geeigneten Deponien erhebt sich bereits lokaler Widerstand.

Erschwerend kommt hinzu, dass der Erfolg abfallwirtschaftlicher Maßnahmen zunehmend auf der Grundlage von Verwertungsquoten bewertet wird. Komplexe Sachzusammenhänge und die mit der Verwertung von Abfällen verbundenen Umweltauswirkungen lassen sich jedoch nicht durch eine Quote, das heißt, durch das Verhältnis der verwerteten Abfälle zu dem Gesamtaufkommen von Abfällen beschreiben. Ein naturwissenschaftlich belegbarer Zusammenhang zwischen Verwertungsquote und Schadlosigkeit ist nicht vorhanden und ein Beleg, dass Verwertungsquoten einen Beitrag zum vorsorgenden Boden- und Gewässerschutz leisten, ist bisher nicht erbracht worden. Verwertungsquoten sind vielmehr in dieser Hinsicht kontraproduktiv.

Eine Verrechnung der Masse der verwerteten Abfälle mit den Zuordnungswerten des vorsorgenden Umweltschutzes ist im Umweltrecht nicht vorgesehen. Eine Verwertung ist gemäß Artikel 10 in Verbindung mit Artikel 13 der Abfallrahmenrichtlinie sowie gemäß § 7 Abs. 3 KrWG nämlich nur dann zulässig, wenn die Verwertung schadlos ist. Die in diesem Zusammenhang geäußerte Auffassung, dass der Boden- und Gewässerschutz hinter der Substitution von Primärrohstoffen durch mineralische Abfälle aufgrund des gesetzlichen Zieles der *Förderung der Kreislaufwirtschaft* (§ 1 KrWG) *zurückstehen* müsse, ist daher nicht haltbar.

Eine Abfallverwertung zugunsten hoher Verwertungsquoten sowie zu Lasten des Boden- und Grundwasserschutzes verstößt vielmehr gegen Grundpflichten des KrWG. Diese Auffassung steht im Einklang mit der Bewertung von Beckmann [2], der zu dem Ergebnis kommt, dass eine Freistellung der Kreislaufwirtschaft vom Schutz der natürlichen Lebensgrundlagen – und damit auch die Bevorzugung der Abfallverwertung gegenüber dem Schutz der Umwelt – nicht mit der Staatszielbestimmung des Artikels 20 a² des Grundgesetzes vereinbar wäre.

Die politisch gewollte Bevorzugung der Verwertung geht einher mit einer ausgeprägten Regelungsasymmetrie im Verhältnis zwischen der Verwertung und der Beseitigung von Abfällen [5]. Während für die Beseitigung von Abfällen in Verbrennungsanlagen mit der 17. BImSchV und für die Ablagerung auf Deponien mit der Deponieverordnung, gestützt auf analoge Vorschriften auf europäischer Ebene, fachlich stimmige und technisch ausgereifte Rechtsvorschriften für den Betrieb derartiger Anlagen anzuwenden sind, die die Maßstäbe des vorsorgenden Umweltschutzes berücksichtigen, fehlen diese für die Verwertung großer Abfallmassenströme (z.B. mineralische Abfälle), weitgehend. Dieses gilt sowohl für die Verwertung von mineralischen Abfällen in technischen Bauwerken und Bauprodukten als auch für die Verfüllung von Abgrabungen mit Bodenmaterial.

Aufgrund der hohen und umfassenden Anforderungen an die Deponierung und der damit verbundenen Kosten für den Betrieb von Deponien führt diese Regelungsasymmetrie zu Ausweichbewegungen mit Nachteilen für die Umwelt und für die Betreiber von Anlagen, die hohe Umweltstandards einhalten. In deren Folge werden sich Abfallströme zu der lediglich durch unbestimmte Rechtsbegriffe *geregelten* Verwertung von mineralischen Abfällen verschieben. Die kostengünstige und großräumige Verteilung von Abfällen in der Fläche wird dadurch begünstigt.

Diese Tatsache macht die Probleme deutlich, die mit der aktuellen Zielsetzung in der Abfallwirtschaft verbunden sind, die Verwertung als alleinige Problemlösung in den Vordergrund zu stellen und die Beseitigung von Abfällen negativ zu bewerten. Sie zeigt auch, dass das Erfordernis der Schadstoffausschleusung und Zerstörung (Nierenprinzip) sowie das Erfordernis von Schadstoffsenken noch keinen Eingang in die aktuelle abfallpolitische Diskussion gefunden haben, obwohl der Sachverständigenrat für Umweltfragen bereits 1996 [12] seine Befürchtung zum Ausdruck gebracht hat, dass es mit Inkrafttreten des Kreislaufwirtschafts- und Abfallgesetzes und des darin formulierten Vorranges der Verwertung vor der Beseitigung zu einer Zunahme des bereits bestehenden *Druckes auf den Boden* und zur flächenhaften Verwertung von Abfällen kommt, die nicht den Charakter einer flächenhaften Deponierung gewinnen darf. Auch das Bundesverfassungsgericht hat sich hierzu bereits im Jahr 1998 eindeutig positioniert [21]:

> Der Begriff der Schadlosigkeit der Verwertung in § 5 Abs. 1 Nr. 3 BImSchG stellt im Hinblick auf die abfallrechtlichen Pflichten klar, dass nicht eine Verwertung *um jeden Preis* sondern die umweltverträgliche Verwertung gefordert wird.

---

² Artikel 20 a Grundgesetz: Der Staat schützt auch in Verantwortung für die künftigen Generationen die natürlichen Lebensgrundlagen und die Tiere im Rahmen der verfassungsmäßigen Ordnung durch die Gesetzgebung und nach Maßgabe von Gesetz und Recht durch die vollziehende Gewalt und die Rechtsprechung.

4. Deponiebedarf auch in Zukunft

Nach Artikel 16 der Abfallrahmenrichtlinie (Grundsätze der Entsorgungsautarkie und der Nähe) müssen die Mitgliedstaaten unter anderem geeignete Maßnahmen treffen, um ein integriertes und angemessenes Netz von Abfallbeseitigungsanlagen zu errichten. Dabei sind die besten verfügbaren Techniken zu berücksichtigen. Das Netz ist so zu konzipieren, dass es der Gemeinschaft insgesamt ermöglicht, die Autarkie bei der Abfallbeseitigung zu erreichen, und dass es jedem Mitgliedstaat ermöglicht, dieses Ziel selbst anzustreben. Das Netz muss es gestatten, dass die Abfälle in einer der am nächsten gelegenen Anlagen beseitigt werden, und zwar unter Einsatz von Verfahren und Technologien, die am besten geeignet sind, um ein hohes Niveau des Gesundheits- und Umweltschutzes zu gewährleisten.

Diese Pflicht ist gemäß § 30 KrWG den Ländern übertragen worden. Das heißt, auch im Rahmen der Abfallwirtschaftsplanung der Länder ist sicherzustellen, dass insbesondere die Entsorgung von Siedlungsabfällen und mineralischen Massenabfällen nach dem Prinzip der Nähe sichergestellt wird.

In den Ländern sind die Kommunen gesetzlich im Rahmen ihrer Stellung als öffentlich-rechtliche Entsorgungsträger nicht nur zur Entsorgung von Haushaltsabfällen verpflichtet, sondern auch zuständig für die Beseitigung von Abfällen aus anderen Herkunftsbereichen als Haushaltungen. Diese Aufgabe umfasst auch die tatsächliche Planung und Realisierung entsprechender Kapazitäten. Da es sich um eine Aufgabe im eigenen Wirkungskreis handelt, entscheidet der öffentlich-rechtliche Entsorgungsträger über die Ausgestaltung der Entsorgungsinfrastruktur. Er kann benachbarte öffentlich-rechtliche Entsorgungsträger in die Planungen einbeziehen, die Beseitigung über private Deponiebetreiber sicherstellen oder sich bei einer privat oder öffentlich-rechtlich betriebenen Deponie in angemessener Entfernung Kontingente sichern, die die im Entsorgungsgebiet anfallende Masse an mäßig belasteten mineralischen Abfällen abdeckt.

Denn bei allen Bemühungen um die Vermeidung und Verwertung von Abfällen besteht kein Zweifel daran, dass auch in Zukunft insbesondere mineralische Abfälle aufgrund fehlender bauphysikalischer Eigenschaften oder aufgrund der enthaltenen Schadstoffe nicht vollständig verwertet werden können. Aus Gründen der Umweltvorsorge sowie im Hinblick auf eine nachhaltige Abfallwirtschaft und zum Schutz der natürlichen Lebensgrundlagen müssen daher flächendeckend Deponien als unverzichtbare abfallwirtschaftliche Elemente bereitgestellt werden, um nicht verwertbare Abfälle gemeinwohlverträglich unter Beachtung des Prinzips der Nähe entsorgen zu können.

Aufgrund ihrer bauphysikalischen Eigenschaften sind mineralische Abfälle zwar grundsätzlich geeignet, Primärrohstoffe bei Baumaßnahmen (z.B. Straßen- und Verkehrsflächenbau) zu ersetzen. Allerdings können diese Abfälle aufgrund ihrer Entstehung in industriellen Prozessen (z.B. Aschen, Schlacken) oder aufgrund ihrer Nutzung (z.B. Bodenmaterial von Altstandorten) mit Schadstoffen belastet sein.

Die Staatssekretärin des Niedersächsischen Ministeriums für Umwelt, Energie und Klimaschutz hat daher in einem Schreiben niedersächsische Landräte und Oberbürgermeister an die Pflicht der öffentlich-rechtlichen Entsorgungsträger erinnert, flächendeckend für ein ausreichendes Deponievolumen für mäßig belastete mineralische Abfälle zu sorgen:

> Wir dürfen den kommenden Generationen keine neuen Altlasten hinterlassen. Daher müssen wir dafür Sorge tragen, dass Abfälle, die nicht verwertet werden können, in geeigneten Deponien abgelagert und nicht großräumig in der Landschaft verteilt werden.[3]

Im Hinblick auf die Entwicklung des zukünftigen Aufkommens an mineralischen Abfällen sind insbesondere hinsichtlich des Bedarfes an Deponievolumen für mäßig belastete mineralische Abfälle (Deponieklasse I) folgende Gesichtspunkte zu beachten:

- Mineralische Abfälle werden auch in der Zukunft kontinuierlich und in großer Masse anfallen. Ihr Aufkommen ist als *unendliche Quelle* zu betrachten. Aufgrund der begrenzten finanziellen Mittel und der begrenzten verfügbaren Fläche für den Bau von Verkehrswegen, in denen diese Abfälle verwertet werden könnten, werden Neubaumaßnahmen zurückgehen. Mineralische Abfälle werden daher in der Zukunft vor allem Baustoffe – also auch mineralische Abfälle – aus bestehenden Verkehrsflächen ersetzen. Da die ausgebauten mineralische Abfälle aufgrund der physikalischen Beanspruchungen und der daraus resultierenden Qualitätsverluste nur in begrenztem Umfang einer erneuten hochwertigen Verwertung zugeführt werden können, wird ein erheblicher Anteil der verbleibenden – bauphysikalisch minderwertigen – ausgebauten mineralischen Abfälle auf Deponien abgelagert werden müssen.

- Die begrenzte technische Lebensdauer von Bauwerken wird aufgrund des großen Bestandes, der aus dem Wiederaufbau in der Nachkriegszeit stammt, in den nächsten Jahren zu einem erheblichen Abfallaufkommen aus Sanierungs- und Erneuerungsmaßnahmen führen. Dieses betrifft sowohl den Gebäudebestand als auch die Verkehrsinfrastruktur (Straßen, Bahnstrecken).

- Es liegen Erkenntnisse vor, dass Abfälle, die in der Vergangenheit verwertet worden sind (z.B. Steinkohlenteer als Bindemittel im Straßenbau), aufgrund der darin enthaltenen Schadstoffe nur unter erheblichen Sicherungsmaßnahmen und Folgekosten für die Träger der Baulast verwertet werden können und aus Gründen der Umweltvorsorge möglichst aus Verwertungskaskaden ausgeschleust werden müssen.

- Der Einsatz von mineralischen Abfällen in Bauprodukten kann zu nachteiligen Veränderungen der Eigenschaften des Bauschutts führen, der nach Ablauf der Nutzungsphase entsteht. So schränkt z.B. die zunehmende Nutzung von Gips aus der

---

[3] Pressemitteilung des Niedersächsischen Ministeriums für Umwelt, Energie und Klimaschutz vom 30.01.2014: Umweltministerium mahnt Bereitstellung von Deponiekapazitäten für mäßig belastete mineralische Abfälle an.

Entschwefelung von Abgasen (REA-Gips) im Putz, im Estrich und in Porenbetonsteinen die Verwertbarkeit von Bauschutt aus dem Umbau und dem Abbruch von Gebäuden erheblich ein.

- Die Folgekosten der Verwertung von belasteten mineralischen Abfällen führen inzwischen zu einer erheblichen Zurückhaltung der Baulastträger bei der Verwendung derartiger Abfälle. Die finanziellen Mittel für die spätere Entsorgung dieser Abfälle stehen aufgrund der angespannten finanziellen Situation der öffentlichen Haushalte nicht zur Verfügung. So lehnen inzwischen z.B. die für den Bau von Landes- und Bundesfernstraßen zuständigen Baulastträger den Einsatz von pechhaltigem Straßenaufbruch aus kommunalen Baumaßnahmen als hydraulisch gebundene Tragschichten ab, weil dieser Einsatz beim späteren Ausbau zu erheblichen Folgekosten für die Landeshaushalte und den Bundeshaushalt führen würde.

- Die fachlichen Anforderungen des Grundwasserschutzes und die Ergebnisse von Forschungsvorhaben zur Ermittlung der Freisetzung und des Transportes von Schadstoffen aus mineralischen Abfällen lassen erwarten, dass der Anteil der schadlos verwertbaren Abfälle zukünftig geringer sein und nicht ansteigen wird.

- Die allgemeine Verunsicherung hinsichtlich der Verwertbarkeit von mineralischen Abfällen nimmt aufgrund des nicht erkennbaren Endes der Diskussion über eine bundeseinheitliche Regelung für die Anforderungen an die Verwertung von mineralischen Abfällen zu. Auch aus diesem Grund ist in der Tendenz mit einem Rückgang der bisher verwerteten Massenanteile zu rechnen.

- Der Bedarf an mineralischen Abfällen für die Rekultivierung von Deponien, die aufgrund veränderter rechtlicher Anforderungen in den Jahren 2005 und 2009 geschlossen werden mussten, nimmt ab, weil mehrere dieser Vorhaben inzwischen abgeschlossen worden sind.

- Die Verfüllung von Bodenabbaustätten mit anderen mineralischen Abfällen als mit Bodenmaterial ist aufgrund der Anforderungen des Bodenschutzrechts und aus Gründen des vorsorgenden Grundwasserschutzes unzulässig.

Im Ergebnis ist daher trotz aller Bemühungen um die Verwertung von mineralischen Abfällen ein tendenziell steigender Bedarf an Deponieraum insbesondere für die Ablagerung von mäßig belasteten mineralischen Abfällen (Deponieklasse I) zu erwarten.

Da es sich hierbei um den mit Abstand größten Massenstrom bezogen auf das gesamte Abfallaufkommen handelt, ist zur Minimierung der Transportentfernungen sowie der mit dem Transport verbundenen Umweltbelastungen (CO_2, Feinstaub, Ruß, Lärm), des Energieverbrauches für den Transport und der Kosten ein möglichst flächendeckendes Netz an Deponien für Abfälle mit einer derartigen mäßigen Belastung erforderlich. So zeigt z.B. die Bestandsaufnahme im *Abfallwirtschaftsplan Niedersachsen, Teilplan Siedlungsabfälle und nicht gefährliche Abfälle* eine in weiten Landesteilen sehr begrenzte Restkapazität mit zu erwartenden Entsorgungsengpässen an Deponievolumen der Deponieklasse I insbesondere im Norden, Nordwesten und Nordosten des Landes.

Die Nutzung von Ablagerungsvolumen der Deponieklasse II stellt hinsichtlich der Bereitstellung eines flächendeckenden Netzes von Deponien für die Ablagerung von mäßig belasteten mineralischen Abfällen keine Alternative für eine Problemlösung dar:

- Die vorhandenen Deponien der Deponieklasse II können die nur mäßig belasteten Abfälle entsprechend der Deponieklasse I nicht zu vertretbaren Preisen annehmen. Technische Vorkehrungen wie eine Deponiegasfassung und eine Sickerwasserreinigung für organisch belastete Sickerwässer, wie sie in den bestehenden Deponien der Deponieklasse II vorgehalten werden, sind für diese mineralischen Abfälle nicht erforderlich, da beides nicht entsteht. Sie bewirken auch keinen Umweltvorteil. Zugleich sind die entstehenden Kosten nach dem Gebührenrecht – es handelt sich bei den betreffenden Deponien um öffentlich-rechtlich betriebene Anlagen – an die Abfallerzeuger weiterzugeben. Aus diesem Kontext heraus sieht das Deponierecht die Differenzierung in die Deponieklassen 0, I, II, III und IV vor, die auch eine gesetzliche Grundlage der vorzunehmenden Abfallwirtschaftsplanung bilden.

- Wegen der kostenmäßigen Auswirkungen auf die Aktivitäten der Bauwirtschaft sowie ihrer privaten und öffentlichen Auftraggeber (z.B. öffentlichen Straßenbaulastträger) ist es gerade nicht unbeachtlich, wenn ausschließlich Entsorgungswege mit Standards zur Verfügung stehen, die für große Anteile der in der Praxis entstehenden mineralischen Abfälle nicht benötigt werden, jedoch die Entsorgungskosten erheblich erhöhen. Derartige Optionen bieten der betroffenen Wirtschaft keine echte Entsorgungssicherheit, sondern führen zu *Abfalltourismus* und vergrößern den Druck in Richtung *Scheinverwertung*.

- Wegen der Grenzen der Belastbarkeit einer Volkswirtschaft, die auch die Kosten der Daseinsvorsorge erwirtschaften muss, ist es nicht vertretbar, mäßig belastete Abfälle in Anlagen zu entsorgen, deren technische Ausstattung hierfür nicht erforderlich ist. Die Kosten der für derartige Abfälle viel zu aufwändigen technischen Ausstattung müssen vom Deponiebetreiber durch die Annahme von Abfällen erwirtschaftet werden. Die daraus resultierenden Ablagerungskosten müssen vom – häufig öffentlichen – Baulastträger getragen werden. Dieses ist aus Sicht der übergreifenden Abfallwirtschaftsplanung nicht zu vertreten, zumal Deponien der Deponieklasse II einen volkswirtschaftlichen Wert darstellen, der entsprechend sparsam zu bewirtschaften ist.

Das vorhandene Deponievolumen der Deponieklasse II stellt zudem eine langfristig nutzbare wertvolle Ressource für die Ablagerung von höher belasteten Abfällen dar. Aufgrund der begrenzten Verfügbarkeit von geeigneten Standorten für derartige Deponien muss dieses Deponievolumen nach dem Grundsatz der Ressourcenschonung sorgsam bewirtschaftet werden und darf nur für solche Abfälle genutzt werden, die die technischen Sicherungssysteme dieser Deponien auch tatsächlich erfordern.

So verfolgt das Land Niedersachsen das Ziel, vorhandene Altlasten stärker als in der Vergangenheit zu sanieren, und das Flächenrecycling im Verhältnis zu Bauvorhaben auf der sogenannten *grünen Wiese* zu fördern. Bei der Sanierung von Altlasten oder vorbelasteten Flächen entstehen höher belastete Abfälle, die auf geeigneten Deponien – häufig der Deponieklasse II – abgelagert werden müssen. Für diese Abfälle muss daher flächendeckend innerhalb des Landes ausreichendes Deponievolumen zur Verfügung stehen, damit die Vorhaben zu vertretbaren Kosten und bei möglichst geringen Transportentfernungen realisiert werden können. Erfahrungen aus der Vergangenheit zeigen, dass Sanierungsvorhaben aufgrund fehlender Ablagerungsmöglichkeiten innerhalb des Landes und der Abhängigkeit von externen Deponien nicht realisiert werden konnten.

Im Ergebnis ist festzustellen, dass auch zukünftig ein erheblicher Bedarf an Deponievolumen besteht. Dieses gilt insbesondere für mäßig belastete mineralische Abfälle (Deponieklasse I). Vor diesem Hintergrund ergeben sich mit Blick auf die zukünftige Entwicklung der öffentlich zugänglichen Deponien Fragen, die vom Verfasser auf der Grundlage persönlicher Einschätzungen beantwortet werden:

- Sind die Entsorgungswirtschaft und die abfallerzeugende Wirtschaft auf den Bedarf an Deponievolumen ausreichend vorbereitet?

  Das Thema *Bau und Betrieb von Deponien* besitzt zurzeit bei der Entsorgungswirtschaft und bei den Abfallerzeugern noch keine vorrangige Bedeutung. Da zurzeit noch Deponievolumen zur Verfügung steht, sind die bevorstehenden Veränderungen und die daraus resultierenden Schritte offenbar noch nicht allen Wirtschaftsbeteiligten bewusst geworden. Es gibt allerdings einige mittelständische Unternehmen, die sich z.B. in Niedersachsen mit diesem Thema intensiv auseinander setzen und Deponien errichten und betreiben möchten.

- Gibt es kurz-, mittel- und langfristige Konzepte für die Ablagerung von nicht verwertbaren und nicht behandelbaren Abfällen?

  Es ist nur vereinzelt zu erkennen, dass übergreifende Konzepte für die Ablagerung von nicht verwertbaren mineralischen Abfällen vorhanden sind und umgesetzt werden. Der überwiegende Teil der betroffenen Wirtschaft diskutiert zurzeit vor allem über die Anforderungen an die Verwertung von mineralischen Abfällen (Ersatzbaustoffverordnung). Auch in den Verwaltungen (Bund, Länder, Kommunen) und in der Politik bildet das Thema *Deponiebedarf* nur vereinzelt einen Schwerpunkt.

- Nimmt der Druck auf die Verfüllung von Bodenabbaustätten zu?

  Der Druck auf die Bodenabbaustätten zur Annahme von mineralischen Abfällen als *Abfall zur Verwertung* wird insbesondere aufgrund der Kosten der Deponierung (Einhaltung der vorgegebenen Anforderungen der Deponieverordnung) und der zunehmend größeren Transportentfernungen (weniger Deponiestandorte) ansteigen.

- Werden die Entsorgungskosten für mineralische Abfälle steigen (weniger Deponien mit weniger Deponievolumen und größeren Transportentfernungen)?

  Aufgrund der abnehmenden Zahl von kostengünstigen Deponien der Deponieklasse I für die Ablagerung von mäßig belasteten mineralischen Abfällen und der zunehmenden Transportentfernungen ist zu erwarten, dass die Ablagerungskosten ansteigen werden. Dieses wird den Druck auf die Verwertung und auf die Festlegung der Höhe der Zuordnungswerte für die Verwertung mineralischer Abfälle erhöhen.

Um einem Worst-Case-Scenario entgegenzuwirken, wie es sich aus der Beantwortung der vorstehenden Fragen ergibt, sind zeitnah geeignete Konzepte unter Berücksichtigung der folgenden Punkte zu erarbeiten und umzusetzen:

- Entwicklung eines umfassenden Entsorgungskonzeptes für sämtliche Abfälle unter Berücksichtigung der Ablagerung von nicht verwertbaren Abfällen auf Deponien. Von dem Null-Abfall-Ziel für Deponien muss Abstand genommen und ein Konzept erarbeitet werden, das die tatsächlichen Erfordernisse berücksichtigt.
- Entwicklung und Realisierung von Konzepten für den Bau und den Betrieb von Deponien durch die abfallerzeugende Wirtschaft und die Entsorgungswirtschaft. Diese sollten zunächst auf regionaler Ebene durch die betroffenen Kreise (Wirtschaft unter Einbindung der öffentlich-rechtlichen Entsorgungsträger) konzipiert und durch die obersten Abfallbehörden begleitet werden.
- Berücksichtigung der Folgekosten bei der Verwertung von mineralischen Abfällen in der Einbauklasse 2. Die Kosten, die dem Nutzer der Abfälle entstehen, dürfen nicht auf diesen abgewälzt werden, sondern müssen internalisiert und vom Abfallerzeuger getragen werden. Für Baumaßnahmen, in denen mineralische Abfälle verwertet werden sollen, müssen Berechnungsmodelle entwickelt werden, die nicht nur die Kosten für das Baumaterial berücksichtigen sondern auch die Folgekosten (z.B. Unterhaltung, Entsorgungskosten am Ende der Nutzungsphase).
- Konzeption der Nachnutzung von Deponien bereits in Planungsphase. Deponien können nach Abschluss der Ablagerungsphase durchaus sinnvoll genutzt werden.
- Das Fehlen von Deponievolumen darf nicht zu Lasten des Boden- und Gewässerschutzes gehen. Daher ist das Bodenschutz- und Wasserrecht bei der Verfüllung von Abgrabungen und bei der Verwertung von Abfällen in technischen Bauwerken konsequent anzuwenden.

Die überarbeitete LAGA-Mitteilung 20 [18] mit der TR Boden (neu) als Grundlage für die Bewertung der Schadlosigkeit der Verwertung entspricht zwar hinsichtlich der Zuordnungswerte für die Bewertung des Sickerwassers nicht den aktuellen wissenschaftlichen Erkenntnissen. Sie genügt jedoch der aktuellen Rechtslage einschließlich des *Tongrubenurteils* und kann daher für einen Übergangszeitraum bis zum Inkrafttreten einer Bundesverordnung im Vollzug angewendet werden. Die Verfüllung von Ton-, Sand- und Kiesgruben mit ungeeigneten Abfällen lässt sich somit mit den geltenden Rechtsvorschriften und Vollzugshilfen verhindern, wenn diese angewendet werden und verbindlicher Bestandteil der Genehmigungen sind [6].

5. Ausblick und Fazit

Eine vollständige Kreislaufwirtschaft (*Recycling-Gesellschaft*) und die *Null-Abfall-Gesellschaft* werden vermehrt als politisches Ziel für den Umgang mit Abfällen propagiert. Die Analyse der abfallwirtschaftlichen Erfordernisse zeigt jedoch, dass insbesondere schadstoffhaltige Abfälle aus Kreisläufen ausgeschleust werden müssen, da deren Verwertung die Umwelt erheblich belasten kann. Darüber hinaus kann durch die nachträglich erforderlichen Sicherungs- und Sanierungsmaßnahmen ein hoher volkswirtschaftlicher Schaden entstehen. Denn trotz aller gut gemeinten Bemühungen handelt es sich bei vielen (sogenannten) *Kreisläufen* in der Regel um Kaskaden mit einem hohen Anreicherungsrisiko in den Medien Wasser und Boden. *Verwertung um jeden Preis* darf daher nicht das Grundprinzip einer nachhaltigen Abfallwirtschaft sein.

Eine langfristig stabile Abfallverwertung lässt sich nur über eine Qualitätsstrategie mit hohen Ansprüchen an die Schadlosigkeit erreichen. Nach den Gesetzen des Marktes entscheidet der Hersteller aufgrund der Ansprüche des Kunden über den Einsatz der für die Herstellung seiner Produkte verwendeten Sekundärrohstoffe und nicht der Abfallerzeuger. Außerdem verstößt es gegen Grundpflichten der Kreislaufwirtschaft, die Abfallverwertung zu Gunsten hoher Verwertungsquoten und zu Lasten des vorsorgenden Umweltschutzes zu bevorzugen und hinzunehmen, dass sich die Schadstoffe in der Umwelt anreichern. Dieses ist nicht mit der Staatszielbestimmung des Artikels 20 a des Grundgesetzes und den Anforderungen an eine nachhaltige Abfallwirtschaft vereinbar.

Es ist unbestritten, dass das wirtschaftliche Wachstum und der Verbrauch von begrenzt verfügbaren Rohstoffen voneinander entkoppelt werden müssen. Die Vermeidung von Abfällen und die Gewinnung von sekundären Rohstoffen aus verwertbaren Abfällen können hierzu einen wichtigen Beitrag leisten. Allerdings würden die in diesem Zusammenhang geforderte *vollständige Kreislaufwirtschaft* und deren Weiterentwicklung zu einer *Null-Abfallgesellschaft* mit dem *Null-Abfall-Ziel* für Deponien und Verbrennungsanlagen zu absehbaren Fehlentwicklungen führen.

Deponien sind als Schadstoffsenke ein unentbehrliches Element einer nachhaltigen Abfallwirtschaft für belastete Abfälle, die häufig auch bei Umweltschutzmaßnahmen entstehen. Je wirksamer diese Maßnahmen sind, umso größer ist das Aufkommen an Abfällen und umso höher ist deren Schadstoffbelastung. Nur wenn die schadstoffhaltigen Abfälle aus Verwertungskreisläufen und -kaskaden ausgeschleust werden, können eine Schadstoffanreicherung, eine großflächige Schadstoffverteilung und damit ein Akzeptanzverlust der Abfallverwertung verhindert werden. Auch Verbrennungsanlagen sind unverzichtbare Bausteine einer umweltgerechten Abfallwirtschaft, weil sie für heizwertreiche Abfälle die zwingend erforderliche *Nierenfunktion* übernehmen. In diesen Anlagen wird nicht nur Energie aus Abfällen erzeugt, sondern es werden auch organische Schadstoffe unter kontrollierten Bedingungen umweltverträglich inertisiert.

Die Abfallwirtschaft hat sich im Wesentlichen empirisch aus dem Erfordernis entwickelt, die Umwelt vor den Auswirkungen von unsachgemäß entsorgten Abfällen und daraus entstandenen Altlasten zu schützen. Sie ist jedoch zunehmend durch politische, emotionale, juristische sowie wirtschaftliche Einflüsse und immer weniger durch fachtechnische Erfordernisse geprägt worden. In Anbetracht dieser Entwicklung läuft die Abfallwirtschaft Gefahr, ihre Wurzeln zu verlieren. Um die damit verbundenen negativen Auswirkungen auf den vorsorgenden Schutz von Wasser, Boden, Luft und die menschliche Gesundheit sowie auch auf die Verwertung von Abfällen zu verhindern, ist dem Ziel einer *Null-Abfall-Gesellschaft* mit dem *Null-Abfall-Ziel* für Deponien mit Nachdruck entgegenzutreten.

Erforderlich ist ein ganzheitliches und in sich schlüssiges, naturwissenschaftlich-technisches Konzept einer umfassenden Abfallwirtschaft, das die unterschiedlichen fachlichen Aspekte logisch und widerspruchsfrei miteinander verknüpft, und das die bisher gewonnenen Erfahrungen berücksichtigt. Auf dieser Grundlage müssen Anforderungen an die Entsorgung von Abfällen festgelegt werden, die den Schutz der Umwelt gewährleisten und die die *Nierenfunktion* zur Ausschleusung von schadstoffbelasteten Teilströmen sowie Senken (Verbrennungsanlagen, Deponien) für deren Zerstörung und Ablagerung vorsehen. Verwertungsquoten sind aus Sicht des vorsorgenden Umweltschutzes nicht geeignet, um Abfallströme zu steuern. Verwertung ist kein Umweltziel, sondern ein Instrument der Abfallwirtschaft, das ebenso wie die Beseitigung die gesetzlich vorgegebenen Anforderungen an den Schutz der Umwelt erfüllen muss.

Wenn die in der Abfallwirtschaft Verantwortlichen ihre Glaubwürdigkeit und die Akzeptanz ihres Handelns nicht beschädigen wollen, müssen sie Fakten und Sachverhalte offen und ehrlich kommunizieren. Vermeintliche oder befürchtete Akzeptanzprobleme gegenüber der Errichtung von Abfallentsorgungsanlagen (z.B. Deponien) dürfen kein Grund dafür sein, die Öffentlichkeit mit Illusionen über eine *Null-Abfall-Gesellschaft* zu täuschen. Vielmehr muss mit den vorliegenden Argumenten für die Akzeptanz der erforderlichen Maßnahmen beim Umgang mit Abfällen geworben werden. Zu diesen gehören auch die *Nierenfunktion* und Deponien als Senken für schadstoffhaltige Abfälle.

6. Quellen

[1] Ausschuss der Regionen: Stellungnahme des Ausschusses der Regionen Ressourcenschonendes Europa – eine Leitinitiative innerhalb der Strategie Europa 2020; (2012/C 9/08), veröffentlicht im Amtsblatt der Europäischen Union C 9/37, 11.01.2012; im Internet: http://eur-lex.europa.eu/LexUriServ/LexUriServ.do?uri=OJ:C:2012:009:0037:0044:DE:PDF

[2] Beckmann, M.: Das deutsche Abfallrecht als Instrument des Klimaschutzes und der Ressourcenschonung. In: AbfallR 2, Berlin: Lexxion Verlagsgesellschaft mbH, 2008, S. 65-71

[3] Bertram, H. U.; Zeschmar-Lahl, B.: Nachhaltige Gründe – Eine Erfassung von Biokunststoffen über die Biotonne ist aus Sicht der Abfallwirtschaft abzulehnen. In: Müllmagazin, 11, Heft 1, Berlin, 2000, S. 46-50

[4] Bertram, H. U.: Brauchen wir keine Deponien mehr? Grenzen des Recyclings. In: Thomé-Kozmiensky, K. J. (Hrsg): Recycling und Rohstoffe, Band 2. Neuruppin: TK Verlag Karl Thomé-Kozmiensky, 2009, S. 159-177

[5] Bertram, H. U.: Die Regelungsasymmetrie bei der Entsorgung von mineralischen Abfällen. In: Thomé-Kozmiensky, K. J.; Goldmann D. (Hrsg.): Recycling und Rohstoffe, Band 3. Neuruppin: TK Verlag Karl Thomé-Kozmiensky, 2010, S. 401-429

[6] Bertram, H. U.: Anforderungen an die Verfüllung von Abgrabungen. In: AbfallR 6, Berlin: Lexxion Verlagsgesellschaft, 2009, S. 297-305

[7] Biedermann, K.: Deponien haben Zukunft; Editorial, Müll und Abfall, 1/2012, Berlin: Erich Schmidt Verlag GmbH & Co. KG, 2012, S. 1

[8] Bundesministerium für Umwelt, Naturschutz und Reaktorsicherheit (BMU): Verordnung über Anforderungen an den Einbau von mineralischen Ersatzbaustoffen in technische Bauwerke (Ersatzbaustoffverordnung) als Artikel 2 der Mantelverordnung; Entwurf, Stand: 31.10.2012

[9] Der Sachverständigenrat für Umweltfragen: Umweltgutachten 2012 – Verantwortung in einer begrenzten Welt; Deutscher Bundestag, Drucksache 17/10285, Berlin, 05.07.2012

[10] Der Sachverständigenrat für Umweltfragen: Umweltgutachten 2000 – Schritte ins nächste Jahrtausend; Stuttgart, April 2000

[11] Der Sachverständigenrat für Umweltfragen: Umweltgutachten 2002 – Für eine neue Vorreiterrolle; Kurzfassung, Berlin, März 2002, Seite 54-55

[12] Der Sachverständigenrat für Umweltfragen: Umweltgutachten 1996 – Zur Umsetzung einer dauerhaft umweltgerechten Entwicklung; Stuttgart, Februar 1996

[13] DIN-Fachbericht 127: Beurteilung von Bauprodukten unter Hygiene-, Gesundheits- und Umweltaspekten; DIN Deutsches Institut für Normung e. V., Beuth Verlag GmbH, Berlin, 1. Auflage 2003

[14] Europäische Kommission: Mitteilung der Kommission…, Ressourcenschonendes Europa – eine Leitinitiative innerhalb der Strategie Europa 2000; KOM(2011)21, Brüssel, 26.01.2011; im Internet: http://eur-lex.europa.eu/LexUriServ/LexUriServ.do?uri=COM:2011:0021:FIN:de:PDF

[15] Europäische Kommission: Mitteilung der Kommission…, Fahrplan für ein ressourcenschonendes Europa; KOM(2011)571 endgültig, Brüssel, 20.09.11; im Internet: http://ec.europa.eu/environment/resource_efficiency/pdf/com2011_571_de.pdf

[16] Gesetz über die Beseitigung von Abfall (Abfallbeseitigungsgesetz – AbfG) vom 07.06.1972; BGBl. I, Nr. 49, 1972, S. 873-880

[17] Gesetz zur Förderung der Kreislaufwirtschaft und Sicherung der umweltverträglichen Bewirtschaftung von Abfällen (Kreislaufwirtschaftsgesetz – KrWG) vom 24. Februar 2012; Bundesgesetzblatt Jahrgang 2012 Teil I, Nr. 10, Bonn, 29.02.2012

[18] Länderarbeitsgemeinschaft Abfall (LAGA) (2003): Anforderungen an die stoffliche Verwertung von mineralischen Abfällen – Technische Regeln, Stand: 06.11.2003; erschienen als Mitteilungen der Länderarbeitsgemeinschaft Abfall (LAGA) 20, 5. erweiterte Auflage im Erich Schmidt-Verlag, Berlin, 2004

[19] N.N.: Abschlussbericht des Arbeitskreises 2 Biologisch abbaubare Kunststoffe der Expertenkommission Kunststoffindustrie in Niedersachsen am Leitbild einer nachhaltigen Entwicklung; Niedersächsisches Umweltministerium, Hannover, 1999 (www.umwelt.niedersachsen.de, Pfad: Home > Themen > Nachhaltigkeit > Regierungskommissionen > Kunststoffkommission > Endbericht des Arbeitskreises 2 Biologisch abbaubare Kunststoffe)

[20] Österreichischer Baustoff-Recycling Verband (ÖBRV): Richtlinie für Recycling-Baustoffe: 8. Auflage, Wien, September 2009

[21] Urteil des Bundesverfassungsgerichtes in dem Verfahren über die Verfassungsbeschwerden … (gegen verschiedene Abfallabgabengesetze), Bundesverfassungsgericht: 2 BvR 1876/91, 2 BvR 1083/92, 2 BvR 2188/92, 2 BvR 2200/92, 2 BvR 2624/94, verkündet am 07.05.1998

[22] Vahrenholt, Fritz: Strategie der Abfallwirtschaftspolitik, 3. Schlackenforum, Hamburg, 1995

[23] Ziele der Abfallwirtschaft nicht mit den Instrumenten verwechseln. In Europäischer Wirtschaftsdienst (EUWID) Nr. 46, Gernsbach, 16.11.1999, S. 4

Anlagen zur thermischen Abfallbehandlung: Wir planen von A bis Z.

Über 50 Jahre erfolgreich am Markt

- Projektentwicklung
- Standort- und Verfahrensevaluation
- Anlagenkonzept
- Vorplanung, Genehmigungsplanung
- Ausschreibung
- Überwachung der Ausführung
- Betriebsoptimierung
- Betriebs-, Störfall-, Risikoanalysen
- Umweltverträglichkeitsberichte

- Gesamtanlagen
- Verfahrenstechnik
- Prozessautomation und Elektrotechnik (EMSRL-T)
- Bauteil inklusive Logistik

www.tbf.ch

Rückstände aus der Verbrennung
von Abfällen und Biomassen

MARTIN - Trockenentschlackung

Hol das Beste raus!

„Dauerhafte Entwicklung ist Entwicklung, die die Bedürfnisse der Gegenwart befriedigt, ohne zu riskieren, dass kü
Generationen ihre eigenen Bedürfnisse nicht befriedigen können." (1713 - Hans Carl von Carlowitz)

Metalle werden bei der Verbrennung nicht zerstört. Deshalb ermöglichen die Abfallverbrennungsan
mit MARTIN-Rostsystemen nicht nur eine effiziente Energiegewinnung aus unserem Restabfall so
auch hohe Metall-Recyclingquoten. Selbst der komplizierte Materialmix unserer modernen Produ
stellt für unsere Anlagen kein Problem dar.

Mit der MARTIN-Trockenentschlackung können die Metalle optimal sauber und mit hohem Wirkung
zurückgewonnen werden. Der Eisenschrott wird direkt von der Stahlindustrie verwertet.
Eisenmetalle wie Aluminium, Kupfer, Edelmetalle u.v.m. lassen sich weiter aufkonzentrieren und
ebenfalls zu neuen Produkten verarbeiten. ... Schlacke aus Verbrennungsanlagen in Mitteleuropa e
etwa soviel Gold wie das Erz einer durchschnittlichen Goldmine. Holen wir es ‚raus!

Anlagenbau mit Blick auf die Umwelt

www.martingmbh.de

Nasse und trockene Entaschung in Abfallverbrennungsanlagen
– Erkenntnisse für die Überarbeitung des
BVT-Merkblatts Abfallverbrennung –

Peter Quicker, Battogtokh Zayat-Vogel, Thomas Pretz, Andrea Garth, Ralf Koralewska und Sasa Malek

1.	Hintergrund	153
2.	Aufgabenstellung	155
3.	Projektstruktur	156
4.	Probengewinnung durch Nass- und Trockenentschlackung	158
5.	Mechanische Aufbereitung	161
6.	Erste Ergebnisse	163
6.1.	Feuerungsführung	163
6.2.	Massenbilanz Probenahme	163
6.3.	Mechanische Aufbereitung Trockenschlacke	164
6.4.	Chemische Analysen	166
7.	Fazit	168
8.	Literatur	170

1. Hintergrund

Bei der Verbrennung fester Siedlungsabfälle in Rostfeuerungen entstehen aus den mineralischen Anteilen teilgesinterte Agglomerate, deren Komponenten unterschiedlich fest miteinander verbunden sind. Die Asche/Schlacke[1] enthält zudem metallische Anteile und geringe Mengen an Unverbranntem, die teilweise in die Agglomerate eingebunden sind. Weiterhin ist in der Asche/Schlacke ein erheblicher mineralischer Feinanteil enthalten, der auch feinkörnige metallische Bestandteile enthält.

Derzeit werden mit wenigen Ausnahmen von fast allen Abfallverbrennungsanlagen nasse Verfahren zur Entschlackung bevorzugt. Durch diese Art des Austrags wird die Asche nicht nur mit etwa zwanzig Prozent Feuchtigkeit versetzt, sondern reagiert in

---

[1] Die Begriffe Asche und Schlacke sowie Entaschung und Entschlackung werden in diesem Text redundant verwendet, da in den Verbrennungsrückständen von MVA beide Varianten auftreten.

vielfältiger Art und Weise mit dem zugesetzten Wasser. Insbesondere Aluminium wird unter Freisetzung von Wasserstoff angegriffen. Aber auch Eisen und andere Metalle reagieren. Da das mineralische Material zudem über puzzolanische Eigenschaften verfügt, setzen mit Austritt aus dem Nassentschlacker Abbindeprozesse ein. Das als *Rohschlacke* bezeichnete Material wird bis heute vor allem unter dem Aspekt der Metallrückgewinnung und der Nutzung der mineralischen Fraktion als Baustoff weiterverarbeitet. Demzufolge liegt das Hauptaugenmerk zum einen auf der Gewinnung eines möglichst reinen Fe- und NE-Metallkonzentrats, zum anderen in der Erzeugung eines Produkts, das geeignete bautechnische Eigenschaften zur Verwendung im Straßen-, Wege- und Deponiebau aufweist. Hochwertiges Recycling ist mit den aktuell verwendeten Technologien jedoch nur eingeschränkt erreichbar. Das Ziel einer möglichst vollständigen Rückgewinnung der Metalle ist aus mehreren Gründen derzeit nicht realisierbar:

- Durch den nassen Schlackeaustrag und die damit verbundenen unvermeidlichen Oxidationsprozesse wird bereits im Entschlacker ein Teil der Metalle entwertet.
- Durch die Anhaftungen von feinem Material, lässt sich die Schlacke im Feinkornbereich nicht gut klassieren oder effektiv mechanisch trennen.
- Die Rückgewinnung von NE-Metallen im Feinkornbereich ist schwierig.
- Der Abbindeprozess erschwert einen Aufschluss der Einzelkomponenten und damit ihre Abtrennbarkeit.

Diese Randbedingungen führen dazu, dass einerseits die Metalle nur unvollständig zurückgewonnen werden und andererseits lediglich ein Baustoff erzeugt wird, dessen Verwendung zunehmend schärferen Umweltauflagen unterliegt. Abgesehen vom Einsatz als Versatzbaustoff in Bergwerken oder als Material zur Deponieabdeckung gestaltet sich das Recycling der mineralischen Aschefraktionen aus Abfallverbrennungsanlagen schwierig.

Weiterhin zeigen Forschungsergebnisse der letzten Jahre eine selektive Anreicherung verschiedener Metalle in den feinen Korngrößenklassen, die teilweise durch eine thermische Zerkleinerung aber auch durch typische Baugrößen von metallischen Komponenten – z.B. Goldbeschichtungen auf den Kontakten von Elektrogeräten, Lötverbindungen usw. – bedingt sind. Untersuchungen im Feinkornbereich < 5 mm zeigen Edelmetallgehalte, die teilweise die Gehalte in natürlichen Lagerstätten übersteigen: So konnten beispielsweise 5 g Palladium, 105 g Gold oder 1.425 g Silber pro Tonne Rostasche ermittelt werden [6].

Trotz stetig optimierter Sammel- und Verwertungssysteme für ausgewählte Abfallströme werden durch Fehlwürfe und Verbundstoffe metallische Teilmengen in den Restabfall eingetragen. Nach dem Verbot der Deponierung von unbehandeltem Restabfall sind die in Abfallverbrennungsanlagen behandelten Mengen deutlich angestiegen. Verbesserte, der thermischen Behandlung von Siedlungsabfällen vorgeschaltete Aufbereitungstechnologien, die es erlauben, Ersatzbrennstoff-Fraktionen oder Inertstoff-Fraktionen vor der Abfallverbrennung abzutrennen, treiben die Gehalte feinverteilter Metalle im Brennstoff und in der Folge auch in den zurückbleibenden Aschen/Schlacken in die Höhe. [3]

Nachstehend ist die Zusammensetzung von NE-Metallkonzentraten (Produkte aus der Wirbelstromscheidung) aus Rostaschen dargestellt [1]:

- Aluminium 25 bis 70 Ma.-%,
- Eisen 5 bis 11 Ma.-%,
- Schwermetalle (Cu, Messing, Zn usw.) 4 bis 15 Ma.-%,
- VA-Stahl bis 6 Ma.-%,
- Rest (Steine, Schlacke usw.) 15 bis 50 Ma.-%.

Eigene Analysen von NE-Metallkonzentraten aus Abfallverbrennungs-Rostaschen verschiedener Korngrößenklassen zeigt Tabelle 1.

Tabelle 1: Ergebnisse aus Schmelzanalysen von NE-Metallkonzentraten in Rostaschen von Abfallverbrennungsanlagen in verschiedenen Korngrößenklassen

Fraktion mm	Element													
	Gew.-%								ppm					
	Al	Cu	Zn	Si	Fe	Ag	Mn	Ni	Sn	Co	Sb	Bi	Ga	In	P
4 – 10	61,7	25,3	6,4	0,7	0,6	0,4	0,19	0,08	0,14	58,5	96,5	43,0	91	3	14,5
10 – 20	74,6	14,3	5,0	1,3	0,5	0,01	0,23	0,08	0,05	5,0	175	31,0	101	3	45,0
20 – 30	51,9	30,9	8,3	1,3	1,3	0,0	0,09	0,11	0,14	37,0	48,5	33,1	75	3	10,0

Quelle: Pretz, T.; Wens, B.: Wertstoffpotenziale in Verbrennungsrückständen, in Pinnekamp, Johannes (Hg.): 45. Essener Tagung für Wasser- und Abfallwirtschaft: Wasserwirtschaft und Energiewende. Aachen: Ges. zur Förderung der Siedlungswasserwirtschaft an der RWTH Aachen. (Gewässerschutz Wasser Abwasser ; 230), 14/1-14/8

2. Aufgabenstellung

Im Rahmen des UFOPLAN-Vorhabens FKZ 3713 33 303 *Möglichkeiten einer ressourcenschonenden Kreislaufwirtschaft durch weitergehende Gewinnung von Rohstoffen aus festen Verbrennungsrückständen aus der Behandlung von Siedlungsabfällen*, sollen technische Optionen zur Steigerung der Rückgewinnung und Verwertung von Metallen und mineralischen Rohstoffen aus festen Verbrennungsrückständen untersucht und bewertet werden. Insbesondere sollen die Wertstoffpotenziale von trocken- und nass entaschten Abfallverbrennungs-Schlacken anhand praktischer Untersuchungen im industriellen Maßstab aufgezeigt und verglichen werden.

Für die Potenzialermittlung wird ein theoretischer Arbeitsteil zur Erfassung bestehender Erkenntnisse und Literaturdaten abgearbeitet.

Im praktischen Arbeitsteil des Projektes wurden die beiden grundsätzlich unterschiedlichen verfahrenstechnischen Ansätze zur Rohstoffrückgewinnung aus Abfallverbrennungs-Rückständen – die Nass- und die Trockenentschlackung – experimentell untersucht. Die zur Versuchsdurchführung benötigten Materialproben wurden aus einer Abfallverbrennungsanlage entnommen, die über einen nass betriebenen Stößelentschlacker verfügt. Es bestand die Möglichkeit, einen Nassentschlacker für mehrere Stunden trocken zu betreiben.

Auf diese Weise wurden im Projekt nass- und trockenentaschte Materialproben aus der gleichen Verbrennungslinie gewonnen. Die Anlage wurde in Absprache mit der ITAD und der Martin GmbH ausgewählt.

Mit den gewonnenen Erkenntnissen soll dem Umweltbundesamt eine fundierte Datenbasis zur Verfügung gestellt werden, die als Grundlage für zukünftige Entscheidungen zur nationalen Umsetzung der Europäischen Abfallrahmenrichtlinie sowie der bevorstehenden Überarbeitung des Dokumentes für die besten verfügbaren Techniken im Bereich der Abfallverbrennung dienen soll.

3. Projektstruktur

Zur Lösung der Aufgabenstellung sind drei übergeordnete Arbeitsteile vorgesehen. Bild 1 zeigt die Projektstruktur. Im Rahmen des ersten Arbeitsteils wird schwerpunktmäßig die Erfassung, Verarbeitung und Auswertung bestehender Informationen und Literaturdaten durchgeführt. Darüber hinaus werden neben Literaturdaten auch Anlagendaten erhoben. Zu diesem Zweck ist der Besuch verschiedener Abfallverbrennungs- und Schlackeaufbereitungsanlagen vorgesehen.

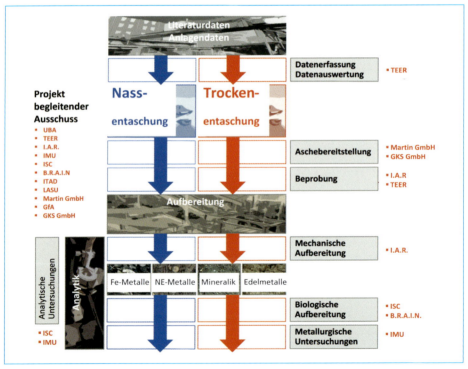

Bild 1: Projektstruktur des UFOPLAN-Vorhabens – Möglichkeiten einer ressourcenschonenden Kreislaufwirtschaft durch weitergehende Gewinnung von Rohstoffen aus festen Verbrennungsrückständen aus der Behandlung von Siedlungsabfällen

Der zweite Arbeitsteil beinhaltet praktische Arbeitspakete in denen durch orientierende Aufbereitungsexperimente Informationen zur Wirksamkeit der jeweiligen Methode gesammelt werden sollen.

In diesem Zusammenhang werden mechanische, biologische und metallurgische Aufbereitungs- und Charakterisierungsmethoden angewendet.

Basierend auf den Ergebnissen der theoretischen und praktischen Arbeitspakete werden im abschließenden dritten Arbeitsteil die Möglichkeiten der weitergehenden Rückgewinnung von Rohstoffen aus Abfallverbrennungs-Schlacken bewertet und Handlungsempfehlungen, insbesondere für die Konzeption eines optimierten Aufbereitungsverfahrens für diese Schlacken, erarbeitet und dokumentiert.

Begleitet wird das Vorhaben während seiner gesamten Laufzeit durch einen Ausschuss, in dem alle am Projekt beteiligten Partner, weitere externe Fachleute sowie das Umweltbundesamt vertreten sind. Beim Zusammenwirken der großen Anzahl an Experten mit unterschiedlicher Expertise werden Synergieeffekte zur optimalen Bearbeitung des Vorhabens erwartet.

Tabelle 2 enthält eine Übersicht über die Projektpartner, die am projektbegleitenden Ausschuss beteiligten Personen und Institutionen sowie über weitere unterstützende Partner.

Tabelle 2: Projektpartner, Mitglieder des projektbegleitenden Ausschusses und weitere unterstützende Partner

Institution	Bearbeiter
Projektleitung	
RWTH Aachen Lehr- und Forschungsgebiet Technologie der Energierohstoffe (TEER)	Prof. Dr.-Ing. Peter Quicker Dipl.-Ing. Battogtokh Zayat-Vogel
Projektpartner	
RWTH Aachen Institut für Aufbereitung und Recycling (I.A.R.)	Prof. Dr.-Ing. Thomas Pretz Dipl.-Ing. Andrea Garth
Universität Duisburg-Essen Institut für Metallurgie und Umformtechnik	Prof. Dr.-Ing. Rüdiger Deike Dominik Ebert, B.Sc.
Fraunhofer-Institut für Silicatforschung ISC	Dr. Carsten Gellermann Dr. Stefan Ratering
Martin GmbH für Umwelt- und Energietechnik	Dr.-Ing. Ralf Koralewska Saša Malek, M.Sc.
Biotechnology Research And Information Network AG	Dr. Esther Gabor Yvonne Tiffert
Mitglieder projektbegleitender Ausschuss	
Interessengemeinschaft der Thermischen Abfallbehandlungsanlagen in Deutschland e.V. ITAD	Dipl.-Ing. Carsten Spohn
Fachhochschule Münster, Lehr- und Forschungsgebiet Kreislauf- und Abfallwirtschaft, Infrastruktur-, Ressourcen- und Stoffstrommanagement	Prof. Dr.-Ing. Sabine Flamme
GKS - Gemeinschaftskraftwerk Schweinfurt GmbH	Dr.-Ing. Ragnar Warnecke
GfA - Gemeinsames Kommunalunternehmen für Abfallwirtschaft der Landkreise Fürstenfeldbruck und Dachau	Dr.-Ing. Thomas König
Weitere unterstützende Partner	
stoffstromdesign - ralf ketelhut - Sortierkontor	Ralf Ketelhut
C.C. Umwelt AG	Dieter Kersting

4. Probengewinnung durch Nass- und Trockenentschlackung

Die Beprobung und Bereitstellung Asche/Schlacke für die Aufbereitungsversuche wurde im Februar 2014, in der achten Kalenderwoche von der Martin GmbH, den Mitarbeitern des MHKW und der RWTH Aachen durchgeführt. Die Probenmengen aus der Nass- und Trockenentschlackung wurden auf jeweils mindestens fünf Tonnen festgelegt.

Die Asche/Schlacke wurde zeitlich hintereinander an einer Linie mit Stößelentschlacker entnommen. Bei der Beprobung wurde eine typische Mischung aus Siedlungs- und Gewerbeabfällen verbrannt. Hierzu wurde vom Betreiber ein Bunkermanagement organisiert, mit dem eine während beider Versuchszeiträume möglichst einheitliche Abfallzusammensetzung erreicht werden sollte.

Bild 2:

Vorgemischter Abfall bei der Aufgabe in den Trichter

Bei der Probenahme wurde an der Linie des Abfallheizkraftwerks vorgemischter Abfall verbrannt, der zu jeweils fünfzig Prozent aus Haus- und Gewerbeabfall bestand. Vor der Abfallhomogenisierung wurde ein Teilbereich des Bunkers zur Mischung des Inputmaterials leer gefahren.

Der nur an einem Tor angelieferte Abfall wurde vom Kranfahrer gemischt. Das gemischte Material wurde im Bunker getrennt gehalten und nur dieser Linie zugegeben. An der ausgewählten Anlage wurden solche Abfallmischungen bereits bei vielen Versuchen zur Heizwertbestimmung mit Erfolg eingesetzt, so dass das Personal mit der Vorgehensweise sehr gut vertraut war. Bild 2 zeigt eine Aufnahme des vorgemischten Abfalls während der Aufgabe.

Zur Staubminimierung bei der Probenahme wurde der vorgesehene Austragsbereich vollständig eingehaust. Zusätzlich wurde ein Gebläse zur Absaugung und Filterung der Luft installiert. Der Entschlackerbetrieb wurde während des Beprobungszeitraums auf Hand gestellt; die Rostschlacke wurde in kürzeren Abständen als im Automatikbetrieb ausgetragen.

Zur Entnahme der Asche/Schlacke aus dem Transportkanal zwischen Stößelentschlacker und Schlackebunker wurde das erste Schwingrinnensegment das Transportkanals unterhalb der Abwurfkante des Entschlackers durch ein offenes Segment mit einem

Stangensieb (Stangenabstand 10 cm) ersetzt. In Bild 3 (links) ist die Probenahmestelle vor der Beprobung dargestellt. Das rechte Bild 3 zeigt die mit Überkorn > 100 mm (vorne) und der Feinfraktion < 100 mm (hinten) befüllten Loren. Insgesamt wurden jeweils zwölf Loren mit Feinanteil befüllt.

Bild 3: Probenahme: Montiertes Stangensieb und Loren zur Erfassung der Grob- und Feinfraktion (links); Feinfraktion (hintere Lore) und Überkorn (im Vordergrund) bei Nassentschlackung (rechts)

Die Loren mit dem Überkorn wurden händisch in die vier Fraktionen Metalle, Steine, Agglomerate/versintertes Grobkorn sowie Unverbranntes aufgeteilt und deren Masse protokolliert. Der dabei zurückbleibende Anteil an feinerem Material wurde dem Feingut zugeschlagen.

Die Nassentschlackung bei der Probenahme wurde analog zum normalen Betrieb durchgeführt. Vor der weiteren Aufbereitung wurde die Schlacke zur Alterung drei Monate gelagert. Diese Phase ist inzwischen abgeschlossen. Die Schlacke befindet sich aktuell zur Aufbereitung im Technikum des Institutes für Aufbereitung und Recycling der RWTH Aachen. Während der Alterungszeit wurden regelmäßig Proben aus dem Haufwerk genommen. Dabei sollten die Stabilisierung der oxidierbaren Elemente, das Verhalten der Schwermetalle im Fluat und die Umwandlung von Kalkkomponenten untersucht werden.

Bild 4: Materialentnahme bei Nass- (links) und Trockenentschlackung (rechts)

Energie aus Abfall

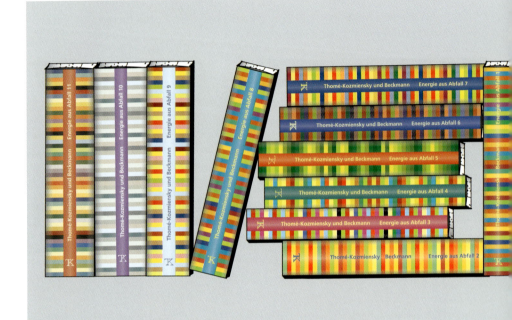

Herausgeber: Karl J. Thomé-Kozmiensky und Michael Beckmann • Verlag: TK Verlag Karl Thomé-Kozmiensky

Energie aus Abfall, Band 1 (2006)	Energie aus Abfall, Band 2 (2007)	Energie aus Abfall, Band 3 (2007)	Energie aus Abfall, Band 4 (2008)
ISBN: 978-3-935317-24-5	ISBN: 978-3-935317-26-9	ISBN: 978-3-935317-30-6	ISBN: 978-3-935317-32-0
Hardcover: 594 Seiten mit farbigen Abbildungen	Hardcover: 713 Seiten mit farbigen Abbildungen	Hardcover: 613 Seiten mit farbigen Abbildungen	Hardcover: 649 Seiten mit farbigen Abbildungen

Energie aus Abfall, Band 5 (2008)	Energie aus Abfall, Band 6 (2009)	Energie aus Abfall, Band 7 (2010)	Energie aus Abfall, Band 8 (2011)
ISBN: 978-3-935317-34-4	ISBN: 978-3-935317-39-9	ISBN: 978-3-935317-46-7	ISBN: 978-3-935317-60-3
Hardcover: 821 Seiten mit farbigen Abbildungen	Hardcover: 846 Seiten mit farbigen Abbildungen	Hardcover: 765 Seiten mit farbigen Abbildungen	Hardcover: 806 Seiten mit farbigen Abbildungen

Energie aus Abfall, Band 9 (2012)	Energie aus Abfall, Band 10 (2013)	Energie aus Abfall, Band 11 (2014)	
ISBN: 978-3-935317-78-8	ISBN: 978-3-935317-92-4	ISBN: 978-3-944310-06-0	**Paketpreis** Energie aus Abfall, Band 1 bis 11 **300,00 EUR** statt 550,00 EUR Einzelpreis: 50,00 EUR
Hardcover: 809 Seiten mit farbigen Abbildungen	Hardcover: 1096 Seiten mit farbigen Abbildungen	Hardcover: 977 Seiten mit farbigen Abbildungen	

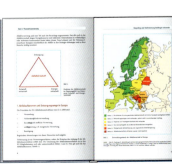

Bestellungen unter www.vivis.de
oder

Dorfstraße 51
D-16816 Nietwerder-Neuruppin
Tel. +49.3391-45.45-0 • Fax +49.3391-45.45-10
E-Mail: tkverlag@vivis.de

TK Verlag Karl Thomé-Kozmiensky

Für die Beprobung der Trockenentschlackung wurde die Rostschlacke im Entschlacker aufgestaut, um den Luftabschluss der Feuerung nach außen sicherzustellen. Nach dem Ablassen des Wassers wurde der Entschlacker während mehrerer Stunden trocken gefahren, bevor mit der Beprobung begonnen wurde. Dabei wurde die Feuchte der Rostschlacke im Schlackebunker kontinuierlich überwacht. Hierdurch sollte sichergestellt werden, dass die Beprobung der Trockenschlacke erst nach Vorliegen vollständig trockener Schlacke erfolgt. Die Rostschlacke aus der Trockenentschlackung wurde direkt anschließend im Technikum des I.A.R. mechanisch aufbereitet.

Bild 4 zeigt die Durchführung der Nass- und Trockenentschlackung.

Probenahme und Probenvorbereitung der Rostschlacke erfolgten in Anlehnung an die VGB-Richtlinie M216H [7], die FDBR-Richtlinie RL 7 *Abnahmeversuche an Abfallverbrennungsanlagen mit Rostfeuerungen*, Ausgabe 03/2013 [2] und die Vorschrift LAGA PN98 [4]. Die erzeugten Laborproben wurden in beschriftete Gefäße (PE/Glas) luftdicht abgefüllt und unverzüglich zur Analyse an akkreditierte Labore weitergeleitet, Rückstellproben wurden eingelagert. Die gesamte Rostschlackenbeprobung wurde anhand von ausführlichen Protokollen dokumentiert.

5. Mechanische Aufbereitung

Ziel der mechanischen Aufbereitung der Schlackeproben ist der Vergleich zwischen dem nass und trocken entnommenen Material. Arbeitsschritte sind die Herstellung verschiedener Kornklassen sowie eine anschließende Durchführung, Dokumentation und Bewertung der mehrstufigen Metallabtrennung zur Gewinnung von Fe- und NE-Metallfraktionen in den einzelnen Kornklassen.

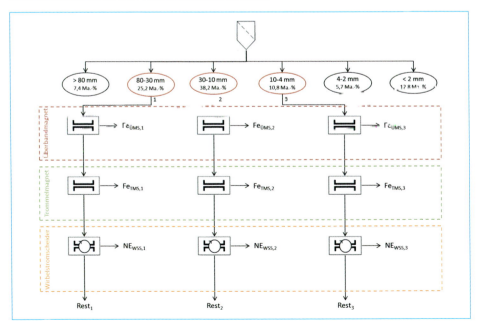

Bild 5: Übersicht der mechanischen Schlackeaufbereitung

Die mechanische Aufbereitung der Trockenasche wurde gemäß der in Bild 5 dargestellten Methode durchgeführt. Zunächst wurde in sechs Kornklassen siebklassiert, wovon die Fraktionen 4 bis 80 mm der Metallseparation zugeführt wurden.

Die Siebklassierung der Trockenasche wurde im ersten Schritt mit einem robusten, treppenstufig angeordneten Kreisschwingsieb bei 30 mm und 80 mm durchgeführt, um die Siebmatten des für die kleineren Fraktionen verwendeten Spannwellensiebs vor Beschädigungen durch grobe, scharfkantige Agglomerate/Bestandteile zu schützen. Im zweiten Schritt wurde die Siebklassierung des Materials < 30 mm absteigend, bei den Korngrößen 10, 4 und 2 mm mit einem Spannwellensieb durchgeführt. Insgesamt wurden sechs Big Bags mit einem Gesamtnettogewicht von 2,9 Tonnen Trockenasche der Siebklassierung zugeführt. Das restliche Probenmaterial wurde als Rückstellprobe eingelagert. In den Bildern 6 und 7 sind die eingesetzten Siebmaschinen dargestellt.

Bild 6: Kreisschwingsieb: Seitenansicht (links) und treppenstufige Anordnung der Siebbeläge (rechts)

Quelle: IFE Aufbereitungstechnik GmbH

Im Anschluss an die Siebklassierung wurden Einzelproben der Kornklassen 4 bis 10, 10 bis 30 und 30 bis 80 mm der Metallseparierung zugeführt. Dazu wurden zunächst aus jeder Kornklasse Einzelproben durch definierte Probenteilung vorbereitet. In Anlehnung an die Empfehlungen sowohl der LAGA PN 98 als auch der LAGA PN 2/78 K wurden für jede Kornklasse jeweils zehn Einzelproben entnommen, die der Metallseparation zugeführt wurden.

Die Metallseparation zur Abtrennung von Fe- und NE-Metallen wurde mehrstufig durchgeführt. Eingesetzt wurden, wie in Bild 5 dargestellt, hintereinander die Aggregate Überbandmagnetscheider, Trommelmagnetscheider und Wirbelstromscheider (alle Fa. Steinert Elektromagnetbau GmbH).

Teilfraktionen aus der mechanischen Aufbereitung werden von den Partnern weiteren Untersuchungen, zur biologischen und weitergehenden mechanischen Behandlung sowie zur metallurgischen Analyse, unterzogen.

6. Erste Ergebnisse

6.1. Feuerungsführung

Bild 7: Spannwellensieb

Quelle: Hein, Lehmann GmbH

Zur Sicherung eines optimalen Ausbrands und damit der gleichbleibenden Qualität der Rostschlacke ist auf eine stabile Feuerungsführung, bereits 6 bis 8 Stunden vor Beginn und während der Rostschlackebeprobung zu achten. Hierzu wurden die Soll- und Ist-Werte von Dampfmenge, Sauerstoff am Kesselende sowie die Feuerraumtemperatur kontinuierlich überwacht. Es zeigte sich, dass die Feuerung an beiden Versuchstagen stabil gelaufen ist.

Der Vergleich der Primär- und Sekundärluftmenge und -temperatur ergab nahezu identische Luftmengen. Lediglich die Sekundärlufttemperatur war beim Trockenaustrag um etwa 3 °C höher, was keinen signifikanten Einfluss auf die Feuerung hatte.

Der mittlere Heizwert des Abfalls lag bei der Nassentschlackung bei 11,15 MJ/kg, während der Trockenentschlackung bei 11,24 MJ/kg. Entsprechend wurde ein durchschnittlicher Abfalldurchsatz von 16,63 t/h während der Nassentschlackung und ein Durchsatz von 15,63 t/h während der Trockenentschlackung erreicht.

Unter Berücksichtigung der Inhomogenitäten des Abfallinputs sowie der Schwierigkeit der vollständig homogenen Mischung im Abfallbunker sind die Heizwerte sowie der Abfalldurchsatz an den beiden Tagen sehr gut vergleichbar.

Zusammenfassend lässt sich feststellen, dass die Feuerung in beiden Beprobungszeiträumen stabil gefahren ist und vergleichbare Bedingungen vorgelegen haben.

6.2. Massenbilanz Probenahme

Im Rahmen der Schlackebeprobung wurden insgesamt rund zwanzig Tonnen Schlacke entnommen, jeweils etwa zur Hälfte bei der Nass- und Trockenentschlackung. Tabelle 3 zeigt den jeweiligen Anteil an Feingut < 100 mm sowie die Zusammensetzung der Überkornfraktionen > 100 mm.

Auffällig ist, dass bei der Trockenentschlackung mit 16,6 Ma.-% knapp drei Mal mehr Überkorn als bei der Nassentschlackung anfiel. Die Fraktion > 100 mm besteht bei der trocken entnommenen Schlacke mit etwa 75 Prozent zu einem sehr hohen Anteil an Agglomeraten (1,26 Tonnen). Bei der Nassschlacke liegt der Anteil der Agglomerate bei lediglich 40 Prozent bzw. 240 kg. Dies lässt sich dadurch erklären, dass die heißen

Agglomerate im Wasserbad des Entschlackers starken thermischen Spannungen ausgesetzt sind, die zum Aufbrechen der in der Feuerung gebildeten Agglomerate führen.

Bei der Bilanzierung der Massen wurde die insgesamt entnommene Schlackemenge, inklusive Überkorn, zu hundert Prozent gesetzt. Grund hierfür ist, dass sich die Mengen der Überkornfraktion auf Gesamtschlackemenge beziehen und aus dieser entnommen wurden. Von der verbleibenden Menge an Feinkorn wurden nur die für die mechanische Aufbereitung erforderlichen Probemengen entnommen. Der Rest wurde dem Schlackebunker der MHKW zugeführt.

Tabelle 3: Massenbilanz der Probenahme von Nass- und Trockenschlacke

				Menge t	Anteil %
Nassschlacke	Insgesamt entnommen			9,98	100
	Feinkorn < 100 mm zur Alterung			8,64	86,6
	Überkorn > 100 mm	davon	Metalle	0,24	2,4
			Steine	0,08	0,8
			Agglomerate	0,24	2,4
			Unverbranntes	0,0423	0,4
		Gesamt		0,60	6,0
	Verworfen in Schlackenbunker			0,74	7,4
Trockenschlacke	Insgesamt entnommen			10,12	100
	Feinkorn < 100 mm zur Aufbereitung			6,54	64,6
	Überkorn > 100 mm	davon	Metalle	0,32	3,2
			Steine	0,08945	0,9
			Agglomerate	1,26	12,4
			Unverbranntes	0,0158	0,1
		Gesamt		1,68	16,6
	Verworfen in Schlackenbunker			1,9	18,8

6.3. Mechanische Aufbereitung Trockenschlacke

Bisher konnte nur die Aufbereitung der Trockenschlacke durchgeführt werden, da die Nassschlacke erst den dreimonatigen Alterungsprozess durchlaufen musste.

Die kumulierte Siebrückstandslinie, die bei der Siebklassierung der 2,9 Tonnen Rostasche mit Kreisschwingsieb und Spannwellensieb im Technikumsmaßstab erzeugt wurde *Siebung Technikum* ist in Bild 8 dargestellt. Daraus geht hervor, dass der Anteil < 30 mm rund 70 Ma.-% beträgt. Mit etwa 40 Ma.-% macht die Fraktion 10 bis 30 mm den größten Massenanteil an der untersuchten Rostasche aus. Der Feinkornanteil < 10 mm beträgt etwa 30 Ma.-%.

Zur Ermittlung der Korngrößenverteilung wurden die Siebversuche mit IFE- und Spannwellensieb durch kleintechnische Siebprozesse bis hin zur Prüfsiebung ergänzt. Dazu wurden fünf Teilproben zu 10 kg der unbehandelten Rostasche im Rohzustand untersucht. Diese Ergebnisse sind ebenfalls in Bild 8 dargestellt. Es ist deutlich zu erkennen, dass zwischen der Siebung im Technikumsmaßstab und den Prüfsiebungen eine Verschiebung der Korngrößenverteilung in den Feinkornbereich auftritt. Die Fraktion 10 bis 30 mm hat mit etwa 40 Ma.-% immer noch den größten Anteil an der untersuchten Rostasche. Der Massenanteil < 30 mm ist im Vergleich zu der technischen Siebung von 70 auf 80 Ma.-% gestiegen. Im Korngrößenbereich < 10 mm kommt es ebenfalls zu einer Zunahme des Feinkornanteils von 30 auf 40-50 Ma.-%. Grundsätzlich zeigen die Ergebnisse der Prüfsiebungen eine gute Reproduzierbarkeit. Lediglich Probe 3 hat einen deutlich höheren Massenanteil über 80 mm, da hier ein einzelnes Agglomerat mit einer Masse von 1,5 kg einen Anteil von 14 Prozent von der Gesamtmasse der Probe einnahm.

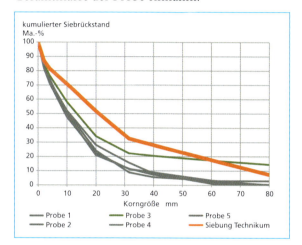

Bild 8: Kumulierte Siebrückstandslinie der technischen Siebung im Vergleich zu den Sieblinien aus Prüfsiebungen von Stichproben der Trockenschlacke

Die Ergebnisse zeigen, dass bei der technischen Siebung ein signifikanter Anteil von feinerem Gut in den gröberen Korngrößenklassen verbleibt. Durch die Sieblinie der technischen Siebung wird also ein gröberes Gut suggeriert als tatsächlich vorliegt.

Inwieweit der Feingutanteil auch durch die Siebung selbst erzeugt wird, konnte nicht quantifiziert werden. Es ist jedoch anzunehmen, dass ein gewisser Feingutanteil durch die Siebbeanspruchung entsteht, da die Trockenschlacke sehr spröde Materialeigenschaften aufweist, die bei mechanischer Beanspruchung während der Siebvorgänge zum Aufbrechen der stückigen Agglomeratstruktur führen können.

Bild 9 zeigt das Massausbringen der Metallsortierung für die verschiedenen Kornklassen. Es ist erkennbar, dass die drei Kornklassen bei der Metallabscheidung ein ähnliches Verhalten zeigen. Mit zunehmender Korngröße steigt das Masseausbringen der Metallabscheidung, gleichzeitig sinkt das Masseausbringen der nicht abgetrennten, nicht magnetischen Restfraktion (Rest). Diese hat dennoch in jeder Kornklasse die größte Masse (45 bis 65 Prozent).

Bei den hier dargestellten Ergebnissen handelt es sich nur um die abgetrennten Massen in Bezug auf den Gesamtinput. Neben den Metallen enthalten diese abgetrennten Fraktionen auch mineralische Bestandteile in unterschiedlichen Mengen. Um weitere Aussagen zu Ausbeute, Qualität und Quantität der Metallabscheidung treffen zu können, müssen auch das Wertstoffausbringen sowie analytische Untersuchungen der Metallgehalte herangezogen werden. Diese Untersuchungen werden derzeit durchgeführt.

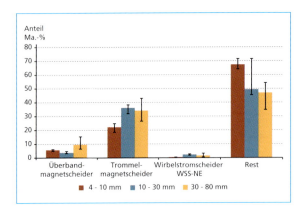

Bild 9:

Masseausbringen bei der Metallabscheidung für unterschiedliche Kornfraktionen, bei jeweils n = 10 Einzelversuchen

6.4. Chemische Analysen

Die Schlacken wurden bei der Entnahme, während der Alterung (Nassschlacke) und im Rahmen der Aufbereitung vielfach beprobt. Anhand dieser Proben werden die Feststoffgehalte sowie die Eluatwerte verschiedener Elemente analytisch ermittelt. Bisher ist erst ein kleiner Teil der Proben vollständig analysiert. Dies sind zum einen die Proben, die direkt bei der Versuchskampagne entnommen wurden. Hierfür liegen demnach erste vergleichende Werte für die Nass- und Trockenentschlackung vor. Zum anderen sind die chemischen Analysen der im Rahmen der mechanischen Aufbereitung gewonnen Feinfraktionen 0 bis 2 und 2 bis 4 mm verfügbar.

Ein fundierter Vergleich der Nass- mit der Trockenentschlackung ist aufgrund der geringen Datenbasis noch nicht möglich. Die im Folgenden dargestellten Analysenwerte sollen lediglich einen ersten Eindruck ermöglichen. Um die aktuell vorhandenen Analysenwerte besser einschätzen zu können, wurden jeweils – soweit vorhanden – auch Literatur- und Praxiswerte (die nur für nass entschlacktes Material verfügbar waren) sowie die Angaben der LAGA dargestellt. Ein direkter Vergleich ist nur für die nass und trocken entschlackten Fraktionen < 30 mm zulässig.

Der Vergleich der Analysenwerte mit den Literatur- und Praxiswerten zeigt zunächst, dass sich die ermittelten Messwerte in üblichen Bereichen bewegen (Bild 10). Lediglich für Quecksilber wird in der Mitgliederumfrage der ITAD ein deutlich höherer Wert angegeben, als im Rahmen der Beprobung festgestellt werden konnte.

Insgesamt sind nach aktueller Datenlage keine signifikanten Unterschiede in den Metallgehalten der nass und trocken entschlackten Rückstände festzustellen. Ähnliches gilt (bei Berücksichtigung der Schwankungsbreite der Daten) für die Gehalte an Schwefel und Chlor (Bild 11). Auch letzteres wird bei der nassen Entschlackung offensichtlich nicht aus der Asche ausgewaschen. Dieses Verhalten ist vermutlich darauf zurückzuführen, dass das zur Nassentschlackung verwendete Wasser zum einen Teil direkt verdampft und zum anderen Teil in der Schlacke verbleibt. In beiden Fällen werden eventuell ausgewaschene Komponenten, wie Chloride, nicht aus der Schlacke ausgetragen.

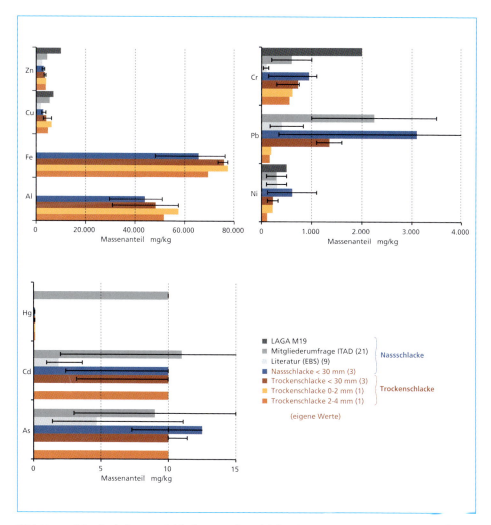

Bild 10: Metallgehalte von Schlacken aus der Abfallverbrennung. Alle Analysenwerte für die Trockenentschlackung (rot) sowie die Werte *Nassschlacke < 30 mm* (blau) beziehen sich auf das Projekt. Die übrigen Werte (grau) entstammen der Literatur. Die Zahl in Klammern bezeichnet die Anzahl der hinterlegten Datensätze

Ein tiefergehender Vergleich der Analysenergebnisse von Nass- und Trockenschlacke verbietet sich aktuell mit Blick auf die Schwankungsbereiche und die Anzahl der verfügbaren Werte.

Bild 12 zeigt die Eluatwerte für die gleichen Fraktionen, deren Feststoffzusammensetzung in Bild 10 und 11 dargestellt sind.

Auch hier ist die Anzahl der verfügbaren Daten gering, die Streuung der Ergebnisse breit. Es scheinen jedoch auch bei den Eluatwerten keine deutlichen Unterschiede zwischen den nass und trocken entaschten Proben aufzutreten. Dies gilt nicht nur für die Metalle sondern auch für Chlor und Schwefel.

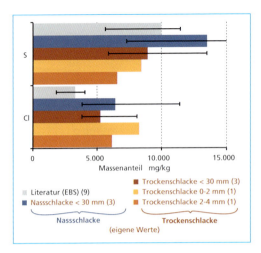

Bild 11:

Schwefel- und Chlorgehalte von Schlacken aus der Abfallverbrennung. Alle Analysenwerte für die Trockenentschlackung (rot) sowie die Werte *Nassschlacke < 30 mm* (blau) beziehen sich auf das Projekt. Die übrigen Werte (grau) entstammen der Literatur. Die Zahl in Klammern bezeichnet die Anzahl der hinterlegten Datensätze

7. Fazit

Für ein Projektfazit ist es aktuell noch zu früh. Festgehalten werden kann bisher, dass die trockene Entschlackung mit existierender Technik durchführbar ist. Für die Versuchsbeprobung wurde ein vereinfachtes, sicherheitstechnisch durchführbares Verfahren angewandt. Bei der großtechnischen Umsetzung der Trockenentschlackung an bestehenden Abfallverbrennungsanlagen wird bereits durch technische Maßnahmen ein sicherer, kontinuierlicher Betrieb gewährleistet.

Bei der Trockenentschlackung ist in Abhängigkeit vom Heizwert mit wesentlich mehr und größeren Agglomeraten zu rechnen. Allerdings muss der Aufbereitungsaufwand im Vergleich zum Aufwand der Nassschlackeaufbereitung, vor allem im Feinkornbereich, in Relation gesetzt werden.

Zur Bewertung des technisch aktuell erreichbaren Ressourcenpotenzials sowie zur Bilanzierung des gesamten Prozesses ist die Betrachtung des Masseausbringens allein nicht ausreichend. Hierzu müssen auch das Wertstoffausbringen sowie analytische Untersuchungen der Metallgehalte herangezogen werden. Die Untersuchungen werden derzeit durchgeführt.

Aktuell (Stand Ende Mai 2014) wird die drei Monate gealterte Nassschlacke mechanisch aufbereitet. Erst bei Vorliegen der vollständigen Ergebnisse und Auswertungen der mechanischen Aufbereitung und Metallabscheidung, ist eine vergleichende Bewertung der beiden Entschlackungsverfahren möglich.

Danksagung

Die Projektleitung und das Umweltbundesamt bedanken sich bei allen direkt und indirekt am Projekt beteiligten Institutionen und Firmen, insbesondere bei jenen, die unentgeltlich Arbeitszeit und zum Teil sogar in erheblichem Umfang finanzielle Mittel eingesetzt haben, um die Umsetzung in dieser Form zu ermöglichen.

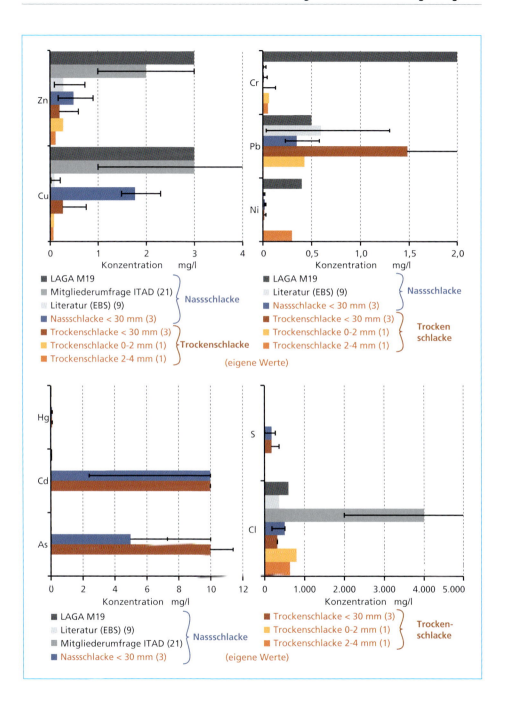

Bild 12: Eluatwerte (S4-Schüttel-Eluat 1:10, nach DIN 38414 Teil 4) von Schlacken aus der Abfallverbrennung. Alle Analysenwerte für die Trockenentschlackung (rot) sowie die Werte *Nassschlacke < 30 mm* (blau) beziehen sich auf das Projekt. Die übrigen Werte (grau) entstammen der Literatur. Die Zahl in Klammern bezeichnet die Anzahl der hinterlegten Datensätze

8. Literatur

[1] Bilitewski, B.; Jäger, J.: Energieeffizienzsteigerung und CO_2 – Vermeidungspotenziale bei der Müllverbrennung: Technische und wirtschaftliche Bewertung (EdDE-Dokumentation). Köln, 2010. Online verfügbar unter http://www.entsorgergemeinschaft.de/, zuletzt geprüft am 07.02.2013

[2] FDBR-Richtlinie RL 7: Abnahmeversuche an Abfallverbrennungsanlagen mit Rostfeuerungen: Fachverband der Anlagebau und Energie, Umwelt und Prozessindustrie, Düsseldorf. Ausgabe 03/2013

[3] Goldmann, D.: Strategische und strukturelle Überlegungen zur effizienten Nutzung anthropogener Rohstoffpotentiale in Zeiten der Globalisierungen. Müll und Abfall 10, S. 476–481, 2010

[4] LAGA 2001. LAGA PN 98. Richtlinie für das Vorgehen bei physikalischen, chemischen und biologischen Untersuchungen im Zusammenhang mit der Verwertung/Beseitigung von Abfällen. Mitteilung der Länderarbeitsgemeinschaft Abfall (LAGA) 32. Online verfügbar unter http://www.laga-online.de. Zuletzt geprüft am 13.05.2014

[5] Pretz, T.; Wens, B.: Wertstoffpotenziale in Verbrennungsrückständen, in Pinnekamp, Johannes (Hg.): 45. Essener Tagung für Wasser- und Abfallwirtschaft: Wasserwirtschaft und Energiewende. Aachen: Ges. zur Förderung der Siedlungswasserwirtschaft an der RWTH Aachen. (Gewässerschutz Wasser Abwasser ; 230), 14/1-14/8

[6] Schons, G.: Rückgewinnung von Metallen aus KVA-Schlacken: Stand der Technik. Rapperswil, 2011. Online verfügbar unter http://www.utechag.ch/, zuletzt geprüft am 08.08.2011

[7] VGB-Richtlinie M 216 H

Energie Rohstoffe Abfall

Unsere Anlagen
- Agrogas
- Altholzaufbereitung
- Biogaskraftwerk
- Biomassekraftwerk
- Bodenbehandlungszentrum
- Deponiegasverwertung
- Elektroschrottverwertung
- Freiflächenphotovoltaik
- Schlackeaufbereitung
- Sickerwasserreinigung
- Technikgebäude
- Wertstoffhöfe
- Wertstoffsortierung
- Zerlegebetrieb

Our facilities
- fermentation plant for renewable raw material
- waste wood conditioning
- bio-waste fermentation plant
- biomass incineration plant
- contaminated soil conditioning
- landfill gas utilization
- electric appliance recycling
- free space photovoltaic
- slag treatment
- leachate treatment plant
- technical building
- civic amenity centres
- recyclable sorting
- Dismantling activity

www.deponiepark.de

MARTIN - Trockenentschlackung

Hol das Beste raus!

„Dauerhafte Entwicklung ist Entwicklung, die die Bedürfnisse der Gegenwart befriedigt, ohne zu riskieren, dass kü[nftige] Generationen ihre eigenen Bedürfnisse nicht befriedigen können."   *(1713 - Hans Carl von Carlowitz)*

Metalle werden bei der Verbrennung nicht zerstört. Deshalb ermöglichen die Abfallverbrennungsanla[gen] mit MARTIN-Rostsystemen nicht nur eine effiziente Energiegewinnung aus unserem Restabfall son[dern] auch hohe Metall-Recyclingquoten. Selbst der komplizierte Materialmix unserer modernen Produk[te] stellt für unsere Anlagen kein Problem dar.

Mit der MARTIN-Trockenentschlackung können die Metalle optimal sauber und mit hohem Wirkungs[grad] zurückgewonnen werden. Der Eisenschrott wird direkt von der Stahlindustrie verwertet. N[icht-] Eisenmetalle wie Aluminium, Kupfer, Edelmetalle u.v.m. lassen sich weiter aufkonzentrieren und [...] ebenfalls zu neuen Produkten verarbeiten. ... Schlacke aus Verbrennungsanlagen in Mitteleuropa en[thält] etwa soviel Gold wie das Erz einer durchschnittlichen Goldmine. Holen wir es ‚raus!

Anlagenbau mit Blick auf die Umwelt

www.martingmbh.de

Die praktische Umsetzung der Trockenentschlackung

Edi Blatter, Marcel zur Mühlen und Eva-Christine Langhein

1.	Entwicklung	174
2.	Beschreibung des Verfahrens	176
3.	Betriebserfahrungen an der KVA Monthey	179
4.	Weiterentwicklung der MARTIN Trockenentschlackung – Entschlackung, Windsichtung, Transport und Aufbereitung	181
4.1.	Weiterentwicklung Entschlacker und Windsichtung	181
4.2.	Konzepte für den Weitertransport	182
4.3.	Konzepte für die Aufbereitung der Trockenschlacke	185
5.	Potentiale der Wertstoffrückgewinnung	188
6.	Wertschöpfung	191
7.	Zusammenfassung und Ausblicke	192
8.	Quellen	194

Schon 1713 formulierte Hans Carl von Carlowitz den Gedanken der nachhaltigen Nutzung von Rohstoffen für die Holzwirtschaft, da Holz zu dieser Zeit ein knapper Rohstoff war. Dreihundert Jahre später greift die Brundtland-Kommission diesen Gedanken wieder auf [3] *Dauerhafte Entwicklung ist Entwicklung, die die Bedürfnisse der Gegenwart befriedigt, ohne zu riskieren, dass künftige Generationen ihre eigenen Bedürfnisse nicht befriedigen können.* Die Begriffe Nachhaltigkeit und Dauerhaftigkeit sind gleichwertig und stehen für das Ziel, soziale, ökonomische und ökologische Bedürfnisse so zu erfüllen, dass keine Nachteile, für die nachfolgenden Generationen entstehen können.

Heute sind einige Metalle knapp, z.B. Kupfer. Der Zukauf dieser Werkstoffe wird für die rohstoffarmen aber hochindustrialisierten Länder immer kritischer. Rohstoffreiche Länder werden in ihrem Selbstverständnis emanzipierter und beeinflussen daher die Sicherheit der Versorgung. Die Rückgewinnung von Metallen und anderen Rohstoffen aus Gebrauchsgütern, Gebäuden und sonstigen Infrastrukturgegenständen gewinnen daher zunehmend an Bedeutung. *Urban-Mining* wird immer notwendiger, um den Rohstoffbedarf zu decken. Damit werden Abfallverbrennungsanlagen in ihrer

Notwendigkeit zur aktiven Ressourcenschonung noch attraktiver, weil mit diesen Anlagen die in nicht weiterverwendbaren Gebrauchsgütern, Konstruktionen usw. enthaltenen Metalle von ihren Fassungen, Lackierungen usw. befreit werden. Neben der Energieeffizienz wird zukünftig der effizienten Ausbeute der Wertstoffe zur Substitution von Rohstoffen, also der *Ressourceneffizienz*, größere Bedeutung zukommen

Vor allem in der Schweiz verfolgt die Politik neben der Ressourcenschonung durch Energiegewinnung mit Abfall das Ziel, aus Schlacke mehr Metalle, speziell Nichteisen-Metalle, in besserer Qualität und mit höherer Ausbeute als bisher möglich zurückzugewinnen. Um mit möglichst geringem Energieaufwand und hoher Effizienz dieses Ziel zu erreichen ist der trockene Austrag der Schlacke ein unverzichtbarer Schritt. Ein weiterer Entwicklungsschritt ist die Beherrschung der trockenen Schlacke in den notwendigen Transportsystemen in Bezug auf die in ihr enthaltenen Feinanteile. Vor diesem Hintergrund wurde das Martin System der Trockenentschlackung entwickelt und in der Abfallverbrennungsanlage der SATOM SA in Monthey an den beiden bestehenden Linien großtechnisch umgesetzt.

Mit dem steigenden Interesse an der Trockenentschlackung werden Konzepte für den Trockenaustrag der Schlacke und den Weitertransport auf der Anlage, als auch für on-site Aufbereitungsanlagen erstellt.

Ziel ist es hierbei, den trocken ausgetragenen Schlackenstrom in einer solchen Qualität zu generieren, dass die nachfolgende Aufbereitung bezüglich Handling, Verschleiß, Energieverbrauch, Effizienz und Kosten optimiert werden kann.

Gegründet 1925, ist MARTIN heute, gemeinsam mit seinen Partnern, weltweit führend auf dem Gebiet der thermischen Behandlung und energetischen Nutzung von kommunalen und gewerblichen Abfällen tätig. Bis Anfang 2014 sind fast 409 Anlagen weltweit installiert worden, in denen täglich etwa 250.000 Tonnen Abfall behandelt werden. Sie sind ausgelegt für eine thermische Leistung von etwa 26.100 Megawatt, nach der Verbrennung bleiben etwa 54.000 Tonnen Schlacke pro Tag, die mit Ausnahme von wenigen Anlagen in Japan nass ausgetragen werden, was dem allgemeinen Stand der Technik entspricht.

Mit der Trockenentschlackung und -sortierung wird der Beitrag zur umweltgerechten Behandlung von Restabfällen mit hoher Nutzung der Energie sinnvoll ergänzt. Sie bildet die Grundlage für eine Erhöhung der Rückgewinnungsraten von in der Schlacke enthaltenen Metallen und trägt damit zur nachhaltigen Rohstoffnutzung bei.

1. Entwicklung

Seit Anfang der neunziger Jahre wurden in Japan Erfahrungen mit der Trockenentschlackung gesammelt. Dort sind sechs Anlagen mit trockenem Austrag von Schlacken mit Stößelentschlackern in Betrieb. Der trockene Austrag wurde 1996 in der Abfallverbrennungsanlage München Nord, 1997 in der KVA Buchs und 2005 in der KVA KEZO Hinwil getestet.

Basierend auf diesen Erfahrungen wurde das Konzept entwickelt, den trockenen Austrag der Schlacke mit dem Stößelentschlacker im direkten Verbund mit einem Windsichter zu realisieren. Mit dieser Konfiguration wird auf die staubende Feinschlacke im trockenen Schlackenstrom reagiert, die durch die Windsichtung aus dem Schlackenstrom abgetrennt wird. Der speziell für diese Anwendung ausgelegte Windsichter wurde in einer Technikumsanlage erprobt, mit dem Ergebnis, dass das neu entwickelte Aggregat als ergänzende Komponente zum Stößelentschlacker für den Austrag von trockener Schlacke aus der Verbrennung geeignet ist [6]. In Zusammenarbeit mit der SATOM SA ist dieses Konzept großtechnisch in der KVA Monthey umgesetzt worden.

Die KVA Monthey ist die erste und einzige Anlage in der Schweiz, in der die gesamte, trocken ausgetragene Schlacke aller Verbrennungslinien aufbereitet wird. Die Schlacke wird mit dem Stößelentschlacker ausgetragen. Direkt nach dem Entschlacker wird die Feinschlacke kleiner einem Millimeter mit Windsichtung abgetrennt. Diese Feinschlacke ist nahezu metallfrei. Die von der Feinschlacke befreite, metallangereicherte Grobschlacke wird, mit allen darin befindlichen Eisen- und Nichteisen-Metallen ohne Zwischenlagerung der auf der Anlage bestehenden Metallrückgewinnung zugeführt. Diese ist in ihrer Konzeption für nasse Schlacke ausgelegt und wurde hinsichtlich ihres Aufbaus nicht angepasst. Lediglich die NE-Abscheider wurden kundenseitig optimiert.

Derzeit sind zwei KVA's in der Schweiz mit Trockenentschlackung ausgestattet. Dies sind die KVA Monthey der SATOM SA sowie die KEZO (Kehrichtverwertung Zürcher Oberland) in Hinwil.

In der Anlage der KEZO sind bisher zwei von drei Verbrennungslinien auf Trockenaustrag umgerüstet. Als Austragssystem wurde hier der Entschlackungskanal gewählt, d.h. die Schlacke wird vom Verbrennungsrost direkt auf eine Austragsförderrinne abgeworfen, auf der die Feinschlacke kleiner fünf Millimeter abgesiebt wird. Die durch diesen Kanal in die Feuerung strömende Luft wird zur Kühlung der Schlacke eingesetzt und gelangt danach in die Feuerung. Mit dieser Luft wird ein Teil des Schlackenstaubs in den Feuerraum zurückgetragen und entsorgt. Um eine nahezu metallfreie Feinschlacke für die Weiterverarbeitung zu erhalten und weil die Feinschlacke alle Metalle kleiner fünf Millimeter enthält, hat die KEZO eine ausgeklügelte Sortieranlage zur Rückgewinnung der Metalle gebaut. Die Grobschlacke wird der vorhandenen Metallaufbereitung nicht zugeführt.

Für die Aufbereitung der trocken ausgetragenen Schlacken aus den Kehrichtverbrennungsanlagen des Kanton Zürich errichtet die ZAV Recycling AG in der Anlage KEZO in Hinwil eine grosstechnische Schlackenaufbereitungsanlage. Dafür werden die vom Betreiber in der KEZO Hinwil installierten Trockenschlackenaustragsanlagen dahingehend modifiziert, dass der bisherige Weg einer vorgängigen Siebung der Trockenschlacke von kleiner fünf Millimeter verlassen wird. Die Trockenschlacke soll mit dem ganzen Spektrum der Kornverteilung den Sortiermaschinen zugeführt werden. Die dafür benötigten Transportanlagen und Sortiermaschinen haben in ihrer Auslegung den Anteil an Feinschlacke von etwa zwanzig Prozent im Durchschnitt im Schlackenstrom zu berücksichtigen, was die Dimensionierung und die Effizienz dieser Maschinen beeinflusst.

2. Beschreibung des Verfahrens

Mit der Windsichtung wird neben der Funktion zur Erzeugung definierter Schlackenfraktionen eine Abtrennung der Feinschlacke von der Grobschlacke durchgeführt. Die Anwendung dieser mechanischen Verfahrenstechnik führt zu nachgeschalteten einfachen mechanischen Transportanlagen für die Grobschlacke zur Förderung an die Verwendungsstelle. Aufgestellt wird der Windsichter direkt nach dem Entschlacker. Die gesamte Förderstrecke kann staubfrei gehalten werden. Die vom Schlackenstrom abgetrennte Feinschlacke besteht zu etwa 98 Prozent aus mineralischen Stoffen, die direkt separat einer erlösbringenden Verwertung zugeführt werden kann.

Durch eine intelligente Verfahrensschaltung wird eine zusätzliche Emissionsstelle für die Sichterluft in die Atmosphäre vermieden. Die Sichterluft mit eventuell zusätzlichen Abluftströmen werden über den Zyklon von den Feststoffen entfrachtet und als Teilstrom in das Sekundärluftsystems der Verbrennungslinie integriert.

Anhand der Anlage der SATOM in Monthey wird die MARTIN Trockenentschlackung nachfolgend erläutert.

Die KVA Monthey liegt im Rhonetal. Sie hat zwei Verbrennungslinien. Die Verbrennungslinien wurden nach den in der folgenden Tabelle dargestellten Vorgaben ausgelegt.

	Einheit	L1/L3
Mülldurchsatz	t/h	12/10
Heizwert	kJ/kg	11.160/12.600
Bruttowärmeleistung	GJ/h	135
Dampfdruck	bar	50
Dampftemperatur	°C	410
Dampfmenge	t/h	45,7
Speisewassertemperatur	°C	130
Abgastemperatur nach Kessel	°C	180

Bild 1: KVA Monthey, Auslegungsdaten

Die Linie 3 ist 1996 und die Linie 1 ist 2003 in Betrieb genommen worden. Beide Kehrichtverbrennungslinien sind mit Rückschub-Rost und einem Dampferzeuger mit zwei Vertikalzügen und einem horizontalem Konvektionszug mit Schutzverdampfer, Überhitzer und Economiser ausgerüstet. Die nachgeschaltete Abgasreinigung jeder Linie besteht aus Elektrofilter, Nasswäscher und einer DENOX-Anlage.

Das installierte Trockenentschlackungssystem jeder Linie besteht aus den Komponenten: Stößelentschlacker, Windsichter, Zyklon, Feinschlackesieb und Luftsystem mit Gebläse. Der vorhandene Stößelentschlacker wird weiterverwendet, jedoch ohne Wasser betrieben. Die trocken aus dem Verbrennungssystem ausgetragene Schlacke wird einem direkt angeflanschten Windsichter zugeführt (Bild 2).

Umsetzung der Trockenentschlackung

Die Schlacken im Windsichter werden mit Vibration über mehrere Stufen transportiert. Dabei wird der Fein- und Staubanteil der Schlacke mittels Windsichtung von der Grobschlacke abgetrennt.

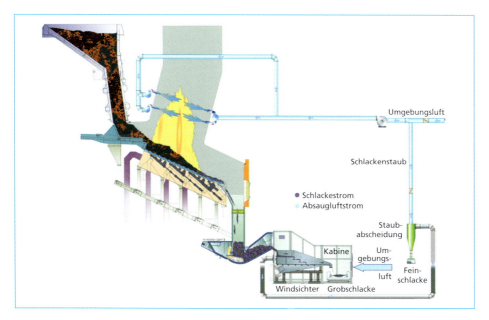

Bild 2: Prinzipskizze der Trockenentschlackung mit integrierter Entstaubung

Der Windsichter ist eingehaust. In der Einhausung wird durch den Lufthaushalt für die Windsichtung ein Unterdruck eingestellt. Damit wird verhindert, dass Staub ins Kesselhaus und über den Entschlacker Falschluft in den Feuerraum gelangt. Für den Luftabschluss wird die Schlacke im Schlackenschacht aufgestaut, sodass zwischen der Feuerung und Entschlackung klar getrennt wird.

Die Oberflächentemperatur des Entschlackers und der Schlacke liegen im Mittel bei 60 °C.

Bild 3: Fertig montierter Windsichter

Die trockene Schlacke wird mit dem Trockenentschlackungssystem in drei Produktströme aufgeteilt, Grobschlacke, Feinschlacke und Schlackenstaub. Die aus dem Feuerraum über den Entschlacker ausgetragene Schlacke gelangt in den Windsichter. Hier wird der erste Produktstrom, die Grobschlacke separiert und mit dem anschließenden Transportband zur Schlackenaufbereitung gefördert.

Bild 4: Stahlbau, Zyklone und Gebläse

Bild 5: Siebrinne

Für das Aussortieren von Grobschlackenbestandteilen größer fünfzig Zentimeter ist am Ende des Sichters ein Stangensieb installiert. Diese Bestandteile werden von der restlichen Grobschlacke getrennt und in einer Mulde gesammelt. Zur Überwachung ist ein Flammenmelder und eine optische Kamera montiert (Bild 3).

Feinschlacke und Schlackenstaub werden aus dem Schlackenstrom von der den Windsichter im Querstrom durchströmenden Luft mitgerissen, mit dieser Luft aus dem Windsichter ausgetragen und zum Zyklon geleitet. Hier wird die Feinschlacke aus dem Luftstrom abgeschieden (Bild 4). Die entfrachtete Windsichterluft, mit dem Schlackenstaub, wird als Teilstrom der Sekundärluft zugeführt. Der Metallanteil in der Feinschlacke wird über die Absauggeschwindigkeit im Windsichter gesteuert. In ihr enthaltene, mit dem Wind mitgerissene, großflächige, leichte Bestandteile, z.B. Dosendeckel, werden im Zyklon mit der Feinschlacke ausgeschieden, in einer nachgeschalteten Siebrinne (Bild 5) abgetrennt und in die Grobschlacke zurückgeführt.

Kleine schwere Metallnuggets verbleiben in der Grobschlacke. Die vom Überkorn befreite Feinschlacke wird pneumatisch in ein Silo transportiert, dort für die weitere Verwertung gesammelt und kann z.B. in der Flugaschewäsche als Zementersatz eingesetzt werden.

Das Trockenentschlackungssystem kann bei Betriebsstörungen auch nass, d.h. mit nassem Schlackenaustrag durch den Stößelentschlacker betrieben werden, ohne dass die Gesamtkonfiguration des Systems diesem Betriebsfall angepasst werden muss. Im nassen Betriebsfall wird der Entschlacker geflutet, die Luftzuführung zum Windsichter unterbrochen und die Brüdenabsaugung aktiviert.

Die Trockenentschlackung ist flexibel einsetzbar. Hinsichtlich der Luftführung gibt es verschiedene Varianten, die anlagenspezifisch anwendbar sind. Eine Erhöhung des Luftüberschusses in der Feuerung durch Einführung von Schlackenkühlluft durch den Schlackenschacht wird mit diesem System unterbunden.

3. Betriebserfahrungen an der KVA Monthey

Die Trockenentschlackung an der KVA Monthey wurde im April 2010 in Betrieb genommen. Die Betriebserfahrung von mehr als vier Jahren demonstriert die verfahrenstechnische Funktionalität.

Brand- und Temperaturüberwachung

Maßnahmen zur Brandvorbeugung wie Temperaturmessung und Flammenerkennung sowie eine frühzeitige Kühlung von sehr heißen Schlackenpartikeln gewährleisten, dass die nachgeschalteten Förderbänder keinen Schaden nehmen und keine Brandgefahr besteht. Aufgrund der Schlackenkühlung gibt es keine zu heißen Schlackenpartikel nach dem Windsichter. Kühlwasser wird nur in Ausnahmefällen eingedüst.

Abrasionsschutz und Dimensionierung

Für die Absaugrohrführung, den Entstauber und das Gebläse werden abrasionsfeste Materialien eingesetzt. Die freien Querschnitte für Doppelpendelklappe und Abführrohre nach Siebrinne wurden so dimensioniert, dass Brückenbildung der trockenen leichten Schlackenbestandteile ausgeschlossen ist.

Massenbilanz

2010, 2011 und 2012 wurden Bilanzierungen der Reststoffströme bei trockenem Betrieb durchgeführt. Im Folgenden angegebene Konzentrationen beziehen sich auf den Abfalldurchsatz. Die resultierenden durchschnittlichen Stoffströme sind in Bild 6 dargestellt. Schlacke und Grobschlacke enthalten Metalle.

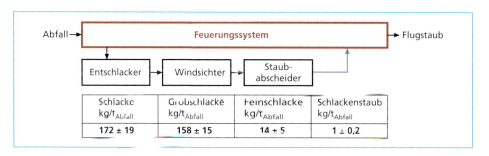

Bild 6: Massenbilanz der Schlackenströme in der KVA Monthey

Die Feinschlacke wird mit einer vorrangigen Korngröße von kleiner einem Millimeter abgeschieden. Nach Staubabscheider besitzen etwa fünfzig Prozent der Feinschlacke eine Korngröße von 0,5 Millimeter und etwa dreißig Prozent sind kleiner als 63 µm. Der Schlackenstaub besteht zu hundert Prozent aus Partikeln kleiner 63 µm. Im Allgemeinen werden Partikel mit einer Korngröße von kleiner 63 µm [9] als Staub bezeichnet. Die staubende Fraktion wird in der Feinschlacke und im Schlackenstaub angereichert. Der verbleibende Anteil potenziell staubender Partikel in der Grobschlacke wird durch die Windsichtung wesentlich verringert, beträgt nur einige Promille und verhilft zu einer leichteren Handhabung bei Transport, Aufbereitung und Verwertung.

Qualität

Ein Vergleich der umweltrelevanten Inhaltsstoffe von Feinschlacke und Grobschlacke zeigt, dass die Konzentration fast aller Organika in der Grobschlacke geringer ist. Schwermetalle, die in wasserlöslichen Verbindungen vorliegen, werden mit der Feinschlacke abgetrennt [4]. Die Gesamtkonzentration von Cadmium und Zink in der Grobschlacke nimmt deutlich ab. Verglichen mit der Feinschlacke sinkt die Auslaugbarkeit von fast allen Metallen und Salzen.

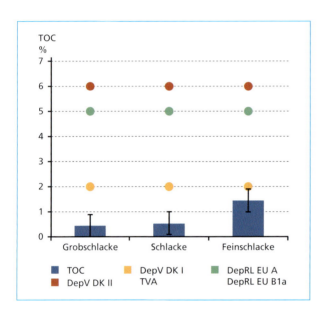

Bild 7:

Vergleich des Ausbrands

Die Trockenentschlackung führt zur deutlichen Verringerung der Konzentration von umweltrelevanten Inhaltsstoffen in der Grobschlacke. Dies ist besonders gut am Ausbrandparameter TOC zu sehen. Für die Grobschlacke liegt der TOC im Mittel bei etwa 0,4 ± 0,5 Gewichtsprozent und bei der Feinschlacke bei etwa 1,4 ± 0,4 Gewichtsprozent. Den Summenparameter TOC beeinflussende Inhaltsstoffe werden in der Feinschlacke angereichert. Der durchschnittliche TOC-Wert der Schlacke wurde rechnerisch mit Stoffstromanalyse ermittelt.

Alle Schlacken erfüllen die Anforderungen der technischen Verordnung Abfall (TVA) in der Schweiz, der Deutschen Deponieverordnung (DepV) und der Europäischen Deponierichtlinie (DepRL) an den Ausbrand.

Bei Trockenentschlackung kann das zurückgewonnene Eisen direkt in den Eisenschmelzereien eingesetzt werden. In der trockenen Schlacke des Rückschubrostofens liegen das Aluminium wie das Kupfer als Nuggets vor. Größere Stücke fallen als kunstvoll geschwungene Teile an, sind aber rein und praktisch frei von Anhaftungen. Keramiksplitter, zerbrochenes Geschirr, Glas und mineralische Baustoffabfälle können prinzipiell ebenfalls zurückgewonnen werden und in einer Inertstoffdeponie abgelagert werden [2].

Umsetzung der Trockenentschlackung

Bild 8: Eisen, Aluminium, Kupfer, Glas, Keramik

Die Ergebnisse sind Durchschnittswerte der Anlage KVA Monthey. Sie sind nicht ohne weiteres übertragbar, da Betriebsbedingungen und Brennstoffzusammensetzung die Schlackenqualität beeinflussen. Für die Einschätzung anderer Anlagen sind eigene Untersuchungen sinnvoll.

4. Weiterentwicklung der MARTIN Trockenentschlackung – Entschlackung, Windsichtung, Transport und Aufbereitung

4.1. Weiterentwicklung Entschlacker und Windsichtung

Die Haube wird zukünftig in Form einer konstruktiv vom Windsichter getrennten Kabine ausgeführt, die ständig im Unterdruck gehalten wird, so dass der Windsichter keine Quelle für eine Verstaubung der Umgebung darstellt. Die Baubreite des Windsichters richtet sich nach der Nennbreite des eingesetzten Entschlackers. Der Entschlacker kann mit einer anhebbaren Vorderwand ausgestattet werden, um den Austrag sperriger Schlackenbestandteile zu erleichtern. Der Windsichter kann zum Entschlacker *in Schlackenflussrichtung* oder um *90° quer zur Schlackenflussrichtung* angeordnet werden.

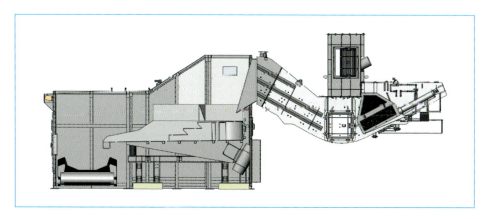

Bild 9: Austrags- und Sichtereinheit der Trockenentschlackung mit Entstaubung

Der Windsichter kann die Leistung einer nachgeschalteten Schlackenaufbereitung erheblich erhöhen, da er die Feinschlacke vor dem Aufbereitungsprozess abscheidet. Dadurch werden die Siebmaschinen entlastet, die Metallabscheider können effizienter ausgelegt werden und der Unterhalt der Aggregate wird günstiger.

Der Schlackenschacht wird mit warmfesten Stahl ausgestattet, um gegenüber eventuell kurzfristig auftretende Temperaturspitzen unempfindlich zu sein. Temperaturmessungen der Schlacken am Ende von verschiedenen Rostsystemen haben ergeben, dass die Schlackentemperatur beim Rückschubrost weit unter denen der anderen Rostsystemen liegt. Somit ergeben sich für den Schlackenschacht im Normalfall keine kritischen Temperaturbereiche. Zusätzlich wurden konstruktive Änderungen am Entschlacker vorgenommen, die es erlauben, das Niveau der Schlackensäule zu senken und damit die thermische Belastung auf den Schlackenschacht weiter zu minimieren.

Sämtliche Sicherheitsvorrichtungen wie Temperaturüberwachung und Löschvorrichtungen sind im Entschlacker und in der Windsichterkabine integriert. Dies ergibt ein ganzheitliches Sicherheitskonzept, das die Verfügbarkeit der Anlage sichert.

4.2. Konzepte für den Weitertransport

Das nach dem Windsichter folgende Förderaggregat, das in Förderrichtung oder um neunzig Grad gedreht eingeplant werden kann, ist zum Teil in die Kabine integriert und bildet mit dem Windsichter eine lufttechnische Verbindung. Dadurch wird an der Übergabestelle zum nachfolgenden Aggregat kein Staub freigesetzt.

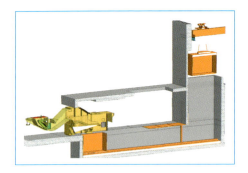 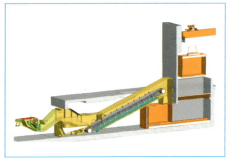

Bild 10:   Windsichter, Containerverladung   Bild 11:   Windsichter, Förderband, Containerverladung

Dieses kann z.B. ein direkt anschließender Standard-Container sein, der zu einem nachgerüsteten Verladesystem im Schlackebunker gehört (Bild 10, Bild 11). Die Container werden mit den bestehenden Schlackenbunkerkränen zugeführt und umgesetzt.

Denkbar ist auch, je nach Platzverhältnissen, die Förderung zu einer getrennten Containerlagerhalle, in der eine vollautomatische Lagerlogistik das Containermanagement übernimmt.

Die Länge und Art der Förderstrecke (z.B. Anzahl der Übergabestellen) stellt keinen limitierenden Faktor dar. An jeder Übergabestelle des Fördergutes kann eine Absaugung – Schlackenbrocken sind z.T. instabil und zerfallen unter mechanischer Belastung – installiert werden (Bild 12), die je nach Luftmenge verfahrenstechnisch in die Absaugung des Zyklon nach dem Windsichter integriert werden kann.

Staub
war gestern

STAUBPRÄVENTION

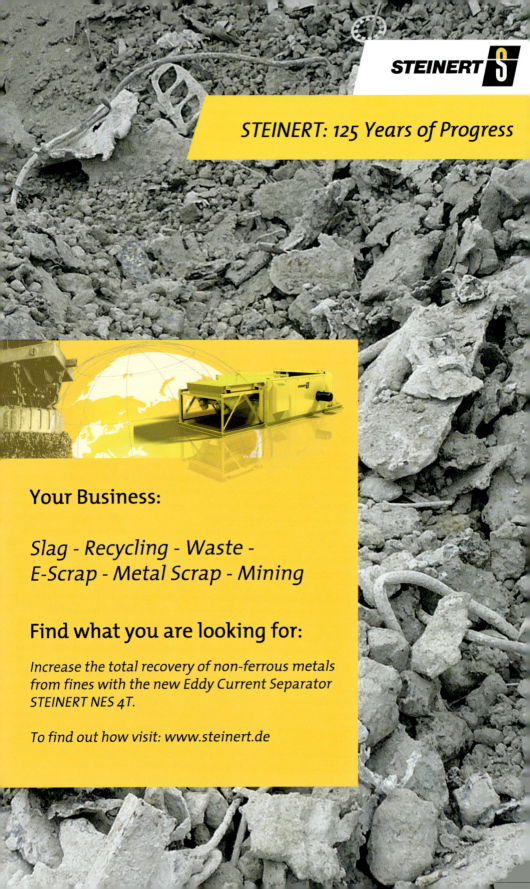

Die Förderaggregate können aufgrund der geringen Temperatur der Grobschlacke als Gurtförderbänder ausgeführt werden. Zu Beginn der Förderstrecke wird ein Grobteilabscheider montiert, sodass das Risiko eines Bandschadens durch Aufschlitzen großer und scharfkantiger Schlackenteile so gut wie ausgeschlossen ist und sperrige Teile zu Beginn der Förderstrecke aussortiert werden. Eine mechanische Bandverstärkung kann diesem Risiko zusätzlich entgegenwirken. Die gesamte Förderstrecke wird mit einem einfach zu montierenden und demontierenden System eingehaust, um eventuelle Staubemission einzudämmen und um Wartungsarbeiten schnellstmöglich ohne größere sicherheitsrelevante Vorarbeiten durchführen zu können.

Durch die Abtrennung der Feinfraktion im Windsichter zu Beginn des Förderweges wird die Staubbelastung der gesamten nachfolgenden Aggregate stark minimiert, was sich positiv für den Unterhalt und die Arbeitsbedingungen für das Personal auswirkt.

Ein weiterer wichtiger Aspekt für den Betreiber ist die Möglichkeit, bei einem eventuell auftretenden Notfallbetrieb die Schlacke nass austragen zu können. Der Entschlacker kann geflutet werden und die nasse Schlacke wird mit dem Windsichter, welcher in diesem Fall die Funktion einer herkömmlichen Schwingrinne übernimmt, ausgetragen. Die Sichtung wird in diesem Falle abgeschaltet. Ein Umschalten zwischen dem trockenen Austrag und einen Notfall-Nassaustrag erfolgt ohne Einschränkung für den Feuerungsbetrieb. Die Anlagenverfügbarkeit, als eines der wichtigsten Kriterien des Betreibers, wird durch den Trockenaustrag nicht beeinträchtigt.

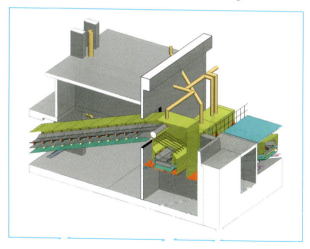

Bild 12:

Absaugung bei einer Übergabestelle

4.3. Konzepte für die Aufbereitung der Trockenschlacke

Unterschiedliche Beweggründe führen zu der Entscheidung für einen trockenen Schlackenaustrag. Es ist durchaus sinnvoll, die Aufbereitung der trocken ausgetragenen Schlacke bei einer zentralen Aufbereitungsanlage durchzuführen. Bild 13 zeigt ein wirtschaftliches Logistikkonzept. Basis ist hier der Gedanke, die weitergehende Metallseparation sowie die Aufbereitung der mineralischen Schlackenfraktion nicht an der Abfallverbrennungsanlage selbst, sondern in einer großen, zentralen Aufbereitungsanlage durchzuführen, die von mehreren Abfallheizkraftwerken mit Trockenentschlackung beliefert wird.

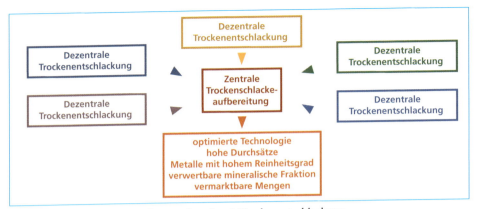

Bild 13: Konzept eines Anlagenverbunds mit Trockenentschlackung

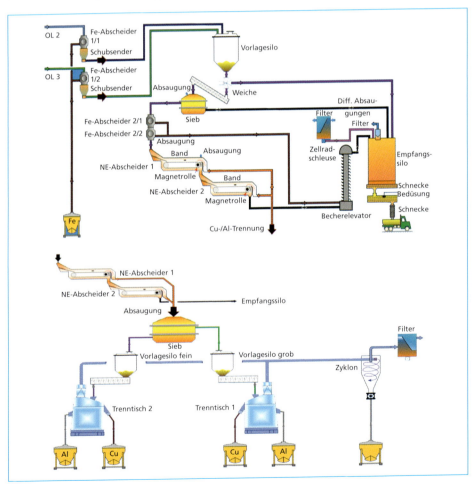

Bild 14: Aufbereitung der Schlackenfraktion kleiner fünf Millimeter

Quelle: ZAR

Umsetzung der Trockenentschlackung

Ein Beispiel hierfür wird durch die ZAR (Stiftung Zentrum für nachhaltige Abfall- und Ressourcennutzung) am Standort in Hinwil verwirklicht. Bild 14 zeigt den aktuellen Aufbereitungsprozess für die bisher abgesiebte Feinschlacke als Schlackenfraktion kleiner fünf Millimeter.

Zukünftig sollen am Standort in Hinwil 200.000 Tonnen pro Jahr trocken ausgetragener KVA-Schlacken aufbereitet werden. Das Projekt befindet sich aktuell in der Bauphase.

Entsprechend der Zielsetzung von Betreibern ist auch eine Aufbereitung vor Ort sinnvoll. In Bild 15 wird ein Beispiel aufgezeigt, wie eine Aufbereitung vor Ort aufgebaut sein kann und welche Ziele damit erreicht werden können.

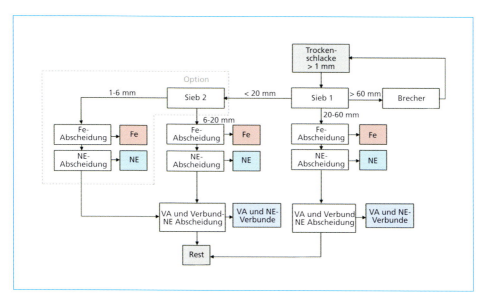

Bild 15: Schema einer Schlackenaufbereitung

Die durch den Windsichter vorentstaubte und klassierte Grobschlacke größer 1 mm wird gesiebt. Schlackenbestandteile größer sechzig Millimeter werden wahlweise gebrochen und dem Prozess erneut zugeführt. Optional kann die Fraktion kleiner 9 mm nochmals gesiebt werden, um die Ausbeuten zu erhöhen. Alle Fraktionen durchlaufen dann jeweils eine Eisenabscheidung und eine Nichteisenabscheidung. Die Fraktion größer neun Millimeter durchläuft eine davon getrennte Edelstahl- und Verbund-NE Abscheidung. Die aussortierte Mineralik kann dann einem weiterführenden Entsorgungs- oder Verwertungsweg zugeführt werden.

Ein wichtiger Treiber in der Profit-Betrachtung ist der Durchsatz. Je höher der Durchsatz, desto rentabler ist eine Steigerung des Spezialisierungsgrades der Aufbereitung. Das Bild 16 gibt beispielhaft vier unterschiedliche Ausführungen einer on-site-Aufbereitung und die dazugehörige Profitkurve wieder.

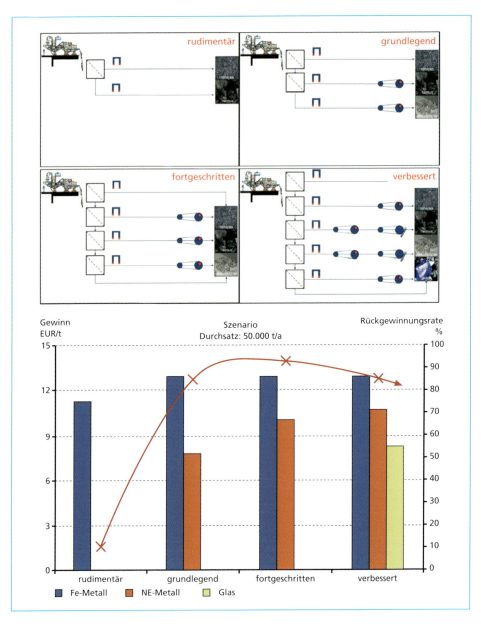

Bild 16: Konzept einer on-site-Aufbereitung und die Profitkurve

5. Potentiale der Wertstoffrückgewinnung

Die aussortierbaren Metalle werden mit der Trockenentschlackung und -sortierung in der Grobschlacke angereichert. Ne-Metalle sind insbesondere in der Fraktion 2 bis 32 Millimeter und Fe-Metalle sind in den Fraktionen größer sechzehn Millimeter zu finden (Bild 17, Bild 18).

Umsetzung der Trockenentschlackung

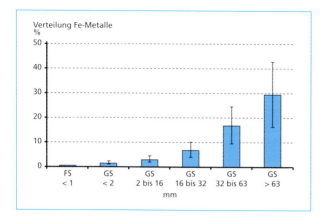

Bild 17:

Verteilung Fe-Metalle in Feinschlacke und Grobschlacke

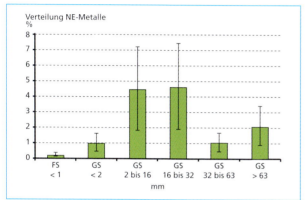

Bild 18:

Verteilung Ne-Metalle in Feinschlacke und Grobschlacke

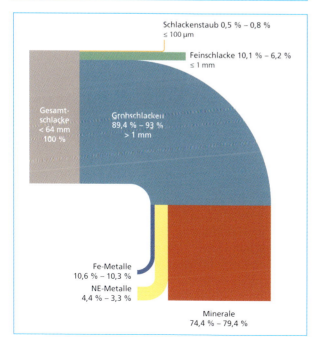

Bild 19:

Stoffbilanz – Metalle der KVA Monthey

Dieser Effekt hängt mit der massenabhängigen Fraktionierung im Windsichter zusammen und wird von der gewählten Absauggeschwindigkeit beeinflusst. Im Vergleich zur Fraktionierung der Schlacke mit korngrößenabhängiger Siebung wird der Metallanteil in der Feinschlacke reduziert.

Neben der Abtrennung von Feinschlacke und Grobschlacke werden gleichzeitig schwere Metalle in der Grobschlacke angereichert. Bezogen auf die Gesamtschlacke ist der Anteil der mechanisch abtrennbaren Metalle in der Feinschlacke so niedrig, dass eine Metallabscheidung aus dieser Fraktion nicht rentabel ist. Die Trockenentschlackung bietet eine Voranreicherung der Metalle in der Grobschlacke. Die metallfreie Feinschlacke gelangt nicht in die Aufbereitung. Deshalb und weil der Massenstrom der Grobschlacke im Vergleich zur Schlacke geringer ist, kann mit der Trockenentschlackung die Metallsortieranlage effizienter ausgelegt werden, die Kosten für die Metallrückgewinnung werden reduziert, Energieverbrauch und Verschleiß werden minimiert und eine Überdimensionierung der Anlage wird vermieden [10].

Die nachstehenden Bilder zeigen einen Vergleich der durchschnittlichen, aussortierbaren Metalle aus nasser und trockener Schlacke. Schwankungen im Brennstoffmix, der Wirkungsgrad der Metallabscheidung und Alterationsvorgänge können die Abscheideraten beeinflussen. Im ersten Fall handelt es sich um die mögliche Steigerung der Metallrückgewinnungsraten in der KVA Monthey (Bild 20). Bild 21 zeigt im Vergleich das mögliche Potential der Fe- und Ne-Metallrückgewinnung anderer Anlagen [5, 8, 11, 12]. Entsprechend dieser Werte können aus der trockenen Schlacke mehr Fe-Metalle abgeschieden werden, als aus nassen Schlacken. Tendenziell ist das Rückgewinnungspotential aus trockenen Schlacken sehr viel höher als bei nassen Schlacken.

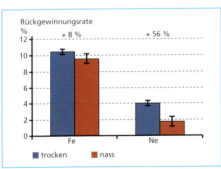
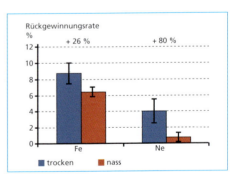

Bild 20: Steigerung Rückgewinnungsraten in der KVA Monthey

Bild 21: Steigerung Rückgewinnungsraten in anderen Anlagen

Das Rückgewinnungspotential aus trockenen Schlacken ist tendenziell höher als bei frischen, nassen Schlacken und sehr viel höher als bei gealterten Schlacken. Ofen- und Rostbauart haben mit Sicherheit einen großen Einfluss auf die Ausbeute der Metallrückgewinnung. Wirbelschichtöfen dürften ungeeignet sein, da der Sand immer wieder die sich formende Oxidschicht entfernt, das Metall so vollständig durchoxidert und an Qualität verliert [2]. Bei Einsatz einer trockenen Entschlackung können prinzipiell auch andere wertvolle Metalle wie Gold, Silber und seltene Erden zurückgewonnen werden.

Die puzzolanischen Eigenschaften der mineralischen Fraktion bleiben erhalten. Die SATOM SA in Monthey verwendet die Feinschlacke in der dort installierten Flugaschewäsche als Ersatz für Zement. Ein Einsatz der Feinschlacke in der Zementindustrie ist ebenfalls möglich [1], wobei noch detaillierter untersucht werden muss, wie dieser Stoffstrom sich im Vergleich zu den von ihr zu substituierenden Produkten materialtechnisch verhält [7]. Der Einsatz als Deponiebaustoff ist darüber hinaus jederzeit uneingeschränkt denkbar. Zum Beispiel wird die Feinschlacke, im Auftrag der SATOM, als Zementersatzstoff zur Aufbereitung und umweltgerechten Behandlung von Filteraschen eingesetzt und in einer Sonderabfalldeponie eingebaut. Mineralische Schlackenbestandteile wie Keramiksplitter, zerbrochenes Geschirr, Glas und mineralische Baustoffabfälle können ebenfalls zurückgewonnen werden. Eine wirtschaftliche Verwertung ist jedoch kaum möglich [2].

6. Wertschöpfung

Bild 22: Eisen, Messing, Kupfer und Aluminium aus trockener Schlacke sortiert

Bei einer Umrüstung auf Trockenentschlackung kann mit zusätzlichen Erlösen aus dem Verkauf von Fe- und Ne-Metallen gerechnet werden. Es können mehr Metalle in höherer Qualität abgetrennt werden, da die bei Nassentschlackung typischen, grauen Schlackenüberzüge fehlen (Bild 22).

Die Metalle liegen ohne Waschen in einer äußerst sauberen, leicht abtrennbaren, nicht korrodierten und qualitativ hochwertigen Form vor. Beispielsweise kann das zurückgewonnene Eisen direkt in der Eisenschmelzerei eingesetzt werden. Die Wertschöpfung pro Tonne ist um ein Vielfaches höher als bei herkömmlichen Schlackeneisen [2]. Darüber hinaus sind in der trockenen Schlacke mehr sortierbare Metalle enthalten.

Die tatsächlichen Erlöse werden zum einen von den real zurückgewinnbaren Mengen, aber vor allem auch den stark schwankenden Marktpreisen beeinflusst. Beispielsweise liegt die derzeitige Vergütung für Eisenmetalle bei etwa fünf bis sieben Prozent der Ne-Metalle. Die mögliche prozentuale Steigerung des Ertrags für Fe- und Ne-Metalle zeigt Bild 23.

Im Wesentlichen sind höhere Erlöse über die Ne-Metalle zu erwarten. Weiterhin reduzieren sich die laufenden Kosten durch sinkende Aufwendungen für Transport und Entsorgung, da sich die abzulagernde Schlackenmenge wegen des fehlenden Wassers und der aussortierten Metalle reduziert.

Gegengerechnet werden müssen Kosten für den Umbau auf Trockenentschlackung, für den Energieverbrauch zusätzlicher Anlagenteile wie den Windsichter, für Wartungsaufwand, eventuell für die Entsorgung der Feinschlacke und – falls gewünscht – für eine eigene Metallrückgewinnungsanlage. Die Kosten für eine Trockenentschlackung mit Transport, Zwischenlager sowie Wertstoffrückgewinnung, auf der Basis von 120.000 Tonnen pro Jahr trockener Schlacke liegen bei etwa 5 bis 10 Euro pro Tonne behandelter Schlacke und die Einnahmen aus dem Verkauf der Ne-Metalle betragen, marktpreisabhängig, etwa 12 bis 36 Euro pro Tonne behandelter Schlacke.

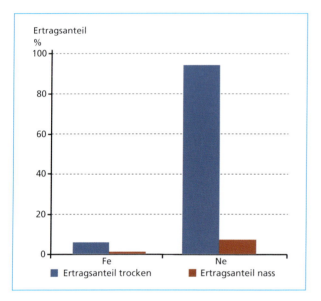

Bild 23:
Prozentuale Ertragssteigerungen für Fe- und Ne-Metalle

7. Zusammenfassung und Ausblicke

Die in diesem Beitrag beschriebene Trockenentschlackung wurde in der KVA Monthey erfolgreich umgesetzt. Es ist die erste und einzige Anlage, auf der die gesamte, trocken ausgetragene Schlacke ohne Zwischenlagerung hinsichtlich Eisen und Nichteisenmetallabscheidung, aufbereitet wird. Die Betriebserfahrung von mittlerweile vier Jahren demonstriert die verfahrenstechnische Funktionalität.

Wichtige erreichte Ziele sind:
- Abtrennung der Feinschlacke kleiner 1 mm von der Schlacke,
- ausreichende Abkühlung der Schlacke bis zum bestehenden Transportsystem,
- Entstaubung der Schlacke zur Entlastung nachfolgender Transportaggregate und Aufbereitungsanlagen bezüglich Verschleiß, Energieverbrauch und Kosten,
- sauberere Fe- und Ne-Metalle,
- Gewichtsreduzierung der zu transportierenden Schlacken,
- bessere Qualität der abgeschiedenen Grobschlacke im Vergleich zur Schlacke,

- störungsfreier Betrieb des Trockenaustrags mit Windsichtung, des bestehenden Schlackentransportsystems und der vorhandenen Schlackenaufbereitungsanlage,
- einfaches Handling der Grobschlacke,
- Effizienzsteigerung der Schlackenaufbereitung durch Staubentfrachtung.

In der separierten Grobschlacke sind alle Fe- und Ne-Metalle aus der gesamten Schlacke enthalten. Qualität und Abtrennbarkeit der Metalle werden mit der Trockenentschlackung signifikant gesteigert. Das Rohstoffpotenzial der Grobschlacke ist durch höhere Abscheideraten bei Fe- und Ne-Metallen, kombiniert mit einer geschickt konfigurierten Sortiertechnik, besser nutzbar. Insbesondere hinsichtlich der Ne-Metalle ist eine höhere Ausbeute möglich. Der mineralische Anteil der Schlacke kann als Deponierersatzstoff, Versatzmaterial oder in der Schweiz als Zementersatz in der Flugaschewäsche eingesetzt werden. Eine Wiederverwertung im Rahmen der Zementherstellung scheint gut möglich zu sein, bleibt jedoch noch zu untersuchen.

Die Qualität der Grobschlacke verbessert sich signifikant. Dies zeigt besonders gut der Ausbrandparameter TOC, welcher die Anforderungen der Deutschen Deponieverordnung, der Europäischen Deponierichtlinie und der Schweizer TVA mit hoher Sicherheit erfüllt.

Die Trockenentschlackung entsprechend der auf der KVA Monthey umgesetzten Technologie bietet zahlreiche technische Vorteile gegenüber anderen auf dem Markt angebotenen Verfahren. Sie verfügt über definierte Absaugluftmengen und Nutzung dieser Luft als vorgewärmte Sekundär- oder Primärluft. Dem Feuerungssystem muss keine Schlackenkühlluft als Falschluft zugeführt werden. Jederzeit kann der Entschlacker wahlweise nass oder trocken gefahren werden, so dass auch im Störungsfall, d.h. brennenden Teilen im Entschlacker, hohe Sicherheitsreserve durch die Flutungsmöglichkeit der Entschlackerwanne besteht. Die Separierung der stark staubenden Feinschlacke erhöht die Effizienz einer Schlackenaufbereitung einschliesslich dem notwendigen Schlackentransportsystem erheblich, verringert die Staubemission in die Systemumgebung und minimiert den Energieverbrauch und die Verschleißkosten. Maßnahmen hinsichtlich Staub- und Abrasionsschutz sind wichtig und wurden berücksichtigt.

Den Errichtungs- und Wartungskosten der Trockenentschlackung sind Ersparnisse durch sinkende Entsorgungs- und Transportkosten, durch den fehlenden Wasseranteil sowie Gewinne durch die bessere Vermarktbarkeit der qualitativ höherwertigen Fe- und Ne-Metalle sowie höherer Ne-Rückgewinnungsraten gegenüber zustellen. Die Metallrückgewinnung kann zusätzlich noch wesentlich effizienter als die bestehende in der SATOM ausgelegt werden. Durch die Abscheidung von Feinstäuben reduzieren sich die Kosten und Aufwendungen für Staubschutzmaßnahmen im Rahmen der weiteren Aufbereitungsschritte wesentlich.

Die Trockenentschlackung kann als Sekundärluft-, Primärluft- und Absaugsystemvariante eingesetzt werden. Der Lieferumfang enthält – je nach Kundenwunsch – den Windsichter mit Entstaubung, den Windsichter mit Entstaubung und Förderung oder auch den Windsichter mit Entstaubung, Förderung und nachgeschalteter Aufbereitung.

Die Trockenentschlackung ist ein zentraler Baustein im Rahmen des Urban Mining. Die KVA der Zukunft wird nicht nur energieeffizient und schadstoffarm zu betreiben sein, sondern auch eine wichtige Position in einer Kreislaufwirtschaft bei der weitgehenden Rückgewinnung von Metallen spielen. Hierbei liegt der Fokus nicht nur auf den Fe- und NE-Metallen sondern auch auf seltenen und sich zunehmend verknappenden Spuren-Metallen (z.B. Edelmetallen).

8. Quellen

[1] Beckmann, M.; Langhein, E.-C.; Liebrich, C.: Prozessintegrierte Verbesserung der Qualität von Aschen aus Abfallverbrennungsprozessen für den Einsatz als Baustoff. Weimar: Bauhaus-Universität Weimar, Lehrstuhl Verfahren und Umwelt, 2004.

[2] Blatter, E.: KVA, verkannte Kraftwerke – KVA, verkannte Bergwerke. Bern: Bundesamt für Umwelt BAFU, 2010.

[3] Ell, R.; Kuhn, G.: http://www.br.de/radio/bayern2/sendungen/iq-wissenschaft-und-forschung/nachhaltigkeit-ressourcen-umwelt-100.html. [Online] 04. Juni 2013.

[4] Fierz, R.; Bunge, R.: Trockenaustrag von KVA-Schlacke. Rapperswil: UMTEC, 2007.

[5] Friedl, K.: Erstellung und Bewertung eines Konzeptes zum trockenen Schlackeaustrag in der MVA Augsburg. Weihenstephan-Triesdorf: s.n., 2012.

[6] Martin, J. J. E.; Langhein, E.-C.; Brebric, D.; Busch, M.: Die Martin Trockenentschlackung mit integrierter Klassierung. In: Energie aus Abfall, Band 6. Neuruppin: TK Verlag, 2009.

[7] Pestalozzi, A.: Analysis and Characterisation of Metal-Depleted Dry Incinerator Bottom Ash. s.l.: ETH Zürich, 2011.

[8] SATOM. www.satom.ch. [Online] 2010.

[9] Westiner, E.: mündliche Auskunft. s.l.: Materialprüfungsamt - MPA Bau, Abteilung Baustoffe, 2013.

[10] Wotruba, H.; Weitkämper, L.: Aufbereitung metallurgischer Schlacken. Berlin: TK Verlag, 2013.

[11] Zweckverband Abfallverwertung Südostbayern. http://www.zas-burgkirchen.de/muellheizkraftwerk/reststoffe.php. [Online]

[12] Zweckverband Kehrrichtverwertung Züricher Oberland. http://www.kezo.ch/. [Online]

Anlagen zur thermischen Abfallbehandlung: Wir planen von A bis Z.

Über 5o Jahre erfolgreich am Markt

- Projektentwicklung
- Standort- und Verfahrensevaluation
- Anlagenkonzept
- Vorplanung, Genehmigungsplanung
- Ausschreibung
- Überwachung der Ausführung
- Betriebsoptimierung
- Betriebs-, Störfall-, Risikoanalysen
- Umweltverträglichkeitsberichte

- Gesamtanlagen
- Verfahrenstechnik
- Prozessautomation und Elektrotechnik (EMSRL-T)
- Bauteil inklusive Logistik

www.tbf.ch

Minimierung von Emissionen thermischer Anlagen

➢ Rauchgasreinigungsanlagen
➢ Abwasser-, Flugasche- und Rückstandsbehandlung
➢ Rostasche-Recycling

Marktführer in Europa
Ein großes Portfolio an verfügbaren Verfahren
Über 200 Fachleute

Kontakt Rauchgasreinigung:
LAB GmbH
Bludenzer Straße 6
D-70469 Stuttgart
Tel.: +49-711-222 49 35-0
Fax.: +49-711-222 49 35 99

Kontakt Rückstandsbehandlung/
Rostasche-Recycling:
LAB Geodur
Riedstrasse 11/13
CH-6330 Cham
Tel.: +41 41 760 25 32

Extraktion von Kupfer und Gold aus Feinstfraktionen von Schlacken

Christian Fuchs und Martin Schmidt

1.	Aufbereitung von MV-Schlacken	197
1.1.	Ökonomische und ökologische Bedeutung	197
1.2.	Stand der Technik	198
1.3.	Weiterentwicklungen	198
2.	Aufbereitung der Feinstfraktion von MV-Schlacken	199
2.1.	Rückgewinnung von NE- und Edelmetallen beim Trockenaustrag	199
2.2.	Rückgewinnung von NE- und Edelmetallen beim nassen Austrag	200
3.	Synergien durch die Verwendung ergänzender Technologien	207

1. Aufbereitung von MV-Schlacken
1.1. Ökonomische und ökologische Bedeutung

Die fachgerechte Aufbereitung von Hausmüllverbrennungsschlacke (MV-Schlacke) gewinnt weiter an Bedeutung. In Zentraleuropa ist der Betrieb von Abfallverbrennungsanlagen zur energetischen Verwertung von Abfällen seit vielen Jahren Stand der Technik. In anderen europäischen Ländern erhält diese Verfahrenstechnik auch Bedeutung. Insbesondere in Polen werden zur Zeit die ersten Verbrennungsanlagen gebaut, um auch dort der geltenden europäischen Abfallpolitik Rechnung zu tragen. Dieser Trend wird sich auch in anderen osteuropäischen Ländern fortsetzen.

Neben der Energiegewinnung ist diese Technik gut geeignet, das Volumen der Abfallströme zu reduzieren. Hochmoderne und effiziente Abgasreinigunssysteme sorgen dafür, dass keine grenzwertüberschreitenden Emissionen in die Umwelt gelangen. Im Ergebnis des Verfahrens verbleiben außer den Abgasreinigungsrückständen Rost- und Kesselasche, die so genannte MV Schlacke.

Die Schlacke beinhaltet einen hohen mineralischen Anteil, der sich als Sekundärbaustoff eignet und ökologisch sinnvoll verwertet wird. Die MV-Schlacke muss chemisch-physikalische Prozesse durchlaufen und mechanisch aufbereitet werden. Mit der Aufbereitung wird grobkörniges Material zerkleinert, unverbrannte Bestandteile werden entfernt und möglichst alle metallischen Bestandteile zur Verwertung abgetrennt.

Die Rückgewinnung der Metalle und deren Rückführung in den Wirtschaftskreislauf leisten einen wichtigen Beitrag zur Ressourcenschonung.

1.2. Stand der Technik

Die Aufbereitung von MV-Schlacken begann bereits in den sechziger Jahren und hat sich kontinuierlich weiterentwickelt, getrieben durch unterschiedliche Aspekte. Zum einen durch hohen Bedarf an kostengünstigen Baumaterialien, forciert durch die Umweltgesetzgebungen, die die Verwertung von Sekundärrohstoffen vorschreiben, und zum anderen wegen der steigenden Preise für strategisch wichtige Metalle.

Insbesondere in den vergangenen acht Jahren wurden von der Recyclingindustrie erhebliche Aufwendungen getätigt, um bessere Qualitäten der verwertbaren Schlacken zu generieren, einhergehend mit dem Bedürfnis, die Rückgewinnungsraten an Fe- und NE-Metallen kontinuierlich zu steigern.

Noch bis 2010 hat sich kaum ein Aufbereiter von MV-Schlacken um die Feinfraktion im Körnungsbereich von null bis acht oder null bis zwölf Millimeter gekümmert. Alles was größer war, konnte mit bis dahin verfügbarer Technik einfach zurück gewonnen werden. Sowohl die Hersteller von Aufbereitungsmaschinen, als auch deren Betreiber haben seither die Notwendigkeit und das Potenzial erkannt, auch feinkörnigere Fraktionen der MV-Schlacke zu behandeln.

Heute sind Technologien verfügbar, die die Rückgewinnung von NE-Metallen bis zu einer Größe von zwei Millimeter ermöglichen.

1.3. Weiterentwicklungen

Erweiterung des Körnungsspektrums

Für die erfolgreiche Aufbereitung der MV-Schlacke im Körnungsbereich von zwei bis hundert Millimeter sind mehrere Faktoren zu berücksichtigen. Ein wichtiger Einfluss ist die Feuchtigkeit von MV-Schlacke. Erst nach Reduktion und Optimierung des Wassergehalts von nass ausgetragener MV-Schlacke lässt sich diese mehr oder weniger störungsfrei bearbeiten. Nasse Schlacke neigt zum Kleben und Anbacken, sowie zur Bildung von Konglomeraten durch hydraulische Abbindeprozesse.

Ein weiterer Faktor ist die Spreizung der Körnungslinie. Erst durch die Aufteilung des Kornbandes in mindestens drei – besser in fünf – Fraktionen wird eine umfassende Rückgewinnung der in der Schlacke enthaltenen Metalle erreicht.

Verwendung hochwertiger und intelligenter Technologien

Die Bildung mehrerer Fraktionen in einer Körnungslinie ist die Voraussetzung für die Verwendung geeigneter Technologien. Hier bieten die Hersteller von Nichteisenscheidern (NES) unterschiedliche Aggregate an, die je nach Korngröße effektiv eingesetzt werden können. Generell gilt bei Nichteisenscheidern, je kleiner das Kornband ist, umso wirksamer muss eine solche Maschine ausgelegt sein. Dies bedeutet Betrieb mit höheren Drehzahlen und Verwendung von Hochintensitätsmagneten in den Nichteisenscheidern, aber auch zur Selektion und Reduktion des zu behandelnden Massenstroms.

Eine weitere Verfahrenstechnik hat ab dem Jahr 2008 im Bereich der Schlackenaufbereitung Einzug gehalten. Sensorgestützte Sortierung ist geeignet, alle metallischen Anteile – auch solche, die mit Schlacke behaftet oder gar ummantelt sind – gezielt aus dem Massenstrom zu separieren. Durch die rechnergesteuerte Sensorik und nachgeschalteter Pneumatik können auch sortenreine Edelstahl-Fraktionen mit Sortiermaschinen aus der MV-Schlacke ab einer Korngröße von etwa fünf Millimeter rückgewonnen werden.

Aufbereitung feinkörniger Fraktionen

Auch in der MV-Schlackefraktion < 2 mm, der sogenannten Feinfraktion oder Feinstfraktion, sind noch erhebliche Anteile an Wertmetallen enthalten, auch wegen der Verwertung von Shredderleichtfraktionen in thermischen Prozessen. Zusätzlich tragen Reste von Elektronikschrott, die in den Verbrennungsanlagen verarbeitet werden, dazu bei.

Den modernen, leistungsfähigen Nichteisenscheidern sind hier physikalische Grenzen gesetzt. Unter optimalen Bedingungen, insbesondere bei trockenen Schlacken, können diese Geräte Nichteisenmetalle bis zu einem Millimeter Korngröße separieren. Diese günstigen Bedingungen sind bei konventionellen Schlackenaufbereitungsanlagen nicht vorhanden, wodurch das Potenzial an Nichteisen- und Edelmetallen nur bedingt ausgeschöpft werden kann.

2. Aufbereitung der Feinstfraktion von MV-Schlacken

In der Feinstfraktion null bis zwei Millimeter Korngröße der Hausmüllverbrennungsschlacke befinden sich noch erhebliche Mengen werthaltiger Nichteisen- und Edelmetalle. Außer Kupferlitzen finden sich insbesondere die Edelmetalle, wie Gold, Silber, Platin und Palladium in den feinsten Partikeln der Schlacke wieder, oft angelagert als Beschichtung ehemaliger elektronischer Bauteile, Steckverbindungen oder Kontakte, wie auch elementar, in kleinsten Partikeln.

LAB Geodur beschäftigt sich seit 2011 mit den Möglichkeiten der Rückgewinnung der NE- und Edelmetalle aus der Feinstfraktion. Im Rahmen der Forschungs- & Entwicklungstätigkeit wurde ein Verfahren entwickelt, mit dem die schweren Nichteisen- und Edelmetalle aus der Schlackenfraktion < 2 mm isoliert und gezielt abgetrennt wurden.

Dieses Verfahren wurde international unter N° PCT/EP2013/075106 zum Patent angemeldet.

2.1. Rückgewinnung von NE- und Edelmetallen beim Trockenaustrag

Die Bemühungen und die Erfolge bei der Rückgewinnung von Nichteisenmetallen bei trocken ausgetragener MV-Schlacke, die durch die KEZO (Kehrichtverwertung Zürcher Oberland) erreicht wurden, sind bekannt. Durch die Aktivitäten der KEZO und des ZAR (Stiftung Zentrum für nachhaltige Abfall- und Ressourcenwirtschaft) wurde das Potenzial der Feinstfraktion der Schlacken aus Hausmüllverbrennungsanlagen nachgewiesen, das auch zurückgewonnen werden kann. Damit war klar, dass auch in nass ausgetragener MV-Schlacke ein vergleichbares Potenzial enthalten ist.

2.2. Rückgewinnung von NE- und Edelmetallen beim nassen Austrag

Um dieses Potenzial auch der Feinstfraktion nass ausgetragener MV-Schlacke zu erschließen, wurden vielfältige Versuchsansätze erprobt. Nur in den Ausnahmefällen wird MV-Schlacke trocken aus dem Verbrennungsraum ausgetragen. Weltweit überwiegen nasse Verfahren. Daher lag es nah, für *nasse* Schlacke ein nasses Verfahren zur Rückgewinnung der Nichteisen- und Edelmetalle aus der Feinstfraktion der Schlacke mit einer Körnung von null bis zwei Millimeter zu entwickeln.

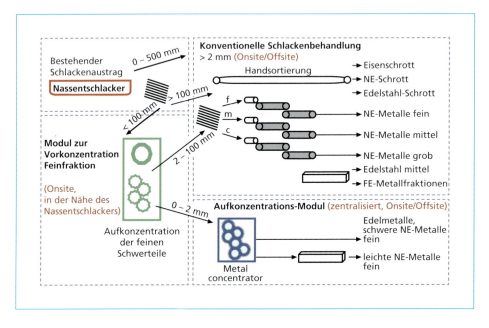

Bild 1: Gesamtprozess einer Schlackenaufbereitungsanlage nach heutigem Stand der Technik

Verfahrensentwicklung im Labor und Technikum

Eingehende Recherchen führten zur Erkenntnis, dass ein Verfahren auszuwählen war, das auf einer gravimetrischen Sortierung basiert. Solche Verfahren sind grundsätzlich bekannt, jedoch zuvor nicht in der Recyclingwirtschaft verwendet worden. Nach erster Auswahl scheinbar geeigneter und verfügbarer Maschinen und Aggregate, wurden umfangreiche Versuche im Labor und Technikum durchgeführt. Möglichkeiten, Grenzen und limitierende Einflüsse wurden deutlich. Intensive Entwicklungsarbeit ermöglichte einen verfahrenstechnischen Prozess, mit dem schwere Nichteisenmetalle und Edelmetalle aus der Feinstfraktion von MV-Schlacke als unterschiedliche Konzentrate separiert werden können.

Diese Konzentrate fallen als verhüttungsfähige Fraktionen an. Dennoch kann es sinnvoll sein, die Metallkonzentrate dezentral weiter zu konfektionieren, bevor sie den Metallhütten angedient werden.

Aschen • Schlacken • Stäube

Aschen • Schlacken • Stäube
– aus Abfallverbrennung und Metallurgie –

ISBN:	978-3-935317-99-3
Erschienen:	September 2013
Gebundene Ausgabe:	724 Seiten
	mit zahlreichen farbigen Abbildungen
Preis:	50.00 EUR

Herausgeber: Karl J. Thomé-Kozmiensky • Verlag: TK Verlag Karl Thomé-Kozmiensky

Der Umgang mit mineralischen Abfällen soll seit einem Jahrzehnt neu geregelt werden. Das Bundesumweltministerium hat die Verordnungsentwürfe zum Schutz des Grundwassers, zum Umgang mit Ersatzbaustoffen und zum Bodenschutz zur Mantelverordnung zusammengefasst. Inzwischen liegt die zweite Fassung des Arbeitsentwurfs vor. Die Verordnung wurde in der zu Ende gehenden Legislaturperiode nicht verabschiedet und wird daher eines der zentralen und weiterhin kontrovers diskutierten Vorhaben der Rechtssetzung für die Abfallwirtschaft in der kommenden Legislaturperiode sein. Die Reaktionen auf die vom Bundesumweltministerium vorgelegten Arbeitsentwürfe waren bei den wirtschaftlich Betroffenen überwiegend ablehnend. Die Argumente der Wirtschaft sind nachvollziehbar, wird doch die Mantelverordnung große Massen mineralischer Abfälle in Deutschland lenken – entweder in die Verwertung oder auf Deponien.

Weil die Entsorgung mineralischer Abfälle voraussichtlich nach rund zwei Wahlperioden andauernden Diskussionen endgültig geregelt werden soll, soll dieses Buch unmittelbar nach der Bundestagswahl den aktuellen Erkenntnis- und Diskussionsstand zur Mantelverordnung für die Aschen aus der Abfallverbrennung und die Schlacken aus metallurgischen Prozessen wiedergeben.

Die Praxis des Umgangs mit mineralischen Abfällen ist in den Bundesländern unterschiedlich. Bayern gehört zu den Bundesländern, die sich offensichtlich nicht abwartend verhalten. Der Einsatz von Ersatzbaustoffen in Bayern wird ebenso wie die Sicht der Industrie vorgestellt.

Auch in den deutschsprachigen Nachbarländern werden die rechtlichen Einsatzbedingungen für mineralische Ersatzbaustoffe diskutiert. In Österreich – hier liegt der Entwurf einer Recyclingbaustoff-Verordnung vor – ist die Frage der Verwertung von Aschen und Schlacken Thema kontroverser Auseinandersetzungen. In der Schweiz ist die Schlackenentsorgung in der Technischen Verordnung für Abfälle (TVA) geregelt, die strenge Anforderungen bezüglich der Schadstoffkonzentrationen im Feststoff und im Eluat stellt, so dass dies einem Einsatzverbot für die meisten Schlacken gleichkommt. Die Verordnung wird derzeit revidiert.

In diesem Buch stehen insbesondere wirtschaftliche und technische Aspekte der Entsorgung von Aschen aus der Abfallverbrennung und der Schlacken aus der Metallurgie im Vordergrund.

Bestellungen unter www.vivis.de
oder

TK Verlag Karl Thomé-Kozmiensky
Dorfstraße 51
D-16816 Nietwerder-Neuruppin
Tel. +49.3391-45.45-0 • Fax +49.3391-45.45-10
E-Mail: tkverlag@vivis.de

MARTIN - Trockenentschlackung

Hol das Beste raus!

„Dauerhafte Entwicklung ist Entwicklung, die die Bedürfnisse der Gegenwart befriedigt, ohne zu riskieren, dass kü Generationen ihre eigenen Bedürfnisse nicht befriedigen können."   (1713 - Hans Carl von Carlowitz)

Metalle werden bei der Verbrennung nicht zerstört. Deshalb ermöglichen die Abfallverbrennungsanl mit MARTIN-Rostsystemen nicht nur eine effiziente Energiegewinnung aus unserem Restabfall son auch hohe Metall-Recyclingquoten. Selbst der komplizierte Materialmix unserer modernen Produk stellt für unsere Anlagen kein Problem dar.

Mit der MARTIN-Trockenentschlackung können die Metalle optimal sauber und mit hohem Wirkungs zurückgewonnen werden. Der Eisenschrott wird direkt von der Stahlindustrie verwertet. N Eisenmetalle wie Aluminium, Kupfer, Edelmetalle u.v.m. lassen sich weiter aufkonzentrieren und ebenfalls zu neuen Produkten verarbeiten. ... Schlacke aus Verbrennungsanlagen in Mitteleuropa er etwa soviel Gold wie das Erz einer durchschnittlichen Goldmine. Holen wir es ‚raus!

Anlagenbau mit Blick auf die Umwelt

www.martingmbh.de

Um die elementaren, werthaltigen Metalle aus der Feinstfraktion effektiv zu gewinnen, müssen die MV-Schlacken unverzüglich, innerhalb von 36 Stunden nach dem Austrag aus dem Nassentschlacker behandelt werden, weil sonst puzzolanische Reaktionen, also hydraulische Abbindeprozesse einsetzen, wodurch Metallpartikel in Kristallgitterstrukturen eingebunden, und damit nicht mehr rückgewinnbar sind.

Extraktion von Kupfer, Gold und weiteren Edelmetallen

Das Verfahren zur Extraktion von schweren Nichteisenmetallen, wie Kupfer und Edelmetalle, die naturgemäß hohe spezifische Dichten aufweisen, basiert auf einer gravimetrischen Sortierung der Fraktion null bis zwei Millimeter bei einer Dichte von etwa + 4,5 g/cm³.

Damit auch möglichst alle Partikel der Feinstfraktion null bis zwei Millimeter aufbereitet werden können, wird die gesamte MV-Schlacke im Körnungsbereich null bis hundert Millimeter einer Nassfraktionierung unterzogen. Hierbei werden sämtliche Bestandteile größer zwei Millimeter von den Partikeln mit einer Korngröße kleiner zwei Millimeter getrennt.

Die MV-Schlacke größer zwei Millimeter wird konventionell entwässert und kann unverzüglich der üblichen Aufbereitungstechnik für Schlacken zugeführt, fraktioniert und entmetallisiert werden. Hierdurch ergeben sich folgende Vorteile:

- Es ist keine Lagerzeit für chemisch-physikalische Prozesse, wie Anhydridbildung oder Abtrocknung zu berücksichtigen.
- Durch die zeitnahe Verarbeitung der Schlacken wird weniger Lagerfläche benötigt, als bisher.
- Es kommt zu keiner Staubbildung, da die Feinstfraktion abgetrennt wurde und die restliche Schlacke feucht ist.
- Bei der konventionellen Aufbereitung der feuchten Schlacke größer zwei Millimeter sind keine Anbackungen auf Vibrationsrinnen und Bändern zu erwarten.
- Technische Anpassungen an der bestehenden Aufbereitungsanlage für MV-Schlacken müssen nicht vorgenommen werden.
- Wegen der fehlenden hydraulischen Bindungseigenschaften der Schlacke liegen die rückgewonnenen Metalle in wesentlich besserer Qualität vor.
- Die aufbereitete Schlacke der Fraktion größer zwei Millimeter weist signifikant bessere chemisch/physikalische Eigenschaften auf.
- Es fallen keine zusätzlichen Reststoffe an, die zu entsorgen sind.

Die Feinstfraktion der MV-Schlacke kleiner zwei Millimeter wird als Suspension dem nachfolgenden Aufbereitungsverfahren zugeführt. Hierbei wird diese Fraktion in einem ersten Schritt entschlämmt, der Anteil kleiner 35 µm abgetrennt und entwässert.

Im nächsten Verfahrensschritt wird ein Teil der magnetischen Bestandteile der verbliebenen Feinstfraktion 0,035 bis 2 mm als verwertbares Metallkonzentrat abgetrennt und abgeführt. Das restliche Material durchläuft eine modifizierte, zweistufige Maschineneinheit, mit der gravimetrisch der Anteil mit einer Dichte von größer 4,5 g/cm³ gezielt isoliert und als Konzentrat der Stufe eins und zwei getrennt separiert und abgeführt werden kann.

Es verbleibt die restliche Feinstfraktion der Körnung 0,035 bis 2 mm als Leichtgut, bestehend aus überwiegend mineralischen Bestandteilen mit einer Dichte von kleiner 4,5 g/cm³ sowie den Aluminiummetallen mit einer Dichte von kleiner 3,0 g/cm³. Diese Fraktion wird entwässert und aus dem System ausgeschleust.

Bild 2: Modulare Aufbereitungsanlage für die Feinstfraktion von MV-Schlacken

Mit einer modernen Wasseraufbereitungsanlage mit elektronischer Steuerung wird das Prozesswasser im Kreislauf geführt. Überschusswasser fällt nicht an.

Das gesamte System ist modular ausgelegt, benötigt wenig Fläche und wird vollautomatisch betrieben. Für unterschiedliche Anlagenstandorte sind angepasste Anlagengrößen für Durchsätze von zwanzig bis fünfzig Tonnen pro Stunde verfügbar.

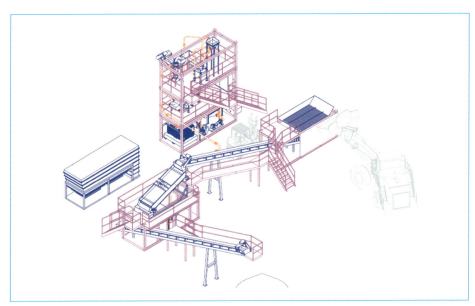

Bild 3: Modulare Aufbereitungsanlage für die Feinstfraktion von MV-Schlacken einschließlich Nassfraktionierung und Wasseraufbereitung

Rückgewinnungsraten und Wertigkeit

Mit diesem Verfahren können zukünftig weitere Anteile wirtschaftlich und politisch wichtiger Metalle als Sekundärrohstoff zurück gewonnen werden.

In der Masse von 100.000 Tonnen Feinstfraktion von MV-Schlacken der Körnung null bis zwei Millimeter sind folgende Wertmetalle enthalten:

- Gold: 25 bis 40 kg
- Silber: 550 bis 620 kg
- Kupfer: 140 bis 180 t
- Zink: 120 bis 200 t

zusätzlich weitere, wie Pd, Pt, Cr, Ni, Mo...

Bild 4: Goldpartikel in der Feinstfraktion null bis zwei Millimeter einer MV-Schlacke

Die bisher mit dem neuen Verfahren erreichbaren Rückgewinnungsraten bei unterschiedlichen Feinstfraktionen der MV-Schlacke, verdeutlichen die Möglichkeiten ergänzender Aufbereitungstechniken.

	Gold	Kupfer	Silber	Zink
	%			
Leichtgut Feinstfraktion A	30,20	57,78	83,68	85,42
Schwergut Feinstfraktion A	69,80	42,22	16,32	14,58
Leichtgut Feinstfraktion B	18,31	56,05	59,51	88,78
Schwergut Feinstfraktion B	81,69	43,95	40,49	11,22
Leichtgut Feinstfraktion C	17,08	53,60	78,30	94,67
Schwergut Feinstfraktion C	82,92	46,40	21,70	5,33
Rückgewinnungsrate gemittelt	78	44	26	10

Tabelle 1: Exemplarische Darstellung möglicher Rückgewinnungsraten bei der Aufbereitung der Feinstfraktion der MV-Schlacke

Der Wert der gewonnenen, nachkonfektionierten Konzentrate, die der Verhüttung zugeführt werden können, variiert nach Anteil und Zusammensetzung der schweren Nichteisen- und Edelmetalle und in Abhängigkeit der Weltmarktpreise dieser Metalle.

Tabelle 2: Wert des gewonnenen Konzentrates – bezogen auf den Durchschnitt der drei Metall-Konzentratfraktionen: Magnetisch, Konzentrat I und Konzentrat II

	EUR/t
Schwergut A	3.260
Schwergut B	3.090
Schwergut C	5.950
Mittelwert	**4.150**

Tabelle 3: Wert des gewonnenen Konzentrates – bezogen auf zwei Metall-Konzentratfraktionen, ohne magnetischen Anteil

	EUR/t
Schwergut A	5.700
Schwergut B	5.200
Schwergut C	9.350
Mittelwert	**6.750**

Wirtschaftliche Kriterien

Das Rückgewinnungspotenzial von schweren Nichteisen- und Edelmetallen als Konzentrat aus der Fraktion null bis zwei Millimeter von MV-Schlacke beträgt 0,3 bis 0,6 Prozent, bezogen auf die gesamte aufzubereitende Schlacke der Körnung null bis hundert Millimeter.

Bild 5: Pilotanlage zur Aufbereitung von MV-Schlacken zur Extraktion von Kupfer und Gold aus Feinstfraktionen von Schlacken mit einer Durchsatzleistung von zwanzig Tonnen pro Stunde

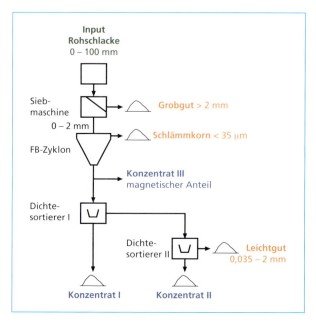

Bild 6: Schematische Verfahrensdarstellung zur Aufbereitung der Feinstfraktion von MV-Schlacke

Die möglichen Verkaufserlöse für nachkonfektionierte Konzentrate wurden skizziert und sind abhängig von den tatsächlich enthaltenden Metallen und den jeweils geltenden Preisen.

Insbesondere bei bestehenden Aufbereitungsanlagen für MV-Schlacken ist eine Nachrüstung des Verfahrens zur Extraktion von Kupfer, Gold und anderen schweren Nichteisenmetallen aus der Feinstfraktion eine sinnvolle und in Zukunft notwendige Investition.

Die sich daraus ergebenden Vorteile für die konventionelle Verarbeitung der MV-Schlacken > 2 mm können als wertvolle Nebeneffekte bezeichnet werden. Darüber hinaus ist mit diesem Verfahren eine weitergehende Wertschöpfung zu erzielen, die ein Gesamtkonzept zur Aufbereitung von Schlacken aus Hausmüllverbrennungsanlagen abrunden.

3. Synergien durch die Verwendung ergänzender Technologien

Ziel ist es, über den Anlagenbau hinaus mit Betreibern von Abfallverbrennungsanlagen MV-Schlacken nach dem neusten Stand der Technik aufzubereiten. Dabei steht das Unternehmen nicht nur als Technologielieferant zur Verfügung, sondern entwickelt ständig eigene Verfahren und Systeme zur optimierten Ausbeute der in der Schlacke enthaltenen Wertstoffe.

Unsere Anlagen

- Agrogas
- Altholzaufbereitung
- Biogaskraftwerk
- Biomassekraftwerk
- Bodenbehandlungszentrum
- Deponiegasverwertung
- Elektroschrottverwertung
- Freiflächenphotovoltaik
- Schlackeaufbereitung
- Sickerwasserreinigung
- Technikgebäude
- Wertstoffhöfe
- Wertstoffsortierung
- Zerlegebetrieb

Our facilities

- fermentation plant for renewable raw material
- waste wood conditioning
- bio-waste fermentation plant
- biomass incineration plant
- contaminated soil conditioning
- landfill gas utilization
- electric appliance recycling
- free space photovoltaic
- slag treatment
- leachate treatment plant
- technical building
- civic amenity centres
- recyclable sorting
- Dismantling activity

www.deponiepark.de

Verwendung von Hausmüllverbrennungsschlacke nach gegenwärtigen und zukünftigen Regelwerken
– als ein Beispiel für die Ersatzbaustoffe –

Reinhard Fischer

1.	Einführung	210
1.1.	Entwicklung der Abfallverbrennung	210
1.2.	Zusammenhang Abfallverbrennung und Hausmüllverbrennungsschlacke	211
2.	Abfallverbrennung in Deutschland – erforderlich und sinnvoll	211
2.1.	Hausmüll – Anfall und Zusammensetzung	211
2.2.	Verbrennungsanlagen und Anfall Rohschlacke	212
2.3.	Abfallverbrennung, Verwendung Rohschlacke und Deponierung im EU-Vergleich	215
3.	Aufbereitung Rohschlacke	216
3.1.	Ablauf	216
3.2.	Ergebnisse des Aufbereitungsprozesses von Rohschlacke	218
3.3.	Speziell: Aufbereitungsergebnis FE-/NE-Metallrückgewinnung	219
4.	Ersatzbaustoff HMVA – mineralisches *Endprodukt* der Aufbereitung	221
4.1.	HMVA – ein Ersatzbaustoff, aber kein Recycling-Baustoff	221
4.2.	HMVA – Rechtsstatus	222
4.3.	HMVA – kein gefährlicher Abfall	225
4.4.	HMVA – rechtliche Gebote zur bevorzugten Verwendung	226
5.	Rechtsvorschriften/Regelwerke zur Verwendung von HMVA – derzeit und zukünftig	227
5.1.	HMVA – Verwendung auch als Verfüllmaterial?	227
5.2.	Vier Bereiche baulicher Verwendungen von HMVA – jeweils entsprechende Anforderungen	227
5.3.	Verwendung im Deponiebau	228

5.4.	Verwendung im Untertageversatz	228
5.5.	Verwendung im öffentlichen und im privaten Straßen-/Erdbau	228
5.5.1.	Anforderungen an den MEB HMVA und seinen Einsatz in bautechnischer Hinsicht – derzeit und zukünftig	228
5.5.2.	Umweltbezogene Anforderungen bei Maßnahmen des öffentlichen und des privaten Straßen- und Erdbaus – derzeit	230
5.5.3.	Umweltbezogene Anforderungen bei Maßnahmen des Straßen- und Erdbaus – zukünftig – (EBV)	234
6.	Quellen	240

1. Einführung

1.1. Entwicklung der Abfallverbrennung

Die Abfallentsorgung in Deutschland nach dem Zweiten Weltkrieg war im Wesentlichen auf die Herstellung geordneter Zustände im öffentlichen und privaten Raum, auf die Vermeidung von Gefahren für Mensch und Umwelt durch nicht entsorgte Abfälle, darunter auch Hausmüll und hausmüllähnliche Gewerbeabfälle (Siedlungsabfälle), ausgerichtet. Das bedeutete Abfuhr und dauerhafte Ablagerung auf eigens dafür eingerichteten Deponien. Jedoch erkannte man nach einigen Jahren, dass dieser Weg nicht weiter verfolgt werden könne, schon weil der Deponieraum auf Dauer kaum ausreichen würde und im Abfall auch wertvolle, als Roh- und Sekundärmaterial rückzugewinnende Stoffe enthalten seien. Es entwickelte sich der Gedanke der Kreislaufwirtschaft, der Separierung von Abfallarten und der Abfallverbrennung mit anschließender Verwertung der anfallenden Hausmüllverbrennungsrohschlacke (HMV-Rohschlacke).

Heute haben sowohl die Abfallverbrennung als auch die Behandlung von HMV-Rohschlacke in Deutschland einen technisch sehr hohen Stand erreicht. Es werden erhebliche Mengen Wärme und Strom erzeugt[1], es erfolgt eine umweltentlastende Rückgewinnung von beachtlichen Mengen Eisen- und Nichteisenmetallen, und der vielseitig verwendbare mineralische Ersatzbaustoff (MEB) *HMV-Schlacke* (mineralogisch *Hausmüllverbrennungsasche*, mit Blick auf die guten bautechnischen Eigenschaften branchensprachlich HMV-Schlacke)[2], wird produziert.

Diese tatsächliche, an Vernunft und Ökologie orientierte Entwicklung spiegelt sich auch in der Entwicklung des deutschen Abfallrechts wider. Allein schon die Namen der nacheinander folgenden Gesetze sind vielsagend. Es begann mit dem *Abfallbeseitigungsgesetz* vom 7.6.1972, ging über in das *Gesetz zur Vermeidung von Entsorgung*

---

[1] lt. Interessengemeinschaft der Thermischen Abfallbehandlungsanlagen in Deutschland e.V. (ITAD e.V., Düsseldorf) im Jahr 2012 etwa 18,5 Milliarden Kilowattstunden Wärme und etwa 6,8 Milliarden Kilowattstunden Strom

[2] Diese Bezeichnung verwenden auch LAGA M 19 und LAGA M 20, siehe dazu unten Kapitel 5.5.2.

von Abfällen vom 27.8.1986, von dort zum *Kreislaufwirtschafts- und Abfallgesetz* vom 27.9.1994 und endete in dem aktuellen *Kreislaufwirtschaftsgesetz* vom 24.2.2012. Dieses enthält gemäß der europäischen Vorgabe in Art. 4 der EU-Abfallrahmenrichtlinie u.a. eine klare Abfallhierarchie und bezieht dabei ausdrücklich die Abfallverbrennung mit ein: Vermeidung – Vorbereitung zur Wiederverwendung – Recycling – sonstige Verwertung, zu der *insbesondere energetische Verwertung* gehört – Beseitigung (s. § 6 Abs. 1 KrWG). Darüber hinaus legt § 8 Abs. 3 KrWG sogar fest, *dass die energetische Verwertung einer stofflichen Verwertung …. gleichrangig ist, wenn der Heizwert des einzelnen Abfalls …. mindestens 11.000 Kilojoule/kg beträgt*[3]. Somit hat das aktuelle deutsche Kreislaufwirtschaftsrecht die Abfallverbrennung eindeutig als festes positives Element der Abfallverwertung etabliert.

1.2. Zusammenhang Abfallverbrennung und Hausmüllverbrennungsschlacke

Existenz und Quantität von HMVA, die im Übrigen ganz überwiegend durch spezifisch zertifizierte Aufbereitungsunternehmen der Abfallentsorgungsbranche produziert wird, hängen zwingend mit der Existenz der Abfallverbrennungsanlagen und der von diesen erzeugten Mengen an Output, der Rohschlacke, ab. Ohne Abfallverbrennung keine HMVA. Die Abfallverbrennung wird jedoch häufiger in ihrer Sinnhaftigkeit/Berechtigung und ihrem Umfang, derzeit und in Zukunft, diskutiert. Es fallen Äußerungen wie z.B. *Im besten Fall wird dort noch Wärme und Strom erzeugt. Die Rohstoffe aber gehen durch Verbrennung unwiderruflich verloren*[4]. Spätestens bis zum Jahr 2050 wären nur noch etwa zehn Anlagen in Deutschland mit einer Maximalkapazität von 5 Millionen t/a erforderlich.[5] Daher sollen hier zunächst vor der weiteren Betrachtung des Verbrennungsproduktes HMVA einige Ausführungen zur Verbrennung von Hausmüll und hausmüllähnlichem Gewerbeabfall selbst erfolgen.

2. Abfallverbrennung in Deutschland – erforderlich und sinnvoll

2.1. Hausmüll – Anfall und Zusammensetzung

Von den seit einigen Jahren anfallenden etwa 350 Millionen Tonnen Abfälle pro Jahr entfallen etwa 50 Millionen Tonnen auf Siedlungsabfälle. Diese Abfälle, die Abfälle aus privaten Haushalten und vergleichbaren Einrichtungen (Hausmüll) sowie hausmüllähnliche Abfälle aus Gewerbebetrieben und Industrie umfassen, werden entsprechend den bestehenden kommunalen Satzungsregelungen zum großen Teil getrennt erfasst und stofflich verwertet, z.B. Glas, Papier, Bioabfälle. Es verbleiben im Schnitt

---

[3] Ob diese Gleichstellung mit den Vorgaben zur Abfallhierarchie der EU-Abfallrahmenrichtlinie vereinbar ist, wird zurzeit von der EU-Kommission im Rahmen eines Vertragsverletzungsverfahrens gegen Deutschland geprüft.

[4] Bundespresseportal 11.2.2014, S. 1; http://bundespresseportal.de/nordrhein-westfalen/item/19970-rainer-dep.....

[5] Studie des Öko-Instituts, s. *Vorfahrt für Recycling*, Recycling-Magazin 04/2014, S. 10 ff

der letzten Jahre als Restmüll etwa zwanzig Millionen Tonnen, die von der Substanz her stofflich nicht verwertet werden und in ihrer stofflichen Zusammensetzung sehr verschiedenartig sind.

Dabei ist die Zusammensetzung aufgrund saisonaler oder regionaler Einflüsse durchaus unterschiedlich. Dieses wiederum beeinflusst die erforderliche Aufbereitungsarbeit und die Ergebnisse bei der HMVA-Produktion.

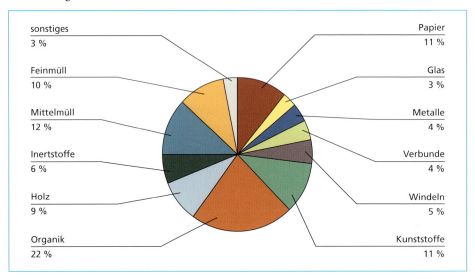

Bild 1: Zusammensetzung des Abfallinputs (Feuchtsubstanz) deutscher Abfallverbrennungsanlagen nach Abfallfraktion

Quelle: DEH2002

2.2. Verbrennungsanlagen und Anfall Rohschlacke

Der Abfall wird verbrannt (Rostfeuerung), und es fällt nach abschließender Nassentschlackung (in Deutschland der Regelfall, Sinn: Luftabschluss, Abkühlung) die Rohschlacke an.

Deutschlandweit verteilt mit Schwerpunkten in Nordrhein-Westfalen und Bayern, gibt es derzeit etwa siebzig Abfallverbrennungsanlagen. Das ergeben, mit seit dem Jahr 2009 leicht steigender Tendenz, derzeit etwa fünf Millionen Tonnen Rohschlacke pro Jahr.

Zu diesen Anlagen und dieser Menge kommen noch etwa dreißig Ersatzbrennstoff-Anlagen (EBS-Anlagen) mit einem Jahresanfall von etwa 0,5 Millionen Tonnen Rohschlacke pro Jahr. In diesen Anlagen werden insbesondere heizwertreiche Abfälle zur Erzeugung von Wärme oder Strom, die im Rahmen der unternehmerischen Tätigkeit benötigt wird, in Ersparnis primärer Energieträger/Brennstoffe verbrannt (z.B. Öfen in der Zementindustrie und Kraftwerke). Auch die hier anfallende Rohschlacke wird von den Aufbereitern übernommen und aufbereitet.

Verwendung von Hausmüllverbrennungsschlacke

Bild 2: Standorte von Abfallverbrennungsanlagen (MVA) und EBS-Kraftwerken mit Rostfeuerung in Deutschland, Stand: 31. Dezember 2009

Quelle: Eigenrecherchen Prognos AG 2009.

Zitiert in: Sachverständigengutachten: Schlacken aus Abfallverbrennungsanlagen

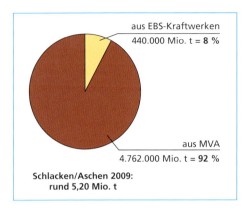

Bild 3:

Geschätztes Aufkommen an Schlacken aus MVA und EBS-Kraftwerken mit Rostfeuerung in Deutschland im Jahr 2009 nach Herkunft

Quelle: ITAD2009 und Eigenschätzungen Prognos AG 2009

Der Anzahl von Abfallverbrennungsanlagen und EBS-Kraftwerken in den einzelnen Bundesländern im Wesentlichen folgend, fällt mit Abstand die meiste Rohschlacke in Nordrhein-Westfalen an, an zweiter Stelle liegt Bayern.

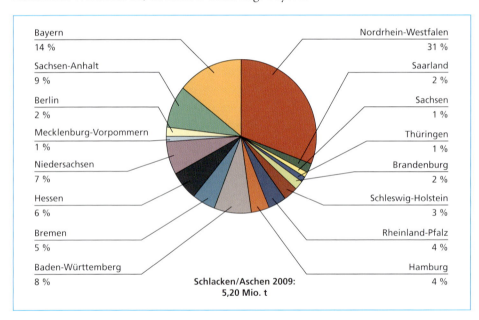

Bild 4: Geschätztes Aufkommen an Schlacken aus MVA und EBS-Kraftwerken mit Rostfeuerung in Deutschland im Jahr 2009 nach Bundesländern

Quelle: ITAD 2009 und Eigenschätzungen Prognos AG 2009

Mit Blick auf das seit vielen Jahren politisch streng propagierte Ziel, möglichst wenig, am besten gar keinen Deponieraum mehr bei der Entsorgung von u.a. Hausmüll und hausmüllähnlichem Gewerbeabfall zur Verfügung stellen zu wollen, sei hier hervorgehoben, dass durch die Abfallverbrennung das Volumen des eingegebenen Abfalls deutlich verringert und die Menge um etwa 75 Prozent reduziert wird[6], unabhängig davon, was mit der anfallenden Rohschlacke geschieht (s.u.).

---

[6] Zum Ganzen vgl. auch Bertram, *Eine Illusion*, Recycling-Magazin 08/2012 und Parallelbeitrag zu dieser Tagung *Kreislaufwirtschaft ohne Deponien?*

Das darüber hinausgehende, sowohl auf der europäischen als auch der deutschen Ebene politisch propagierte Ziel der völligen stofflichen Verwertung des Hausmülls und damit Entfall von Deponien und wohl auch von Abfallverbrennungsanlagen hält der Autor aufgrund der stofflichen Beschaffenheit und des Zustands des Restabfalls (Abnutzung, Verschmutzung), unter dem Aspekt des erforderlichen Umwelt- und Gesundheitsschutzes sowie auch unter ökonomischen Gesichtspunkten für nicht erreichbar (wie im Übrigen auch bei anderen Abfallströmen, s. z.B. Entsorgung von Bau- und Abbruchabfall). Gerade die Abfallverbrennung erscheint als ein wesentlicher – auch ökologisch sinnvoller – Baustein zu einer möglichst umfassenden und sinnvollen Abfallverwertung.

2.3. Abfallverbrennung, Verwendung Rohschlacke und Deponierung im EU-Vergleich

Die Kritiker der Abfallverbrennung in Deutschland übersehen zu sehr das hohe Niveau dieses Entsorgungsweges mit seinen positiven Wirkungen wie der vorgenannten erheblichen Mengenreduzierung, aber auch der vollständigen Verwertung der anfallenden Rohschlacke einschließlich der Rückgewinnung wertvoller Metalle (s.u.). Der hohe deutsche Standard und die erbrachten Leistungen werden besonders deutlich im EU-Vergleich. Bezogen auf die Entsorgung der kommunalen Abfälle (Jahr 2010), und zu denen gehören die in die Abfallverbrennungs- und EBS-Anlagen gelangenden Abfälle, gibt es in den 27 EU-Staaten (2010) nur sechs Staaten, deren Deponierungsquote im einstelligen Bereich liegt. Dabei sind die Niederlande und Deutschland an der Spitze und mit *weniger als 0,5 Prozent* eingestuft. Diese Einstufung stimmt völlig überein mit der hier vorgenommenen Bewertung der Abfallverbrennung inklusive der Verwendung der anfallenden Rohschlacke – es ist ein Entsorgungsweg, der sich letztlich als eine Verwertung des Hausmülls zu hundert Prozent darstellt. Es gelangen so gut wie keine Mengen in die Deponierung.

Demgegenüber werden bei 17 Mitgliedstaaten über fünfzig Prozent der anfallenden kommunalen Abfälle deponiert, in acht Staaten über achtzig Prozent, in vier Staaten sogar über neunzig Prozent. Der Durchschnitt aller Mitgliedstaaten liegt bei 38 Prozent.

Unter dem Eindruck dieser Situation in der EU ist dem Direktor der Generaldirektion Umwelt der EU-Kommission, K. F. Falkenberg, zuzustimmen. Er erklärte anlässlich der Messe IFAT Anfang Mai in München, dass es nicht sinnvoll erscheine, evtl. gewisse freie Kapazitäten der auf hohem Niveau erfolgenden Abfallverbrennung in Deutschland abzubauen, wenn in Nachbarstaaten kaum oder viel zu geringe Kapazitäten vorhanden seien. Zumindest bis zur deutlichen Besserung der Situation (Verfasser: also erst in vielen Jahren) müsse der dortige Abfall zur Verbrennung nach Deutschland gebracht werden. H. Wendenburg, Abteilungsleiter BMUB, stimmte dem zu[7].

---

[7] s. zum Ganzen EUWID, Ausgabe 13.5.2014 (20.2014), S. 21

Tabelle 1: Behandlung der kommunalen Abfälle im Jahr 2010 in der EU

	Behandlung der kommunalen Abfälle %			
	Deponierung	Verbrennung	Recycling	Kompostierung
EU27	38	22	25	15
Belgien	1	37	40	22
Bulgarien	100	-	-	-
Tschechische Republik	68	16	14	2
Dänemark	3	54	23	19
Deutschland	0	38	45	17
Estland	77	-	17	1
Irland	57	4	35	4
Griechenland*	82	-	17	1
Spanien	58	9	15	18
Frankreich	31	34	18	17
Italien*	51	15	21	13
Zypern	80	-	16	4
Lettland	91	-	9	1
Litauen	94	0	4	2
Luxembourg	18	35	26	20
Ungarn	69	10	18	4
Malta	86	-	7	6
Niederlande	0	39	33	28
Österreich*	1	30	30	40
Polen	73	1	18	8
Portugal	62	19	12	7
Rumänien	99	-	1	0
Slowenien	58	1	39	2
Slowakei	81	10	4	5
Finnland	45	22	20	13
Schweden	1	49	36	14
Vereinigtes Königreich*	49	12	25	14
Island	73	11	14	2
Norwegen	6	51	27	16
Schweiz	-	50	34	17
Türkei	99	-	-	-

* Schätzung von Eurostat: 0 bedeutet weniger als 0,5 % „-" bedeutet einen echten Nullwert.

Quelle: Eurostat

3. Aufbereitung Rohschlacke

3.1. Ablauf

Die festen Bestandteile der anfallenden Rohschlacke, die zu Beginn noch einen Wasseranteil von etwa zwanzig Prozent aufweist, teilen sich wie folgt auf (Tabelle 2):

Tabelle 2: Durchschnittliche Zusammensetzung von Rohschlacke aus Abfallverbrennungsanlagen

Fraktion	Gehalt Gew.-%
Mineralische Fraktion (Grobstücke + feinstückiges Material)	85 bis 90
Unverbranntes oder Teilverbranntes	1 bis 5
Eisen- und Nichteisenmetalle	7 bis 10

Quelle: LUE 2004, Fau 1996

Ihr Ziel geht gleichermaßen in zwei Richtungen, und daran orientieren sich auch Ablauf und Gestaltung der Aufbereitung, und zwar

- Rückgewinnung der FE-/NE-Metalle, insbesondere auch der deutlich werthaltigeren NE-Bestandteile.

- Produktion des Baustoffs HMVA in Befolgung aller bautechnischen und umweltbezogenen Anforderungen. Produziert wird regelmäßig ausgerichtet an dem wahrscheinlichen späteren Verwendungszweck. So macht es einen Unterschied, ob die HMVA später klassisch im Straßen- und Erdbau (z.B. Lieferkörnung 0 bis 45 mm oder 0 bis 32 mm), als Bettungsmaterial unter Pflaster oder Plattendecken (Lieferkörnung 0 bis 4 mm oder 0 bis 8 mm) oder in einer Untertagedeponie eingesetzt werden soll.

Aufbereitet wird rein mechanisch und trocken (nach wie vor Stand der Technik).

Wesentliche Aufbereitungsschritte (außer beim Untertageversatz, s.u.) sind

- Lagerung (etwa 3 bis 6 Wochen),
- Abtrennung Unverbranntes/Störstoffe (händisch, Windsichtung),
- Brechen/Zerkleinern (Prallmühle),
- Siebung/Klassierung (Körnungen, z.B. 0 bis 32 mm),
- Abtrennung FE (händisch, Magnet),
- Abtrennung NE (Wirbelstrom),
- Alterung
    * etwa dreimonatige Lagerung nach der Aufbereitung, ggf. je nach Länge der o.g. Anfangslagerung etwas kürzer,
    * zur Erfüllung der Anforderungen des Umweltschutzes und der Bauphysik,
- Entfeuchtung,
- Immobilisierung/Absenkung Auslaugung Salze (Sulfat, Chlorid) und Schwermetallgehalte,
- Reaktivitätsausschluss,
- Absenkung,
- Volumenstabilisierung (Raumbeständigkeit).

Bild 5 zeigt ein typisches Ablaufschema für eine umfassende, den beiden Verwertungszielen der Rückgewinnung von Metallen und der Produktion von HMVA Rechnung tragendes Ablaufschema:

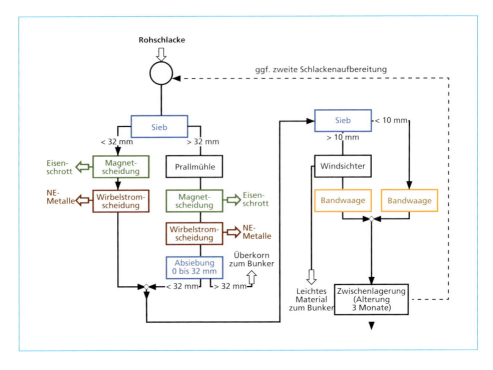

Bild 5: Konventionelle Schlackeaufbereitung am Beispiel der Firma MVR

Quelle: ZWA2006, bearbeitet

3.2. Ergebnisse des Aufbereitungsprozesses von Rohschlacke

Gemäß den Erfahrungen der Aufbereitungsindustrie sind die Ergebnisse im Laufe der letzten Jahre im Wesentlichen gleich. Sie liegen gemäß Befragungen der IGAM-Verbandsmitglieder[8] bei

- **HMVA** (Bauzwecke und Untertageversatz) etwa 85 Prozent,
- **FE-Metalle** etwa 6,5 bis 9,5 Prozent,
- **NE-Metalle** etwa 0,6 bis 1,1 Prozent,
- **Unverbranntes** etwa 1,5 bis 3 Prozent,
- **Beseitigung/Deponierung** im Regelfall 0,0 Prozent.

Ähnliche, wenn auch nicht völlig identische Ergebnisse ergibt eine Studie der Prognos AG[9] im Auftrag des Umweltbundesamtes für das Jahr 2009:

---

[8] Bundesverband *Interessengemeinschaft der Aufbereiter und Verwerter von Müllverbrennungsschlacken* (IGAM, Duisburg), gegründet im Jahr 2007 aus Anlass der sich abzeichnenden Bundesverordnung zur Verwertung mineralischer Abfälle.

[9] *Verbesserung der umweltrelevanten Qualitäten von Schlacken aus Abfallverbrennungsanlagen*, Oktober 2010

- **HMVA**
    - * **Bauzwecke** etwa 76 Prozent),
    - * **Untertageversatz** etwa 6 Prozent),
- **FE-Metalle** etwa 7 Prozent,
- **NE-Metalle** etwa 0,7 Prozent,
- **Beseitigung/Deponierung** im Regelfall 10 Prozent.

Der Unterschied liegt also im Wesentlichen nur bei dem Ansatz eines gewissen Deponieanteils, allerdings unter Außerachtlassung des bei den IGAM-Mitgliedern gesondert aufgeführten Komplexes *Unverbranntes*. Der Unterschied mag darauf zurückzuführen sein, dass Prognos AG eine breite Betrachtung sowohl der speziellen Aufbereitungsunternehmen von HMVA als auch der Betreiber von Verbrennungsanlagen, die zum Teil auch selbst aufbereiten, bei denen aber im Jahr 2009 möglicherweise noch ein gewisser kleinerer Anteil, direkt oder am Ende des Aufbereitungsvorgangs, in die Deponierung ging, durchführte. Hingegen handelt es sich bei den befragten IGAM-Mitgliedern im Wesentlichen um Unternehmen, deren Geschäftsgegenstand speziell die Aufbereitung von Rohschlacke ist (oft in Verbindung mit der Aufbereitung anderer Abfallströme wie Bau- und Abbruchabfall).

Herauszustellen ist aber die doch bedeutende Gemeinsamkeit beider Ergebnisse, dass in jedem Falle mindestens neunzig Prozent der anfallenden Rohschlacke verwertet werden, sei es im umweltentlastenden Feld der Rückgewinnung von Metallen oder als Baustoff HMVA.

3.3. Speziell: Aufbereitungsergebnis FE-/NE-Metallrückgewinnung

In der jüngeren Vergangenheit ist die FE-/NE-Metallrückgewinnung vermehrt Gegenstand von Diskussionen und Untersuchungen gewesen. Dieses wird wohl auch anhalten. Ziel ist eine noch weitergehende Rückgewinnung. Daher soll auch hier zu diesem Thema einiges ausgeführt werden:

1. Es findet zunächst eine Sortierung in Grob- und Feinschrott sowie in FE- und NE-Metalle statt, letztere im Regelfall auch nach einzelnen Sorten wie Aluminium und Kupfer sowie in der Größe sortiert. Dieses geschieht nicht nur wegen der verschiedenen späteren Verwertungswege des Materials, sondern vor allem, auch wegen der unterschiedlichen (häufig in Perioden stark schwankenden) Werte eines jeden Metalls.

    Bei der anschließenden Zufuhr direkt in die Hüttenwerke sind diese Metalle sehr willkommenes Material, vor allem wegen der vergleichsweise hohen Sauberkeit und Reinheit, die das Material durch die Verbrennung und das anschließende Aufbereitungsverfahren gewonnen hat. Bedenkt man die weltweite Begrenztheit von Vorkommen bestimmter Metalle und die Importabhängigkeit der deutschen Industrie, muss dieser positive Folgeaspekt der Abfallverbrennung unbedingt gesehen werden, abgesehen von den ökologischen Aspekten.

2. Nach derzeitigem Stand ist die Metallrückgewinnungsquote aus der Rohschlacke unter Abwägung praktischer Durchführbarkeit, der parallel entstehenden HMVA, noch zu erlangender Restbestandteile und wirtschaftlicher Machbarkeit auf sehr hohem Niveau.

Dessen ungeachtet aber befasst sich die Aufbereitungsindustrie mit allen gerade in letzter Zeit vermehrt auf dem Markt dargestellten und angebotenen Techniken zur weiteren Rückgewinnung.

Auch haben IGAM und ITAD gemeinsam ein eigenes Gutachten zum Thema beauftragt. Dieses bescheinigt ebenfalls den sehr hohen Stand einer Rückgewinnungsquote von etwa 92 Prozent[10].

Dass die Industrie tatsächlich die Rückgewinnung so weit wie möglich vorantreiben will, was zum Teil wohl bezweifelt wird, dürfte schon durch das starke Eigeninteresse belegt sein. Im Regelfall kann nur durch diesen Teil der Aufbereitung der Rohschlacke Geld verdient werden. Das Fertigprodukt HMVA hingegen wird im Regelfall kostenlos abgegeben, in Zeiten übervoller Läger usw. häufig sogar mit Zuzahlung eines Betrags an den Abnehmer.

3. Wie ausgeführt, stimmt die Aufbereitungsindustrie der großen Wichtigkeit der Metallrückgewinnung voll zu. Es erscheint uns aber wichtig, auf zwei Aspekte hinzuweisen.

a) Zum einem darf bei allen Überlegungen der Steigerung des Rückgewinnungspotentials nicht übersehen werden, dass eine sehr große Masse mineralischen Materials (HMVA) anfällt. Dieses Material ist in vielen Bereichen verwendbar, und diese Verwendung ist auch ein gewichtiges Ziel. Natürliche Baurohstoffressourcen werden geschont und gestreckt. Gerade eine weitergehende Metallrückgewinnung führt – zu Lasten der im Straßen- und Erdbau einsetzbaren Qualität – zu vermehrtem Anfall von feinerer HMVA. Für diese wiederum sind unter bautechnischen und umweltbezogenen Gründen kaum Verwertungsbereiche vorhanden. So führt Prognos[11] aus: *Eine Zerkleinerung der Grobfraktion vor der weiteren Klassierung könnte eine noch bessere Abscheidung von Nicht-Eisenmetallen ermöglichen. Jedoch muss bei einem solchen Vorgehen beachtet werden, dass dadurch nicht vernachlässigbare Mengen an mineralischem Feinkorn entstehen, die die bauphysikalischen Eigenschaften der aufbereiteten Schlacke negativ beeinflussen und/oder zusätzliche Stoffströme erzeugen, die nicht verwertet werden können.*

Es kann nicht sein, dass mangels Abnahme dieser Baustoff letztendlich in die Deponierung geht. Die dadurch entstehenden Kosten würden sich bei den von den Verbrennungsanlagen – und damit letztendlich von den Gebührenpflichtigen – zu zahlenden Entsorgungsentgelten niederschlagen, ökologische Aspekte einmal außen vorgelassen.

---

[10] Deike et al.: *Recyclingpotentiale bei Rückständen aus der Müllverbrennung*, Universität Duisburg-Essen, 16.12.2012

[11] s. FN 9, S. 70

b) Der Tatbestand der doch nennenswerten Metallrückgewinnung sollte auch bei den anstehenden Regelungen zur Wertstofftonne nicht aus dem Auge verloren werden. Würden z.B. tatsächlich und rechtlich alle bisher im Hausmüll und damit in der Rohschlacke enthaltenen Metalle in eine getrennte Erfassung und Verwertung geleitet werden, würde der Aufbereitungsindustrie die wirtschaftliche Basis vollends entzogen sein. Die ökologischen und ökonomischen Folgen wären beträchtlich.

Des Weiteren braucht eine getrennte Wertstofferfassung keine komplizierten, kaum praktikablen Systeme mit dem Ziel einer vollständigen Erfassung der Metalle zu installieren. Denn wenn das Material nicht in diesen beabsichtigten neuen Entsorgungsweg gehen würde, bliebe es wie bisher im Entsorgungswege der Abfallverbrennung und würde darüber rückgewonnen werden. Nach Auffassung des Verfassers würde der beabsichtigte neue Entsorgungsweg in Bezug auf Metalle kaum nennenswerte Mengensteigerungen bringen, im Wesentlichen würde nur der Entsorgungsweg verlagert, und dieses mit der Verursachung neuer Fragen und Probleme. Diese entstünden nicht nur in Bezug auf die Aufbereitungsindustrie, sondern z.B. auch in Bezug auf die zu erzielende nötige Reinheit und Sauberkeit der in die Verhüttung zu gebenden Metalle und in Bezug auf die hygienischen Probleme auf dem Weg vom Anfall des Abfalls bis zu dessen letztendlicher Verwertung im Hüttenwerk.

4. Ersatzbaustoff HMVA – mineralisches *Endprodukt* der Aufbereitung

4.1. HMVA – ein Ersatzbaustoff, aber kein Recycling-Baustoff

HMVA findet zu etwa 85 Prozent [1] bzw. 82 Prozent [2] Verwendung im Bausektor und dabei in großem Maße mineralische Primärbaustoffe (Kies, Schotter) substituiert, insoweit *Ersatzbaustoff* ist.

Legt man die Definition des § 3 Nr. 25 KrWG zugrunde, nach der *Recycling* in jedem Fall auch die Aufbereitung von Material umfasst und einen Verwertungsvorgang darstellt, könnte man HMVA auch als *Recycling-Baustoff* bezeichnen (ebenso im Übrigen einige andere Sekundärbaustoffe). Dieses sollte aber auf keinen Fall geschehen. Der Begriff ist seit langer Zeit durch den Baustoff, ebenfalls Ersatzbaustoff, belegt, der aus Bau- und Abbruchabfall produziert wird. Der Entwurf der EBV[12], die einen guten umfassenden und aktuellen Gesamtüberblick über Anzahl und Herkunft der mineralischen Ersatzbaustoffe (MEB) enthält (s. § 3 Nrn. 17 – 33), zählt 17 verschiedene MEB auf.

Gemeinsam ist all diesen Materialien, dass sie alle nicht originär als neues Baumaterial wie z.B. Kies und Schotter produziert worden sind, sondern diese Primärbaustoffe substituieren sollen *(Ersatzbaustoff)*.

---

[12] Ersatzbaustoffverordnung als Art. 2 des Entwurfs der Mantelverordnung vom 31.10.2012 (MantelV)

Sehr unterschiedlich ist jedoch jeweils ihre Herkunft, so z.B. die Hochofenstückschlacke oder der Hüttensand aus der Gewinnung von Stahl und Eisen, der RC-Baustoff im Wesentlichen aus angefallenem Bau- und Abbruchabfall und die hier zu behandelnde Hausmüllverbrennungsschlacke eben aus der Verbrennung von Siedlungsabfall. Die jeweilige Herkunft hat entscheidende Bedeutung bei dem Einsatz des Materials. Sowohl die bautechnischen (z.B. Frostwiderstand, Schlagfestigkeit) als auch die umweltrelevanten Eigenschaften (z.B. Metallgehalte) sind je nach Ersatzbaustoff sehr verschieden. Daher ist auch nicht jedes Material für denselben Einsatzzweck geeignet. Es unterliegt jeweils einer spezifischen Betrachtung, es gelten – speziell bei der umweltbezogenen Bewertung – jeweils unterschiedliche Regelwerke (s. z.B. LAGA M 20, 2003[13] und in NRW die verschiedenen *Verwertererlasse* vom 9.10.2001 für industrielle Nebenprodukte, RC-Baustoffe und HMVA[14]).

Nur bei ersatzbaustoffspezifischer Betrachtung ist ein problemloser, rechtskonformer Einbau möglich, kann eine sachliche Diskussion in Fachkreisen und Öffentlichkeit erfolgen.

4.2. HMVA – Rechtsstatus

Alle derzeit in Deutschland vorhandenen Regelungen zum Einsatz von MEB, im Übrigen auch zukünftig die EBV (s.u.), legen jeweils nur die Anforderungen an die Materialqualität fest, machen dabei keinerlei Unterschied, ob das Material rechtlich als Abfall oder als Neben-, Sekundär- (bzw. Abfallende-)Produkt einzustufen ist. Denn potentielle Umweltgefahren, die mit den Regelwerken vermieden werden sollen, hängen allein von der Qualität des Materials ab, nicht von seiner rechtlichen Einordnung.

Unter bestimmten rechtlichen Gesichtspunkten ist aber eine solche Zuordnung notwendig. So fallen z.B. Sicherheitsleistungen im Immissionsschutzrecht nur bei Abfällen an, erfassen die Einschränkungen des Abfallverbringungsrechts (s. EU-Abfallverbringungs-Verordnung) bei grenzüberschreitenden Transporten nur Abfälle. Auf der anderen Seite aber gelten die umfassenden Pflichten wie Registrierung aller Inhaltsstoffe usw. gemäß der EU-REACH-VO nur für Produkte (Art. 2 Abs. 2).

Für die (von der Thematik insgesamt erfassten) Ersatzbaustoffe kommt prinzipiell nur die Einordnung als Nebenprodukt, Sekundärprodukt oder Abfall in Betracht.

Da die Rohschlacke als Basis der HMVA unzweifelhaft rechtlich als Abfall einzustufen ist, scheidet der Status *Nebenprodukt*, der einen vorhergehenden Abfallstatus nicht zulässt, aus (§§ 4 KrWG und 18 EBV).

Ein *Sekundärprodukt = Erreichen des Endes des Abfallstatus* muss mehrere Voraussetzungen erfüllen. Dazu gehören insbesondere hohe Anforderungen im Bereich des

---

[13] Mitteilungen der Länderarbeitsgemeinschaft Abfall (LAGA) 20 - *Anforderungen an die stoffliche Verwertung von mineralischen Reststoffen/Abfällen – Technische Regeln – Stand: 6.11.2003*

[14] z.B. Anforderungen an die Güteüberwachung und den Einsatz von Hausmüllverbrennungsaschen im Straßen- und Erdbau, gem. Runderlass des Ministeriums für Umwelt und Naturschutz, Landwirtschaft und Verbraucherschutz, IV-3-953-26308-IV-8-1573-30052-, und des Ministeriums für Wirtschaft und Mittelstand, Energie und Verkehr, VI A3-32-40/45 vom 9.10.2001

Minimierung von Emissionen thermischer Anlagen

➢ Rauchgasreinigungsanlagen
➢ Abwasser, Flugasche- und Rückstandsbehandlung
➢ Rostasche-Recycling

Marktführer in Europa
Ein großes Portfolio an verfügbaren Verfahren
Über 200 Fachleute

Kontakt Rauchgasreinigung:
LAB GmbH
Bludenzer Straße 6
D-70469 Stuttgart
Tel.: +49-711-222 49 35-0
Fax.: +49-711-222 49 35 99

Kontakt Rückstandsbehandlung/
Rostasche-Recycling:
LAB Geodur
Riedstrasse 11/13
CH-6330 Cham
Tel.: +41 41 760 25 32

Umwelt- und Gesundheitsschutzes (§§ 5 KrWG und 19 EBV). Zwar liegen die zur Konkretisierung erforderlichen genauen Kriterien mangels rechtsgültiger Verordnung (EBV) noch nicht vor. Es zeichnet sich aber ab, dass gemäß den europäischen Vorgaben (s. Art. 6 EG-Abfallrahmenrichtlinie, 2008/98/EG vom 19.11.2008, und den schon erlassenen EU-Abfallende-Regelwerken, z.B. zu Schrott und Altglas) Maßstab eine *ubiquitäre* Einsetzbarkeit auch bei offenen Einbauweisen, vergleichbar mit Primärbaustoffen, sein wird.

Daher wird HMVA auch in Zukunft trotz aller Anstrengungen der Aufbereitungsindustrie bei realistischer Betrachtung diese Anforderungen nicht erfüllen können, dürfte HMVA auch in Zukunft im Rechtsstatus *Abfall* bleiben. Dieses hindert aber ihre Verwertung gemäß den einschlägigen bautechnischen und umweltrechtlichen Regelungen in technischen Bauwerken bei bestimmten Einbauweisen in keiner Weise. Es handelt sich daher um Abfall zur Verwertung (diesen Rechtsstatus dürften auch die allermeisten anderen Ersatzbaustoffe teilen).

4.3. HMVA – kein gefährlicher Abfall

Diese Fragestellung ist vor einigen Jahren intensiver diskutiert worden. Anlass war die Überarbeitung der genauen Kriterien zur Ausfüllung der 15 Gefährlichkeitsmerkmale zur Einstufung von Abfall. Diese entstammen letztlich dem EU-Chemikalienrecht, nämlich der EU-Stoffrichtlinie und der EU-Zubereitungsrichtlinie. Diese werden Mitte 2015 durch die schon in Kraft befindliche EU-CLP-Verordnung (Classification, Labbeling and Packing) vollständig abgelöst. Umweltbundesamt und die Verbände ITAD sowie IGAM haben die Thematik intensiv erörtert, insbesondere die Frage einer Anwendbarkeit von Öko-Tests (aquatische und terrestrische Tests) im Rahmen des für HMVA allein in Rede stehenden Merkmals HP 14 *umweltgefährlich*. Sowohl das UBA als auch die beiden Verbände haben (kostenaufwendige) Untersuchungen unternommen. Letztendlich wurde die Frage der Kriterien einvernehmlich auf die EU-Ebene und die dortige, von mehreren Mitgliedstaaten geführte Debatte verlagert.

Der aktuelle Entwurf der EU-Kommission zum Merkmal HP 14 aus März 2014, der wohl im Laufe dieses Jahres in Rechtskraft erwachsen wird und dem voraussichtlich auch Deutschland (Bundesumweltministerium und Umweltbundesamt) zustimmen wird, sieht nach vielen Erörterungen nun vor, dass die bisher bei HP 14 geltenden Kriterien auf Sicht nicht verändert werden sollen (falls das von der Kommission beabsichtigte umfangreichere spätere Gutachten zu HP 14 andere Erkenntnisse erbringen sollte, würde wiederum eine Diskussion mit den Mitgliedstaaten und den betroffenen Industriezweigen beginnen).

Somit kann die bisher allgemein angenommene Einstufung von HMVA auch weiterhin gelten, nämlich als *ungefährlich*. Diese Einstufung wurde zuletzt durch ein umfassendes, von der Landesanstalt für Umweltschutz Sachsen-Anhalt herausgegebenes Gutachten *Untersuchung von Abfällen aus der thermischen Abfallbehandlung*, Heft 3/2012, bestätigt.

4.4. HMVA – rechtliche Gebote zur bevorzugten Verwendung

Zunehmend beklagen die Produzenten von HMVA, im Übrigen auch vieler anderer Ersatzbaustoffe, die zu geringe Abnahme und Akzeptanz des Baustoffs. Obwohl das Material bei bestimmten Baumaßnahmen unter Erfüllung bautechnischer und umweltbezogener Anforderungen eingesetzt werden könnte, gerade HMVA bezüglich Verdichtung und Tragfähigkeit beste bauphysikalische und bodenmechanische Eigenschaften aufweist, geschieht ein Einsatz häufig nicht. Lagerplätze quellen über, Annahme von Rohschlacke bereitet Probleme (im Übrigen damit auch den MVA), Wirtschaftlichkeitsberechnungen des Unternehmens erfüllen sich nicht.

Geht man den Gründen nach, so stellt man zum einen doch häufiger eine generelle Ablehnung von Ersatzbaustoffen, manchmal auch speziell in Bezug auf HMVA, fest, oft begründet mit negativen – nicht unbedingt eigenen – Erfahrungen in einem bestimmten Fall.

Zum anderen aber herrschen vielfach (nur) eine gewisse allgemeine Zurückhaltung und Skepsis, schlicht auf Unkenntnis oder Unsicherheit über die genauen Regelungen zum Einsatz und zur Ausschreibung von Ersatzbaustoffen, so auch HMVA, beruhend.

Bedauerlich ist besonders, dass gerade die öffentliche Hand (Baulastträger im Straßen- und Erdbau) zu den vorgenannten Gruppen gehört. Dieses steht im Widerspruch zu den vorhandenen deutlichen gesetzlichen Vorgaben zur sogar vorrangigen Verwendung von Ersatzbaustoffen wie HMVA. Solche Vorschriften sind z.B.

- speziell abfallrechtlich § 45 KrWG und die entsprechenden Vorschriften in einem jeden Abfallgesetz eines Bundeslandes, z.B. § 2 AbfG NRW und sogar als Muss-Vorschrift § 2 Abs. 1 Nr. 1 Kreislaufwirtschaftsgesetz Rheinland-Pfalz,

- die in allen haushaltsrechtlichen Gesetzen der Länder sowohl für den Landeshaushalt als auch die kommunalen Haushalte den Grundsatz der Sparsamkeit und Wirtschaftlichkeit der öffentlichen Verwaltung festlegenden Regelungen, z.B. § 7 Landeshaushaltsordnung und § 75 Gemeindeordnung NRW (s.o.: mindestens kostenlose Abgabe des Straßenbaustoffs HMVA). Diese rechtlichen Regelungen sind jedoch so beschaffen, dass eine rechtliche Handhabung für die Ersatzbaustoff-Produzenten nicht besteht. Umso wichtiger ist es aber dann, dass die Herausgeber dieser Regelungen, die vorgesetzten Behörden und auch die Leitungen der Straßenbaulastträger, in Kommunen, also Bürgermeister, Verwaltungsspitze und Rat, auf die Befolgung dieser Regelungen achten, sich z.B. regelmäßig einen Bericht über den bei öffentlichen Straßen- und Erdbaumaßnahmen eingesetzten Baustoff geben lassen, im Fall der Nichtverwendung eines Ersatzbaustoffs mit zugehöriger Begründung.

- Auch § 7 Abs. 8 Vergabe- und Vertragsordnung für Bauleistungen (VOB), Teil A, gehört in den Komplex positiver Rechtsvorschriften zum Einsatz von Ersatzbaustoffen. Zwar ist dort keine materielle Vorrangregelung o.ä. festgeschrieben. Von hoher Bedeutung in der Praxis ist aber die zwingende Vorgabe einer produktneutralen Ausschreibung (z.B. *Gesteinskörnung*, zu denen gemäß Definition auch die

Gesteinskörnung HMVA gehört, oder *Baustoffgemisch*). Erstaunlich oft und zum steten Ärgernis der Ersatzbaustoffindustrie, insbesondere auch der HMVA-Produzenten, wird in der Praxis häufig gegen diese Vorgabe verstoßen. So enthalten Ausschreibungen oft sogar einen völligen Ausschluss von einsetzbaren Ersatzbaustoffen oder gehen den zwar für die Industrie vergleichsweise günstigeren, jedoch ebenfalls der VOB-Vorgabe widersprechenden Weg der Zulassung von Nebenangeboten.

Unwille und Unverständnis sind in der HMVA-Industrie sehr groß – der Glaube an Veränderung und Einhaltung der Rechtsvorschriften mittlerweile sehr gering.

5. Rechtsvorschriften/Regelwerke zur Verwendung von HMVA – derzeit und zukünftig

5.1. HMVA – Verwendung auch als Verfüllmaterial?

Gemäß dem aktuellen (insoweit umweltorientierten) Standard in Deutschland kommt eine Verwendung von HMVA nur in technischen Bauwerken, Deponien und untertage in Frage.

Jedoch sieht der aktuelle Entwurf der Änderung der Bundesbodenschutzverordnung (= Art. 4 der MantelV) zu § 8, der die Verfüllung von Gruben und Brüchen regelt, in Abs. 1 Nr. 3 vor, dass auch MEB, die in der EBV aufgelistet sind, somit also auch HMVA, prinzipiell als Verfüllmaterial in Frage kommen. Diese Festlegung ist jedoch sehr umstritten, damit ein späteres Erwachsen in Rechtskraft sehr unsicher. Ganz überwiegend gehen die Forderungen der Länder und der Umweltbehörden auf ausschließlich Boden/Bodenmaterial/Baggergut. Selbst wenn aber HMVA als Verfüllmaterial grundsätzlich zugelassen bliebe, bliebe dennoch die große Hürde der Erfüllung der aktuell sehr strengen Grenzwerte (Feststoff und Eluat). Es ist eher sehr unwahrscheinlich, dass diese Werte im weiteren Verordnungsgebungsverfahren so weit erhöht werden, dass sie von HMVA erfüllt werden können.

Aus diesem Grunde sollen vorliegend nur die vorgenannten klassischen Verwendungsbereiche hier betrachtet werden.

5.2. Vier Bereiche baulicher Verwendungen von HMVA – jeweils entsprechende Anforderungen

Der Ersatzbaustoff HMVA (nach Rückgewinnung der FE-/NE-Metalle und Entfernung des Unverbrannten etwa 4,5 Millionen t/a) wird im Wesentlichen in vier Bereichen eingesetzt

- im klassifizierten öffentlichen Straßen- und Erdbau (etwa 40 bis 45 Prozent[15], z.B. als ungebundene Frostschutz- oder auch Tragschicht unter wasserundurchlässiger Deckschicht, als gebundene Schicht unter wenig durchlässiger Deckschicht wie

---

[15] Schätzung IGAM 2011

Pflaster und Platten mit Fugen oder bei Erdbaumaßnahmen als Straßendamm, d.h. Unterbau unter einer wasserundurchlässigen Fahrbahndecke, oder als Lärmschutzwall mit entsprechenden mineralischen Oberflächenabdichtungen und darüber liegender Rekultivierungsschicht)
- bei privaten Baumaßnahmen (etwa 5 bis 10 Prozent[15], z.B. vorgenannte Frostschutz-, Trag- oder Auffüllungsschicht im privaten Straßen- und Wegebau sowie bei Anlage von befestigten Industrie- und Gewerbeflächen wie Parkplätzen, Lagerflächen, Flugplätzen, Hafenbereichen, Geländeauffüllungen unterhalb Industriehallen/-gebäuden)
- im Deponiebau (z.B. 40 bis 45 Prozent[15], Wege, Befestigungen, Ausgleichs-, Profilierungs- oder mineralische Dichtungsschicht)
- beim untertägigen Versatz (etwa 5 bis 10 Prozent[15], Stabilisierung und Verfüllung von Hohlräumen in Kali- oder Salzbergwerken, zum Teil aus bautechnischen Gründen in Form eines Gemisches mit anderem Material)

Insbesondere die ersten drei Verwendungsbereiche sind auch für eine Anzahl weiterer MEB wie Recycling-Baustoffe, Hochofen- und Stahlwerksschlacke zulässig. Die einschlägigen Regelwerke und gesetzlichen Regelungen gelten gleichermaßen auch für diese MEB, wenn es um dieselben Verwendungen geht.

Bei jedem Bereich müssen sowohl bautechnische als auch umweltbezogene Anforderungen eingehalten werden, im letztgenannten Bereich unterteilt in Anforderungen an den Ersatzbaustoff selbst und an den Einsatz. Diese Anforderungen sollen im Folgenden, getrennt nach den vorgenannten vier Verwendungsbereichen, dargestellt werden.

5.3. Verwendung im Deponiebau

Es sind sowohl bautechnische als auch umweltbezogene Anforderungen zu erfüllen. Für beide gilt jedoch die Deponieverordnung (DepV) als Spezialgesetz, s. §§ 14 und 15. Dabei unterscheiden sich die Anforderungen danach, ob der *Deponieersatzbaustoff* in der Deponieklasse 0, I, II oder III verwendet wird (§ 2 Nr. 13).

Relevante Änderungen werden für die absehbare Zukunft nicht erwartet.

5.4. Verwendung im Untertageversatz

Auch hier greift mit der Versatzverordnung (VersatzV) ein Spezialgesetz, mit dem sowohl bautechnische als auch umweltbezogene Anforderungen an das *Versatzmaterial* (§ 2 Nr. 1) geregelt werden (§ 4).

Grundsätzliche Änderungen zu den Anforderungen sind auch hier nicht in Sicht.

5.5. Verwendung im öffentlichen und im privaten Straßen-/Erdbau

5.5.1. Anforderungen an den MEB HMVA und seinen Einsatz in bautechnischer Hinsicht – derzeit und zukünftig

a) Um als Substitut für Primärbaustoffe dienen zu können, muss HMVA selbstverständlich alle bautechnischen Anforderungen erfüllen, die auch die Primärbaustoffe erfüllen müssen. Dieses gilt sowohl in Bezug auf die bauphysikalische Qualität und Beschaffenheit, z.B. Widerstand gegen Frost und gegen Schlag (Zertrümmerung) und Reinheit/schädliche Bestandteile. Das gilt aber auch für die spezifische spätere Verwendung, z.B. stoffliche Zusammensetzung, Korngrößenverteilung bzw. Sieblinie.

Wegen der Identität der Anforderungen wird naturgemäß auch genau nach denselben Regelwerken und denselben Maßstäben geprüft, die für den Einsatz von Primärbaustoffen gelten. Werden die Anforderungen nicht erfüllt, scheidet die spezifische Verwendung aus.

Im Übrigen ist die Anwendung derselben Vorschriften und derselben Maßstäbe nicht nur unter qualitativen Gesichtspunkten erforderlich, sondern ist auch eine zwingende Folge der Festlegung in der europäischen und deutschen Normung. HMVA ist *Gesteinskörnung* und unterfällt damit automatisch den entsprechenden Normen.

Als solche bautechnischen Regelwerke und Normen kommen für HMVA also z.B. in Betracht

- DIN EN 13242 Gesteinskörnungen für ungebundene und hydraulisch gebundene Gemische für Ingenieur- und Straßenbau
- DIN EN 13285 ungebundene Gemische – Anforderungen –
- Technische Lieferbedingungen für Gesteinskörnungen im Straßenbau – TL Gestein StB 04
- Technische Lieferbedingungen für Baustoffe und Böden zur Herstellung von Schichten ohne Bindemittel im Straßenbau – TL SoB StB 04
- Technische Lieferbedingungen für Baustoffgemische und Böden zur Herstellung von Schichten ohne Bindemittel im Straßenbau, Teil Güteüberwachung – TLG SoB StB 04
- Technische Lieferbedingungen für Boden und Baustoffe im Erdbau des Straßenbaus – TLBuB E – StB 09
- Zusätzliche Technische Vertragsbedingungen und Richtlinien für den Bau von Schichten ohne Bindemittel im Straßenbau – ZTV SoB FTB 04
- Zusätzliche Technische Vertragsbedingungen und Richtlinien für Erdarbeiten im Straßenbau – ZTV E – StB 09

Entscheidend für den Nachweis der erforderlichen bautechnischen Qualität gegenüber Auftraggebern und Verwendern ist das Testat aus der Fremdüberwachung (zur Güteüberwachung s.u.).

Darüber hinaus sind für einen Ersatzbaustoff, abhängig von seiner Beschaffenheit, ggf. spezifische bautechnische Prüfungen erforderlich, so für HMVA zur Raumbeständigkeit (s. auch FGSV-Merkblatt M HMVA 2005).

b) Diese Anforderungen und Regelwerke werden auch zukünftig gelten. Änderungen oder Ergänzungen beziehen sich, soweit sie die entsprechenden Themenkreise wie *Gesteinskörnung* oder *ungebundene Gemische* betreffen, automatisch auf HMVA.

c) Da die Verwendungen bei privaten Baumaßnahmen des Straßen- und Erdbaus in baulicher Hinsicht den genannten öffentlichen Maßnahmen entsprechen, müssen naturgemäß auch die bautechnischen Anforderungen identisch sein (s.o. 5.5.1.a). Dieses geschieht, soweit nicht Normen o.ä. ohnehin Allgemeingültigkeit beim Bau haben, durch Übernahme der relevanten Regelwerke und Vorschriften per zivilrechtlichem Bauvertrag.

5.5.2. Umweltbezogene Anforderungen bei Maßnahmen des öffentlichen und des privaten Straßen- und Erdbaus – derzeit

5.5.2.1. Merkblatt LAGA 19/Mitteilung LAGA 20

Die Verwendung von HMVA muss – wie alle anderen MEB auch – selbstverständlich allen Maßstäben des Umweltschutzes gerecht werden, eine Gefährdung insbesondere von Grundwasser und Boden muss gemäß aktuellem Wissensstand ausgeschlossen sein. Dieses geschieht, indem – ebenfalls wie bei anderen MEB – in einer Kombination sowohl an den Baustoff selbst Anforderungen gestellt und, darauf abgestimmt, bestimmte definierte Einbauweisen zugelassen werden. Je besser die Qualität des MEB ist, d.h. je geringer die relevanten Grenzwerte festgesetzter Schadstoffparameter sind, je breiter wird die Palette der Einsatzmöglichkeiten.

Ausgangspunkt für den Maßstab ist das Kreislaufwirtschaftsgesetz, das in § 7 Abs. 3 die Schadlosigkeit und Ordnungsmäßigkeit der Verwertung von Abfällen festsetzt. Dieses ist dann der Fall, neben dem regelmäßig beim Einbau unproblematischen Immissionsschutz, wenn gemäß § 5 Wasserhaushaltsgesetz (WHG) eine nachteilige Veränderung der Gewässereigenschaften vermieden und gemäß § 7 Bundesbodenschutzgesetz (BBodSchG) Vorsorge gegen das Entstehen schädlicher Bodenbeeinträchtigungen getroffen wird.

Da es weder früher noch heute auf Bundes- oder Landesebene konkretisierende gesetzliche Regelungen gab oder gibt, und um schwierige, voraussichtlich wohl auch unterschiedliche Entscheidungen der zuständigen Behörden in den einzelnen Bundesländern zu vermeiden, hat die Länderarbeitsgemeinschaft Abfall (LAGA) in Abstimmung mit den Länderarbeitsgemeinschaften Wasser (LAWA) und Boden (LABO) speziell für die Verwendung von HMVA das *Merkblatt für die Entsorgung von Abfällen aus Verbrennungsanlagen für Siedlungsabfälle* vom 1./2. März 1994 herausgegeben (Abschnitt 1. Einleitung: *Ziel dieses Merkblattes ist die bundeseinheitliche Regelung der Entsorgung von Abfällen aus Verbrennungsanlagen für Siedlungsabfälle (HMV). Der Schwerpunkt liegt bei der umweltverträglichen Verwertung...*).

Dieses Merkblatt ergänzt die kurz zuvor herausgegebenen *Mitteilungen* der LAGA *Anforderungen an die stoffliche Verwertung von mineralischen Reststoffen/Abfällen*

Technische Regeln (LAGA M 20), heutiger Stand: Fassung vom 6.11.2003. Dieses Werk beinhaltet ebenfalls Regelungen zur Verwertung von HMVA, im Übrigen darüber hinaus auch zur Verwertung einer Anzahl weiterer mineralischer Abfälle wie Bau- und Abbruchabfall, Gießereireststoffe und Aschen/Schlacken aus bestimmten Kraft- und Heizwerken.

Zum einen wird eine Vielzahl von Anforderungen an den MEB HMVA selbst festgelegt. So werden bestimmte Feststoff-, vor allem aber Eluatwerte für Schwermetalle und Salze, jeweils mit zugehörigen Vorgaben zu Probenahmen und Analytik, festgesetzt. Zum anderen erfolgt eine genaue Fixierung (nur) zugelassener, mit Beispielen versehener Einbauweisen (Einbauklasse Z 2 = *eingeschränkter Einbau mit definierten technischen Sicherungsmaßnahmen*; zu den Beispielen s.o. Kapitel 5.2.).

Durch dieses Regelungspaket wird der erforderliche Grundwasser- und Bodenschutz gewährleistet. Bei Einhaltung der Regelungen wird eine wasserrechtliche Erlaubnis nicht für erforderlich gehalten (M 19, Einleitung, 2. Abs.; M 20, I, 4.3.1, S. 14).

Ein wichtiges Element ist die festgelegte Güteüberwachung *Qualitätskontrolle* (s. M 19, Nr. 4.1.4 und M 20 II.2.4). Sie besteht aus der grundlegenden Eingangskontrolle bei Aufnahme der Produktion, der – wöchentlichen – Eigenkontrolle durch den Aufbereiter (Werkseigene Produktionskontrolle, WPK) und die vierteljährliche, durch eine nach Landesrecht besonders anerkannte Prüfstelle erfolgende Fremdüberwachung (FÜ), beinhaltend die Überprüfung der Ordnungsmäßigkeit der Eigenkontrolle und die Untersuchung des Materials.

Sämtliche Elemente der Güteüberwachung sind zu dokumentieren.

Zu dokumentieren ist schließlich auch die erfolgte Verwendung der HMVA in einer bestimmten Baumaßnahme (Aufbereiter/Herkunft HMVA, Qualitätsnachweis, Menge, Einbauort usw., s. M 19, Anhang 7, und M 20, Tabelle II.2.2 – 3).

Die o.g. Strukturen und Regelungsgehalte gelten prinzipiell gleichermaßen für die von LAGA M 20 erfassten o.g. anderen mineralischen Abfälle.

5.5.2.2. Umsetzung LAGA-Regelwerke in Landesrecht erforderlich

Rechtlich betrachtet handelt es sich bei den genannten beiden LAGA-Regelwerken nur um (von Fachleuten entwickelte, umfassende fach- und länderübergreifend) Empfehlungen. Sie haben keinen Rechtscharakter, sind in keiner Weise rechtlich bindend.

Jedoch haben sich – richtigerweise – die Bundesländer die dort zusammengetragenen Überlegungen und das Wissen zu eigen und zur Grundlage eigener rechtsverbindlicher Regelungen gemacht. Dieses geschah durch ministerielle Einführungserlasse. Wegen des Erlasscharakters aber liegt – bisher deutschlandweit – immer nur Binnenrecht vor, kein Gesetz, d.h. die Regelungen sind zwingend nur für die zuständigen Behörden. Jedoch haben die Erlasse durch die Anwendung durch die Behörden und die daraus notwendigerweise folgende Beachtung durch die Unternehmen doch faktisch und mittelbar eine Außenwirkung.

- Als Beispiel für einen solchen Umsetzungsweg mag der *Einführungserlass* des Landes Schleswig-Holstein vom 30.4.1998 dienen zu den *Anforderungen an die stoffliche Verwertung von mineralischen Reststoffen/Abfällen – Technische Regeln*.
- Manche Länder allerdings haben die LAGA-Empfehlungen nicht 1:1 übernommen, sondern sie nur zur Grundlage für entsprechende eigene Regelwerke genommen.

Am weitesten ist dabei Nordrhein-Westfalen durch *Verwertererlasse* als Gemeinsame Runderlasse des Umwelt- und des Wirtschafts-/Verkehrsministeriums gegangen (aktuelle Fassungen je vom 9.10.2001). Diese Erlasse umfassen, prinzipiell mit gleicher Regelungssystematik, eine Vielzahl mineralischer Abfälle. Während bei vielen mineralischen Abfällen strukturell in zwei Erlasse getrennt worden ist, einer für die Anforderungen an den Baustoff selbst und seine Güteüberwachung[16] und einer für die Anforderungen an seinen Einbau[17], sind bei HMVA beide Komplexe in einem Erlass vereinigt[18].

Anders als bei den LAGA-Regelungen ist hier allerdings HMVA in zwei Qualitäten, HMVA I und HMVA II, eingeteilt, d.h. die Grenzwerte sind bei HMVA II höher, damit die Einbaumöglichkeiten geringer.

Kenngröße	Dimension	HMVA I	HMVA II
pH-Wert[1]		7-13	7-13
el. Leitfähigkeit	µS/cm	2.000	5.000
Chlorid	mg/l	50	250
Sulfat	mg/l	200	600
DOC	mg/l	[3]	[3]
Blei	µg/l	50	50
Cadmium	µg/l	5	5
Chrom VI[2]	µg/l	50	50
Kupfer	µg/l	300	300
Quecksilber[4]	µg/l	1	1
Zink	µg/l	300	300

Tabelle 3:

Im Rahmen des Eignungsnachweises und der Güteüberwachung einzuhaltende wasserwirtschaftliche Merkmale – Eluate

Quelle: LUE 2004, Fau 1996

1 kein Grenzwert
2 Wert gilt als eingehalten, wenn Chrom gesamt ≤ dem angegebenen Grenzwert
3 zur Erfahrungssammlung zu bestimmen
4 nur beim Eignungsnachweis zu bestimmen

Völlig anders als bei den LAGA-Regelungen sieht es in NRW bei der Regelung der Zulässigkeit von Einbauweisen bei allen mineralischen Abfällen aus. Die LAGA-Einteilung in drei Einbauklassen *Z 0 = uneingeschränkter Einbau – Z 1 = eingeschränkter offener Einbau – Z 2 = eingeschränkter Einbau mit definierten technischen Sicherungsmaßnahmen* ist hier aufgegliedert in eine Tabelle mit 15 verschiedenen Einbauweisen, für alle mineralischen Abfälle gleich.

---

[16] Güteüberwachung von mineralischen Stoffen im Straßen- und Erdbau vom 9.10.2001

[17] z.B. Anforderungen an den Einsatz von mineralischen Stoffen aus Bautätigkeiten (Recycling-Baustoffe) im Straßen- und Erdbau vom 9.10.2001

[18] Anforderungen an die Güteüberwachung und den Einsatz von Hausmüllverbrennungsaschen im Straßen- und Erdbau vom 9.10.2001

Verwendung von Hausmüllverbrennungsschlacke

Tabelle 4: Regelung der Zulässigkeit von Einbauweisen von Hausmüllverbrennungsasche in Nordrhein-Westfalen

Baustoff		Verwertungsgebiete												
Hausmüllverbrennungs-Asche (HMVA)		Außerhalb wasserwirtschaftlich bedeutender und empfindlicher sowie hydrogeologisch sensitiver Gebiete (Spalte 2-7)		Innerhalb – wasserwirtschaftlich bedeutender und empfindlicher sowie hydrogeologisch sensitiver Gebiete										Bereich zum Schutz der Gewässer nach Landesplanungsrecht	
				Porengrundwasserleiter und wenig durchlässige Kluftgrundwasserleiter ohne ausreichende Deckschichten		gut durchlässige Kluftgrundwasserleiter einschl. Karstgrundwasserleiter ohne ausreichende Deckschichten		20 m breite Randstreifen an kleinen Gewässern; Hochwasser-Retentionsräume	WSG III B HSG IV		WSG III A HSG III			
		1		2		3		4	5		6		7	
		GW ≤ 1 GW > 0,1	GW>1	GW ≤ 1 GW > 0,1	GW>1	GW ≤ 1 GW > 0,1	GW>1		GW ≤ 1 GW > 0,1	GW>1	GW ≤ 1 GW > 0,1	GW>1	GW ≤ 1 GW > 0,1	GW>1
Straßenbau														
Lfd. Nr.	Einsatz													
1	ToB unter wasserundurchlässiger Deckschicht (Asphalt, Beton, Pflaster mit abgedichteten Fugen	+	+	+	+	+	+	+	+	+	-	-	-	-
2	ToB unter teildurchlässiger Deckschicht (Pflaster, Platten)	+	+	H	+	H	+	+	-	H	-	-	-	-
3	ToB unter wasserdurchlässiger Deckschicht (Rasengittersteine, Deckschicht ohne Bindemittel)	-	+	-	+	-	-	-	-	-	-	-	-	-
4	Tragschicht bitumengebunden	+	+	+	+	+	+	+	+	+	+	+	+	+
5	Tragschicht hydraul. gebunden	+	+	+	+	+	+	+	+	+	-	+	-	+
6	Decke bitumen- oder hydraul. gebunden	/	/	/	-	/	-	-	/	/	/	/	/	/
7	Deckschicht ohne Bindemittel	K	-	-	-	-	-	-	-	-	-	-	-	-
8	Einsatz lfd. Nr. 1,4,5,6 in Straßen mit Entwässerungsrinnen	+	-	+	+	+	+	+	+	+	D	D	D	D
Erdbau														
9	Unterbau unter Asphalt oder Beton (einschl. Fundament (Betonplatten)	-	+	+	+	+	+	-	+	+	⊗	-	⊗	⊗
10	Unterbau bis 1 m mit kulturf. B.	+	+	+	+	+	+	-	-	-	-	-	-	-
11	Damm gemäß Bild 1	+	+	+	+	+	+	-	+	+	-	-	-	-
12	Damm gemäß Bild 2	+	+	+	+	+	+	-	+	+	+	+	+	+
13	Damm gemäß Bild 3	+	+	+	+	+	+	-	+	+	-	-	-	-
14	Lärmschutzwall mit kulturf. B.	A	+	-	-	-	+	-	-	-	D	D	-	-
15	Lärmschutzwall gem. Bild 4 od. 5	+	+	+	+	+	+	-	+	+	-	-	-	-

Bei Einhaltung der Anforderungen an die Qualität des Baustoffs und an die zulässigen Einbauweisen ist für einen öffentlich-rechtlichen Straßenbaulastträger eine wasserrechtliche Erlaubnis nicht erforderlich. Private Bauherren benötigen diese jedoch, Maßstab für die Erteilung sind dann aber wiederum die Erlasse.

Nach anfänglichen Schwierigkeiten mit dieser Art der Regelung zulässiger Einbauweisen sowohl auf Seiten der Behörden als auch auf Seiten der Industrie wird dieses System seit langem begrüßt. Durch die Differenzierungen und die Entscheidungen per Koordinatensystem sind diese klarer, einfacher und abschätzbarer. Diskussion darüber, welchem der drei o.g. unbestimmten Rechtsbegriffe und damit welcher Einbauklasse eine Baumaßnahme zuzuordnen ist, werden vermieden.

5.5.2.3. Umweltanforderungen bei privaten Maßnahmen des Straßen- und Erdbaus

Bezüglich der Umweltanforderungen an den MEB bei diesen Maßnahmen gelten die unter Kapitel 5.5.2.2. genannten Erlasse zu Qualität und Einbau des MEB, entweder direkt oder es erfolgt eine entsprechende Anwendung.

5.5.2.4. Zusammenfassung

Zwar bestehen derzeit zur Verwertung mineralischer Abfälle weder auf Bundes- noch Landesebene konkrete gesetzliche Regelungen. Jedoch haben die Bundesländer diese Lücke durch (im Regelfall LAGA-orientierte) eigene Erlasse geschlossen. Mehr als zwanzig Jahre Praxis zeigen, dass bei ordnungsgemäßer Anwendung der Regelwerke keine Umweltschäden entstanden sind, demnach auch für die Zukunft nicht zu befürchten sind. Ein Anlass zur Verschärfung der Regelungen ist daher nicht zu begründen. Dieses gilt auch für den mineralischen Ersatzbaustoff HMVA.

5.5.3. Umweltbezogene Anforderungen bei Maßnahmen des Straßen- und Erdbaus – zukünftig – (EBV)

Die Anforderungen in dem Bereich des Umweltschutzes werden sich in absehbarer Zeit ändern, voraussichtlich in Form einer einheitlichen bundesweiten gesetzlichen (VO) Regelung, der EBV. Daher soll hier auch auf diese zukünftigen Regelungen[19] eingegangen werden, einschließlich der im vergangenen Jahr als Ergebnisse der zur EBV eingerichteten Bund-Länder-AG hinzugekommenen verschärfenden Anforderungen.

Der Anwendungsbereich der EBV erfasst die Verwendungen der MEB in technischen Bauwerken, also im Straßen- und Erdbau, und ohne dass zwischen Maßnahmen öffentlicher Baulastträger und privaten Maßnahmen unterschieden wird, d.h. sämtliche Regelungen gelten für beide unmittelbar.

5.5.3.1. Entwicklung der EBV

Seit vielen Jahren beabsichtigt das Bundesministerium für Umwelt, Naturschutz, Bau- und Reaktorsicherheit (BMUB) ein bundesweit einheitlich geltendes Gesetz (VO) zur

---

[19] Stand: Entwurf 31.10.2012

Regelung umweltbezogener Anforderungen des Kreislaufwirtschafts-, Grundwasser- und Bodenschutzrechts bei der Verwertung mineralischer Abfälle ins Verfahren zu bringen. Die VO, mit der sämtliche vorgenannten landesrechtlichen umweltbezogenen Erlasse vollständig abgelöst würden, soll sowohl die Anforderungen an den Baustoff selbst als auch an den Einbau regeln und gleichermaßen für öffentliche und private Baumaßnahmen gelten.

Schon im Jahr 2007 erschien, damals noch *Bundesverwertungsverordnung* genannt, der erste Arbeitsentwurf (AE). Nach weiteren Entwürfen liegt derzeit seit Dezember 2012 der zweite AE einer *Mantelverordnung* (MantelV) vor, die als Art. 2 einen weiteren Entwurf zur *Ersatzbaustoffverordnung* (EBV) enthält. Seitdem hat sich nach außen hin wenig getan, außer dass im Frühjahr/Sommer 2013 eine Bund-Länder-AG mehrfach tagte. Das Ergebnis sind eine Vielzahl von zum Teil deutlich von dem AE-Entwurf abweichender verschärfender inhaltlicher Forderungen (s. nachfolgend).

Das sehr schleppende Verfahren hat seine Gründe vor allem in den zum Teil doch sehr unterschiedlichen Auffassungen von Bund, Ländern und Industrie zu bestimmten Inhalten, so z.B. zu den zu prüfenden Parametern, vor allem aber zu der Strenge deren Grenzwerte. Allerdings darf auch nicht übersehen werden, dass es ein schwieriges gesetzgeberisches Unterfangen ist, erstmals ein bundesweites, für 17 verschiedene MEB mit insgesamt 27 Qualitätsklassen und unter Berücksichtigung neuer strengerer Anforderungen des Grundwasserschutzes *(Geringfügigkeitsschwellenkonzept)* zu entwickeln.

5.5.3.2. EBV – richtiges Instrument, jedoch sachgerechte Regelungen erforderlich

Die IGAM begrüßt eine EBV als Instrument sehr. Dabei stehen Rechtssicherheit und klare, bundesweit einheitlich geltende Regelungen im Vordergrund. Wir glauben aber auch, dass eine solche VO letztlich zu mehr Akzeptanz und Verwendung des Baustoffs HMVA führen wird.

Jedoch muss der Inhalt auch entsprechend ausgestaltet sein. Grundwasser- und Bodenschutz sind bei uns selbstverständlich. Selbstverständlich ist auch, dass dieser Schutz im Zweifel Vorrang vor industriellen (im Übrigen auch privaten) Tätigkeiten hat. Da aber die positiven Umweltgesichtspunkte bei einer Verwendung von MEB auch erheblich sind, s. Schonung von Natur und natürlichen Ressourcen sowie knappen Deponieraums, bei HMVA zusätzlich Rückgewinnung wertvoller NE-Metalle, müssen all diese Umweltbelange sorgfältig abgewägt werden. So muss es z.B. bei den im Entwurf nunmehr festgesetzten Materialwerten, die ohnehin gemäß vorliegenden Untersuchungen keinesfalls günstiger sind als die bisherigen Grenzwerte, ausreichend sein, dass sie auf neuen jahrelangen (millionenschweren) wissenschaftlichen und praktischen Untersuchungen in Regie öffentlicher Institutionen wie des Umweltbundesamtes beruhen. Dann kann es aber nicht sein, dass, ggf. in Unkenntnis oder Verkennung aller genauen Fakten oder aus noch weitergehender überzogener Vorsorge heraus, weitere erhebliche grundwasserschutzbezogene Forderungen, so in der Bund-Länder-AG, aufgestellt werden. Z.B. ist dort eine Mindestmenge pro Baumaßnahme für HMVA (und andere MEB) in Höhe von 1.500 m^3 = 2.800 Tonnen gefordert worden.

Das würde u.a. bedeuten, dass übliche Schichten mit einer Stärke von z.b. 30 cm unter Industrie-/Gewerbeflächen und Parkplätzen bei einer Flächengröße von etwa 70 m x 70 m und entsprechende Straßenbaumaßnahmen bei einer Straßenbreite von 7 m (2 x 3,5 m) und einer Länge von 700 m nicht mehr möglich sind, mit anderen Worten eine Absatzmenge von etwa 130 LKW-Ladungen (20 Tonnen) als eine zu geringe Einbaumenge angesehen wird.

Für den Stadtstaat Hamburg bedeutete das ein generelles Verwertungsverbot für mindestens die Hälfte der gesamten Jahresproduktion von HMVA (etwa 200.000 Tonnen). Dieses steht einer weit über zwanzigjährigen unbeanstandeten Praxis entgegen. HMVA wird dort flächendeckend und generell auch in kleinen Baumaßnahmen verwendet (Gesamtmenge in zwanzig Jahren etwa 3,9 Millionen Tonnen, Anzahl der Einbaufälle etwa 4.800, Durchschnittsmenge per Fall also etwa 800 Tonnen = etwa 450 m^3).

Weiterhin nicht akzeptabel ist die Forderung, dass bei technischen Sicherungsmaßnahmen, z.B. einer Straßendecke, bei Einsatz bestimmter MEB, so auch HMVA, ständig alle zwei Jahre die Oberfläche auf Dichtigkeit überprüft wird und diese ggf. wiederhergestellt wird.

Darüber hinaus soll eine ausreichende Sicherheitsleistung gestellt werden, damit die Durchführung solcher Kontrollen auch wirtschaftlich abgesichert ist.

Es ist völlig gleich, wer direkt oder indirekt die Durchführung solcher Kontrollen und die Sicherheitsleistungen zu tragen hätte, der Bauherr, Bauunternehmer oder MEB-Produzent. Eine solche erhebliche, völlig neuartige Belastung würde niemand auf sich nehmen, die Verwendung von HMVA in einem ihrer bisherigen klassischen Einsatzbereiche wäre erledigt.

5.5.3.3. Grundsätzliche Struktur der EBV

In Bezug auf die Verwendung von HMVA, aber auch der anderen 16 MEB, hat die EBV bestimmte wesentliche Kernelemente. Wir gehen davon aus, dass diese auch in der weiteren Entwicklung der VO erhalten bleiben und damit zukünftig die Verwendung von MEB in Deutschland steuern werden. Daher soll hier auf diese Elemente eingegangen werden (die IGAM stimmt diesen Elementen prinzipiell zu).

5.5.3.4. Anforderungen an die Qualität HMVA

- Ähnlich wie heute werden Anforderungen an die (Umwelt-)Qualität aller MEB gestellt, bei einigen MEB, so HMVA, unterteilt in zwei oder drei Qualitäten/Klassen. Dieses geschieht in Form einer Tabelle, in der – baustoffspezifisch – die Parameter und *Materialwerte* festgelegt werden. Diese Werte sind in den o.g. jahrelangen Forschungen – baustoffspezifisch – ermittelt und für erforderlich gehalten worden. Gegenüber dem heutigen Stand entfallen dabei – baustoffspezifisch – einige bisher stets geprüfte Parameter wegen nachgewiesener umweltbezogener Irrelevanz. Es kommen aber auch einige bisher niemals angesetzte Parameter hinzu, z.B. Antimon, Molybdän und Vanadium.

Verwendung von Hausmüllverbrennungsschlacke

Da die MEB hier in technischen Bauwerken verwendet werden, ist der Bodenschutz nachrangig, es geht in erster Linie um den Grundwasserschutz. Daher werden, bis auf den Parameter PAK, der sowohl im Feststoff als auch – neu – im Eluat zwingend zu prüfen ist, nur Eluatwerte[20] angesetzt (über diese ist zumindest in gewissem Rahmen der bei technischen Bauwerken nur eingeschränkt gebotene Bodenschutz mit erfasst).

Tabelle 5: Materialwerte E-EBV 31.10.2012

MEB	Dim.	GKOS	GRS-1	GRS-2	SKG	SKA	SFA	BFA	HMVA-1	HMVA-2	RC-1	RC-2	RC-3
pH-Wert[1]		7-12	>9	>6	6-10	7-12	8-13	11-13	7-13	7-13	6-13	6-13	6-13
el. Leitf[2]	µS/cm	1.500	2.700	4.200	10-60	2.100	10.000	15.000	10.000	10.000	2.500	3.200	10.000
Chlorid	mg/l								3.000	3.000			
Sulfat	mg/l					600	4.500	2.500	2.000	2.000	450	800	3.500
Fluorid	mg/l		9,0	80									
DOC	mg/l		30	200									
PAK$_{15}$	µg/l										6,0	12	25
PAK$_{16}$	mg/kg										10	15	20
Antimon	µg/l								57	150			
Arsen	µg/l		63	100									
Blei	µg/l	92	92	600									
Cadmium	µg/l												
Chrom, ges.	µg/l	150	110	120			1.000	150	460	600	150	440	900
Kupfer	µg/l		110	150					1.000	2.000	110	180	500
Molybdän	µg/l		55	350		350	7.000	400	400	1.000			
Nickel	µg/l	30	30	230									
Vanadium	µg/l	65	230	250		230	300		150	200	140	700	1.400
Zink	µg/l		160	650									

Die Eluatwerte sind, abgesehen von ihrer Strenge, deshalb besonders problematisch, weil sie gemäß den o.g. Forschungen nicht mehr mit dem bisherigen Analyseverfahren gemäß DEV S4-Verfahren DIN 12 457-4 ermittelt worden sind und dieses auch zukünftig so ausschließlich geschehen soll. Als erheblich realitätsnäher, damit den Grundwasserschutz besser abbilden bzw. eine Grundwassergefährdung besser abschätzen zu können, werden die beiden statt dessen alternativ in der VO neu vorgegebenen Elutionsverfahren bewertet, nämlich das Säulenverfahren gemäß DIN 19 528 und die Schüttelverfahren 19 527/19 529, allesamt mit W/F 2:1 arbeitend.

Sowohl die o.g. Forschungen als auch umfangreiche (kostenaufwendige) eigene Untersuchungen der IGAM haben gezeigt, dass keinerlei sichere Korrelation zwischen den Verfahren besteht, d.h. die Bedeutung und Folgen der neuen Eluatwerte in der EBV für die Praxis, die Auswirkungen auf die bisherigen Verwertungsmöglichkeiten, können mit diesen neuen Werten in keiner Weise abgeschätzt werden.

Um diese Unsicherheit zumindest zu begrenzen und Erkenntnisse zu gewinnen, hat die IGAM weitere Untersuchungen durch Prüfung derselben 24 Materialproben sowohl nach heute geltendem Prüfverfahren DEV S4 als auch nach den genannten neuen Säulen- und Schüttelverfahren, jeweils in Verbindung mit den zugehörigen Grenz-/ Materialwerten, vorgenommen.

---

[20] Dementgegen ist eine der weiteren Forderungen der o.g. Bund-Länder-AG das Ansetzen von Feststoffwerten für den Baustoff RC 1-3

Es hat sich gezeigt, dass zwar nicht die gesamte HMVA-Produktion, jedoch ein größerer Teil die Materialwerte für die Einstufung als HMVA-1 erfüllen könnte – eine sorgfältige Aufbereitung und ausreichende Alterung der Schlacke vorausgesetzt.

Im Ergebnis akzeptiert die IGAM die Begründungen zur Änderung des Elutionsverfahrens und trägt das neue System mit. Dieses auch, obwohl das neue System vor allem den weiteren Nachteil hat, dass es im Deponierecht beim bisherigen DEV S4-Verfahren bleibt. Das bedeutet u.a., dass für einen Einsatz eines MEB auf einer Deponie, auch im Rahmen einer Verwertungsmaßnahme, eine weitere Eluatprüfung stattfinden muss.

In diesem Zusammenhang sei kurz auf ein weiteres Argument der Kritiker der EBV eingegangen, nämlich aufgrund zu hoher Materialwerte sei der Grundwasserschutz in der EBV geringer als der auf einer Deponie der Klasse DK I.

Zu dieser Argumentation ist zunächst zu fragen, wie denn eine solche Aussage fachlich getroffen werden kann, wenn doch anerkanntermaßen eine Vergleichbarkeit der unterschiedlichen Elutionsverfahren nicht gegeben ist.

Außerdem hat die IGAM gerade angesichts dieses Vorhalts wiederum in der Praxis Untersuchungen unternommen und festgestellt, dass die Qualität HMVA-1 in jedem Fall die entsprechenden Eluatwerte der Deponieklasse DK I einhält. Dabei gelangt die HMVA-1 nur wegen der Materialwerte zu Sulfat, Chlorid und Antimon in die DK I, ansonsten wäre sogar nahezu immer DK 0 erfüllt.

Selbst wenn aber das Deponierecht in diesem Bereich strenger als die EBV wäre, bliebe doch die Frage zu klären, welcher Maßstab für den Grundwasserschutz gilt – derjenige, der im Rahmen der o.g. umfangreichen, von öffentlicher Hand und Fachwissenschaft in den letzten Jahren ermittelt worden ist, oder derjenige, der viele Jahre alt und damals auf Basis der nur vorhandenen Erkenntnisse angelegt und mit älterem DEV S4-Elutionsverfahren umgesetzt worden ist.

5.5.3.5. Anforderungen an Einbau

Der MEB muss, entsprechend seiner Qualität und ähnlich wie heute, auch in Zukunft bestimmte Anforderungen auch beim Einbau, also bei seinen Verwendungen, erfüllen.

Die Regelungen in der EBV entsprechen den oben dargestellten von NRW, also wiederum eine Tabellenform, nicht nur die Prüfung von drei verschiedenen unbestimmten Rechtsbegriffen (s.o. Kapitel 5.5.2.2.), und je MEB 1 Tabelle. Jede Tabelle ist bezüglich der Einbauweisen völlig identisch aufgebaut, differenziert jedoch noch mehr als in NRW in 26 Einbauweisen.

Aus schon oben zu NRW genannten Gründen begrüßt die IGAM auch hier dieses System.

5.5.3.6. Entfall wasserrechtlicher Erlaubnis – Anzeigeverfahren

Werden all die Anforderungen an die Qualität des MEB und seinen Einbau eingehalten (Entscheidung liegt in der Verantwortung der am Bau Beteiligten, letztendlich des Bauherrn), entfällt für jegliche Einbauweise und jeglichen MEB die Einholung einer wasserrechtlichen Erlaubnis.

An deren Stelle tritt allerdings ein Anzeigeverfahren (§ 22).

Verwendung von Hausmüllverbrennungsschlacke

Tabelle 6: Materialwerte (E-EBV 31.10.2012) – Ersatzbaustoff HMVA-1

Einbauweise		Eigenschaft der Grundwasserdeckschicht					
		außerhalb von Wasserschutzbereichen			innerhalb von Wasserschutzbereichen		
		ungünstig	günstig		günstig		
		Sand	Lehm/Schluff /Ton		WSG III A HSG III	WSG III B HSG IV	Wasservorranggebiete
		1	2	3	4	5	6
1	Decke bitumen- oder hydraulisch gebunden	+	+	+	-	A	A
2	Tragschicht bitumengebunden	+	+	+	-	A	A
3	Unterbau unter Fundament- oder Bodenplatten	+	+	+	-	+	+
4	Tragschicht mit hydraulischen Bindemitteln unter gebundener Deckschicht	+	+	+	+	+	+
5	Bodenverfestigung unter geb. Deckschicht	+	+	+	-	+	+
6	Verfüllung von Leitungsgräben unter gebundener Deckschicht	+	+	+	-	+	+
7	Verfüllung von Baugruben unter gebundener Deckschicht	+	+	+	-	+	+
8	Asphaltschicht (teilwasserdurchlässig) unter Pflasterdecken und Plattenbelägen	+	+	+	+	+	+
9	Tragschicht hydraulisch gebunden (Dränbeton) unter Pflaster und Platten	+	+	+	+	+	+
10	Bettung unter Pflaster oder Platten jeweils mit wasserundurchlässiger Fugenabdichtung	+	+	+	-	+	+
11a	Schottertragschicht (ToB) unter geb. Deckschicht	+	+	+	+	+	+
11b	Frostschutzschicht (ToB) unter geb. Deckschicht	+[1]	+	+	BU[1]	U[1]	+
12	Bodenverbesserung unter geb. Deckschicht	+[1]	+	+	BU[1]	U[1]	+
13	Unterbau bis 1 m ab Planum unter gebundener Deckschicht	+[1]	+	+	BU[1]	U[1]	+
14	Dämme oder Wälle gemäß Bauweisen A-D nach MTSE sowie Hinterfüllung von Bauwerken im Böschungsbereich in analoger Bauweise	+	+	+	-	+	+
14a	Damm oder Wall gemäß Bauweise E nach MTSE	-	+	+	-	U	+
15	Bettungssand unter Pflaster oder unter Plattenbelägen	-	-	-	-	-	-
16	Deckschicht ohne Bindemittel	-	-	-	-	-	-
17	ToB, Bodenverbesserung, Bodenverfestigung, Unterbau bis 1 m Dicke ab Planum sowie Verfüllung von Baugruben unter Deckschicht ohne Bindemittel	-	-	-	-	-	-
18	Bauweisen 17 unter Plattenbelägen	-	-	-	-	-	-
19	Bauweisen 17 unter Pflaster	-	-	-	-	-	-
20	Verfüllung von Leitungsgräben unter Deckschicht ohne Bildemittel	-	-	-	-	-	-
21	Verfüllung von Leitungsgräben unter Plattenbelägen	-	-	-	-	-	-
22	Verfüllung von Leitungsgräben unter Pflaster	-	-	-	-	-	-
23	Hinterfüllung von Bauwerken und Dämme im Böschungsbereich unter kulturfähigem Boden sowie Hinterfüllung in analoger Bauweise zu MTSE E	K[2]	K[3]	K[3]	KBU[2,3]	KU[2,3]	K[3]
24	Schutzwälle unter kulturfähigem Boden	-	-	-	-	-	-

1) zulässig, wenn Kupfer ≤ 230 µg/L und wenn Chrom, ges. ≤ 110 µg/L, 1) innerhalb von Wasserschutzgebieten: wenn 1) erfüllt ist, ist HMVA-1 zulässig ohne Einschränkungen; wenn 1) nicht erfüllt ist, gelten die aufgeführten Einschränkungen;

2) zulässig, wenn K und wenn Chlorid ≤ 1.200 mg/L und wenn Antimon ≤ 32 µg/L und wenn Chrom, ges. ≤ 65 µg/L und wenn Kupfer ≤ 130 µg/L und wenn Molybdän ≤ 220 µg/L und wenn Vanadium ≤ 130 µg/L 2) innerhalb von Wasserschutzgebieten; wenn 2) erfüllt ist, ist HMVA-1 zulässig ohne Einschränkungen, wenn 2) nicht erfüllt ist, gelten die aufgeführten Einschränkungen;

3) zulässig wenn K und wenn Chlorid ≤ 1.200 mg/L und wenn Molybdän ≤ 220 µg/L; 3) innerhalb Wasserschutzzeichen; wenn 3) nicht erfüllt ist, ist HMVA-1 nicht zulässig, wenn 3) erfüllt ist, gelten die aufgeführten Einschränkungen

5.5.3.7. Sonstige EBV-Regelungen

Von den weiteren Regelungen der EBV sollen hier nur noch die in etwa heutigen Vorschriften entsprechenden Komplexe zu Lieferschein (§ 23) und Dokumentation der erfolgten Güteüberwachung (§ 16) genannt werden.

Seitens IGAM werden diese (und andere hier nicht angesprochene) Regelungen in ihrer umweltpolitischen Zielsetzung vom Grunde her akzeptiert. Jedoch sind einige Vorgaben zumindest in der Praxis nicht durchführbar, sie be- oder gar verhindern den Einsatz von MEB ohne Not. Änderungsvorschläge sind verbandsseitig gemacht worden.

5.5.3.8. Zusammenfassung

Zusammenfassend sehen wir die EBV sowohl aus Sicht des Rechts als auch der Praxis als unbedingt erforderlich und als großen Fortschritt an. Der Entwurf wird daher grundsätzlich mitgetragen, die wesentlichen Elemente anerkannt. Dennoch müssen unbedingt einige Änderungen erfolgen.

Wenn auch *der Teufel im Detail liegt*, wir halten all unsere Forderungen und Vorschläge für erfüllbar – auch aus der Sicht des Umweltschutzes.

Wir sind der festen Überzeugung, dass die vorhandenen Meinungsunterschiede zwischen Bund, Ländern und Industrie, obwohl zum Teil sogar erheblich und in Grundpositionen, im Wege der Diskussion beseitigt werden können. Voraussetzung ist jedoch, dass Maßstab der Diskussion ausschließlich Sachlichkeit und Wille einer Vollendung des EBV-Weges sind – und dass der Diskussionsprozess umgehend aufgenommen wird.

6. Quellen

[1] IGAM 2011
[2] Prognos 2009

DIE BESTE ANLAGEFORM FÜR INVESTOREN!

ANLAGEN. MASCHINEN. MODULE.

Die Aufbereitung von MVA-Schlacken, Bauschutt- und Baumischabfällen und Schredderabfällen ist eine der Kernkompetenzen von TST.

Wie wir das schaffen?
www.trennso-technik.de

Oder rufen Sie uns gleich an:

TST trennt und sortiert mineralische Nebenprodukte und Abfälle!

MVA-Schlacke: Trennung von Ne-Metallen in schwere und leichte Metalle

Bauschutt-/Baumischabfälle: Abtrennung organischer Bestandteile (EBS) aus mineralischen Stoffen

Schredderabfälle: Trennung von Metallen und Mineralik

TRENNSO-TECHNIK Trenn- und Sortiertechnik GmbH | Siemensstraße 3 | D-89264 Weißenhorn
Tel: +49 (0) 73 09 / 96 20-0 | E-Mail: info@trennso-technik.de | www.trennso-technik.de

granova®

ts.verwertung

remexit®

pp.deponie

Nachhaltige Baustoff- und Servicelösungen

Die REMEX und Ihre Tochter- und Beteiligungsgesellschaften sind spezialisiert auf Recycling- und Entsorgungsdienstleistungen. Zusätzlich zum umfangreichen Dienstleistungsportfolio, wozu auch **ts.verwertung** und **pp.deponie** gehören, produziert und vermarktet die Gruppe mehr als 3,6 Millionen Tonnen der güteüberwachten Ersatzbaustoffe **remexit®** und **granova®**.

www.remex-solutions.de

REMEX GROUP

Ersatzbaustoffe
– Grundlagen für den Einsatz von RC-Baustoffen und HMV-Asche im Straßen- und Erdbau –

Astrid Onkelbach und Jürgen Schulz

1.	Ausgangssituation	243
2.	Begrifflichkeiten	244
3.	Umweltvorschriften	245
3.1.	TL Gestein-StB 04	246
3.2.	Mitteilung M20 der Länderarbeitsgemeinschaft (LAGA M20)	246
3.3.	Runderlasse NRW (Gem.RdErlasse NRW)	247
3.4.	Schlussfolgerung	249
4.	Technische Regelwerke im Erd- und Straßenbau	250
4.1.	Allgemeines	250
4.2.	Ersatzbaustoffe im nationalen Regelwerk des Straßen- und Erdbaus	252
4.3.	Bautechnische Anforderungen	252
4.3.1.	Stoffliche Eigenschaften	252
4.3.2.	Geometrische und physikalische Eigenschaften	254
4.4.	Güteüberwachung	255
4.5.	Ausführung von Straßen- und Erdbaumaßnahmen mit Ersatzbaustoffen	255
5.	Zusammenfassung und Fazit	257
6.	Quellen	259

1. Ausgangssituation

Bei industriellen Prozessen und beim Rückbau von Gebäuden entstehen mineralische Stoffe, die nach Aufbereitung als Baumaterialien wiederverwendet werden können. Diese Ersatzbaustoffe können einen Teil der Primärrohstoffe wie Kies, Sand, Basalt oder Kalkstein ersetzen und reduzieren damit anteilig den Verbrauch an Naturmaterial.

Unter den Begriff Ersatzbaustoffe fallen u.a. aufbereitete Bauschuttmassen (RC-Baustoffe), industrielle Nebenprodukte wie Schlacken aus der Stahlproduktion oder Aschen aus der Verbrennung von Siedlungsabfällen (HMV-Asche).

Eines der Hauptprobleme der Ersatzbaustoffe ist die mangelnde Akzeptanz sowohl bei Behörden, Planern, Bauunternehmen als auch bei Bürgern. Ein Grund ist die Komplexität des Regelwerkes – sowohl bezogen auf den bautechnischen als auch auf den umwelttechnischen Hintergrund. Diese Komplexität führt zur Unsicherheit bezüglich der Aussage, was mit diesen Baustoffen möglich und zulässig ist – und was nicht. Dieser Unsicherheit kann durch sachgerechte Hintergrundinformation und offene Diskussion begegnet werden.

Hier werden die wichtigsten Literaturquellen zur Ökologie und Technologie der ausgewählten Ersatzbaustoffe *Recycling-Baustoff* und *Hausmüllverbrennungsasche* zusammengeführt und in Hinsicht auf die resultierenden Anwendungsmöglichkeiten erläutert. Auf die Ausführungsmöglichkeiten mit Konstruktionsdetails wird ebenfalls eingegangen. Abschließend werden geeignete Anwendungsgebiete zusammenfassend dargestellt.

2. Begrifflichkeiten

Recyclingmaterial/-baustoffe

Bei der Sanierung und Renovierung, beim Umbau, Neubau oder Abbruch von Gebäuden und anderen Bauwerken bleiben mineralische Stoffe als Bauschutt zurück. Nach der Aufbereitung – u. a. durch Sortieren, Sieben, Brechen, Entfernen von Metallen und organischen Anteilen – wird von Recycling-Baustoffen gesprochen. Es werden unterschiedliche Gesteinskörnungen angeboten, und die Baustoffe werden durch Prüfung in Stoffklassen und Korngruppen eingeordnet.

Unter dem Begriff Recycling-Baustoffe werden im Allgemeinen folgende aufbereitete Materialien zusammengefasst[1, 2]:

- Bauschutt mit geringem Anteil von Fremdbestandteilen,
- Straßenaufbruch,
- mineralische Anteile von Bauabfällen,
- Bauschutt,
- bei der Produktion von Baustoffen entstandener Bruch sowie Fehlchargen,
- Bodenaushub mit mineralischen Stoffanteilen von mehr als zehn Volumenprozent.

---

[1] LAGA M20, 1997, S. 36-38

[2] Gem.Rd.Erlass NRW: Güteüberwachung von mineralischen Stoffen im Straßen- und Erdbau, 2001, Kap. 1.2

Explizit nicht als Bauschutt bezeichnet werden folgende Stoffe:
- asbesthaltige Abfälle,
- mineralische Dämmstoffe,
- ausgebauter Gleisschotter,
- pech- oder teerhaltiger Straßenaufbruch.

Hausmüllverbrennungsasche

Bei der Verbrennung von Siedlungsabfällen entstehen feste Rückstände als Rostasche. Nach der Aufbereitung dieser Rostasche spricht man von Hausmüllverbrennungsasche (HMV-Asche).

Aufbereitet wird mechanisch, im Wesentlichen durch Klassierung der mineralischen Fraktion und Separierung von Eisen- und Nichteisenmetallen sowie der organischen Fremdbestandteile. Nach dreimonatiger Lagerung erfüllt HMV-Asche aufgrund der Mineralumbildung/-neubildungsprozesse die wasserwirtschaftlichen Anforderungen an Ersatzbaustoffe. Aufgrund ihrer stofflichen, chemischen und geometrisch-physikalischen Zusammensetzung wird HMV-Asche unterschiedlichen Güteklassen zugeordnet und in unterschiedlichen Lieferkörnungen angeboten.

3. Umweltvorschriften

Beim Einsatz von Ersatzbaustoffen wie Recyclingmaterial oder HMV-Aschen sind neben den technischen Vorgaben die entsprechenden Umweltvorschriften zu beachten. Dabei haben bei der Verwertung dieser Stoffe die Schutzgüter Grundwasser und Boden Priorität – wie es auch im Wasserhaushaltsgesetz (WHG), im Bundes-Bodenschutzgesetz (BBodSchG) und in der Bundes-Bodenschutzverordnung (BBodSchV) verankert ist.

Zurzeit gibt es keine bundeseinheitliche Regelung für die Umweltverträglichkeit von Ersatzbaustoffen. Eine solche Regelung ist mit der Ersatzbaustoffverordnung in Arbeit. Bis diese eingeführt wird, gelten die länderspezifischen Regelungen. Viele Bundesländer arbeiten in Anlehnung an die Mitteilung M20 der Länderarbeitsgemeinschaft Abfall (LAGA M20) mit der Ausgabe von 1997 [13] und der Überarbeitung von 2003 [14]. Einige Bundesländer haben eigene Regelungen eingeführt, zum Beispiel hat NRW mit einer Reihe von Erlassen die rechtliche Grundlage zu diesem Thema geschaffen.

Bei der Anwendung von Ersatzbaustoffen in den Bundesländern müssen die dort geltenden rechtlichen Vorgaben eingehalten werden. Dies wird im Rahmen der Güteüberwachung der Ersatzbaustoffe kontrolliert. Neben der technischen Eignung müssen zusätzlich die stofflichen und wasserwirtschaftlichen Eigenschaften nachgewiesen werden.

Im Folgenden werden die umweltrelevanten Regelungen der TL Gestein-StB 04 [9], die des Landes NRW [10, 11, 12] und die der LAGA M20 [13, 14] kurz erläutert.

3.1. TL Gestein-StB 04

In den *Technischen Lieferbedingungen für Gesteinskörnungen im Straßenbau TL Gestein-StB 04* [9] der Forschungsgesellschaft für Straßen- und Verkehrswegebau (FGSV) finden sich Angaben über die umweltrelevanten Merkmale für eine Reihe von unterschiedlichen, industriell hergestellten Gesteinskörnungen sowie für Recycling-Baustoffe. Dabei werden Richtwerte für die Schadstoffe im Feststoff und im Eluat - dem löslichen Anteil – unterschieden. Allerdings sind länderspezifische Vorgaben maßgeblich: *Die angegebenen Richt- und Grenzwerte gelten vorbehaltlich der Regelungen der* zuständigen Landesbehörden.[3]

3.2. Mitteilung M20 der Länderarbeitsgemeinschaft (LAGA M20)

Die meisten Bundesländer orientieren sich bezüglich der umweltrelevanten Anforderungen von Ersatzbaustoffen an der Mitteilung der Länderarbeitsgemeinschaft Abfall (LAGA) M20: Anforderungen an die stoffliche Verwertung von mineralischen Reststoffen / Abfällen [13, 14].

Es werden in der LAGA M20 zahlreiche mineralische Reststoffe unterschieden, darunter u.a. Boden, Straßenaufbruch, Bauschutt, Schlacken oder Aschen aus Verbrennungsanlagen für Siedlungsabfälle.

Die LAGA M20 differenziert Zuordnungswerte Z0 bis Z2 und Einbauklassen. Die Schadstoffwerte, die eingehalten werden müssen, um die jeweiligen Zuordnungswerte zu erreichen, sind in der LAGA M20 ebenfalls für jedes Material definiert. Für Details hierzu sei auch auf das *granova Handbuch Ersatzbaustoffe* [15] verwiesen.

Abhängig von der Herkunft, Aufbereitung und der resultierenden Zusammensetzung und Schadstoffgehalten kann Recycling-Baustoff unterschiedliche Zuordnungswerte ab Z 1 einhalten. Hausmüllverbrennungsasche weist in der Regel den Zuordnungswert Z 2 auf.[4]

Die Tabelle 1 gibt eine Übersicht mit Beispielen von Anwendungsgebieten und entsprechenden Sicherungsmaßnahmen in Abhängigkeit der zwei Zuordnungsklassen, die für RC-Baustoffe und HMV-Aschen relevant sind.

Der Tabelle 2 ist zu entnehmen, dass die Einsatzmöglichkeiten umso stärker eingeschränkt werden je höher die Zuordnungswerte sind. Allerdings wird auch deutlich, dass selbst beim ungünstigsten Zuordnungswert Z2 der Einbau im Straßen- und Erdbau bei Einhaltung der vorgeschriebenen Maßnahmen ohne Gefährdung der Umwelt möglich ist.

---

[3] TL Gestein-StB 04, Ausgabe 2004/Fassung 2007, Anhang D, S. 45

[4] LAGA M 20, Stand 6. November 1997, S.55

Tabelle 1: Übersicht der Einbauklassen und Zuordnungswerte in Bezug auf HMV-Asche und RC-Baustoffe – auf Basis der LAGA M20

Einbauklasse		Vorgeschriebene Maßnahmen
Z 1 Z 1.1. Z 1.2	Eingeschränkter offener Einbau	– Kein Einbau in Trinkwasserschutzgebieten (Zone I–IIIA) und Heilquellenschutzgebieten (Zone I–III) – Kein Einbau in Überschwemmungsgebieten – Bei der Verwertung bis zur Obergrenze Z 1.2 ist ein zusätzlicher Erosionsschutz notwendig – Mindestabstand zwischen Schüttkörperbasis und höchstem zu erwartendem Grundwasserstand 1 m bis zur Klasse Z 1.1 und 2 m für die Klasse Z 1.2 – Keine Anwendung bei sensibler Nutzung wie Klein- und Hausgärten, Spielplätze, Schulhöfe, landwirtschaftlich genutzte Flächen etc.
Z 2	Eingeschränkter Einbau mit definierten technischen Sicherungsmaßnahmen	– Einsatz bevorzugt in hydrogeologisch günstigen Gebieten (d. h. Grundwasserleiter nach oben durch ausreichend mächtige Deckschicht mit hohem Rückhaltevermögen ggb. Schadstoffen überdeckt) – Einbau bei Großmaßnahmen bevorzugt – Mindestabstand zwischen Schüttkörperbasis und höchstem zu erwartendem Grundwasserstand 1 m – Kein Einbau in Trinkwasserschutzgebieten (Zone I–IIIB), Heilquellenschutzgebieten (Zone I–IV), Wasservorranggebieten – Kein Einbau in Überschwemmungsgebieten – Kein Einbau in Karstgebieten ohne ausreichende Deckschichten – Keine Anwendung bei sensibler Nutzung wie Klein- und Hausgärten, Spielplätze, Schulhöfe, landwirtschaftlich genutzte Flächen etc. – Kein Einbau als Dränschicht oder als Verfüllung von Leitungsgräben

Quellen:

Länderarbeitsgemeinschaft Abfall (Hrsg.), Mitteilung M20 (LAGA M20): Anforderungen an die stoffliche Verwertung von mineralischen Reststoffen / Abfällen – Technische Regeln – Stand: 6. November 1997. Neuburg: Erich Schmidt Verlag, 1998

Länderarbeitsgemeinschaft Abfall (Hrsg.), Mitteilung M20 (LAGA M20): Anforderungen an die stoffliche Verwertung von mineralischen Reststoffen / Abfällen – Technische Regeln – Allgemeiner Teil, Überarbeitung vom 6.11.2003, Mainz: www.laga-online.de, November 2003 [5]

3.3. Runderlasse NRW (Gem.RdErlasse NRW)

Zurzeit gelten bezüglich der wasserwirtschaftlichen Merkmale und der Einbaubedingungen von Recycling-Baustoffen und Hausmüllverbrennungsaschen in NRW die folgenden Gem.RdErlasse des Ministeriums für Wirtschaft und Mittelstand, Energie und Verkehr und des Ministeriums für Umwelt und Naturschutz, Landwirtschaft und Verbraucherschutz vom 09.10.2001:

- Güteüberwachung von mineralischen Stoffen im Straßen- und Erdbau [12],
- Anforderungen an den Einsatz von mineralischen Stoffen aus Bautätigkeiten (Recycling-Baustoffe) im Straßen- und Erdbau [10],
- Anforderungen an die Güteüberwachung und den Einsatz von Hausmüllverbrennungsaschen im Straßen- und Erdbau [11].

Die Runderlasse NRW differenzieren aufgrund der Schadstoffbelastung zwei Stoffklassen, die weniger belastete Stoffklasse I und die Stoffklasse II. Im Anhang des entsprechenden Erlasses werden die zugehörigen Grenzwerte der Parameter genannt, die für die Einhaltung der jeweiligen Stoffklasse erfüllt sein müssen.

Bezüglich der möglichen Einsatzbereiche in Straßen- und Erdbaumaßnahmen wird genau festgelegt, ob es sich um Anwendungen innerhalb oder außerhalb wasserwirtschaftlich bedeutender sowie hydrogeologisch sensitiver Gebiete handelt.

- Der Einsatz in Schutzzonen I und II von Wasserschutzgebieten oder Heilquellenschutzgebieten ist generell verboten.
- In wasserwirtschaftlich bedeutenden und hydrogeologisch sensitiven Gebieten werden sechs Bereiche unterschieden:
  * Porengrundwasserleiter und wenig wasserdurchlässige Kluftgrundwasserleiter ohne ausreichende Deckschichten,
  * gut wasserdurchlässige Kluftgrundwasserleiter einschließlich Karstgrundwasserleiter ohne ausreichende Deckschichten,
  * zwanzig Meter breite Randstreifen an kleinen Gewässern; Hochwasser-Retentionsräume,
  * Wasserschutzgebiet III B, Hochwasserschutzgebiet IV,
  * Wasserschutzzone III A, Hochwasserschutzgebiet III,
  * Bereich zum Schutz der Gewässer nach Landesplanungsrecht.

Tabelle 2: Verwertungsmöglichkeiten *außerhalb* wasserwirtschaftlich bedeutender und empfindlicher sowie hydrogeologisch sensitiver Gebiete auf Basis der Gem.RdErlasse NRW

Einsatzgebiet			RCL I		RCL II		HMVA I		HMVA II	
			$GW \leq 1$ / $GW > 0,1$	$GW > 1$	$GW \leq 1$ / $GW > 0,1$	$GW > 1$	$GW \leq 1$ / $GW > 0,1$	$GW > 1$	$GW \leq 1$ / $GW > 0,1$	$GW > 1$
Straßenoberbau	1	ToB unter wasserundurchlässiger Deckschicht (Asphalt, Beton, Pflaster m. abgedicht. Fugen)	■	■	■	■	■	■	■	■
	2	ToB unter teildurchlässiger Deckschicht (Pflaster, Platten)	■	■	■	H	■	■	■	H
	3	ToB unter wasserdurchlässiger Deckschicht (Rasengittersteine, Deckschicht ohne Bindemittel)	■	■	■	■	■	■	■	■
	4	Tragschicht bitumengebunden	■	■	■	■	■	■	■	■
	5	Tragschicht hydraulisch gebunden	■	■	■	■	■	■	■	■
	6	Decke bitumen- oder hydraulisch gebunden	■	■	■	■	/	/	/	/
	7	Deckschicht ohne Bindemittel	K	K	■	■	K	K	■	■
	8	Einsatz lfd. Nr. 1, 4, 5, 6 in Straßen mit Entwässerungsrinnen	■	■	■	■	■	■	D	D
Erdbau	9	Unterbau unter Asphalt oder Beton (inkl. Fundament-/Bodenplatten)	■	■	■	■	■	■	■	■
	10	Unterbau bis 1 m mit kulturfähigem Boden	■	■	■	■	■	■	■	■
	11	Damm gem. Bild 1 (s. Kapitel 6, Abb. 5)	■	■	■	■	■	■	■	■
	12	Damm gem. Bild 2 (s. Kapitel 6, Abb. 6)	■	■	■	■	■	■	■	■
	13	Damm gem. Bild 3 (s. Kapitel 6, Abb. 7)	■	■	■	■	■	■	■	■
	14	Lärmschutzwall mit kulturfähigem Boden	A	■	■	■	A	■	■	■
	15	Lärmschutzwall gem. Bild 4 o. 5 (s. Kapitel 6, Abb. 8 bzw. 9)	■	■	■	■	■	■	■	■

$GW > 0,1 \leq 1$ Abstand zwischen höchstem zu erwartendem Grundwasserstand und Schüttkörperbasis größer 0,1 m und geringer 1 m, wobei der Stoff dauerhaft oberhalb des höchsten Grundwasserstandes liegt

$GW > 1$ Abstand zwischen höchstem zu erwartendem Grundwasserstand und Schüttkörperbasis von mehr als 1 m

ToB Tragschicht ohne Bindemittel

■ zulässig   ■ nicht zulässig   ■ bedingt zulässig

A Zugelassen auf Porengrundwasserleitern und wenig wasserdurchlässigen Kluftgrundwasserleitern
D Zugelassen wie in lfd. Nr. 1, 4, 5, 6 aufgeführt
H Verdichtungsgrad der ToB ≥ 103 %, Gefälle (Quer- oder Längsgefälle) der Pflasterdecke oder des Plattenbelags ≥ 3,5 %, Fugenbreite ≤ 5 mm
K Außerhalb von Wohngebieten zugelassen
/ Bautechnisch nicht relevant

Daten nach:

Gem.RdErl. d. Ministeriums für Umwelt und Naturschutz, Landwirtschaft und Verbraucherschutz IV – 3 – 953 – 26308 – IV – 8 – 1573 – 30052 –und des Ministeriums für Wirtschaft und Mittelstand, Energie und Verkehr – VI A 3 – 32-40/45 – v. 09.10.2001: Anforderungen an den Einsatz von mineralischen Stoffen aus Bautätigkeiten (Recycling-Baustoffe) im Straßen- und Erdbau. In: Ministerialblatt (MBl. NRW.) In: Ausgabe Nr. 76 (03.12.2001), S. 1493 bis 1506

Gem.RdErl. d. Ministeriums für Umwelt und Naturschutz, Landwirtschaft und Verbraucherschutz IV – 3 – 953 – 26308 – IV – 8 – 1573-30052 – und des Ministeriums für Wirtschaft und Mittelstand, Energie und Verkehr – VI A 3 – 32-40/45 – v. 09.10.2001: Anforderungen an die Güteüberwachung und den Einsatz von Hausmüllverbrennungsaschen im Straßen- und Erdbau. In: Ministerialblatt (MBl. NRW.) In: Ausgabe Nr. 77 (04.12.2001), S. 1507 bis 1524

Gem.RdErl. d. Ministeriums für Umwelt und Naturschutz, Landwirtschaft und Verbraucherschutz – VI A 3 –32 - 40/45 –und des Ministeriums für Wirtschaft und Mittelstand, Energie und Verkehr IV – 3 – 953-26308 – IV – 8 – 1573-30052 – v. 09.10.2001: Güteüberwachung von mineralischen Stoffen im Straßen- und Erdbau. In: Ministerialblatt (MBl. NRW.) In: Ausgabe Nr. 78 (13.12.2001), S. 1525 bis 1534

Von oben nach unten gelesen werden die Einschränkungen für den Einsatz jedoch immer größer, d.h. je sensibler ein Gebiet ist, desto weniger Anwendungsmöglichkeiten gibt es für Ersatzbaustoffe. Das bedeutet, dass die Potentiale für den Einsatz von Ersatzbaustoffen außerhalb dieser Gebiete liegen.

- Die Anwendungsmöglichkeiten außerhalb von Wasserschutzgebieten sind klar definiert. Hier liegt auch das größte und sicherste Potential von Ersatzbaustoffen für den Erd-und Straßenbau.

Tabelle 2 können die Einsatzmöglichkeiten von RC-Baustoffen und HMV-Aschen nach den Gem.Rd.Erlassen NRW für Anwendungsgebiete *außerhalb* von Wasserschutzgebieten entnommen werden. Sowohl RC-Baustoffe als auch HMV-Asche der Stoffklasse I oder II können angewendet werden als:

- Tragschicht (gebunden / ungebunden),
- Straßenunterbau,
- Lärmschutzwall,
- Damm.

3.4. Schlussfolgerung

Sowohl nach TL Gestein-StB 04 [9], nach LAGA M20 [13, 14] als auch nach den Gem. RdErlassen NRW [10, 11, 12] ist ein Einsatz von Recycling-Baustoffen und von Hausmüllverbrennungsaschen im Straßen- und Erdbau prinzipiell erlaubt.

Die LAGA M20 [13, 14] und die Gem.RdErlasse NRW [10, 11, 12] definieren die Verwertungsgebiete aufgrund ihrer Schadstoffbelastung und damit ihrer Bedeutung für den Grundwasser- und Bodenschutz. Die Unterscheidung für die möglichen Anwendungsbereiche in Wasserschutzgebieten ist sehr umfangreich, da hier eine weitergehende Differenzierung, z.B. in Wasserschutzzonen, notwendig wird. Sie könnte ein Grund für die Unsicherheit und Skepsis gegenüber Ersatzbaustoffen sein.

Demgegenüber sind die Anwendungsgebiete *außerhalb* von Wasserschutzgebieten, Heilquellenschutzgebieten und außerhalb hydrogeologisch sensitiver Gebiete sowie außerhalb von Überschwemmungsgebieten klar definiert. Sowohl nach LAGA M20 [13, 14] als auch nach Gem.RdErlassen NRW [10, 11, 12] gibt es für güteüberwachte RC-Baustoffe und HMV-Aschen **bei Einsatz unter wasserundurchlässiger Deckschicht wie Asphalt, Beton oder Bitumenanspritzung** folgende Einsatzmöglichkeiten:

- als ungebundene Tragschicht wie Frostschutzschicht oder Schottertragschicht,
- als gebundene Tragschicht (hydraulisch oder bituminös),
- als Straßendamm / Unterbau (auch unter Fundament-/Bodenplatten),
- als Lärmschutzwall,
- als Damm oder Anschüttung.

Bei allen Anwendungen ist beim Einbau mit definierten technischen Sicherungsmaßnahmen ein Mindestabstand zwischen Schüttkörperbasis und höchstem zu erwartendem Grundwasserstand von einem Meter einzuhalten. Außerdem sollte ein Abstand zu korrosionsanfälligen Bauten von mindestens 0,5 Meter eingehalten werden. Der Einsatz in Großbaumaßnahmen ist zu bevorzugen.

4. Technische Regelwerke im Erd- und Straßenbau

4.1. Allgemeines

Die nationalen technischen Regelwerke des Straßen- und Verkehrswesens werden durch die Gremien der Forschungsgesellschaft für Straßen- und Verkehrswesen (FGSV) verantwortet. Das Regelwerk befasst sich mit den Bereichen Verkehrsplanung, Verkehrsmanagement, Verkehrstechnik, Straßenentwurf, Straßenbau, Straßenbetrieb und Straßenerhaltung.

Die Veröffentlichungen der FGSV werden von den Bundesländern in der Regel übernommen. Bundesländer können im Rahmen der Übernahme Änderungen vornehmen, so dass voneinander abweichende Anforderungen bundeslandspezifisch möglich sind.

Bezüglich der Anforderungen an Ersatzbaustoffe als Gesteinskörnungen im Straßen- und Erdbau sind die in Tabelle 3 aufgeführten Regelwerke relevant.

Ersatzbaustoffe im Straßenbau – relevante Regelwerke der Forschungsgesellschaft für Straßen- und Verkehrswesen

Technische Lieferbedingungen	Zusätzliche Technische Vertragsbedingungen	Technische Prüfvorschriften
TL Gestein-StB 04		TP Gestein-StB
TL Pflaster-StB 06	ZTV Pflaster-StB 06	
TL SoB-StB 04	ZTV SoB-StB 04	
TL G SoB-StB 04		
TL BuB E-StB 09	ZTV E-StB 09	
TL Asphalt-StB 07/13	ZTV Asphalt-StB 07/13	TP Asphalt-StB
TL Beton-StB 07	ZTV Beton-StB 07	TP Beton-StB

Merkblätter	
M RC	Merkblatt über die Wiederverwertung von mineralischen Baustoffen als Recycling-Baustoffe im Straßenbau
M HMVA	Merkblatt über die Verwendung von Hausmüllverbrennungsasche im Straßenbau
M TS E	Merkblatt über Bauweisen für technische Sicherungsmaßnahmen beim Einsatz von Böden und Baustoffen mit umweltrelevanten Inhaltsstoffen im Erdbau
	Merkblatt über Bodenverfestigungen und Bodenverbesserungen mit Bindemitteln
	Merkblatt für die Verdichtung des Untergrundes und Unterbaus im Straßenbau

Richtlinien	
RStO 12	Richtlinien für die Standardisierung des Oberbaus von Verkehrsflächen
RuA-StB 01	Richtlinien für die umweltverträgliche Anwendung von industriellen Nebenprodukten und Recycling-Baustoffen im Straßenbau

Tabelle 3:

Ersatzbaustoffe im Straßen- und Erdbau – Relevante Regelwerke der Forschungsgesellschaft für Straßen- und Verkehrswesen (FGSV)

Bezüglich der Ausbildung des Straßenoberbaus sind die *Richtlinien für die Standardisierung des Oberbaus von Verkehrsflächen RStO 12* [5] zu beachten.

Bild 1 zeigt den prinzipiellen Aufbau einer Straße. Unterschieden werden natürlich anstehender Untergrund, der Unterbau und der Oberbau. Letzterer setzt sich aus zwei bis drei Tragschichten zusammen, in der Regel jedoch mindestens aus einer Frostschutzschicht und einer Schotter- oder Kiestragschicht, die gebunden oder ungebunden sein kann.

Der Unterbau wird auf dem natürlich anstehenden Untergrund erstellt. Die Oberkante des Unterbaus wird als Planum bezeichnet. Häufig sind vor Ort nicht genug Bodenmassen aus Abtrag vorhanden, so dass zusätzliche Baustoffe für Schüttungen und Dämme des Unterbaus benötigt werden. Teilweise sind auch die vor Ort vorhandenen Stoffe technisch nicht ausreichend, so dass entweder Bodenverbesserungen, z.B. durch hydraulische Zusätze wie Zement oder Kalk, durchgeführt werden oder ein Bodenaustausch erfolgt.

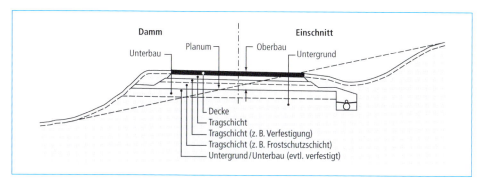

Bild 1: Straßenaufbau – Begrifflichkeiten nach RStO 12[5]

Bei der Straßenplanung werden alle Straßen aufgrund der Verkehrsbelastung einer Klasse zugeordnet, die Auswirkung auf die Bauweise hat.

Es wurden nach alter RStO 01 [4] sieben Bauklassen mit abnehmender Belastung unterschieden, beginnend mit SV (höchste Belastung, wie Bundesautobahnen oder Landstraßen), gefolgt von den Klassen I bis VI, wobei VI die geringste Verkehrsbelastung – wie bei einer Anliegerstraße – aufweist.

Bauklasse	Straßenart
SV / I / II	Schnellverkehrsstraße, Industriesammelstraße
II / III	Hauptverkehrsstraße, Industriestraße, Straße im Gewerbegebiet
III / IV	Wohnsammelstraße, Fußgängerzone mit Ladeverkehr
V / VI	Anliegerstraße, befahrbarer Wohnweg, Fußgängerzone (ohne Busverkehr)
Sehr leichte Beanspruchung	Rad- und Gehwege

Tabelle 4:

Straßenart und zugeordnete Bauklasse nach Tabelle 2 der RStO 01

Quelle: Forschungsgesellschaft für Straßen und Verkehrswesen: Richtlinien für die Standardisierung des Oberbaues von Verkehrsflächen RStO. 1. Ausgabe 2001. Köln: FGSV Verlag, November 2001

---

[5] Richtlinien für die Standardisierung des Oberbaus von Verkehrsflächen RStO 12, Ausgabe 2012, Bild 1

Mit der Einführung der RStO 12 wurde eine neue Klassierung eingeführt, genannt Belastungsklassen. Eine Zuordnung zwischen alter und neuer Klasse ist seitdem für die Anwendung des FGSV Regelwerks notwendig, da sich noch viele Veröffentlichungen auf die alten Bauklassen aus der RStO 12 beziehen. Tabelle 5 stellt den Bezug zwischen der neuen Belastungsklasse und den Bauklassen, die im FGSV Regelwerk noch zu finden sind, her.

Belastungsklasse nach RStO 12	Zugeordnete Bauklasse für das gültige FGSV Regelwerk
Bk100	SV
Bk32	I
Bk10	II
Bk3,2	III
Bk1,8	III
Bk1,0	IV
Bk0,3	V
Bk0,3	VI

Tabelle 5:

Zuordnung Bauklasse zu neuer Belastungsklasse nach RStO 12

Quelle: Forschungsgesellschaft für Straßen und Verkehrswesen: Richtlinien für die Standardisierung des Oberbaues von Verkehrsflächen RStO. 12. Ausgabe 2012. Köln: FGSV Verlag, 2012

4.2. Ersatzbaustoffe im nationalen Regelwerk des Straßen- und Erdbaus

Tabelle 6 gibt einen zusammenfassenden Überblick über die technische Eignung von RC-Baustoffen und HMV-Aschen im Straßenoberbau und im Erdbau. Dabei sind RC-Baustoffe und HMV-Aschen definiert als die Materialien mit stofflicher Zusammensetzung nach Anhang B der TL Gestein-StB 04 [9] (siehe auch Abschnitt 4.3).

Der Tabelle ist zu entnehmen, dass sich die Ersatzbaustoffe RC-Baustoff und HMV-Asche im Straßenbau ergänzen. RC-Material kann unabhängig von der Bauklasse oder Belastungsklasse als Frostschutz- oder Schottertragschicht eingesetzt werden, HMV-Asche ist laut Tabelle 4 der M HMVA [2] hier nur eingeschränkt einsatzfähig. Im Erdbau ist HMV-Asche für Straßen aller Bauklassen geeignet und auch im Lärmschutzwall einsetzbar.

Für andere Stoffgruppen von RC-Baustoffen wie für reinen Betonbruch oder aufbereiteten Naturstein sei auf das *Merkblatt über die Wiederverwertung von mineralischen Baustoffen als Recycling-Baustoffe im Straßenbau M RC* [3] verwiesen. Dort werden für bestimmte Stoffgruppen zusätzliche Verwertungsbereiche differenziert.

4.3. Bautechnische Anforderungen

Aufgrund der hohen Belastungen durch Verkehr und Klima gibt es hohe Anforderungen an Gesteinskörnungen im Straßen- und Erdbau. Unterschieden werden die stofflichen Eigenschaften sowie die geometrischen und physikalischen Eigenschaften.

4.3.1. Stoffliche Eigenschaften

Die Anforderungen an die stofflichen Eigenschaften für RC-Baustoffe und HMV-Asche für die Verwendung im Straßen- und Erdbau sind in den Tabellen 7 und 8 aufgeführt.

Einsatz von RC-Baustoffen und HMV-Asche im Straßen- und Erdbau

Tabelle 6: Bautechnische Eignung von RC-Baustoffen und HMV-Asche nach FGSV-Regelwerk

		RC-Baustoff*	HMV-ASCHE
Schichten ohne Bindemittel	Schottertragschicht (STS)	■ zulässig	2
	Frostschutzschicht (FSS)	■ zulässig	3
	Deckschicht ohne Bindemittel	7	7
Schichten mit Bindemittel	Deckschichten (Asphalt oder Beton)	13	8 1
	Asphalttragschicht	13	8
	Hydraulisch gebundene Tragschicht (HGT)	■ zulässig	■ nicht zulässig
	Verfestigung mit hydraulischem Bindemittel	■ zulässig	12
	Betontragschicht	6	1
Pflaster-/Plattenbeläge	Fugenmaterial	4	5
	Bettungsmaterial	4	5
Straßenunterbau/Erdbau	Unterbau – ungebunden	■ zulässig	■ zulässig
	Hydraulische Bodenverfestigung	■ zulässig	14
	Schutzwall	■ zulässig	■ zulässig
	Damm, Anschüttungen	■ zulässig	■ zulässig
	Hinterfüllen / Überschütten von Bauwerken	9	9
	Verfüllen von Baugruben und Leitungssträngen	10	11
	Sickeranlagen und Filterschichten	10	11

* RC-Baustoff mit stofflicher Zusammensetzung nach TL Gestein-StB 04

■ zulässig   ■ nicht zulässig   ■ bedingt zulässig

[1] Laut Anhang B der TL Beton-StB 07 nicht zulässig
[2] Laut Anhang B der TL Gestein-StB 04 und Abschnitt 1.4.2 der TL SoB-StB 04 nur bei leicht beanspruchten Flächen und Rad-/Gehwegen
[3] Laut Anhang B, der TL Gestein-StB 04 und Abschnitt 1.4.2 der TL SoB-StB 04 nur in den Bauklassen III-VI
[4] Für ausgewählte Stoffgruppen möglich, siehe auch Anhang 6 dieses Handbuchs
[5] Laut TL Pflaster-StB 06, Kap. 2, ist HMV-Asche nicht zulässig
[6] Laut TL Beton-StB 07 für RC-Baustoffe bei Aus- u. Einbau an gleicher Baustelle ohne weitere Nachweise möglich unter Beachtung des „Merkblatts zur Wiederverwendung von Beton aus Fahrbahndecken"; Einbau ausgewählter Stoffgruppen ebenfalls möglich (siehe Anhang 6)
[7] Laut M HMVA nicht zulässig, da nicht genannt; lt. Anhang 1 M RC nur bei Einhaltung best. stoffl. Zusammensetzung (siehe auch Anh. 6)
[8] Laut TL Asphalt-StB 07, Kap. 2.1, ist HMV-Asche nicht erlaubt
[9] Laut ZTV E-StB 09, Kap. 10, werden RC-Baustoffe und HMV-Asche nicht ausgeschlossen, sind aber nur in ausgewählten Arten von Hinterfüllungen einsetzbar
[10] Laut ZTV E-StB 09 ist RC-Material nicht ausgeschlossen; allerdings gelten die Einschränkungen nach M RC für Bodengemische
[11] Laut ZTV E-StB 09, Kap. 9.3, ist HMV-Asche explizit von dieser Anwendung ausgeschlossen; das Gleiche gilt für Sickeranlagen und Filterschichten nach Kap 8,1 der ZTV E-StB 09
[12] Laut TL Beton, Anhang B, eingeschränkt in den Bauklassen IV bis VI möglich
[13] Laut TL Asphalt-StB 07, Kap. 2.1, ist RC-Baustoff nicht zulässig; allerdings sind ausgewählte Stoffgruppen hiervon ausgenommen, siehe auch Anh. 6
[14] Laut M HMVA, Kap. 6, sowie nach Kap. 4.1.5.2 des „Merkblatts über Bodenverfestigungen und Bodenverbesserungen mit Bindemitteln" in allen Bauklassen möglich

Bestandteil	M.-%
Asche / Schlacke	–
Glas / Keramik	–
Metalle	≤ 5,0
Sonstiges	–
Unverbranntes	≤ 0,5

Tabelle 7:

Erforderliche stoffliche Eigenschaften von HMVA nach TL Gestein-StB 04[6]

---

[6] TL Gestein-StB 04, Ausgabe 2004 / Fassung 2007, Tabelle B.2

Zusätzlich dürfen aus der Abgasreinigung keine Kesselaschen, Filterstäube und Reaktions- und Sorbtionsprodukte enthalten sein.[7]

Bestandteil	M.-%
Asphaltgranulat im Anteil > 4 mm	≤ 30
Klinker, Ziegel und Steinzeug im Anteil > 4 mm	≤ 30
Kalksandstein, Putze und ähnliche Stoffe im Anteil > 4 mm	≤ 5
Mineralische Leicht- und Dämmbaustoffe, wie Poren- und Bimsbeton im Anteil > 4 mm	≤ 1
Fremdstoffe wie Holz, Gummi, Kunststoffe und Textilien im Gemisch	≤ 0,2

Tabelle 8:

Anforderungen an die stofflichen Eigenschaften von RC-Baustoffen[8]

Zusätzlich gilt für RC-Baustoffe, dass mit Straßenpech und pechhaltigen Bindemitteln gebundene Stoffe auszuschließen sind.[9]

4.3.2. Geometrische und physikalische Eigenschaften

Die Anforderungen an die geometrischen und physikalischen Eigenschaften von Ersatzbaustoffen sind analog den Primärbaustoffen zu prüfen. Dabei werden für die Verwendung als Gesteinskörnung für ungebundene Schichten des Straßenoberbaus neben den stofflichen Eigenschaften nach TL SoB-StB 04 [6] und TL G SoB-StB 04 [7] die folgenden Werte untersucht:

- Korngrößenverteilung,
- Gehalt und Qualität des Feinanteils,
- Anteil Überkorn / Unterkorn,
- Kornform,
- Anteil gebrochener Oberflächen,
- Wassergehalt,
- Rohdichte,
- Schüttdichte,
- Proctordichte,
- Widerstand gegen Zertrümmerung,
- Widerstand gegen Frostbeanspruchung,
- Raumbeständigkeit (nur für HMV-Asche),
- CBR-Wert.

---

[7] TL BuB E-StB 09, 2009, Kap. 2.7.2

[8] TL Gestein-StB 04, Ausgabe 2004 / Fassung 2007, Tabelle B.1

[9] TL Gestein-StB 04, Ausgabe 2004 / Fassung 2007, Anhang B, S. 31

Für die Verwendung im Erdbau werden nach Anhang 1 der *Technischen Lieferbedingungen für Böden und Baustoffe TL BuB E-StB 09* [8] die bautechnischen Angaben nach Tabelle 9 gefordert.

	RC-Baustoff	HMV-Asche
Stoffliche Zusammensetzung	■	■
Korngrößenverteilung (DIN 18123)	■	■
Plastizität (DIN 18122)	■	–
Wassergehalt (DIN 18121)	■	■
Raumbeständigkeit (M HMVA)	–	■

Tabelle 9:

Erforderliche bautechnische Angaben im Erdbau

4.4. Güteüberwachung

Das bewährte Gütesicherungssystem für natürliche Mineralstoffe ist auch die Basis für die Verwendung von Ersatzbaustoffen im Straßen- und Erdbau. Neben der technischen Eignung werden zusätzlich die stofflichen und wasserwirtschaftlichen Eigenschaften nachgewiesen.

Vor Aufnahme der Güteüberwachung muss der Produzent einen Eignungsnachweis in Form eines Prüfungszeugnisses vorlegen. Dieser Eignungsnachweis setzt sich aus einer Erstprüfung sowie eine Erstinspektion des Betriebs zusammen.

Die Eigenüberwachung WPK (werkseigene Produktionskontrolle) und die Fremdüberwachung bilden zusammen das Güteüberwachungssystem. Es gibt klare Vorgaben für die Prüfungen und Prüfhäufigkeiten, die im Rahmen der Güteüberwachung durchzuführen sind. Die Vorgaben unterscheiden sich nach der geplanten Verwendung des Materials.

Der Eignungsnachweis sowie die Prüfungen der regelmäßigen Fremdüberwachung dürfen ausschließlich von anerkannten Prüfstellen durchgeführt werden. Die Anerkennung erfolgt durch die oberste Straßenbaubehörde des jeweiligen Bundeslands oder durch eine von dieser als zuständig benannten Straßenbaubehörde.

4.5. Ausführung von Straßen- und Erdbaumaßnahmen mit Ersatzbaustoffen

Beim Einsatz von RC Baustoffen oder HMV-Aschen sind im Rahmen der Ausführung definierte sicherungstechnische Maßnahmen einzuhalten. Die notwendigen Sicherungsmaßnahmen werden am Beispiel der Gem.Rd.Erlasse NRW dargestellt. Für weitere Ausführungsmöglichkeiten wird auf das *Merkblatt über Bauweisen für technische Sicherungsmaßnahmen beim Einsatz von Böden und Baustoffen mit umweltrelevanten Inhaltsstoffen im Erdbau M TS E* [1] verwiesen.

Folgende prinzipielle Bauweisen für die Erstellung eines Straßenunterbaus kommen in der Regel zur Ausführung:

- die Bauweise mit Bitumenemulsion im Bankettbereich (2 Varianten, Bilder 2 und 4),
- die Kernbauweise (Bild 3).

Für den Einsatz als Material beim Lärmschutzbau sind die Konstruktionsvorgaben in den Bildern 5 und 6 ebenfalls am Beispiel der Vorgaben der Gem.Rd.Erlasse NRW dargestellt.

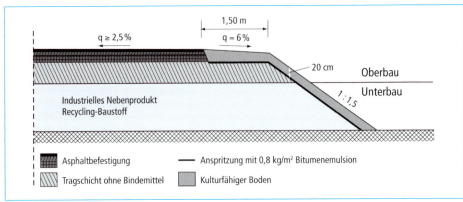

Bild 2: Damm, Anspritzung mit Bitumenemulsion und Abdeckung mit kulturfähigem Boden [10,11]

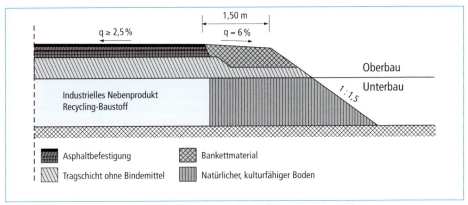

Bild 3: Damm, Abdeckung mit natürlichem/kulturfähigem Boden [10,11]

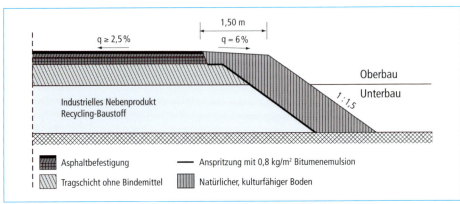

Bild 4: Damm, Anspritzung mit Bitumenemulsion und Abdeckung mit natürlichem/kulturfähigem Boden [10,11]

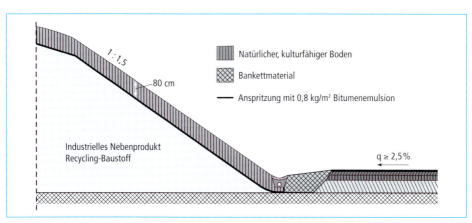

Bild 5: Lärmschutzwall, Anspritzung mit Bitumenemulsion und Abdeckung mit natürlichem/kulturfähigem Boden [10,11]

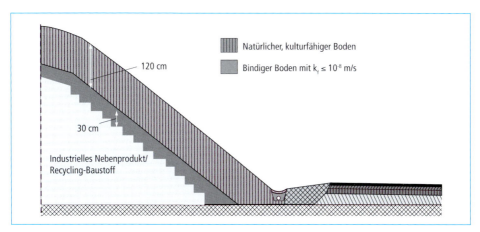

Bild 6: Lärmschutzwall, Abdeckung mit bindigem Boden und natürlichem/kulturfähigem Boden [10,11]

5. Zusammenfassung und Fazit

Für Recycling-Baustoffe und HMV-Aschen gibt es analog den Primärrohstoffen exakte Vorgaben bezüglich der bautechnischen Anforderungen. Zusätzlich müssen Baustoffe, die der Wiederverwertung unterliegen, auf ihre Umweltverträglichkeit geprüft werden. Hierzu gibt es bundeslandspezifische Regelungen, die beachtet werden müssen. Sowohl die bautechnischen als auch die wasserwirtschaftlichen Merkmale werden im Rahmen der Güteprüfung überwacht.

---

[10] Gem.RdErlass NRW: Anforderungen an die Güteüberwachung und den Einsatz von Hausmüllverbrennungsaschen im Straßen- und Erdbau, Bilder 1 bis 5

[11] Gem.RdErlass NRW: Anforderungen an den Einsatz von mineralischen Stoffen aus Bautätigkeiten (Recycling-Baustoffe) im Straßen- und Erdbau, Bilder 1 bis 5

Bei der Festlegung der möglichen Anwendungsgebiete wird in den Regelwerken zwischen Verwertung innerhalb und außerhalb von Wasserschutz- und Heilquellenschutzgebieten und hydrogeologisch sensitiven Gebieten unterschieden. Je sensibler ein Gebiet bezüglich des Grundwasser- und Bodenschutzes ist, desto stärker ist der Einsatz von Ersatzbaustoffen eingeschränkt.

Der Einsatz innerhalb sensibler Gebiete wie Wasserschutzgebiete erfordert eine tiefer gehende Untersuchung der geologischen und hydrogeologischen Verhältnisse vor Ort und bedeutet damit auch eine Verantwortung der Entscheider.

Demgegenüber ist der Einsatz *außerhalb* von Wasserschutz-, Heilquellenschutzgebieten und hydrogeologisch sensitiven Gebieten klar definiert, wodurch eine transparente und eindeutige Entscheidung ermöglicht wird.

Es folgt daraus in Übereinstimmung mit den ökologischen und bautechnischen Vorgaben die Empfehlung für die tägliche Baupraxis, RC-Baustoffe und Hausmüllverbrennungsaschen nur *außerhalb* von Wasserschutz-, Heilquellenschutz- und Überschwemmungsgebieten sowie außerhalb hydrogeologisch sensitiver Gebiete einzusetzen.

Ein Mindestabstand vom höchsten zu erwartenden Grundwasserstand von mindestens einem Meter sowie ein Abstand zu korrosionsfähigen Bauten von mindestens 0,5 Meter muss bei allen Bauvorhaben eingehalten werden. Die Konstruktion sollte nach einer der im Abschnitt 4 genannten definierten sicherungstechnischen Bauweisen nur unter wasserundurchlässiger Deckschicht wie Asphalt oder Beton erfolgen.

Tabelle 10: Resultierende Anwendungsgebiete von HMV-Asche

Bauklasse	Straßenart	Straßenoberbau				Erdbau			
		Frostschutzschicht	Schottertragschicht	HGT	Verfestigung	Straßenunterbau	Lärmschutzwall	Anschüttung/Damm Hinterfüllung	Bodenverfestigung
SV, I, II	Schnellverkehrsstraße (Bundesautobahnen, -fernstraßen), Industriesammelstraße	🟥	🟥	🟥	🟥				
II, III	Hauptverkehrsstraße, Industriestraße, Straße in Gewerbegebieten	🟥	🟥	🟥	🟥				
III, IV	Wohnsammelstraßen, Fußgängerzone mit Ladeverkehr	🟩	🟥	🟥	2				
V, VI	Anliegerstraße, befahrbarer Wohnweg, Fußgängerzone (ohne Busverkehr)	🟩	🟥	🟥	🟩	🟩	🟩	🟩	🟩
–	Rad- und Gehwege	🟩	🟥	🟥	🟩				
–	Parkplätze, Autohöfe	1	🟥	🟥	2				
–	Verkehrsflächen von Industrie-/ Logistik- und Sanierungsvorhaben	1	🟥	🟥	2				
–	Unterbau unter Fundamenten	🟥	🟥	🟥	🟥				

🟩 zulässig   🟥 nicht zulässig   1 ab BK III   2 ab BK IV

- Bauabschnitte <u>außerhalb</u> von Wasserschutzgebieten, Heilquellenschutzgebieten und Überschwemmungsgebieten und Maßnahmen <u>außerhalb</u> hydrogeologisch sensitiver Gebiete
- Abstand Planum und höchster Grundwasserabstand mindestens 1 m
- Mindestabstand zu korrosionsanfälligen Bauten von mindestens 0,5 m
- Bauweise unter wasserundurchlässiger Deckschicht (wie z. B. Beton, Asphalt oder Bitumenanspritzung)

Einsatz von RC-Baustoffen und HMV-Asche im Straßen- und Erdbau

Bei nicht-öffentlichen Bauvorhaben wie Gewerbebauten in Industriegebieten ist aufgrund kommunaler Vorgaben vor Baubeginn zusätzlich eine wasserrechtliche Einbaugenehmigung zu erwirken.

Die Tabellen 10 und 11 fassen die Haupteinsatzgebiete für RC-Baustoffe und HMV-Asche im Straßen- und Erdbau zusammen.

Tabelle 11: Resultierende Anwendungsgebiete von RC-Baustoffen mit Zusammensetzung nach TL Gestein-StB 04[12]

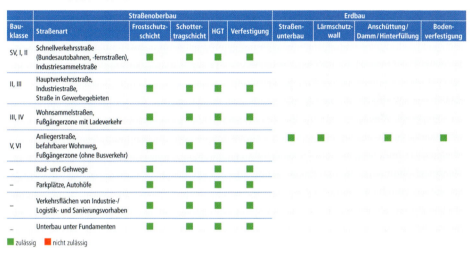

- Bauabschnitte <u>außerhalb</u> von Wasserschutzgebieten, Heilquellenschutzgebieten und Überschwemmungsgebieten und Maßnahmen <u>außerhalb</u> hydrogeologisch sensitiver Gebiete
- Abstand Planum und höchster Grundwasserabstand mindestens 1 m
- Mindestabstand zu korrosionsanfälligen Bauten von mindestens 0,5 m
- Bauweise unter wasserundurchlässiger Deckschicht (wie z. B. Beton, Asphalt oder Bitumenanspritzung)

6. Quellen

[1] Forschungsgesellschaft für Straßen und Verkehrswesen: Merkblatt über Bauweisen für technische Sicherungsmaßnahmen beim Einsatz von Böden und Baustoffen mit umweltrelevanten Inhaltsstoffen im Erdbau M TS E. Ausgabe 2009. Köln: FGSV Verlag, Februar 2009

[2] Forschungsgesellschaft für Straßen und Verkehrswesen: Merkblatt über die Verwendung von Hausmüllverbrennungsasche im Straßenbau M HMVA. Ausgabe 2005. Köln: FGSV Verlag, Juli 2005

[3] Forschungsgesellschaft für Straßen und Verkehrswesen: Merkblatt über die Wiederverwertung von mineralischen Baustoffen als Recycling-Baustoffe im Straßenbau M RC. Ausgabe 2002. Köln: FGSV Verlag, Dezember 2002

[4] Forschungsgesellschaft für Straßen und Verkehrswesen: Richtlinien für die Standardisierung des Oberbaues von Verkehrsflächen RStO 01. Ausgabe 2001. Köln: FGSV Verlag, November 2001

---

[12] Weitere Anwendungsmöglichkeiten für RC-Baustoffe, die besonderen Stoffgruppen entsprechen, finden sich in [3]

[5] Forschungsgesellschaft für Straßen und Verkehrswesen: Richtlinien für die Standardisierung des Oberbaues von Verkehrsflächen RStO 12. Ausgabe 2012. Köln: FGSV Verlag, 2012

[6] Forschungsgesellschaft für Straßen und Verkehrswesen: Technische Lieferbedingungen für Baustoffe und Böden zur Herstellung von Schichten ohne Bindemittel im Straßenbau TL SoB-StB 04. Ausgabe 2004/Fassung 2007. Köln: FGSV Verlag, November 2007

[7] Forschungsgesellschaft für Straßen und Verkehrswesen: Technische Lieferbedingungen für Baustoffgemische und Böden zur Herstellung von Schichten ohne Bindemittel im Straßenbau Teil: Güteüberwachung TL G SoB-StB 04. Ausgabe 2004/Fassung 2007. Köln: FGSV Verlag, November 2007

[8] Forschungsgesellschaft für Straßen und Verkehrswesen: Technische Lieferbedingungen für Böden und Baustoffe im Erdbau des Straßenbaus TL BuB E-StB 09. Ausgabe 2009. Köln: FGSV Verlag, Juni 2009

[9] Forschungsgesellschaft für Straßen und Verkehrswesen: Technische Lieferbedingungen für Gesteinskörnungen im Straßenbau TL Gestein-StB 04. Ausgabe 2004/Fassung 2007. Köln: FGSV Verlag, August 2008

[10] Gem.RdErl. d. Ministeriums für Umwelt und Naturschutz, Landwirtschaft und Verbraucherschutz IV – 3 – 953 – 26308 – IV – 8 – 1573 – 30052 –und des Ministeriums für Wirtschaft und Mittelstand, Energie und Verkehr – VI A 3 – 32-40/45 – v. 09.10.2001: Anforderungen an den Einsatz von mineralischen Stoffen aus Bautätigkeiten (Recycling-Baustoffe) im Straßen- und Erdbau. In: Ministerialblatt (MBl. NRW.) In: Ausgabe Nr. 76 (03.12.2001), S. 1493 bis 1506

[11] Gem.RdErl. d. Ministeriums für Umwelt und Naturschutz, Landwirtschaft und Verbraucherschutz IV – 3 – 953-26308 – IV – 8 – 1573-30052 – und des Ministeriums für Wirtschaft und Mittelstand, Energie und Verkehr – VI A 3 – 32-40/45 – v. 09.10.2001: Anforderungen an die Güteüberwachung und den Einsatz von Hausmüllverbrennungsaschen im Straßen- und Erdbau. In: Ministerialblatt (MBl. NRW.) In: Ausgabe Nr. 77 (04.12.2001), S. 1507 bis 1524

[12] Gem.RdErl. d. Ministeriums für Umwelt und Naturschutz, Landwirtschaft und Verbraucherschutz – VI A 3 –32 - 40/45 – und des Ministeriums für Wirtschaft und Mittelstand, Energie und Verkehr IV – 3 – 953-26308 – IV – 8 – 1573-30052 – v. 09.10.2001: Güteüberwachung von mineralischen Stoffen im Straßen- und Erdbau. In: Ministerialblatt (MBl. NRW.) In: Ausgabe Nr. 78 (13.12.2001), S. 1525 bis 1534

[13] Länderarbeitsgemeinschaft Abfall (Hrsg.), Mitteilung M20 (LAGA M20): Anforderungen an die stoffliche Verwertung von mineralischen Reststoffen / Abfällen – Technische Regeln – Stand: 6. November 1997. Neuburg: Erich Schmidt Verlag, 1998

[14] Länderarbeitsgemeinschaft Abfall (Hrsg.), Mitteilung M20 (LAGA M20): Anforderungen an die stoffliche Verwertung von mineralischen Reststoffen / Abfällen – Technische Regeln – Allgemeiner Teil, Überarbeitung vom 6.11.2003, Mainz: www.laga-online.de, November 2003 [5]

[15] Onkelbach, A.: Handbuch Ersatzbaustoffe – Grundlagen für den Einsatz von RC-Baustoffen und HMV-Aschen. In: REMEX Mineralstoff GmbH (Hrsg.). Düsseldorf: 2012

Rückstände aus der thermischen Behandlung von Altholz
– Herausforderungen und Lösungsansätze –

Oliver Schiffmann, Boris Breitenstein und Daniel Goldmann

1.	Einleitung	261
1.1.	Gründe für die thermische Altholzbehandlung	262
1.2.	Thermische Behandlung von Altholz	263
1.3.	Rückstände und Einfluss der Brennstoffe	264
1.4.	Entaschung und Aschefraktionen	265
1.5.	Bisherige Entsorgung der Rückstände	266
1.6.	Herausforderungen bei der Entsorgung	267
2.	Ansätze zur Verbesserung der Rückstandsqualität	268
2.1.	Mechanische Aufbereitung	268
2.2.	Thermische Konditionierung der Biomasseaschen	268
3.	Zusammenfassung und Ausblick	269
4.	Quellen	270

1. Einleitung

Im Rahmen der thermischen Behandlung von Althölzern zur Energieerzeugung und gleichzeitigen Entsorgung fallen Rückstände an: die Biomasseaschen. Diese stellen die Betreiber von Anlagen zur thermischen Verwertung von Altholz vor Probleme, da teilweise Annahmen getroffen wurden, die sich im Nachhinein als nicht haltbar herausstellten und bestimmte Prozesse nicht einzuschätzen waren.

Besonders komplex ist das Rückstandsentsorgungsthema, da der untertägige Versatz in der Regel der einzige Entsorgungsweg ist. Aufgrund der hohen Kosten können viele Kraftwerke nur an der Grenze der Rentabilität betrieben werden. Folglich müssen Anstrengungen unternommen werden, um die Entsorgungssituation zu verbessern und die Kosten zu senken. Im Weiteren wird auf die Problematik von der Entstehung der Rückstände aus den Brennstoffen bis zur Entsorgung eingegangen.

1.1. Gründe für die thermische Altholzbehandlung

Altholz entsteht, wenn Holz aus dem Nutzungsprozess ausscheidet und entsorgt werden muss. Noch in den neunziger Jahren des zwanzigsten Jahrhunderts wurden Althölzer auf Deponien oder durch Verbringung ins Ausland entsorgt [3, 7, 10].

Durch das Ablagerungsverbot für Althölzer in der Ablagerungsverordnung und das im Jahr 2000 in Kraft getretene Gesetz zum Vorrang erneuerbarer Energien, wurden Anlagen zur Erzeugung von Energie aus (Alt-)Holz projektiert und in Betrieb genommen [3, 7, 10].

Einerseits muss eine fach- und sachgerechte Entsorgung von Altholz gewährleistet sein, zum anderen soll das Altholz zur Erzeugung von erneuerbarer Energie genutzt werden.

Derzeit werden 23,4 Prozent des Endenergieverbrauchs in Deutschland aus erneuerbaren Quellen erzeugt, 6,8 Prozent aus Biomasse. Damit ist die Energieerzeugung aus Biomasse nach der Windenergie, die bedeutendes Quelle regenerativ erzeugter Energie (Bild 1) [17, 18].

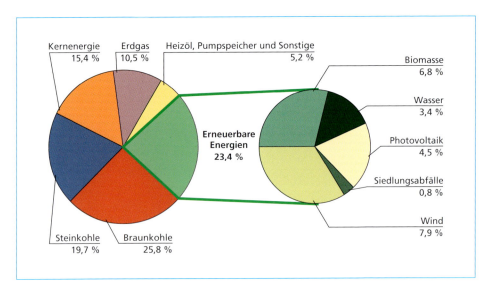

Bild 1: Energiemix Deutschland 2013

Quelle: Mocker, M. et al.: Verbrennungsrückstände – Herkunft und neue Nutzungsstrategien. In: http://www.ask-eu.de/Artikel/17608/Verbrennungsrueckstände---Herkunft-und-neue-Nutzungsstrategien.htm 2010. (abgerufen am 16.04.2014)

Die thermische Nutzung fester Biomasse wird durch die Abkehr von der Atomenergie einen steigenden Anteil an der Energieerzeugung einnehmen müssen. Im Unterschied zu den meisten Erzeugungsarten von erneuerbaren Energien muss bei der thermischen Verwertung von Altholz auch eine Entsorgungsleistung erbracht werden. Diese Entsorgungsleistung geht dabei mit der Entstehung von Verbrennungsrückständen einher, daraus folgt, dass diese wiederum einer Entsorgung zugeführt werden müssen.

1.2. Thermische Behandlung von Altholz

Das erste Biomasseheizkraftwerk der Steag New Energies ging 2002 in Großaitingen ans Netz. Derzeit werden bundesweit elf Biomasseheizkraftwerke auf Basis von Holzbrennstoffen (Bild 2) betrieben.

Bild 2: Biomasseheizkraftwerke der Steag New Energies GmbH in Deutschland

Quelle: http://www.steag-newenergies.com/fileadmin/user_upload/steag-newenergies.com/unternehmen/standorte/Standort-karte-Biomasseanlagen.pdf (24.03.2014), ergänzt durch eigene Darstellung.

Zwei dieser Anlagen werden ausschließlich mit naturbelassenen NawaRo- Hölzern betrieben (Werl und Warndt), neun Kraftwerke mit Altholz unterschiedlicher Kategorien nach der Altholzverordnung.

In den in Bild 2 verzeichneten Kraftwerken werden durch die thermische Verwertung von Altholz pro Jahr 362,2 GWh thermische und 437,0 GWh elektrische Energie erzeugt. Die Leistung der einzelnen Anlagen variiert zwischen etwa drei MW_{th} und sechzig MW_{th}. Zur Erzeugung werden pro Jahr etwa 500.000 Tonnen Altholz eingesetzt. Die Kraftwerke in Buchen, Dresden und Lünen setzen Altholz der Kategorien AI bis A IV nach der Altholzverordnung ein, die übrigen Kraftwerke Altholz bis zur Klasse A III. Dieser Artikel beschränkt sich weitgehend auf die Situation an den Standorten Dresden und Buchen, da diese hinsichtlich ihres technischen Aufbaus ähnlich sind, aber in Bezug auf den Brennstoffeinsatz, sowie der enstehenden Verbrennungsrückstände Unterschiede aufweisen.

Der Hauptunterschied der beiden Anlagen ist die Art des Rückstandsaustrags. In Buchen werden die Zyklonaschen mit den Filteraschen in ein Reststoffsilo trocken ausgetragen und entsorgt. Im Unterschied dazu werden in Dresden, wie in den übrigen Anlagen, die Rost- und Kesselaschen mit den Zyklonaschen in den Nassentascher ausgetragen.

1.3. Rückstände und Einfluss der Brennstoffe

Bei der thermischen Verwertung von biogenen Reststoffen entstehen in den deutschen Anlagen der Steag etwa 50.000 Tonnen Rückstände. Diese setzen sich aus Rost- und Kesselaschen, Zyklonaschen und Filterstaub zusammen. Wie Bild 3 zeigt, handelt es sich bei etwa achtzig Prozent der Verbrennungsrückstände um Rost- und Kesselaschen, deren absoluter Anteil etwa 40.000 Tonnen beträgt.

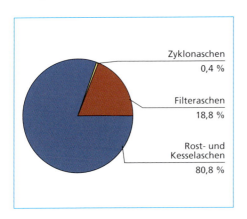

Bild 3: Massenanteile der Verbrennungsrückstände

Auffällig ist, dass zwar die Massenverteilungen der Rückstände in allen Anlagen in etwa gleich sind, aber die Gesamtmengen in den einzelnen Anlagen schwanken. Die Mengen an Aschen variieren zwischen etwa sieben und fünfzehn Prozent des Brennstoffinputs und können damit starken Einfluss auf die Wirtschaftlichkeit der Anlagen haben.

Im Gegensatz zu der ersten Annahme, dass diese Unterschiede auf die eingesetzten Altholzkategorien zurückzuführen sind, konnte durch Brennstoffanalysen (Bild 4) der Kraftwerke Buchen (Baden - Württemberg) und Dresden (Sachsen), eine Abhängigkeit von der Region aufgezeigt werden.

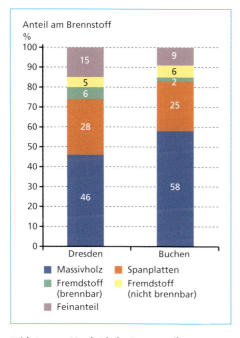

Bild 4: Vergleich der Brennstoffzusammensetzung in Dresden und Buchen

Der Massivholzanteil am in Dresden (Sachsen) eingesetzten Brennstoff ist deutlich geringer als der in Buchen und der nicht sortierbare Feinanteil deutlich höher, weil es erhebliche Unterschiede bezüglich der Herkunft der Brennstofflieferungen gibt.

Ein großer Teil des Brennstoffs in Dresden stammt aus dem Bau- und Abbruchbereich und weist einen erhöhten Anteil mineralischer Verunreinigung auf. Das Biomasseheizkraftwerk in Buchen hat einen höheren Anteil an Hölzern aus Sperrmüll. Dieses Sortiment ist durch einen hohen Massivholzanteil gekennzeichnet.

Zudem wird in der Anlage in Dresden nur fertig aufbereiteter Brennstoff eingesetzt. Die Brennstoffe für den Einsatz in Buchen werden vor Ort aufbereitet. Durch diese Aufbereitung kann die Qualität der Brennstoffe beeinflusst werden. Die Hölzer werden mit einem mobilen Vorzerkleinerer aufbereitet, der die Brennstoffe auf eine Kantenlänge zwischen zehn bis dreißig Zentimeter bringt.

Danach werden die Brennstoffe in beiden Anlagen mit einem Schubboden und einer Vibrorinne zum Dampferzeuger gefördert. Auf dem Transportweg werden mit einem Überbandmagnet grobe eisenhaltige Störstoffe abgeschieden und mit einem Scheibensieb Überlängen aussortiert.

1.4. Entaschung und Aschefraktionen

Für die Zusammensetzung der Aschen sind außer der Brennstoffzusammensetzung der Ort des Anfalls innerhalb des Feuerungssystems und die Abscheidebedingungen Einflussfaktoren, z.B. auf die Korngröße und die Schwermetallgehalte der Rückstände. In größeren Biomasseheizkraftwerken werden je nach Anfallort bis zu drei Aschefraktionen unterschieden.

Rost- und Kesselaschen, auch als Grobaschen bezeichnet, entstehen im Verbrennungsbereich der Anlage. Sie werden aus der Brennkammer ausgetragen. Die Aschen fallen am Ende der Rostbahn über einen Kipprost in den Nassentascher. Durch die Nassentaschung wird Wasser mit ausgetragen und einer Entsorgung zugeführt.

Der Wasseranteil kann zwischen zwölf und zwanzig Prozent der Gesamtmasse betragen und soll möglichst gering gehalten werden. Es kann zum Verklumpen mineralischer Bestandteile und dem Verlust der Abbindefähigkeit durch zu großen Eintrag von Wasser kommen [9].

Es entstehen auch Mittelaschen, die als Zyklonaschen bezeichnet werden, die im Bereich der Abgasführung in der Fliehkraftabscheidung anfallen. Sie entstehen innerhalb der Dampferzeuger, in denen die Abgase umgelenkt werden oder im Wärmeüberträgerbereich. Die Zyklonaschen werden meistens zu den Rost- und Kesselaschen hinzugefügt und auch in den Nassentascher eingegeben.

Diese Zusammenfassung der zwei Hauptaschenströme hat mehrere Gründe. Aufgrund der oft geringen Größe der Anlagen wurde schon in der Planungsphase darauf verzichtet die Aschen getrennt auszutragen. Da die Investitionen und Betriebkosten für die getrennte Fassung sehr hoch sind. Zudem wurde davon ausgegangen, dass die enstehenden Rückständen einer technisch hochwertigen Nutzung außerhalb einer Deponie zugeführt werden können.

Auch entstehen Feinstflugaschen oder Filterstäube, die mit Elektro- oder Gewebefilter abgeschieden werden, getrennt gefasst und entsorgt werden; dies wird hier nicht behandelt.

1.5. Bisherige Entsorgung der Rückstände

Da die Rückstände, insbesondere die Rost- und Kesselaschen sowie die Zyklonaschen, bisher nicht genutzt werden können, müssen sie geordnet entsorgt werden; dies geschieht hauptsächlich im Untertageversatz, weil die Eluatgrenzwerte für die obertägige Entsorgung, insbesondere wegen des Bleigehalts, in der Regel überschritten werden. Zudem führt ein getrennter Austrag von Kessel- und Zyklonaschen nicht dazu, dass die Verbringung auf eine Deponie der Klasse II zulässig ist.

Daher bleibt der untertägie Versatz als der einzige Entsorgungsweg für Großteile der Rückstände aus den Biomassekraftwerken. Die Entsorgungskosten betragen zwischen 70 EUR/t und 150 EUR/t.

Zwar ist der Versatz eine langfristig sichere Alternative, da ausreichend Hohlraum zur Verfügung steht [8]; problematisch ist jedoch, dass durch diese Entsorgung weite Transportwege und hohe Kosten entstehen.

Zudem wird die Entsorgung in den Versatzbergwerken durch begrenzte Einlieferungszeiten und -kapazitäten erschwert.

Diese Einschränkungen können Probleme verursachen, da die Lagerkapazitäten an den Kraftwerken begrenzt sind und die Aschen kontinuierlich abgegeben werden müssen.

Des Weiteren werden, die in den Aschen enthaltenen Wertstoffe, insbesondere Kupfer und Eisen, mitversetzt und sind dadurch nicht mehr für eine Rückgewinnung zugänglich.

Für alle Anlagen darum ein Überdenken der derzeitigen Entsorgungspraxis nötig geworden.

1.6. Herausforderungen bei der Entsorgung

Die chemische Zusammensetzung der Aschen aus der Biomasseverbrennung schwankt stark. Etwa zehn bis dreißig Prozent der Aschen bestehen aus wasserlöslichen Bestandteilen, vornehmlich Hydroxiden und Carbonaten. Daher entstehen bei Wasserkontakt hohe pH-Werte. Typischerweise liegen trotz vergleichsweise geringer Schwermetallfrachten der Biomasseaschen hohe Schwermetalleluatwerte vor. Diese überschreiten die für die Ablagerung auf Deponien der Klasse II geltenden Grenzwerte. Blei stellt in den meisten Fällen den limitierenden Faktor für weitere Verwertungen dar [4]. Dies wird durch die für Biomasseasche typische geringe Korngröße mit der daraus resultierenden großen Oberfläche verstärkt. Zudem haften an den gröberen Körnern feinste Partikel an, so dass auch im Grobkorn hohe Schwermetalleluate gemessen werden.

Zwar wird in Einzelfällen nach längerer Ablagerung und der damit verbundenen Alterung und Carbonatisierung der Aschen die obertägige Verwertung als Deponieersatzbaustoff für eine Deponie der Klasse II möglich, doch stellt dies aus verschiedenen Gründen keine gangbare Alternative dar.

Die Rückstände können für die Alterung, z.B. auf den Kraftwerksgeländen, derzeit nicht gelagert werden, da die Zwischenlagerkapazitäten begrenzt sind und betriebliche Probleme für den Kraftwerksbetrieb entstehen würden. Des Weiteren werden für die großflächige Lagerung der Rückstände, mit der eine geeignete Belüftung hergestellt werden könnte, Genehmigungen der Behörden benötigt, die bisher nicht erreicht werden konnten. Zudem kann eine Staubentwicklung durch Verwehungen nicht ausgeschlossen werden.

Die Lagerung in Haufwerken, auch über längere Zeiträume, hat sich bisher nicht als zielführend erwiesen. Es konnte zwar eine gewisse Verbesserung der Eluatwerte für manche Schwermetalle nachgewiesen werden, die Bleiproblematik konnte aber durch eine solche Haufwerklagerung nicht gelöst werden, da die Belüftungbedingungen nicht ausreichend sind. Dies lässt sich mit einem zu geringen Porenvolumen begründen, das aus dem hohen Feinkornanteil resultiert.

Zu den genannten Gründen für die hohen Entsorgungskosten wirken sich weitere Faktoren auf die Weitergabe bzw. Entsorgung erschwerend aus.

Die betriebenen Kraftwerke verfügen im Vergleich zu konventionellen Anlagen über geringe Kapazitäten; daher entstehen keine großen Mengen an Rückständen. Eine Aufbereitung vor Ort wäre mit hohen Investitionen verbunden, die zu den behandelten Mengen unverhältnismäßig wären. Wegen der dezentralen Lage der Kraftwerke wäre auch die Beschickung einer zentralen Behandlungsanlage mit allen Rückständen mit hohem logistischen Aufwand und zu hohen Transportkosten verbunden.

Hier werden Möglichkeiten zur Verbesserung der Eigenschaften der Eluatstabilität der Biomasseschlacken dargestellt. In Zusammenarbeit mit dem Institut für Aufbereitung, Deponietechnik und Geomechanik der Technischen Universität Clausthal und weiteren Forschungspartnern wurden Lösungsansätze erarbeitet, die derzeit entwickelt und erprobt werden.

2. Ansätze zur Verbesserung der Rückstandsqualität

Es wurden unterschiedliche Wege zur Verbesserung der Rückstandsqualität beschritten. Die Hauptziele der Behandlung sind die Reduzierung der Rückstandsmengen sowie die Verbesserung der Eluatstabilität, damit soll eine Verwertung außerhalb des untertägigen Versatzes erreicht werden.

2.1. Mechanische Aufbereitung

Eingriffe in den Feuerungsraum oder die Abgasanlagen von Kraftwerken erfordern in der Regel eine behördliche Genehmigung. Daher wurden zunächst Versuche zur mechanischen Behandlung der Rückstände durchgeführt. Mit dem Einsatz feinjustierter Aufbereitungstechnologie konnte die Schlackenqualität deutlich verbessert werden. Dazu wurden Rückstände aus den Kraftwerken Buchen, Dresden, Ulm I und Ulm II behandelt.

Durch die adaptive Anwendung des am Institut für Aufbereitung, Deponietechnik und Geomechanik der TU-Clausthal entwickelten RENE-Verfahrens, konnte mit der Rückgewinnung verschiedener Metallkonzentrate die zu entsorgende Rückstandsmenge um fünf Prozent reduziert werden [1]. Dabei wurden in die generierten Metallkonzentrate große Anteile der Wertstoffe überführt. Zwar tragen Biomasseaschen, z.B. im Vergleich zu Abfallverbrennungsschlacken eher geringe Mengen an Wertmetallen in sich, diese konnten jedoch effizient zurückgewonnen werden. Im Zuge der Aufbereitungsuntersuchungen konnten 85 Prozent des enthaltenen Kupfers in vermarktungsfähiges Konzentrat ausgetragen werden, das eine Kupferkonzentration von etwa 25 Prozent aufweist. Ebenfalls konnte aus den Biomasseaschen ein Eisenkonzentrat gewonnen werden, das mit einer Eisenkonzentration > 90 Prozent vermarktungsfähig ist. Durch diese intensive mechanische Behandlung der Rückstände konnten zwar konstant die Massen reduziert werden, die Eluatstabilität jedoch nur in Einzelfällen. Hauptproblem der Untersuchungen ist, dass unterschiedliche Chargen aus einzelnen Anlagen völlig gegenläufige Ergebnisse zeigten. Die hohe Brennstoffabhängigkeit erfordert eine der mechanischen Aufbereitung vorgeschaltete Behandlung.

Daher wurden Schritte unternommen, die die Rückstände noch im Kraftwerk selber stabilisieren sollen. Hierbei soll eine beschleunigte Carbonatisierung der Rückstände durch den Einsatz technischer Hilfsmittel erreicht werden.

2.2. Thermische Konditionierung der Biomasseaschen

Ähnlich wie Abfallverbrennungsschlacken können Biomasseaschen durch Lagerung altern und dadurch in ihrer Qualität hinsichtlich der Eluierbarkeit von Schwermetallen verbessert werden.

Für die Alterung während mehrerer Wochen reicht der in den Biomasseheizkraftwerken zur Verfügung stehende Platz nicht aus. Die Lagerung müsste, sofern sie überhaupt durchgeführt werden kann, in Mieten erfolgen. Dabei kann jedoch nicht das gesamte Haufwerk hinsichtlich der Schwermetalleluate stabilisiert werden, da die Durchdringung mit Kohlendioxid in den tiefer liegenden Schichten zu gering ist [16].

Dieses Problem könnte durch Beschleunigung der Alterungsvorgänge gelöst werden.

Da der Großteil der Immobilisierung vom pH-Wert und somit der Carbonatisierung abhängt, scheint eine erhöhte Kohlenstoffdioxid zufuhr sinnvoll [16, 11].

In der Regel steht Kohlenstoffdioxid reiches Abgas in den Biomasseheizkraftwerken zur Verfügung, so dass auf den Zukauf von Kohlenstoffdioxid verzichtet werden könnte.

In einem ersten Versuch wurde ein Reaktor (Bild 5) in den Abgasstrom des Biomasseheizkraftwerks Ulm eingebaut und Aschen aus dem Heizkraftwerk Buchen dem Abgas ausgesetzt.

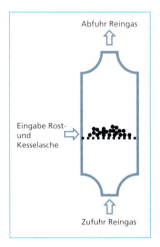

Bild 5:

Reaktor zur thermischen Vorkondtionierung im Biomasseheizkraftwerk Ulm

Quelle: Weis, P.: Ablagerung von Altholzaschen auf DK II Deponien durch Aschealterung – Versuchsdurchführung und wirtschaftliczhe Betrachtung. Unveröffentlichte Masterthesis (2013).

Ziel der ersten Versuche war die Beschleunigung des Carbonatisierungsprozesses. Die Ergebnisse der ersten Versuche sind positiv. Nach vier Stunden im Reingasstrom ist die Elution von Blei deutlich abgesenkt und liegt bei allen Proben unterhalb des Grenzwerts der Deponieklasse II. Da in den ersten Versuchen die Massenströme des Abgases und der Asche nicht genau ermittelt werden konnten und eine Umströmung der Asche auf der Aufgabefläche im Reaktor möglich war, werden in weiteren Versuchen ein veränderter Reaktor und zusätzliche Messtechnik eingesetzt werden.

3. Zusammenfassung und Ausblick

Durch die Sortieranalysen der Brennstoffe an den Standorten Dresden und Buchen konnte festgestellt werden, dass die Zusammensetzung der Biomasseaschen nicht von den eingesetzten Altholzkategorien, sondern von der Herkunft der Brennstoffe abhängt.

Die entstehenden Biomasseaschen verhalten sich sehr heterogen. Dies lässt sich mit der starken Brennstoff- und somit Chargenabhängigkeit begründen. Eine Verbesserung der Eluatstabilität, insbesondere von Blei, durch Vermischung und Alterung der Biomasseaschen, ist aufgrund von sehr geringen Lagerkapazitäten in den Biomasseheizkraftwerken nicht möglich. Daher müssen die Biomasseaschen weiterhin untertägig entsorgt werden.

Im Rahmen der Untersuchungen zur mechanischen Aufbereitung der Biomasseaschen wurde festgestellt, dass sich aus den Aschen zwar große Wertstoffanteile, insbesondere Kupfer und Eisen zurückgewinnen lassen, die Eluatstabilität aber nicht konstant erreicht werden konnte. Daher müssten für jeden Standort eigene und chargenweise adaptierbare Verfahren entwickelt werden, damit konstant die Eluatstabilität erreicht werden kann. Dies wird wegen der zu geringen Mengen und hohen Investitionen derzeit ausgeschlossen.

Daher soll eine thermische Konditionierung durch beschleunigte Carbonatisierung der Biomasseaschen die Qualität hinsichtlich der Eluatstabilität verbessern. Somit würden die Biomasseaschen ihre Einordnung als gefährlicher Abfall verlieren und die weitere Entsorgung würde vereinfacht werden.

Nachfolgend könnten die Aschen, insbesondere für die Metallrückgewinnung auch bei kleineren regionalen Aufbereitern und Entsorgern aufbereitet werden. Diese regionalen Lösungen würden zu einem Wegfall der hohen Transportkosten, für eine Entsorgung bei geeigneten Großentsorgern, führen.

Nachdem die ersten Versuche zur thermischen Konditionierung mit einem einfachen Reaktor positiv verlaufen sind, werden weitere Versuche mit einem weiterentwickelten mit zusätzlicher Messtechnik versehenen Reaktor durchgeführt werden.

Dieser wird mit unterschiedlichen Sensoren ausgestattet sein, um die Gasmengen, die CO_2-Konzentration und Temperatur der Aschen zu messen. Alle weiteren Parameter sollen mit der Abgasanlage des Kraftwerkes und Massenbilanzen bestimmt werden.

Für die geplanten Versuche soll ein Reaktor eingesetzt werden, der die in einer Stunde anfallenden Aschemengen aufnehmen kann. Daher muss auch die Carbonatisierung in einer Stunde abgeschlossen werden.

Wenn die Ergebnisse aus den ersten Versuchen bestätigt werden, soll der Reaktor, der bisher mit Einschubböden arbeitet, so weiterentwickelt werden, dass ein kontinuierlicher Betrieb mit durchlaufender Asche möglich ist.

Um die Carbonatisierung sicher nachzuweisen und die technische Umsetzung weiter voran zu treiben werden die Versuche durch die TU Clausthal wissenschaftlich begleitet.

Wenn es gelingt, die Alterung innerhalb einer Stunde zu erreichen, würden sich im weiteren vereinfachte Behandlungsmöglichkeiten und erweiterte Möglichkeiten zur Verbesserung der Rückstandsqualität ergeben. In diesem Fall soll die mechanische Aufbereitung der Biomasseaschen, basierend auf den Ergebnissen der ersten Untersuchungen mit dem RENE-Verfahren ausgebaut und der Fokus auf eine Wertstoffrückgewinnung gelegt werden.

4. Quellen

[1] Breitenstein, B., Goldmann, D., , I.: ReNe-Verfahren zur Rückgewinnung von dissipativ verteilten Metallen aus Verbrennungsrückständen der thermischen Abfallbehandlung. In: Thomé-Kozmiensky, K. J. (Hrsg.): Aschen, Schlacken, Stäube aus Abfallverbrennung und Metallurgie. Neuruppin: TK-Verlag Karl Thomé-Kozmiensky, 2013, S. 341-352

[2] Brunner, M.: Trennen durch verbrennen: Behandlungstechnologien. In: Schenk, K. (Hrsg.): KVA- Rückstände in der Schweiz. Der Rohstoff mit Mehrwert. Bern: Bundesamt für Umwelt, 2010, S. 66-75.

[3] Bundesverband der Altholzaufbereiter und –verwerter e.V. (Hrsg): Leitfaden der Gebrauchtholzverwertung. Berlin: 6. Auflage, 2009.

[4] Geiger, T.: Aschen aus der Biomasseverbrennung. Bayerische Abfall- und Deponietage 2008, Referat 8.

[5] http://www.bundesregierung.de/Content/DE/Artikel/2014/01/2014-01-13-bdew-energiebilanz-2013.html (abgerufen am 08.04.2014)

[6] http://www.steag-newenergies.com/fileadmin/user_upload/steag-newenergies.com/unternehmen/standorte/Standortkarte-Biomasseanlagen.pdf (24.03.2014).

[7] Kaltschmitt, M.; Hartmann, H. & Hofbauer, H. (Hrsg.): Energie aus Biomasse. Grundlagen, Techniken und Verfahren.– 2. Auflage. Berlin: Springer Verlag: 2009.

[8] Kranert, M. & Cord-Landwehr, K. (Hrsg.): Einführung in die Abfallwirtschaft, 4.Auflage. Wiesbaden: Vieweg und Teubner Verlag, 2010.

[9] Martens, H.: Recyclingtechnik. Fachbuch für Lehre und Praxis. Heidelberg: Spektrum Akademischer Verlag, 2011.

[10] Marutzky, R. & Seeger, K.: Energie aus Holz und anderer Biomasse. Grundlagen, Technik, Emissionen, Wirtschaftlichkeit, Entsorgung, Recht. Leinfelden-Echterdingen: DRW Verlag Weinbrenner GmbH und Co, 1999.

[11] Marzi, T. et al: Künstliche Alterung von Rostaschen aus der thermischen Abfallbehandlung. – Ein Test im großtechnischen Maßstab zur Immobilisierung von Schwermetallen durch Behandlung mit Kohlendioxid. Müllhandbuch Digital, Artikel 0272, 2006

[12] Mocker, M. et al.: Verbrennungsrückstände – Herkunft und neue Nutzungsstrategien. In: http://www.ask-eu.de/Artikel/17608/Verbrennungsrueckstände---Herkunft-und-neue-Nutzungsstrategien.htm, 2010. (abgerufen am 16.04.2014)

[13] Mocker, M., Löh, I. & Stenzel, F.: Verbrennungsrückstände – Charakterisierung und Nutzung. -http://www.ask-eu.de/download_bibliothek.asp?ArtikelID=19738- 2010. (abgerufen am 16.04.2014)

[14] Mocker, M. & Stenzel, F.: Wertstoffrückgewinnung aus Schlacken und Aschen. Wasser und Abfall, 4, 2010, S. 15-19.

[15] Obernberger, I.: Asche aus Biomassefeuerungen. Zusammensetzung und Verwertung. Thermische Biomassenutzung- Technik und Realisierung. VDI Berichte, 1319, 1997, S. 199-222.

[16] Palitzsch, S. et al.: Künstliche Alterung ein wirtschaftlicher Weg zur Verringerung der schwermetallfreisetzung aus Müllverbrennungsaschen. In: Müll und Abfall 31 (3), 1999, S. 129-136.

[17] Ponitka, J.; Lenz, V.; Thrän, D.: Energetische Holznutzung. Aktuelle Entwicklungen vor dem Hintergrund von Klima und Ressourcenschutz.- Wald und Holz 1, 2011, S. 20- 22.

[18] Simon, R. et al.: Untersuchungen von Biomasse- und Altholz(heiz)kraftwerken im Leistungsbereich 5 bis 20 Mw$_{el}$ zur Erhöhung der Wirtschaftlichkeit, 2008.

[19] Trendreserach: Der Markt für Schlacken, Aschen und Filterstäube aus der Abfallverbrennung bis 2020. Marktentwicklung, Trends, Chancen und Risiken. Bremen: 2011.

[20] Weis, P.: Ablagerung von Altholzaschen auf DK II Deponien durch Aschealterung – Versuchsdurchführung und wirtschaftliche Betrachtung. Unveröffentlichte Masterthesis, 2013.

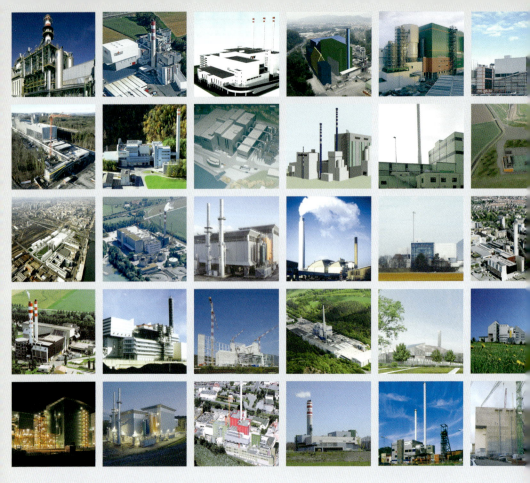

Anlagen zur thermischen Abfallbehandlung: Wir planen von A bis Z.

Über 5o Jahre erfolgreich am Markt

- Projektentwicklung
- Standort- und Verfahrensevaluation
- Anlagenkonzept
- Vorplanung, Genehmigungsplanung
- Ausschreibung
- Überwachung der Ausführung
- Betriebsoptimierung
- Betriebs-, Störfall-, Risikoanalysen
- Umweltverträglichkeitsberichte

- Gesamtanlagen
- Verfahrenstechnik
- Prozessautomation und Elektrotechnik (EMSRL-T)
- Bauteil inklusive Logistik

www.tbf.ch

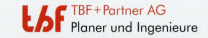

TBF + Partner AG
Planer und Ingenieure

Aufbereitung von Filterstäuben für den Untertageversatz

Hans-Dieter Schmidt und Dittmar Lack

1. Untertageversatz als Entsorgungsstrategie für Filterstäube aus thermischen und sonstigen industriellen Prozessen 273

2. Wesen und rechtliche Grundlagen des Bergversatzes 275

3. Anlagen, Versatztechniken und Kapazitäten des Versatzbergbaus 275

4. Abfallbehandlung für die versatztechnische Verwertung.....................276

5. Ausblick..279

6. Fazit..282

1. Untertageversatz als Entsorgungsstrategie für Filterstäube aus thermischen und sonstigen industriellen Prozessen

Die sichere Entsorgung schadstoffbelasteter anorganisch-mineralischer Abfälle gefährlicher und ungefährlicher Art aus

- thermischen Abfallbehandlungsanlagen (Abfallverbrennungsanlagen),
- industriellen Produktionsanlagen der Automobil-, Stahl-, Zement-, Glas- und anderer Industrien sowie deren zugeordneten Abfall-/Abwasserbehandlungsanlagen,
- Energieerzeugungsanlagen wie Kohle-, Ersatzbrennstoff-, Biomasse(heiz)-kraftwerke),
- Maßnahmen des Flächenrecyclings und Rückbaus, u.a. verunreinigte Böden aus Altlasten sowie Bau- und Abbruchabfälle, industrielle Ofenausbrüche

im salinaren Gestein – Salzbergwerke, Salzkavernen – hat sich in Deutschland in den neunziger Jahren des zwanzigsten Jahrhunderts entwickelt. Sie ist fester und rechtssicherer Bestandteil moderner europäischer Abfallwirtschaft, mit ihrer auf Umwelt- und Ressourcenschutz ausgerichteten fünfstufigen Hierarchie zur Abfallvermeidung und- bewirtschaftung.

In dieser Hierarchie ist die Entsorgung mineralischer Abfälle im Salinar als Untertageversatz (UTV) der Hierarchiestufe *sonstige Verwertung*, als untertägige Deponierung (UTD) der Stufe *Beseitigung* zugeordnet.

Frühere Versuche der Verfestigung – Schadstoffeinbindung durch Einsatz von Bindemitteln, idH. Zement – und Stabilisierung – Umkehrung gefährlicher Abfalleigenschaften in ungefährliche Eigenschaften durch gezielt herbeigeführte chemische Reaktionen –, mit dem Zweck der übertägigen Deponierung mineralischer Abfälle o.g. Herkunft, sind im Geltungsbereich der deutschen Abfallgesetzgebung aufgrund qualitativer Defizite der Verfahren gescheitert.

Andere Behandlungsverfahren, wie oxidierende / reduzierende Schmelzverfahren zur Verglasung der Reststoffe aus der Abgasreinigung sind noch nicht großtechnisch realisiert; Wiederaufarbeitungs- und Recyclingverfahren – saure Flugaschenwäsche u.a. – befinden sich in Entwicklung oder beschränken sich auf Einzelanwendungen.

Insofern darf die übergeordnete Bedeutung der versatztechnischen Verwertung / untertägigen Deponierung anorganisch-mineralischer Abfälle mit relevanten Anteilen wasserlöslicher Salze und/oder sonstigen gefährlichen Inhaltsstoffen, z.B. von Schwermetallen, Cyaniden, Nitriten, PCDD/F, PAK, im Salinar als absehbar einzig verbleibender gesicherter und rechtssicherer Entsorgungsweg nicht unterschätzt werden. Bergversatz im Salzgestein, ist *beste verfügbare Technik*, da der Bergversatz ein besonders langzeitsicherer und mit den höchsten Emissionsminderungspotenzial versehener Entsorgungsweg für mineralische Abfälle darstellt. Er bringt günstige Voraussetzungen auch im Bereich des Ressourcen-/Flächen- und Energieeinsatzes sowie der Energieeffizienz mit. Über den Bundesverband der Deutschen Entsorgungs-, Wasser- und Rohstoffwirtschaft e.V. BDE wird die Anerkennung der praktizierten Maßnahmen im Bergversatz als Beste Verfügbare Technik im Sinne der IED-Richtlinie, Richtlinie 2010/75/EU über Industrieemissionen (früher IVU-Richtlinie) und die Aufnahme in das BREF (Best Available Technique Reference Documents) *Abfallbehandlung* bei dessen Überarbeitung verfolgt.

2010, also vor Zusammenbruch der übertägigen Entsorgung nach Verfestigung / Stabilisierung, wurden bei Entsorgungskapazitäten der UTV-Bergwerke / -kavernen und der Untertagedeponien von etwa 2,5 Millionen Tonnen, rund 2,439 Millionen Tonnen mineralische Abfälle pro Jahr gefährlicher und ungefährlicher Art versatztechnisch verwertet oder beseitigt.

Ständig steigende Anforderungen an die Herstellung von Versatzmaterial aus mineralischen Abfällen, sofern diese nicht ohne Vorbehandlung direkt versetzbar sind, nehmen bei zunehmend komplexeren und unterschiedlichen Eigenschaften der Abfälle, verstärkt Einfluss auf die Wirtschaftlichkeit von Schachtbetrieb – Betrieb zur Abwärtsförderung – und Versatzbetrieb, die bereits durch hohe bergmännische Aufwendungen zur Bereitstellung ausreichender Schacht- und untertägiger Versatzkapazitäten belastet sind.

Aufgabe ist, die Wirtschaftlichkeit des Bergversatzes zum Angebot einer wirtschaftlich vertretbaren Entsorgung an die Verbrennungs- und andere Industrien, als auch die Entsorgungskapazitäten aufrecht zu erhalten.

2. Wesen und rechtliche Grundlagen des Bergversatzes

Bergversatz als versatztechnische Verwertung von mineralischen Abfällen, ist die verpflichtende Verfüllung von, nach der untertägigen Rohstoffgewinnung zurückgebliebenen Hohlräumen (Versatzpflicht), zur Abwendung der Gebirgsschlaggefahr zum Schutz von Menschen und Sachgütern an der Tagesoberfläche und zur Stabilisierung des Grubengebäudes im Allgemeinen. Versatztechnisch geeignet sind mineralische Abfälle, die aufgrund ihrer chemischen und bauphysikalischen Eigenschaften entweder ohne weitere Vorbehandlung oder nach ihrer Behandlung zu Versatzmaterialien den bergtechnischen und bergsicherheitlichen Anforderungen genügen. Ein standortbezogener Langzeitsicherheitsnachweis als Nachweis des vollständigen und dauerhaften Abschlusses der eingebrachten Abfälle von der Biosphäre muss gegenüber der zuständigen Behörde geführt sein. Ist dieser nicht vorhanden (z.B. in Betrieben außerhalb des Salinars) gelten die Eluat-Grenzwerte der Versatzverordnung (VersatzV) für das Versatzmaterial.

Der gesetzliche Rahmen für die Zulässigkeit mineralischer Abfälle für die versatztechnische Verwertung sowie für deren gefahrlosen Umgang im Versatzbergbau ist im Wesentlichen gegeben durch

- das Kreislaufwirtschaftsgesetz (KrWG), im Wesentlichen mit der Versatzverordnung (VersatzV), der Nachweisverordnung (NachwV), der Entsorgungsfachbetriebeverordnung (EfbV), der Verordnung Nr. 1013/2006 über die Verbringung von Abfällen,
- das Bundesberggesetz (BBergG), im Wesentlichen mit der Gesundheitsschutzbergverordnung (GesBergV),
- die Genehmigungsverfahren nach Bundesimmissionsschutzgesetz (BImSchG) für übertägige (Behandlungs)anlagen, sowie
- die Betriebsplanverfahren nach Bundesberggesetz (BBergG) für untertägige bergbauliche und versatztechnische Tätigkeiten und Anlagen.

3. Anlagen, Versatztechniken und Kapazitäten des Versatzbergbaus

Folgende Anlagen des Versatzbergbaus werden in Mitteldeutschland betrieben:

- Hessen: UTV Hattdorf   K+S Kali GmbH

  UTV Wintershall   K+S Kali GmbH

  UTD Herfa-Neurode   K+S Kali GmbH

- Thüringen: UTV Unterbreizbach   K+S Kali GmbH

  UTV Bleicherode / Sollstedt   NDHE mbH

  UTV / UTD Sondershausen   GSES mbH

- Sachsen-Anhalt: UTV / UTD Zielitz — K+S Kali GmbH
  UTV Bernburg — esco GmbH & Co. KG
  UTV Kaverne Staßfurt — Minex GmbH
  UTV Teutschenthal — GTS GmbH & Co. KG

und in Süddeutschland:
- Baden-Württemberg UTV Stetten — Wacker Chemie AG
  UTV/UTD Heilbronn — Südwestdeutsche Salzwerke AG
  UTV Kochendorf — Südwestdeutsche Salzwerke AG

2010, wurden bei Entsorgungskapazitäten der UTV-Bergwerke / -kavernen und der Untertagedeponien von etwa 2,5 Millionen Tonnen pro Jahr, rund 2,439 Millionen Tonnen mineralische Abfälle pro Jahr gefährlicher und ungefährlicher Art versatztechnisch verwertet oder beseitigt.

Als Versatztechnologien in den Versatzbergwerken werden eingesetzt:
- Schüttgutversatz von ohne Vorbehandlung versatzgeeigneten Abfällen, sowie intern oder extern hergestellten Versatzmischungen aus Abfällen:

  Bleicherode, Sondershausen, Bernburg, Teutschenthal (etwa 200.000 t/a, davon 10.000 t/a ohne Vorbehandlung direkt versetzbare Abfälle), Stetten, Heilbronn/Kochendorf;

- Hydraulischer Versatz: als Spülversatz:

  Bleicherode, Sondershausen

  als Dickstoffversatz:

  Unterbreizbach, Teutschenthal (etwa 100.000 t/a), Staßfurt,

- BigBag/vgl.-Versatz: Zielitz, Sollstedt, Sondershausen, Bernburg, Teutschenthal (etwa 5.000 t/a), Hattdorf.

Die betriebenen Technologien in den Untertagedeponien, Herfa-Neurode, Zielitz, Sondershausen und Heilbronn, sind bestimmungsgemäß auf den Versatz in Gebindeform begrenzt, also auf Fass-Ware oder BigBag-Ware, die hier nicht weiter betrachtet werden.

4. Abfallbehandlung für die versatztechnische Verwertung

Zur Herstellung geeigneter Versatzmaterialien werden nicht direkt versatztaugliche mineralische Abfälle chemisch-physikalisch behandelt. Maßnahmen der Konditionierung stellen die geforderten chemischen und bauphysikalischen Eigenschaften des

Versatzmaterials, durch i.d.H. Mischung geeigneter, untereinander verträglicher, mit vertretbarem Aufwand verarbeitbarer Komponenten, sicher. Die chemisch-physikalische Behandlung folgt, im Rahmen durchgeführter labortechnischer Bergbautauglichkeitsprüfungen, entwickelten Rezeptursystematiken.

Nach Charakterisierung der physikalischen, chemischen und mineralogischen Eigenschaften der Abfälle, idH. Mineralgemische (Sande, Aschen, Schlacken), Staub, Schlamm, Flüssigkeit, werden diese in ihren Mischungsanteilen so konfektioniert, dass für das nach Rezeptur hergestellte Versatzmaterial die standortbezogene

bauphysikalische Versatztauglichkeit anhand

- mechanischer Festigkeitswerte, idH. einaxiale Druckfestigkeit, als Maß des Widerstands gegen äußeren Druckbelastungen aus der Konvergenz des Gebirges (GTS: > 2 MN/m^2),
- Steifeziffer, zur Beurteilung des Fließverhaltens,
- E-Modul, zur Beurteilung des Kompressionsverhaltens,
- Drucksetzungsverhalten (GTS: Volumenverformung bei einem Pressdruck von 0,5 auf 15 MPa: max 35 Prozent) und
- Verarbeitbarkeit (Dichte, Hauptkomponenten, Fremdstoffanteil, Verklumpungen)

und sicherheitliche / gesundheitliche Versatztauglichkeit anhand

- Schadstoffbelastung,
- Staubungsverhalten,
- Gasbildungsverhalten (GTS: Wasserstoff < 1 l/kgxh; Ammoniak 20 mg/m^3),
- Brand-/Explosionsverhalten und
- Temperaturentwicklung (GTS < 55 °C),

gem. Anforderung nach § 4 Abs. 1 GesBergV:

(1) Der offene Umgang mit nach Gefahrstoffverordnung kennzeichnungspflichtigen krebserzeugenden, erbgutverändernden, fruchtbarkeitsgefährdenden, sehr giftigen Stoffen und Zubereitungen (Erg. der Red.: z.B. Versatzmaterial) unter Tage ist verboten.

(2) Offene Tätigkeiten mit anderen nach Gefahrstoffverordnung kennzeichnungspflichtigen Stoffen sind nur zulässig, wenn diese allgemein nach § 4 GesBergV zugelassen sind.

und gem. Anforderung nach Anlage 2 Tab. 1 a VersatzV:

TOC < 6 Masse-Prozent; Glühverlust der organischen Bestandteile < 12 Masse-Prozent gegeben ist.

Beispielhaft gelten für die Herstellung von Versatzmaterial für die standortspezifischen Versatztechnologien der GTS nachfolgende Rezeptursysteme:

- Schüttgutversatz, chargenweise Herstellung

Grundrezeptur 1

StGr. 1 kalkbasische Filterstäube aus Verbrennungsanlagen

StGr. 2 feste anorganische Salze (Halogenide, Sulfate)

StGr. 3 Anmischflüssigkeit (Brauchwasser, wässrige Abfallflüssigkeiten)

Grundrezeptur 2

StGr. 1 kalkbasische Filterstäube aus Verbrennungsanlagen / NEUTREC-Stäube

StGr. 2 hydroxidische und phosphatische Schlämme, Kalk- und Gipsschlämme

StGr. 3 Anmischflüssigkeit (Brauchwasser, wässrige Abfallflüssigkeiten)

Grundrezeptur 3

StGr. 1 kalkbasische Filterstäube aus Verbrennungsanlagen

StGr. 2 neutrale bis schwach saure, $CaCl_2$-reiche Stäube

StGr. 3 feste anorganische Salze (Halogenide, Sulfate)

StGr. 4 Anmischflüssigkeit (Brauchwasser, wässrige Abfallflüssigkeiten)

Grundrezeptur 4

StGr. 1 kalkbasische, $CaCl_2$-haltige Reaktionssalze aus Verbrennungsanlagen

StGr. 2 Anmischflüssigkeit (Brauchwasser, wässrige Abfallflüssigkeiten)

StGr. 3 Anmischflüssigkeit (Brauchwasser, wässrige Abfallflüssigkeiten)

- Dickstoffversatz, kontinuierliche Herstellung

Stoffgruppe 1: Filterstäube der Gruppen A (hoher Freikalkgehalt), B (hoher Calciumchloridhydratgehalt) und Stoffgruppe C (hoher Gehalt an Gips, Bassanit, Hausmannit)

Stoffgruppe 2: Bindemittel und Bindemittelersatzstoffe

Stoffgruppe 3: Anmischflüssigkeiten (chloridhaltige Abfallflüssigkeiten, Bauchwasser, salzhaltge Solen)

i.Vm. den zugehörigen Rezepturvorgaben als Anforderung an Rezepturanteile der Stoffgruppen und Dosierung.

Die herkunftsseitige Forderung nach unter allen Umständen kontinuierlicher und störungs-/unterbrechungsfreier Entsorgung führt bergwerksseitig zur Sicherstellung von gleichermaßen unterbrechungsfreien Materialannahme und durchhaltenden Behandlungs-/Versatztätigkeiten.

Steuerungsmöglichkeiten innerhalb der Rezeptursysteme als

- verträgliche Verschiebung von Rezepturanteilen,
- Erhöhung gering schadstoffbelasteter inerter Anteile (idR. Aschen, Gießerei altsande) und
- wechselseitiger Austausch von Komponenten innerhalb gleicher Stoffgruppen von Rezepturen

sollen im Tagesgeschäft auftretende Schwankungen von Liefermengen (havarie-, revisionsbedingt) und Qualität (bauphysikalische Eigenschaften und Schadstoffbelastung) soweit ausgleichen und vergleichmäßigen, dass die Entsorgungsleistung uneingeschränkt verfügbar bleibt.

5. Ausblick

Die Vielzahl zwischenzeitlich etablierter verschiedener Verbrennungsanlagen mit unterschiedlichem Verbrennungsinput, z. B.:

- Abfallverbrennungsanlagen für Siedlungs- und Gewerbeabfälle,
- Verbrennungsanlagen für gefährliche Abfälle,
- Ersatzbrennstoffkraftwerke für Ersatzbrennstoffe auf der Basis von Gewerbe- und Produktionsabfällen,
- Biomasse(heiz)kraftwerke, i.d.R. für die Verbrennung von Frisch- und Altholz

mit ihren unterschiedlichen Verbrennungstechnologien, z.B. Rost-/Wirbelschichtfeuerung, in Verbindung mit den angeschlossenen technologisch unterschiedlichen Abgasreinigungsverfahren

- trocken (mit Kalk / Natriumhydrogencarbonat),
- quasitrocken (Kalk),
- nass (ohne und mit Produktrückgewinnung)

und der verbrennungsseitig ständig auf Reduzierung der Entsorgungs- und Betriebsmittelkosten verfolgten Optimierung der Systeme (idH. Staubrückführung, Additivzugabe) vervielfachen die zu entsorgenden Staubqualitäten bei gleichzeitiger Erhöhung der Unverträglichkeit dieser Qualitäten. Die je nach Beschaffungsbedingungen z.T. stark schwankende Qualität des Verbrennungsinputs in Ersatzbrennstoff- und Biomassekraftwerken schlägt zunehmend einschränkender auf die Steuerungsmöglichkeiten von Versatzrezepturen durch.

Zu den wesentlichsten Einflussgrößen dieser qualitätsbedingten Mehrkosten zur Aufrechterhaltung gleicher Entsorgungsleistung für Filterstäube zählen:

- **Abnahme der Schüttdichten:**
  Geringe Schüttdichten führen zu erhöhtem Transportaufwand, aus erhöhtem Transportvolumen und längeren Standzeiten bei der bergwerksseitigen Entleerung der Silofahrzeuge. Der Verlust an Stapelkapazität infolge geringer Silofüllung bei hoher Silobelegung sowie die zunehmend ungenauere Dosierung leichter Stäube haben kostentreibenden Einfluss auf die Herstellung des Versatzmaterials. Die folglich mit geringeren Schüttdichten hergestellten Versatzmaterialien verursachen Mehrkosten durch Erhöhung der Förderleistung nach untertage (Schachtförderleistung) und untertägiger Leistung (Förder- und Versatzleistung), einhergehend mit reduzierter Wirtschaftlichkeit der Hohlraumnutzung aufgrund zwangsläufig geringerer Einbaudichten.

- **Erhöhte Anteile an Fremdstoffen und Verklumpungen:**
  Die Zunahme an Verklumpungen aus idH. verbrennungsseitig durchgeführten Sprengreinigungen führen zu mechanischen Verstopfer während der Silofahrzeugentladung und in den standortspezifischen Behandlungs- und Versatzsystemen des Bergwerks. Mehrkosten aus einzurichtenden Abhilfemaßnahmen oder aus Umlenkung in eine geeignetere Behandlungs-/Versatztechnologie sind zu berücksichtigen.

- **Veränderte hygroskopische und thixotropische Eigenschaften:**
  Sowohl die Flüssigkeitsaufnahmefähigkeit als auch der Flüssigkeitsbedarf werden für ausgesuchte Staubqualitäten – insbesondere Natriumbicarbonatstäube – bei der Herstellung von Versatzmaterial zunehmend kostenbestimmend, bis hin zur Unwirtschaftlichkeit der standortbezogenen Herstellung aufgrund des hohen Anteils geringpreisiger oder zuzahlungsfreier Flüssigkeiten.

- **Veränderte/erhöhte Reaktivität:**
  Das Gasbildungsverhalten (Wasserstoff-, Ammoniakausgasungen) sowie starke Temperaturentwicklungen durch exotherme Reaktionen zwischen den Mineralphasen ausgesuchter Stäube bei Befeuchtung mit wässrigen Fluiden sind nicht mehr auf Einzelfälle beschränkt, sondern werden bei der Herstellung von Versatzmaterial zunehmend rezeptur- und prozessbestimmend und damit kostentreibend.
  Zunehmende Maßnahmen der Prozessüberwachung und Entkopplung von Herstellung und Versatz durch Sicherstellung ausreichender Zwischenlagerkapazität zur ebenfalls wiederum prozessüberwachten Ausgasung und Abkühlung vor dem Versatz führen zu Mehrkosten.
  Im hydraulischen Versatz und Dickstoffversatz beobachtete Schaumbildungen bei Herstellung und Versatz führen zum Ausschluss der verursachenden Komponenten aus der standortbezogenen Versatztechnologie.
  Filterstäube aus Abgasreinigungssystemen auf Natriumbicarbonatbasis sind im Dickstoffversatz nicht und im hydraulischen Versatz nur eingegrenzt

einsetzbar. Ein leistungsfähiger Einsatz verbleibt derzeit nur im muldengestützten (GTS) oder skipgestützten (UEV) Schüttgutversatz oder im prozessbedingt teureren BigBag-Versatz.

- **Erhöhte Schadstoffbelastung bei gleichzeitiger gesetzgeberischer Grenzwertreduzierung:**
Nach der 2011 erfolgten Reduktion des Grenzwerts Nickel in hydroxidischer Bindungsform um den Faktor 10 mit erheblichen Auswirkungen auf die Rezepturgestaltung von Versatzmaterialien, bis hin zum Ausschluss hoch nickelbelasteter Abfälle aus standortspezifischen Versatztechnologien, wird die ab Juni 2015 angekündigte Absenkung des Grenzwertes von Blei von 5.000 mg/kg auf 3.000 mg/kg für die Kennzeichnung von Gemischen als *fruchtschädigend* infolge der Verknüpfung der GesBergV über die Gefahrstoffverordnung GefStoffV mit dem europäischen Gefahrstoffrecht (Verordnung (EG) 1272/2008), ähnliche gravierende Einschränkungen auf die Herstellung und den Versatz zunehmend bleibelasteter Filterstäube auslösen. Inwiefern diese Absenkung allein durch Rezepturmöglichkeiten, idH. durch Erhöhung gering belasteter, aber dafür idR. geringpreisiger inerter Abfallanteile in Versatzmischungen, kompensierbar sein wird, bleibt abzuwarten.

Im Ergebnis werden die bekannten Rezeptursysteme sämtlicher Versatztechnologien, die der Definition *Tätigkeiten* gem. § 2 GefStoffV unterliegen, zur Bewältigung dieser Entwicklungen zunehmend komplexer und die Steuerungsmöglichkeiten innerhalb der Rezeptursysteme zunehmend ausgeschöpfter sein. Der offene Umgang mit hoch bleibelasteten Versatzmaterialien in den praktizierten Versatztechnologien ist standortbezogen absehbar gefährdet, oder wird standortbezogen ohne zusätzliche technologische Maßnahmen auf Sicht wirtschaftlich nicht mehr durchführbar sein.

Versuche, verbrennungsseitig für Abhilfe zur Einhaltung verträglicher Filterstaubeigenschaften zu sorgen schlugen fehl. Maßnahmen zur Bewältigung dieser Entwicklungen verbleiben allein entsorgungs(bergwerks)seitig.

Die notwendigerweise in Größenordnungen uneingeschränkte Beibehaltung der offenen Versatztechnologien – Schüttgutversatz, hydaulischer Versatz einschließlich Dickstoffversatz und BigBag-Versatz – erfordert eine noch weitgehendere Spezifizierung der Rezeptursysteme auf die standortbezogenen Versatztechnologien, verbunden mit der Gefahr einschneidender Verschiebungen in den Abfallportfolios der Versatzbergwerke, verbunden mit entsprechenden Kostensteigerungen und eingeengtem Wettbewerb für Abfallerzeuger im Entsorgungsmarkt für Filterstäube.

Entkopplungen zwischen der Herstellung von Versatzmaterial und dem Versatz durch Zwischenlagerung zur Einstellung versatztechnisch geforderter Eigenschaften, insbesondere für die Ausgasung und Abkühlung, werden erforderlich.

Die Bereitstellung höherer Behandlungskapazitäten und Schachtförder- / Versatzleistungen zur Bewältigung zunehmend leichterer Versatzmaterialien im Schüttgutversatz wird erforderlich, sofern die Herstellung von schüttgutfähigem Versatzmaterial höherer Dichte nicht durch Staubgranulierung die wirtschaftlich bessere Variante ist oder ergänzend die notwendig höheren Leistungen zusätzlich verbessert.

Mit Staubgranulierung kann die Staubschüttdichte von etwa 0,4 kg/t auf bis zu 1,1 kg/t bis 1,2 kg/t verbessert werden. Die durch zwischenzuschaltende Zwischenlagerung gereiften Granulate weisen hohe mechanische Stabilität und Abriebfestigkeit auf, mit verbessertem Staubverhalten gem. den Anforderungen der GesBergV.

Ein auf Dauer und mit einem Höchstmaß an Freiheitsgraden angelegter Bergversatz von zumindest erheblichen Teilmengen an mineralischen Versatzmaterialien, wird für die Abfallkomponente Filterstaub, ohne verbrennungsseitige Maßnahmen, zukünftig nur über die Entkopplung von Anforderungen nach GesBergV zu erreichen sein.

Darüber hinaus ist aus Sicht der Versatzbergwerke für die derzeit in Überarbeitung befindliche GesBergV ein Wegfall der pauschalen Tätigkeits(Umgangs)verbote und die Möglichkeit einer tätigkeitsbezogenen Gefährdungsbeurteilung zu fordern. Dafür ist Sorge zu tragen, dass Beschäftigte bei aktiven Tätigkeiten mit Versatzmaterialien als auch bei Tätigkeiten in deren Einwirkungsbereich (Mess-, Steuer-, Regel-, Wartungs-, Reinigungs-, Instandhaltungs- und Überwachungstätigkeiten) unter bergwerksspezifischen Bedingungen (Enge der Räume, lange Flucht- und Rettungswege, klimatische Gegebenheiten gem. Grubenbewetterung, bergbauspezifische Arbeitsvorgänge) keiner Exposition von Gefahrstoffen ausgesetzt sind.

Inwiefern die sich entwickelnde Staubgranulierung zur Herstellung eines expositionsfreien *Versatzerzeugnis* weiter entwickelt werden kann, bleibt vor dem Hintergrund aktueller Anforderungen an das Erzeugnis gem. TRGS 200 Kap. 2.3 Abs. 2 abzuwarten. Versatzerzeugnisse auf BigBag-Basis werden für die in Größenordnung geforderten Entsorgungsmengen in keinem Fall die Leistungsfähigkeit und Wirtschaftlichkeit des Schüttgut- und hydraulischen Versatzes erreichen. Abschätzungen gehen für diesen Fall von einer Kostensteigerung um das Zweifache bis Dreifache aus.

Alternativ entkoppelt der Umgang mit Versatzmaterial in *geschlossenen Systemen* den einzuhaltenden Arbeits- und Gesundheitsschutz von den Anforderungen gem. GesBergV. Hydraulischer Versatz einschließlich Dickstoffversatz bietet hierfür Voraussetzungen.

6. Fazit

Die versatztechnische Verwertung mineralischer Abfälle gefährlicher wie ungefährlicher Art im Salinar – Salzbergwerke und Salzkavernen – hat sich als zuverlässiger, leistungsfähiger und rechtssicherer Entsorgungsweg etabliert. Für Filterstäube aus Verbrennungsanlagen und sonstigen industriellen thermischen Prozessen ist die versatztechnische Verwertung, nach Zusammenbruch früher praktizierter übertägiger Ablagerung sog. verfestigter /stabilisierter Abfallmischungen, der einzig verbliebene Entsorgungsweg.

Aktuelle Entwicklungen zeigen, dass die, für Versatztechnologien, die auf Tätigkeiten im Sinne der GefStoffV basieren,

- Schüttgutversatz,
- hydraulischer Versatz einschließlich Dickstoffversatz, mit Ausnahmen,
- BigBag-Versatz, außer Versatzerzeugnis

hinsichtlich der eingesetzten Rezeptursysteme sowie deren Steuerungsmöglichkeiten standortbezogen an Grenzen gelangen.

Die Aufrechterhaltung von Entsorgungssicherheit und Wettbewerb im Entsorgungsmarkt für Abfallerzeuger sowie der Wirtschaftlichkeit des Versatzbergbaus machen für Größenordnungen der zu entsorgenden Filterstaubmengen aus Verbrennungsanlagen und industriellen Prozessen, Maßnahmen zur Entkopplung von Anforderungen des Arbeits- und Gesundheitsschutzes gem. Gesundheitsschutzbergverordnung Ges-BergV sowie eine praxisnahe Novellierung / Modernisierung der GesBergV erforderlich.

Die Entwicklung expositionsfreier *Versatzerzeugnisse* sowie die Weiterentwicklung der hydraulischen Versatztechnologien zu *geschlossenen Systemen* können entscheidende Beiträge leisten. Inwiefern die hierfür erforderlichen hohen Investitionskosten vor dem Hintergrund standortbezogener Endlichkeit versatzbaulicher Tätigkeiten, vorbehaltlich der Schaffung neuer Versatzhohlräume mit Versatzpflicht durch Gewinnungsbetrieb, begründet werden können, bleibt abzuwarten. Die Forderung nach Entkopplung der versatztechnischen Verwertung von der gesetzgeberischen Forderung nach voraussetzender Versatzpflicht trägt zur Investitionssicherheit und damit letztendlich zur Aufrechterhaltung der etablierten versatztechnischen Verwertung mineralischer Abfälle gefährlicher und ungefährlicher Art bei.

Schlacken aus der Metallurgie

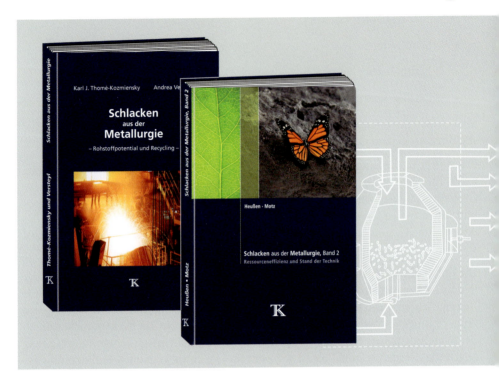

Schlacken aus der Metallurgie, Band 1
– Rohstoffpotential und Recycling –

Karl J. Thomé-Kozmiensky • Andrea Versteyl
ISBN: 978-3-935317-71-9
Erscheinung: 2011
Seiten: 175
Preis: 30.00 EUR

Schlacken aus der Metallurgie, Band 2
– Ressourceneffizienz und Stand der Tech

Michael Heußen • Heribert Motz
ISBN: 978-3-935317-86-3
Erscheinung: Oktober 2012
Seiten: 200 Seiten
Preis: 30.00 EUR

50.00 EUR
statt 60.00 EUR

Paketpreis
Schlacken aus der Metallurgie – Rohstoffpotential und Recycling –
Schlacken aus der Metallurgie – Ressourceneffizienz und Stand der Technik –

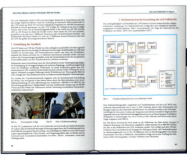

Bestellungen unter www.vivis.de
oder

Dorfstraße 51
D-16816 Nietwerder-Neuruppin
Tel. +49.3391-45.45-0 • Fax +49.3391-45.45-10
E-Mail: tkverlag@vivis.de

TK Verlag Karl Thomé-Kozmiensky

Nebenprodukte aus der Metallurgie

Aschen • Schlacken • Stäube

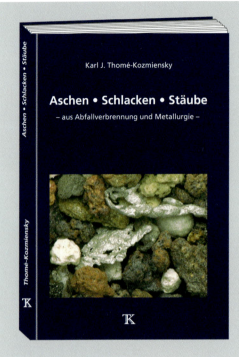

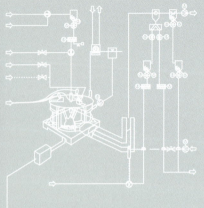

Aschen • Schlacken • Stäube
– aus Abfallverbrennung und Metallurgie –
ISBN: 978-3-935317-99-3
Erschienen: September 2013
Gebundene Ausgabe: 724 Seiten
mit zahlreichen farbigen Abbildungen
Preis: 50.00 EUR

Herausgeber: Karl J. Thomé-Kozmiensky • Verlag: TK Verlag Karl Thomé-Kozmiensky

Der Umgang mit mineralischen Abfällen soll seit einem Jahrzehnt neu geregelt werden. Das Bundesumweltministerium hat die Verordnungsentwürfe zum Schutz des Grundwassers, zum Umgang mit Ersatzbaustoffen und zum Bodenschutz zur Mantelverordnung zusammengefasst. Inzwischen liegt die zweite Fassung des Arbeitsentwurfs vor. Die Verordnung wurde in der zu Ende gehenden Legislaturperiode nicht verabschiedet und wird daher eines der zentralen und weiterhin kontrovers diskutierten Vorhaben der Rechtsetzung für die Abfallwirtschaft in der kommenden Legislaturperiode sein. Die Reaktionen auf die vom Bundesumweltministerium vorgelegten Arbeitsentwürfe waren bei den wirtschaftlich Betroffenen überwiegend ablehnend. Die Argumente der Wirtschaft sind nachvollziehbar, wird doch die Mantelverordnung große Massen mineralischer Abfälle in Deutschland lenken – entweder in die Verwertung oder auf Deponien.

Weil die Entsorgung mineralischer Abfälle voraussichtlich nach rund zwei Wahlperioden andauernden Diskussionen endgültig geregelt werden soll, soll dieses Buch unmittelbar nach der Bundestagswahl den aktuellen Erkenntnis- und Diskussionsstand zur Mantelverordnung für die Aschen aus der Abfallverbrennung und die Schlacken aus metallurgischen Prozessen wiedergeben.

Die Praxis des Umgangs mit mineralischen Abfällen ist in den Bundesländern unterschiedlich. Bayern gehört zu den Bundesländern, die sich offensichtlich nicht abwartend verhalten. Der Einsatz von Ersatzbaustoffen in Bayern wird ebenso wie die Sicht der Industrie vorgestellt.

Auch in den deutschsprachigen Nachbarländern werden die rechtlichen Einsatzbedingungen für mineralische Ersatzbaustoffe diskutiert. In Österreich – hier liegt der Entwurf einer Recyclingbaustoff-Verordnung vor – ist die Frage der Verwertung von Aschen und Schlacken Thema kontroverser Auseinandersetzungen. In der Schweiz ist die Schlackenentsorgung in der Technischen Verordnung für Abfälle (TVA) geregelt, die strenge Anforderungen bezüglich der Schadstoffkonzentrationen im Feststoff und im Eluat stellt, so dass dies einem Einsatzverbot für die meisten Schlacken gleichkommt. Die Verordnung wird derzeit revidiert.

In diesem Buch stehen insbesondere wirtschaftliche und technische Aspekte der Entsorgung von Aschen aus der Abfallverbrennung und der Schlacken aus der Metallurgie im Vordergrund.

Bestellungen unter www.vivis.de
oder

Dorfstraße 51
D-16816 Nietwerder-Neuruppin
Tel. +49.3391-45.45-0 • Fax +49.3391-45.45-10
E-Mail: tkverlag@vivis.de

vivis
TK Verlag Karl Thomé-Kozmiensky

Sechzig Jahre Schlackenforschung in Rheinhausen
– Ein Beitrag zur Nachhaltigkeit –

Heribert Motz, Dirk Mudersbach, Ruth Bialucha, Andreas Ehrenberg und Thomas Merkel

1.	Gemeinschaftsforschung zur Nutzung der Eisenhüttenschlacken	288
2.	FEhS – Institut für Baustoff-Forschung e.V.	290
2.1.	Bereich Baustoffe	290
2.2.	Bereich Verkehrsbau	292
2.3.	Bereich Düngemittel	294
2.4.	Bereich Sekundärrohstoffe/Schlackenmetallurgie	297
2.5.	Bereich Umweltverträglichkeit	299
3.	Ausblick	301
4.	Literatur	301

Schon seit der Herrschaftszeit der Römer wurden Schlacken in großem Maße als Straßenbaustoff verwendet, wie alte Funde belegen [1, 17]. Diese Tradition hat sich bis heute fortgesetzt, wobei insbesondere seit dem 19. Jahrhundert über vielfältige Nutzungen der bei der Eisenherstellung gewonnenen Schlacken als Produkte berichtet wird [8, 9, 13, 15, 16, 22, 23, 26]. Besonders hervorzuheben ist allerdings die Entdeckung der latent-hydraulischen Eigenschaft der schnell abgekühlten Hochofenschlacke, des Hüttensands, durch Emil Langen 1861 [15, 16] und der Vegetationswirkung der in dem 1877 entwickelten Thomasverfahren gebildeten Thomasschlacke [8, 9, 26]. Während Hüttensand zunächst für die Herstellung von Mauersteinen und erst einige Jahre später für die Zementherstellung genutzt wurde, so ist er heute der neben dem Klinker wichtigster Hauptbestandteil vieler Zemente. Die Thomasschlacke war etwa hundert Jahre lang ein äußerst wichtiger Phosphatdünger, mit dem es insbesondere in Zeiten wirtschaftlicher Schwierigkeiten möglich war, eine ausreichende Phosphatversorgung der landwirtschaftlich genutzten Böden zu gewährleisten.

Parallel hierzu wurden andere Nutzungsmöglichkeiten für die Schlacken zum Beispiel im Verkehrswegebau erschlossen, die bis heute angewandt werden. Gleichzeitig wurden die Verfahren zur Abkühlung von Schlacken weiter entwickelt, mit denen die dabei entstehenden neuen Produkte mit optimalen Eigenschaften auf möglichst wirtschaftliche Weise erzeugt werden konnten. Diese Methoden konzentrierten sich auf die Granulation der flüssigen Hochofenschlacke, ihre Verdüsung [13] zu Hüttenwolle und die Herstellung von Hüttenbims, der geschäumten Hochofenschlacke.

Unzählige Verfahrensvorschläge wurden erarbeitet, erprobt, zu Patenten angemeldet, im betrieblichen Maßstab angewandt und in Veröffentlichungen ausführlich beschrieben [13, 22]. Mit dem Auslaufen des Siemens-Martin-Verfahrens und der Einführung des LD-Verfahrens in den sechziger Jahren musste der Frage nachgegangen werden, welche Anwendungsgebiete für diese Schlackenart infrage kommen. Heute, nach mehr als vierzig Jahren intensiver wissenschaftlicher Anwendungsforschung, die schließlich auch auf die Elektroofenschlacken ausgeweitet wurde, ist es Stand der Technik, dass Stahlwerksschlacken allgemein als anerkannter Baustoff, zum Beispiel für den Straßen- und Wegebau, und als Kalkdüngemittel eingesetzt werden.

Trotz dieser Erfolge hat die Stahlindustrie in Deutschland seit jeher die Anwendungsforschung zu Eisenhüttenschlacken immer weiter vorangetrieben, um die daraus hergestellten Produkte normengemäß und mit höchster Wertschöpfung im Markt zu platzieren. Als Folge dessen wurden seit 1945 etwa eine Milliarde Tonnen an Eisenhüttenschlacken im Bauwesen und als Düngemittel verwendet. Entsprechende natürliche Mineralstoffvorkommen konnten somit geschont werden. Als äußerst vorausschauend kann daher der Beschluss der deutschen Stahlindustrie gesehen werden, im Jahre 1954 in Duisburg-Rheinhausen ein Forschungsinstitut zu eröffnen, das sich seit dieser Zeit ausschließlich mit der wissenschaftlichen Anwendungsforschung zu Eisenhüttenschlacken beschäftigt. Dieses Forschungsinstitut war schließlich die Keimzelle, im Jahr 1968 die Forschungsgemeinschaft Eisenhüttenschlacken als Gemeinschaftsorganisation mit angeschlossenem Forschungsinstitut zu gründen [14]. Aus dieser ist im Jahre 2003 das FEhS – Institut für Baustoff-Forschung e.V. (FEhS-Institut) hervorgegangen.

1. Gemeinschaftsforschung zur Nutzung der Eisenhüttenschlacken

Forschung und Entwicklung auf dem Gebiet des Stahls und der dabei erzeugten Schlacken wurden zunächst in den jeweiligen Hüttenwerken betrieben, bald aber in eine Gemeinschaftsarbeit überführt, die ab 1860 beim Verein Deutscher Eisenhüttenleute (VDEh) erfolgte. Dort wurden ab 1921 die Arbeiten zu Hüttensand und Hochofenstückschlacke an den Ausschuss zur Verwertung der Hochofenschlacke übertragen. 1935 erwies es sich als notwendig, den technisch-wissenschaftlichen Erfahrungsaustausch und die Koordinierung gemeinschaftlich auszuführender Entwicklungsaufgaben durch die Gründung einer wirtschaftspolitischen Organisation, der Fachgruppe *Hochofenschlacke*, zu ergänzen. Aus dieser Fachgruppe entwickelte sich später der Fachverband Hochofenschlacke e.V. und 1992 der Fachverband Eisenhüttenschlacken e.V. [22].

Bereits ab 1945 wurden Möglichkeiten zur Herstellung eines gekörnten Thomasphosphats durch schnelle Abkühlung der flüssigen Thomasschlacke erprobt. Aus diesen Aktivitäten heraus wurde 1949 ein Technischer Ausschuss beim Verein der Thomasphosphat-Fabriken gegründet, der die betrieblichen Arbeiten koordinierte. Aufgrund der jeweils erzielten Ergebnisse wurden weitergehende gemeinschaftliche Untersuchungen geplant und ausgeführt [23]. Diese Aktivitäten führten schließlich 1953 zur Gründung der Arbeitsgemeinschaft Hüttenkalk, deren wichtigste Aufgabe es war, in enger Zusammenarbeit mit der Landwirtschaftlichen Versuchsanstalt der Thomasphosphat-Fabriken in Mülheim, die Entwicklung und den Absatz der aus Eisenhüttenschlacken erzeugten Hütten- und Konverterkalke zu fördern [22] und deren Qualitätskontrolle zu überwachen. Die Arbeitsgemeinschaft Hüttenkalk hat heute ihren Sitz in Duisburg-Rheinhausen im FEhS-Institut. Sie verfügt nach wie vor an der Landwirtschaftlichen Versuchsanstalt in Mülheim/Ruhr über eine eigenes Gewächshaus, im dem alle für die Untersuchung von Düngemittel erforderlichen Pflanzversuche in eigener Regie durchgeführt werden.

Nach Gründung der Arbeitsgemeinschaft Hüttenkalk wurde in der Folgezeit innerhalb der deutschen Hüttenwerke verstärkt die Frage der Gründung einer zentralen Forschungseinrichtung diskutiert, die sich ausschließlich mit den aus Hochofenschlacken hergestellten Produkten befassen sollte. Es wurde schließlich 1959 zunächst ein Arbeitskreis *Hochofenschlackenforschung* gebildet, in dem Arbeiten abgestimmt wurden, die zur optimalen Nutzung des Hüttensands im Zement und zur Verwendung der Hochofenstückschlacke im Verkehrswegebau wichtig waren. Man erkannte schnell, dass aufgrund der steigenden Qualitätsanforderungen in der Bauindustrie eine intensivere Forschung erforderlich war, so dass der Arbeitskreis in die Arbeitsgemeinschaft Hochofenschlackenforschung mit Sitz in Duisburg-Rheinhausen umgewandelt wurde. Ihre Aufgabe bestand in der *Förderung der technischen und wissenschaftlichen Arbeiten im Bereich der Erforschung, Herstellung und Verwendung von Hochofenschlacken und Folgeprodukten*. Mit der Ausweitung der Forschungsaktivitäten wurde gleichzeitig auch der Bau eines Forschungsinstituts beschlossen, das auf einem vom Hüttenwerk Rheinhausen zur Verfügung gestellten Grundstück errichtet wurde. Das Forschungsinstitut wurde am 13.11.1954 eingeweiht. Im Fokus der Arbeiten des neuen Forschungsinstituts standen weiter Fragen zur Herstellung und Nutzung von Hochofenstückschlacken und Hüttensand.

Ab 1955 gewann die Tätigkeit der Arbeitsgemeinschaft Hochofenschlackenforschung und des angeschlossenen Forschungsinstituts innerhalb der Stahlindustrie, der Bauwirtschaft und Behörden immer mehr an Bedeutung, so dass 1968 von den Mitgliedern beschlossen wurde, die Arbeitsgemeinschaft in einen eingetragenen Verein mit dem Namen Forschungsgemeinschaft Eisenhüttenschlacken e.V. (FEhS) umzuwandeln. Der Aufgabenbereich der FEhS wurde nach Gründung systematisch auf alle Nebenprodukte der Eisen- und Stahlindustrie ausgeweitet. Neben Forschung und Entwicklung kamen Consultingarbeiten zur Entstehung und Verarbeitung von Eisenhüttenschlacken hinzu, ergänzt durch wachsende Aktivitäten im Prüfungs-, Überwachungs- und Zertifizierungsbereich von Zementen, Betonen und Mineralstoffen für den Verkehrswegebau. Der sich zunehmend ausweitende Aufgabenbereich hat schließlich zu der Umbenennung des Vereins in FEhS – Institut für Baustoff-Forschung e.V. (FEhS-Institut) im Jahre 2003 geführt. Heute ist das FEhS-Institut eine Forschungseinrichtung von Stahlerzeugern in Deutschland, den Niederlanden, Österreich und der Schweiz sowie mehrerer Zementhersteller. Über Kooperationsverträge – u.a. mit dem Fachverband Eisenhüttenschlacken e.V. – sind ebenfalls die meisten der in Deutschland tätigen Aufbereitungsfirmen für Hochofen- und Stahlwerksschlacken sowie Erzeuger und Aufbereiter von NE-Metallschlacken mit dem FEhS-Institut verbunden.

Auf Betreiben des FEhS-Instituts wurde im Jahr 2000 die europäische Schlackenorganisation EUROSLAG gegründet. Fünfzehn Länder der EU sind inzwischen in dieser Organisation als Mitglieder vertreten. Das FEhS-Institut übt seit der Gründung die Geschäftsführung von EUROSLAG aus.

2. FEhS – Institut für Baustoff-Forschung e.V.

Zweck des gemeinnützigen Vereins FEhS-Institut ist satzungsgemäß die Förderung der wissenschaftlichen Arbeit auf dem Gebiet der Entwicklung und Nutzung von Eisenhüttenschlacken sowie der bei der Eisen- und Stahlgewinnung entstehenden festen Reststoffe, unter denen Schlämme und Stäube als Sekundärrohstoffe verstanden werden. Der Verein verfolgt ausschließlich und unmittelbar gemeinnützige Zwecke. Aus diesem Grund verfolgt er keine politischen, auf Erwerb abzielenden oder eigenwirtschaftlichen Zwecke. Die Arbeitsbereiche hinsichtlich Forschung und Entwicklung umfassen heute die fünf Themengebiete Baustoffe, Verkehrsbau, Düngemittel, Sekundärrohstoffe/Schlackenmetallurgie und Umwelt. Die entsprechenden Aufgabenstellungen des Instituts werden aufgrund von Notwendigkeiten aus wissenschaftlichen Erkenntnissen, Entwicklungen in der Praxis und Ereignissen im Markt in Arbeitskreisen und Arbeitsgruppen entwickelt. Über die wesentlichen Arbeiten innerhalb der letzten sechzig Jahre und die dabei bearbeiteten Schwerpunkte wird nachfolgend berichtet.

2.1. Bereich Baustoffe

Im Bereich Baustoffe werden hauptsächlich Eisenhüttenschlacken und insbesondere Hochofenschlacke in Bezug auf Bindemittel und Betone untersucht. Hierzu wird die gesamte Prozesskette von der Herstellung des Hüttensands und seiner Verarbeitung zum Bindemittel bis hin zu dessen Anwendung im Beton betrachtet. Von Bedeutung ist, dass sich bereits bei der Hüttensandherstellung der Einfluss unterschiedlicher Parameter auf die technischen Eigenschaften überlagert (Bild 1) [8].

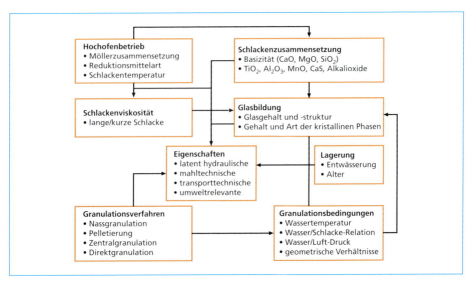

Bild 1: Einfluss unterschiedlicher Parameter auf technische Eigenschaften von Hüttensand

Ähnlich komplex sind die Einflussgrößen bei den weiteren Prozessschritten: Wahl der anderen Bindemittelbestandteile, Mahlverfahren, Feinheit, Mischungsverhältnisse, Mörtel- und Betonrezeptur, Expositionsklassen oder auch Verarbeitung und Nachbehandlung des frischen Betons. Hier kann daher nur auf einige wenige Beispiele der jahrzehntelangen Forschungsarbeiten des FEhS-Instituts zu all diesen Aspekten eingegangen werden.

Um die Hüttensandqualität im Hinblick auf die Reaktivität beurteilen zu können, wäre es hilfreich, eine signifikante Korrelation zwischen chemischer Zusammensetzung und latent-hydraulischem Verhalten zu finden. In vielen Fällen versagt jedoch die Korrelation zwischen einzelnen oder kombinierten chemischen Kennwerten und der Festigkeitsentwicklung, auch wenn weitere Einflussgrößen konstant bleiben. So stellte bereits 1961 der frühere Geschäftsführer des FEhS-Instituts, Fritz Schröder, fest [26], *dass zwischen dem Chemismus und dem latent-hydraulischen Erhärtungsvermögen klare, allgemein gültige Beziehungen nicht bestehen.* Bild 2 zeigt einerseits diese Problematik und andererseits die große Spannweite der Leistungsfähigkeit unterschiedlicher Hüttensande.

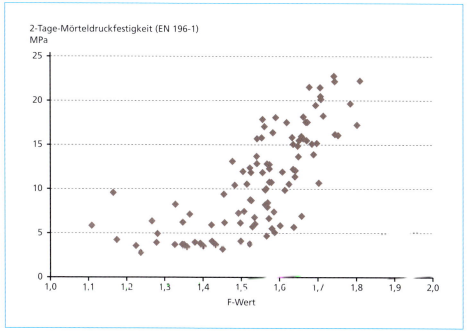

Bild 2: Chemische Zusammensetzung und Frühfestigkeit von Hochofenzement CEM III/B (HS/KL = 75/25)

Seit 1970 hat das FEhS-Institut eine weltweit einzigartige Datenbank zu Hüttensanden aus allen Erdteilen aufgebaut [9]. Erfasst werden neben der chemischen Zusammensetzung, dem Glasgehalt und den physikalischen Eigenschaften auch die Mahlbarkeit und insbesondere die zementtechnischen Eigenschaften. Mittlerweile sind mehr als 570 Hüttensandproben dokumentiert. Die älteste Probe stammt aus dem Jahr 1912.

Aktuelle Untersuchungen widmen sich der Frage, ob die in neu entwickelten alternativen Abkühlverfahren glasig erstarrte Hochofenschlacke Eigenschaften aufweist, die denen des Hüttensands entsprechen oder sie sogar übertreffen.

Mit dem Ziel der Entwicklung neuer Bindemittel kann auf ein erfolgreiches Projekt verwiesen werden, das das FEhS-Institut gemeinsam mit dem Verein Deutscher Zementwerke e.V. (VDZ) durchgeführt hat. Ziel war es, genormte und bisher nicht genormte Kombinationen aus Hüttensand, Flugasche und Klinker im Hinblick auf ihre zementtechnische Leistungsfähigkeit zu untersuchen [12]. Hierbei wurde sehr systematisch auf Basis einer statistischen Versuchsplanung vorgegangen.

Neben den klassischen Zementen werden immer wieder auch alternative Bindemittel auf Hüttensandbasis diskutiert. Die grundlegende Kenntnis über die alkalische Anregung von Schlacken ist zwar alt, jedoch fehlt bisher eine dauerhafte großtechnische Umsetzung der zahlreichen wissenschaftlichen Erkenntnisse. Erste Projekte des FEhS-Instituts zeigten, dass es zwar möglich ist, sehr hohe Festigkeiten zu bewirken. Hinderlich für eine betriebliche Anwendung ist aber zurzeit das Fehlen geeigneter Betonzusatzmittel [11].

Bereits seit Jahrzehnten ist bekannt, dass hüttensandhaltige Zemente ökologische Vorteile aufweisen. Bereits 1943 schrieb Richard Grün: *Normaler Hochofenzement braucht nur etwa 40 bis 45 Prozent derjenigen Energiemenge, die für Portlandzementherstellung erforderlich ist.* Jahrzehnte später widmete sich das FEhS-Institut erneut der Frage des *ökologischen Rucksacks* hüttensandhaltiger Zemente und Betone [10]. Es zeigte deren großen Vorteile hinsichtlich Ressourcen- und Primärenergiebedarf sowie CO_2-Emissionen auf.

Ziel jeder Bindemittelentwicklung ist die Herstellung dauerhafter Betonbauwerke. Daher wurde in der Vergangenheit dem Widerstand gegen Sulfatangriff, dem Frost-Tausalz-Widerstand oder der Alkali-Kieselsäure-Reaktion sowie der Raumbeständigkeit bei Verwendung von Stahlwerksschlacken als Bindemittelkomponente oder Gesteinskörnung nachgegangen. Hierbei zeigten sich oft auch die Grenzen der Prüfverfahren.

Auch künftige Arbeiten des FEhS-Instituts im Bereich Baustoffe werden sich mit den skizzierten Grundfragen befassen, aber auch mit sachgerechten Prüfmethoden. Vor dem Hintergrund der Bestrebungen, den CO_2-Footprint von Zementen und Betonen künftig weiter zu senken, kommt der optimierten Nutzung des Hüttensands, ggf. in Verbindung mit anderen Stoffen, weiterhin große Bedeutung zu. Großes Potential bieten die Stahlwerksschlacken, die jedoch ohne eine Behandlung keine nennenswerten hydraulischen Eigenschaften aufweisen und daher bisher primär im Verkehrsbau Anwendung finden.

2.2. Bereich Verkehrsbau

Seit Beginn der Schlackenforschung in Duisburg-Rheinhausen haben sich hinsichtlich der Nutzung von Eisenhüttenschlacken für den Bau von Verkehrswegen tiefgreifende Änderungen ergeben: Die Produktion der langsam abgekühlten kristallinen Hochofenstückschlacke, die seit Jahrzehnten für die Bauausführenden ein verbreiteter *quasinatürlicher* Mineralstoff war, wurde zurückgenommen zugunsten des granulierten

Hüttensands – das Mengenverhältnis hat sich von damals 80:20 zu inzwischen etwa 20:80 umgekehrt. Neben der Hochofenschlacke wird allerdings seit über vierzig Jahren zunehmend ein weiterer Mineralstoff aus der Stahlindustrie für den Verkehrswegebau eingesetzt. Dies ist die Stahlwerksschlacke, die bis dahin im Wesentlichen als Düngemittel genutzt oder als Kalk- und Eisenträger zurück in den metallurgischen Kreislauf geführt wurde.

Dementsprechend haben sich mit der Zeit auch die Forschungsschwerpunkte des Bereichs Verkehrsbau entwickelt, so dass in den letzten Jahrzehnten der Fokus eindeutig auf der Entwicklung von Einsatzfeldern für Stahlwerksschlacken lag. Ein immens wichtiges Thema in diesem Zusammenhang und Voraussetzung für einen hochwertigen Einsatz war zunächst die Frage einer möglicherweise nicht ausreichenden Raumbeständigkeit. Nachdem es gelungen war, die ablaufenden Mechanismen zu erkennen, konnten einerseits Prüfmethoden zur Eingrenzung des Treibpotentials entwickelt werden, andererseits waren nun die Voraussetzungen für eine zielgerichtete Behandlung im flüssigen und/oder im erkalteten Zustand gegeben. Damit verfügen heute die Hersteller, Aufbereiter und Vermarkter von Stahlwerksschlacken über das erforderliche Wissen, ihre Produkte in entsprechender Qualität auf dem Markt zu platzieren.

Damit können Stahlwerksschlacken wie Hochofenstückschlacken zur Produktion von Baustoffgemischen für Schichten ohne Bindemittel für den Straßenbau o.ä. eingesetzt werden. Die kubische Kornform und raue Oberfläche der einzelnen Schlackenkörner bewirken eine hervorragende Tragfähigkeit der aus Stahlwerksschlacke hergestellten Frostschutz- und Schottertragschichten. Da aber inzwischen auch seit langem bekannt ist, dass Stahlwerksschlacke auch sehr gute Eigenschaften hinsichtlich Festigkeit, Frostbeständigkeit usw. hat, galt es, Grundlagen für weitere Anwendungsgebiete zu schaffen, die aus technischen Gründen durch die konkurrierenden Baustoffe nicht oder kaum bedient werden können. Beispiele hierfür sind der Asphaltstraßenbau oder die Herstellung hochbelasteter Pflasterflächen, aber auch der Einsatz im Gleisbau oder im Wasserbau.

Einige Beispiele seien hier aufgelistet:

- Wasserbausteinen aus Stahlwerksschlacke kommt ihre hohe Rohdichte zugute. Sie haben sich bewährt beim Bau von Buhnen und Leitwerken, bei Kolkverfüllungen und Sohlaufhöhungen sowie als Erosionsschutz bei Ufer- und Deichsicherungen [25].
- Gleistragschichten und Gleisschotter aus Stahlwerksschlacke werden seit vielen Jahren erfolgreich bei Werksbahnen und anderen Privatbahnen eingesetzt, Gleistragschichten inzwischen auch im Bereich der Deutschen Bahn. Gerade bei hohen Verkehrslasten ergeben sich Vorteile hinsichtlich Standfestigkeit und Lebensdauer der unter Verwendung von Stahlwerksschlacke hergestellten Schichten [19].
- Pflasterbettung und -fugenfüllung aus Stahlwerksschlacke ermöglicht den Bau hochstandfester Pflasterdecken, beispielsweise für Industrieflächen mit Schwerlastverkehr. Sowohl Tragfähigkeit als auch Wasserdurchlässigkeit bleiben über sehr lange Zeit erhalten und erlauben eine langfristig wartungsarme Nutzung der Flächen [6].

- Beim Bau von Asphaltschichten mit gegenüber dem Regelwerk reduzierten Schichtdicken ergeben sich aufgrund der rauen und kantigen Oberflächenstruktur der Stahlwerksschlacke keinerlei Beeinträchtigungen der Standfestigkeit oder der Ebenheit der Fahrbahnoberfläche [20].
- Die Nutzung von Stahlwerksschlacke als Gesteinskörnung (Bild 3) für offenporige Asphalte führt zu hoher Griffigkeit und überdurchschnittlicher Lebensdauer der hergestellten Schicht. Angesichts der hohen Herstellungskosten gerade für offenporige Asphalte führt die Verwendung von Stahlwerksschlacke damit zu einer spürbaren Entlastung des Straßenbaulastträgers [21].

Bild 3:

Gesteinskörnungen aus Stahlwerksschlacke

Für den Bereich Verkehrsbau kann somit festgehalten werden, dass die Forschungsergebnisse der letzten Jahre und Jahrzehnte dazu beigetragen haben, die Einsatzmöglichkeiten von Hochofen- und Stahlwerksschlacken als Baustoffgemische und Gesteinskörnungen für den Bau von Verkehrswegen zu sichern und zu erweitern. Damit wurden und werden Voraussetzungen zur effizienten Nutzung von Baustoffen im Sinne der Nachhaltigkeitsstrategie der Bundesregierung und der EU-Initiative für ein ressourcenschonendes Europa geschaffen.

2.3. Bereich Düngemittel

Heute werden etwa 750.000 Tonnen Eisenhüttenschlacken pro Jahr in Deutschland (einheimische Produktion etwa 500.000 Tonnen pro Jahr, Bild 4) als Düngemittel eingesetzt. Die Forschung im Bereich der Düngemittel ist unmittelbar mit der aktuellen nationalen und europäischen Verordnungs- und Gesetzgebungssituation verbunden, weil sich deren Ziele ebenfalls sehr stark an den Vorgaben zur Umweltgesetzgebung orientieren müssen. Im Vordergrund der Diskussion muss zum einen die Düngemittelverordnung (DüMV) [29] und die Düngeverordnung (DüV) [28] sowie zum anderen der am 15.03.2012 in Kraft getretene Änderungsentwurf des Düngegesetzes (DüG) stehen. Diese Änderung setzt die *Gegenseitige Anerkennung* auf europäischer Ebene in deutsches Recht um.

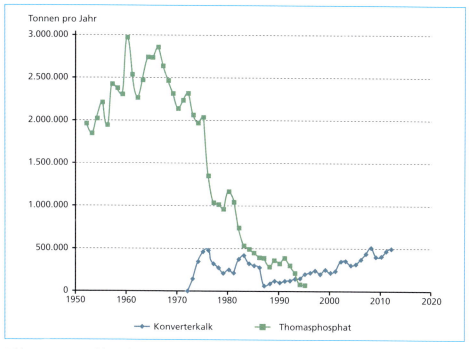

Bild 4: Entwicklung der Produktion von Eisenhüttenschlacken als Düngemittel

Die erfolgreiche Tätigkeit des Forschungsbereichs Düngemittel basiert auf der intensiven Zusammenarbeit zwischen dem FEhS-Institut und der Arbeitsgemeinschaft Hüttenkalk und zeigt sich insbesondere durch gemeinsame nationale und europäische Forschungsprojekte. Die durchgeführten Untersuchungen innerhalb eines dieser europäischen Projekte mit der Kurzbezeichnung *Slagfertilizer* betreffen dabei sowohl die Hochofen- als auch die Stahlwerksschlacken, also alle silikatischen Kalke. Um deren positive Wirkung auf die Pflanzengesundheit und Abwehr von Krankheiten zu untermauern, wird u.a. die Wirkung der Silikatkomponente weiter untersucht, da dies ein Hauptunterscheidungskriterium im Vergleich zu anderen Kalkdüngemitteln darstellt. So kann europaweit unter verschiedenen Randbedingungen eine Aussage zu den positiven Eigenschaften der Eisenhüttenschlacken als Düngemittel getroffen werden (Bild 5).

Durch die Nord-Süd-Verteilung der Projektpartner und Versuchsfelder innerhalb von Europa werden nicht nur unterschiedliche natürliche Randbedingungen, wie Boden und Klima, sondern auch unterschiedliche Zusammensetzungen der Schlacken, insbesondere bezüglich der Gehalte an Spurenelementen, erfasst. Es werden aktuell eine Vielzahl von Freilandversuchen auf Grün- und Ackerflächen und im Forst sowie Lysimeterversuche durchgeführt. Sowohl die Weiterführung der Langzeitversuche in Deutschland und Österreich, als auch die neu angelegten Versuchsfelder in Deutschland, Österreich und Finnland konnten aufzeigen, dass die Düngemittel aus Eisenhüttenschlacken einen Beitrag zur Ertragssteigerung ohne negative Auswirkungen auf die Umwelt leisten können.

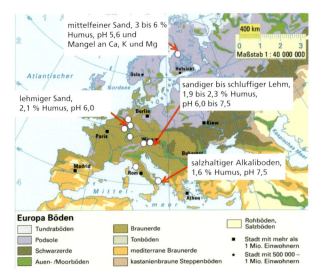

Bild 5:

Vielfalt der natürlichen Randbedingungen bei den Freilandversuchen mit Eisenhüttenschlacken als Düngemittel

Neben der Kalkdüngung spielt auch die Versorgung der Pflanzen mit Phosphor eine wesentliche Rolle. In der Vergangenheit stand mit dem Thomaskalk oder dem Thomasphosphat jahrzehntelang ein bewährter Phosphat- und Kalkdünger aus Schlacken der Stahlerzeugung zur Verfügung, der in den sechziger Jahren in Mengen bis zu drei Millionen Tonnen pro Jahr in der Landwirtschaft genutzt wurde (Bild 4). Seit Mitte der neunziger Jahre ist keine Thomasschlacke mehr verfügbar. Phosphor wird heute, ähnlich wie fossile Brennstoffe, als Mangelressource eingestuft. Eine nachhaltige Nutzung der Ressource Phosphor wird daher auch zunehmend von politischer Seite gefordert [24]. Die Verbrennung von z.B. Klärschlamm führt zu einer Anreicherung des P_2O_5-Gehalts in der Asche, der dabei allerdings in schwerlösliche Mineralphasen, wie Apatit, überführt wird. Einer direkten Nutzung dieser Aschen als Düngemittel steht daher die unzulängliche Pflanzenverfügbarkeit des Phosphors entgegen.

In Ergänzung zu der zuvor beschriebenen Nutzung der konventionell hergestellten Eisenhüttenschlacken als Kalkdüngemittel wurde in einem nationalen Forschungsprojekt ein Kalk-Phosphat-Dünger durch die nachträgliche Behandlung der noch flüssigen LD-Schlacke mit sekundären Phosphatträgern entwickelt, der die bewährten Düngereigenschaften der heute nicht mehr verfügbaren Thomasschlacke besitzt. In Labor- und Betriebsversuchen konnte gezeigt werden, dass Klärschlamm- oder Tiermehlaschen in schmelzflüssigen LD-Schlacken gelöst und der P_2O_5-Gehalt auf die gewünschte Höhe angehoben werden kann. Hier wird das Einblasen der Phosphatträger mit Luft in die schmelzflüssige Schlacke in den Schlackekübeln außerhalb des Konverters bevorzugt, vergleichbar der Sand- und Sauerstoffbehandlung zur Verringerung der Freikalkgehalte in den LD-Schlacken [7]. Das Phosphat der mit den Aschen konditionierten LD-Schlacke ist zu über 95 Prozent zitronensäurelöslich und somit nahezu vollständig pflanzenverfügbar. Mineralisch ist dies in der Überführung des Phosphats der Aschen in Calcium-Silikat-Phosphat-Phasen der LD-Schlacke begründet. Hier liegt der entscheidende Vorteil gegenüber den heutigen Materialien und den Materialien anderer Verfahren.

2.4. Bereich Sekundärrohstoffe/Schlackenmetallurgie

Das FEhS-Institut befasst sich innerhalb dieses Forschungsbereiches mit der Nutzung der nicht-metallischen Nebenprodukte und Reststoffe der Roheisen- und Stahlerzeugung. Neben den Schlacken zählen hierzu insbesondere die verschiedenen Stäube, Schlämme und Walzzunder. Während die Nutzungswege der erstarrten Schlacken vornehmlich in den Bereichen Baustoffe und Verkehrsbau behandelt werden, liegt hier der Forschungsschwerpunkt in der Optimierung des Produktes Schlacke im flüssigen und erstarrten Zustand und in der Folge davon in der Entwicklung weiterer Nutzungsmöglichkeiten. Im Bereich der feinkörnigen Reststoffe Stäube, Schlämme und Walzzunder werden in Zusammenarbeit mit den Unternehmen und dem Stahlinstitut VDEh die Aufbereitungs- bzw. Nutzungsmöglichkeiten voran getrieben. Beispielhaft sei an das vor zwanzig Jahren entwickelte Verfahren zum Recycling der Elektroofenstäube in den Elektrolichtbogenofen erinnert, das zur Verminderung abzugebender Staubmengen und einer Zinkanreicherung führt [27].

Einen Schwerpunkt der Arbeiten stellen gegenwärtig die Maßnahmen zur Steuerung der Produktqualität im schmelzflüssigen Zustand dar. Beispiele hierfür sind die folgenden Projekte:

- Optimierung der Hüttensandqualität durch optimierte Zusammensetzung oder Granulationsbedingungen,
- Trockengranulation mit gekoppelter Wärmerückgewinnung der Hochofenschlacke,
- Optimierung der LD-Schlackenqualität durch Konditionierung und gezielte Abkühlung,
- Verbesserung der Qualität der Elektroofenschlacke durch eine optimierte Metallurgie und alternative Erstarrung mit gekoppelter Wärmerückgewinnung,
- Stabilisierung der sekundärmetallurgischen Zerfallsschlacken,
- interner Wiedereinsatz der zerfallenen oder stabilisierten sekundärmetallurgischen Schlacken.

Zur Steuerung der Produktqualität gehören aber auch Maßnahmen zur gezielten Einstellung von physikalischen Eigenschaften von schmelzflüssigen Eisenhüttenschlacken, z.B. über die Viskosität, um die Bedingungen bei der Abkühlung, ob nun bei der Granulation oder der Beetabkühlung, zu verbessern. Daneben wurden und werden Projekte bearbeitet, die die erkalteten Schlacken und andere Nebenprodukte betreffen, wie z.B. die Ermittlung und Rückgewinnung von strategischen Rohstoffen aus historischen Hüttenhalden.

Ein durch das BMWi gefördertes Forschungsvorhaben *Entwicklung eines Verfahrens zur trockenen, glasigen Erstarrung von schmelzflüssiger Hochofenschlacke kombiniert mit einer Wärmerückgewinnung* mit dem Akronym DSG (Dry Slag Granulation) sei hier als eines von vielen Beispielen genannt. Gemeinsam mit dem Anlagenbauer Siemens VAI konnte nachgewiesen werden, dass das Drehtellerverfahren für die trockene Erstarrung der Hochofenschlacke bei gleichzeitig hoher Abwärmenutzung eine geeignete Methode ist, ein leistungsfähiges, glasiges Material zu erzeugen. Im Rahmen des Projekts wurden zunächst im schmelzmetallurgischen Labor des FEhS-Instituts die Rahmenbedingungen mit Schmelzgewichten von zwei Kilogramm erprobt. Dafür wurden verschiedenartige Drehteller entwickelt und unter unterschiedlichen Randbedingungen (Drehzahl, Schlackenzusammensetzung, -temperatur, usw.) eingesetzt. Unter Berücksichtigung aller Ergebnisse wurde dann ein Technikumsgranulator in Deutschland gebaut und in Österreich an der Montanuniversität in Leoben errichtet. Die Anlage arbeitet unter Nutzung des Flash-Reaktors zum Aufschmelzen der Hochofenschlacke mit Schmelzgewichten von dreihundert Kilogramm und einer Schmelzzufuhr von zwanzig bis sechzig Kilogramm pro Minute in den Granulator. Dabei zeigte sich beispielsweise, dass die Flugbahnen der zerspratzten Schlackenpartikel sehr gut den theoretisch berechneten Flugbahnen entsprechen (Bild 6). Die zementtechnischen Untersuchungen zeigten keine gravierenden Unterschiede. Das trocken granulierte Material wies die gleichen Eigenschaften auf wie Hüttensand.

Bild 6: Ausbildung der Schlackenpartikelflugbahn am Drehteller

Ein anderes Beispiel für ein am FEhS-Institut entwickeltes Verfahren, eine LD-Schlacke bereits im schmelzflüssigen Zustand zu optimieren, um am Ende der Prozesskette ein hochwertiges Produkt zu erzeugen, feierte Anfang dieses Jahres sein zwanzigjähriges Jubiläum. Inzwischen trägt das Produkt den eingetragenen Markennamen *LiDonit*. In der Zwischenzeit konnten 2,5 Millionen Tonnen in einer Anlage bei ThyssenKrupp Europe am Standort Beeckerwerth produziert und über die ThyssenKrupp MillServices & Systems vermarktet werden. Bei dem genannten Verfahren entsteht nach einer Behandlung im schmelzflüssigen Zustand mit Sand und Sauerstoff eine LD-Schlacke mit geringsten Freikalkgehalten und somit hoher Raumbeständigkeit. Inzwischen wird dieses Verfahren weltweit eingesetzt, so z.B. auch in Nordamerika oder Taiwan.

Ein weiteres Beispiel zur Behandlung von Stahlwerksschlacken im flüssigen Zustand ist die Stabilisierung und der interne Wiedereinsatz von zerfallsverdächtigen sekundärmetallurgischen Schlacken. Es konnten im FEhS-Institut verschiedene Verfahren zur Stabilisierung von sekundärmetallurgischen Schlacken sowohl aus den integrierten

Hüttenwerken als auch den Elektrostahlwerken, aber auch von sogenannten Edelstahlschlacken, entwickelt werden. Entweder wird die Stabilisierung über eine Konditionierung der flüssigen Prozessschlacke oder durch eine sehr schnelle Abkühlung nach dem Abstich erreicht. Letztere Methode führt zu einer stückigen Schlacke, die dann entweder im Hochofen oder im Elektrolichtbogenofen wieder eingesetzt werden kann.

2.5. Bereich Umweltverträglichkeit

Neben der Erforschung der technischen Eigenschaften hat sich die Stahlindustrie auch sehr frühzeitig mit Fragen der Umweltverträglichkeit von Eisenhüttenschlacken auseinandergesetzt. Dabei stand die Eignung aus wasserwirtschaftlicher Sicht – also der Einfluss einer Mineralstoffschicht auf Boden und Wasser – im Vordergrund. Hierfür ist nicht von Bedeutung, welche umweltrelevanten Parameter (wie Schwermetalle und Salze) im Feststoff enthalten sind, sondern welche Mengen dieser Parameter unter Einbaubedingungen auslaugbar sind.

Sowohl in Deutschland als auch in vielen anderen europäischen Ländern hatte sich auch bei Behörden lange Zeit die Ansicht durchgesetzt, dass für die Beurteilung des Umweltverhaltens von Baustoffen deren Auslaugbarkeit zu betrachten ist, nicht die Gesamtgehalte. Dies wird derzeit im Rahmen der Diskussionen um die Ersatzbaustoffverordnung wieder infrage gestellt. Obwohl z.B. für Stahlwerksschlacken vielfach nachgewiesen werden konnte, dass umweltrelevante Parameter, wie Chrom, mineralisch fest in das Kristallgitter von Mineralen eingebunden sind und daher unter Einbaubedingungen nahezu nicht auslaugen, wird jetzt wieder nach Gesamtgehalten im Feststoff gefragt. Damit verbunden ist unweigerlich der Fortfall wichtiger Einsatzgebiete für Baustoffe mit höheren Schwermetallgehalten. Die hohen Verwendungsquoten für Stahlwerksschlacken in den vergangenen Jahren/Jahrzehnten [18] werden in Zukunft nicht mehr erreicht werden, wenn sich der Gedanke durchsetzt, dass alles, was in einem Baustoff enthalten ist, generell als *Gefährdungspotential* zu betrachten ist.

Lange, bevor Fragen über das Umweltverhalten von Baustoffen in die allgemeine Diskussion gelangten, hat sich die Stahlindustrie mit dieser Thematik befasst. Beispiele für Auslaugverfahren, die von Seiten der Stahlindustrie entwickelt wurden, sind die Stahleisen-Prüfblätter 1760-67 (Durchlaufverfahren) und 1780-71 (Standverfahren), die bereits aus den sechziger bzw. siebziger Jahren stammen. Die Entwicklung bzw. Weiterentwicklung von Auslaugverfahren ist ein Aufgabengebiet, dem sich das FEhS-Institut seit vielen Jahren intensiv widmet. Dabei wurde von Anfang an Wert darauf gelegt, dass bei der Erarbeitung von Prüfverfahren die speziellen Belange der zu untersuchenden Materialien, beispielsweise die Korngröße, berücksichtigt werden. Das genormte Auslaugverfahren nach DIN 38414 Teil 4, ein Schüttelverfahren mit einem Wasser/Feststoff-Verhältnis (W/F) von 10:1, welches ursprünglich für die Auslaugung sehr feinkörniger Materialien entwickelt worden war, wurde daher zunächst modifiziert [2]. Durch veränderte Randbedingungen, z.B. bzgl. der Maximalkörnung und der ausgelaugten Mengen, war das modifizierte DEV-S4-Verfahren (TP Min-StB, Teil 7.1.1) bereits etwas besser geeignet für die Untersuchung von grobkörnigen Mineralstoffen als das *alte* S4-Verfahren. Es blieb aber der Nachteil, dass durch das Über-Kopf-Schütteln ein hoher mechanischer Abrieb auftritt, der nicht der Praxis entspricht. In einer weiteren Stufe wurde daher das Trogverfahren entwickelt (TP Min-StB, Teil 7.1.2), bei dem nur noch der Eluent bewegt wird und nicht mehr das Material, wodurch ein Abrieb weitestgehend vermieden wird. Das Trogverfahren ist nur ein Beispiel für Auslaugverfahren, an deren Entwicklung das FEhS-Institut maßgeblich beteiligt war. In den letzten Jahren stand vor allem die langjährige Untersuchung des Umweltverhaltens von Stahlwerksschlacken unter realen Einbaubedingungen im Vordergrund (Bild 7, [3, 4]). Nur so ist es möglich, die mit Hilfe von Laborverfahren gewonnenen Ergebnisse an der Praxis zu *kalibrieren* und realistisch zu bewerten.

Bild 7: Bau von Versuchswegen zur Untersuchung des Auslaugverhaltens von Stahlwerksschlacken unter Praxisbedingungen (offener Einbau)

Quellen:
Bialucha, R., Dohlen, M.: Langfristiges Verhalten von Stahlwerksschlacken im ländlichen Wegebau. In: Report des FEhS-Instituts 15 (2008) Nr. 1, S. 11/15
Bialucha, R., Leson, M., Sokol, A.: Übertragbarkeit von Laborergebnissen auf Praxisverhältnisse bei Verwendung von LD-Schlacke im offenen Einbau. In: Report des FEhS-Instituts 20 (2013) Nr. 1, S. 1/7

Aus der Vielzahl der Themen zur Umweltverträglichkeit von Mineralstoffen, mit denen sich das FEhS-Institut befasst, sei hier noch die Einstufung von Eisenhüttenschlacken im Rahmen der europäischen Verordnung zur Registrierung, Bewertung, Zulassung und Beschränkung von Chemikalien (Registration, Evaluation, Authorisation and Restriction of Chemicals *REACH*) herausgegriffen. Diese Verordnung, die am 01.06.2007 in Kraft getreten ist, sollte die vielen verschiedenen Rechtsvorschriften, die bis dahin im Bereich der Chemikalien, Alt- und Neustoffe, Gefahrstoffe usw. existierten, zusammenfassen. Von dieser Verordnung sind nur Produkte betroffen, nicht hingegen Abfälle. Da von Seiten der Stahlindustrie in Deutschland seit vielen Jahren Anstrengungen unternommen werden, Eisenhüttenschlacken gezielt als Produkte zu erzeugen und zu vermarkten, stand von Anfang an fest, dass diese registriert werden müssen [5]. Dies wurde auch von den übrigen europäischen Ländern so gesehen, obwohl Eisenhüttenschlacken nicht einheitlich als Produkte angesehen werden. Dem FEhS-Institut oblag es, die für die REACH-Registrierung benötigten Daten zu sammeln und auszuwerten. In Zusammenarbeit mit dem vom FEhS-Institut geführten REACH-Konsortium, dem nahezu alle Stahlproduzenten in Europa angehören, wurden noch fehlende Untersuchungen durchgeführt, insbesondere im Bereich der Toxizität. Die Registrierung von Eisenhüttenschlacken als nicht gefährliche Substanzen erfolgte fristgerecht zum 01.12.2010.

3. Ausblick

Für die Produkte aus Eisenhüttenschlacken besteht aufgrund der über Jahrzehnte durchgeführten Forschungsaktivitäten des FEhS-Instituts, der Umsetzung dieser Erkenntnisse in den Stahlwerken, Zementwerken und Aufbereitungsunternehmen sowie der konsequenten Umsetzung der Forschungsergebnisse in das technische Regelwerk seit vielen Jahren eine Nutzungsrate von mehr als neunzig Prozent. Diese hohe Nutzungsrate wurde in Konkurrenz zu Produkten aus anderen Ersatzbaustoffen und natürlichen Rohstoffen erreicht. Die zukünftigen Arbeiten werden deshalb wie bisher darauf ausgerichtet sein, die erreichten Nutzungsraten zu sichern und auszuweiten sowie höherwertige Einsatzgebiete für die Produkte aus Eisenhüttenschlacken zu erschließen. Dazu werden weiterhin erhebliche Anstrengungen erforderlich sein, um zum einen die notwendigen Forschungs- und Entwicklungsarbeiten in Labor, Technikum und Betrieb durchführen zu können und um zum anderen die resultierenden Erkenntnisse in die Praxis zu überführen.

Ziel ist es dabei nach wie vor, durch die Verwendung von Eisenhüttenschlacken als internes Recyclingmaterial, im Bauwesen und als Düngemittel eine nachhaltige Kreislaufwirtschaft zu betreiben und natürliche Ressourcen zu schonen.

4. Literatur

[1] Beck, L.: Die Geschichte des Eisens. Braunschweig: F. Vieweg und Sohn, 1891

[2] Bialucha, R.: Leaching standard for quality control of aggregates. In: Proceedings of the International Conference on the Science and Engineering of Recycling for Environmental Protection (WASCON 2000), Harrogate, England, 31.05-02.06.2000 und In: Schriftenreihe des Forschungsinstituts 8 (2000) S. 259-272

[3] Bialucha, R.; Dohlen, M.: Langfristiges Verhalten von Stahlwerksschlacken im ländlichen Wegebau. In: Report des FEhS-Instituts 15 (2008) Nr. 1, S. 11-15

[4] Bialucha, R.; Leson, M.; Sokol, A.: Übertragbarkeit von Laborergebnissen auf Praxisverhältnisse bei Verwendung von LD-Schlacke im offenen Einbau. In: Report des FEhS-Instituts 20 (2013) Nr. 1, S. 1-7

[5] Bialucha, R.; Motz, H.; Sokol, A.: Registrierung von Eisenhüttenschlacken unter REACH. In: Report des FEhS-Instituts 17 (2010) Nr. 2, S. 1-5

[6] Drissen, P.: Stahlwerksschlacken als wasserdurchlässiges Bettungs- und Fugenmaterial für Pflasterflächen. In: Report des FEhS-Instituts, 15 (2008) Nr. 2, S. 1-5

[7] Drissen, P.; Kühn, M.: Verbesserung der Eigenschaften von Stahlwerksschlacken durch die Behandlung flüssiger Schlacken. In: Schriftenreihe des Forschungsinstituts 6 (2000) S. 287-302

[8] Ehrenberg, A.: Hüttensand – Ein leistungsfähiger Baustoff mit Tradition und Zukunft. In: Beton-Informationen 46 (2006), Nr. 4, S. 35/63, Nr. 5, S. 67-95

[9] Ehrenberg, A.: Überblick über die *Hüttensand-Kartei* der FEhS. In: Report des Forschungsinstituts 4 (1997), Nr. 2, S. 6-7

[10] Ehrenberg, A.; Geiseler, J.: Ökologische Eigenschaften von Hochofenzement, Lebenswegphase Produktion: Energiebedarf, CO_2-Emission und Treibhauseffekt. In: Beton-Informationen 37 (1997) Nr. 4, S. 51-63

[11] Ehrenberg, A.; Tänzer, R.; Stephan, D.: Alkalisch aktivierte Hüttensande für die betontechnische Anwendung unter aggressiven Bedingungen. In: Report des FEhS-Instituts 18 (2011) Nr. 2, S. 15-18

[12] Feldrappe, V.; Ehrenberg, A.; Schulze, S.; Rickert, J.: CEM X-Zemente – Möglichkeiten und Grenzen der Leistungsfähigkeit von Zementen mit Hüttensand, Steinkohlenflugasche und Klinker Proceedings. In: Bauhaus-Universität Weimar (Hrsg.): 18. Internationale Baustofftagung 12.-15.09.2012, Weimar; Tagungsbericht Bd. 1. – Weimar, 2012 (ibausil : 18), S.192-199

[13] Fischer, W.; Wolf, S.: Schwefel in Schlacke und Schlackenwolle. Stuttgart: E. Schweizerbart'sche Verlagsbuchhandlung, 1951

[14] Geiseler, J.: Die Forschungsgemeinschaft Eisenhüttenschlacken e.V. – Rückblick und Ausblick. In: Schriftenreihe der Forschungsgemeinschaft Eisenhüttenschlacken e.V., Heft 7 (2000), S.35-84

[15] Grün, R.: Der Hochofenzement und seine Verwendung. Berlin: Verlag Zement und Beton, 1928

[16] Kollo, H.: 125 Jahre Hüttensand – ein äußerst schätzbares Material. In: Beton-Informationen 27 (1987), Heft 5/6, S. 70

[17] Lüthi, A.: Recycling im Straßenbau im 10. Jahrhundert. In: Scheidegger, F. (Hrsg.): Aus der Geschichte der Bautechnik. Basel, Boston, Berlin: 1992, S. 82-87

[18] Merkel, T.: Daten zur Erzeugung und Nutzung von Eisenhüttenschlacken. In: Report des FEhS-Instituts 20 (2013) Nr. 1, S. 12

[19] Merkel, T.: Eisenhüttenschlacken für die Herstellung von Eisenbahnfahrwegen. In: Report des FEhS-Instituts, 11 (2004) Nr. 2, S. 7-9; ders.: Einsatz von Stahlwerksschlacken im Gleisbau. In: Report des FEhS-Instituts, 14 (2007) 2, S. 8-9

[20] Merkel, T.; Discher, H.-P.; Freund, H.-J.; Großmann, A.; Motz, H.: Praktische Erfahrungen mit Elektroofenschlacken im Straßenbau. In: Straße und Autobahn, 51 (2000) 12, S. 760-765

[21] Merkel, T.; Motz, H.: Verformungsbeständige und griffige Asphaltschichten mit Stahlwerksschlacke. In: FGSV-Mineralstofftagung 2003, Köln, Tagungsband, S. 86-89

[22] Ottenheym, K.: 50 Jahre Fachverband Hochofenschlacke. Vortrag am 11.04.1986

[23] Protokoll der 1. Sitzung des Technischen Ausschusses des Vereins der Thomasphosphat-Fabrikanten am 30.09.1949

[24] Protokoll der 75. Umweltministerkonferenz am 12.11.2010 in Dresden

[25] Schlacken im Wasserbau – Referate der 6. Vortragsveranstaltung am 16. April 1997 in Duisburg. Schriftenreihe der Forschungsgemeinschaft Eisenhüttenschlacken e.V., Heft 4, 1997

[26] Schröder, F.: Über die hydraulischen Eigenschaften von Hüttensanden und ihre Beurteilungsmethoden. In: Tonindustrie-Zeitung 85 (1961), Nr. 2/3, S. 39-44

[27] Steffes, B.; Drissen, P.; Kühn, M.: Verbesserte Staubbilanz bei der Stahlerzeugung im Elektroofen. In: Schriftenreihe des Forschungsinstituts 6 (2000), S. 339-346

[28] Verordnung über die Anwendung von Düngemitteln, Bodenhilfsstoffen, Kultursubstraten und Pflanzenhilfsmitteln nach den Grundsätzen der guten fachlichen Praxis beim Düngen (Düngeverordnung – DüV) vom 17.01.2007. Bundesgesetzblatt Jahrgang 2007 Teil I Nr. 7, S. 221 ff

[29] Verordnung über das Inverkehrbringen von Düngemitteln, Bodenhilfsstoffen, Kultursubstraten und Pflanzenhilfsmitteln (Düngemittelverordnung – DüMV) vom 10.10.2008. Bundesgesetzblatt, Jahrgang 2008 Teil I Nr. 60, S. 2524 ff

Recycling und Rohstoffe

Herausgeber: Karl J. Thomé-Kozmiensky und Daniel Goldmann • Verlag: TK Verlag Karl Thomé-Kozmiensky

CD Recycling und Rohstoffe, Band 1 und 2		Recycling und Rohstoffe, Band 2		Recycling und Rohstoffe, Band 3	
ISBN:	978-3-935317-51-1	ISBN:	978-3-935317-40-5	ISBN:	978-3-935317-50-4
Erscheinungsjahr:	2008/2009	Erscheinungsjahr:	2009	Erscheinungsjahr:	2010
		Hardcover:	765 Seiten	Hardcover:	750 Seiten, mit farbigen Abbildungen
Preis:	35.00 EUR	Preis:	35.00 EUR	Preis:	50.00 EUR

Recycling und Rohstoffe, Band 4		Recycling und Rohstoffe, Band 5		Recycling und Rohstoffe, Band 6	
ISBN:	978-3-935317-67-2	ISBN:	978-3-935317-81-8	ISBN:	978-3-935317-97-9
Erscheinungsjahr:	2011	Erscheinungsjahr:	2012	Erscheinungsjahr:	2013
Hardcover:	580 Seiten, mit farbigen Abbildungen	Hardcover:	1004 Seiten, mit farbigen Abbildungen	Hardcover:	711 Seiten, mit farbigen Abbildungen
Preis:	50.00 EUR	Preis:	50.00 EUR	Preis:	50.00 EUR

Recycling und Rohstoffe, Band 7	
ISBN:	978-3-944310-09-1
Erscheinungsjahr:	2014
Hardcover:	532 Seiten, mit farbigen Abbildungen
Preis:	50.00 EUR

Paketpreis
CD Recycling und Rohstoffe, Band 1 und 2
Recycling und Rohstoffe, Band 2 bis 7

175.00 EUR statt 320.00 EUR

Bestellungen unter www.vivis.de
oder

Dorfstraße 51
D-16816 Nietwerder-Neuruppin
Tel. +49.3391-45.45-0 • Fax +49.3391-45.45-10
E-Mail: tkverlag@vivis.de

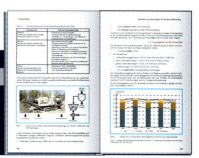

100% RECYCLING

STABSTAHL
HALBZEUG
ROHSTAHL
BLANKSTAHL

Bei der Georgsmarienhütte GmbH kommt für die Stahlerzeugung im Elektrolichtbogenofen ausschließlich aufbereiteter, sortierter Stahlschrott zum Einsatz.

www.gmh.de

Georgsmarienhütte
GmbH · seit 1856 · Edelstahl

Aufbau und Prozessführung des Lichtbogenofens unter besonderer Berücksichtigung des Schlackenmanagements

Tim Rekersdrees, Henning Schliephake und Klaus Schulbert

1.	Einleitung	305
1.1.	Schlacke – eine unabdingbare Voraussetzung der Stahlerzeugung	306
1.2.	Ein Beispiel für die Prozesskette eines Elektrostahlwerkes	308
2.	Gesetzliche Rahmenbedingungen für Eisenhüttenschlacken	308
2.1.	Verwertungsmöglichkeiten	309
2.2.	Rechtliches Regelwerk heute und morgen	309
3.	Aufbau und Prozessführung von Lichtbogenöfen	312
3.1.	Metallurgische Prozesskette	312
3.2.	Technologie des Elektrolichtbogenofens	313
3.3.	Technologie des Pfannenofens	319
4.	Lösungsansätze zum Schlackenhandling	321
4.1.	Möglichkeiten für sekundärmetallurgische Schlacken	321
5.	Zusammenfassung und Aufgabenstellung an die Politik	324
6.	Quellen	324

1. Einleitung

Der Werkstoff Stahl ist aufgrund seiner vielseitigen und robusten Eigenschaften der unangefochtene Sieger im Wettkampf der Werkstoffe. Stahl ist im Vergleich zu Leichtmetallen wie Aluminium oder Magnesium mit geringerem Energieaufwand aus natürlichen Rohstoffen herzustellen, so dass er nicht nur Kosten- und Energieeffizienz verbindet, sondern auch hundertprozentige Recyclingfähigkeit bei gleichzeitiger Realisierung größtmöglicher Anwendungsvielfalt bietet. Stahl ist daher sowohl in aufstrebenden als auch in entwickelten Volkswirtschaften von großer Relevanz, sei es in der Infrastruktur und bei Mobilität, Transport und Energie. Dies wird u.a. an der weltweiten Stahlerzeugung von aktuell etwa 1,6 Milliarden Tonnen pro Jahr deutlich.

Davon werden etwa 166 Millionen Tonnen pro Jahr in Europa und davon wiederum etwa 43 Millionen Tonnen pro Jahr in Deutschland hergestellt [1, 9, 14].

Für die Herstellung von Stahl gibt es zwei grundlegende industriell relevante Prozesse: Beim Hochofenprozess wird das in der Natur vorkommende Eisenoxid in Roheisen und schließlich im Sauerstoffkonverterprozess in Stahl veredelt. Der Elektrostahlprozess hingegen basiert im Wesentlichen auf dem Ein- und Umschmelzen von Stahlschrotten mit elektrischer Energie. Dem Elektrostahlverfahren liegt somit das Recycling von Schrotten zu Grunde und ist damit Bestandteil der Kreislaufwirtschaft. Der Anteil der Elektrostahlerzeugung liegt weltweit betrachtet bei knapp dreißig Prozent, in der EU-27 über vierzig Prozent und in Bundesrepublik Deutschland bei etwa 35 Prozent. [7]. Eine grafische Darstellung für ausgewählte Jahre in der Bundesrepublik Deutschland zeigt Bild 1.

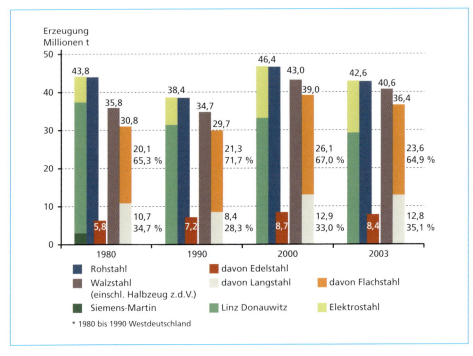

Bild 1: Stahlerzeugung in Deutschland (SM: Siemens-Martin, LD: Linz Donauwitz; EL: Elektrostahl)

Quelle: www.stahl-online.de

1.1. Schlacke – eine unabdingbare Voraussetzung der Stahlerzeugung

Schlacke ist eine unabdingbare Voraussetzung für die Stahlherstellung – Keine Stahlproduktion ohne Schlacke. Bedingt durch die technisch und physikalisch notwendigen Prozesse bei der Stahlerzeugung werden weltweit insgesamt nahezu fünfhundert Millionen Tonnen Schlacke verschiedener Arten hergestellt, die produkttechnisch weitgehend als industrielle Gesteine und Bindemittel bezeichnet werden können.

Werden im Elektrolichtbogenofen überwiegend Schrott (etwa achtzig bis hundert Prozent) sowie in Sonderfällen direktreduzierte Materialien, wie Eisenschwamm und Hot-Briquetted Iron (etwa dreißig Prozent bis hundert Prozent) und flüssiges oder festes Roheisen eingesetzt, bedient sich der Sauerstoffkonverter zum größten Teil des flüssigen Roheisens (etwa achtzig Prozent) und geringeren Mengen Schrotts (etwa zehn Prozent). Einer Roheisenproduktion im Hochofen von 27,18 Millionen Tonnen steht eine Schlackenerzeugung von insgesamt 7,55 Millionen Tonnen Schlacke gegenüber. Diese Hochofenschlacken werden vorwiegend als Gesteinskörnung (kristallin erstarrte Hochofenstückschlacken) oder als Bindemittelzusatz (amorph erstarrt sogenannter Hüttensand) eingesetzt. Bei einer Konverterstahlproduktion (Oxygenstahl) von 29,19 Millionen Tonnen wurden 3,10 Millionen Tonnen Schlacke erzeugt, bei der Elektrostahlerzeugung (Elektrostahl) von 13,46 Millionen Tonnen insgesamt 1,72 Millionen Tonnen Schlacke – einschließlich der Edelstahlerzeugung für Rost-, Säure- und Hitzebeständige Stahlwerkstoffe, Bild 2. Die Schlacken aus Oxygen- und Elektrostahlerzeugung werden überwiegend als Baustoffe im Straßen-, Wege-, Erd- und Wasserbau eingesetzt. Schlacken sind also nicht nur Nebenprodukte der Stahlherstellung, sondern helfen als industrielle Gesteine primäre Rohstoffe zu schonen, Bild 3.

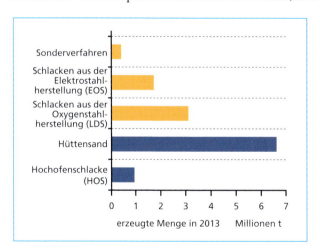

Bild 2:

Erzeugte Mengen metallurgischer Schlacken in Deutschland im Jahr 2013

Daten nach: Fachverband Eisenhüttenschlacken e.V., Duisburg

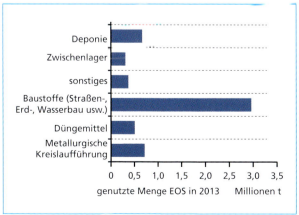

Bild 3:

Verwendung von Stahlwerksschlacken nach Anwendungsfall im Jahr 2013

Daten nach: Fachverband Eisenhüttenschlacken e.V., Duisburg

Mit wachsendem Wohlstand der Schwellenländer ist von einem weiteren Anstieg des Stahlbedarfes, und damit verbunden der Schlackenerzeugung, auszugehen. Die Verwendung der Schlacken unterliegt unterschiedlichen nationalen Vorschriften und Gesetzen. In der Bundesrepublik Deutschland sind Schlacken integraler Bestandteil der Kreislaufwirtschaft und rechtlich anerkannte Baustoffe. Infolge der aktuellen Bestrebungen für zukünftige Gesetzgebungen sowie einer extrem restriktiven Auslegung des aktuellen Regelwerkes durch Behörden einzelner Bundesländer, zeichnet sich jedoch eine zunehmend massive Beschränkung des Einsatzes der Stahlerzeugungsschlacken ab.

1.2. Ein Beispiel für die Prozesskette eines Elektrostahlwerkes

Bereits in 1994 hat die Georgsmarienhütte GmbH (GMH) in Georgsmarienhütte die Stahlherstellung vom Hochofen-Konverter-Betrieb hin zur Stahlerzeugung mit dem Gleichstrom-Elektrolichtbogenofen (ELO) umgestellt und kann damit als gutes Beispiel für ständige Weiterentwicklung der Stahlherstellung dienen. Das Stahlwerk, südlich von Osnabrück gelegen, ist Marktführer für Un- und niedriglegierte Qualitäts- und Edelbaustähle für Stabstahl in Deutschland. Die Produkte sind Rohstahl, Stabstahl, Blankstahl und Kurzstücke, die in engen Analysen-, Maß- und Gewichtstoleranzen gefertigt werden.

In Georgsmarienhütte werden neben dem Gleichstrom-Elektrolichtbogenofen auch zwei Drehstrom-Elektrolichtbogenöfen jeweils als *Pfannenofen (PFO)* betrieben. Während der Gleichstrom-Elektrolichtbogenofen das Kernaggregat zum Einschmelzen der Stahl- und Bauschrotte repräsentiert und die Grundlage für die Elektrostahlherstellung bildet, dienen die beiden Pfannenöfen in der Sekundärmetallurgie z.B. zur Einstellung einer kundenspezifischen chemischen Analyse und Homogenisierung der Schmelze. Die Homogenisierung der Schmelze betrifft auch das Einstellen einer korrekten Gießtemperatur vor Übergabe an den Gießbetrieb, der in Georgsmarienhütte zu mehr als achtzig Prozent über eine Kreisbogen-Stranggießanlage mit sechs Strängen mit einem Gießquerschnitt von jeweils 240 mm x 240 mm erfolgt. Mit einer Jahresproduktion von rund 900.000 Tonnen Rohstahl flüssig sowie spezialisierten Service- und Produktangeboten für die Schmiedeindustrie und den Maschinen- und Anlagenbau ist GMH ein Partner der Automotive- und Engineeringindustrie in Europa.

2. Gesetzliche Rahmenbedingungen für Eisenhüttenschlacken

Bei der EOS handelt es sich um Elektroofenschlacke, also Schlacke die für die Flüssigstahlerzeugung im Elektrolichtbogenofen erzeugt wird und ohne die keine energieeffiziente und moderne Elektrostahlherstellung möglich ist, da sie sowohl für die metallurgische Arbeit unentbehrlich als auch für die Energieeffizienz des Prozesses zielführend ist. Die EOS ist eine Schlacke im System der Hauptkomponenten FeO – CaO – SiO_2 – MgO.

Für die sekundärmetallurgische Behandlung wird eine neue Schlacke mit anderen metallurgischen Eigenschaften erzeugt - die Sekundärmetallurgische Schlacke (SEKS), die im Wesentlichen auf dem System $CaO - SiO_2 - Al_2O_3 - MgO$ basiert.

2.1. Verwertungsmöglichkeiten

Im Folgenden werden die aktuellen Nutzungsmöglichkeiten der Schlacken, geordnet nach ihrer *Hochwertigkeit* beschrieben. Voraussetzung für den Einsatz im Asphalt ist die Herstellung von *Edelsplitten* mit den Sieblinien 2-5 mm, 5-8 mm, 8-11 mm, 11-16 mm, 16-22 mm und den Edelsplittgemischen 2-11 mm und 11-22 mm. Hier können zwischen zehn und fünfzig Prozent EOS eingesetzt werden. Edelsplittgemische können ebenfalls als Frostschutz- und Schottertragschichten unter den bituminös gebundenen Schichten – also des Asphaltes – im Straßenbau verwendet werden. Heute besteht noch eine Einsatzmöglichkeit – in Mischung mit Sekundärmetallurgischer Schlacke, die aufgrund ihrer bindenden Eigenschaften zugegeben wird – im offenen Wegebau.

Die nächsten drei Verwertungsmöglichkeiten sind unbedeutender. Im Gleisunterbau – als Korngemische für Trag- und Schutzschichten – ist der Einsatz möglich. Als Gleisschotterersatz ist die EOS von der Deutschen Bahn nicht zugelassen, der Einsatz bei Privatbahnen ist möglich und wird auch praktiziert.

Elektroofenschlacke kann bei Einhaltung der gesetzlichen Eluatwerte als Wasserbaustein verwendet werden. Die Nutzung zur Oberflächenprofilierung von Deponien – unter der Oberflächenabdichtung – kann eine weitere Möglichkeit darstellen.

Für die Sekundärmetallurgische Schlacke oder auch Gießpfannenschlacke gibt es deutlich weniger Verwendungsmöglichkeiten. Die Nutzung im Gemisch mit EOS im offenen Wegebau ist die Hauptverwendung. Der Einsatz als Kalkdünger zur Bodenverbesserung ist von den chemischen Eigenschaften her möglich.

2.2. Rechtliches Regelwerk heute und morgen

Regelwerke bei der Handhabung metallurgischer Schlacken

In Tabelle 1 sind die wichtigsten Gesetze und Regelwerke dargestellt, die bei der Handhabung und Verwertung der Schlacken zu beachten sind. Die Deponierung der Schlacken wird hier nicht betrachtet, da dies dem Gedanken der Kreislaufwirtschaft widerspricht. Unterschieden wird zwischen Regelungen für den Betrieb von Anlagen – also im Stahlwerk und beim Schlackenaufbereiter – sowie Regelungen für die spätere Verwertung von Schlacken.

In der Hierarchie oben, jedoch mit den wenigsten konkreten Regelungen, steht die Richtlinie 2000/60/EG des Europäischen Parlaments und des Rates vom 23. Oktober 2000 zur Schaffung eines Ordnungsrahmens für Maßnahmen der Gemeinschaft im Bereich der Wasserpolitik – kurz die EU-Wasserrahmenrichtlinie. Sie enthält Bestimmungen zum Schutz der Gewässer vor der Freisetzung von Schadstoffen aus technischen Anlagen und den Folgen unerwarteter Verschmutzungen.

Anforderungen	heute	zukünftig
Anlagenbetrieb		
Richtlinie 2000/60/EG, Wasserrahmenrichtlinie	Ja	Ja
WHG – Wasserhaushaltsgesetz	Ja	Ja
Übergangs-VAwS bzw. Länderumsetzung	Ja	Nein
AwSV	Nein	Ja
Verwertung		
KrWG - Kreislaufwirtschaftsgesetz	Ja	Ja
BBodSchG - Bundes-Bodenschutzgesetz	Ja	Ja
BBodSchV - Bundes-Bodenschutz- und Altlastenverordnung	Ja	Ja
Bodenschutzgesetze der Länder	Ja	Ja
TP Gestein-StB	Ja	?
TL Gestein-StB	Ja	?
LAGA – TR 20	Ja	?
NdS Erlass Az. 36-62810/100/4	Ja	?
EBV-ErsatzbaustoffV	Nein	?
Bund-/Länder-AG *ErsatzbaustoffV*	Nein	!

Tabelle 1: Übersicht über die wichtigsten Regelwerke, die bei der Handhabung und der Verwertung von Schlacken heute und zukünftig beachtet werden müssen

Als nächstes folgt die deutsche Umsetzung des EU-Rechts durch das Wasserhaushaltsgesetz (WHG), dem Gesetz zur Ordnung des Wasserhaushalts. Das WHG enthält ebenso wie die Landeswassergesetze Regelungen zum Umgang mit potentiell wassergefährdenden Stoffen. Details sind in den zugehörigen Verordnungen geregelt. Heute haben wir die Situation, dass die gültige *Verordnung über Anlagen zum Umgang mit wassergefährdenden Stoffen* nur fünf Paragraphen enthält und in § 1 auf die landesrechtlichen Vorschriften verweist. Sie ist also nur eine Übergangs-VAwS, da die zur Novellierung des WHG 2009 beabsichtigte Anlagenverordnung noch nicht in Kraft ist. Dieser Zustand wird von der Legislative aber bald – mit dem Inkrafttreten der neuen Verordnung über Anlagen zum Umgang mit wassergefährdenden Stoffen (AwSV) ist nach aktuellen Diskussionen in absehbarer Zeit zu rechnen – behoben werden, so dass die gesetzlichen Regelungen für Anlagen zum Umgang mit wassergefährdenden Stoffen nicht nur zahlreicher sondern auch deutlich einschränkender werden.

Mit der AwSV soll das Anlagenrecht in der Bundesrepublik Deutschland vereinheitlicht werden. Die Verordnung regelt das Verfahren zur Einstufung wassergefährdender Stoffe einschließlich der hiermit verbundenen Selbsteinstufungspflicht des Anlagenbetreibers, die – obwohl auch bisher schon erforderlich – oft nicht umgesetzt wurde. Die AwSV enthält stoff- und anlagenbezogene Regelungen für den Umgang mit wassergefährdenden Stoffen sowie Regelungen zu Sachverständigenorganisationen, Güte- und Überwachungsgemeinschaften und Fachbetrieben. Sie gilt nur für Anlagen, in denen mit wassergefährdenden Stoffen umgegangen wird. Ausgenommen werden Anlagen die nicht ortsfest sind, oberirdische Kleinstanlagen < 220 Liter und sowie JGS-Anlagen (Jauche-Gülle-Silage).

Regelwerke für die Verwertung metallurgischer Schlacken

Als erstes ist das Gesetz zur Förderung der Kreislaufwirtschaft und Sicherung der umweltverträglichen Bewirtschaftung von Abfällen kurz KrWG – Kreislaufwirtschaftsgesetz zu nennen. Weiter auch das Gesetz zum Schutz vor schädlichen Bodenveränderungen und zur Sanierung von Altlasten (BBodSchG) – Bundes-Bodenschutzgesetz und die BBodSchV – Bundes-Bodenschutz- und Altlastenverordnung sowie die Bodenschutzgesetze der Länder. Detaillierte Regelungen zur Ermittlung einer zulässigen Verwertungsart enthalten die Technischen Prüfvorschriften für Gesteinskörnungen im Straßenbau (TP Gestein-StB), die Technischen Lieferbedingungen für Gesteinskörnungen im Straßenbau (TL Gestein-StB) und die Anforderungen an die stoffliche Verwertung von mineralischen Reststoffen/Abfällen (Technische Regeln LAGA – TR 20).

In Niedersachsen werden die o.g. Regelwerke durch den Erlass mit dem Az.: 36-62810/100/4 *Abgrenzung von Bodenmaterial und Bauschutt mit und ohne schädliche Verunreinigungen nach der Abfallverzeichnis-Verordnung (AVV)* ergänzt. Hier wird z.B. für den Rückbau von Bauwerken mit Sekundärbaustoffen z.B. Schlacken in Straßenbaustoffen ein *Schadstoffgehalt* von Chrom im Feststoff von 600 mg/kg= 0,06 Prozent als obere Grenze für nicht gefährlichen Abfall genannt. Bei den Elektrolichtbogenofenschlacken handelt es sich aus Gründen der metallurgischen Prozessführung um *oxidierte Schlacken*, die z.B. Phosphor durch Oxidation aus dem Stahl bringen und damit eine hohe Stahlqualität sicherstellen. Die EOS hat daher ein durchschnittlichen Gehalt von nicht eluierbaren, weil in Spinellen gebundenen, Chromoxiden von etwa ein Prozent. Obwohl diese Chromoxide mineralogisch in Spinellen gebunden und damit nicht auslaugbar sind, kommt dieser Erlass einem Verwertungsverbot von Schlacken in Straßenbaustoffen gleich. Keine Behörde wird den Einbau von Schlacken genehmigen, wenn sie davon ausgehen muss, dass am Ende der Lebensdauer des Straßenbauwerkes Teile davon als gefährlicher Abfall zu entsorgen wären.

Auswirkung heute diskutierter, zukünftiger Regelungen

Noch Anfang des Jahres 2013 ist die Stahlindustrie davon ausgegangen, dass bald eine Ersatzbaustoffverordnung (EBV) kommen würde, die Materialwerte für vierzehn Ersatzbaustoffe, in 28 Untergruppen, z.B. für Schlacken aus Elektrostahlwerken die Gruppen SWS 1-3 enthalten sollte. In der EBV sollten zulässige/unzulässige Einbauweisen in Abhängigkeit von der Bodenbeschaffenheit und der Schutzbedürftigkeit des Grundwassers definiert werden. Die verschiedenen Entwürfe präsentierten sich als praxisfremd mit unübersichtlichen Ausnahmeregelungen.

Da sich der Bund und die Länder nicht auf den letzten Entwurf einigen konnten, wurde eine Bund-Länder Arbeitsgruppe *ErsatzbaustoffV* eingerichtet, die am 02.09.2013 ein Ergebnispapier vorstellte, das in fünfzehn Punkten die Beratungsergebnisse zusammenfasste. Es handelt sich faktisch um eine weitergehende Verschärfung des vorliegenden Entwurfes der EBV. Als Bespiel hierfür kann z.B. herangezogen werden, dass wenn Feststoffgehalte den dreifachen Vorsorgewert nach Bundes-Bodenschutz-Verordnung für die Bodenart Lehm/Schluff überschreiten, die Mineralischen Ersatzbaustoffe nur in oberirdischen Baumaßnahmen mit einem Einbauvolumen von mehr als 1.500 m³ eingebaut werden dürfen. Ein weiteres Beispiel ist, dass bei einem Vorsorgewert von sechzig mg/kg für Chrom in der BBodSchV für die Bodenart Lehm/Schluff – dies entspricht einem Chromgehalt von 0,006 Prozent in der EOS. Mit Blick auf die genannten Chromgehalte bedeutet dies, dass Elektroofenschlacken – unabhängig von ihrem Eluatverhalten – zukünftig nur noch in Großbaumaßnahmen eingesetzt werden können. Diese Großbaumaßnahmen umfassen jedoch nur etwa zwanzig Prozent des gesamten Absatz-/Nutzungsmarktes für Elektrolichtbogenofenschlacken. Im Umkehrschluss sind zunehmender Abbau und zunehmende Nutzung primärer Rohstoffe Folge einer solchen Ersatzbaustoffverordnung.

Sollten insbesondere die EBV wie im Entwurf oder der von den Ländern geforderten Verschärfung in Kraft treten, wird für die Verwertung des industriellen Gesteins EOS nur der Weg in den Asphalt übrig bleiben. Die Verwertung in Frostschutz- und Schottertragschichten wäre stark eingeschränkt. Für die SEKS gäbe es außer der grundsätzlichen Möglichkeit zur Aufbereitung als Düngemittel keine Verwertungsmöglichkeiten mehr. Deshalb, aber auch zu weiteren Verbesserung der Ressourceneffizienz, erfolgen aktuell Entwicklungstätigkeiten zur Nutzung der SEKS als Kalkersatz im Elektrolichtbogenofen.

3. Aufbau und Prozessführung von Lichtbogenöfen
3.1. Metallurgische Prozesskette

Die Prozesskette in einem Elektrostahlwerk ist in Bild 4 dargestellt. Zunächst werden auf dem Schrottplatz zwei Schrottkörbe mit den für die Schmelze notwendigen Mengen verschiedener Schrottsorten beladen. Für jede Stahlgüte ist ein eigenes Menü hinterlegt. Der nachfolgende metallurgischen Prozessabschnitt gliedert sich in die beiden Teilschritte Primär- und Sekundärmetallurgie. Die Primärmetallurgie beinhaltet im Elektrolichtbogenofen die Transformation von Einsatzstoffen und Schlackenbildnern in Rohstahl und *schwarze Elektrolichtbogenofenschlacke*. Eine typische chemische Analyse einer EOS ist in Tabelle 2 wiedergegeben. Diese Analyse kann je nach Werk und zu erzeugender Stahlgüte schwanken. Der hohe Gehalt an FeO gibt der Schlacke das typische schwarze Erscheinungsbild. Nach einem schlackenfreien Abstich befindet sich der Rohstahl sich in einer Gießpfanne und wird im Pfannenofen sekundärmetallurgisch weiterbehandelt. Hier werden nach Zugabe von Schlackenbildnern u.a. die kundenspezifischen Vorgaben, beispielsweise die chemische Analyse, sowie die für den weiteren Fertigungsablauf notwendigen Prozessparameter eingestellt. Nach der Behandlung in der Vakuumanlage – Entfernung des im Stahl gelösten Wasserstoffs – sowie im Spülstand – Verbesserung des metallurgischen Reinheitsgrades - ist der Stahl für den Gießprozess vorbereitet. Während der sekundärmetallurgischen Behandlung fällt die Gießpfannen- oder sekundärmetallurgische Schlacke an, die sich in der chemischen Analyse deutlich von der Schlacke aus dem Elektrolichtbogenofen unterscheidet. Die SEKS hat entscheidenden Einfluss auf die Qualität des Stahls und wird individuell auf die jeweilige Stahlgüten eingestellt. Es kann daher zu deutlichen Abweichungen zu den in Tabelle 2 aufgeführten typischen Werten kommen. Dieser Schlackentyp zerfällt in der Regel bei der Abkühlung zu einem hell erscheinenden, feinkörnigen Pulver.

Aufbau und Prozessführung des Lichtbogenofens

Bei einer Erzeugung von etwa 900.000 Tonnen Flüssigstahl im Jahr 2013 fielen etwa 120.000 Tonnen EOS und etwa 22.000 Tonnen SEKS an, Tabelle 2. Beide Schlackenarten fallen mit ihren unterschiedlichen Zusammensetzungen in erheblichen Mengen im Elektrostahlwerk an. Daher sollen Aufbau und Prozessführung sowohl im Elektrolichtbogenofen als auch im Pfannenofen näher beschrieben werden.

%	Elektrolichtbogenofenschlacke EOS	Sekundärmetallurgische Schlacke SEKS
FeO_n	30 - 43	< 3
CaO	25 - 35	30 - 60
SiO_2	8 - 18	5 - 18
Al_2O_3	3 - 10	20 - 40
MgO	3 - 9	4 - 14
MnO	4 - 7	< 2
P_2O_5	0,3 - 0,6	< 0,2
ø Produktion [t] p.a. bei 900.000 t Rohstahl flüssig	120.000	22.000

Tabelle 2:

Übersicht von Stahlwerksschlacken mit ihren typischen chemischen Zusammensetzungen und deren Produktionsmengen bei 900.000 Tonnen Rohstahl flüssig p.a.

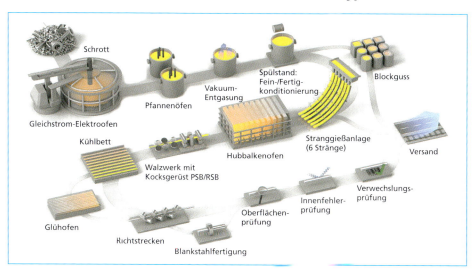

Bild 4: Schematischer Produktionsprozess bei der Herstellung von Stabstahl mit dem Elektrostahlprozess

Quelle: www.gmh.de

3.2. Technologie des Elektrolichtbogenofens

Aufbau des Aggregates

Bild 5 gibt eine zusammenfassende Darstellung der Hauptkomponenten wieder. Es handelt sich um einen Gleichstromelektrolichtbogenofen, der einige abweichende Konstruktionsmerkmale gegenüber dem weiterverbreiteten Drehstromlichtbogenofen aufweist. Als Hauptkomponenten sind im vorliegenden Fall die Stromversorgung und das kippbare Ofengefäß mit schwenkbarem Ofendeckel aufzuführen.

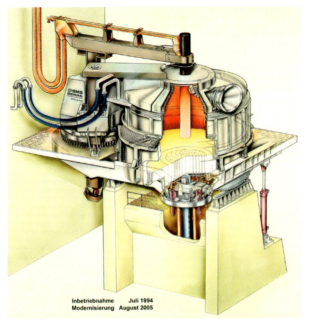

Bild 5:

Schematischer Aufbau eines Gleichstrom-Elektrolichtbogenofens

Quelle: SMS-Siemag AG, Eduard-Schloemann-Strasse 4, 40237 Düsseldorf

Die Stromversorgung besteht aus zwei Transformatoren (installierte Leistung: 130 MVA) mit nachgeschalteten Thyristor Gleichrichterbänken. Der Gleichstrom wird durch flexible Kabel an die Stromrohre weitergeleitet. Die Stromrohre befinden sich auf einem hydraulisch heb- und senkbaren Elektrodenarm, an dessen Spitze eine Graphitelektrode in dem Elektrodenhalter sitzt. Der Strom fließt durch die Elektrode in das Ofengefäß. Die elektrische Energie wird zu den Gleichrichterbänken durch die Bodenanode zurückgeführt. Die Leistung des Elektrolichtbogenofens (ELO) wird über das Stromstärke/Stromspannungsverhältnis eingestellt. Je nach Bedarf – vorgegeben durch den Prozessabschnitt – können elektrische Leistungen zwischen vierzig Megawatt und hundert Megawatt bereitgestellt werden. Zwischen Elektrodenspitze und dem zunächst festem Schrott, bzw. in einem späteren Prozessabschnitt zwischen Elektrodenspitze und dem flüssigem Rohstahl, brennt ein Lichtbogen. Dieser Lichtbogen liefert durch seine hohe Wärmestrahlung die notwendige Prozesswärme. Der Stromfluss durch die flüssige Schmelze sorgt für hohe Badbewegungen und stellt die gute Durchmischung der Schmelze sicher.

Das Ofengefäß sitzt in einer hydraulisch kippbaren Tragkonstruktion. Der Ofenherd ist mit feuerfesten Materialien ausgekleidet, da nur damit flüssiger Stahl und flüssige Schlacke im Ofen gehalten werden können. Als feuerfestes Material werden Steine auf Magnesit-Kohlenstoff Basis (>97 Prozent MgO; 14,5 Prozent C) im Verschleißfutterbereich und Stampfmassen (72,4 Prozent MgO; 23,0 Prozent CaO) im Bodenbereich eingesetzt. Neben der Bodenanode ist das Abstichloch in der erkerförmigen Ausbuchtung des Ofenherds angeordnet. Aus dieser Öffnung wird der Rohstahl am Ende jedes Schmelzzyklus in die Gießpfanne abgestochen. Auf dem Ofenherd sitzt das Ofengefäß, an dessen Innenseite sich zur Kühlung der Konstruktion wasserdurchströmte Kupferelemente befinden. An dieser Stelle können Panele eingesetzt werden, da hier nicht die Gefahr des Kontakts mit flüssigem Stahl besteht. Flüssige Schlacke erstarrt auf den Kupferelementen und bildet eine zusätzliche Wärmeisolationsschicht aus. Der Innendurchmesser des Obergefäßes beträgt 7,2 m. In die Kühlelemente integriert sind mehrere Erdgas/Sauerstoff-Brenner (5 x 4 MW) zur Unterstützung des Schrottaufschmelzens sowie mehrere Injektionslanzen zum Einblasen von Kohle und Filterstaub. Zusätzliche Sauerstoffinjektoren dienen einer teilweisen Nachverbrennung von im Prozess gebildeten CO innerhalb des Ofenraums. Vor der Schlackentür steht ein Lanzenmanipulator, der über drei selbstverzehrende Lanzen Sauerstoff und Kohle in den Ofen bläst. Auf dem Obergefäß liegt der schwenkbare Ofendeckel. Dieser weist zum Innenraum hin wasserdurchströmte Stahlkühlelement auf. Neben der Durchtrittöffnung für die Elektrode gibt es zwei weitere Öffnungen. Eine für die Zugabe von Schlackenbildnern und Zusatzstoffen über eine Band- und Bunkeranlage. Eine weitere zum Absaugen der Ofenabgase. Die hoch CO-haltigen Gase werden mit Falschluft im Abgaskanal, der als Abhitzekessel ausgeführt ist, nachverbrannt. Mit der Wärme wird in einem weiteren Prozessschritt Dampf erzeugt, der für anschließende Prozesse zur Verfügung steht. Das Abgas wird in einer Quenche abgeschreckt und durch eine Filteranlage abgesaugt. Zuvor vermischt sich das direktabgesaugte Abgas mit dem aus dem Schmelzhallendach abgesaugten Volumenstrom. Während des Schmelzzyklus aus der Ofentür ablaufende, flüssige EOS wird in einem Schlackenkübel aufgefangen. Dieser wird nach Abschluss einer Schmelze zum Schlackenplatz abtransportiert.

Prozessführung

Die Abfolge der Prozessschritte ist Bild 6 wiedergegeben. Die Zugabe der Schlackenbildner sowie die einzelnen Verfahrensabläufe sind dergestalt abgestimmt, dass einerseits die Qualität des Stahles den Kundenwünschen entspricht andererseits die Zusammensetzung der Schlacke eine Verwendung in der Kreislaufwirtschaft zulässt.

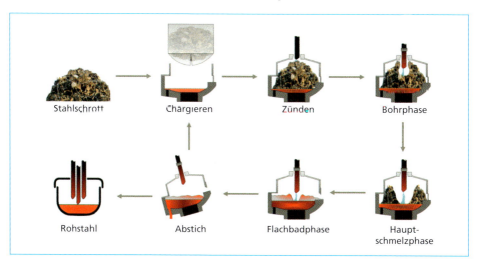

Bild 6: Prozessablauf in einem Gleichstromelektrolichtbogenofen

Quelle: Jansen, T.: Einbindung einer schallbasierten Schaumschlackendetektion in die Leistungs- und Feinkohleregelung eines Gleichstrom-Lichtbogenofens, 19.03.2014, Promotionsvortrag, Institut für Automatisierungstechnik, Helmut-Schmidt-Universität, Universität der Bundeswehr Hamburg

Zunächst werden zwei Schrottkörbe mit neunzig Tonnen und sechzig Tonnen Ladegewicht beladen. Für jede Stahlgüte gibt es ein Schrottmenü, in dem die Menge und Art der einzelnen Schrottsorten sowie die Reihenfolge der Beladung mit den einzelnen Sorten festgelegt ist. Die Auswahl der Schrottsorten dient der Einhaltung der Analysenvorschriften, die Reihenfolge der Beladung einem energieoptimalen Einschmelzverhalten der Schrottschüttung im Ofengefäß. Im ersten Korb werden zusätzlich drei Tonnen Kalk (CaO) für die rasche Bildung einer reaktionsfähigen Einschmelzschlacke geladen. Zusätzlich wird eine Tonne Kohlenstoffträger, *Satzkohle*, in diesen Korb geladen. Der zweite Korb wird neben dem Schrott mit zwei Tonnen Dolomitkalk (CaO • MgO) beladen.

Zu Beginn eines Schmelzzyklus im ELO wird der Deckel des Ofens angehoben und beiseite geschwenkt. Der erste Schrottkorb wird mit dem Kran über dem Ofengefäß platziert und der Inhalt fällt nach unten in das Ofengefäß. Das Schüttvolumen des in den Ofen chargierten Schrotts liegt im Mittel zwischen 1,0 bis 1,5 t/m^3. Demgegenüber liegt die Dichte von flüssigem Stahl bei Schmelztemperatur bei etwa 7 t/m^3. Dies bedeutet, dass das Volumen des Ofengefäßes nach dem Chargieren vollständig mit Schott gefüllt ist und nach dem Niederschmelzen sich wieder ein großer Freiraum über der Schmelze gebildet hat. Das Volumen des Ofengefäßes und der Schrottkörbe sowie die Auswahl der Schrottsorten sind so aufeinander abgestimmt, dass die Anzahl der zu chargierenden Schrottkörbe möglichst gering ist. In der Regel werden zwei bis drei Körbe chargiert. Im Fall des Gleichstromelektrolichtbogenofens befindet sich vor dem Chargieren des Schrottes noch eine flüssige Stahlmenge von etwa fünfzig Tonnen im Ofen, dem *Hot-Heel*. Da sich Stahl und Schlacke nicht vermischen, schwimmen auf dem flüssigen Stahlsumpf auch noch Reste flüssiger Schlacke der vorherigen Schmelze. Der große Flüssigsumpf stellt einerseits sicher, dass ein ausreichender Kontakt zur Bodenanode des Gleichstromelektrolichtbogenofens besteht und dient andererseits als *Wärmereservoir* dem beschleunigten Aufschmelzen des Schrottes.

Nach Schließen des Ofendeckels und Absenken der Elektrode wird der Lichtbogen gezündet. Zum Schutz des Ofendeckels beginnt diese Bohrphase mit einem kurzen Lichtbogen. Mit dem weiteren Eindringen der Elektrode in die Schrottschüttung vertieft und erweitert sich der Bohrkrater, wobei die Lichtbogenlänge vergrößert wird, was mit erhöhter elektrischer Wirkleistung einhergeht. Damit beginnt die Hauptschmelzphase. Zeitgleich mit dem Zünden des Lichtbogens werden die Erdgas/Sauerstoff-Brenner zur Unterstützung des Schrotteinschmelzens gezündet. Den höchsten thermischen Wirkungsgrad haben die Brenner, solange die Flammen in eine Schrottschüttung hineinbrennen können. Bereits kurz nach Zünden des Lichtbogenofens beginnen sich die selbstverzehrenden Sauerstofflanzen von der Ofentür aus durch die Schrottschüttung hindurch zu bohren. Mit dem Einblasen des Sauerstoffs in den großen Flüssigsumpf wird frühzeitig mit dem *Frischen* des abschmelzenden Schrottes begonnen. Die eingebrachte *Satzkohle* verhindert eine zu starke Verbrennung des Eisens zu Schlacke. Dabei bildet die Satzkohle im Ofenraum CO, das mit durch Diffusoren eingebrachten Sauerstoff unter hoher Energieabgabe zu CO_2 weiterverbrannt wird. Mit steigenden

Temperaturen im Ofenraum nimmt die Wirkung der Nachverbrennung jedoch aus thermodynamischen Gründen ab. In der Nähe der Wärmequellen schmelzen Schrott und Schlackenbildner vorzeitig ab und sammeln sich im großen Flüssigsumpf und bilden eine erste Einschmelzschlacke. An der Wand läuft das Aufschmelzen des Schrottes verzögert ab. Sobald ausreichend freies Volumen im Ofenraum zur Verfügung steht, wird der nächste Schrottkorb chargiert und das Niederschmelzen der Schrottschüttung beginnt erneut.

Mit dem Niederschmelzen des letzten Schrottkorbs beginnt die Flachbadphase. Der vor den Wänden liegende Schrott ist jetzt abgeschmolzen und kann diese nicht mehr vor der Wärmestrahlung des Lichtbogens schützen. Ein ausreichender Schutz der Seitenwände und des Deckels wird einerseits durch die Verkürzung des Lichtbogens und andererseits vor allem durch die Technik des Schlackeschäumens erreicht. Hierzu werden Kohlenstoffträger seitlich durch Injektoren in der Ofenwand sowie durch selbstverzehrende Lanzen über die Ofentür in die Schlacke eingeblasen. Der Kohlenstoff reagiert mit den hohen Eisenoxidgehalten der Schlacke gemäß der endothermen Reaktion

$$C + (FeO) \leftrightarrow [Fe] + \{CO\}\uparrow \qquad (1)$$

zu metallischem Eisen und gasförmigem Kohlenmonoxid. Die (runden) Klammern beschreiben einen Reaktionspartner in der Schlackenphase, die [eckigen] einen in der metallischen Phase und die {geschweiften} einen gasförmigen, der aus dem Gleichungssystem ↑ entweicht. Das Kohlenmonoxid bildet in der Schlackenschicht Blasen, die, soweit die physikalischen Kennwerte der Schlacke, wie Viskosität und Oberflächenspannung, es erlauben, nicht sofort aus der Schlacke aufsteigen, sondern durch das Gasvolumen das Schlackenvolumen deutlich vergrößern, also aufschäumen. Der Lichtbogen wird umhüllt und die Wärme wird besser auf die Stahlschmelze übertragen, die Energieeffizienz des Prozesses steigt.

Der im ELO niedergeschmolzene Schrott besteht aus *gebrauchtem* Stahl und enthält auch die Legierungsmittel, die ihm bei der primären oder vorherigen Herstellung zugefügt wurden. Dies sind bei unlegierten Stahlschrotten in der Regel Kohlenstoff [C], Mangan [Mn], Silizium [Si] sowie in geringerem Umfang Vanadium [V], Chrom [Cr] und Molybdän [Mo]. Aber auch Phosphor [P] und Schwefel [S] sind in Schrotten vorhanden entweder selbst im Stahl oder als nicht vermeidbare Anhaftungen am Schrott. Auch wird Kupfer [Cu] als nicht aussortierte Elektrokabel oder Motoren in den Ofen chargiert. Alle diese Elemente finden sich bei und nach dem Niederschmelzen des Schrotts in dem flüssigen Stahlbad wieder. Beim Einblasen des Sauerstoffs in den flüssigen Stahl werden nahezu alle genannten metallischen Begleitelemente in ihre Oxidform überführt mit Ausnahme des Chroms, das lediglich zu etwa fünfzig Prozent verschlackt, und dem Kupfer, das vollständig in der Schmelze verbleibt. Auch etwa zehn bis fünfzehn Prozent des Eisens verbrennen. Mit der Restschlacke aus der vorhergehenden Schmelze und dem im Schrottkorb chargierten Kalk und Dolomitrecyclat, bilden die Metalloxide eine (FeO)-reiche Schlacke, die zahlreiche Aufgaben erfüllt:

- Bildung einer Schaumschlacke zur Steigerung der Energieeffizienz des Lichtbogens,
- Aufnahme der aufoxidierten Metalle,
- vor allem die Aufnahme des Phosphors und im geringeren Umfang des Schwefels.

Der Entphosphorungsreaktion kommt eine überragende Bedeutung zu, die sich mit zwei Teilreaktionen beschreiben läßt:

$$2[P] + 8(FeO) \leftrightarrow (3FeO \cdot P_2O_5) + 5[Fe] \qquad (2)$$

$$(3FeO \cdot P_2O_5) + 3(CaO) \leftrightarrow (3CaO \cdot P_2O_5) + 3(FeO) \qquad (3)$$

Speziell aus Formel (3) ist ersichtlich, dass eine Entphosphorung ohne die Verfügbarkeit von CaO oder auch Ca^{2+}-Ionen in Form von Kalk – und einer damit einhergehender Schlackenbildung – nicht im ELO ablaufen könnte. Höhere SiO_2-Gehalte binden CaO als Kalziumsilikate ab, womit diese Anteile des Kalks für die Phosphorabbindung nicht mehr zur Verfügung stehen. Die Entphosphorungsreaktion läuft bis zu Temperaturen von etwa 1.550 °C bevorzugt in die rechte Richtung geht, während bei höheren Temperaturen die Reaktion wieder in die linke Richtung gehen. Die Prozessführung des ELO in der Flachbadphase der Schmelze vermeidet gezielt die Rückphosphorung. Infolge des Schäumens der Schlacke läuft diese nahezu kontinuierlich durch die Schlackentür aus dem Ofen ab. Gleichzeitig sorgt ggf. die weitere Zugabe von Kalk durch den Ofendeckel für eine ausreichende Konzentration von CaO. So ist bereits die größte Menge Phosphor aus dem Ofen vor der abschließenden Überhitzungsphase abgeführt, in der die Temperatur der Stahlschmelze auf 1.650 °C bis 1.670 °C bis kurz vor dem Abstich angehoben wird.

Neben der zeitweise extrem hohen mechanischen und thermischen Belastung erfährt die feuerfeste Ausmauerung des ELO erhebliche chemische Angriffe durch die hoch (FeO)-haltige Elektrolichtbogenofenschlacke. Die Ausmauerung des Ofens besteht aus Magnesit-Kohlenstoff-Steinen. Neben sehr reinem MgO liegen etwa zehn Prozent bis fünfzehn Prozent C in diesen Steinen vor. Die metallurgischen Reaktionen zeigen auf, dass je höher der Gehalt an (CaO) + (MgO) in der Schlacke ist, umso weniger MgO wird aus den feuerfesten Steinen gelöst. Wird durch die gezielte Zugabe von (MgO)-haltigen Schlackenbildnern der (MgO)-Gehalt der Schlacke nahe der Löslichkeitsgrenze von (MgO) in der Schlacke eingestellt, wird der Verschleiß des feuerfesten Mauerwerkes weiter zurückgedrängt.

Nach Erreichen der gewünschten Temperatur kippt der Ofen in Abstichposition, die Erkerabstichklappe öffnet sich und der Stahl fließt in die sich darunter befindliche Gießpfanne. Der Stahl enthält nun kaum mehr metallische Begleitelemente, jedoch ist nun eine größere Menge Sauerstoff darin gelöst. Zum Ende des Abstichs wird der Ofen sehr schnell in Richtung Schlackentür gekippt, um ein Mitlaufen der EOS in die Gießpfanne soweit wie möglich zu vermeiden. Zeitgleich mit dem Abstich des flüssigen Stahls in die Gießpfanne, werden Desoxidations- und Legierungsmittel sowie die für den nächsten Prozessabschnitt notwendigen Schlackenbildner (Kalk, MgO-Kauster, Tonerde und ggf. Flußspat) in die Gießpfanne hinzugegeben. Die durch die

Aufbau und Prozessführung des Lichtbogenofens

Schlackentür in den Schlackenkübel abgelaufene Schlacke wird abtransportiert und auf dem Schlackenplatz der weiteren Verarbeitung zugeführt.

Unter Würdigung der vielfältigen Aufgaben im Elektrolichtbogenofen sowie der Notwendigkeit zur Erfüllung aller umweltrelevanten Aspekte für die weitere Verwendung als Baustoff, ist die Bedeutung der Schlackenführung in diesem Einschmelzaggregat ersichtlich.

Detaillierte Beschreibungen der im Elektrolichtbogenofen metallurgischen Prozesse sind z.B. in [11] zu finden.

3.3. Technologie des Pfannenofens

Aufbau des Aggregates

Der einfache Aufbau eines Pfannenofens ist in Bild 7 gut erkennbar. Der wesentliche Unterschied zum ELO besteht darin, dass der Strom alternierend durch drei Tragarme und damit über durch Elektroden zur Oberfläche der Schmelze geleitet wird. Entsprechend des Drehstromprinzips wird der Strom abwechselnd durch die Elektroden zu- und abgeführt, wobei die Stahlschmelze als elektrischer Sternmittelpunkt dient. Die im Pfannenofen benötigten Leistungen sind deutlich geringer (13 MW), da die flüssige Stahlschmelze lediglich in geringem Temperaturbereich aufgeheizt bzw. die Temperatur der Schmelze konstant gehalten werden muss. Daher beträgt die am Pfannenofen installierte Transformatorleistung lediglich 25 MVA.

Bild 7:

Schematischer Aufbau eines Pfannenofens

Quelle: SMS-Siemag AG, Eduard-Schloemann-Strasse 4, 40237 Düsseldorf

Der mechanische Aufbau des Pfannenofens ist einfach. Der Flüssigstahl mit der darauf schwimmenden Schlacke befindet sich in der feuerfest (Steine der Zusammensetzung > 95 Prozent MgO) ausgemauerten Gießpfanne. Unten im Boden sind zwei poröse Spülsteine integriert, die inertes Spülgas in die Schmelze geleitet wird. Die aufsteigenden Gasblasen mischen die Stahlschmelze und verhindern eine Temperaturschichtung in der Schmelze. Die Gießpfanne steht auf einem Transportwagen und wird zur sekundärmetallurgischen Behandlung unter den hydraulisch heb- und senkbaren Ofendeckel positioniert. Der Ofendeckel weist neben der großen Öffnung für die Elektroden eine Arbeitstür zur Beobachtung der Schmelze und Entnahme von Schlackenproben sowie eine Öffnung für die automatisierte Temperaturmessung und Entnahme einer Stahlprobe auf. Das Ofenabgas wird aus einem Ringspalt abgesaugt, der sich um die Durchtrittöffnung für die drei Elektroden befindet, und einer separaten Filteranlage zugeführt.

Prozessführung

Nach dem Abstich erreicht die Stahlschmelze mit etwa 95 Prozent der notwendigen Legierungsmittel sowie den erforderlichen Schlackenbildnern die Arbeitsposition im Pfannenofen. Nach Absenken der drei Elektroden werden die Lichtbögen gezündet und die Schlackenbildner schmelzen auf. Die Lichtbögen werden mit kurzen Lichtbogenlängen betrieben, da in diesem Fertigungsabschnitt kaum eine Schaumschlacke generiert werden kann. Da die Wärmewirkung der Lichtbögen den Stahl nur an der Oberfläche erreicht und so die Gefahr einer Wärmeschichtung in der Stahlschmelze besteht, wird inertes Gas durch die porösen Spülsteine im Boden der Gießpfanne geleitet. Die aufsteigenden Blasen erzwingen eine Umlaufströmung in der Stahlschmelze.

Die Hauptaufgabe der sekundärmetallurgischen Behandlung im Pfannenofen liegt in der Entschwefelung der Stahlschmelze. Die Entschwefelungsreaktion läuft entsprechend der Reaktion

$$(CaO) + [FeS] \leftrightarrow (CaS) + (FeO) \qquad (4)$$

ab. Um die Reaktion bevorzugt nach rechts ablaufen zu lassen, ist für einen geringen Eisenoxidgehalt (FeO) zu sorgen. Dies wird durch Reduzieren der Schlacke u.a. mit Calciumkarbid CaC_2 erreicht. Typischerweise stellen sich hier (FeO)-Gehalte von weniger als ein Prozent ein. Aus der Reaktionsgleichung (4) ist auch ersichtlich, dass diese Reaktion im Gleichstromelektrolichtbogenofen bei den dort herrschenden (FeO)-Gehalten von etwa vierzig Prozent stark auf die linke Seite verschoben wird und damit eine Entschwefelung nur im geringen Maße möglich ist. Da (FeO) in der sekundärmetallurgischen Schlacke als verflüssigender Bestandteil der Schlacke nicht zur Verfügung steht, sind andere schmelzpunktserniedrigende Schlackenbildner notwendig. In der Regel wird Flußspat (CaF_2) oder Tonerde (Al_2O_3) angewendet. Gleichzeitig ist auch, vergleichbar der Maßnahme im ELO, ausreichend MgO in die Schlacke zu bringen, um den Verschleiß der feuerfesten Ausmauerung der Pfannen so gering wie möglich zu halten.

Schrittweise, mit wiederholten Kontrollanalysen und Temperaturmessungen, werden Zusammensetzung und Temperatur der Stahlschmelze auf die geforderten Werte eingestellt und dem nächsten Prozessschritt zur Verfügung gestellt. Die sekundärmetallurgische Schlacke wird nach Beendigung des Gießprozesses aus der Pfanne entleert und geht dann zur weiteren Verwertung.

4. Lösungsansätze zum Schlackenhandling

Der innerbetriebliche Umgang in Stahlwerken und Aufbereitungsbetrieben mit Schlacken wird unter Berücksichtigung der unter dem Punkt *Gesetzliche Rahmenbedingungen* diskutierten AwSV kurz- und mittelfristig deutlich beeinflusst werden. Sollten metallurgische Schlacken im Sinne der AwSV zukünftig als wassergefährdend eingestuft werden, sind weitere Kosten sowohl als Einmalinvestition als auch als variable Prozesskosten die Folge. Die Erarbeitung von Strategien, wie im Falle einer solchen Einstufung zukünftig nicht nur eine energie- sondern auch kosteneffiziente und damit wettbewerbsfähige Stahlproduktion in Deutschland aufrechterhalten werden kann, sind somit erforderlich.

Im Sinne der AwSV wäre das Grundwasser vor Belastungen mit wassergefährdenden Stoffen zu schützen. Dies kann prinzipiell auf zwei Wegen geschehen – erstens durch einen lokalen Schutz des Grundwassers vor Oberflächenwasser, das mit wassergefährdenden Stoffen in Berührung gekommen ist, d.h. Bodenversiegelung, oder zweitens durch Präventivmaßnahmen, die einen Wasserkontakt des wassergefährdenden Stoffs mit Wasser vermeiden, d.h. im Falle von metallurgischen Schlacken also eine trockene Erstarrung und Lagerung.

4.1. Möglichkeiten für sekundärmetallurgische Schlacken

Sekundärmetallurgische Schlacken bestehen im Wesentlichen aus $CaO - SiO_2 - Al_2O_3$ - MgO. Beim Phasenübergang flüssig – fest und der weiteren Abkühlung kommt es fast immer zur Bildung der Phase Dicalciumsilikat $2CaO*SiO_2$, abgekürzt C2S. Das C2S ist durch eine Phasenumwandlung, die mit einem Volumenwechsel von etwa elf bis zwölf Prozent durch einen Wechsel der Kristallstruktur einhergeht, verantwortlich für einen feinkörnigen, pulverförmigen Zerfall der SEKS bei der weiteren Abkühlung. Dieser Zerfall ist von Nachteilen beim weiteren Handling begleitet, z.B. Staubemissionen, so dass in den Schlackenbeeten heute häufig die Schlacken bewässert werden. Sollten diese sekundärmetallurgischen Schlacken als grundsätzlich wassergefährdend im Sinne der AwSV eingestuft werden, könnte dieser Prozess so nicht ohne weitere Investitionen und Bodenversiegelungen betrieben werden. Eine Alternative wäre eine trockene Erstarrung, ohne die Nachteile eines feinkörnigen Zerfalls. Hierzu wäre die Vermeidung des Dicalciumsilikatzerfalls notwendig.

Vermeidung des Dicalciumsilikatzerfalls

Bild 8 zeigt die unterschiedlichen Modifikationen des Dicalciumsilikats (C2S). Der feinkörnige, pulverförmige Zerfall der sekundärmetallurgischen Schlacken basiert auf einem Modifikationswechsel des β-C2S (Larnit) zum γ-C2S (Calcio-Olivin) bei Temperaturen < 500 °C. Dieser Wechsel der Modifikation geht mit einer Volumenzunahme einher, der für den Zerfall verantwortlich gemacht werden kann. Interessant ist, dass der relevante Temperaturbereich, der über einen Zerfall oder Nicht-Zerfall des C2S entscheidet, bereits bei Temperaturen um 1.160 °C liegt, da hier entschieden wird, ob in die grobkristalline oder die feinkristalline Form übergegangen wird. Hier greifen zwei in der Literatur bekannte Möglichkeiten zur Unterdrückung des C2S Zerfalls auf unterschiedliche Weise ein:

- Stabilisierung der $β_H$-C2S Modifikation durch chemische Zusätze, die die Umwandlung zum γ-C2S thermodynamisch unvorteilhaft werden lassen.
- Stabilisierung der $β_L$-C2S Modifikation durch eine schnelle Abkühlung bis etwa 1.000 °C. Die schnelle Abkühlung bedeutet eine feinkristalline Struktur bereits der Hochtemperaturmodifikation, die dann mit einer geringen Korngröße und thermischer Spannungen die γ-C2S Modifikation unterdrückt.

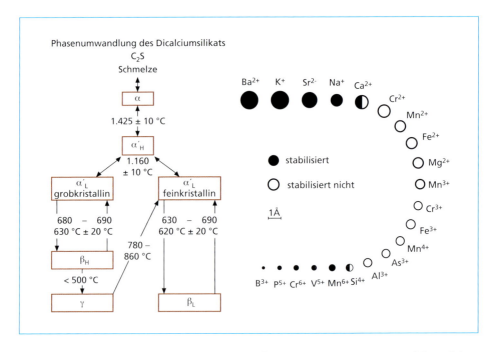

Bild 8: Modifikationswechsel des C2S und Einfluss verschiedener Elemente auf die Stabilität des β-C2S

Quellen: Lehmann, H., Niesel, K., Thormann, P.: Die Stabilitätsbereiche der Modifikationen des C2S, Tonind. Zeitung 93 (1969) Heft 6, S. 197/209

Drissen, P.: Abschlussbericht AiF 16456N, Stabilisierung sekundärmetallurgischer Schlacken aus der Qualitätsstahlerzeugung, FEhS - Institut für Baustoff-Forschung e. V., 2012

Recycling der SEKS als Kalkersatz im Elektrolichtbogenofen

Die chemischen Hauptkomponenten der Sekundärmetallurgischen Schlacke sind CaO – SiO_2 – Al_2O_3 – MgO. Typische SEKS besteht zu dreißig bis sechzig Prozent aus CaO und vier bis vierzehn Prozent MgO. Aus metallurgischer Sicht ist daher ein internes Recycling der SEKS zur Nutzung des bereits vorgeschmolzenen Kalks und MgO als Schlackenbildner vorstellbar. Dies würde nicht nur die Ressourceneffizienz der Stahlherstellung verbessern, sondern gleichzeitig zur Schonung von Primärressourcen beitragen.

Im Sinne der AwSV wären beide Wege zum Umgang mit sekundärmetallurgischen Schlacken zumindest technologisch denkbar, wenngleich beide deutliche wirtschaftliche Konsequenzen für die Kosteneffizienz und Wettbewerbsfähigkeit der Stahlindustrie bedeuten. Der Weg der chemischen Stabilisierung wird häufig über Bor- und Phosphorzugaben zur flüssigen Schlacke realisiert. Mit bereits geringen Mengen können auch im produktionstechnischen Umfeld Stabilisierungsraten von bis zu hundert Prozent erreicht werden [2]. Nachteilig ist jedoch, dass diese Mengen SEKS wieder der Kreislaufwirtschaft zugeführt werden müssen, da ein internes Recycling aufgrund der dann vorhandenen Boranteile in der SEKS ausgeschlossen werden kann. Diese Boranteile würden beim Einsatz als Kalkersatz im Gleichstromelektrolichtbogenofen wieder in das Stahlbad übergehen und dabei eine deutliche Beeinflussung der Stahlqualität bedeuten.

Bei der Stabilisierung der sekundärmetallurgischen Schlacke durch schnelle Abkühlung hingegen, könnte die trocken erstarrte und stückig vorliegende SEKS als Kalkersatz im ELO Prozess verwendet werden. In [2] werden Betriebsversuche beschrieben, die sich mit Methoden zur schnellen Abkühlung von SEKS beschäftigen. Demnach ist es zielführend die SEKS chargenweise der raschen Abkühlung zuzuführen. Die Schlacke ist zu diesem Zeitpunkt noch dünnflüssig und hat noch keine Deckel bereits erstarrter Anteile gebildet. Weiter gilt es eine nicht zu dicke Schichtdicke zu gewährleisten, da die Wärmeabfuhr durch bereits erstarrte Schlackenschalen aufgrund der geringen Wärmeleitfähigkeit des technischen Gesteins begrenzt ist.

Weiterführende innerbetriebliche Untersuchungen zeigten, dass bereits nach Abkühlzeiten, die kürzer als der Chargentakt sind, eine Weiterverarbeitung der Schlacke erfolgen kann. Die stabilisierte SEKS wird vom Reststahl befreit und sowohl der Reststahl aus der Gießpfanne als auch die SEKS können im internen Kreislauf dem Stahlherstellungsprozess im ELO wieder zugeführt werden. Die ersten Betriebsversuche zeigten, dass es zu keiner negativen Beeinflussung der Entphosphorungskapazität einer u.a. mit stabilisierter SEKS gebildeten EOS kommt. Bei rein mengenmäßiger Betrachtung muss eine Mehrmenge an SEKS im Vergleich zu reinem Kalk eingesetzt werden, da SEKS nicht zu hundert Prozent aus CaO besteht. Da es sich aber um eine vorgeschmolzene Schlacke handelt und gleichzeitig andere Größen den Stromverbrauch deutlich dominieren, z.B. Stückigkeit des Schrottes, ist bei der Betrachtung des normierten Stromverbrauchs kein signifikanter Einfluss der Menge SEKS als Kalkersatz nachweisbar.

Neben den technologischen Machbarkeiten des hier vorgestellten Verfahrens gilt es jedoch auch einige Nachteile, sowohl metallurgischer, als auch wirtschaftlicher Natur zu berücksichtigen.

Die ursprüngliche metallurgische Hauptaufgabe SEKS – die Entschwefelung des Stahls in der Sekundärmetallurgie - wirkt beim internen Recycling als Nachteil. Dieser Schwefel wird in der SEKS gebunden und damit beim internen Recycling wieder dem System im ELO zur Verfügung gestellt. Aufgrund der beschriebenen Zusammenhänge führen die Prozessbedingungen im ELO dann dazu, dass es zu einer Erhöhung der mittleren Schwefelabstichgehalte aus dem ELO kommt. Dieser höhere Schwefelgehalt muss in der Sekundärmetallurgie wieder entschwefelt werden und geht in die SEKS über, die später wieder im ELO eingesetzt wird.

Aus wirtschaftlicher Sicht ist die Implementierung von weiteren Prozess-, Lager- und Handlingsschritten im Stahlwerk nachteilig. Die innerbetriebliche Logistik wird komplexer, was mit erhöhten Aufwendungen einhergeht.

5. Zusammenfassung und Aufgabenstellung an die Politik

Stahl ist auch im 21. Jahrhundert der meistverwendete Konstruktionswerkstoff. Gründe sind sowohl seine Kosten- und Ressourceneffizienz, die u.a. in einer langen Lebensdauer und einer hundert Prozent Wiederverwertung begründet sind. Metallurgische Schlacken sind nicht nur unabdingbar bei der Stahlherstellung, sondern als technische Gesteine auch in der Lage, primäre Rohstoffe zu schonen sowie die energetischen Aufwendungen zu ihrer Gewinnung zu minimieren.

Eine Limitierung der Umweltbelastung ist sicherlich im Sinne aller handelnden Teilnehmer der Kreislaufwirtschaft. Jedoch wäre ein Ausschluss metallurgischer Schlacken als industrielles Gestein und Sekundär-Rohstoff aus der Kreislaufwirtschaft auf der Basis von Eluat-Grenzwerten, die auch bei natürlichen, primären Rohstoffen nachgewiesen werden können [5], nicht nachvollziehbar.

Unabhängig davon, werden die Weiterentwicklungen in der Stahlindustrie in Richtung Energie- und Ressourceneffizienz gehen, da diese nicht nur in monetärer Hinsicht, sondern auch im Sinne der öffentlichen Wahrnehmung der Industrie, als wichtig anzusehen sind. Eine Möglichkeit, die Erhöhung der internen Recyclingraten, wurde diskutiert.

6. Quellen

[1] Bhattacharjee, D.: Future with steel. In: 1st ESDAT, 2014, Paris

[2] Drissen, P.: Abschlussbericht AiF 16456N, Stabilisierung sekundärmetallurgischer Schlacken aus der Qualitätsstahlerzeugung, FEhS - Institut für Baustoff-Forschung e.V., 2012

[3] Fachverband Eisenhüttenschlacken e.V., Duisburg

[4] http://ietd.iipnetwork.org/content/iron-and-steel#benchmarks

[5] http://www.greenpeace.org/austria/ld-schlacke/

[6] https://www.uni-weimar.de/Bauing/aufber/db/html/SWS.htm

[7] http://www.worldsteel.org/statistics/statistics-archive/yearbook-archive.html

[8] Jansen, T.: Einbindung einer schallbasierten Schaumschlackendetektion in die Leistungs- und Feinkohleregelung eines Gleichstrom-Lichtbogenofens, 19.03.2014, Promotionsvortrag, Institut für Automatisierungstechnik, Helmut-Schmidt-Universität, Universität der Bundeswehr Hamburg

[9] Kerkhoff, H. J.: Situation and challenges for the steel industry in Europe. In: 1st ESDAT, 2014, Paris

[10] Lehmann, H., Niesel, K., Thormann, P.: Die Stabilitätsbereiche der Modifikationen des C2S, Tonind. Zeitung 93 (1969) Heft 6, S. 197/209

[11] Markus H. P., Hofmeister H., Heußen M.: Schlackenkonditionierung im Elektrolichtbogenofen – Metallurgie und Energieeffizienz –, Schlacken aus der Metallurgie, Band 2, S.105-126, 2012

[12] SMS-Siemag AG, Eduard-Schloemann-Strasse 4, 40237 Düsseldorf

[13] www.gmh.de

[14] www.stahl-online.de

Planung und Umweltrecht

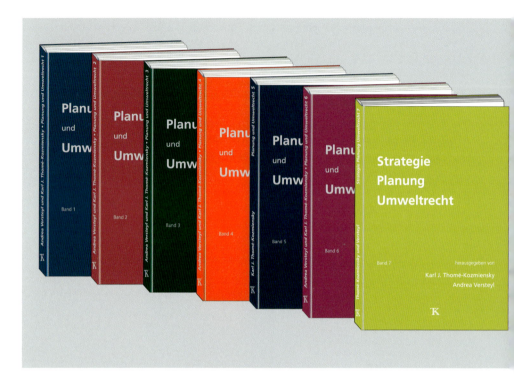

Planung und Umweltrecht, Band 1
Herausgeber: Karl J. Thomé-Kozmiensky, Andrea Versteyl
Erscheinungsjahr: 2008
ISBN: 978-3-935317-33-7
Hardcover: 199 Seiten

Planung und Umweltrecht, Band 2
Herausgeber: Karl J. Thomé-Kozmiensky, Andrea Versteyl
Erscheinungsjahr: 2008
ISBN: 978-3-935317-35-1
Hardcover: 187 Seiten

Planung und Umweltrecht, Band 3
Herausgeber: Karl J. Thomé-Kozmiensky, Andrea Versteyl
Erscheinungsjahr: 2009
ISBN: 978-3-935317-38-2
Hardcover: 209 Seiten

Planung und Umweltrecht, Band 4
Herausgeber: Karl J. Thomé-Kozmiensky, Andrea Versteyl
Erscheinungsjahr: 2010
ISBN: 978-3-935317-47-4
Hardcover: 171 Seiten

Planung und Umweltrecht, Band 5
Herausgeber: Karl J. Thomé-Kozmiensky
Erscheinungsjahr: 2011
ISBN: 978-3-935317-62-7
Hardcover: 221 Seiten

Planung und Umweltrecht, Band 6
Herausgeber: Karl J. Thomé-Kozmiensky, Andrea Versteyl
Erscheinungsjahr: 2012
ISBN: 978-3-935317-79-5
Hardcover: 170 Seiten

Strategie Planung Umweltrecht, Band 7
Herausgeber: Karl J. Thomé-Kozmiensky, Andrea Versteyl
Erscheinungsjahr: 2013
ISBN: 978-3-935317-93-1
Hardcover: 171 Seiten, mit farbigen Abbildungen

Strategie Planung Umweltrecht, Band 8
Herausgeber: Karl J. Thomé-Kozmiensky
Erscheinungsjahr: 2014
ISBN: 978-3-944310-07-7
Hardcover: 270 Seiten, mit farbigen Abbildungen

Paketpreis
Planung und Umweltrecht, Band 1 bis 6;
Strategie Planung Umweltrecht, Band 7-8

125,00 EUR statt 200,00 EUR

Einzelpreis: 25,00 EUR

Bestellungen unter www.vivis.de
oder

Dorfstraße 51
D-16816 Nietwerder-Neuruppin
Tel. +49.3391-45.45-0 • Fax +49.3391-45.45-10
E-Mail: tkverlag@vivis.de

vivis
TK Verlag Karl Thomé-Kozmiensky

Überblick über aktuelle Forschungsvorhaben zur Rückgewinnung der thermischen Energie aus flüssiger Hochofenschlacke

Dennis Hüttenmeister und Dieter Senk

1.	Beschreibung und Beurteilung der Entwicklungen	328
1.1.	CSIRO	328
1.2.	Voestalpine Stahl AG, ThyssenKrupp Steel AG, FEhS, Montanuniversität Leoben und Siemens VAI	330
1.3.	Sumitomo Metal Industries, Kyoto University, Hokkaido University	332
1.4.	Chongqing University	333
1.5.	Paul Wurth	335
1.6.	Direkt Hochofen Zement Verfahren	337
1.7.	Twin-Roller des IEHK (Zwei-Rollen-Anlage)	338
2.	Fazit	339
3.	Literatur	340

Energieeffizienz und -erhaltung wird in den energieintensiven Branchen wie der Eisen- und Stahlindustrie zunehmend wichtiger, da die eingesetzten Energieträger einer ständigen Kostensteigerung unterliegen, während die Produktion aufgrund des weltweit stark wachsenden Angebotes an Stahl – insbesondere aus Schwellenländern – zunehmend unter hohem Kostendruck steht. Der Wegfall der eingeräumten Vorteile der energieintensiven Branchen im Bereich des CO_2-Zertifikathandels und der EEG-Umlage führt zu einer weiteren Verschärfung des Kostendrucks auf bundesdeutsche Stahlhersteller, da die Bundesrepublik Deutschland in ihrer selbstgewählten Vorreiterrolle im Umwelt- und Klimaschutz die Unternehmen unter einen starken Zugzwang stellt. Um diese politisch auferlegten Fesseln zu lockern, ist es notwendig, alternative Möglichkeiten zu finden, um derzeit ungenutzte Energiequellen ohne weitere Emission von Kohlendioxid nutzbar zu machen.

Während Aggregate wie der Hochofen oder der Konverter weitgehend energetisch optimiert sind, wird mit der im Hochofenprozess entstehenden Schlacke eine große Menge an thermischer Energie ungenutzt abgeführt. Diese gilt es – unter Berücksichtigung der weiteren Verwendbarkeit der Schlacke, sowie umwelttechnischer und wirtschaftlicher Gesichtspunkte – sinnvoll zu entnehmen und wieder nutzbar zu machen. Zwar gibt es seit den 1970er Jahren Bestrebungen zur Rückgewinnung der Schlackenwärme, jedoch wurde bis heute keine geeignete – das heißt unter wirtschaftlichen und ingenieurwissenschaftlichen Gesichtspunkten befriedigende – Antwort auf das *Wie* gefunden.

In diesem Artikel soll ein Überblick über die zur Zeit verfolgten Strategien zur Entwicklung von Anlagen zur Schlackenwärmerückgewinnung gegeben werden. In der Vergangenheit durchgeführte Untersuchungen, die aus unterschiedlichen Gründen eingestellt wurden, werden nicht näher betrachtet, können aber bei Lindner [8] nachgeschlagen werden.

1. Beschreibung und Beurteilung der Entwicklungen

1.1. CSIRO

Die australische Firma CSIRO (Commonwealth Scientific and Industrial Research Organisation) arbeitet seit 2002 an einer Trockengranulationsanlage, die die Schlacke mit einem rotierenden Drehteller *spinning disc* verspritzt [2]. Nach guten Ergebnissen mit einer Laboranlage in den Jahren 2008 und 2009 wurde 2011 die erste halbindustrielle Pilotanlage mit einer Kapazität von bis zu zwei Tonnen pro Minute in Betrieb genommen. Das Prozessprinzip verdeutlicht Bild 1.

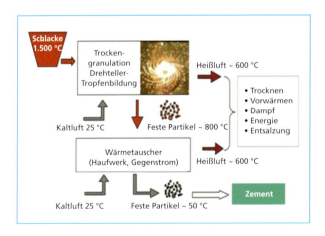

Bild 1:

Prozessschema der Trockengranulationsanlage bei CSIRO

Quelle: Barati, M.; Esfahani, S.; Utigard, T. A.: Energy recovery from high temperature slags. In: Energy, vol. 36 (2011), Nr. 9, S. 5440–5449, http://www.sciencedirect.com/science/article/pii/S0360544211004555, bearbeitet

Sie ist in der Lage ein Granulat mit einer Korngröße von neunzig Prozent kleiner als 1,5 mm und einem Glasanteil von über 99 Prozent zu erzeugen (Bild 2).

Es werden ovale Tropfen mit einem Durchmesser von weniger als 1,5 mm erzeugt. Diese erstarren während der Flugphase und prallen im Anschluss an die Gefäßwand, von der sie abprallen und anschließend in ein Festbett in einem zweiten Behälter unterhalb der Anlage gefördert werden, in dem sie im Gegenstrom weiter abgekühlt werden. Die heiße Luft aus dem Granulator und dem Festbettbehälter mit etwa 500 bis 600 °C kann zur Prozessbeheizung oder Stromerzeugung genutzt werden. Die derzeitige Anlage ist bereits in der Lage, zehn Kilogramm Schlacke pro Minute zu granulieren.

Bild 2: Trockengranulierte Hochofenschlacke von CSIRO

Quelle: Barati, M.; Esfahani, S.; Utigard, T. A.: Energy recovery from high temperature slags. In: Energy, vol. 36 (2011), Nr. 9, S. 5440–5449, http://www.sciencedirect.com/science/article/pii/S0360544211004555.

Ein zweiter Ansatz neben der Energiegewinnung in Form von Heißluft ist die Nutzung der Anlage zur Methan-Dampfreformierung. Hierbei werden Methan und Wasserdampf in das Festbett eingegeben und mit der thermischen Energie der Schlacke reformiert. Vorteile sind die niedrigere Temperatur des Reaktionsgases aufgrund der endothermen Gasreformierung und die hieraus entstehende Kapazitätssteigerung der Anlage. Das Reaktionsgas kann im Weiteren als Brennstoff oder Reduktionsmittel eingesetzt werden [2].

Aktuell wird mit australischen Industriepartnern verhandelt, um ein Upscaling der Anlage auf Pilotgröße durchzuführen [15]. Die Anlage soll in der Lage sein, ein bis zwei Tonnen flüssige Schlacke pro Minute zu granulieren.

Der in Granulierungseinheit und Kühleinheit geteilte Aufbau der Anlage bietet den Vorteil, dass zwei getrennte Gasströme verwendet werden können. Auf diese Art kann die Schlacke im Granulierer mit kalter Luft für rasche Erstarrung abgekühlt werden; die Restenergie wird dann im Festbett mit einer optimierten Gasmenge für maximale Gastemperaturen abgekühlt, da die Abkühlgeschwindigkeit des Granulats an dieser Stelle keine Rolle mehr spielt.

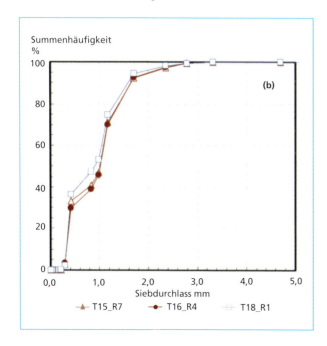

Bild 3:

Größenverteilung des Granulats bei einer Schlackenflussmenge von 1,8 - 2,5 kg/min

Quelle: Jahanshahi, S.; Xie, D.; Pan, Y. (Hrsg.): Dry slag granulation with integrated heat recovery, 2011.

Es ist zu bemerken, dass in keiner der vorliegenden Veröffentlichungen Messungen der Abgastemperatur zu finden sind. Die Angaben bezüglich des Temperaturniveaus des Heißgases sind nur berechnet, Quellen für tatsächlich erreichte Temperaturen liegen nicht vor.

Technisch fraglich ist die Verschleißfestigkeit der Anlagenkomponenten wie Drehteller und Ausfördereinheit, die beide extremen Temperaturschwankungen bei hohem Temperaturniveau und mechanischer Belastung ausgesetzt sind. Zusätzlich unterliegt der Drehteller auch chemischem Angriff. Diese Parameter können anhand der bestehenden Anlage nicht getestet werden, da hierfür sowohl die Betriebsdauer, als auch die Durchflussmenge an Schlacke nicht ausreichend ist.

Der starke Abbruch der Verteilung in Bild 3 bei kleinen Granulatdurchmessern lässt die Frage nach dem Staubanfall aufkommen. Bei einer Abkühlung der Schlacke durch gegenströmende Luft würde dieser aus der Anlage ausgetragen und es müsste eine nachgeschaltete Entstaubung stattfinden. Die Tatsache, dass sich in der Größenverteilung keine Partikel kleiner 0,4 mm finden, legt den Schluss eines gewissen Staubaustrags nahe.

1.2. Voestalpine Stahl AG, ThyssenKrupp Steel AG, FEhS, Montanuniversität Leoben und Siemens VAI

Die oben genannten Projektpartner entwickeln zur Zeit eine Anlage, die der von CSIRO entwickelten Anlage sehr ähnlich ist (Bild 4). Sie arbeitet mit einer Drehtasse und ist in der unteren Zone mit einem Fluidatbett anstatt eines Festbettes ausgestattet. Dieses befindet sich statt in einer zweiten Kammer im gleichen Raum wie der Granulator. Eine Pilotanlage ist installiert und generiert theoretisch sechs Megawatt Energie bei sechzehn Tonnen pro Stunde Schlacke. Die Energie in Form von Heißluft soll entweder elektrisch in Trocken- und Vorheizöfen oder auch zur Erzeugung von Heißwind verwertet werden. Gerade bei der letzteren Verwendung ist ein deutlicher Anstieg

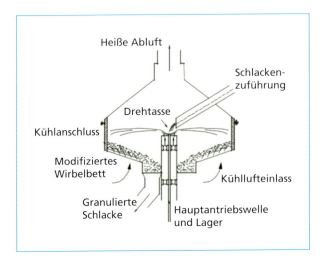

Bild 4:

Trockengranulierung an der MU Leoben

Quelle: McDonald, I. J.; Werner, A.: Dry Slag Granulation - The Environmentally Friendly Way to Making Cement. In: AISTech 2013 Proceedings, S. 649–656, bearbeitet

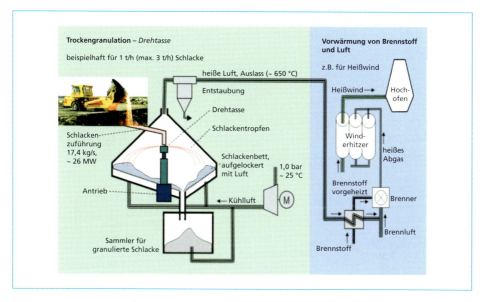

Bild 5: Verwertung der Energie zur Prozessvorheizung, Stromerzeugung analog

Quelle: McDonald, I. J.; Werner, A.: Dry Slag Granulation - The Environmentally Friendly Way to Making Cement. In: AISTech 2013 Proceedings, S. 649–656, bearbeitet

der Investitionskosten zu erwarten, da in bestehende und kontinuierlich betriebene Anlagen eingegriffen werden müsste. Dies wird auch die Bereitschaft der Hochöfner und Stahlwerker, die Technologie zu implementieren, deutlich negativ beeinflussen, da die Anlage kaum kontinuierlich Heißluft liefern kann, und somit eine komplizierte Steuerung der Ofenanlagen nötig ist, die wiederum störanfällig wäre.

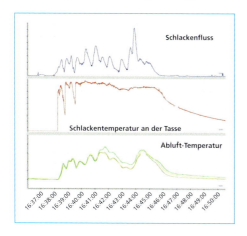

Bild 6: Temperaturverläufe bei der Trockengranulierung

Quelle: McDonald, I. J.; Werner, A.: Dry Slag Granulation - The Environmentally Friendly Way to Making Cement. In: AISTech 2013 Proceedings, S. 649–656, bearbeitet

Die derzeit erreichbare Maximaltemperatur der Luft liegt bei unter 400 °C. Durch Verbesserung der Gasverteilung im Reaktor sollte eine Maximaltemperatur bis 650 °C erreichbar sein können [9]. Eine Pilotanlage ist bei der voestalpine Stahl GmbH in Linz geplant.

Die bisher erreichte Temperatur von unter 400 °C legt den Schluss nahe, dass das Entwicklungspotenzial noch nicht ausgeschöpft ist. Beim Diagramm (Bild 6) wurde die Temperaturachse entfernt. Die Schlackenzuführung scheint noch Probleme zu bereiten, denn in Bild 6 ist zu erkennen, dass die Schlackenflussrate nicht konstant geregelt werden kann und zu starken Schwankungen führt.

Des Weiteren ist die Wärmekapazität von Luft verhältnismäßig nur sehr gering, sodass zu bezweifeln ist, dass bei den angestrebten 650 °C Gastemperatur diese Heißluft in der Lage sein wird, eine Heißdampfturbine wirtschaftlich zu betreiben.

1.3. Sumitomo Metal Industries, Kyoto University, Hokkaido University

Das untersuchte Verfahren nutzt eine Tasse mit integrierten Düsen zur Granulierung der Schlacke. Mehrere Düsengeometrien wurden untersucht, um optimale Granulierungseigenschaften zu erreichen (Bild 7).

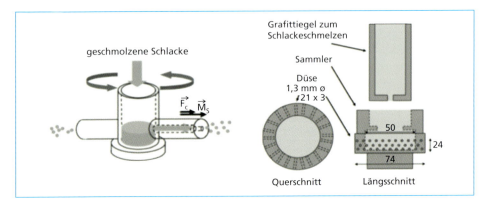

Bild 7: Untersuchte Geometrien zur Bestimmung der optimalen Granulationseigenschaften

Quelle: Kashiwaya, Y.; In-Nami, Y.; Akiyama, T.: Development of a Rotary Cylinder Atomizing Method of Slag for the Production of Amorphous Slag Particles. In: ISIJ International, vol. 50 (2010), Nr. 9, S. 1245–1251, bearbeitet

Beide Anordnungen generieren nahezu perfekt runde Schlackenpartikel, die Vieldüsengeometrie ist jedoch in der Lage, feinere Partikel zu generieren und höhere Schlackenmengen zu verarbeiten [6, 7]. Die erzeugten Partikel zeigen bei beiden Geometrien eine vollständig amorphe Struktur.

Es sind noch keine Versuche in einer Pilotanlage oder Semi-Scale-Anlage bekannt geworden.

Das Prinzip des Verdüsens durch einen rotierenden Zylinder scheint im Vergleich zum Verdüsen mit einem Teller in Bezug auf die durchsetzbare Schlackenmenge aufgrund der hohen erreichbaren Düsenanzahl Vorteile zu haben, jedoch ist von einem hohen Verschleiß an den Düsen aufgrund der hohen chemischen, thermischen und mechanischen Belastung des Materials auszugehen. Ein Auswaschen der Düsenkanäle hat direkten Einfluss auf die Größenverteilung der erzeugten Partikel, wie die Untersuchungen an unterschiedlichen Düsendurchmessern zeigen [13].

Hierdurch wird das Granulierungsverhalten, bestimmt durch den Anteil amorph erstarrter Schlacke, sowie die die Wärmerückgewinnungseffizienz beeinflusst. In jedem Fall bedeutet ein hoher Verschleiß am Zylinder hohen Wartungsaufwand und stark verminderte Verfügbarkeit der Anlage, da bei einem Austausch des zentralen Bausteins der Anlage die gesamte Anlage stillgesetzt werden muss.

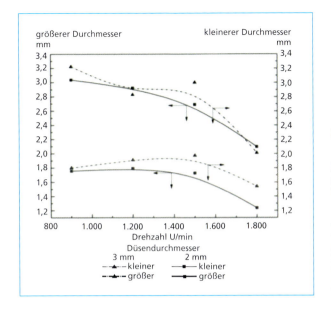

Bild 8:

Einfluss des Düsendurchmessers auf die Partikelgrößenverteilung beim Rotary Cylinder Atomizer

Quelle: Qin, Y.; Lv, X.; Bai, C.; Chen, P.; Qiu, G.: Dry Granulation of Molten Slag using a Rotating Multi-Nozzle Cup Atomizer and Characterization of Slag Particles. In: steel research international, vol. 84 (2013), Nr. 9, S. 852-862, bearbeitet

1.4. Chongquing University

In diesem Verfahren wird eine funktionierende Schlackengranulierung nach dem Drehtassenprinzip – wie oben beschrieben – vorausgesetzt. Das erstarrte Granulat wird dann in ein Fluidatbett überführt, in dem es mit geschreddertem PCB (Printed Circuit Board) gemischt wird, das durch das heiße Granulat pyrolysiert wird. Die Produkte des Prozesses sind ein Produktgas aus H_2, CO, CH_4 und weiteren C_mH_n, sowie Granulat zur Zementherstellung [14]. Das Produktgas soll anschließend im Hochofen als Energieträger und Reduktionsmittel eingesetzt werden können. Einen Überblick über den Prozess zeigt Bild 9.

Der Bericht über das Verfahren weist einige Schwachstellen auf, die im Folgenden diskutiert werden:

Das Röntgenspektrum des entstandenen Granulats zeigt sowohl Kupfer, als auch $C_8H_6Br_2O$ (Bild 10). Letzteres wird als stark ätzend beschrieben, es verursacht starke Verätzungen der Haut und Augenverletzungen [1]. Es ist daher zu bezweifeln, dass ein Zementrohstoff, der diese Verbindung enthält, in Deutschland zugelassen werden kann, zumal Zement sehr feinkörnig eingesetzt wird, was zum Einatmen und zum Augen- und Hautkontakt führen kann und somit eine hohe Gefahr für den Verarbeiter birgt. Auch Kupfer ist in Zementen unerwünscht, da er nach der Verarbeitung auswäscht und eine Verfärbung der Wand hervorruft. Zwar wird beschrieben, dass der Gehalt an $C_8H_6Br_2O$ sich mit steigender Granulatanfangstemperatur senkt, jedoch ist ein deutliches Anheben der Temperatur des Schlackengranulats prozesstechnisch im Granulator kaum möglich.

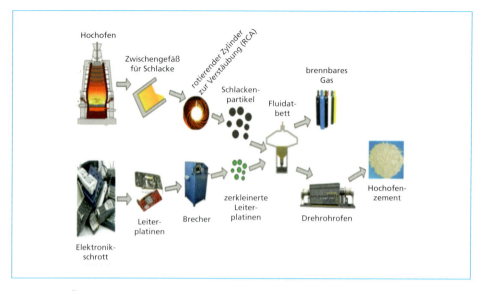

Bild 9: Überblick über den kombinierten Granulierungs- und Pyrolyseprozess

Quelle: Qin, Y. L.; Lv, X. W.; et al., Heat recovery from hot blast furnace slag granulates by pyrolysis of printed circuit boards (2013, Aug. 09), bearbeitet

Der Prozess muss auch hinsichtlich der Pyrolyse optimiert werden, da angegeben ist, dass eine große Menge von bis zu vierzig Prozent höherer Kohlenwasserstoffe im Produktgas entstehen (Bild 11), die den Prozessbetrieb erschweren. Diese Teere können in den Gasleitungen kondensieren und zum Abbruch des Betriebs führen.

Es sind vier Aggregate notwendig, um den Prozess darzustellen (Bild 9): Ein Brecher für die PCB, ein RCA für die Schlacke, ein Fluidatbett für die Pyrolyse und ein Drehrohrofen

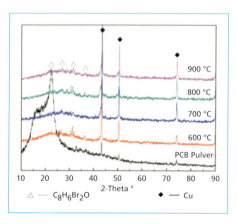

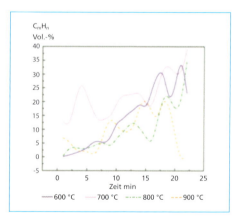

Bild 10: Röntgenspektrum des erzeugten Produktgranulats

Bild 11: C_mH_n-Gehalt des Produktgases

Quelle: Qin, Y. L.; Lv, X. W.; et al., Heat recovery from hot blast furnace slag granulates by pyrolysis of printed circuit boards (2013, Aug. 09)

Quelle: Qin, Y. L.; Lv, X. W.; et al., Heat recovery from hot blast furnace slag granulates by pyrolysis of printed circuit boards (2013, Aug. 09)

für die Granulatnachbehandlung. Dieser hohe anlagentechnische Aufwand führt zu hohen Investitions- und Betriebskosten. Außerdem ist ein nicht zu verachtender Faktor gerade bei europäischen Hüttenwerken der hohe Platzbedarf, da Hütten in Europa mit der Zeit gewachsen sind und meist Platzprobleme vorherrschen.

1.5. Paul Wurth

Die Firma Paul Wurth entwickelt ein Verfahren, bei dem mit Stahlkugeln Schlacke in Formen abgekühlt wird (Bild 12). Hierbei wird die Schlacke in Formen vergossen, in die zusätzlich Stahlkugeln chargiert werden. Die Stahlkugeln fungieren als Wärmepuffer. Sie nehmen einen Teil der Wärmeenergie der Schlacke aufgrund ihrer hohen Wärmekapazität und -leitfähigkeit sehr schnell auf und speichern sie. Im nächsten Schritt werden die erstarrten Schlacke-Stahlkugel-Briketts in einen Gegenstrom-Festbett-Wärmetauscher überführt, in dem sie ihre Energie an Luft abgeben. Diese kann wiederum im Prozess zur Vorwärmung und zur Energieerzeugung genutzt werden. Die kalten Masseln werden anschließend ausgefördert und durch einen Brecher gegeben, in dem die Schlacke von den Kugeln getrennt wird. Die Kugeln können nun wieder in den Vorratsbehälter zurückgefördert werden, wo sie dem Prozess erneut zur Verfügung stehen [5]. Die Anlage wurde zur Zeit bei der AG der Dillinger Hüttenwerke in Pilotgröße für eine Schlackenmenge von sechs Tonnen pro Minute geplant [10] (Bild 13). Der Aufbau der Anlage wird zweistufig betrieben: zuerst wird die Erstarrung mit Hilfe der Stahlkugeln untersucht, im zweiten Schritt wird die Wärmerückgewinnung implementiert. Erste Vorversuche zur Abkühlung mit Hilfe von Stahlkugeln mit zehn Millimeter und fünfundzwanzig Millimeter Durchmesser wurden bereits in Dillingen durchgeführt (Bild 14). Zurzeit wird bei der AG der Dillinger Hüttenwerke eine Anlage im Pilotmaßstab getestet [4].

Herausforderungen ergeben sich aus den folgenden Überlegungen:

- Schlacke und Stahl weisen unterschiedliche Wärmedehnungen auf, was beim Abkühlen der erstarrten Schlackenbriketts zum Zerspringen im Wärmetauscher führen kann.
- Die Druckfestigkeit der gläsern erstarrten Schlacke kann zum Zerdrücken und Zermahlen der Schlacke im Wärmetauscher führen.
- Dies würde zu einem hohen Staubanfall im Wärmetauscher und damit zu hohen Reinigungskosten für das Heißgas führen. Bei zu hohen Staubmengen ist es außerdem möglich, dass der Wärmetauscher sich zusetzt.
- Die Stahlkugeln werden zu einem hohen Verschleiß in den Brechern und den Fördereinheiten führen.
- Der Verschleiß der Stahlkugeln ist sehr hoch einzuschätzen, da sie sowohl hohen thermischen (Thermoschock von Raumtemperatur auf etwa 1.200 – 1.400 °C an der Oberfläche am Slag Caster) als auch mechanischen Beanspruchungen (Reibung bei hohen Temperaturen im Wärmetauscher, Reibung am Centrex Extractor, Reibung und Druck am Brecher [Jaw Crusher]) standhalten müssen.

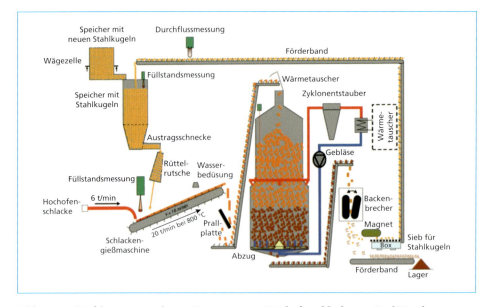

Bild 12: Verfahren zur trockenen Erstarrung von Hochofenschlacke von Paul Wurth

Quelle: Kappes, H.; Simoes, J.-P.; Greiveldinger, B.; Strobino, F.; Krone, T.; Reufer, F.; El-Kassas, H.: Paul Wurth's Contribution to an Energy Optimized Iron Making Technology. In: Stahlinstitut VDEh (Hrsg.): Proceedings of METEC InSteelCon. Düsseldorf: Verlag StahlEisen, 2011.

- In der Pufferzone wirkt hohe thermische und mechanische Beanspruchung auf die Wände.
- Im Puffer ist je nach Aufenthaltsdauer der Briketts mit hohen thermischen Verlusten zu rechnen.
- Es sind noch keine Daten bezüglich des Fließverhaltens der teilweise gebrochenen Schlackenbriketts im Wärmetauscherschacht bekannt. Es ist allerdings zu erwarten, dass die ungleichmäßige, zerklüftete Form der teilweise gebrochenen Briketts zu starkem Verhaken der Teile untereinander führen wird; auch Ankleben aufgrund der hohen Temperaturen ist möglich.
- Die Qualität des Produktes ist nur schwer vorauszusagen, da diverse Transportstufen, sowie der Brecher zu hohem Staubanfall führen können; mindestens jedoch ein breites Kornband ist zu erwarten.
- Aufgrund der nicht einheitlichen Korngröße am Eingang des Wärmetauschers ist der erreichbare Wirkungsgrad der Wärmerückgewinnung ungewiss. Außerdem führt der Zwischenschritt der Wärmeübertragung auf die Stahlkugeln zu einer starken Absenkung der Exergie im System.
- Wie Bild 12 zeigt, ist kein direkter Einsatz der Heißluft geplant, sondern die Übertragung der Wärme in einem weiteren Wärmetauscher auf einen anderen Prozess. Die Endtemperatur des Schlacke-Stahlkugelgemisches am Eingang zum Wärmetauscher ist auf 600 bis 700 °C ausgelegt [5]; dies lässt auf eine maximale

Bild 13: Vorversuche (links) und geplante Pilotanlage (rechts) bei der Dillinger Hütte nach dem Paul Wurth-Prinzip

Quelle: Motz, H.; Ehrenberg, A.; Mudersbach, D.: Dry Solidification with Heat Recovery of Ferrous Slag. In: Proceedings of the Third International Slag Valorisation Symposium: Malvliet, A.; Jones, P. T.; Binnemans, K.; Cizer, Ö.; Fransaer, J.; Yan, P.; Pontikes, Y.; Guo, M.; Blanpain, B. (Hrsg.): The Transition to Sustainable Materials Management. Leuven, Belgien: 2013, S. 37–55.

Temperatur des Heißgases von etwa 300 bis 400 °C schließen und auf eine demnach wiederum niedrigere Temperatur des dritten Mediums nach dem letzten Wärmetauscher. Demnach kann die Energie zum Prozessvorheizen genutzt werden.

Bild 14:

Erstarrungsversuche bei der AG der Dillinger Hüttenwerke mit Hilfe von Stahlkugeln mit 10 mm und 25 mm Durchmesser

Quelle: Kappes, H.; Simoes, J.-P.; Greiveldinger, B.; Strobino, F.; Krone, T.; Reufer, F.; El-Kassas, H.: Paul Wurth's Contribution to an Energy Optimized Iron Making Technology. In: Stahlinstitut VDEh (Hrsg.): Proceedings of METEC InSteelCon. Düsseldorf: Verlag StahlEisen, 2011.

1.6. Direkt Hochofen Zement Verfahren

Die Idee ist, die thermische Energie der flüssigen Schlacke direkt als Prozessenergie im Zementwerk einzusetzen. Das Verfahren bietet auch die Möglichkeit, die Hochofenschlacke im flüssigen Zustand zum Beispiel mit LD-Schlacke und/oder Flugasche zu versetzen [12]. Das Prozessschema zeigt Bild 15.

Die thermische Energie wird in diesem Fall direkt zur Kalzination und zur Klinkerproduktion genutzt.

Der Heißeinsatz der Schlacke führt auch zu deutlichen Einsparungen in der CO_2-Bilanz der Zementproduktion im Bereich von etwa zwanzig Prozent, da der Einsatz kohlenstoffbasierter Brennstoffe zum Heizen der Kalzinierungsreaktion stark gesenkt werden kann [11].

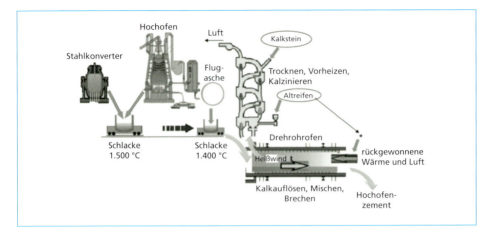

Bild 15: Direkt Hochofen Zement Verfahren

Quelle: Purwanto, H.; Kasai, E.; Akiyama, T.: Process Analysis of the Effective Utilization of Molten Slag Heat by Direct Blast Furnace Cement Production System. In: ISIJ International, vol. 50 (2010), Nr. 9, S. 1319–1325, bearbeitet

Dieser Verfahrensvorschlag bietet den großen Vorteil, dass die thermische Energie aus der Schlackengranulierung direkt zur Zementproduktion genutzt wird, und somit Heizmittel einspart. Des Weiteren garantiert ein direkter Einsatz der thermischen Energie einen maximalen Wirkungsgrad des Energieeinsatzes. Da viele Zementwerke direkt an ein Hüttenwerk angeschlossen sind, stellt der Transport der flüssigen Schlacke ins Zementwerk meist kein großes Problem dar. Dem Prinzip folgend würde das Hüttenwerk die Schlacke nicht als Hüttensand vertreiben, sondern als flüssige Schlacke.

1.7. Twin-Roller des IEHK (Zwei-Rollen-Anlage)

Es werden Versuche durchgeführt, Hochofenschlacke mit einem umgebauten Twin Roll Casters trocken zu erstarren (Bild 16). Das erzeugte Schlackenband (Bild 17) mit ein bis drei Millimeter Dicke bei zehn Meter pro Minute Umfangsgeschwindigkeit weist einen sehr hohen Glasanteil auf und ist nach dem Mahlen problemlos als

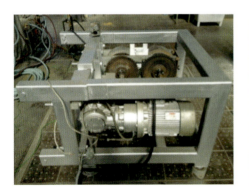

Bild 16: Versuchsanordnung des Twin-Rollers am IEHK

Zementrohstoff einsetzbar. Der Wirkungsgrad der Wärmerückgewinnung soll mit neu ausgelegten Walzen erhöht werden; für die innenliegende Wasserkühlung sind die Stahlwalzen gegen Kupfermäntel auszutauschen. Weitere Untersuchungen hierzu sind geplant.

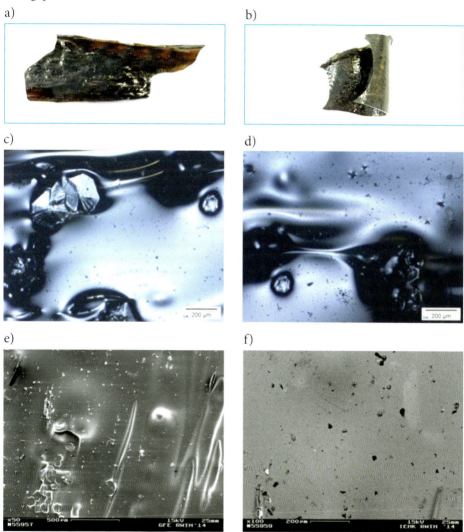

Bild 17: Erzeugtes Schlackenband aus den Versuchen am Twin-Roll-Caster des IEHK a) und b): Fotos der abgeschreckten Schlacke; c) und d): Mikroskopie-Aufnahmen; e) und f): Aufnahmen mit dem Rasterelektronenmikroskop

2. Fazit

Die Menge der verfolgten Bestrebungen zeigt, dass hohes Interesse von Seiten der Industrie vorliegt, die Schlackenenergie, die zurzeit noch vollständig verloren geht, nutzbar zu machen.

Die unterschiedlichen Verfahrensvorschläge weisen eine hohe Bandbreite auf. Es wird klar, dass eine spezifisch große Oberfläche der erzeugten Schlackenpartikel entscheidend für eine gute Wärmerückgewinnung bei gleichzeitig amorph erstarrter Schlacke ist.

Die in Europa verfolgten Strategien haben zum großen Teil Pilotstatus erreicht, so dass in den kommenden Jahren endgültige Ergebnisse zur industriellen Umsetzung zu erwarten sind.

3. Literatur

[1] Alpha Aesar, A13687 - 2,4'-Dibromoacetophenone, 98+%. Available: http://www.alfa.com/en/GP100W.pgm?DSSTK=A13687 (2013, Aug. 09).

[2] Barati, M.; Esfahani, S.; Utigard, T. A.: Energy recovery from high temperature slags. In: Energy, vol. 36 (2011), Nr. 9, S. 5440–5449, http://www.sciencedirect.com/science/article/pii/S0360544211004555.

[3] Jahanshahi, S.; Xie, D.; Pan, Y. (Hrsg.): Dry slag granulation with integrated heat recovery, 2011.

[4] Kappes, H.; Michels, D.: Dry Slag Granulation with Energy Recovery: From Inception to Pilot Plant. In: Proceedings of the 1st EWSTAD & 31st JSI, Cesanne, 2014.

[5] Kappes, H.; Simoes, J.-P.; Greiveldinger, B.; Strobino, F.; Krone, T.; Reufer, F.; El-Kassas, H.: Paul Wurth's Contribution to an Energy Optimized Iron Making Technology. In: Stahlinstitut VDEh (Hrsg.): Proceedings of METEC InSteelCon. Düsseldorf: Verlag StahlEisen, 2011.

[6] Kashiwaya, Y.; In-Nami, Y.; Akiyama, T.: Development of a Rotary Cylinder Atomizing Method of Slag for the Production of Amorphous Slag Particles. In: ISIJ International, vol. 50 (2010), Nr. 9, S. 1245–1251.

[7] Kashiwaya, Y.; In-Nami, Y.; Akiyama,T.: Mechanism of the Formation of Slag Particles by the Rotary Cylinder Atomization. In: ISIJ International, vol. 50 (2010), Nr. 9, S. 1252–1258.

[8] Lindner, K.-H.: Abwärmenutzung metallurgischer Schlacken. Dissertationsschrift. IEHK der RWTH Aachen, 1986.

[9] McDonald, I. J.; Werner, A.: Dry Slag Granulation - The Environmentally Friendly Way to Making Cement. In: AISTech 2013 Proceedings, S. 649–656.

[10] Motz, H.; Ehrenberg, A.; Mudersbach, D.: Dry Solidification with Heat Recovery of Ferrous Slag. In: Proceedings of the Third International Slag Valorisation Symposium: Malvliet, A.; Jones, P. T.; Binnemans, K.; Cizer, Ö.; Fransaer, J.; Yan, P.; Pontikes, Y.; Guo, M.; Blanpain, B. (Hrsg.): The Transition to Sustainable Materials Management. Leuven, Belgien: 2013, S. 37–55.

[11] Purwanto, H.; Kasai, E.; Akiyama, T.: Process Analysis of the Effective Utilization of Molten Slag Heat by Direct Blast Furnace Cement Production System. In: ISIJ International, vol. 50 (2009), Nr. 9, S. 1319–1325

[12] Purwanto, H.; Kasai, E.; Akiyama, T.: Process Analysis of the Effective Utilization of Molten Slag Heat by Direct Blast Furnace Cement Production System. In: ISIJ International, vol. 50 (2010), Nr. 9, S. 1319–1325

[13] Qin, Y.; Lv, X.; Bai, C.; Chen, P.; Qiu, G.: Dry Granulation of Molten Slag using a Rotating Multi-Nozzle Cup Atomizer and Characterization of Slag Particles. In: steel research international, vol. 84 (2013), Nr. 9, S. 852-862.

[14] Qin, Y. L.; Lv, X. W.; et al., Heat recovery from hot blast furnace slag granulates by pyrolysis of printed circuit boards (2013, Aug. 09).

[15] Xie, D.: Dry granulation: a sustainable process for full value recovery, vom 10.09.2012. Verfügbar: http://www.csiro.au/Organisation-Structure/Flagships/Minerals-Down-Under-Flagship/Metal-production/Project-Dry-Slag-Granulation.aspx#Process.

100% RECYCLING

STABSTAHL
HALBZEUG
ROHSTAHL
BLANKSTAHL

Bei der Georgsmarienhütte GmbH kommt für die Stahlerzeugung im Elektrolichtbogenofen ausschließlich aufbereiteter, sortierter Stahlschrott zum Einsatz.

Georgsmarienhütte
GmbH · seit 1856 · Edelstahl

www.gmh.de

Schlacken aus der Metallurgie

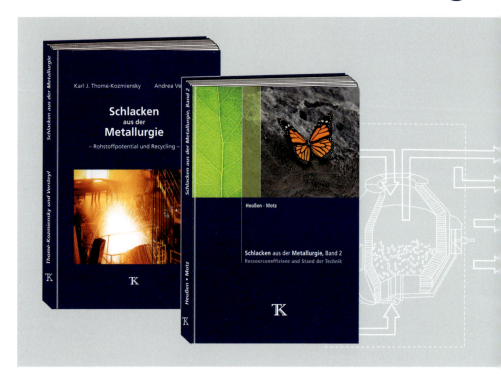

Schlacken aus der Metallurgie, Band 1
– Rohstoffpotential und Recycling –

Karl J. Thomé-Kozmiensky • Andrea Versteyl
ISBN: 978-3-935317-71-9
Erscheinung: 2011
Seiten: 175
Preis: 30.00 EUR

Schlacken aus der Metallurgie, Band 2
– Ressourceneffizienz und Stand der Technik –

Michael Heußen • Heribert Motz
ISBN: 978-3-935317-86-3
Erscheinung: Oktober 2012
Seiten: 200 Seiten
Preis: 30.00 EUR

50.00 EUR
statt 60.00 EUR

Paketpreis
Schlacken aus der Metallurgie – Rohstoffpotential und Recycling –
Schlacken aus der Metallurgie – Ressourceneffizienz und Stand der Technik –

Bestellungen unter www.vivis.de
oder

Dorfstraße 51
D-16816 Nietwerder-Neuruppin
Tel. +49.3391-45.45-0 • Fax +49.3391-45.45-10
E-Mail: tkverlag@vivis.de

TK Verlag Karl Thomé-Kozmiensky

Moderne Aufbereitungstechnik zur Erzeugung von Produkten aus Stahlwerksschlacken

Klaus-Jürgen Arlt

1.	Technologisches Konzept	...344
2.	Bau der neuen Mineralstoffaufbereitungsanlage	...346
3.	Erzeugte Produkte und Produktentwicklungen	...349
4.	Qualitätskontrolle und Werkseigene Produktionskontrolle (WPK)	352

Die Aktien-Gesellschaft der Dillinger Hüttenwerke (Dillinger Hütte) bildet mit der Roheisengesellschaft Saar mbH (ROGESA) und der Zentralkokerei Saar GmbH (ZKS) im Verbund am Hüttenstandort Dillingen/Saar ein integriertes Hüttenwerk.

Bei der Eisen- und Stahlerzeugung werden neben den Hauptprodukten Eisen und Stahl auch Eisenhüttenschlacken als mineralische Nebenprodukte erzeugt. Diese werden im Wesentlichen nach einer klassischen mineralstofftypischen Aufbereitung, bestehend aus Zerkleinerung, Klassierung, Sortierung, als Produkte für die Zementindustrie, für den Straßen- und Wegebau, für die Herstellung mineralischer Dichtungsbaustoffe für den Deponiebau genutzt sowie als Kalk-Düngemittel für die Landwirtschaft verkauft. Am Hüttenstandort Dillingen werden etwa 1,2 Millionen Tonnen Hochofenschlacke pro Jahr, etwa 320.000 Tonnen Konverterschlacke (LD-Schlacke) pro Jahr und etwa 40.000 Tonnen Gießpfannenschlacken (auch als Pfannenschlacke/Sekundärmetallurgische Schlacke bezeichnet) pro Jahr erzeugt.

Die in Dillingen in 2011 in Betrieb genommene Mineralstoffaufbereitungsanlage hat neben der Aufbereitung von Stahlwerksschlacken auch die Aufgabe, eisenhaltige Kreislaufstoffe wie u.a. *Feineisen* und Oxide sowie Flämmschlacken zu separieren. Jedoch war die zum einen aus den fünfziger/sechziger Jahren stammende Anlage nicht mehr in der Lage, die erzeugten Mineralstoffströme vom Hüttenstandort vollständig aufzubereiten und zum anderen sollten zukünftig auch aus den Stahlwerksschlacken neben den Recyclingprodukten für die interne metallurgische Erzeugungskette neue Produkte für den Markt entwickelt und hergestellt werden.

Zur Erfüllung dieser Aufgabe war es notwendig, ein neues Konzept insbesondere zur Aufbereitung der Stahlwerksschlacke zu erarbeiten und eine neue Aufbereitungsanlage auf *Grüner Wiese* zu errichten. Dafür wurde die MSG Mineralstoffgesellschaft Saar mbH (MSG), eine hundertprozentige Tochter der Dillinger Hütte, gegründet.

Im Folgenden sollen das technologische Konzept und der Aufbau der Mineralstoffaufbereitungsanlage erläutert sowie die erzeugten mineralischen Produkte und die Qualitätskontrolle vorgestellt werden.

1. Technologisches Konzept

Die Aufbereitungstechnologie basiert weitestgehend auf erprobten Komponenten. In der Summe ist jedoch die MSG mit den einzelnen konstruktiv umgesetzten Umweltschutzmaßnahmen für Anlagen zur Aufbereitung von Mineralstoffen und Eisenhüttenschlacken auch neue Wege gegangen.

Die im Stahlwerksprozess erzeugten Mineralstoffe, vor allem LD- und Gießpfannenschlacken, werden zu verschiedenen mineralischen Produkten wie Baustoffen für den Markt und Kalk-/Eisenträgern sowohl für den internen Einsatz als Sekundärrohstoff für den Hochofen- und Stahlwerksprozess und als mineralischer Dichtungsbaustoff auch für den Markt, z.B. als Düngemittel, aufbereitet.

Die LD- und Gießpfannenschlacke wird im Stahlwerk selektiv in Schlackebeeten erfasst und mit Heißbaggern auf Lastkraftwagen verladen (Bild 1) und zum Vorlager gebracht. Nach ihrem Abkühlen wird die Schlacke vom Vorlager mit Radladern auf Lastkraftwagen verladen.

Bild 1:   Getrennte Erfassung der LD- und Gießpfannenschlacke in der Schlackenhalle/Stahlwerk

Die nachfolgende Mineralstoffaufbereitung gliedert sich im Wesentlichen in die Prozessschritte

- Materialaufgabe,
- Materialverteilung, Beschickung der Magnetscheider, Magnetscheidung,
- Klassierung der Eisenprodukte,
- Zerkleinerung und Klassierung der Mineralstoffprodukte.

Das Fließschema der Aufbereitungsanlage für Mineralstoffe ist in Bild 2 wiedergegeben.

Die Mineralstoffgemische und Schlacken werden vom Vorlager mit Lastkraftwagen in die Aufgabehalle der Mineralstoffaufbereitungsanlage transportiert, der Muldeninhalt wird auf das Rost – mit einer Rostweite von zweihundert Millimetern – in die Bunker abgekippt. Übergroße Stücke werden vom Rostbagger in den parallel zur Hauptlinie angeordneten Backenbrecher gegeben. *Bären*, d.h. größere Stahlstücke, werden zum Wiedereinsatz im Stahlwerk aussortiert.

Aufbereitungstechnik von Stahlwerksschlacken

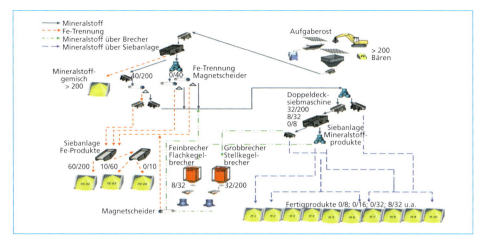

Bild 2: Vereinfachtes Fließschema der Aufbereitungsanlage für Mineralstoffe

Das Material der Körnung 0/200 mm gelangt zunächst zum Magnetturm. Dort erzeugt das Vorsieb zusätzlich zur weiteren Schutzsiebung bei zweihundert Millimeter die Körnungen 0/40 mm und 40/200 mm. Dadurch können die nachfolgenden drei Elektromagnet-Bandtrommelscheider der Eisenseparation optimal mit jeweils etwa einem Drittel des Materialstroms bedient werden (Bild 3).

Bild 3:

Blick auf zwei von drei installierten Elektro-Bandscheidertrommeln während der Bauphase im Magnetturm

Die Magnetscheidung kann durch Einstellungen der magnetischen Feldstärke, der Stellung des Magneten in der Trommel sowie der Einstellung des Splitters im Abwurfschacht beeinflusst werden. In der Praxis beeinflussen insbesondere bei den Feinkornscheidern die Feuchte des Mineralstoffgutes sowie die eingestellte magnetische Feldstärke den Trennerfolg.

Das abgetrennte Eisen wird mit zwei nachgeschalteten Sieben in die von den Sinteranlagen und Hochöfen sowie vom Stahlwerk gewünschten Körnungen 0/10 mm, 10/60 mm sowie 60/200 mm klassiert.

Der von magnetischen Eisenanteilen aussortierte Mineralstoffanteil gelangt in die Sieb- und Brechanlage, mit der bedarfsorientiert verschiedene Körnungen hergestellt und mit Verteilern und Reversierbändern direkt in die darunter befindlichen Betonboxen mit

Bild 4: Blick auf den Steilkegelbrecher und Flachkegelbrecher während der Bauphase

einem Fassungsvermögen von jeweils etwa 1.500 Tonnen abgeworfen werden können. Typische in dieser Anlage erzeugte Mineralstoffprodukte sind die Körnungen 0/8 mm, 0/16 mm und 0/32 mm. Radlader entnehmen die Produkte aus den Boxen und beladen wiederum die Lastkraftwagen für die Kunden.

Die Brechanlage arbeitet mit einem Steilkegelbrecher als Vorbrecher und einem Flachkegelbrecher als Feinbrecher (Bild 4).

Nach der Zerkleinerung ist eine weitere Magnetscheidung angeordnet, um die in den Brechern aufgeschlossenen Eisenpartikel aus dem Mineralstoffstrom zu entfernen. Dieses Eisen wird ebenfalls der Eisenabsiebung zugeführt.

Die Mineralstoffe werden aufgrund der Materialeigenschaften – i.d.R. befeuchtetes Material – mit einer Doppeldeck-Spezialsiebmaschine mit beweglichen Siebmatten abgesiebt.

2. Bau der neuen Mineralstoffaufbereitungsanlage

Ab 2009 investierte die MSG in den Bau einer neuen Mineralstoffaufbereitungsanlage (Bild 5) mit zugehöriger Infrastruktur als *Green Field-Projekt* auf einem etwa acht Hektar großen Areal.

Bild 5:

Bauphasen der neuen Mineralstoffaufbereitungsanlage der MSG auf *Grüner Wiese* mit Blick in die fertiggestellte Aufgabehalle mit Aufgaberoste

Die Hälfte der acht Hektar großen Fläche steht als Außenlagerfläche an der Anlage zur Verfügung. Die Freilagerfläche ist basisabgedichtet und mit einem Drainagesystem ausgestattet, das in ein Betonbecken mündet. Beim Bau der Freilagerfläche wurde eine Teilfläche mit einem innovativen Basisabdichtungssystem unter Verwendung der im Stahlwerk erzeugten Gießpfannenschlacke als Substitut natürlicher Tonmineralien als Dichtungsbaustoff angewendet (Bild 6).

Bild 6:   Bau der Basisabdichtung mit Gießpfannenschlacke und Nutzung von LD-Schlacke als Drainagematerial

Das Drainagesystem wurde aus LD-Schlacke hergestellt. Die Flächen im direkten Anlagenumfeld sind asphaltiert oder gepflastert. Beim Bau wurde soweit möglich auf eigene Baustoffe, wie im Bild 7 Pflasterbettungsmaterial und Asphalt mit LD-Schlacke und Pflastersteine mit Hochofenstückschlacke, zurückgegriffen.

Bild 7:   Nutzung eigener mineralischer Produkte beim Bau der Außenanlage

Das aufgefangene Niederschlagswasser von der Freilagerfläche und von den Dach- und Asphaltflächen wird in einem Betonbecken gesammelt.

Diese Niederschlagswässer werden als Prozesswasser zur Berieselung auf den Abkühlflächen und auf dem Freilager verwendet. Die Asphaltflächen und Straßen werden bei trockenem Wetter mit Drainschläuchen und Wasserwagen feucht gehalten. Das Freilager kann zusätzlich mit vierzehn fest installierten und drei mobilen Wasserkanonen beregnet werden (Bild 8).

Bild 8: Berieselungskanonen zur Benetzung mit Niederschlags- oder Frischwasser

Regelmäßig wird mit Kehrmaschinen der befestigte Anlagenbereich gereinigt.

Die Aufbereitungsanlage ist im Januar 2011 nach mehr als einjähriger Bau- und Inbetriebnahmephase in Betrieb gegangen (Bild 9). In der Anlage können material- und produktspezifisch bis zu vierhundert Tonnen Mineralstoffe pro Stunde aufbereitet werden.

Bild 9:

Ansicht des Geländes der Mineralstoffaufbereitungsanlage MSG mit Infrastruktur (Aufgabehalle, Magnetturm, Betonbunkersystem mit Sieb- und Brecherhaus inklusive Entstaubungsanlagen und Freilagerfläche)

Die eigentliche Mineralstoffaufbereitungsanlage ist vollständig eingehaust und mit zwei Entstaubungsanlagen mit Absaugvolumen von 150.000 und 80.000 m³/h ausgestattet (Bild 10).

Bild 10: Teilansicht der Mineralstoffaufbereitungsanlage MSG mit Aufgabehalle, Magnetturm, Bunkersystem und teilweise bereits eingehauster Hauptsiebhalle während der Bauphase

Das Grundkonzept für die Errichtung der Mineralstoffaufbereitungsanlage bestand darin, das Hauptsiebgebäude unmittelbar auf das Bunkersystem zu installieren. Dabei wurden aus Gründen eines optimierten Lärmschutzes die Außenfassaden der Gebäudeeinhausungen an Holzbalken befestigt (Bild 11).

Bild 11:

Teilansicht der Mineralstoffaufbereitungsanlage MSG, Bau der Hauptsiebhalle

In den Materialabwürfen in die Mineralstoffboxen können die Produkte bei Bedarf zur Staubniederhaltung oder Einstellung der erforderlichen Produktfeuchte bewässert und benetzt werden. Bild 12 zeigt die Ansicht der fertig installierten Hauptsiebhalle mit einer Teilreihe der Betonlagerboxen für jeweils etwa 1.500 Tonnen Lagerkapazität für die verschiedenen Schlackeprodukte sowie das kleinere Gebäude der Eisenabsiebung mit Betonlagerboxen.

Bild 12:

Teilansicht der Hauptsiebhalle mit Betonlagerboxen für Schlackeprodukte und das Gebäude der Eisenabsiebung mit Betonlagerboxen

3. Erzeugte Produkte und Produktentwicklungen

Unter dem Handelsnamen SCODILL erzeugt und vertreibt die MSG Baustoffe aus LD-Schlacke für den Straßen- und Wegebau. Im Bild 13 sind zwei Anwendungsbeispiele für ihren Einsatz im Waldwegebau und als Bankettmaterial für den Straßenbau wiedergegeben.

Ein weiteres Produkt ist ein selbstentwickelter und zugelassener Dichtungsbaustoff aus Gießpfannenschlacke der Körnung 0/8 mm für die betriebseigene eisenhüttenmännische Halde. Hierzu werden in großtechnisch angelegten Versuchsfeldern (zwölf Versuchsfelder/Großlysimeter mit einer Gesamtfläche von etwa 3.000 m^2) seit mehr als dreizehn Jahren Untersuchungen zum Dichtungsverhalten verschiedener kommerzieller Oberflächenabdichtungssysteme im Vergleich zu Oberflächenabdichtungssystemen durchgeführt, in denen Gießpfannenschlacke als Substitut für die tonmineralische Dichtungskomponente eingesetzt wird.

Bild 13: Einsatz von SCODILL im Waldwegebau im Dillinger Hüttenwald und für die Herstellung von Straßenbanketten

Im Bild 14 ist der Aufbau der Großlysimeter und ein Blick auf die gesamte Versuchsanlage auf der betriebseigenen Mineralstoffdeponie wiedergegeben.

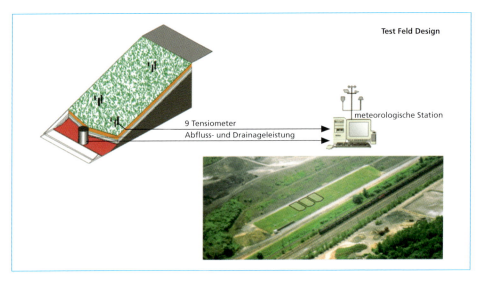

Bild 14: Großtechnische Feldversuche zur Wasserhaushaltsbilanzierung von verschiedenen Oberflächenabdichtungssystemen (Konstruktion und Monitoring der Großlysimeteranlage, Blick auf die Versuchsfelder auf der betriebseigenen Halde)

Bild 15 zeigt den damaligen Regelaufbau eines Oberflächenabdichtungssystems gem. Deponieverordnung (DepV), Deponieklasse 1 (DK 1) und die Zielsetzung der mehrjährigen Entwicklungsarbeiten zur Nutzung von kalkaluminatischer Gießpfannenschlacke als mineralisches Substitut von natürlichen Tonmineralen in der mineralischen Dichtungsschicht.

Aufbereitungstechnik von Stahlwerksschlacken

Bild 15: Versuchsziel der großtechnischen Feldversuche: Substitution natürlicher Tonminerale in der mineralischen Dichtung durch gezielt hergestellte Schlackeprodukte aus kalkaluminatischer Gießpfannenschlacke

Gegenwärtig wird die Gießpfannenschlackenproduktion zur Herstellung der Flankenabdichtung auf der Deponie oder als Basisabdichtungskomponente für die Versiegelung von Handlingsflächen auf dem Hüttengelände aufbereitet und eingesetzt.

Die Stahlwerksschlacken werden darüber hinaus nach einer weiteren Siebstufe als Konverterkalk entsprechend der Düngemittelverordnung vermarktet (Bild 16).

Bild 16: Einsatz von Konverterkalk gemäß Düngemittelverordnung in der Landwirtschaft

Hüttenintern wird die LD-Schlacke zudem als Kalkträger in der Sinteranlage eingesetzt. Die aussortierten eisenhaltigen Bestandteile aus den Stahlwerksschlacken werden dem Hüttenprozess am Standort zugeführt.

Im Bild 17 ist eine Gesamtübersicht der erzeugten Schlackeprodukte und deren Einsatzgebiete wiedergegeben.

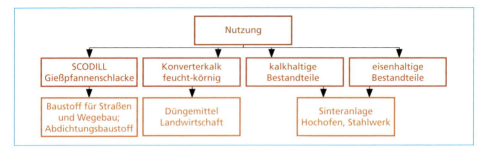

Bild 17: Anwendungsfelder der Dillinger Stahlwerksschlacken

Aufgrund der geografischen Lage des Hüttenstandortes und der geologischen Rahmenbedingungen in der Saar-Lor-Lux-Region liegen die Abnehmer der Schlackenprodukte in Deutschland und vor allem in Frankreich und Luxemburg. Hierzu werden besonders neue Schlackeprodukte in der Kombination Hochofen- und LD-Schlacke hergestellt (COMBIDILL), die insbesondere im Straßenbau in Frankreich eingesetzt werden. Ein weiteres Einsatzgebiet für spezifische LD-Schlackeprodukte wird vor allem im Einsatz in Asphalttragschichten und Asphaltdeckschichten gesehen.

4. Qualitätskontrolle und Werkseigene Produktionskontrolle (WPK)

Die Herstellung der Schlackeprodukte unterliegt den einschlägigen allgemein gültigen Anforderungen an die Güteüberwachung entsprechend den europäischen und nationalen Normen und anderen Regelungen (z.B. der werkseigenen Produktionskontrolle – WPK) sowie bei ausschließlich intern eingesetzten Produkten eigenen Vorgaben in Anlehnung an Maßgaben aus der werkseigenen Produktionskontrolle.

Zur Absicherung von spezifisch geforderten Qualitätsanforderungen an die Schlackeprodukte in den verschiedenen Einsatzgebieten wurde ein betriebsinternes Qualitätssicherungssystem (Werkseigene Produktionskontrolle – WPK) aufgebaut. Dieses stellt sicher, dass das durch Normen geforderte System der werkseigenen Produktionskontrolle umgesetzt ist und auch für das interne Recycling die Qualitätsparameter eingehalten werden.

Baustoffliche Verwertung und Umweltverträglichkeit von Elektroofenschlacke
– Langzeitstudie am Beispiel der B16 –

Georg Geißler, Alexandra Ciocea und Tanja Raiger

1.	Das Produkt EloMinit	354
2.	Anwendung	356
2.1.	Straßenbau	356
2.2.	Deponiebau	358
2.3.	Industriebau	359
2.4.	Zuschlag in Industriebaustoffen	360
2.4.1.	Ziegeleien	360
2.4.2.	Dämmstoffe	360
2.5.	Strahlmittel	360
2.6.	Strahlenschutz	361
2.7.	Wannenbau	361
2.8.	Weitere Anwendungsmöglichkeiten	362
3.	Quellen	363

Bild 1: Aufnahme der Aufbereitungsanlage 2014

Die Max Aicher Umwelt GmbH ist ein Unternehmen der Max Aicher Unternehmensgruppe. Das Unternehmen ist auf die Verwertung von Reststoffen sowie der Aufbereitung und Verwertung von Schlacken spezialisiert.

Zur Veredelung der Elektroofenschlacke (EOS) werden eine ortsfeste, sowie nach Bedarf zwei mobile Siebanlagen eingesetzt. Damit können etwa 2.000 Tonnen EOS pro Tag in unterschiedlichen Körnungen nach Kundenwünschen hergestellt werden.

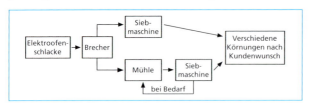

Bild 2:

Aufbereitungsprozess für Elektroofenschlacke

Bild 2 zeigt den Aufbereitungsprozess. Das Vormaterial mit einem Größtkorn von etwa 150 mm wird mit einem Radlader durch den Aufgabetrichter auf das Förderband der feststehenden Siebanlage gegeben, auf dem mit Überbandmagneten eisenhaltiger Schrott abgetrennt wird. Anschließend wird das Material mit einem Prallbrecher zerkleinert. Durch die Möglichkeit eines variablen Deckbetriebes der Siebeinheit können je nach Bedarf die Körnungen 0/32 und Überkorn (> 32 mm) oder 0/16, 16/32 und Überkorn hergestellt werden.

Aus dem Überkorn wird erneut Schrott abgetrennt, in einer Mühle zerkleinert und weiterverarbeitet. Seit Herbst 2011 werden zwei mobile Siebanlagen eingesetzt, die eine zweite ortsfeste Produktionslinie ersetzen. Diese können nach Bedarf kombiniert oder auch einzeln eingesetzt werden und erhöhen mit einem Durchsatz von insgesamt etwa 250 Tonnen pro Stunde die Produktionsflexibilität und -kapazität. Mit den Zwei- und Dreideck-Siebanlagen kann eine breite Produktpalette unterschiedlicher Körnungen hergestellt werden.

1. Das Produkt EloMinit

Nachdem die Elektroofenschlacke durch Abkühlung und Aufbereitung so behandelt wurde, dass sie die erforderlichen bautechnischen Eigenschaften durch Prozesssteuerung mit Qualitätskontrolle (Fremdüberwachung) aufweist, wird sie zum marktfähigen Baustoff. Die Produktion verschiedener Standardkörnungen (Tabelle 1) nach Kundenwunsch ist möglich.

Tabelle 1: Standardkörnungen von EloMinit für unterschiedliche Anwendungen

Bezeichnung	Körnungen mm	Anwendungsmöglichkeiten, z.B.
Dammschüttmaterial	0/63, 0/100	Deponiebau, Straßenbau
Frostschutzmaterial	0/16, 0/32	Straßenbau, Deponiebau
Schotter	0/32	Deponie- und Straßenbau, Betonzuschlag, Beschwerungsmaterial
Splitt	0/16, 16/32	Deponie- und Straßenbau
Edelsplitt	2/5, 5/8, 8/11, 11/16, 16/22	Zuschlag in Industriebaustoffe, Asphalt, Bodenplatten
Brechsand	0/3	Zuschlag in Industriebaustoffe

Baustoffliche Verwertung von Elektroofenschlacke

Die hier dargestellten Prüfergebnisse beziehen sich auf die EOS der Lech-Stahlwerke, nach Aufbereitung. Die Werte des chemischen Analyseverfahrens sind dem Fremdüberwachungsbericht von Januar 2014 entnommen.

Die aufbereitete Schlacke ist geruchslos und ähnelt wegen ihres porösen Aussehens erkalteter Lava. Es handelt sich um ein Schmelzgestein, das natürlichem Gestein ähnlich ist. Im Vergleich mit Naturgestein weist die Schlacke jedoch hohe Festigkeit (S/Z 18) auf, nur in der Abkühlungsphase wird zur Verbesserung der Qualität eingegriffen.

Die chemischen Hauptbestandteile der Elektroofenschlacke setzen sich aus Calciumoxid (CaO), Siliciumoxid (SiO_2), Aluminiumoxid (Al_2O_3), Magnesiumoxid (MgO) und Eisenoxid (Fe_2O_3) zusammen. Weiterhin enthält sie die Elemente Chrom (Cr), Kupfer (Cu), Nickel (Ni), Barium (Ba), Molybdän (Mo), Vanadium (V) sowie Wolfram (W). Die stoffliche Zusammensetzung ergibt sich aus den eingesetzten Rohstoffen und der Verwendung von unter anderem Dolomitkalk für die Schlackenbildung, der für die Stahlherstellung erforderlich ist. Durch Qualitätsanpassungen im Stahlherstellungsprozess sind Schwankungen der Mineralzusammensetzung möglich.

Parameter	Einheit	Maximalwerte*	Prüfergebnis EloMinit (z.B. Körnung 0-32 mm)
pH-Wert	-	10 - 12,5	10,9
elektrische Leitfähigkeit	µS/cm	1.500	192
Chrom gesamt	µg/l	100	23
Fluorid	µg/l	2.000	200
Vanadium	µg/l	250	50
Molybdän	µg/l	250	11
Barium	µg/l	1.000	90
Wolfram	µg/l	k.A.	26

* gemäß Umweltfachliche Kriterien zur Verwertung von EOS

Tabelle 2: Auszug chemischer Nebenbestandteile von EloMinit

Tabelle 3: Auszug bautechnischer Eigenschaften von EloMinit

Parameter	Einheit	Prüfergebnis EloMinit
Rohdichte	g/cm³	3,7 - 3,9
Proctordichte	g/cm³	2,5 2,6
Wasseraufnahme	Ma.-%	1,5
Materialhärte (nach Mohs)	-	4 - 6
Druckfestigkeit	N/mm²	> 100
Widerstandsfähigkeit gegen Schlag	Ma.-%	15 - 22
PSV-Wert	-	PSV_{53}

Aufgrund ihrer kantigen und rauen Oberfläche weist Stahlwerksschlacke hohe Tragfähigkeit auf. Daher eignet sie sich für den Einsatz im Erd-, Straßen-, Wege-, Wasser- sowie Gleisbau. Die Schlacke ist güteüberwacht und durch ihre kubische Form sicherer und stabiler als einige mineralische Naturprodukte. Die Werte stammen aus den Ergebnissen der Fremdüberwachung.

Die Behandlung der Schlacke im Schlackenbeet, z.B. durch unterschiedliche Wärmebehandlung, wirkt sich ebenfalls auf die physikalischen Eigenschaften sowie die Korngröße des Endprodukts aus [7]. Der Baustoff wird in zahlreichen Bereichen eingesetzt und kann auf Kundenwünsche angepasst werden.

2. Anwendung

2012 fielen deutschlandweit etwa 5,84 Millionen Tonnen Stahlwerksschlacke an, davon 1,81 Millionen Tonnen aus der Elektrostahlerzeugung. Dies entspricht einem Anteil an der deutschlandweiten Gesamtmenge von etwa 31 Prozent und stellt einen leichten Rückgang zum Jahr 2012 dar. Die Hauptverwertung von Stahlwerksschlacken ist die Nutzung als Baustoff beispielsweise im Straßen-, Erd- oder Wasserbau. 2012 wurden 3,44 Millionen Tonnen Stahlwerksschlacke in diesem Bereich verwertet, dies entspricht 58,90 Prozent der verwerteten Stahlwerksschlacken 2012 [3].

Jährlich werden etwa 180.000 Tonnen Elektroofenschlacke von den Lech-Stahlwerken zur Aufbereitungsanlage geliefert. Das Produkt kann für unterschiedliche Zwecke eingesetzt werden, z.B. als Ersatzbaustoff im Straßen- und Deponiebau sowie als Zuschlagsstoff in industrieller Verwendung. Der Großteil des Materials (46,4 Prozent) wird in ungebundener Form im Straßenbau verwendet (Bild 3). Besonders der Deponiebau für die Oberflächenabdichtung gilt als wachsender Einsatzbereich in Bayern.

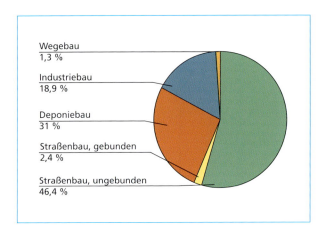

Bild 3:

Verwertung von EloMinit 2000 bis 2013

2.1. Straßenbau

Wegen der Kornform weist das Material gute bautechnische Eigenschaften auf; es wird daher im anspruchsvollen Straßenbau eingesetzt. Der Einsatz von Elektroofenschlacke anstelle von natürlichen Mineralien ermöglicht einen verbesserten und hochwertigen Straßenoberbau und bietet die Möglichkeit zur Kosteneinsparung.

Stark befahrene Straßen, wie Bundesstraßen oder Autobahnen, werden durch den Verkehr immer stärker beansprucht.

Im Straßenbau ergeben sich verschiedene Anwendungen. Die Schlacke kann als Frostschutzschicht, Schottertragschicht und Dammschüttmaterial oder auch als Zuschlag in Asphaltschichten eingesetzt werden. Diese Anwendungen stellen die Hauptverwendung von aufbereiteter Elektroofenschlacke dar.

Baustoffliche Verwertung von Elektroofenschlacke

Durch den Einsatz einer Schottertragschicht (STS) können die Einbaustärke der gebundenen Asphalttragschicht reduziert und Kosten gespart werden. An die Schottertragschicht werden höhere Anforderungen gestellt als an herkömmliches Frostschutzmaterial. Für die Baustoffe in der Schottertragschicht ist die Gleichmäßigkeit der Produktion insgesamt und damit auch die Kontinuität der Korngrößenverteilung nach TL SoB-StB 04 nachzuweisen. Dazu muss die Schottertragschicht nach einer Rezeptur im Zentralmischverfahren (mit Dosseur) aus mindestens drei Einzelfraktionen (mindestens eine feine Gesteinskörnung und mindestens zwei grobe Gesteinskörnungen mit Größtkorn bis 32 mm – aus Bekanntmachung OBB vom 20.06.2008) hergestellt werden. Die Schottertragschicht darf nicht zwischengelagert werden, sie muss nach der Herstellung zur Baustelle gebracht und direkt eingebaut werden.

Projekte, wie der Einsatz als Frostschutzschicht auf der B16 in Bayern, zeigen die Unbedenklichkeit des Materials bei korrektem Einbau. Dies unterstreichen Untersuchungen zum Langzeitverhalten der eingearbeiteten Elektroofenschlacke der TU München.

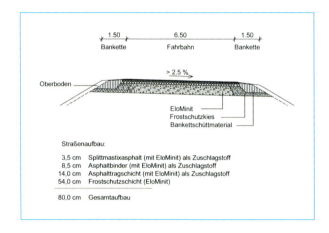

Bild 4:

Beispielhafter Straßenaufbau mit Elektroofenschlacke als Frostschutzschicht und Zuschlag im Asphalt

Das Produkt ist als Frostschutzmaterial für den Straßenbau zugelassen und wird eigen- (WPK= Werkseigene Produktionskontrolle) sowie fremdüberwacht. Bild 4 zeigt einen beispielhaften Straßenaufbau mit Elektroofenschlacke als Frostschutzschicht.

Seit den firmeninternen Aufzeichnungen 1999 gingen etwa 46,4 Prozent des Materials als ungebundene Frostschutzschicht in den Straßenbau. Diese Schicht ist der untere Bestandteil des Straßenoberbaus und liegt als ungebundene Tragschicht direkt unter der Asphalt- oder Betonschicht. Neben ihrer Eigenschaft als tragfähiger Baustoff, muss die Frostschutzschicht Sicherheit gegen Frost bieten. Während der jährlichen Frost- und Tauperioden kann es durch eindringendes Wasser zu Schäden des Fahrbahnbelages kommen. Die Frostschäden werden durch zu hohen Feinkornanteil (Korngröße > 0,063 mm) in der ungebundenen Tragschicht verursacht, da sich das beim Gefrieren kristallisierende Porenwasser nicht schadlos ausdehnen kann. Somit kommt es zu einer Volumenzunahme und zu Hebungen des Bodens. Zur Vermeidung derartiger Schäden, darf der Feinkornanteil des Frostschutzmaterials ein bestimmtes Maß nicht überschreiten.

Mit einem deutlich unter dem maximal zulässigen Grenzwert liegenden Feinkornanteil des Frostschutzmaterials wird die Frostbeständigkeit sichergestellt. Die Kornzusammensetzung führt zu Verdichtungsergebnissen, mit denen die geforderten Standfestigkeiten und Tragfähigkeiten des Bodens nicht nur erreicht, sondern übertroffen werden.

Als weitere Möglichkeit für den Einsatz im Straßenbau gilt der Bau von offenporigen Asphaltschichten (OPA) und Splittmastixasphalt (SMA S) [4]. Im Rahmen des Verbundprojektes LeiStra3 (Leiser Straßenverkehr 3) der Bundesanstalt für Straßenwesen, an dem das Unternehmen beteiligt ist, werden Möglichkeiten zur Minimierung von Straßen- und Verkehrslärm erprobt. Deutschland besitzt ein leistungsfähiges Verkehrssystem, jährlich werden mehr als zehn Milliarden EUR in die Verkehrsinfrastruktur investiert. Zur Reduzierung des Verkehrslärms wurde im Jahr 2000 der Forschungsverbund *Leiser Straßenverkehr* unter Leitung des Deutschen Zentrums für Luft- und Raumfahrt (DLR) gegründet. Damit wurde ein Rahmen zur ganzheitlichen Betrachtung der Lärmproblematik von Straßen-, Schienen- und Luftverkehr und zur Nutzung von Synergieeffekten geschaffen. Da die Geräusche des fließenden Verkehrs maßgeblich durch Wechselwirkungen an der Kontaktstelle von rollendem Reifen und Fahrbahn bestimmt sind, stehen die Reifen-Fahrbahn-Geräusche im Fokus der Untersuchung. Sowohl in der Entwicklung akustisch optimierter Reifen, als auch in der Konzeption lärmmindernder Fahrbahnbeläge wurden wirksame Lösungsansätze zur Geräuschreduzierung erarbeitet und größtenteils in die Praxis umgesetzt [6]. Das Verbundprojekt wird im Juni 2014 erfolgreich abgeschlossen sein.

Durch den Einsatz von enggestuften, feinkornfreien (Fehlkörnungen) Körnungen werden im Asphalt Hohlräume geschaffen, die Reifenabroll- und Motorgeräusche minimieren. Die verwendeten Zuschlagstoffe müssen sehr hohe Polierresistenz (PSV-Wert) sowie niedrige Schlagzertrümmerung (SZ-Wert) aufweisen. Die Maximalanforderung für den PSV-Wert in Deutschland wird in Baden-Württemberg gestellt. Hier müssen die Zuschlagstoffe für den Einsatz von OPA mindestens PSV_{54} erfüllen. Werte, die nur von natürlichen Hartgesteinen wie Basalt und von Elektroofenschlacke erreicht werden. Im Zusammenhang mit dem für Asphaltdeckschichten geforderten Schlagzertrümmerungswert SZ_{18} zeigt sich die Eignung für diesen Verwendungsbereich. Aufgrund der kubischen Gesteinsform, die natürliches Gestein nicht abbilden kann, soll nach Einbau in einer Versuchsstrecke durch Lärmmessungen die Lärmreduzierung nachgewiesen werden.

2.2. Deponiebau

Elektroofenschlacke wird im Deponiebau ausschließlich als Sekundärrohstoff verwendet und **nicht** als Abfall. Dafür wurden bisher etwa 31 Prozent des Materials verwendet. Einsatzbereiche sind die mineralische Entwässerungs- und Gasdränschicht sowie die feinkörnige Ausgleichsschicht und Auflager für Kunststoffdichtungsbahnen (KDB) und Bentonitmatten.

Baustoffliche Verwertung von Elektroofenschlacke

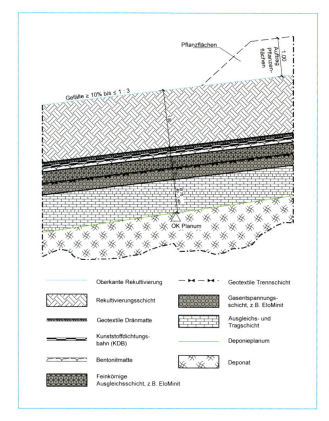

Bild 5:

Beispielhafte Verwertung von Elektroofenschlacke im Deponiebau

2.3. Industriebau

Im Industriebau wird Elektroofenschlacke zur Herstellung von Tragschichten für Gebäude und Verkehrsflächen, als Geländeprofilierungen für Gewerbeareale und Freiflächen sowie für die Durchführung von Untergrundstabilisierungen verwendet. Seit 1999 gingen etwa neunzehn Prozent des verarbeiteten Materials in den Industriebau.

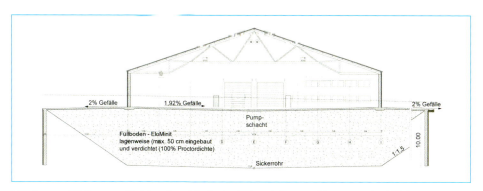

Bild 6: Einbau von Elektroofenschlacke im Industriebau zur Untergrundstabilisierung

2.4. Zuschlag in Industriebaustoffen

Aufbereitete Elektroofenschlacke kann aufgrund ihrer bautechnischen Eigenschaften als Zuschlag- und Ersatzbaustoff in verschiedenen Produkten verwendet werden, insbesondere als Energiespeicher mit hoher Wärmekapazität für innovative Bauweisen.

2.4.1. Ziegeleien

Bild 7: Verarbeitung von aufbereiteter Elektroofenschlacke im Ziegel

In der Ziegelindustrie kann Elektroofenschlacke anstelle von Granit und Basalt als Zuschlagstoff in Mauerziegeln eingesetzt werden, um den Schallschutz und die Wärmespeicherfähigkeit zu verbessern. Aufgrund der hohen Rohdichte des Materials können Ziegel schlanker gebaut werden. Aufbereitete Elektroofenschlacke weist weitere Eigenschaften auf, die von Vorteil sind, z.B. bessere Abschirmung von Radioaktivität als vergleichbares Gestein.

2.4.2. Dämmstoffe

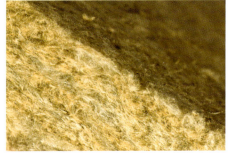

Bild 8: Mineralwolle

Aufbereitete Elektroofenschlacke kann in der Produktion von Mineralwolle als Zuschlagstoff angewendet werden. Naturgestein vermischt mit Elektroofenschlacke aus der Stahlerzeugung und anderen Zuschlagstoffen wird im Heißwindkupolofen verflüssigt und zu Mineralwolle versponnen. Damit verfügt Mineralwolle im Vergleich zu herkömmlicher Glaswolle über höhere akustische Dämmeigenschaften und bietet aufgrund der höheren Rohdichte besseren Wärmeschutz [5].

2.5. Strahlmittel

Eine weitere Anwendungsmöglichkeit ist die Verwendung als Strahlmittel. Der Bedarf wird für Süddeutschland auf etwa 4.000 bis 5.000 Tonnen pro Jahr geschätzt. Die Körnung der aufbereiteten Elektroofenschlacke soll zwischen 0,2 und 1,4 mm liegen. Die Schlacke wird nach der üblichen Aufbereitung gewaschen, getrocknet und verpackt. Das Strahlmittel kann für Reinigungs- und Raustrahlen eingesetzt werden; es kann in der Gebäude- und Brückenreinigung als günstige, umweltschonende Alternative angewendet werden.

Baustoffliche Verwertung von Elektroofenschlacke

Durch Sandstrahlen können anorganische (z.B. Graffiti und Feinstaub) und organische Verschmutzungen (z.B. Algen, Moos, Rost oder Kalkablagerungen) entfernt werden. Die umweltrechtliche Zertifizierung für vielfältige Einsätze liegt vor.

Für die Einsetzbarkeit als Strahlmittel wurde der Härtegrad nach Mohs bestimmt. Die Mohs-Skala ist eine relative Härteskala. Die durch den TÜV Rheinland LGA Bautechnik GmbH ermittelten Werte lagen zwischen vier und sechs nach der Mohs-Härteskala.

2.6. Strahlenschutz

Bild 9: Einbau von Elektroofenschlacke als Strahlenschutz

Strahlenschutzgebäude werden für unterschiedliche Bereiche benötigt, z.B. Forschung, Medizin und Technik. Sie dienen der Abschirmung von unterschiedlicher Strahlung, wie Röntgen- oder Neutronenstrahlung. Mit Strahlenschutzbeton kann auf meterdicke Betonwände und aufwändiges Bau- sowie Rückbauverfahren der Räume verzichtet werden. In einem patentierten Verfahren werden zwischen einfache Fertigbetonwände in Sandwichbauweise Mineralstoffe gefüllt und verdichtet. Hierfür eignet sich je nach Abschirmanforderung u.a. Elektroofenschlacke als loser Füllstoff zwischen den Betonwänden, um die Strahlung nach außen zu minimieren. Im Vergleich zu konventioneller Bauweise können Material gespart und Kosten für einen späteren Rückbau vermieden werden [1].

2.7. Wannenbau

In Gebieten mit hohem Grundwasserpegel ist der Bau von höhenfreien Kreuzungen oft mit aufwändigen Baumaßnahmen in wasserundurchlässiger (WU) Betonbauweise und hohen Baukosten verbunden. Zur Verhinderung von Überflutung der im Grundwasser befindlichen Verkehrswege werden technisch anspruchsvolle Abdichtungsmaßnahmen erstellt, um problemloses Befahren auch bei steigendem Grundwasserpegel zu ermöglichen. Die konventionelle Betonbauweise von Grundwasserwannen verursacht außer hohen Kosten und erheblichem Bauaufwand Nachteile wie lange Bauzeit durch eine blockweise Betonierung der Gesamtlänge, Ausbildung und Abdichtung von WU-Blockfugen sowie die Erstellung eines separaten Regenwasserpumpwerks zur Grundwasserabsenkung. Diese Nachteile werden mit moderner Wannenbauweise vermieden.

Abgedichtet wird beispielsweise mit geotextilen Membranen, die das Grundwasser abhalten. Zur Verhinderung des Auftriebs der Wannenkonstruktion wird Elektroofenschlacke als Beschwerung bis zur Unterkante der Frostschutzschicht eingebaut. Aufgrund der höheren Kornrohdichte als bei Kies ist eine geringere Einbauhöhe möglich, so dass Kosten eingespart werden können. Eine schadensfällige Durchdringung der WU-Konstruktion muss nicht vollzogen werden, da notwendige Leitungen oberhalb der Dichtungsebene verlegt werden [2]. Mit dieser Bauweise muss kein *WU-Betontunnel* mit Anforderungen an Fluchtmöglichkeiten gebaut werden.

Bild 10:   Einbau von Elektroofenschlacke als Ballastschicht

Quelle: GEOTEX Ingenieurgesellschaft mbH

2.8. Weitere Anwendungsmöglichkeiten

Neben den aufgeführten Verwertungsmöglichkeiten gibt es weitere Anwendungen zur Verwertung von Elektroofenschlacke:

- Zuschlag als Ballastgewicht
- Ofenplatten zur Energiespeicherung
- Bodenplatten mit hohen mechanischen Ansprüchen an die Oberfläche
- Wasserbausteine (außerhalb Bayerns)

3. Quellen

[1] Forster, J.: Strahlenschutzgebäude im Betonfertigteilbau aus Doppelwandplatten. In: BetonWerk International, Nr. 1, Köln: ad-media GmbH, S. 176-181, 2007

[2] Hollenbach, A.; Mohr, P.: Grundwasserwanne in Membranbauweise zur Unterführung eines Verkehrsweges. In: Hoch und Tiefbau – Die Fachzeitschrift der Bauwirtschaft, 10/11, 2003

[3] Merkel, T.: Erzeugung und Nutzung von Produkten aus Eisenhüttenschlacke 2013. In: Report des FEhS-Instituts, FEhS – Institut für Baustoff-Forschung e.V., Jahrgang 20, Nr. 1, Duisburg: o.V., S. 12, 2013

[4] Mudersbach, D.; Motz, H.: Zukunftstechnologien für Energie- und Bauwirtschaft am Beispiel der Schlacken aus der Elektrostahlerzeugung. In: Thomé-Kozmiensky, K. J.; Versteyl, A. (Hrsg.): Schlacken aus der Metallurgie - Rohstoffpotential und Recycling, Neuruppin: TK Verlag Karl Thomé-Kozmiensky, S. 151-167, 2011

[5] Nierobis, L.: Mineralwolle, http://www.waermedaemmstoffe.com/, Dezember 2012

[6] Projektgruppe „Leiser Straßenverkehr 2": Verbundprojekt Leiser Straßenverkehr – Reduzierte Reifen-Fahrbahn-Geräusche. In: Berichte der Bundesanstalt für Straßenwesen, Straßenbau, Heft S. 74, Bergisch Gladbach: Wirtschaftsverlag NW, S. 262 f., 2012

[7] Thienel, K.-C.: Baustoffkreislauf Eisenhüttenschlacken und Hüttensand. Institut für Werkstoffe des Bauwesens. München: o.V., 2010

Recycling und Rohstoffe

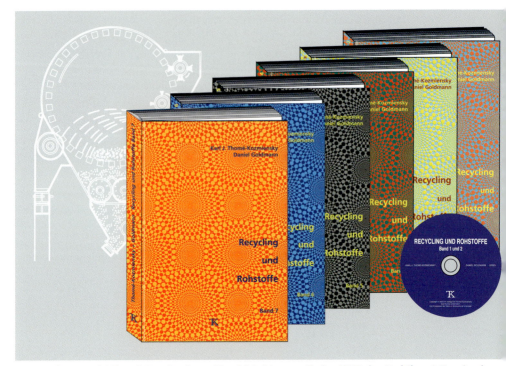

Herausgeber: Karl J. Thomé-Kozmiensky und Daniel Goldmann • Verlag: TK Verlag Karl Thomé-Kozmiensky

CD Recycling und Rohstoffe, Band 1 und 2	**Recycling und Rohstoffe, Band 2**	**Recycling und Rohstoffe, Band 3**
ISBN: 978-3-935317-51-1	ISBN: 978-3-935317-40-5	ISBN: 978-3-935317-50-4
Erscheinungsjahr: 2008/2009	Erscheinungsjahr: 2009	Erscheinungsjahr: 2010
	Hardcover: 765 Seiten	Hardcover: 750 Seiten, mit farbigen Abbildungen
Preis: 35.00 EUR	Preis: 35.00 EUR	Preis: 50.00 EUR
Recycling und Rohstoffe, Band 4	**Recycling und Rohstoffe, Band 5**	**Recycling und Rohstoffe, Band 6**
ISBN: 978-3-935317-67-2	ISBN: 978-3-935317-81-8	ISBN: 978-3-935317-97-9
Erscheinungsjahr: 2011	Erscheinungsjahr: 2012	Erscheinungsjahr: 2013
Hardcover: 580 Seiten, mit farbigen Abbildungen	Hardcover: 1004 Seiten, mit farbigen Abbildungen	Hardcover: 711 Seiten, mit farbigen Abbildungen
Preis: 50.00 EUR	Preis: 50.00 EUR	Preis: 50.00 EUR

Recycling und Rohstoffe, Band 7
ISBN: 978-3-944310-09-1
Erscheinungsjahr: 2014
Hardcover: 532 Seiten, mit farbigen Abbildungen
Preis: 50.00 EUR

175.00 EUR
statt 320.00 EUR

Paketpreis
CD Recycling und Rohstoffe, Band 1 und 2
Recycling und Rohstoffe, Band 2 bis 7

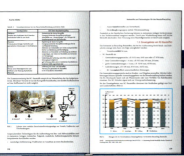

Bestellungen unter www.vivis.de
oder

Dorfstraße 51
D-16816 Nietwerder-Neuruppin
Tel. +49.3391-45.45-0 • Fax +49.3391-45.45-10
E-Mail: tkverlag@vivis.de

TK Verlag Karl Thomé-Kozmiensky

Baustoffliche Verwertung und Umweltverträglichkeit von Elektroofenschlacke
– Langzeitstudie am Beispiel der B16 –

Mario Mocker und Martin Faulstich

1.	Umweltpolitischer Rahmen	366
2.	Umweltverträglichkeit von Elektroofenschlacke beim Bau der B 16 neu	368
2.1.	Baumaßnahme und durchgeführte Untersuchungen	368
2.2.	Ergebnisse der Grundwasseruntersuchungen	369
2.3.	Ergebnisse der Materialuntersuchungen	371
3.	Zusammenfassung	374
4.	Quellen	375

Die Max Aicher Umwelt GmbH verarbeitet jährlich etwa 180.000 Tonnen Elektroofenschlacke (EOS) der Lech-Stahlwerke in Meitingen zu vermarktbaren Baustoffen mit der Handelsbezeichnung EloMinit. Aufgrund besonderer bautechnischer Eigenschaften wie Kornform, Festigkeit und Dichte eignet sich das Material unter anderem für zahlreiche Verwendungsmöglichkeiten im Straßen-, Deponie- und Industriebau sowie für Sonderanwendungen beispielsweise im Strahlenschutz.

Bei der Anwendung im Straßenbau wurde die Umweltverträglichkeit von Elektroofenschlacke bereits durch Forschungsarbeiten im Labor und in halbtechnischen Lysimetern sowie an einem als Versuchsstrecke gestalteten landwirtschaftlichen Weg nachgewiesen. Beim dabei untersuchten Einbau in ungebundenen Schichten wurden weder umweltrelevante Auslaugungen in Boden und Grundwasser noch ökotoxikologische Wirkungen festgestellt [3]. Die in diesem Beitrag wiedergegebenen Ergebnisse beziehen sich auf umweltrelevante Eigenschaften von Elektroofenschlacke nach der Nutzung in einer typischen kommerziellen Straßenbaumaßnahme. Um die Vorteile dieses Verwendungsbereiches auch für die in Bayern erzeugten Schlacken argumentativ zu untermauern, beauftragte die Max Aicher Umwelt GmbH die Autoren mit der fachlichen Beurteilung sowohl von Materialproben nach mehr als zehnjährigem Einsatz im Straßenbaukörper als auch von Grundwasseranalysen im direkten Einflussbereich des Ersatzbaustoffs.

1. Umweltpolitischer Rahmen

Der Sachverständigenrat für Umweltfragen (SRU) benennt im aktuellen Umweltgutachten 2012 *Verantwortung in einer begrenzten Welt* folgende generelle Umweltauswirkungen der Rohstoffgewinnung [12]:

- Verlust und Verschlechterung von Ökosystemen,
- Flächenverbrauch,
- Beeinträchtigung des Wasserhaushalts,
- Emissionen (Luft, Wasser, Boden),
- Schadstoffe aus der Extraktion,
- Energie- und Wassereinsatz.

Die Schadstofffreisetzung und ein übermäßiger Energie- und Wassereinsatz betreffen dabei vordringlich die meist im Ausland stattfindende Förderung von Metallerzen und befinden sich damit nicht in unserem direkten Einflussbereich. Demgegenüber werden Ökosysteme, Flächen, Landschaftsbild und Gewässer trotz hoher Umweltschutzstandards auch bei der Gewinnung von Rohstoffen im Inland beeinträchtigt. Speziell beim nassen Kiesabbau verweist das Umweltgutachten auf Gefahren wie die Beeinträchtigung der Grundwasserqualität oder ein Absenken des Grundwasserspiegels.

Eine konsequente Kreislaufführung und Verwendung von Sekundärrohstoffen erweist sich gerade bei Massengütern als probates Mittel zur Verringerung des Primärrohstoffeinsatzes und damit auch zur Begrenzung der damit verbundenen Umweltauswirkungen. Dementsprechend wird in dem von der Rohstoffstrategie der Bundesregierung abgeleiteten deutschen Ressourceneffizienzprogramm (ProgRess) die Bedeutung von Recyclingbaustoffen herausgestellt und auf eine langfristige Sicherung des hohen Verwertungsniveaus mineralischer Nebenprodukte und Abfälle abgezielt [5]. Die Forderung nach einer Optimierung von Erfassung und Recycling ressourcenrelevanter Mengenabfälle ist dort unter dem Handlungsansatz 13 dokumentiert. Auch im deutschen und europäischen Abfallrecht kommt der Kreislaufführung von Rohstoffen eine besondere Bedeutung zu. Gemäß der Abfallrahmenrichtlinie, die 2012 durch das Kreislaufwirtschaftsgesetz in nationales Recht umgesetzt wurde, ist bei der Abfallbewirtschaftung inzwischen die folgende 5-stufige Abfallhierarchie zu beachten [7, 11]:

1. Vermeidung
2. Vorbereitung zur Wiederverwendung
3. Recycling
4. Sonstige Verwertung, insbesondere energetische Verwertung und Verfüllung
5. Beseitigung

Aufgrund der eindeutigen Rangfolge der Abfallhierarchie ist somit aus aktueller abfallwirtschaftlicher Sicht die baustoffliche Verwendung einer Verfüllung oder einer Beseitigung auf Deponien vorzuziehen, sofern nicht eine der letztgenannten Maßnahmen den Schutz von Mensch und Umwelt unter Berücksichtigung des gesamten Lebenszyklus' besser gewährleistet. Die Ausnutzung sehr spezifischer Materialeigenschaften von Elektroofenschlacke in ihren vielfältigen Anwendungen bekräftigt eine höherrangige Stellung innerhalb der Abfallhierarchie.

Als allgemeine Bedingung für eine umweltverträgliche Kreislaufführung dürfen von Sekundärrohstoffen selbstverständlich keine schädlichen Umweltwirkungen ausgehen. Die dafür maßgeblichen Kriterien werden derzeit aber nicht bundeseinheitlich gehandhabt. Materialwerte für eine Vielzahl von Ersatzbaustoffen, darunter auch Elektroofenschlacken, waren bereits in einem 2004 von der Länderarbeitsgemeinschaft Abfall (LAGA) vorgelegten Eckpunktepapier zur Vorbereitung eines Verordnungsentwurfes enthalten. Inzwischen wurden mehrere Arbeitsentwürfe veröffentlicht, die unter anderem ein verändertes Analysenverfahren zur Ermittlung stoffspezifischer Eluatkonzentrationen vorsehen. Bis heute konnte aber kein Konsens zwischen den offensichtlich divergierenden Ansichten von Bund und Ländern, Wasser-, Boden- und Ressourcenschutz sowie Politik und Wirtschaft erzielt werden, so dass derzeit weder eine Prognose zum Zeitpunkt des Inkrafttretens der Regelung noch zu den darin enthaltenen Verwertungsanforderungen möglich erscheint.

Die für eine baustoffliche Verwendung von EloMinit maßgeblichen Materialanforderungen wurden ursprünglich im Rahmen der immissonsschutzrechtlichen Genehmigung für die Schlackenaufbereitungsanlage in Meitingen geregelt. Zwischenzeitlich war jedoch bei einem mit Elektroofenschlacke errichteten Straßendamm in Teilbereichen ein Austrag von Molybdän ins Grundwasser zu beobachten. Als Ursache wurde eine Durchsickerung mit Niederschlagswasser aufgrund einer ungünstigen Fahrbahnentwässerung festgestellt. Seither ist eine bautechnische Verwertung in Bayern nur noch mit definierten technischen Sicherungsmaßnahmen, beispielsweise als Frostschutzschicht mit wasserundurchlässiger Überdeckung, möglich. Die derzeit in Bayern gültigen technischen Anforderungen an die Verwertung wurden in den erstmals 2008 vom Bayerischen Landesamt für Umwelt veröffentlichen *Umweltfachlichen Kriterien zur Verwertung von Elektroofenschlacke (EOS)* dokumentiert und 2013 mit erläuternden Hinweisen aktualisiert [1, 2]. Die darin enthaltenen Zuordnungswerte sind in Tabelle 1 den statistischen Kenndaten der werkseigenen Produktionskontrolle aus den Jahren 1999 bis 2013 gegenübergestellt [9]. Alle aktuell maßgeblichen Materialanforderungen wurden auch über einen sehr langen Betrachtungszeitraum hinweg sicher eingehalten. Im Geltungsbereich der Umweltfachlichen Kriterien ist EloMinit somit in folgenden Baumaßnahmen uneingeschränkt verwendbar [1, 2]:

- beim Bau von Straßen-, Wege- und Verkehrsflächen,
- in gebundenen Deckschichten,
- in Tragschichten (in ungebundener Tragschicht nur unter wasserundurchlässiger Deckschicht),

- bei Erdbaumaßnahmen wie Lärm- und Sichtschutzwällen, Straßendämmen (Unterbau), sofern durch aus technischer Sicht geeignete einzelne oder kombinierte Maßnahmen sichergestellt wird, dass das Niederschlags- und/oder Oberflächenwasser von der eingebauten EOS effektiv und dauerhaft ferngehalten wird.

Tabelle 1: Zuordnungswerte der umweltfachlichen Kriterien zur Verwertung von EOS in Bayern im Vergleich mit Messwerten der Werkseigenen Produktionskontrolle (WPK)

Parameter	Dimension	Umweltfachliche Kriterien	Werkseigene Produktionskontrolle (WPK) 1999 - 2013			
		Zuordnungswert Z 2	Mittelwert	Minimum	Maximum	Anzahl Messwerte
pH-Wert[1]	-	10 bis 12,5	11,1	8,7	11,9	273
el. Leitfähigkeit	µS/cm	1.500	327	79	1.000	273
Chrom ges.	µg/l	100	12	<5	32	273
Fluorid	µg/l	2.000	119	<50	500	273
Vanadium	µg/l	250	46	<10	100	267
Molybdän[3]	µg/l	250	34	<10	170	53
Barium	µg/l	1.000	115	30	320	273
Wolfram[4]	µg/l	-[2]	168	<5	710	118

1 kein Grenzwert; bei Abweichung ist Ursache zu prüfen
2 ist als Erfahrungswert zu bestimmen
3 Messung seit 2008
4 Messung seit 2005

Quellen:
Bayerisches Landesamt für Umwelt: Umweltfachliche Kriterien zur Verwertung von Elektroofenschlacke (EOS), Stand April 2008
Bayerisches Landesamt für Umwelt: Umweltfachliche Kriterien zur Verwertung von Elektroofenschlacke (EOS), Stand März 2013
Max Aicher Umwelt GmbH: Dokumentation der werkseigenen Produktionskontrolle 1999-2013

2. Umweltverträglichkeit von Elektroofenschlacke beim Bau der B 16 neu

2.1. Baumaßnahme und durchgeführte Untersuchungen

Beim Bau der B 16 neu als Umfahrung der Städte Gundelfingen und Lauingen wurden in einer 9,3 Kilometer langen Trasse in den Jahren 2000 und 2001 knapp 129.000 Tonnen des Materials als Frostschutzschicht unter dem asphaltgebundenen Oberbau eingebaut [10]. Zum Beleg der Umweltverträglichkeit wurden im Sommer 2013 sowohl Feststoff- und Eluatuntersuchungen am eingebauten Material als auch Analysen des Grundwassers in unmittelbarer Straßennähe vorgenommen. Hierzu wurden drei neue Grundwassermessstellen eingerichtet und weiterhin Kernbohrungen an zwei Punkten im Fahrbahnbelag sowie an einer Stelle des Bankettbereichs niedergebracht. Die Lage der Messstellen ist aus Bild 1 ersichtlich. Aufgrund der Grundwasserfließrichtung von Nordwest nach Südost repräsentieren die Bohrungen BGW 2013-1 den Zustrom, in dessen Einzugsbereich sich keine Elektroofenschlacke befindet, und BGW 2013-2 sowie BGW 2013-3 den zu beurteilenden Abstrom. Auf die Baumaterialien zurückzuführende Einflüsse wären somit eindeutig erkennbar.

Die untersuchten Materialproben stammen aus den Bohrkernen der Bohrungen B2 und B4 in der Fahrbahn sowie B3 im Bankett und wurden analog als BK 2, BK 4 und BK 3 bezeichnet. Analysiert wurden Proben der Frostschutzschicht aus einer Tiefe von 0,6 Meter (BK 2) bzw. 0,7 Meter (BK 4 und BK 3). Über den Vergleich von Feststoff- und Eluatwerten mit Neumaterial sollten mögliche Materialveränderungen nach langjährigem Einsatz erkannt werden. Insbesondere hätten deutliche Konzentrationsabnahmen auf eine Freisetzung der entsprechenden Elemente in die Umwelt hingedeutet. Besonderes Augenmerk lag auf der Probe BK 3 aus dem Bankettbereich, da hier am ehesten mit einer Beeinträchtigung zu rechnen wäre. Die Analysen geben somit auch Hinweise auf die Notwendigkeit einer aufwändigen Bauweise, bei der im Bankettbereich natürlicher Frostschutzkies Verwendung findet.

Bild 1:

Lageplan der Bohrungen für Grundwasser- und Materialuntersuchungen an der B 16 neu

Quelle: Geotechnisches Büro für Erd- und Grundbau, Ingenieur- und Hydrogeologie

● Bohrung (Materialprobe)   ● Grundwassermessstelle

2.2. Ergebnisse der Grundwasseruntersuchungen

Messergebnisse von Probenahmen des Grundwassers am 12.08.2013 sind in Tabelle 2 wiedergegeben und zum Vergleich den Anforderungen der Trinkwasserverordnung sowie den von der Länderarbeitsgemeinschaft Wasser (LAWA) publizierten Geringfügigkeitsschwellenwerten (GFS-Werte) gegenübergestellt [8, 14]. Zwischenzeitlich wurde über veränderte und teilweise verschärfte GFS-Werte berichtet, die allerdings noch nicht von der LAWA selbst bekannt gegeben sind und deshalb noch keine Aufnahme in die Tabelle fanden [6].

Bei diesen Untersuchungen waren keine auf den Einsatz von EOS zurückzuführenden Belastungen erkennbar. Sofern überhaupt messbare Konzentrationen vorlagen, waren die betreffenden Elemente bereits im Zustrom in gleicher Größenordnung vorhanden und lagen deutlich unterhalb der Vergleichswerte. Die Pegelstände bei Messung sowie die zwischen 31.07.2013 und 08.11.2013 registrierten Schwankungen belegen einen ausreichenden Abstand zwischen der Unterkante der Frostschutzschicht und dem Grundwasserstand. Um den Befund abzusichern, können die Pegelstände weiter beobachtet und die Grundwasseranalysen periodisch wiederholt werden.

Tabelle 2: Messergebnisse der Grundwasserbeprobung vom 12.08.2013 und Vergleich mit GFS-Werten und Trinkwasserverordnung

Beurteilungs-parameter	Dimension	Messwerte			Vergleichswerte	
		BGW 2013-1 (Zustrom)	BGW 2013-2 (Abstrom)	BGW 2013-3 (Abstrom)	GFS-Werte LAGA[1]	Trinkwasser-verordnung[2]
pH-Wert		7,0	7,1	7,1	–	6,5 – 9,5
el. Leitfähigkeit	µS/cm	785	742	768	–	2.790
Chlorid	mg/l	43	38	45	250	250
Sulfat	mg/l	23	23	25	240	250
Fluorid	µg/l	< 100	< 100	< 100	750	1.500
Barium	µg/l	49	44	53	340	–
Blei	µg/l	< 1	< 1	< 1	7	10
Cadmium	µg/l	< 0,1	< 0,1	< 0,1	0,5	3
Chrom ges.	µg/l	< 1	< 1	< 1	73	50
Fluorid	µg/l	< 100	< 100	< 100	750	1.500
Kupfer	µg/l	1	< 1	< 1	14	2.000
Molybdän	µg/l	2	1	< 1	35	–
Nickel	µg/l	< 1	< 1	< 1	14	20
Niob	µg/l	< 1	< 1	< 1	–	–
Tellur	µg/l	< 2	< 2	< 2	–	–
Vanadium	µg/l	< 1	< 1	< 1	4	–
Wolfram	µg/l	< 0	< 0	< 0	–	–
Zink	µg/l	10	6	6	58	–
Pegelstand bei Messung	m unter POK[4]	6,64	6,27	4,30	n.a.	n.a.
Schwankungs-bereich Pegel	m unter POK[4]	6,77 – 7,18	k.A.	4,23 – 4,63	n.a.	n.a.

n.a.: nicht anwendbar, k.A.: keine Angabe (Parameter wurde nicht bestimmt)
1 Geringfügigkeitsschwellenwerte zur Beurteilung von lokal begrenzten Grundwasserverunreinigungen [8]
2 Grenzwerte nach Trinkwasserverordnung [14]
3 Cr (III)
4 Pegeloberkante

Quellen:

Länderarbeitsgemeinschaft Wasser (LAWA) unter Vorsitz von Nordrhein-Westfalen (Hrsg.): Ableitung von Geringfügigkeitsschwellenwerten für das Grundwasser, Düsseldorf 2004

Trinkwasserverordnung in der Fassung der Bekanntmachung vom 2. August 2013 (BGBl. I S. 2977), die durch Artikel 4 Absatz 22 des Gesetzes vom 7. August 2013 (BGBl. I S. 3154) geändert worden ist

2.3. Ergebnisse der Materialuntersuchungen

Bild 2 zeigt die Analysenwerte von ausgewählten EOS-spezifischen Schwermetallen im Feststoff der Bohrkerne (Chrom gesamt, Barium, Vanadium, Wolfram und Molybdän). Zum Vergleich sind diesen Gehalten die gemittelten Werte aus Stichproben der werkseigenen Produktionskontrolle in den Jahren 2000 bis 2003 gegenübergestellt, um die Größenordnungen im Originalzustand des verbauten Materials einzuschätzen. Weiterhin wurde eine Materialprobe aus einem etwa zehn Jahre alten Haldenbereich der Schlackenaufbereitung bei der Max Aicher Umwelt GmbH in Meitingen in die Betrachtung einbezogen. In Bild 3 sind die ebenfalls bestimmten Konzentrationen an Zink, Kupfer, Nickel und Blei wiedergegeben. Da diese Feststoffparameter nicht im Untersuchungsumfang der werkseigenen Produktionskontrollen 2000 bis 2003 enthalten waren, dient hier eine Stichprobe aus der Produktion von 2012 als weiterer Vergleichswert. Im Hinblick auf die Zulässigkeit des Einbaus von EOS im Straßenbau sind die Feststoffwerte nicht beurteilungsrelevant, sie dienen hier lediglich zur Erkennung möglicher Materialveränderungen.

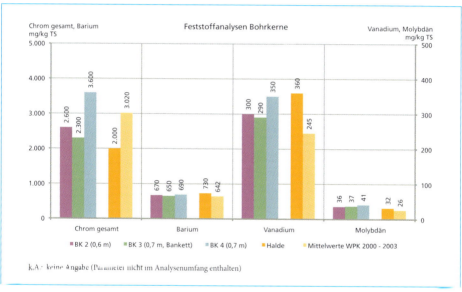

Bild 2:   Feststoffanalysen von EOS-spezifischen Schwermetallen in den Bohrkernen und in Vergleichsmaterialien (nur zu Vergleichszwecken, für die baustoffliche Verwendung nicht beurteilungsrelevant)

Die Probe aus dem Bankettbereich weist bei Chrom gesamt, Barium und Vanadium die niedrigsten Konzentrationen der Bohrkerne auf, wobei die Unterschiede zum aus einem benachbarten Straßenabschnitt stammenden Bohrkern 2 bei Barium und Vanadium nur wenige Prozent betragen. Die Elementgehalte der untersuchten Proben liegen zudem häufig innerhalb des Schwankungsbereichs der Vergleichsmaterialien. Bei den übrigen Schwermetallen zeigt sich ein uneinheitlicher Trend, aus dem keine erhöhte Auswaschung der Frostschutzschicht im Bankettbereich abgeleitet werden kann.

Tendenziell liegen die Elementgehalte des in der B 16 neu verbauten Frostschutzmaterials bei Zink, Kupfer, Nickel und Blei leicht unter den Vergleichswerten, die höheren Werte für BK 2 verdeutlichen aber die vorhandene Schwankungsbreite vergleichbarer Proben auf insgesamt sehr niedrigem Niveau.

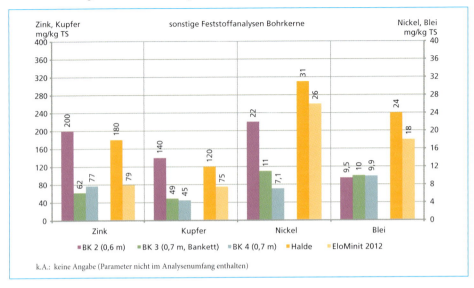

Bild 3: Feststoffanalysen von sonstigen Schwermetallen in den Bohrkernen und in Vergleichsmaterialien (nur zu Vergleichszwecken, für die baustoffliche Verwendung nicht beurteilungsrelevant)

Bild 4 und Bild 5 zeigen die Eluatanalysen der Bohrkerne sowie der oben genannten Vergleichsmaterialien. In den Grafiken sind ferner die jeweiligen Zuordnungswerte der Umweltfachlichen Kriterien (Tabelle 1) gekennzeichnet. Neben den in den Bildern dargestellten Parametern ergaben weitere Bestimmungen an den Bohrkernen keine Konzentrationen über der in Klammern dargestellten Nachweisgrenze: Fluorid (<100 µg/l), Blei (<5 µg/l), Cadmium (<0,5 µg/l), Zink (<10 µg/l), Tellur (<2 µg/l), Niob (<1 µg/l).

Von den für EOS relevanten Schwermetallen (Bild 4) weist der aus dem Bankett stammende Bohrkern BK 3 die höchsten Eluatkonzentrationen der Bohrkerne an Wolfram, Vanadium und Molybdän auf, die allerdings im Vergleich mit den Zuordnungswerten immer noch auf sehr niedrigem Niveau liegen. Lysimeterversuche im halbtechnischen Maßstab mit Simulation einer natürlichen Beregnung von EOS zeigten bereits nach weniger als einem Jahr einen deutlichen Rückgang des gelösten Vanadiums, so dass dieser Parameter im Vergleich mit den anderen Bohrkernen beim Vorliegen eines *wash-off-Effektes* bei starker Durchströmung deutlich vermindert sein müsste [4]. Parallel zu diesen Versuchen vorgenommene Beprobungen des Sickerwassers unter einer Versuchsstrecke deuten jedoch auf eine verlangsamte Freisetzung des Vanadiums hin, die auch in anderen Untersuchungen festgestellt wurde [13]. Diesen Berichten zu Folge wäre allerdings bei Molybdän ein rascheres Abklingen der Eluatkonzentration zu erwarten, die in BK 3 ebenfalls über den Vergleichswerten liegt.

Verwertung und Umweltverträglichkeit von Elektroofenschlacke

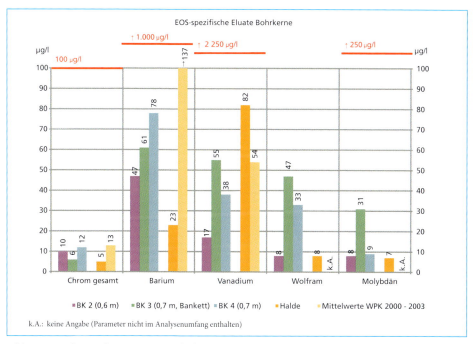

Bild 4: Eluatanalysen EOS-spezifischer Schwermetalle an den Bohrkernen und an Vergleichsmaterialien mittels Trogverfahren nach DIN EN 1744-3 (Wasser-Feststoff-Verhältnis 10:1) und Vergleich mit Zuordnungswerten (Hinweis: für Wolfram ist kein Zuordnungswert festgelegt)

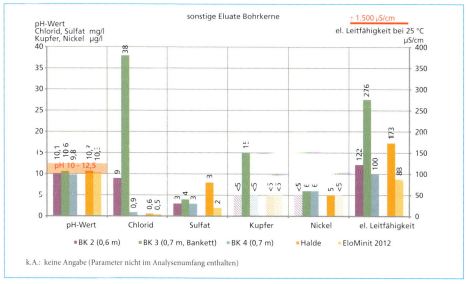

Bild 5: Eluatanalysen sonstiger Parameter an den Bohrkernen und an Vergleichsmaterialien mittels Trogverfahren nach DIN EN 1744-3 (Wasser-Feststoff-Verhältnis 10:1) und Vergleich mit Zuordnungswerten (Hinweise: für pH-Werte gilt ein zulässiger Schwankungsbereich von 10 bis 12,5, bei Abweichungen von pH und el. Leitfähigkeit ist die Ursache zu prüfen; für Chlorid, Sulfat, Kupfer und Nickel sind keine Zuordnungswerte festgelegt)

Diese Befunde können somit als weiteres Indiz gegen eine vermehrte Auslaugung im Bankettbereich gewertet werden. Andererseits deuten die in Bild 5 dargestellten sonstigen Eluatkonzentrationen, insbesondere Chlorid und Leitfähigkeit, auf eine – wenn auch geringe – Beeinflussung des Bankettbereichs durch Tausalz hin, welche eine etwas erhöhte Mobilisierung von Schwermetallen erklären könnte. Angesichts der Messunsicherheiten knapp oberhalb der Nachweisgrenzen sollten schwankende Konzentrationen in diesen Bereichen allerdings nicht überbewertet werden.

Auf Grundlage der untersuchten Stichproben wären die in der Trasse verbaute Schlacke wie auch das derzeit noch auf Halde liegende Material nach den geltenden Anforderungen der Umweltfachlichen Kriterien erneut in vergleichbaren Baumaßnahmen verwertbar.

3. Zusammenfassung

Aus umweltpolitischer Sicht trägt die baustoffliche Verwendung von mineralischen Nebenprodukten und Abfällen zu einer erheblichen Schonung natürlicher Ressourcen sowie zum Erhalt von Lebensräumen bei und kann einen spürbaren Beitrag zur gewünschten Steigerung der Rohstoffproduktivität leisten. Unabdingbare Voraussetzung für die schadlose Verwendung von solchen Mineralstoffen ist die Sicherstellung der Umweltverträglichkeit. Diesbezügliche Anforderungen werden durch rechtliche Vorgaben und die betriebliche Qualitätssicherung laufend überwacht. Die in Bayern maßgeblichen Zuordnungswerte der so genannten *Umweltfachlichen Kriterien zur Verwertung von Elektroofenschlacke (EOS)* wurden seit Einführung im Jahr 2008 von den in Bayern erzeugten Elektroofenschlacken, die unter der Bezeichnung EloMinit vermarktet werden, stets deutlich unterschritten [1, 2, 9].

Im vorliegenden Beitrag werden darüber hinaus Untersuchungen zur Umweltverträglichkeit von EloMinit am konkreten Beispiel einer 9,3 Kilometer langen Ortsumfahrungstrasse der Bundesstraße B 16 neu vorgestellt. Bei dieser Straßenbaumaßnahme wurden in den Jahren 2000 und 2001 etwa 129.000 Tonnen Elektroofenschlacke als Frostschutzschicht unter der Asphaltdecke verwendet. In diesem Zusammenhang erfolgten im Sommer 2013 Bohrungen zur Grundwasserbeprobung in unmittelbarer Nähe zur Verkehrstrasse. Bei diesen Analysen lagen die Konzentrationen von Schwermetallen sowie weiteren Beurteilungsparametern der Wasserqualität entweder unter der Nachweisgrenze oder in der gleichen Größenordnung wie das zuströmende Grundwasser, in dessen Einzugsbereich keine EOS verwendet wurde. Es war somit keine schädliche Beeinflussung des Schutzgutes Grundwasser festzustellen.

In weiteren Bohrungen wurden Materialproben der EOS aus der Frostschutzschicht entnommen und Feststoffgehalte sowie Eluate analysiert. Die Streuung der erhaltenen Messwerte lag im Bereich von Vergleichsproben bzw. der dokumentierten Materialkennwerte aus der betrieblichen Überwachung im Zeitraum der Baumaßnahme. Es konnten keine nachteiligen Veränderungen der Materialqualität festgestellt werden. Lediglich bei einer Probe aus dem Bankettbereich ließen sich Hinweise auf eine leicht erhöhte Mobilisierung von Schwermetallen feststellen, die auf den Einfluss von Tausalz zurückzuführen sein könnte. Weder bei dieser noch bei den anderen Materialproben waren aber die maßgeblichen Zuordnungswerte überschritten, so dass das verbaute Frostschutzmaterial nach derzeitigen Anforderungen jederzeit wieder in vergleichbaren Maßnahmen verwendbar wäre.

4. Quellen

[1] Bayerisches Landesamt für Umwelt: Umweltfachliche Kriterien zur Verwertung von Elektroofenschlacke (EOS), Stand April 2008

[2] Bayerisches Landesamt für Umwelt: Umweltfachliche Kriterien zur Verwertung von Elektroofenschlacke (EOS), Stand März 2013

[3] Bialucha, R., Dohlen, M.: Langfristiges Verhalten von Stahlwerksschlacken im ländlichen Wegebau. In: Report des FEhS-Instituts 1 (2008), S. 11-15

[4] Bialucha, R., Merkel, T., Motz, H.: Technische und ökologische Rahmenbedingungen bei der Verwendung von Stahlwerksschlacke. In: Thomé-Kozmiensky, K. J., Versteyl, A. (Hrsg.): Schlacken aus der Metallurgie. Neuruppin: TK Verlag Karl Thomé-Kozmiensky, 2011, S. 133-149

[5] Bundesministerium für Umwelt, Naturschutz und Reaktorsicherheit (BMU) (Hrsg.): Deutsches Ressourceneffizienzprogramm (ProgRess), Programm zur nachhaltigen Nutzung und zum Schutz der natürlichen Ressourcen, Beschluss des Bundeskabinetts vom 29.2.2012. Berlin: 2012

[6] Demmich, J.: Stellungnahme der Industrie zum Arbeitsentwurf der Mantelverordnung. In: Thomé-Kozmiensky, K. J. (Hrsg.): Aschen Schlacken Stäube – aus Abfallverbrennung und Metallurgie. Neuruppin: TK Verlag Karl Thomé-Kozmiensky, 2013, S. 3-19

[7] Gesetz zur Förderung der Kreislaufwirtschaft und Sicherung der umweltverträglichen Bewirtschaftung von Abfällen (Kreislaufwirtschaftsgesetz - KrWG) vom 24. Februar 2012 (BGBl. I, Nr. 10, S. 212), zuletzt geändert durch Artikel 3 des Gesetzes vom 8. April 2013 (BGBl. I Nr. 17, S. 734), in Kraft getreten am 2. Mai 2013

[8] Länderarbeitsgemeinschaft Wasser (LAWA) unter Vorsitz von Nordrhein-Westfalen (Hrsg.): Ableitung von Geringfügigkeitsschwellenwerten für das Grundwasser. Düsseldorf: 2004

[9] Max Aicher Umwelt GmbH: Dokumentation der werkseigenen Produktionskontrolle 1999-2013

[10] Mocker, M., Faulstich, M.: Umweltverträglichkeit von Elektroofenschlacken im Straßenbau anhand von Langzeitstudien. In: Heußen, M., Motz, H. (Hrsg.): Schlacken aus der Metallurgie, Band 2 – Ressourceneffizienz und Stand der Technik. Neuruppin: TK Verlag Karl Thomé-Kozmiensky, 2012, S. 169-173

[11] Richtlinie 2008/98/EG des europäischen Parlaments und des Rates vom 19. November 2008 über Abfälle und zur Aufhebung bestimmter Richtlinien, ABl. L 312 vom 22.11.2008, S. 3

[12] Sachverständigenrat für Umweltfragen: Umweltgutachten 2012 Verantwortung in einer begrenzten Welt. Berlin: Erich Schmidt Verlag, 2013

[13] Susset, B., Leuchs, W.: Ableitung von Materialwerten im Eluat und Einbaumöglichkeiten mineralischer Ersatzbaustoffe, Umsetzung der Ergebnisse des BMBF-Verbundes „Sickerwasserprognose" in konkrete Vorschläge zur Harmonisierung von Methoden. Dessau-Roßlau: Umweltbundesamt, 2011

[14] Trinkwasserverordnung in der Fassung der Bekanntmachung vom 2. August 2013 (BGBl. I S. 2977), die durch Artikel 4 Absatz 22 des Gesetzes vom 7. August 2013 (BGBl. I S. 3154) geändert worden ist

Aschen • Schlacken • Stäube

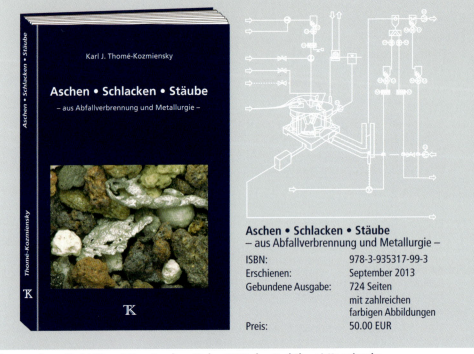

Aschen • Schlacken • Stäube
– aus Abfallverbrennung und Metallurgie –

ISBN:	978-3-935317-99-3
Erschienen:	September 2013
Gebundene Ausgabe:	724 Seiten
	mit zahlreichen farbigen Abbildungen
Preis:	50.00 EUR

Herausgeber: Karl J. Thomé-Kozmiensky • **Verlag:** TK Verlag Karl Thomé-Kozmiensky

Der Umgang mit mineralischen Abfällen soll seit einem Jahrzehnt neu geregelt werden. Das Bundesumweltministerium hat die Verordnungsentwürfe zum Schutz des Grundwassers, zum Umgang mit Ersatzbaustoffen und zum Bodenschutz zur Mantelverordnung zusammengefasst. Inzwischen liegt die zweite Fassung des Arbeitsentwurfs vor. Die Verordnung wurde in der zu Ende gehenden Legislaturperiode nicht verabschiedet und wird daher eines der zentralen und weiterhin kontrovers diskutierten Vorhaben der Rechtsetzung für die Abfallwirtschaft in der kommenden Legislaturperiode sein. Die Reaktionen auf die vom Bundesumweltministerium vorgelegten Arbeitsentwürfe waren bei den wirtschaftlich Betroffenen überwiegend ablehnend. Die Argumente der Wirtschaft sind nachvollziehbar, wird doch die Mantelverordnung große Massen mineralischer Abfälle in Deutschland lenken – entweder in die Verwertung oder auf Deponien.

Weil die Entsorgung mineralischer Abfälle voraussichtlich nach rund zwei Wahlperioden andauernden Diskussionen endgültig geregelt werden soll, soll dieses Buch unmittelbar nach der Bundestagswahl den aktuellen Erkenntnis- und Diskussionsstand zur Mantelverordnung für die Aschen aus der Abfallverbrennung und die Schlacken aus metallurgischen Prozessen wiedergeben.

Die Praxis des Umgangs mit mineralischen Abfällen ist in den Bundesländern unterschiedlich. Bayern gehört zu den Bundesländern, die sich offensichtlich nicht abwartend verhalten. Der Einsatz von Ersatzbaustoffen in Bayern wird ebenso wie die Sicht der Industrie vorgestellt.

Auch in den deutschsprachigen Nachbarländern werden die rechtlichen Einsatzbedingungen für mineralische Ersatzbaustoffe diskutiert. In Österreich – hier liegt der Entwurf einer Recyclingbaustoff-Verordnung vor – ist die Frage der Verwertung von Aschen und Schlacken Thema kontroverser Auseinandersetzungen. In der Schweiz ist die Schlackenentsorgung in der Technischen Verordnung für Abfälle (TVA) geregelt, die strenge Anforderungen bezüglich der Schadstoffkonzentrationen im Feststoff und im Eluat stellt, so dass dies einem Einsatzverbot für die meisten Schlacken gleichkommt. Die Verordnung wird derzeit revidiert.

In diesem Buch stehen insbesondere wirtschaftliche und technische Aspekte der Entsorgung von Aschen aus der Abfallverbrennung und der Schlacken aus der Metallurgie im Vordergrund.

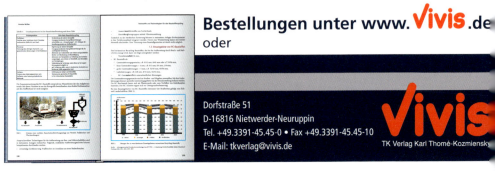

Bestellungen unter www.vivis.de
oder

Dorfstraße 51
D-16816 Nietwerder-Neuruppin
Tel. +49.3391-45.45-0 • Fax +49.3391-45.45-10
E-Mail: tkverlag@vivis.de

TK Verlag Karl Thomé-Kozmiensky

Mineralogie und Auslaugbarkeit von Stahlwerksschlacken

Daniel Höllen und Roland Pomberger

1.	Mineralogie und Auslaugbarkeit	378
2.	Mineralogie und Auslaugbarkeit spezieller Mineralgruppen	379
2.1.	Silikate	379
2.2.	Oxide	380
2.3.	Aluminate	380
2.4.	Spinelle	380
2.5.	Ferrite	381
2.6.	Fluoride	382
3.	Sekundärbildungen an Oberflächen	382
4.	Modifizierung von Stahlwerksschlacken	383
5.	Zusammenfassung und Ausblick	383
6.	Literatur	384

Stahlwerksschlacken sind synthetische Gesteine [11], die als Sekundärrohstoffe im Bauwesen weite Verwendung finden. In diesem Zusammenhang spielt das Auslaugverhalten von Stahlwerksschlacken im Hinblick auf die Umweltauswirkungen eine große Rolle. Gegenwärtig wird in Österreich neben dem Gehalt im Eluat der Gesamtgehalt an bestimmten Elementen als Maß für die Umweltauswirkungen von Stahlwerksschlacken herangezogen. Die zugrunde liegende Annahme lautet, dass der Gesamtgehalt die maximal freisetzbare Stoffmenge darstellt. Tatsächlich ist diese Annahme jedoch unrealistisch hoch, da eine vollständige Auflösung der Schlacke unter Einsatzbedingungen im Bauwesen aufgrund der Mineralogie von Stahlwerksschlacken weder empirisch zu beobachten noch physikalisch-chemisch möglich ist. Die tatsächlich maximal freisetzbaren Stoffmengen und Konzentrationen ergeben sich vielmehr aufgrund der Mineralogie von Stahlwerksschlacken, welche die Auslaugbarkeit maßgeblich beeinflusst, wie in diesem Beitrag dargestellt wird.

1. Mineralogie und Auslaugbarkeit

Im thermodynamischen Gleichgewicht einer Stahlwerksschlacke mit einer wässrigen Lösung stellt sich eine Gleichgewichtskonzentration aller im System vorhandenen chemischen Elemente in der Lösung ein. Bei der Auflösung von Mineralphasen kann die Gleichgewichtskonzentration in der Lösung nicht überschritten werden. Jedoch kann durch Abfluss der gesättigten Lösung und Zufluss einer untersättigten Lösung ein größerer Anteil der Mineralphasen in Lösung gehen, als sich aus der Berechnung der gelösten Stoffmenge aus der Gleichgewichtskonzentration in der Lösung ergibt. Durch die Auflösung einer Mineralphase kann sich andererseits die Übersättigung einer anderen Phase ergeben, was zur Ausfällung dieser Phase führen kann, so dass die Gleichgewichtskonzentration eines gelösten Elements bezüglich der Primärphase unterschritten wird. Diese Sekundärphasen, die sich an den Grenzflächen zwischen Primärphasen und wässriger Lösung bilden, bestimmen maßgeblich das Auslaugverhalten von Stahlwerksschlacken. Die Löslichkeit von primären und sekundären Schlackephasen hängt vom pH-Wert, dem Redoxpotential sowie von der Gesamtheit der in der Lösung vorhandenen Elemente ab. Die initiale Zusammensetzung der Lösung vor der Reaktion mit Stahlwerksschlacken verändert sich durch diese Reaktion, so dass die Auflösung von Schlackephasen als Funktion des Reaktionsweges und der Reaktionszeit in der Schlacke gesehen werden muss. Bei der Einstellung eines Gleichgewichts mit Stahlwerksschlacken stellen sich im Allgemeinen hoch alkalische Bedingungen ein. Natürliche Oberflächen-, Grund- und Bergwässer haben in der Regel einen geringeren pH-Wert. Somit kommt es mit zunehmender Interaktion zwischen wässriger Lösung und Stahlwerksschlacke zu einer Zunahme des pH-Wertes. Wie sich anhand des Beispiels des Einsatzes von Schlacken im Bergversatz zeigen lässt[16]. Da die Löslichkeit vieler Mineralphasen in Stahlwerksschlacken mit steigendem pH-Wert abnimmt, ist selbst im Falle einer anfänglichen Mobilisierung mit einer späteren Re-Fixierung in Mineralneubildungen zu rechnen.

Es ist offensichtlich, dass die Geschwindigkeit, mit der sich der Gleichgewichts-pH-Wert einstellt, d.h. die Reaktionskinetik, eine entscheidende Rolle spielt. Die Kinetik der Auflösung von Mineralphasen hängt von der spezifischen Oberfläche bzw. der Grenzfläche zwischen Schlackenphasen und wässriger Lösung statt. Somit kommt der Schlackeaufbereitung eine große Bedeutung zu, da eine intensive Zerkleinerung zu einer Erhöhung der spezifischen Oberfläche führt. Hingegen ist der Einsatz in gebundenen Tragschichten auch deshalb vorteilhaft, weil dieser mit einer Verringerung der spezifischen Oberfläche verbunden ist. Die Reaktionskinetik hängt auch von der Fließgeschwindigkeit der perkolierenden Lösung ab. Bei einer geringen Flussrate, bleibt die Lösung länger im Kontakt mit einem spezifischen Schlackekorn, so dass sich der pH-Wert eher hebt, bevor anfänglich gelöste Ionen abtransportiert werden können. Dies führt zu einer Wiederausfällung von Sekundärphasen in tieferen Bereichen eines hinreichend mächtigen Schlackekörpers und verhindert damit eine Mobilisierung der entsprechenden Elemente (Bild 1).

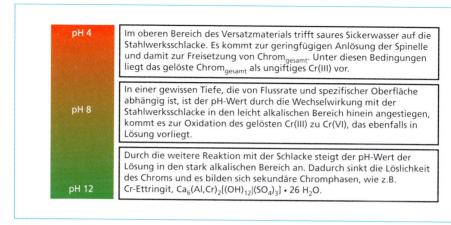

Bild 1: Mobilisierung und Refixierung von Chrom in einem säulenförmigen Schlackekörper

2. Mineralogie und Auslaugbarkeit spezieller Mineralgruppen

2.1. Silikate

Silikatminerale stellen die Hauptphasen in Stahlwerksschlacken dar. Obwohl es sich stöchiometrisch um Ca-, Mg- und Al-Silikate, im Falle des Cuspidins ($Ca_4Si_2O_7(F_{0.75}(OH)_{0.25})_2$) auch um Fluorosilikate handelt, können sie als diadochen Ersatz für die formelwirksamen Elemente auch geringe Gehalte an Vanadium enthalten. So kann z.B. Larnit (β-Ca_2SiO_4) die Hauptquelle für die Freisetzung von Vanadium in Stahlwerksschlacken sein [21]. Da es sich um eine ingruente Auflösung handelt, ist die Löslichkeit von Larnit aber nicht der entscheidende Faktor, zumal die Freisetzung von Larnit-gebundenem Vanadium aus Stahlwerksschlacken stark durch die Carbonatisierung beeinflusst wird [21]. Bei der Einbindung von Vanadium in Larnit ist auch zu beachten, dass dieser bei der hydraulischen Abbindereaktion zu Calciumsilikathydraten reagiert, die Vanadium in ihre (Kristall)Struktur aufnehmen können [14], während dies nicht immer der Fall sein muss [10]. Messungen mittels Röntgennahkantenabsorptionsspektroskopie zeigen, dass es bei der Alterung von Stahlwerksschlacken zu einer Oxidation des Vanadiums vom vierwertigen in den umweltschädlicheren fünfwertigen Zustand kommt [7]. In anderen Schlacken enthalten die Calciumdisilikate hingegen gar kein Vanadium, während dieses im Merwinit ($Ca_3Mg(SiO_4)_2$) gebunden ist [15]. Die Auflösungskinetik von Merwinit bei einem pH-Wert von 10 ist im Vergleich zu der von Calcio-Olivin, welcher neben Larnit die zweite wichtige Ca_2SiO_4-Modifikation darstellt, deutlich langsamer, wie am geringeren Säureverbrauch zur Aufrechterhaltung eines konstanten pH-Wertes ersichtlich ist [13]. Sollte dies auch im Vergleich zu Larnit der Fall sein, wäre die Einbindung in Merwinit eine gute Option zur Verringerung der Freisetzung von Vanadium, mit dem positiven Nebeneffekt, dass der bautechnisch ungünstige Effekt des Zerfalls der Schlacke durch die Umwandlung von Larnit in Calcio-Olivin gehemmt wird [12].

2.2. Oxide

Wüstit (FeO) und Periklas (MgO) bilden eine Mischkristallreihe, die oft Hauptphasen in Stahlwerksschlacken darstellen [11]. In diesen Oxidphasen können anstelle von Fe und Mg auch andere Elemente wie Cr gebunden sein [15]. Messungen mittels Röntgennahkantenabsorptionsspektroskopie (XANES) zeigen, dass es sich bei in Wüstitstrukturen gebundenem Chrom in Stahlwerksschlacken um dreiwertiges, oktaedrisch koordiniertes Chrom handelt, woran sich auch bei der Auslaugung und Alterung nichts ändert, so dass insgesamt < 0,02 Prozent des gesamten Chroms in Lösung gehen [7]. Damit stellt in Wüstitphasen gebundenes Chrom eine ökologisch vorteilhafte mineralogische Form der Chromeinbindung in Stahlwerksschlacken dar.

2.3. Aluminate

Mayenit ($Ca_{12}Al_{14}O_{33}$) ist eine verbreitete Phase in Stahlwerksschlacken und kann signifikante Konzentrationen an Fluor in seine Kristallstruktur einbauen [17]. In der Kristallstruktur des Mayenits, der sich in Stahlschmelzen bei geringeren Sauerstoffpartialdrücken bildet, ist Fluor weniger fest gebunden als in der des Fluorits (CaF_2), der sich in Paragenese mit Brownmillerit ($Ca_2(Al,Fe)_2O_5$) bei höheren Sauerstoffpartialdrücken bildet, so dass die Auslaugbarkeit von Fluor im ersten Fall höher ist als im zweiten [17]. Dies kann auf einer grundlegenden kristallographischen Ebene dadurch erklärt werden, dass es sich im ersten Fall um die Substitution des größeren O^{2-}-Ions (140 pm) durch das kleinere F^--Ion (133 pm), im zweiten Fall um die Kristallisation einer idealen Struktur handelt, so dass im ersten Fall zu einer lockereren Bindung als im zweiten Fall kommt. Eigene Studien zeigen, dass es auch zu einer Paragenese von Fluorit mit Fluoro-Mayenit und anderen F-führenden Phasen kommen kann [15].

2.4. Spinelle

Spinelle sind in Stahlwerksschlacken die Hauptträger des Chroms [3]. Spinelle sind Mineralphasen mit der allgemeinen Formel AB_2O_4, die im kubischen Kristallsystem in der Raumgruppe $Fd\bar{3}m$ kristallisieren.

Es existieren zwei bedeutsame Chrom-Spinelle: Chromit, $FeCr(III)_2O_4$, und Magnesiochromit, $MgCr(III)_2O_4$. Die Löslichkeit von Chromit ist unter den meisten geologischen Bedingungen sehr gering [4]. Nur H_2O_2 und Mn(III)- und Mn(IV)-Verbindungen können signifikante Mengen an Chromit lösen und das freiwerdende Cr(III) in wässriger Lösung zu Cr(VI) oxidieren [19]. Diesem Aspekt ist es zu verdanken, dass in einer vergleichenden Studie an einer Vielzahl von Edelstahlschlacken die Konzentration an Cr(VI) im Eluat stets ≤ 0,01 mg/L bzw. ≤ 0,1 mg/kg Trockensubstanz betrug [12]. Ungeachtet der grundsätzlich äußerst geringen Löslichkeit der Spinelle ist angesichts extrem geringer Grenzwerte, z.B. in der deutschen Versatzverordnung [5], ist es erforderlich, die Kristallchemie der Spinelle genauer zu betrachten, da diese Auswirkungen auf die Löslichkeit hat. So wurde in einer vergleichenden Untersuchung zweier Stahlwerksschlacken [15] festgestellt, dass die Substitution von Sauerstoff durch Fluor in der Spinellstruktur die Auslaugbarkeit von Chrom negativ beeinflusst. Dies ist in Übereinstimmung mit den Beobachtungen an Mayenit [17], aber auch an synthetischen $LiMn_2O_4$-Spinellen [8]. Doch nicht nur die chemische Zusammensetzung der Schlackenphasen verdient Beachtung, sondern auch die Verteilung der chemischen Elemente innerhalb der einzelnen Phasen. Spinelle in Stahlwerksschlacken sind meist keine reinen Chromite oder Magnesiochromite, sondern Mischkristalle der Zusammensetzung $(Fe,Mg)(Cr,Al)_2O_4$. Dabei kann die Verteilung der sich substituierenden Elemente innerhalb eines Kristalls homogen oder inhomogen sein. Spinelle, die aus einem Al-reichen Rand und einem Cr-reichen Kern bestehen, sind z.B. im Hinblick auf eine Freisetzung vorteilhafter als Spinelle mit einer homogenen Cr-Al-Verteilung, da der Al-reiche Rand den Cr-reichen Kern vor einer Reaktion mit der wässrigen Lösung schützt (Bild 2) [15]. Trotz des Einflusses der Zonierung sowie der Realstruktur der Spinelle ist die Einbindung von Chrom in diese Mineralgruppe im Hinblick auf das Auslaugverhalten generell sehr vorteilhaft, während die Bildung von Chromatit ($CaCr^{6+}O_4$) sowie $Ca_5(Cr^{5+}O_4)_3F$ aufgrund von deren höherer Löslichkeit und der höheren Oxidationsstufen des Chroms vermieden werden sollte [6]. Die Erkenntnis, das mit einem Anstieg des CaO/SiO_2-Verhältnisses einer Schlacke von 1 auf 2 eine Erhöhung der Auslaugbarkeit aufgrund der Bildung dieser Phasen nach sich zieht, kann zur Optimierung der Schlackenchemie ebenso verwendet werden, wie die Förderung der Spinellbildung durch MgO-Zugabe [6].

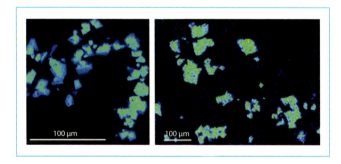

Bild 2:

Cr-Verteilung in zonierten (links) und nicht zonierten (rechts) Spinellen in Stahlwerksschlacken

2.5. Ferrite

Brownmillerit ($Ca_2(Al,Fe)_2O_5$) ist in einigen LD-Schlacken eine wesentliche Wirtsphase für Vanadium und dreiwertiges Chrom [10]. Dabei ist Vanadium als dreiwertiges Ion in oktaedrischer und als fünfwertiges Ion im Tetraeder gebunden [7]. Die Kinetik der Auflösung von Brownmillerit in Stahlwerksschlacken ist mit einer Reaktionsrate von $10^{-9} mol m^{-2} s^{-2}$ extrem langsam [10], so dass die Einbindung von Chrom und Vanadium im Hinblick auf die Umweltverträglichkeit schlackenbasierter Baustoffe positiv zu beurteilen ist. Im Gegensatz zu diesen LD-Schlacken trat in einer untersuchten Edelstahlschlacke kein Brownmillerit auf; dort war Chrom in Spinellen und Vanadium in Scheelit gebunden [15].

2.6. Fluoride

Fluorit, CaF_2, stellt das einzig relevante Mineral aus der Gruppe der Fluoride unter den Schlackephasen dar. Fluorit ist das schwerlöslichste Fluorid und somit die aus Umweltschutzgesichtspunkten bestmöglichste Einbindung von Fluor. Fluorit wird als Flussmittel verwendet und bildet sich beim Erstarren der Schlacke wieder neu, insbesondere bei höheren Sauerstoffpartialdrücken [17]. In einer untersuchten Edelstahlschlacke wurde festgestellt, dass Fluorit kristallchemisch sehr rein ist und z.B. trotz der geochemischen Ähnlichkeit von Ca^{2+} und Mg^{2+} und eines hohen Mg-Gehaltes im System kein Mg^{2+} und erst recht nicht Cr^{3+} oder V^{4+} anstelle von Ca^{2+} einbaut [15].

3. Sekundärbildungen an Oberflächen

Bei der Wechselwirkung von Stahlwerksschlacken mit wässrigen Lösungen kann es nach der Freisetzung von Ionen oder anderen gelösten Spezies (z.B. $Si(OH)_4^0$) zur Bildung von Sekundärphasen an der Grenzfläche zwischen Primärphasen und wässrigen Lösungen kommen. So zeigt ein Vergleich thermodynamischer Modellierungen mit experimentellen Arbeiten nach NF EN 12457-2 zur Auslaugung von spinellgebundenem Chrom aus Stahlwerksschlacken, dass erstere die gelöste Konzentration von Chrom unterschätzen, was durch die Bildung von Cr(III)-Hydroxiden erklärt werden kann. In diesem Fall stimmen thermodynamisches Modell und empirische Beobachtungen gut überein. In diesem Fall ist hervorzuheben, dass es trotz Lösung und Wiederausfällung nicht zur Oxidation von Cr(III) zu Cr(VI) kommt [10]. Es ist zu beachten, dass diese direkte Auflösung und Wiederausfällung von Cr(III)-Phasen in Hochofenschlacken ohne zwischenzeitliche Oxidation aufgrund des geringen Ca-Gehaltes möglich ist, während es bei einem höheren Ca-Gehalt der vorigen Oxidation zu Cr(VI)-führenden Sekundärphasen bedarf. Dabei spielt weniger der reine Chromatit ($CaCrO_4$) als vielmehr der Einbau in $Ba(S,Cr)O_4$-Mischkristalle eine entscheidende Rolle [9]. Die Neubildung derartiger Phasen führt zu einer Abnahme der Auslaugbarkeit des Chroms während der Alterung von im Straßenbau eingesetzten Stahlwerksschlacken [20]. Diese Entwicklung wurde auch in eigenen Studien beobachtet [15], wobei die von Suer et al. thermodynamisch postulierten Sekundärphasen auch hier mangels hoch ortsauflösender Methoden (z.B. Transmissionselektronenmikroskopie) nicht nachgewiesen werden konnten.

Bei der inkongruenten Auflösung von vanadiumführendem Larnit (β-Ca_2SiO_4) kommt es zu einer partialen, zeitlich begrenzten Freisetzung von Vanadium und zur Wiedereinbindung in sekundäre Vanadatminerale wie z.B. Calciodelrioit ($Ca(VO_3)_2 \cdot 4\,H_2O$), deren Löslichkeit dann die Auslaugbarkeit von Stahlwerksschlacken bestimmt [9]. Ebenso kann das Auftreten von $Ca_2V_2O_7$ in einer auf einer Halde entnommenen LD-Schlacke [1] auf sekundäre Alterationsprozesse zurückgeführt werden. Im Gegensatz zur Auslaugbarkeit des Chroms erhöhte sich die des Vanadiums mit zunehmender Alterung in einer Studie, wobei dieses Ergebnis anderen Arbeiten widerspricht [20]. Die Untersuchung des Auslaugverhaltens von Vanadium aus Stahlwerksschlacken unter besonderer Berücksichtigung der Grenzflächenmineralogie bzw. der Sekundärmineralbildungen ist somit eine wichtige offene Frage.

4. Modifizierung von Stahlwerksschlacken

Die Kenntnis der Bildungsbedingungen spezifischer Mineralphasen, die umweltrelevante Elemente wie Cr, Mo und V fest und dauerhaft binden, ermöglicht somit die maßgeschneiderte Produktion von Schlacken. Parameter, die hierbei eine Rolle spielen, sind z.B. die Abkühlrate [18], die Sauerstofffugazität [17], das CaO/SiO_2-Verhältnis und der Mg-Gehalt im System [6]. Demzufolge können durch thermochemische Behandlung von Stahlwerksschlacken Metalle nicht nur in eine noch weniger auslaugbare, sondern auch in eine besser rückgewinnbare Form überführt werden [2].

5. Zusammenfassung und Ausblick

Das Auslaugverhalten von Stahlwerksschlacken lässt sich auf die mineralogische Zusammensetzung zurückführen, wobei die Elementverteilung zwischen und innerhalb primärer sowie sekundärer Mineralphasen eine entscheidende Rolle spielt. Gesamtgehalte lassen hingegen keinen Rückschluss auf das Auslaugverhalten zu, während Auslaugversuche einen notwendigen, aber nicht hinreichenden Ansatz zum Verständnis und zur Beurteilung des Auslaugverhaltens von Stahlwerksschlacken darstellen. Am Beispiel der äußerst geringen Auslaugbarkeit von Chrom aus Stahlwerksschlacken, in denen dieses in gewöhnlichen $(Mg,Fe)(Cr,Al)_2O_4$-Spinellen gebunden ist, zeigt sich, dass die Mineralogie einen zentralen Beitrag zum Verständnis des Auslaugverhaltens von Schlacken erbringen kann. Andererseits bestehen trotz der umfassenden existierenden wissenschaftlichen Erkenntnisse über diese Zusammenhänge gewisse offene Fragen, z.B. bezüglich der Auswirkung der Substitution von Sauerstoff durch Fluor in Spinellstrukturen auf die Auslaugbarkeit, aber auch im Hinblick auf die Mineralogie und Auslaugbarkeit von Vanadium.

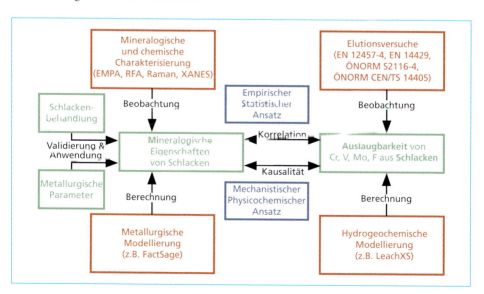

Bild 3: Projektskizze des geplanten Forschungsprojekts *MiLeSlag – Mineralogy and Leachability of Steel Slags*

Diese sollen in einem Forschungsprojekt *MiLeSlag – Mineralogy and Leachability of Steel Slags* beantwortet werden, um ein konsistentes und fundiertes Modell zu erstellen, das – durch thermodynamische Modellierung gestützt und durch empirische Beobachtungen validiert – erklärt, wie welche mineralogischen Charakteristika von Stahlwerksschlacken das Auslaugverhalten welcher Elemente unter welchen hydrogeochemischen Bedingungen steuern. Derartige Erkenntnisse können langfristig angewandt werden, um durch entsprechende Konditionierung bereits bei der Produktion im Sinne des *Ökodesigns von Stahlwerksschlacken* deren Auslaugbarkeit zu minimieren und ihren Einsatz als ressourcenschonenden, umweltfreundlichen Baustoff nachhaltig gewährleisten (Bild 3).

6. Literatur

[1] Aarabi-Karasgani, M., et al.: Leaching of vanadium from LD converter slag using sulfuric acid. Hydrometallurgy. Bd. 102, 1-4, S. 14-21, 2010

[2] Adamczyk, B., et al.: Recovery of chromium from AOD-converter slags. steel research int. Bd. 81, 12, S. 1078-1083, 2010

[3] Aldrian, A., et al.: Assessment of the Mobility of Chromium in a Quality Assured Electric Arc Furnace Slag. Environmental Abstracts. Eighth Annaual International Conference on Environment. S. 15-16, 2013

[4] Ball, J. und Nordstrom, D.: Critical evaluation and selection of standard state thermodynamic properties for chromium metal and its aqueous ions, hydrolysis species, oxides, and hydroxides. Journal of Chemical & Engineering Data. Bd. 43, 6, S. 895-918, 1998

[5] Bundesrepublik Deutschland: Verordnung über den Versatz von Abfällen unter Tage (Versatz-Verordnung - VersatzV), 24.07.2002

[6] Cabrera-Real, H., et al.: Effect of MgO and CaO/SiO2 on the immobilization of chromium in synthetic slags. Journal of Material Cycles and Waste Management. Bd. 14, S. 317-324, 2012

[7] Chaurand, P., et al.: Environmental impacts on steel slag reused in road construction: A crystallographic and molecular (XANES) approach. Journal of Hazardous Materials. Bd. B 139, S. 537-542., 2007

[8] Choi, W. und Manthiram, A.: Influence of fluorine on the electrochemical performance of spinel LiMn2-y-zLiyZnzO4-η Fη cathodes. ournal of the Electrochemical Society. Bd. 154, 7, S. 614, 2007

[9] Cornelis, G., et al.: Leaching mechanisms of oxyanionic metalloid and metal species in alkaline solid wastes: A review. Applied Geochemistry. Bd. 23, S. 955-976, 2008

[10] de Windt, L., Chaurand, P. und Rose, J.: Kinetics of steel slag leaching. Waste Management. Bd. 31, 2, S. 225-235, 2011

[11] Drissen, P.: Eisenhüttenschlacken – industrielle Gesteine. Report des FEhS – Institut für Baustoff-Forschung. Bd. 1, S. 5, 2004

[12] Drissen, P. und Mudersbach, D.: Entwicklung von Baustoffen aus Edelstahlschlacken für Flächensanierung und Deponiebau. FEhS - Institut für Baustoffforschung. Bd. 19, S. 1-6, 2012

[13] Engström, F., et al.: A Study of the Solubility of Pure Slag Minerals. MInerals Engineering. Bd. 41, S. 46-52, 2013

[14] Gougar, M., Scheetz, E. und Roy, D.: Ettringite and C-S-H Portland cement phases for waste immobilization: A review. Waste Management. Bd. 16, 4, S. 295-303, 1996

[15] Höllen, D., et al.: Mineralogy and Leachability of Iron and Steel Work Slags. Mitteilungen der Österreichischen Mineralogischen Gesellschaft. Bd. 159, S. 67, 2013

[16] Höllen, D., et al. submitted: Umwelttechnische Aspekte des Einsatzes von Schlacken als Versatz im Bergbau. Mining. submitted.

[17] Lee, H-H., Kwon, S.-J. und Jang, S.-U.: Effects of PO2 at Flux State on the Fluorine Dissolution from Synthetic Steelmaking Slag in Aqueous Solution. ISIJ International. Bd. 50, 1, S. 174-180, 2010

[18] Loncnar, M., et al.: The Effect of Water Cooling on the Leaching Behaviour of EAF Slag from Stainless Steel Production. Materials and Technology. Bd. 43, 6, S. 315-321, 2009

[19] Oze, C., Bird, D. und Fendorf, S.: Genesis of hexavalent chromium from natrual sources in soil and groundwater. Proceedings of the National Academy of Sciences of the United States of America. Bd. 104, S. 6544.6549, 2007

[20] Suer, P., et al.: Reproducing ten years of road ageing - Accelerated carbonation and leaching of EAF steel slag. Science of the Total Environment. Bd. 407, S. 5110-5118, 2009

[21] van Zomeren, A., et al.: Changes in mineralogical and leaching properties. Waste Management. Bd. 31, 11, S. 2236-2244, 2011

Planung und Umweltrecht

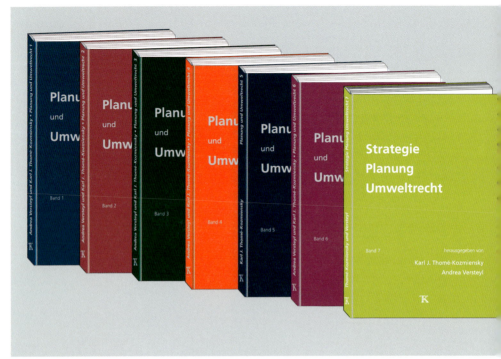

Planung und Umweltrecht, Band 1
Herausgeber: Karl J. Thomé-Kozmiensky, Andrea Versteyl
Erscheinungsjahr: 2008
ISBN: 978-3-935317-33-7
Hardcover: 199 Seiten

Planung und Umweltrecht, Band 2
Herausgeber: Karl J. Thomé-Kozmiensky, Andrea Versteyl
Erscheinungsjahr: 2008
ISBN: 978-3-935317-35-1
Hardcover: 187 Seiten

Planung und Umweltrecht, Band 3
Herausgeber: Karl J. Thomé-Kozmiensky, Andrea Versteyl
Erscheinungsjahr: 2009
ISBN: 978-3-935317-38-2
Hardcover: 209 Seiten

Planung und Umweltrecht, Band 4
Herausgeber: Karl J. Thomé-Kozmiensky, Andrea Versteyl
Erscheinungsjahr: 2010
ISBN: 978-3-935317-47-4
Hardcover: 171 Seiten

Planung und Umweltrecht, Band 5
Herausgeber: Karl J. Thomé-Kozmiensky
Erscheinungsjahr: 2011
ISBN: 978-3-935317-62-7
Hardcover: 221 Seiten

Planung und Umweltrecht, Band 6
Herausgeber: Karl J. Thomé-Kozmiensky, Andrea Versteyl
Erscheinungsjahr: 2012
ISBN: 978-3-935317-79-5
Hardcover: 170 Seiten

Strategie Planung Umweltrecht, Band 7
Herausgeber: Karl J. Thomé-Kozmiensky, Andrea Versteyl
Erscheinungsjahr: 2013
ISBN: 978-3-935317-93-1
Hardcover: 171 Seiten, mit farbigen Abbildungen

Strategie Planung Umweltrecht, Band 8
Herausgeber: Karl J. Thomé-Kozmiensky,
Erscheinungsjahr: 2014
ISBN: 978-3-944310-07-7
Hardcover: 270 Seiten, mit farbigen Abbildungen

Paketpreis
Planung und Umweltrecht, Band 1 bis 6;
Strategie Planung Umweltrecht, Band 7-8

125,00 EUR statt 200,00 EUR

Einzelpreis: 25,00 EUR

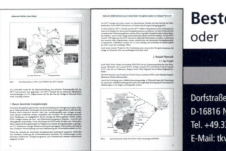

Bestellungen unter www.vivis.de
oder

Dorfstraße 51
D-16816 Nietwerder-Neuruppin
Tel. +49.3391-45.45-0 • Fax +49.3391-45.45-10
E-Mail: tkverlag@vivis.de

TK Verlag Karl Thomé-Kozmiensky

Verarbeitung von Filterstäuben aus der Elektrostahlerzeugung im Wälzprozess

Eckhard von Billerbeck, Andreas Ruh und Dae-Soo Kim

1. Einleitung 388

2. Zinkhaltige Filterstäube aus der Elektrostahlerzeugung 388

3. Befesa Zinc S.A.U. 389

4. Kurzvorstellung der Wälzanlagen 390

5. Wälzverfahren und dessen Ein- und Ausgangsstoffe 391

6. Beitrag zur Gesellschaft und Umwelt 395

7. Zusammenfassung und Ausblick 396

8. Quellen 396

Die Befesa ist ein internationales Umweltdienstleistungsunternehmen, das auf folgenden Gebieten tätig ist: Recycling von Abfällen aus der Stahl- und Verzinkungsindustrie, Recycling von Aluminium und aluminiumhaltigen Rückständen und der Entsorgung von Industrieabfällen.

Bild 1: Wälzanlage Befesa Zinc Duisburg GmbH

1. Einleitung

Zink wird seit über hundert Jahren für den Korrosionsschutz von Stählen verwendet. Der Verzinkungsanteil von Stählen liegt weltweit bei etwa fünfzig Massen-Prozent. In Deutschland liegt die Verwendung von Zink in der Verzinkungsindustrie bei etwa 36 Massen-Prozent [1, 10].

Durch die Verwendung von verzinktem Stahl und der damit verbundenen Rücklaufmengen verzinkter Schrotte, insbesondere durch die Automobilindustrie, werden in Zukunft weiterhin signifikante zinkhaltige Staubmengen aus dem Umschmelzen von Stahlschrott mit dem Elektrolichtbogenofenverfahren erwartet. Dadurch nehmen die zinkhaltigen Stäube mit 15 bis 25 kg pro Tonne erzeugten Stahls einen bedeutenden Wert als sekundäre Rohstoffquelle ein. In Bild 2 wird schematisch der Kreislauf des Zinks über die Kombination der hydrometallurgischen Zinkgewinnung und des in Europa vorherrschenden pyrometallurgischen Wälzverfahrens dargestellt.

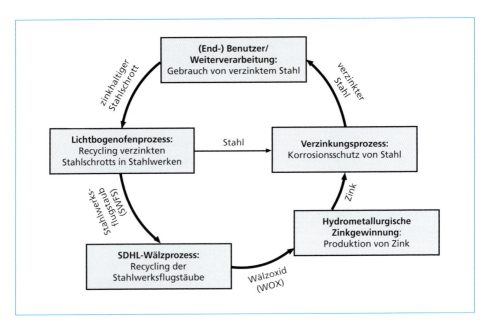

Bild 2: Recyclingkreislauf für verzinkten Stahl und Zink

2. Zinkhaltige Filterstäube aus der Elektrostahlerzeugung

Das Recycling von Stahlschrotten nimmt einen wichtigen Stellenwert als Rohstahlquelle, zur Ressourcenschonung und zum Umweltschutz ein. Weltweit wird das Elektrolichtbogenofenverfahren eingesetzt, das um 1900 erfunden und im Laufe des Jahrhunderts stetig modifiziert und verbessert wurde. Das Verfahren hat sich, aufgrund einiger Vorteile wie hohe Schmelzleistung, flexibler Schmelzbetrieb usw. gegen andere Stahlerzeugungsmethoden durchgesetzt. Die beim Schmelzprozess entstehenden

Abgase mit erheblichen Staubfrachten müssen wegen der Bestimmungen der Immissionsschutzgesetzgebung gereinigt werden. Nach der Kühlung des beladenen Abgases gelangt es in Entstaubungsanlagen, in denen das Abgas vom Staub entfrachtet wird. Hierbei fallen Filterstäube an, deren Menge von der Produktivität des Stahlwerks, seines nachgeschalteten Filtersystems und von der Qualität des einzuschmelzenden Schrotts abhängt. Dies sind 15 bis 25 kg pro Tonne erzeugten Stahls. Dabei ist letzteres maßgeblich, da beinahe 99 Prozent des Zinkeintrags in den Ofen wieder in die Staubfraktion im Abgasstrom übergeht. Der Grund liegt in der niedrigen Zink-Siedetemperatur von 906 °C. Das Zink verdampft aufgrund der hohen Temperaturen im Ofen und wird im Abgasstrom reoxidiert. Weitere Mechanismen, außer der Verflüchtigung von Metallen und Metallverbindungen, für die Entwicklung von Stahlwerkstäuben ist das Verdampfen von Eisen im Lichtbogenbereich und der mechanische Übertrag von festen Partikeln während des Schmelzvorgangs [2, 7].

In Europa werden etwa siebenundsiebzig Millionen Tonnen Stahlschrott pro Jahr im Elektrolichtbogenofenverfahren recycelt. In Europa lag 2012 dieser Anteil der Roheisenproduktion bei etwa vierzig Prozent [7]. Hierdurch fallen in Europa jährlich über eine Million Tonnen zinkhaltiger Stahlwerkstäube an. Dabei liegt der Marktanteil der Befesa bei über sechzig Prozent in Bezug auf den Massendurchsatz bei einer installierten Kapazität von über 600.000 Tonnen Stahlwerkstäube und anderer zinkhaltiger Reststoffe pro Jahr [8].

3. Befesa Zinc S.A.U.

Als Folge der kontinuierlichen Weiterentwicklung des Elektrolichtbogenofens hinsichtlich seiner Kapazität, der Effektivität und der flexiblen Einsatzmengen wurden im Laufe der Jahrzehnte immer größere Durchsätze an Stahlschrott für das Umschmelzverfahren eingesetzt. Die gestiegene Produktion führte zugleich zu einer stetigen Erhöhung der Stahlwerkstaubmengen, die bis in die siebziger Jahre aufgrund ihrer Schwermetallkonzentrationen und des damaligen Umweltverständnisses vollständig auf Deponien entsorgt wurden.

1969 wurde die Duisburger Wälzanlage, die zu dieser Zeit Bestandteil der Metallhütte Duisburg war, von der Firma Lurgi umgerüstet und für das Recycling von Stahlwerkstäuben zum ersten Mal angewandt. Dank des Erfolgs der Aufbereitung bei der Wiedergewinnung von Zink aus den Stäuben sowie der Vermeidung ihrer Deponierung wurde das Verfahren in den achtziger und neunziger Jahren, ebenfalls von Lurgi, in Europa, Nordamerika und Asien vermarktet.

Mit der Gründung der BUS Berzelius Umweltservices AG 1987 wurden die Recyclingkapazitäten, die bedingt durch die Erhöhung der Elektrostahlerzeugung und vermehrten Verzinkung von Massenstählen einherging, verwirklicht. 1995 wurde in Duisburg die erste Dioxin-, Furan- und Quecksilberabscheidung in Betrieb genommen, die im Laufe der folgenden Jahre auf die zur Gruppe gehörenden Wälzanlagen übertragen wurde.

In 1998 wurde das SDHL-Verfahren – benannt nach den Erfindern Saage, Dittrich, Hasche und Langbein – entwickelt und in den folgenden Jahren in allen Anlagen installiert. Damit wurden die spezifischen Energie- und der Reduktionsmittelverbräuche deutlich abgesenkt. Zugleich wurde mit dieser Technologie in Kombination mit basischer Fahrweise die Produktion erheblich gesteigert. Gegenüber dem klassischen Wälzverfahren wurde der SDHL-Wälzprozess wegen seiner zahlreichen Vorteile als beste verfügbare Technik (Beste Verfügbare Technik nach EIPPCB [4]) anerkannt.

Nach mehrmaliger Umstrukturierung und Umbenennung der Firma BUS kam es in 2006 zum Kauf und zur Übernahme durch die Befesa. Mit ihren Anlagen hat sich das Unternehmen in der Wiederaufbereitung von Filterstäuben aus der Eisen- und Stahlindustrie als europäischer Marktführer positioniert. Mit einem Joint Venture in der Türkei 2010 und einer Anlagen-Akquisition in Südkorea 2012 ist das Unternehmen im Zinkrecycling auch außerhalb Europas etabliert.

Heute ist das Unternehmen in drei Geschäftsbereichen aktiv: Aufarbeitung von zinkhaltigen Reststoffen aus der Stahl- und Gießereiindustrie, von nickel- und chromhaltigen Rückständen aus der Edelstahlindustrie sowie von Verzinkungsrückständen aus der Galvanikindustrie.

4. Kurzvorstellung der Wälzanlagen

Die Verarbeitung von zinkhaltigen Reststoffen in Europa erfolgt in den Wälzanlagen in Deutschland, in Frankreich und in Spanien. Zudem werden in der Türkei und in Südkorea primär zinkhaltige Filterstäube aus dem Elektrolichtbogenofenverfahren und andere zinkhaltige Reststoffe verarbeitet. Durch die Entwicklung des Verfahrens, insbesondere bei der Materialvorbereitung, Zinkausbringung und Energieoptimierung, hat sich das Unternehmen einen technologischen Vorsprung erarbeitet.

In Bild 3 werden die Standorte der Befesa Wälzanlagen dargestellt und in Tabelle 1 die dazugehörigen Jahreskapazitäten.

Bild 3:

Standorte der Befesa Wälzanlagen weltweit (rot markiert)

Anlagen	Kapazität t/a
Befesa Zinc Duisburg GmbH, Deutschland	100.000
Befesa Zinc Freiberg GmbH, Deutschland	220.000
Befesa Zinc Aser S.A.U., Spanien	160.000
Recytech S.A., Frankreich	125.000
Befesa Silvermet Turkey SL, Türkei	60.000
Befesa Zinc Korea Co., Ltd., Südkorea	125.000

Tabelle 1:

Kapazitätsangaben der einzelnen Befesa Wälzanlagen

5. Wälzverfahren und dessen Ein- und Ausgangsstoffe

Der SDHL-Wälzprozess lässt sich in drei Verfahrensabschnitte (Bild 4), wie folgt, gliedern:

Anlieferung, Vorbereitung und Beschickung des Eingangsmaterials, pyrometallurgische Verarbeitung im Wälzofen, Abgasbehandlung mit Wälzoxidabscheidung.

Anlieferung, Vorbereitung und Chargierung

Im SDHL-Wälzprozess werden vor allem Stahlwerkstäube, verschiedene zinkhaltige Reststoffe sowie Koks und Schlackenbildner eingesetzt. Angeliefert wird mit Silo- oder Kipp-LKWs und mit Bahnwaggons. Auch Big Bags und Schüttgutcontainer können angenommen werden. Feuchtes Material in pelletierter, stückiger oder stichfester Form wird in geschlossenen Lagerhallen oder Bunkern gelagert. Trockene Stäube werden mit pneumatischen Förderanlagen direkt vom Silo-LKW in Siloanlagen eingeblasen. Mit dieser geschlossenen Entladung und Lagerung werden Staubemissionen minimiert.

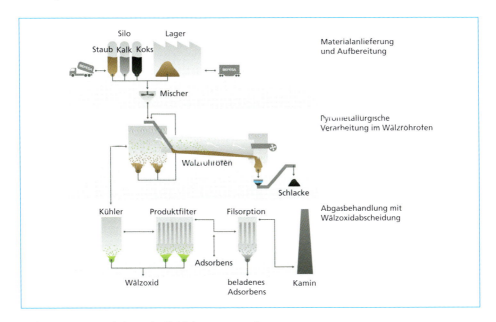

Bild 4: Vereinfachtes Fließbild des SDHL-Wälzprozesses

Element/Verbindung	Gehalte Gew.-%	Element	Gehalte Gew.-%
C	0,1 - 15	MgO	1,7 - 9
CaO	3,5 - 15	Na_2O	0,3 - 3
Cl	0,1 - 4	Pb[1)]	0,1 - 3
F	0,1 - 1,5	S	0,2 - 1
FeO	23 - 45	SiO_2	1 - 8
K_2O	0,4 - 2	Zn[1)]	17 - 32

Tabelle 2:

Elementverteilung von Stahlwerkflugstäuben

[1)] liegt vor allem als Oxid vor

Für einen gleichmäßigen Ofenbetrieb und hohes Zinkausbringen im Wälzoxid und für eine gute Schlackenqualität müssen die Einsatzstoffe gattiert werden. Dazu werden die zinkhaltigen Reststoffe, je nach Analyse, mit definierten Mengen an Reduktionsmitteln und Schlackebildnern gemischt und pelletiert. Durch gezielte Wasserzugabe werden die Feuchte und Pelletgröße eingestellt. Die Mikropellets werden direkt in den Wälzofen beschickt oder zwischengelagert.

In den Wälzrohren werden zinkhaltige Reststoffe mit einem durchschnittlichen Zinkgehalt von etwa fünfundzwanzig Prozent verarbeitet. In Tabelle 2 werden die Gehaltsbereiche der Elemente in Stahlwerkstäuben angegeben.

Wie in Tabelle 2 beispielhaft an Stahlwerkstaub dargestellt, können die zinkhaltigen Reststoffe von trockenen Stahlwerkstäuben bis hin zu nassen zinkhaltigen Schlämmen eine große Bandbreite ihrer chemischen Zusammensetzungen aufweisen.

Pyrometallurgische Aufarbeitung im Wälzofen

Die Wälzöfen sind vierzig bis 65 Meter lang und haben Durchmesser zwischen drei und 4,5 Metern. Durch die leichte Neigung des Ofens und bei etwa 1,2 Umdrehungen pro Minute werden die kontinuierlich dem Wälzofen zugeführten Mikropellets bei einer Verweilzeit von vier bis sechs Stunden durch den Ofen gefördert. Die Gasphase strömt entgegen der Schüttung durch den Wälzofen. Bild 5 zeigt schematisch einen Längsschnitt des Wälzofens und seine Reaktionszonen.

Nach der Beschickung wird die Aufgabemischung durch das im Gegenstrom geführte heiße Ofengas getrocknet und aufgeheizt. Im mittleren Ofenbereich der Reaktionszone, ab einer Temperatur von etwa 1.100 bis 1.200 °C, setzt die Reduktion der in der Schüttung vorliegenden Metallverbindungen ein. Das in der Aufgabemischung enthaltene Reduktionsmittel Kohlenstoff (C) reagiert zunächst mit dem zugegebenen Luftsauerstoff (O_2) zu CO_2, das mit festem Kohlenstoff gemäß der Boudouard-Reaktion zu CO reagiert. Das CO kann die enthaltenen Verbindungen von Zink, Blei und Eisen – entsprechend dem Richardson-Ellingham-Diagramm – reduzieren. In Abhängigkeit von der Ausmauerung, der Länge und der Umdrehungsgeschwindigkeit des Ofens liegt die Verweilzeit des Einsatzmaterials im Wälzrohr zwischen vier und sechs Stunden. Durch die vorherrschenden Prozessbedingungen – hohe Temperaturen und ausreichend hohen Dampfdrücke – werden Zink und Blei sowie Chloride und

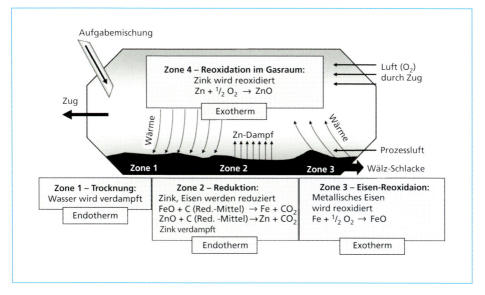

Bild 5: Längsschnitt durch den Wälzrohrofen mit seinen Reaktionen

Alkalien selektiv aus der Schüttung in den Gasraum verdampft, während das Eisen in der Schüttung verbleibt. In der Gasphase werden die metallischen Zinkdämpfe zu Zinkoxid reoxidiert. Dies ist möglich, da wegen des Gegenstromprinzips in der Ofenatmosphäre ausreichend Sauerstoff zur Verfügung steht. Das metalloxidreiche Rohgas verlässt den Ofen eintragsseitig und wird zur Produktgewinnung und Reinigung einer mehrstufigen Abgasbehandlung unterzogen. Das heiße, staubbeladene Abgas wird abgekühlt und das Wälzoxid in einem Filter abgeschieden und zur Zwischenlagerung in Silos gefördert. In der darauffolgenden Filterstufe wird das staubfreie Abgas von Dioxinen, Furanen, Quecksilber und Cadmium entsprechend den gesetzlichen Grenzwerten gereinigt und abschließend unter Einhaltung örtlicher Vorschriften durch einen Kamin in die Atmosphäre ausgetragen [9].

Mit gezielter Luftzugabe zur Schüttung am Ende des Ofens wird der Großteil des mitreduzierten Eisens zu Eisenoxid (FeO) reoxidiert. Die Oxidationswärme heizt die zugeführte Frischluft auf und liefert die für die chemischen Prozesse in der Reaktionszone benötigte Wärmeenergie. Mit der Entwicklung des SDHL-Prozesses konnte die Effizienz gegenüber dem klassischen Wälzverfahren optimiert und die spezifischen CO_2-Emissionen um mehr als vierzig Prozent reduziert werden.

Variationen der Zusammensetzung können den metallurgischen Prozess erheblich beeinflussen, wie eine Verschiebung der Schmelztemperatur der Ofenschüttung. Dies kann zu Ansatzbildungen an der Ofenausmauerung führen, die eine Verschlechterung der Prozessführung mit sich führen kann. Ein metallurgischer Balanceakt ist daher, sowohl aus ökologischer als auch ökonomischer Sicht, beim Wälzprozess erforderlich.

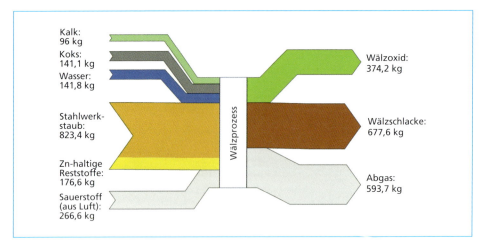

Bild 6: Massenströme des SDHL-Wälzverfahrens bei der Befesa Zinc Duisburg GmbH

Produkte des SDHL-Wälzprozesses

Bild 6 stellt zur Veranschaulichung die Ein- und Ausgangsströme aus dem SDHL-Wälzprozess, basierend auf einer Tonne zinkhaltigem Eingangsmaterial, in einem Sankey-Diagramm dar.

Das aus den Eingangsstoffen erzeugte Wälzoxid enthält neben fünfundfünfzig bis fünfundsechzig Prozent Zink geringe Mengen an Alkalien (Na, K) und Halogenen (Cl, F). In der Vergangenheit wurde aufgrund der hohen Halogenid- und Alkaliengehalte das ungewaschene Wälzoxid hauptsächlich im Imperial Smelting Prozess eingesetzt. Für den Einsatz im hydrometallurgischen Zinkgewinnungsprozess (Zinkelektrolyse) stellen besonders die Halogene kritische Elemente dar. Um den Gehalt dieser Elemente zu reduzieren und den Zinkgehalt zu erhöhen, wird das Wälzoxid einer zwei- oder

Element/ Verbindung	Ungewaschenes Wälzoxid Gew.-%	Gewaschenes Wälzoxid Gew.-%
CaO	1,2 - 4,0	1,8 - 4,5
Cl	0,1 - 6,4	0,05 - 0,2
F	0,1 - 0,5	< 0,1 -0,25
FeO	2,1 - 5,4	3,0 - 6,0
K_2O	0,05 - 3,9	0,04 - 0,1
MgO	0,2 - 0,5	0,3 - 0,6
Na_2O	0,3 - 3,1	0,1 - 0,3
Pb[1]	2,3 - 5,5	3,9 - 6,0
S	0,2 - 1,0	0,1 - 0,5
SiO_2	0,2 - 1,5	0,4 - 2,0
Zn[1]	55 - 65	65 - 70

Tabelle 3: Elementverteilung des ungewaschenen und gewaschenen Wälzoxids

[1] liegt vor allem als Oxid vor

dreistufigen Gegenstromwäsche unterzogen. Dadurch werden über neunzig Prozent aller Halogene und Alkalien entfernt und die Zinkkonzentration im gewaschenen Wälzoxid auf fünfundsechzig bis siebzig Prozent erhöht. Weitere typische Werte des gewaschenen Wälzoxids sind in Tabelle 3 aufgeführt.

Neben Wälzoxid fällt im Wälzprozess auch Wälzschlacke an, die alle nichtflüchtigen Bestandteile sowie zugesetzten Schlackenbildner beinhaltet, die etwa 2/3 der Durchsatzmenge ausmachen. Die Schlacke wird nach dem Verlassen des Ofens in einem Wasserbad, auch Nassentschlacker genannt, gekühlt. Durch die basische Fahrweise des Verfahrens bildet sich eine poröse Schlacke, die derzeit aufgrund ihrer chemischen und physikalischen Eigenschaften als Baumaterial für den Wegebau auf Deponien Anwendung findet. Hauptbestandteile dieser Wälzschlacke sind Eisenoxid, Kalk und Quarz. Eine typische Wälzschlackenanalyse wird in Tabelle 4 dargestellt.

Element/Verbindung	Gehalte Gew.-%	Element/Verbindung	Gehalte Gew.-%
CaO	< 26,00	Na_2O	0,60
Cl	< 0,10	Pb	< 0,10
FeO	45,00	S	1,50
K_2O	0,10	SiO_2	< 10,00
MgO	< 6,00	Zn	< 5,00

Tabelle 4: Analysewerte einer Wälzschlacke

6. Beitrag zur Gesellschaft und Umwelt

Stahlwerkstäube, Gießereistäube und andere zinkhaltige Reststoffe werden als Abfälle eingestuft. Dementsprechend ist die Behandlung und das Recycling dieser Abfälle aus ökologischer Sicht von Bedeutung.

Der SDHL-Wälzprozess stellt das Referenzverfahren für das Recycling von Filterstäuben aus der Stahlindustrie in Bezug auf Umweltschutz und sparsame Verwendung von Energie und Ressourcen dar. Mehr als 600.000 Tonnen zinkhaltige Abfälle werden allein von der Firma Befesa verarbeitet. Dem Stoffkreislauf werden dadurch etwa 120.000 Tonnen Zink pro Jahr wieder zugeführt.

In einigen Lagerstätten ist Zink durch natürliche geologische und geochemische Prozesse auf fünf bis fünfzehn Prozent angereichert. Diese Zinkerze werden z.B. in Kanada, Südafrika, Thailand, Brasilien, Australien und in Russland abgebaut und mit physikalischer Aufbereitung auf etwa fünfzigprozentige Zinkkonzentrate konzentriert. Dieser Rohstoff legt einen langen Transportweg zurück, bevor er in Europa zu metallischem Zink verarbeitet wird [5].

Insgesamt wurden seit der Einführung des Wälzprozesses in Deutschland über vier Millionen Tonnen zinkhaltiger Reststoffe verarbeitet. Das entspricht ungefähr einer Million Tonnen metallisches Zink, das in Europa in den Wertstoffkreislauf zurückgeführt wurde.

Dadurch konnte der Abbau von elf bis fünfzehn Millionen Tonnen Zinkerze, abhängig von den Zinkgehalten, vermieden und dadurch Rohstofflagerstätten geschont und Emissionen durch Transporte gespart werden [6].

Ebenso ist es durch die Entwicklung und Einführung des SDHL-Wälzprozesses gelungen, einen für die kommenden Jahre energetisch und wirtschaftlich konkurrenzfähigen Prozess betreiben zu können, der auch umweltrelevanten Entwicklungen Rechnung trägt. Durch die Einführung der basischen Fahrweise wird gegenüber dem klassischen Wälzprozess eine Steigerung des Durchsatzes und des Zinkausbringens bei etwa vierzig Prozent reduziertem Reduktionsmitteleinsatz erreicht. Damit wird die Emission von CO_2 ebenfalls um über vierzig Prozent reduziert; die Bildung von Dioxinen und Furanen im Rohgas nimmt um den Faktor 10 ab [9]. Wegen dieses Beitrags zum Umweltschutz wurde der Wälzprozess von der Basler Konvention als Dioxin- und Furanzerstörungstechnologie anerkannt [3]. Die europäische Umweltschutzbehörde European Integrated Pollution Prevention and Control Bureau (EIPPCB) bestätigt den Prozess als Beste Verfügbare Technik (BVT) [4].

7. Zusammenfassung und Ausblick

Das Wälzverfahren zur Aufarbeitung von zinkhaltigen Reststoffen stellt eine sichere und bewährte Technologie dar, die ihre Zuverlässigkeit in vielen Anlagen weltweit bewiesen hat. Der Zinkinhalt der im Wälzprozess eingesetzten Reststoffe wird für die Zinkgewinnung wieder nutzbar gemacht. Mit dem SDHL-Wälzprozess wird ein Verfahren betrieben, mit dem in den Reststoffen enthaltenes Zink zu etwa 93 Prozent wieder gewonnen wird. Das Wälzoxid ist aufgrund seines hohen Zinkgehaltes in der Zinkindustrie und in seiner gewaschenen Form auch durch die niedrigen Halogenidgehalte, ein begehrter Sekundäreinsatzstoff für die metallische Zinkgewinnung. Durch das Recycling werden Abfallmengen reduziert, natürliche Ressourcen geschont und somit ein Beitrag zur Schließung des Wertstoffkreislaufs geleistet.

8. Quellen

[1] Antrekowitsch, J.; Offenthaler, D.: Problemstellung und Lösungsansätze in der Aufarbeitung zinkhältiger Stahlwerksstäube. In: Vernetzung von Zink und Stahl, Vorträge beim 42. metallurgischen Seminar des Fachausschusses für Aus- und Weiterbildung der GDMB; GDMB Medienverlag, 2006. ISBN 0720-1877, S. 17-24

[2] Antrekowitsch, J.; Griessacher, D.; Offenthaler, D.; Schnideritsch, H.: Charakterisierung und Verhalten von Zink-, Blei- und Halogenverbindungen beim Recycling von Elektrolichtbogenofenstäuben. In: Berg- und Hüttenmännische Monatshefte 153, 2008, S.182-183

[3] Basel Convention on the Control of Transboundary Movements of Hazardous Wastes and their Disposal (2005) [Kontrolle der grenzüberschreitenden Verbringung gefährlicher Abfälle und ihrer Entsorgung]: Aktualisierte allgemeine technische Richtlinien für die umweltfreundliche Entsorgung von Abfällen, die aus persistenten organischen Schadstoffen bestehen oder damit kontaminiert sind. Seite 41, 43. Online unter: www.basel.int/pub/techguid/tg-POPs.doc

[4] European Integrated Pollution Prevention and Control Bureau – EIPPCB (2010): Reference document on best available techniques (BAT) for the non-ferrous metals industries – Referenzdokument für die Besten Verfügbaren Techniken (BVT) in der NE-Metallindustrie

[5] Initiative Zink: http://www.initiative-zink.de/basiswissen/das-metallzink/zinkvorkommen.html; abgerufen am 05.05.2014

[6] Krüger, J.: Sachbilanz Zink; Primärenergieaufwand und Emissionen von Bergbau und Aufbereitung, 2001. Tab. 4.4; S. 24

[7] Offenthaler, D.: Die Halogenidentfernung in der Aufbereitung von Elektrobogenofenstäuben, 2006, S. 8-9

[8] Ruh, A.; Krause, T.: The Waelz process in Europe, 3rd international conference on networking between zinc and steel industry, 2011, S. 2

[9] Saage, E.; Hasche, U.: Optimization of the Waelz Process at the B.U.S Zinkrecycling Freiberg GmbH. Erzmetall, Vol. 57 No. 3, 2004, S. 138-142

[10] WVMetalle (2012): Jahresbericht der deutschen NE-Metallindustrie 2012. Herausgegeben von Wirtschaftvereinigung Metalle. Online verfügbar unter: www.wvmetalle.de

ReSource
Abfall · Rohstoff · Energie

Jahresabonnement (4 Ausgaben) plus Onlinezugang: 62 Euro (incl. MwSt. und Versand)

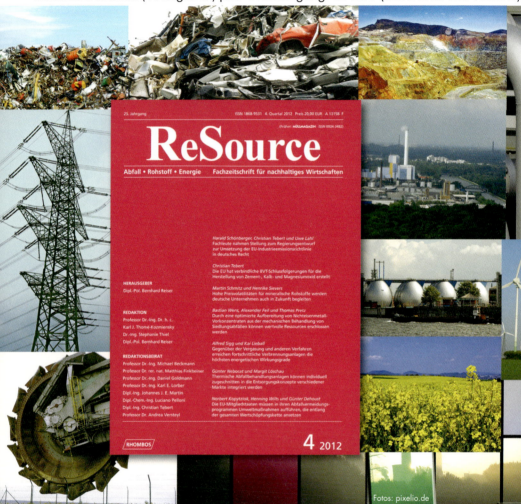

Fotos: pixelio.de

Für Wirtschaft und Politik ist ein nachhaltiger Umgang mit Rohstoffen und Energie eine Frage der Zukunftssicherung. Umwelttechnisches Know-how und Informationen über grundlegende Entwicklungen sind für den Erfolg entscheidend. Mit der Fachzeitschrift "**ReSource** – Abfall, Rohstoff, Energie" sind Sie bestens über nachhaltiges Wirtschaften informiert.

Neben aktuellen Forschungsergebnissen stellt die Fachzeitschrift praxisrelevante Konzepte und Verfahren zur Vermeidung und Verringerung von Umweltbelastungen vor. Verfahren der konventionellen Abfallbehandlung und -entsorgung wie Verbrennung sowie Recycling, Kompostierung, Vergärung und Deponierung werden auf ihre Effektivität und Umsetzbarkeit geprüft. Experten aus dem In- und Ausland diskutieren mögliche Alternativen.

Gerne schicken wir Ihnen ein Ansichtsexemplar:

RHOMBOS-VERLAG, Kurfürstenstr. 17, 10785 Berlin, Tel. 030.261 94 61, Fax: 030.261 63 00
Internet: www.rhombos.de, eMail: verlag@rhombos.de

Alternative Verfahren zur Aufarbeitung von Stäuben aus der Stahlindustrie

Christoph Pichler und Jürgen Antrekowitsch

1.	Theorie der Zinkentfernung	400
2.	Stahlwerksstäube	402
3.	Das 2^{s}DR Prozessmodell	404
3.1.	Klinkerstufe	404
3.2.	Reduktionsstufe	404
4.	Ergebnisse der praktischen Untersuchungen	405
4.1.	Klinkern im Technikumsmaßstab	406
4.2.	Reduktion im Technikumsmaßstab	407
5.	Zusammenfassung	408
6.	Literatur	409

Im Zuge der Stahlproduktion entstehen verschiedene Kuppelprodukte wie Schlacken, Stäube und Schlämme, welche unter oft hohem Kostenaufwand deponiert bzw. im Fall der Stäube an Recyclingbetriebe abgetreten werden. Beispielsweise beläuft sich die anfallende Menge an Elektrolichtbogenofenstaub auf 15 bis 20 kg/t Rohstahl [7], wobei die Konzentration an Zink bis 40 Gew.-% betragen kann [8]. Zink ist in Europa aufgrund seiner sehr hohen ökonomischen Wichtigkeit auf der Schwelle zum kritischen Rohstoff. Basierend auf diesem und weiteren Aspekten, wie beispielsweise dem Wunsch nach Souveränität, besteht das Interesse seitens der Industrie an einem dezentralisierten, in das Hüttenwerk implementierten, Recyclingprozess. Speziell für das Recycling von zinkhaltigen Stahlwerksstäuben gibt es eine Vielzahl entwickelter Verfahren. Aufgrund des Anlagenkonzeptes etablierte sich der Wälzprozess zum dominierenden Recyclingprozess in diesem Bereich und wird auch von der Europäischen Kommission als *Best Available Technique* geführt [2]. Dieser Prozess weist aber bezogen auf den in der Metallurgie immer stärker werdenden Nachhaltigkeitsgedanken gewisse Nachteile auf. Diese beziehen sich hauptsächlich auf die in großen Mengen anfallende Wälzschlacke, welche meistens einer Deponie zugeführt wird. Darin sind durchschnittlich 37 Prozent Eisen in verschiedenen Wertigkeitsstufen enthalten, welches damit verloren geht. Aufgrund dessen gibt es bei der Entwicklung von neuen Recyclingmöglichkeiten das Bestreben auch das enthaltene Eisen rückzugewinnen.

Ein neuartiges Konzept in diesem Bereich ist der *Two Step Dust Recycling* Prozess (2^{s}DR), basierend auf einem innovativen, zweistufigen Verfahrensschema. Der wesentliche Vorteil dabei ist die simultane Rückgewinnung von Wertmetallen. Dies bezieht sich hauptsächlich auf die im Prozess produzierte Eisenlegierung und das Zinkoxid, welches aus dem Filterhaus der Abgasanlage gewonnen wird und als marktfähiges Produkt verkauft werden kann. Die im Verhältnis zum Wälzprozess sehr geringe Schlackenmenge ist frei von Schwermetallen und weist ebenso eine Volumsstabilität auf, weshalb diese als sekundärer Rohstoff Einsatz finden kann. Ein zusätzlicher Vorteil ist die erreichbare, höhere Produktqualität des Zinkoxides, im Vergleich zum Wälzoxid. Dies resultiert hauptsächlich aus der zweistufigen Prozessführung, bei der zuerst die als Verunreinigung wirkenden Elemente Fluor und Chlor, unter Ausnutzung der hohen Partialdrücke dieser Verbindungen, abgetrennt werden. Dies ist ein sogenannter Klinkerprozess, woran die Reduktion als nächster Prozessschritt angeschlossen ist. Im Gegensatz zur Klinkerstufe ist dieser Prozess schmelzflüssig geführt. Dieses Konzept bietet unter anderem aufgrund der Kompaktheit die Möglichkeit einer dezentralen Verwertung am Ort der Entstehung. Damit entfallen die Transport- sowie Verarbeitungskosten und die daraus resultierenden Produkte können teilweise werksintern weiterverwendet werden.

Basierend auf durchgeführten theoretischen Berechnungen mit FactSAGE, Charakterisierungen von Stahlwerksstäuben und praktischen Untersuchungen im Labormaßstab wurden bereits auch Untersuchungen im nächsten Scale-up, dem Technikumsmaßstab, durchgeführt.

1. Theorie der Zinkentfernung

Aufgrund von hochzinkhaltigen Schlacken aus Bleischachtöfen ist die Aufarbeitung zinkhaltiger Reststoffe bereits seit über hundert Jahren Bestandteil metallurgischer Untersuchungen. Unter Verwendung von thermodynamischen Daten und empirisch ermittelten Parametern an wassergekühlten Schlackeverblaseöfen konnten mathematische Modelle erstellt werden, welche es ermöglichen, die wesentlichen Einflussparameter auf die Zinkverdampfung zu ermitteln. Diese Ergebnisse dienen als Grundlage zur Entwicklung neuer Verfahren, welche die Aufarbeitung zinkhaltiger Reststoffe aus der Eisen- und Stahlmetallurgie sowie der Nichteisenmetallurgie ermöglichen.

Der Schlackeverblaseprozess ist eine chargenweise, reduzierende Behandlung von flüssiger Schlacke in einem wassergekühlten Ofen mit rechteckigem Querschnitt. Mittels an der Wandunterseite angeordneten Düsen wird Kohle durch einen Luftstrom eingeblasen. Der eingebrachte Kohlenstoff reduziert bei den herrschenden Temperaturen von 1.300 bis 1.500 °C das Zinkoxid zu metallischem Zink, welches verdampft und über dem Schlackebad durch einen eingebrachten Luftstrom reoxidiert wird [5]. Die schematische Darstellung dieses Prozesses ist in Bild 1 zu sehen.

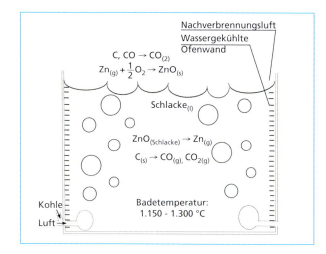

Bild 1:

Schematische Darstellung des Schlackeverblasprozesses

Quelle: Richards, G. G. et al.: Kinetics of the zinc slag-Fuming process: Part I. industrial measurements. Metallurgical Transactions B 16, 1985, 3, S. 513–527

Aufgrund der stark endothermen Reaktion dient ein Teil des Kohleinputs als Energieträger, durch die teilweise Verbrennung mit der miteingebrachten Luft, der Großteil steht zur Reduktion von Zink- und Eisenoxid nach den Reaktionen (1) und (2) zur Verfügung [5].

$$ZnO + C \leftrightarrows Zn + CO \tag{1}$$

$$Fe_3O_4 + C \leftrightarrows 3FeO + CO \tag{2}$$

In Schlacken ist Fe_3O_4 die thermodynamisch bevorzugte Form des Eisens [4]. Die direkte Reaktion der Oxide mit dem Kohlenstoff ist aufgrund der fehlenden Benetzung von Kohle und Schlacke unwahrscheinlich [5]. Durch die auftretende Boudouard-Reaktion entsteht Kohlenmonoxid, welches zur indirekten Reduktion nach (3) und (4) führt [5].

$$ZnO + CO \leftrightarrows Zn + CO_2 \tag{3}$$

$$Fe_3O_4 + C \leftrightarrows 3FeO + CO_2 \tag{4}$$

Diese Erkenntnisse können in einem Reaktionssystem, welches in Bild 2 dargestellt ist, beschrieben werden.

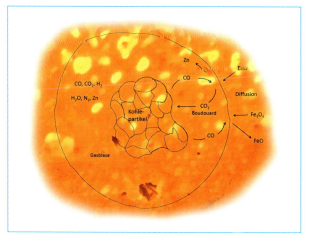

Bild 2:

Schlacke-Kohle Reaktionssystem

Quelle: Richards, G. G.; Brimacombe, J. K.: Kinetics of the zinc slag-Fuming Process: part II. mathematical model. Metallurgical Transactions B 16, 1985, 3, S. 529–540

Bei dem in Bild 2 veranschaulichten System handelt es sich um ein Kohlepartikel, welches sich in einer Gasblase befindet und von der Schlacke nicht benetzt wird. Deshalb verweilt es immer in der Mitte dieser Blase und nicht an der Kohle-Schlacke Grenzschicht. Durch Diffusionsvorgänge gelangt ZnO und Fe_3O_4 zur Gas-Schlacke-Grenzschicht und wird dort durch die Reaktionen (3) und (4) umgesetzt. Das dabei entstehende CO_2 diffundiert zur Gasblasenmitte und regiert mit dem vorhanden Kohlenstoff nach (5) zu Kohlenmonoxid, welches wiederum die Schlackenoxide umsetzt [4].

$$C + CO_2 \leftrightarrows 2CO \qquad (5)$$

Dieses Modell basiert auf praktischen Untersuchungen des Konzentrationsgradienten an der Schlacke-Gasblase-Grenzschicht. Dabei wurden während dem Schlackeverblasen Proben entnommen und abgeschreckt, wodurch die darin enthaltenen Gasblasen als Hohlräume im erstarrten Material verblieben. Untersuchungen mittel Elektronenstrahlmikroanalyse zeigten, dass die Konzentrationen von Zn und Fe von der Schlacke in Richtung Gasblase fallen. Dies deutet auf Diffusionsvorgänge in der Schlacke hin. Das an der Grenzschicht reduzierte Zink ist unter den herrschenden Temperaturen dampfförmig und verlässt die flüssige Schlacke über die Gasblase. Das Konzentrationsgefälle des Eisens hin zu Gasblase lässt sich durch die höhere Diffusionsgeschwindigkeit des Wüstits, welcher bei der Reduktion entsteht, gegenüber dem Magnetit erklären. Aufgrund dieser Tatsachen hat der Transport innerhalb der Schlackenphase einen wesentlichen Einfluss auf die Reaktionskinetik [5].

2. Stahlwerksstäube

Aufgrund der jährlich steigenden Stahlproduktion erhöhen sich ebenso die Mengen an anfallenden Kuppelprodukten. Dieses vermehrte Aufkommen von Reststoffen bedingt ebenso höhere Kapazitäten beim Recycling dieser Rückstände. Bei einer durchschnittlichen Staubmenge von 20 kg/t Roheisen [7] beim Elektrolichtbogenofen ergibt dies, bezogen auf die weltweite jährliche Stahlproduktion über den Elektrolichtbogenofen, eine Gesamtmenge von 9,7 Millionen Tonnen Staub/Jahr. Bei einer globalen Betrachtung verteilen sich die anfallenden Mengen laut Bild 3.

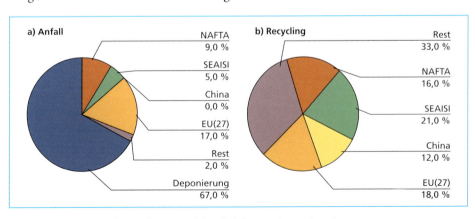

Bild 3: Anfall und Recycling von Elektrolichtbogenofenstaub weltweit

Quelle: Rütten, J.; Frias, S.; Diaz, G.; Martin, D.; Sanchez, F.: Processing EAF Dust Through Waelz Kiln and ZINCEXTM Solvent Etraction: The Optimum Solution, 2011

Wie aus Bild 3 a) ersichtlich entstehen in der EU achtzehn Prozent der weltweit anfallenden Elektrolichtbogenofenstäube und es werden ebenso achtzehn Prozent recycelt, Bild 3 b). Global gesehen wird aber mehr als die Hälfte deponiert. Dies zeigt, dass in diesem Bereich der Metallurgie noch Potenzial vorhanden ist.

Die Rückgewinnung von Zink bezieht sich hauptsächlich auf Stäube aus Elektrostahlwerken. Der Grund dafür liegt in den hohen Konzentrationen dieses Metalls in Stäuben, welche bis zu vierzig Prozent betragen können [8]. Stäube aus LD-Stahlwerken weisen niedrigere Konzentrationen auf. In Abhängigkeit der Herkunft variieren die Zusammensetzungen dieser Rückstände. Diese werden auch von den Einsatzstoffen, vor allem durch den Schrott, bestimmt. Für genauere Betrachtungen sind deshalb Mittelwerte heranzuziehen. Ein direkter Vergleich der chemischen Zusammensetzung zwischen Filterstäuben aus einem Elektrostahlwerk, sowie LD-Stahlwerk ist in Bild 4 ersichtlich.

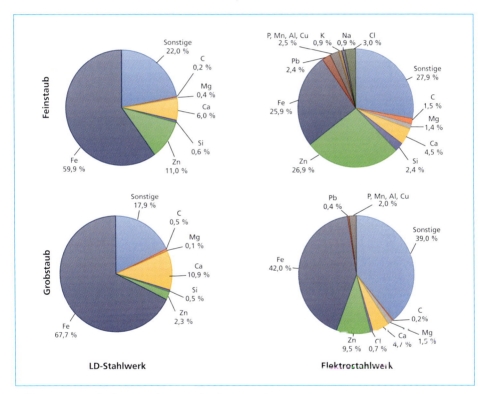

Bild 4: Durchschnittsanalyse verschiedener Stäube

Quelle: Bartusch, H. et al.: Erhöhung der Energie- und Ressourceneffizienz und Reduzierung der Treibhausgasemissionen in der Eisen-, Stahl- und Zinkindustrie (ERESTRE) In: Erhöhung der Energie- und Ressourceneffizienz und Reduzierung der Treibhausgasemissionen in der Eisen-, Stahl- und Zinkindustrie (ERESTRE), 2, 2013

Aufgrund des Konzeptes der Abgasanlagen werden zwei unterschiedliche Staubfraktionen, Grob- bzw. Feinstaub, aus dem Gasstrom abgeschieden. Diese zeigen ebenso Unterschiede in deren Zusammensetzung.

Um höhere Zinkkonzentrationen im Feinstaub von LD-Stahlwerken zu erreichen, gibt es Staubrückführungssysteme, welche zu einer Aufkonzentration von Zink führen [3].

3. Das 2^{S}DR Prozessmodell

Wie bereits erwähnt, erfolgt das Recycling von Stahlwerksstäuben in diesem Prozess in zwei unterschiedlichen Stufen, wobei die erste als Klinkerstufe und die zweite als Reduktionsstufe bezeichnet wird.

3.1. Klinkerstufe

Die Qualität und damit auch der erzielbare Preis sind an die Reinheit von Produkten gebunden. Beim 2^{S}DR Prozess bezieht sich dies hauptsächlich auf das Zinkoxid, gleich wie beim Wälzprozess. In Fall der Stahlwerksstäube sind die Hauptverunreinigungen Chlor und Fluor wesentlich. Diese gelangen im Stahlwerk durch miteingebrachte Kunststoffe und Additive in den Staub, wodurch sie in den Recyclingprozess miteingeschleust werden. Damit ein möglichst hochqualitatives Zinkoxid gewonnen werden kann, müssen diese unerwünschten Begleitelemente abgetrennt werden. Dies ist nur durch eine separate Prozessstufe möglich. Bei diesem entwickelten Verfahren erfolgt eine Vorbehandlung des agglomerierten Stahlwerksstaubes, das sogenannten Klinkern. Dabei werden die hohen Dampfdrücke der im Reststoff enthaltenen Fluor- und Chlorverbindungen, bei Tempertaturen zwischen 1.000 und 1.200 °C, ausgenutzt. Diese verdampfen und verlassen den Reaktor, welcher als TBRC (Top Blown Rotary Converter) oder Drehrohr ausgeführt sein kann, über den Abgasstrom und können aus dem Filterhaus oder einem Nasswäscher gewonnen werden. Bei den bereits erwähnten Temperaturen befindet sich der agglomerierte Staub im festen Aggregatszustand.

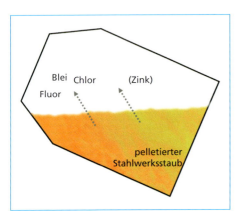

Bild 5: Schema der Klinkerstufe (Querschnitt eines TBRC Konvertergefäßes)

Das verbleibende Material wird danach der sogenannten Reduktionsstufe zugeführt, wo die eigentliche Rückgewinnung der Wertmetalle Zink und Eisen erfolgt. Schematisch ist dieser Vorgang in Bild 5 dargestellt, wobei es sich um einen Längsschnitt eines TBRC-Gefäßes handelt.

Wie in Bild 5 angedeutet verdampfen Chlor- und Fluorverbindungen bei den Prozesstemperaturen in der Klinkerstufe. Ein Großteil vom Blei liegt als Chlorid vor, wodurch sich dieses ebenso im Filterstaub wiederfindet. Kleine Anteile von Zink gehen dabei ebenso verloren, da es in geringen Mengen als Chlorid und Fluorid vorliegt, welche flüchtig sind.

3.2. Reduktionsstufe

Die Entwicklung dieses Prozesskonzeptes basiert auf der Anlagentechnik von einem TBRC (Top Blown Rotary Converter). Dieser etablierte sich bei einer durchgeführten Evaluierung als geeignetstes Aggregat.

In dieser zweiten Stufe der Stahlwerksstaubverwertung findet die eigentliche Rückgewinnung der Wertmetalle statt. Das aus dem Klinkern stammende, an Chlor und Fluor abgereicherte, Einsatzmaterial wird auf ein aufgekohltes Eisenbad chargiert. In Abhängigkeit vom Mengenverhältnis Klinker zu Eisenbad ist eine zusätzliche Aufgabe von Reduktionsmittel nötig. Der im Eisen gelöste Kohlenstoff reduziert die Oxide des aufgegeben Materials. Aufgrund unterschiedlicher Prozessführungen in einzelnen Stahlwerken variiert auch der Schmelzpunkt des Filterstaubes, in Abhängigkeit der Basizität.

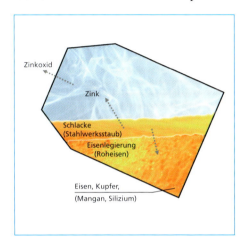

Bild 6: Schema der Reduktionsstufe (Querschnitt eines TBRC Konvertergefäßes)

Deshalb kann es nötig sein, Additive dem Prozess zuzuführen um eine Verarbeitungstemperatur von 1.400 bis 1.450 °C zu gewährleisten. Wie bereits in Kapitel 1 beschrieben, findet die Reduktion von Zink und Eisen statt. Das flüssige Eisen sinkt aufgrund der Dichte ab und sammelt sich im Metallbad. Unter diesen Temperaturen verdampft das metallische Zink und verlässt den Ofen über die Gasphasen, wobei es in Abhängigkeit vom Aufbau der Anlage entweder im s.g. *Freeboard* des Reaktionsraumes aufoxidiert und aufgrund dieser exothermen Reaktion Energie zurückgewonnen werden kann, oder im Abgassystem nachverbrennt. Die zweite Prozessstufe ist in Bild 6 visualisiert.

Des weiteren werden andere, im Reststoff, enthaltene Metalloxide reduziert und sammeln sich im Metallbad. Als Produkt entsteht ein Erlös bringender Filterstaub sowie eine Eisenlegierung und eine geringe Menge an Prozessschlacke. Diese ist weitgehend frei von Schwermetallen und könnte einer weiteren Verwertung zugeführt werden.

Einen wesentlichen Einfluss auf die Reaktionsgeschwindigkeit hat die Drehgeschwindigkeit des Konvertergefäßes, wodurch kurze Prozesszeiten des Batchweise betriebenen Verfahrens realisiert werden können.

4. Ergebnisse der praktischen Untersuchungen

Bei den für die Prozessentwicklung bereits durchgeführten und abgeschlossenen Teilschritten handelt es sich um detaillierte Charakterisierungen, Untersuchungen des Schmelzverhaltens und Kleinversuche im Muffel- sowie Induktionsofen von diversen Stahlwerksstäuben. Die Erhebung von detaillierterer Informationen für eine reale Prozessumsetzung bzw. für den Betrieb einer Pilotanlage erfolgte mittels der Durchführung des Prozesses im Technikumsmaßstab. Dabei handelte es sich um Untersuchungen im TBRC am Lehrstuhl für Nichteisenmetallurgie, Montanuniversität Leoben. Aufgrund des Anlagenkonzeptes ist es möglich, während dem Betrieb Metallproben sowie Schlackenproben zu entnehmen. Des weiteren können Staubproben aus dem Filterhaus gewonnen werden. Diese Daten führen zu einer ständigen Optimierung der Prozessparameter. Zusätzlich wird das Verhalten alternativer Reduktionsmittel und Additive, wie z.B. Gießereialtsand oder Holzkohle, im Recyclingprozess untersucht.

4.1. Klinkern im Technikumsmaßstab

Wie bereits erwähnt, kann das Klinkern in verschiedenen Aggregaten durchgeführt werden. Unter anderem eignet sich dafür der TBRC. Bevor eine pyrometallurgische Behandlung von Stäuben möglich ist, sind diese zu agglomerieren. Dazu erfolgte eine Pelletierung des zum Versuch herangezogenen Elektrolichtbogenofenstaub. Nach dem Trocknen der Pellets, um das beim Pelletieren zugeführt Wasser zu entfernen, war die Chargierung dieses Materials in den TBRC möglich. Die Prozessdaten und die entsprechenden Ergebnisse dazu sind in Tabelle 1 zusammengefasst.

Tabelle 1: Daten und Ergebnisse des Klinkerversuchs

Bild 7: Entleerung des geklinkerten Materials bei Prozessende

	Einheit	Parameter
Prozessdauer	min.	180
Prozesstemperatur	°C	1.150
Luftzahl	–	> 1
Chargierte Pellets	kg	30
Chlorausringen	Gew.-%	97,43
Fluorausbringen	Gew.-%	62,76
Bleiausbringen	Gew.-%	99,94
Entleerte Pellets	kg	23

Die erfolgreiche Entleerung des geklinkerten Materials bei Prozessende kann aus Bild 7 entnommen werden.

Ein wichtiger Punkt ist die Dauer der Halogenentfernung. Um diese zu ermitteln erfolgte in regelmäßigen Abständen eine Probenahme. Der sich daraus ergebende Verlauf von Chlor und Fluor im behandelten Material über die Prozessdauer ist in Bild 8 ersichtlich.

Bild 8 zeigt die Entfernung von Chlor und Fluor aus dem pelletierten Stahlwerksstaub unter den in Tabelle 1 angeführten Parametern. Generell ist erkennbar, dass es zwischen 120 und 180 min. Behandlungszeit zu keiner weiteren, wesentlichen Verringerung dieser Elemente kommt. Aufgrund von diesem Ergebnis zeigt sich eine Behandlungsdauer von 120 min. als ausreichend. Die im Ausgangsmaterial vorhandenen Chlorverbindungen sind teilweise bei niedrigen Temperaturen schon flüchtig, weshalb der Chlorverlauf in Bild 8 gleich nach Prozessstart stark abfällt. Die Pellets werden in den vorgeheizten Konverterraum mit Raumtemperatur chargiert. Fluorverbindungen sind erst bei höheren Temperaturen flüchtig als jene mit Chlor, weshalb es zuerst zu einem Anstieg des Fluorgehaltes kommt. Wenn jedoch die entsprechende Temperatur in der Schüttung erreicht ist, beginnen sich auch diese Verbindungen großteils zu verflüchtigen.

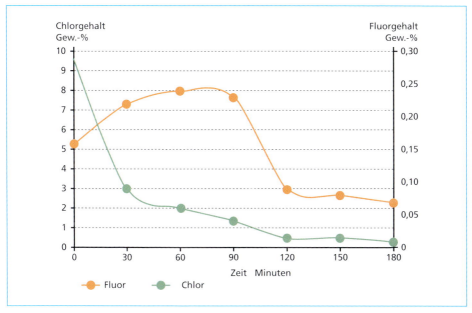

Bild 8: Verlauf der Halogenentfernung beim Klinkern

4.2. Reduktion im Technikumsmaßstab

Das eigentliche Recycling stellt der Reduktionsschritt dar. Hauptaugenmerk wird dabei auf die Elemente Zink und Eisen gelegt, weshalb sich die Auswertung hauptsächlich auf diese Elemente bezieht. Detailliertere Betrachtungen beinhalten dann ebenfalls die weiteren, im Staub enthaltenen, Elemente.

Tabelle 2: Parameter des Reduktionsversuchs

	Einheit	Parameter
Prozessdauer	min.	150
Prozesstemperatur	°C	1.450
Luftzahl	–	< 1
Chargierter Klinker	kg	10
Reduktionsmittel		Koks
Filterstaub	Gew.-%	73,8
Metallvorlage	kg Roheisen	40
B_2 Klinker	–	1,13
Zinkausbringen	Gew.-%	99,8
Eisenausbringung	–	Verschlackung von Roheisen
Zn-Gehalt Filterstaub	Gew.-%	73,8
B_2 Schlacke	–	0,64

Bild 9: Abstich des TBRCs

Einen Teil davon bilden die Schlacke und jene Oxide, welche unter den vorherrschenden Bedingungen reduziert werden und sich im Metall sammeln. In Summe wurden mehrere TBRC-Untersuchungen durchgeführt. Das Roheisen, als Metallvorlage im Prozess und der verwendete Stahlwerksstaub wurden nicht variiert. Prozessvariablen waren der verwendete Kohlenstoffträger (Petrolkoks, Holzkohle, Koks, …) und die für die Stabilisierung der Schlacke nötigen Additive (Quarzsand, div. Rückstände, …). Tabelle 2 zeigt exemplarisch die Parameter einer dieser durchgeführten Untersuchungen mit den zugehörigen Ergebnissen.

Nach dem Prozess erfolgte der Abstich in eine vorbereitete Kokille. Aufgrund der Dichte kam es zur Trennung zwischen Metall und Schlacke, welche anschließend beprobt und analysiert wurden. Zusätzlich wurde eine Probe aus dem Filterhaus der Abgasanlage entnommen, in welcher sich das Produkt *Zinkoxid* sammelt. Bei einem ersten Versuch erfolgte während dem Prozess eine Verschlackung von Roheisen anstatt der Reduktion von den Eisenoxiden. Der Grund dafür lag in der zu hoch gewählter Drehgeschwindigkeit des Konvertergefäßes und einer Falschluftzufuhr zwischen Ofendeckel und Reaktionsgefäß. Weitere Versuche im TBRC als auch in alternativen Aggregaten zeigten eine optimale Einstellung des Sauerstoffpartialdruckes und damit die erwünschte Reduktion des im Staub enthaltenen Eisens. Der Restgehalt an Eisen in der Schlacke lag zwischen 4,0 und 7,0 Prozent. Der erfolgreiche Abstich des TBRCs, am Lehrstuhl für Nichteisenmetallurgie, kann aus Bild 9 entnommen werden.

5. Zusammenfassung

Statistische Daten über das Recycling von Stäuben aus der Stahlindustrie zeigen, dass in diesem Bereich ein noch sehr großes Potenzial vorliegt. Bei diesen Rückständen handelt es sich um ein Kuppelprodukt der Stahlproduktion, weshalb die anfallenden Mengen in Zukunft ansteigen werden. Aktuell erfolgt lediglich eine Wiederverwertung des Zinks aus 43 Prozent der weltweit anfallenden Mengen [6]. Deshalb gehen aktuell große Mengen an Wertmetallen verloren, weshalb Forschungen für die Entwicklung neuer Verarbeitungstechnologien betrieben werden. Es gibt eine Vielzahl von bereits umgesetzten Konzepten, aus welchen sich der Wälzprozess als beste Alternative etabliert hat. Dieser zeigt aber aufgrund der hohen anfallenden Schlackenmengen und keiner simultanen Metallrückgewinnung, d.h. es wird nur das Element Zink zurückgewonnen, wesentliche Nachteile, weshalb es zur Entwicklung 2^sDR Prozesses kam. Dieser wird den gewünschten Anforderungen durch ein zweistufiges Prozessmodell gerecht und erzielt zusätzlich hohe Produktqualitäten. Nachdem theoretische Betrachtungen, Charakterisierungen und Versuche im Labormaßstab durchgeführt wurden, sind bereits auch erste Untersuchungen im Technikumsmaßstab erfolgt. Sowohl für die erste Prozessstufe, dem Klinkern, als auch für die Zweite, der Reduktion, wurde der TBRC des Lehrstuhls für Nichteisenmetallurgie, Montanuniversität Leoben, verwendet. Analysen der erhaltenen Produkte Zinkoxid, Eisenlegierung und Schlacke zeigen vielversprechende Ergebnisse für weitere Untersuchungen und Weiterentwicklungen dieses Konzeptes in den Pilotmaßstab. Zusätzlich sind Forschungen im Gange, um alternative Reduktionsmittel wie Holzkohle oder diverse Altsande als Additive zu verwenden, damit primäre Ressourcen geschont werden können.

6. Literatur

[1] Bartusch, H. et al.: Erhöhung der Energie- und Ressourceneffizienz und Reduzierung der Treibhausgasemissionen in der Eisen-, Stahl- und Zinkindustrie (ERESTRE) In: Erhöhung der Energie- und Ressourceneffizienz und Reduzierung der Treibhausgasemissionen in der Eisen-, Stahl- und Zinkindustrie (ERESTRE), 2, 2013

[2] European Commission: Reference Document on Best Available Techniques in the Non Ferrous Metals Industries – http://eippcb.jrc.ec.europa.eu/reference/BREF/nfm_bref_1201.pdf

[3] Pilz, K.: Processing of zinc bearing by-products in an integrated steel mill. Linz, Leoben: voestalpine Stahl GmbH, 23.10.2013

[4] Richards, G. G.; Brimacombe, J. K.: Kinetics of the zinc slag-Fuming Process: part II. mathematical model. Metallurgical Transactions B 16, 1985, 3, S. 529–540.

[5] Richards, G. G. et al.: Kinetics of the zinc slag-Fuming process: Part I. industrial measurements. Metallurgical Transactions B 16, 1985, 3, S. 513–527.

[6] Rütten, J.; Frias, S.; Diaz, G.; Martin, D.; Sanchez, F.: Processing EAF Dust Through Waelz Kiln and ZINCEXTM Solvent Etraction: The Optimum Solution, 2011

[7] Stahleisen: Statistisches Jahrbuch der Stahlindustrie. Stahleisen GmbH, 2012

[8] Stubbe, G. et al.: Schließung von Stoffkreisläufen beim Einsatz von verzinktem Schrott im Oxygenstahlwerk. In: Stahl und Eisen 128, 2008, S. 55–60.

Recycling und Rohstoffe

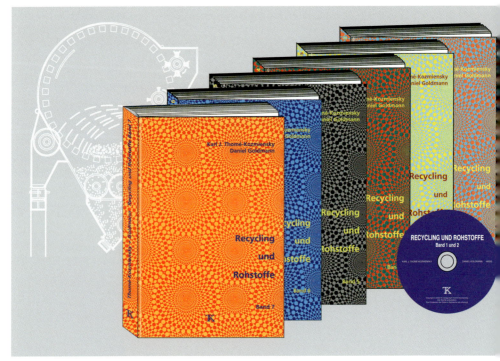

Herausgeber: Karl J. Thomé-Kozmiensky und Daniel Goldmann • **Verlag:** TK Verlag Karl Thomé-Kozmiensky

CD Recycling und Rohstoffe, Band 1 und 2		Recycling und Rohstoffe, Band 2		Recycling und Rohstoffe, Band 3	
ISBN:	978-3-935317-51-1	ISBN:	978-3-935317-40-5	ISBN:	978-3-935317-50-4
Erscheinungsjahr:	2008/2009	Erscheinungsjahr:	2009	Erscheinungsjahr:	2010
		Hardcover:	765 Seiten	Hardcover:	750 Seiten, mit farbigen Abbildungen
Preis:	35.00 EUR	Preis:	35.00 EUR	Preis:	50.00 EUR

Recycling und Rohstoffe, Band 4		Recycling und Rohstoffe, Band 5		Recycling und Rohstoffe, Band 6	
ISBN:	978-3-935317-67-2	ISBN:	978-3-935317-81-8	ISBN:	978-3-935317-97-9
Erscheinungsjahr:	2011	Erscheinungsjahr:	2012	Erscheinungsjahr:	2013
Hardcover:	580 Seiten, mit farbigen Abbildungen	Hardcover:	1004 Seiten, mit farbigen Abbildungen	Hardcover:	711 Seiten, mit farbigen Abbildungen
Preis:	50.00 EUR	Preis:	50.00 EUR	Preis:	50.00 EUR

Recycling und Rohstoffe, Band 7
ISBN: 978-3-944310-09-1
Erscheinungsjahr: 2014
Hardcover: 532 Seiten, mit farbigen Abbildungen
Preis: 50.00 EUR

175.00 EUR statt 320.00 EUR

Paketpreis
CD Recycling und Rohstoffe, Band 1 und 2
Recycling und Rohstoffe, Band 2 bis 7

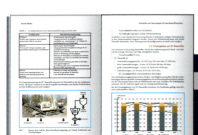

Bestellungen unter www.vivis.de
oder

Dorfstraße 51
D-16816 Nietwerder-Neuruppin
Tel. +49.3391-45.45-0 • Fax +49.3391-45.45-10
E-Mail: tkverlag@vivis.de

TK Verlag Karl Thomé-Kozmiensky

Mineralogisches Verhalten von Seltenerdelementen in Schlacken
– aus einem pyrometallurgischen Recyclingansatz
für Neodym-Eisen-Bor-Magnete –

Tobias Elwert, Daniel Goldmann, Thomas Schirmer und Karl Strauß

1.	Einleitung	411
2.	Hintergrund	414
2.1.	NdFeB-Magnete	414
2.2.	Chemische Aspekte von Seltenerdelementen und Phosphor in Mineralen und Schlacken	414
3.	Material und Methoden	415
3.1.	Material	415
3.2.	Analytik	416
3.2.1.	Chemische Zusammensetzungen der Schlacken	416
3.2.2.	Phasenanalytik	416
4.	Ergebnisse der mineralogischen Untersuchungen	416
5.	Schlussfolgerungen und Ausblick	419
6.	Literatur	420

1. Einleitung

Seit ihrer Markteinführung in den späten 1980iger Jahren haben gesinterte NdFeB-Magnete eine weite Verbreitung in verschiedenen Anwendungen wie Festplatten, Lautsprechern, getriebelosen Windturbinen und Synchronmotoren gefunden, die aufgrund ihrer hohen Leistungsdichte für Hybrid- und Elektrofahrzeuge favorisiert werden [7]. Ungeachtet ihrer über zwanzigjährigen Verwendung werden aber erst seit kurzem insbesondere in Japan und Europa ernsthafte Anstrengungen unternommen, industriell umsetzbare Recyclingverfahren für NdFeB-Magnete zu entwickeln. Dies ist hauptsächlich motiviert durch die Auswirkungen Chinas dominierender Rolle auf dem Markt für Seltenerdelemente (SEE) [11, 12].

In Japan ist ein von der Firma Hitachi entwickelter pyrometallurgischer Prozess wahrscheinlich einer industriellen Umsetzung am nächsten. Des Weiteren gibt es Aktivitäten von Shin-Etsu Chemical und Mitsubishi in Zusammenarbeit mit Panasonic und Sharp. Details sind nicht bekannt [12]. In Deutschland entwickelt die RWTH Aachen momentan einen kombinierten pyro-/hydrometallurgischen Recyclingprozess, in dem die Magnete zuerst selektiv oxidiert werden, wodurch eine Eisenlegierung und eine SEE-reiche Schlacke gewonnen werden. Im zweiten Schritt werden die SEE dann durch Laugung und Fällung aus der SEE-reichen Schlacke zurückgewonnen [15]. Laut Pressemitteilungen hat auch das Fraunhofer-Institut für Fertigungstechnik und Angewandte Materialforschung einen kombinierten pyro-/hydrometallurgischen Recyclingprozess für SEE-basierte Magnete entwickelt. Technische Details sind nicht bekannt [16]. In Österreich hat der Lehrstuhl für Nichteisenmetallurgie der MU Leoben die selektive Laugung von Magneten aus einer gemischten Elektronikschrottfraktion mit Salzsäure untersucht [6].

Ein weiteres Projekt ist das vom Bundesministerium für Bildung und Forschung geförderte Verbundforschungsprojekt *Recycling von Komponenten und strategischen Metallen aus elektrischen Fahrantrieben – MORE (Motor Recycling)*. In diesem Projekt arbeiten die Siemens AG, die Daimler AG, die Umicore AG & Co. KG, die Vacuumschmelze GmbH & Co. KG, das Öko-Institut e. V., das Fraunhofer Institut für System- und Innovationsforschung, der Lehrstuhl für Fertigungsautomatisierung und Produktionssystematik der Friedrich-Alexander Universität Erlangen-Nürnberg sowie der Lehrstuhl für Rohstoffaufbereitung und Recycling der Technischen Universität Clausthal zusammen, mit dem Ziel, industriell umsetzbare Recyclinglösungen für permanentmagnetbasierte Elektromotoren aus Hybrid- und Elektrofahrzeugen zu entwickeln. Um dieses Ziel zu erreichen, werden im Projekt verschiedene Wege untersucht:

I   Reparatur und anschließende Wiederverwendung von Motoren oder deren Komponenten

II   Werkstoffliche Wiederverwendung des Magnetmaterials

III   Rohstoffliches Recycling der Magnete

Darüber hinaus werden in dem oben genannten Projekt Konzepte für recyclinggerechte Motorendesigns sowie automatisierte Demontagetechnologien entwickelt. Begleitet wird die Verfahrensentwicklung durch Ökoeffizienzanalysen sowie eine Untersuchung von Angebot und Nachfrage, Stoffströmen und derzeitigem Recycling der Seltenerdmetalle Praseodym (Pr), Neodym (Nd), Terbium (Tb) und Dysprosium (Dy), die in NdFeB-Magneten eingesetzt werden [1].

Der Beitrag des Lehrstuhls für Rohstoffaufbereitung und Recycling sowie des Lehrstuhls für Mineralogie, Geochemie und Salzlagerstätten der Technischen Universität Clausthal zum Projekt besteht in der Entwicklung von Rückgewinnungsverfahren für Seltene Erden und weitere Wertmetalle aus demontierten Magneten bzw.

Magnetschrottfraktionen mechanischer Aufbereitungsprozesse sowie Schlacken pyrometallurgischer Recyclingansätze. Diese Veröffentlichung erklärt den allgemeinen Ansatz der Schlackenaufbereitung im MORE Projekt und präsentiert ausgewählte Ergebnisse mineralogischer Untersuchungen von drei erzeugten Schlacken. Weiterhin wird die Möglichkeit einer Schlackenaufbereitung kurz diskutiert. Eine tiefergehende Darstellung der mineralogischen Untersuchungen findet sich in Elwert et al. [3].

Allgemeiner Ansatz

Die grundlegende Idee der Schlackenaufbereitung im MORE Projekt bestand darin, die Schlacke als anthropogenes Erz zu betrachten. Schlacken zeichnen sich im Gegensatz zu natürlichen Erzen dadurch aus, dass ihre Bildung innerhalb bestimmter Grenzen durch die Verwendung verschiedener Schlackenbildner, Abkühlgeschwindigkeiten und Ofenbedingungen beeinflusst werden kann. Eine Veränderung der Schlackenzusammensetzung kann grundsätzlich erreicht werden, in dem entweder das primäre metallurgische Verfahren direkt angepasst wird oder in dem die Schlackenzusammensetzung unmittelbar nach der Trennung der Schlacke von der Metallphase bei noch hohen Temperaturen geändert wird. Gelingt es das Zielmetall in einer spezifischen mineralogischen Phase anzureichern, die in eine Matrix aus wertlosen Gangmineralien eingebettet ist, dann ist es unter Umständen möglich ein Mineralkonzentrat mit Hilfe klassischer Aufbereitungsverfahren zu erzeugen. Aus dem Konzentrat lässt sich das Zielmetall dann deutlich effektiver mittels weiterer metallurgischer Prozesse extrahieren als aus der Gesamtschlacke.

Die prinzipielle Durchführbarkeit dieses Ansatzes wurde bereits in einem früheren Forschungsprojekt mit dem Namen *Lithium-Batterie Recyclinginitiative (LiBRi)* gezeigt. In diesem Projekt wurde die Rückgewinnung von Lithium aus den Schlacken des Umicore Battery Recycling Process, einem pyrometallurgischen Recyclingprozess für Lithium-Ionen- und Nickel-Metallhydrid-Batterien, untersucht. Es zeigte sich, dass sich Lithium bei Verwendung eines Al-reichen und Si-armen Al_2O_3-CaO-MgO-Li_2O-SiO_2 Schlackensystems fast vollständig in einer oxidischen Phase, Lithiumaluminat ($LiAlO_2$), eingebettet in eine silikatische Matrix aus Gehlenit ($Ca_2Al(Al,Si)O_7$) und Merwinit ($Ca_3Mg(SiO_4)_2$), anreichern lässt. Das Lithiumaluminat ließ sich nach einem Aufschluss der Schlacke mittels Mahlung durch Flotation mit Fettsäuren anreichern und konnte anschließend durch ein hydrometallurgisches Verfahren zu Lithiumcarbonat weiterverarbeitet werden [4, 5].

Im Verlauf der im Rahmen des LiBRi Projektes durchgeführten Untersuchungen wurde auch die extrem hohe Affinität der SEE zu Siliko-Phosphat-Phasen im System Al_2O_3-CaO-MgO-Li_2O-SiO_2-(P_2O_5) entdeckt. Im MORE Projekt wurden daher weitere Untersuchungen in diese Richtung durchgeführt, um die entdeckte Anreicherung der SEE in phosphathaltigen Phasen in einem pyrometallurgischen Recycling Prozess für SEE aus Motorenschrotten zu nutzen [4].

2. Hintergrund

2.1. NdFeB-Magnete

Gesinterte NdFeB-Magnete sind die stärksten momentan erhältlichen Permanentmagnete. Sie werden pulvermetallurgisch durch Sintern hergestellt. Verantwortlich für die magnetischen Eigenschaften ist die starkmagnetische Matrixphase $Nd_2Fe_{14}B$ mit einer sehr hohen Sättigungspolarisation und hoher magnetischer Anisotropie. Da reines NdFeB eine relativ niedrige Curietemperatur besitzt sowie sehr korrosionsempfindlich ist, werden die Eigenschaften der Magnetlegierung i.d.R. durch Legieren mit Dysprosium, Terbium, Praseodym und Cobalt optimiert und auf die jeweilige Anwendung angepasst. Typischerweise bestehen die Magnete zu 60 bis 70 Gew.-% aus Eisen, zu 28 bis 35 Gew.-% aus SEE, zu 1 bis 2 Gew.-% aus Bor und zu 0 bis 4 Gew.-% aus Cobalt.

Durch den teilweisen Ersatz von Neodym durch Dysprosium wird die Koerzivität der Magnete und damit die Temperaturstabilität erhöht. Für Anwendungen am oberen Ende des möglichen Temperatureinsatzbereiches von etwa 200 °C können NdFeB-Magnete bis zu 10 Gew.-% Dysprosium enthalten. Terbium hat eine ähnliche Funktion wie Dysprosium, wird aber aufgrund seiner im Vergleich zu Dysprosium geringen Verfügbarkeit und seines hohen Preises nur in sehr geringem Umfang eingesetzt. Wäre Terbium im größeren Umfang verfügbar, würde es wahrscheinlich vorzugsweise eingesetzt werden, da es einen größeren Einfluss auf die Koerzivität hat und dabei die Remanenz weniger herabsetzt als Dysprosium. Praseodym kann bis zu einem gewissen Grad als Substitut für Neodym eingesetzt werden, ohne dass dadurch die magnetischen Eigenschaften negativ beeinflusst werden. Daher wird häufig aus wirtschaftlichen Gründen Didymium (Pr-Nd-Legierung) anstelle von reinem Neodym eingesetzt. Der Zusatz von Cobalt dient der Erhöhung der Korrosionsstabilität der Magnete. Für eine weitere Erhöhung der Korrosionsstabilität wird die Oberfläche der Magnete phosphatiert oder mit organischen (z.B. Epoxidharz, Lack) oder metallischen Beschichtungen (z.B. Al, Ni, Zn, Sn) versehen [7, 14].

2.2. Chemische Aspekte von Seltenerdelementen und Phosphor in Mineralen und Schlacken

Die hier interessierenden SEE sind Dy und Nd mit einer Konzentration in der Erdkruste von 3,0 bzw. 28 ppm. Der Phosphorgehalt der Erdkruste liegt bei ~ 0,1 Gew.-%. In der Natur kommt Phosphor fast ausschließlich in Phosphat-$((PO_4)^{3-})$-Mineralen vor, meist als Apatit $(Ca_5(PO_4)_3(OH,F,Cl))$, einem akzessorischen Mineral vieler Gesteinstypen. Die SEE sind aufgrund ihrer großen Ionenradien genau wie Phosphor inkompatibel für die meisten Silikatminerale und reichern sich deshalb während der Kristallisation eines silikatischen Magmas in speziellen Phasen an. Typische SEE-haltige Minerale sind einfache Phosphate wie Monazit $(X)PO_4$ (X: bevorzugt leichte SEE, d. h. $_{57}$La - $_{63}$Eu) und Xenotim $(Y)PO_4$ (Y: bevorzugt schwere SEE, d.h. $_{39}$Y und $_{64}$Gd - $_{71}$Lu), aber auch komplexe Siliko-Phosphate wie Britholith $((Ca,Ce,Th,La,Nd)_5(SiO_4,PO_4)_3(OH,F))$, die auch in Ca-reichen Schlackensystemen beobachtet wurden [4].

Des Weiteren sind auch Fluorocarbonate wie Bastnäsit (X(CO$_3$)F) und einige Silikate wie Titanit (CaTiSiO$_5$) oder Zirkon (ZrSiO$_4$) an SEE angereichert [4, 8, 13].

Im Zusammenhang mit dem untersuchten Schlackensystem und den Phasen, die nachweislich SEE enthalten, ist die Britholith-Struktur von besonderem Interesse. Aufgrund ihrer ähnlichen Ionenradien treten Ca und SEE in gleichartigen 9-fach koordinierten Polyedern auf (z.B. in Apatit, Monazit und Xenotim). In diesen Kristallgittern sind die PO$_4$-Tetraeder zu kettenartigen Strukturen verknüpft, zwischen denen die Kationen (Ca^{2+}/SEE^{3+}) liegen. Auch in den Siliko-Phosphaten wie Britholith ((Ca,Ce,Th,La,Nd)$_5$(SiO$_4$,PO$_4$)$_3$(OH,F)) erlaubt das ähnliche Verhalten von Ca und SEE in den Kristallstrukturen ihre gegenseitige Substitution. Deshalb kann die Formel für Britholith von der des Apatits durch eine gekoppelte Substitution von Ca^{2+}/SEE^{3+} und P^{5+} (PO$_4^{3-}$)/Si^{4+} (SiO$_4^{4-}$) hergeleitet werden [10, 13].

3. Material und Methoden

3.1. Material

Die phosphatfreie Schlacke und die Schlacke mit einem P$_2$O$_5$-Gehalt von 1,33 Gew.-% (Tabelle 1) wurden beide von Umicore in Pilotversuchen durch Einschmelzen von Motorenschrott zusammen mit Schlackenbildnern erzeugt. Das Redoxpotential wurde in den Versuchen so eingestellt, dass die SEE selektiv oxidiert wurden, während Eisen und Cobalt in die Legierungsphase gelangten. Die Schlacke mit einem P$_2$O$_5$-Gehalt von 4,56 Gew.-% (entsprechend einem Molverhältnis SEE:PO$_4$ von etwa 1:1 wie in Monazit und Xenotim) wurde erzeugt, indem die Schlacke mit 1,33 Gew.-% P$_2$O$_5$ erneut mit zusätzlichem P$_2$O$_5$ sowie derselben Menge CaO aufgeschmolzen wurde. Die Zugabe von CaO war notwendig, um die Basizität der Schlacke ungefähr konstant zu halten.

Tabelle 1: Chemische Zusammensetzung der drei untersuchten Schlacken – nur relevante Elemente

Element	0 % P$_2$O$_5$	1,3 % P$_2$O$_5$	4,6 % P$_2$O$_5$
	Gew. %		
SiO$_2$	31,65	28,42	26,84
TiO$_2$	0,29	0,40	0,39
Al$_2$O$_3$	22,30	21,71	20,64
FeO	0,15	2,91	2,82
MnO	0,17	0,27	0,23
MgO	7,55	5,47	5,19
CaO	33,18	28,01	28,88
Na$_2$O	0,37	0,12	0,13
K$_2$O	0,20	0,17	0,13
P$_2$O$_5$	0,03	1,33	4,56
Nd$_2$O$_3$	2,11	6,94	6,59
Dy$_2$O$_3$	1,10	2,73	2,59

Ohne Zugabe von CaO erstarrte die Schlacke glasig. Alle Schlacken wurden linear über 24 Stunden ausgehend von 1.450 °C abgekühlt.

Die erste Schlacke wurde produziert, um zu sehen wie sich die SEE in einem phosphatfreien Al$_2$O$_3$-CaO-MgO-SiO$_2$ Schlackensystem verhalten. Aufbauend auf den chemischen und mineralogischen Analysen dieser Schlacke, die eine mehr oder weniger gleichmäßige Verteilung der SEE zeigte, wurde ein Versuch unternommen, die SEE durch Erhöhung der SEE-Konzentration und durch Zugabe von Phosphat in einem Molverhältnis SEE:PO$_4$ von 1:1 in einer spezifischen Phase anzureichern.

Da unter den eingestellten Redoxbedingungen leider ein Teil des P_2O_5 zu Phosphor reduziert wurde, lag der tatsächliche P_2O_5 Gehalt der Schlacke aber bei nur 1,33 Gew.-%. Daher wurde die zweite Schlacke noch einmal aufgeschmolzen und wie oben beschrieben mit P_2O_5 dotiert.

3.2. Analytik

Um das chemische Verhalten der SEE während des Abkühlprozesses zu ermitteln, mussten sowohl die chemischen Zusammensetzungen der Schlacken als auch die Phasenzusammensetzungen ermittelt werden.

3.2.1. Chemische Zusammensetzungen der Schlacken

Die chemische Zusammensetzung der Schlacken wurde mittels optischer Emissionsspektrometrie mit induktiv gekoppeltem Plasma (ICP-OES, Varian Vista MPX) bestimmt. Die Probenlösungen wurden mittels Schmelzaufschlüssen mit Lithiumtetraborat (Al, Ba, Ca, Dy, K, Mg, Nd, Pr, Si, Tb, Ti), HNO_3/HF Druckaufschlüssen (B, Cu, Fe, Mn, Na, Ni, Sr, Zr) sowie Königswasseraufschlüssen (Co, Cr, P, Pb, W, Y, Zn) hergestellt.

3.2.2. Phasenanalytik

Die Zusammensetzung der nach der Abkühlung der Schlacken gebildeten Phasen wurde mit Elektronenstrahl-Mikroanalyse (ESMA) untersucht. Zur Ermittlung der chemischen Konzentrationen in den Phasen sowie zur Aufnahme von Rückstreu-Elektronenbildern mit Z-Kontrast *Back Scattered Electrons, BSE(Z)* diente eine Cameca SX 100 Mikrosonde. Dazu wurden nicht abgedeckte, mit Kohlenstoff beschichtete Dünnschliffe verwendet. Für die Kalibration der wellenlängendispersiven Röntgenfluoreszenzanalyse (WDRFA) wurden geeignete Standards ausgewählt und eine Ein-Punkt-Kalibration erstellt. Die Elektronenbilder wurden unter Ausnutzung des Ordnungszahl-(Matrix-) abhängigen Kontrasts der Rückstreuelektronen aufgenommen. Dabei steht die Helligkeit der Grauwerte in direktem Zusammenhang mit der mittleren Ordnungszahl des analysierten Korns oder Bereichs. Verbindungen mit hohen Gehalten leichter Elemente (z.B. Al, Si, Mg) wie Spinell oder Mg-/Al-Silikate erscheinen dabei dunkler als Komponenten mit Gehalten schwererer Elemente wie Ca, Übergangsmetallen oder SEE. Alle Mineralformeln wurden nach der Methode von Deer et al. [2] berechnet. Dabei wird der Ladungsausgleich beachtet.

4. Ergebnisse der mineralogischen Untersuchungen

Ausgangspunkt der Untersuchungen war eine phosphatfreie Schlacke (Tabelle 1, links). Diese Schlacke wurde produziert, um zu sehen, wie sich die SEE in einem phosphatfreien Al_2O_3-CaO-MgO-SiO_2 Schlackensystem verhalten.

Es zeigte sich, dass die wichtigsten mit ESMA nachweisbaren Phasen (Bild 1) niedrig polymerisierte Soro- und Inosilikate des Typs $(Ca,Nd,Dy)_2(Al,Mg)(Al,Si)_2O_7$

(gehlenitartig) und $(Ca,Mg,Nd,Dy)(Ti,Al,Fe,Mn,Mg)(Al,Si)_2O_6$ (pyroxenartig) sind. In der Sorosilikatphase sind etwa 3-5 Gew.-% und in der Inosilikatphase etwa 40 bis 50 Gew.-% des CaO durch SEE_2O_3 ersetzt, was SEE_2O_3 Gehalten von bis zu gut 2 Gew.-% bzw. 11 Gew.-% entspricht. Die Schlacke enthält darüber hinaus vereinzelt spinellartige Oxide $(Mg,Mn)(Al,FeIII)_2O_4$ und Glas mit geringen Anteilen an K_2O. Die spinellartigen Oxide enthalten kein CaO, weswegen der Austauschmechanismus SEE gegen Ca hier nicht möglich ist. Daher werden in das Kristallgitter auch keine SEE eingebaut. Das kaliumhaltige Glas enthält messbare Anteile an SEE (bis zu 10 Gew.-% SEE_2O_3) und CaO. Dieses Glas enthält eventuell SEE-reiche Mikrokristallite CaO-reicher Phasen, die mit der verwendeten Mikrosonde aber räumlich nicht auflösbar sind (< 2 μm). Zusammenfassend lässt sich sagen, dass die SEE in der phosphatfreien Schlacke mehr oder weniger gleichmäßig in den Silikatphasen der Schlacke verteilt sind. Eine wirtschaftlich interessante Anreicherung in einzelnen Phasen hat nicht stattgefunden.

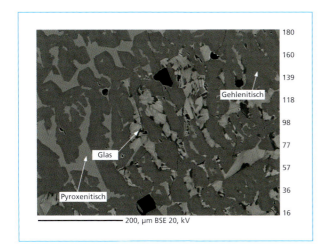

Bild 1:

Rückstreuelektronenbild (Z-Kontrast) der phosphatfreien Schlacke

Um eine Anreicherung der SEE in einer spezifischen Phase zu erreichen wurden als nächstes zwei phosphathaltige Schlacken mit 1,33 Gew.-% bzw. 4,56 Gew.-% P_2O_5 produziert (Tabelle 1, Mitte, rechts). Darüber hinaus wurde der SEE_2O_3-Gehalt der Schlacken erhöht

Werden 1,33 Gew.-% P_2O_5 (Bild 2) zugefügt und der SEE-Gehalt erhöht, kann zusätzlich zu den niedrig polymerisierten Soro und Inosilikaten, den spinellartigen Oxiden und dem K_2O-haltigen Glas ein Siliko-Phosphat mit der Formel $(Ca,Nd,Dy)_3(Si,P)_5O_{13}$ nachgewiesen werden. Diese Phase erinnert sehr stark an das natürlich vorkommende Mineral Britholit und enthält etwa 4 Gew.-% P_2O_5, 16 Gew.-% Dy_2O_3 und 41 Gew.-% Nd_2O_3. Den Phasenberechnungen zufolge wird der Ladungsausgleich durch gekoppelte Substitution von Ca(II)/REE(III) und P(V)/Si(IV) erreicht. Da die silikatischen Matrixphasen allerdings immer noch einen SEE_2O_3-Gehalt zwischen 3 und 14 Gew.-% aufweisen, was bei einer mechanischen Aufbereitung zu hohen SEE-Verlusten führen würde, wurde der Phosphatgehalt der Schlacke noch einmal erhöht und ein Molverhältnis $SEE:PO_4$ von 1:1 eingestellt, um zu untersuchen, ob sich unter diesen Bedingungen die SEE vollständig in einer Phase anreichern lassen.

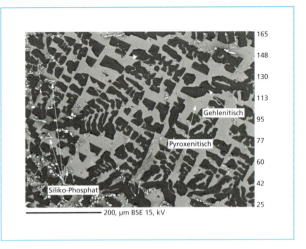

Bild 2:

Rückstreuelektronenbild (Z-Kontrast) der Schlacke mit 1,33 Gew.-% P_2O_5

Durch die Erhöhung des P_2O_5-Gehaltes auf 4,56 Gew.-% (Bild 3) ändert sich der Phasenbestand aus niedrig polymerisierten Soro- und Inosilikaten, den spinellartigen Oxiden und dem K_2O-haltigen Glas kaum. Auch hier ist ein britholitähnliches Siliko-Posphat mit der Formel $(Ca,Nd,Dy)_3(Si,P)_5O_{13}$ nachweisbar. In diesem Fall liegt die Konzentration an P_2O_5 bei 15 Gew.-%. Diese Phase enthält etwa 11 Gew.-% Dy_2O_3 und 31 Gew.-% Nd_2O_3. Im Vergleich zur Schlacke mit 1,33 Prozent P_2O_5 sind die Siliko-Phosphat-Kristallite in diesem Fall deutlich größer und haben hexagonale Nadeln mit einer Länge von bis zu 0,5 mm ausgebildet. Eine weitere Verbesserung gegenüber der Schlacke mit 1,33 Prozent P_2O_5 stellt der niedrigere Seltenerdgehalt der silikatischen Matrix dar – gut erkennbar an der geringeren relativen Helligkeit der Matrix – d.h., dass der Anreicherungsgrad der SEE in die Siliko-Phosphat-Phase noch einmal erhöht werden konnte. Eine genaue Bilanzierung ist bisher aufgrund der hohen chemischen Variabilität der Phasen nicht gelungen.

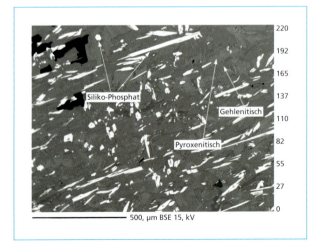

Bild 3:

Rückstreuelektronenbild (Z-Kontrast) der Schlacke mit 4,56 Gew.-% P_2O_5

5. Schlussfolgerungen und Ausblick

Voraussetzung für eine Schlackenaufbereitung analog zur klassischen Erzaufbereitung sind eine möglichst hohe Anreicherung der Wertmetalle, hier Nd und Dy, in einer spezifischen Phase, möglichst große Kristallite kompakter Form sowie möglichst große physikalische Unterschiede zwischen dem Wertmineral und den *Gangmineralen*.

Auch wenn in der Schlacke mit 4,56 Gew.-% eine erhebliche Anreicherung der SEE in die Siliko-Phosphate zu beobachten ist, enthalten die Matrixphasen immer noch bis zu 15 Gew.-% SEE, die bei einer mechanischen Aufbereitung verloren gehen würden. Desweiteren zeigen Korngröße und -form der Britholitphase noch erhebliches Optimierungspotential. Die nadelige Ausprägung der Britholitkörner (Bild 3) würde eine sehr feine und damit energieintensive Aufmahlung der Schlacke für eine ausreichende Liberation erfordern. Darüber hinaus hätte die feine Korngrößenverteilung der aufgeschlossenen Schlacke für die nachfolgende Sortierung den Nachteil, dass die Auswahl an möglichen Sortierverfahren sehr eingeschränkt wäre. Als mögliches Sortierverfahren kommt wahrscheinlich aufgrund der Anreicherung der relativ schweren SEE im Siliko-Phosphat vor allem eine Dichtesortierung in Betracht. Laut Literatur besitzt natürlich vorkommender Britholit eine Dichte um 4,5 g/cm³ [9], während die Silikate Dichten zwischen 3 und 3,5 g/cm³ [2] besitzen. Eine weitere Möglichkeit könnte eine Flotation darstellen. Da für die Flotation von Britholit allerdings keine Erfahrungen vorliegen, wird dies vermutlich umfangreiche Grundlagenuntersuchungen zur Ermittlung geeigneter Flotationsreagenzien und -bedingungen erfordern.

Vor der Entwicklung einer Methode zur mechanischen Aufbereitung der Schlacke, müssen zuerst die oben genannten Probleme gelöst werden. Daher sollen zukünftige Untersuchungen vorrangig folgende Ziele adressieren:

I   Maximierung der SEE-Anreicherung in der Siliko-Phosphat-Phase und

II   Optimierung der Korngröße.

Um diese Ziele zu erreichen, ist als nächstes geplant das System Al_2O_3-CaO-MgO-P_2O_5-SEE_2O_3-SiO_2 thermodynamisch zu charakterisieren, um ein besseres Verständnis des Kristallisationsprozesses zu erlangen.

Danksagung

Die Autoren danken dem Bundesministerium für Bildung und Forschung für die finanzielle Unterstützung des Forschungsprojektes *Recycling von Komponenten und strategischen Metallen aus elektrischen Fahrantrieben – MORE (Motor Recycling)*. Desweiteren danken die Autoren allen Kollegen und Studenten, die am Projekt beteiligt waren, insbesondere Klaus Herrmann für ESMA Analysen und Friederike Schubert und Petra Sommer für ICP-OES Analysen.

6. Literatur

[1] Bast, U.; Treffer, F.; Thürigen, C.; Elwert, T.; Marscheider-Weidemann, F.: Recycling von Komponenten und strategischen Metallen aus elektrischen Fahrantrieben, in Recycling und Rohstoffe, Bd. 5, Hrsg.: K. J. Thome-Kozmiensky, Daniel Goldmann, TK Verlag, Neuruppin, 2012

[2] Deer, W.; Howie, R.; Zussmann, J.: An Introduction to the Rock Forming Minerals, 2nd ed., Pearson, Harlow, 1992

[3] Elwert, T.; Goldmann, D.; Schirmer, T.; Strauß, K.: Affinity of rare earth elements to silicophosphate phases in the system Al_2O_3-CaO-MgO-P_2O_5-SiO_2, in Chemie Ingenieur Technik, accepted paper

[4] Elwert, T.; Strauß, K.; Schirmer, T.; Goldmann, D.: Phase Composition of High Lithium Slags from the Recycling of Lithium Ion Batteries, in World of Metallurgy, 65 (3), GDMB Verlag GmbH, Clausthal-Zellerfeld, 2012

[5] Elwert, T.; Goldmann, D.; Schirmer, T.; Strauß, K.: Recycling of Lithium Ion Traction Batteries – The LiBRi Project, in Raw Materials are the Future, Proc. of the European Mineral Resources Conference 2012, Vol. 2, Verein zu Förderung des Bergmannstages, der Rohstoffinitiative sowie der Aus- und Weiterbildung auf dem Gebiet der Rohstoffe, Wien, 2013

[6] Kaindl, M.; Poscher, A.; Luidold, S.; Antrekowitsch, H.: Investigation on Different Recycling Concepts for Rare Earth Containing Magnets, in Proc. of the European Metallurgical Conference (Eds: Eicke, S.; Hahn, M.), Vol. 3, GDMB Verlag GmbH, Clausthal-Zellerfeld, 2013

[7] Kara, H.; Chapman, A.; Crichton, T.; Willis, P.; Morley, N.: Lanthanide Resources and Alternatives, Oakdene Hollins Research & Consulting, Aylesbury, 2010

[8] Mason, B.; Moore, C. B.: Grundzüge der Geochemie (Ed.: Hintermaier-Erhard, G.), Ferdinand Enke Verlag, Stuttgart, 1985

[9] Mineralogy Database, http://webmineral.com/data/Britholite-(Ce).shtml#.UnjGB-UsnKo, accessed on 25.04.2014

[10] Okrusch, M.; Matthes, S.: Mineralogie: Eine Einführung in die spezielle Mineralogie, Petrologie und Lagerstättenkunde, 8th ed., Springer, Berlin, 2010

[11] Schüler, D.; Buchert, M.; Liu, R.; Dittrich, S.; Merz, C.: Study on Rare Earths and their Recycling, Öko-Institut e. V., Darmstadt, 2011

[12] Sonich-Mullin, C.: Rare Earth Elements: A Review of Production, Processing, Recycling, and Associated Environmental Issues, United States Environmental Protection Agency, Cincinatti, 2012

[13] Strunz, H.; Nickel, E. H.: Strunz Mineralogical Tables, 9th ed., Schweizerbart'sche Verlagsbuchhandlung, Stuttgart, 2001

[14] Vacuumschmelze GmbH & Co. KG, Rare-Earth Permanent Magnets VACODYM • VACOMAX, Hanau, 2012

[15] Voßenkaul, D.; Kruse, S.; Friedrich, B.: Recovery of Rare Earth Elements from Small Scale Consumer Scrap Magnets, in Proc. of the European Metallurgical Conference (Eds: Eicke, S.; Hahn, M.), Vol. 3, GDMB Verlag GmbH, Clausthal-Zellerfeld, 2013

[16] World of Metallurgy, 66 (2), GDMB Verlag GmbH, Clausthal-Zellerfeld, 2013

Bauabfälle und
sonstige mineralische Nebenprodukte und Abfälle

Planung und Umweltrecht

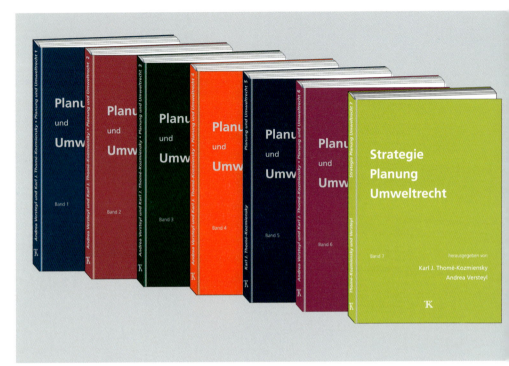

Planung und Umweltrecht, Band 1
Herausgeber: Karl J. Thomé-Kozmiensky, Andrea Versteyl
Erscheinungsjahr: 2008
ISBN: 978-3-935317-33-7
Hardcover: 199 Seiten

Planung und Umweltrecht, Band 2
Herausgeber: Karl J. Thomé-Kozmiensky, Andrea Versteyl
Erscheinungsjahr: 2008
ISBN: 978-3-935317-35-1
Hardcover: 187 Seiten

Planung und Umweltrecht, Band 3
Herausgeber: Karl J. Thomé-Kozmiensky, Andrea Versteyl
Erscheinungsjahr: 2009
ISBN: 978-3-935317-38-2
Hardcover: 209 Seiten

Planung und Umweltrecht, Band 4
Herausgeber: Karl J. Thomé-Kozmiensky, Andrea Versteyl
Erscheinungsjahr: 2010
ISBN: 978-3-935317-47-4
Hardcover: 171 Seiten

Planung und Umweltrecht, Band 5
Herausgeber: Karl J. Thomé-Kozmiensky
Erscheinungsjahr: 2011
ISBN: 978-3-935317-62-7
Hardcover: 221 Seiten

Planung und Umweltrecht, Band 6
Herausgeber: Karl J. Thomé-Kozmiensky, Andrea Versteyl
Erscheinungsjahr: 2012
ISBN: 978-3-935317-79-5
Hardcover: 170 Seiten

Strategie Planung Umweltrecht, Band 7
Herausgeber: Karl J. Thomé-Kozmiensky, Andrea Versteyl
Erscheinungsjahr: 2013
ISBN: 978-3-935317-93-1
Hardcover: 171 Seiten, mit farbigen Abbildungen

Strategie Planung Umweltrecht, Band 8
Herausgeber: Karl J. Thomé-Kozmiensky, Andrea Versteyl
Erscheinungsjahr: 2014
ISBN: 978-3-944310-07-7
Hardcover: 270 Seiten, mit farbigen Abbildungen

Paketpreis
Planung und Umweltrecht, Band 1 bis 6;
Strategie Planung Umweltrecht, Band 7-8

125,00 EUR
statt 200,00 EUR

Einzelpreis: 25,00 EUR

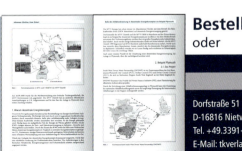

Bestellungen unter www.vivis.de
oder

Dorfstraße 51
D-16816 Nietwerder-Neuruppin
Tel. +49.3391-45.45-0 • Fax +49.3391-45.45-10
E-Mail: tkverlag@vivis.de

TK Verlag Karl Thomé-Kozmiensky

Der Steirische Baurestmassenleitfaden

Wilhelm Himmel und Josef Mitterwallner

1.	Zielsetzung des Projekts	424
2.	Rechtlicher Hintergrund	424
3.	Altlastensanierungsgesetz	425
4.	Leitfaden für die ordnungsgemäße Abwicklung von Bauvorhaben	425
4.1.	Hinweise für den Bauherrn	425
4.2.	Hinweise für die fachkundige Begleitung des Bauherren durch den Planer	429
4.3.	Hinweise für die Baubehörde	430
4.4.	Hinweise für Bau-, Abbruch-, Erdbauunternehmen	432
4.5.	Hinweise für Recycler und Deponiebetreiber	436
5.	Erfahrungen und Ausblick	439
6.	Quellen	439

Der größte Ressourcenverbrauch und der höchste Anteil am Abfallaufkommen in Österreich ist der Bauwirtschaft zuzuschreiben. Jährlich fallen im gesamten Bundesgebiet knapp dreißig Millionen Tonnen an mineralischen Baurestmassen und Aushubmaterialien an.

Der größte Teil der mineralischen Baurestmassen stammt aus dem Abbruch, dem Umbau und der Sanierung von Bauwerken. Nur etwa zehn Prozent stammen direkt aus dem Neubaugeschehen [2].

Aufgrund des hohen Anteils von mineralischen Baurestmassen und Aushubmaterialien am Gesamtabfallaufkommen hat das Europäische Parlament gemeinsam mit dem Rat in der Abfall-Rahmenrichtlinie (2008/98/EG) festgelegt, dass nicht gefährliche Bau- und Abbruchabfälle im Ausmaß von siebzig Masse-Prozent bis zum Jahr 2020 einer Wiederverwendung oder einem Recycling zuzuführen sind [3].

Trotz guter Recyclingfähigkeit und steigender Deponiepreise werden derzeit immer noch große Mengen an mineralischen Baurestmassen deponiert. Der Bauwirtschaft gehen dadurch Sekundärrohstoffe verloren, die durch Einsatz von Primärrohstoffen, d.h. neuem Steinbruchmaterial, kompensiert werden.

Aber auch bei der Verwertung von Baurestmassen treten in der Praxis mitunter Probleme auf. Durch Versäumnisse bei der Abbruchplanung und einer mangelhaften Aufbereitung leidet die Qualität der hergestellten Recycling-Baustoffe und ein Einbau dieser verunreinigten Materialien kann in weiterer Folge Beitragspflichten nach dem Altlastensanierungsgesetz sowie entsprechende Verwaltungsstrafen auslösen.

1. Zielsetzung des Projekts

Vor dem geschilderten Hintergrund wurde in der Steiermark im Jahr 2011 von Vertretern des Amtes der Steiermärkischen Landesregierung, der Wirtschaftskammer Steiermark, der Ziviltechnikerkammer Steiermark und des Zollamtes Graz die *Steirische Baurestmasseninitiative* ins Leben gerufen, mit dem Ziel, alle wesentlichen Informationen über den richtigen Umgang mit Bauabfällen praxistauglich zusammenzufassen und allen am Baugeschehen beteiligten Zielgruppen, wie Bauherren, Planer, Baubehörden, Bauwirtschaft und Recyclingunternehmen **über** ein Internetportal zugänglich zu machen. Das Ergebnis ist der Steirische Baurestmassen-Leitfaden (www.baurestmassen.steiermark.at), der am 29. Februar 2012 in der Wirtschaftskammer Steiermark etwa 450 Branchenvertretern vorgestellt wurde.

Der steirische Baurestmassen-Leitfaden spannt einen Bogen an Informationen ausgehend von der Planung, über das Genehmigungsverfahren (Bescheiderstellung) zu den praxis-relevanten Fragen auf der Baustelle (Abfalltrennung) bis hin zu den Verwertungs- und Entsorgungsmaßnahmen (Anforderungen zur Anlieferung an Baurestmassendeponien). Abgerundet wird das Informationsangebot mit Links zu aktuellen baurelevanten Gesetzen und Verordnungen sowie einem umfassenden Downloadbereich.

Der Leitfaden soll in aktueller und praxistauglicher Form die Arbeit aller Beteiligten wie Bauherren, Planer, Gemeinden, bauausführende Unternehmen und Verwertungs- und Entsorgungsunternehmen unterstützen und damit Impulse für eine Steigerung der Recyclingquote, sowohl in qualitativer als auch in quantitativer Hinsicht, auslösen. Durch das Zusammenspiel aller Beteiligten bei der Planung und Ausführung von Abbruch- und Aushubarbeiten sollen Kosten gespart und ein direkter Nutzen für die Umwelt erreicht werden. Die nachhaltige Nutzung von Baurestmassen ist somit auch von politischem und gesellschaftlichem Interesse, da durch sie gleichermaßen Primärrohstoffe und auch Deponievolumen geschont werden.

2. Rechtlicher Hintergrund

Rechtliche Basis für die Verwertung bzw. Beseitigung von Baurestmassen und Aushubmaterialien sind die Vorgaben des österreichischen Abfallwirtschaftsgesetzes (AWG 2002) und der relevanten Verordnungen wie z.B.:

- Baurestmassentrennverordnung (BGBl. II 1991/259)
- Abfallnachweisverordnung (BGBl. II 2012/341)

- Abfallverzeichnisverordnung (BGBl. II 2003/570 idgF)
- Deponieverordnung 2008 (BGBl. II 2008/39 idgF)

Die fachlichen Grundlagen zur Beurteilung von Verwertungsmaßnahmen im Bereich der mineralischen Baurestmassen und Aushubmaterialien sind im Bundesabfallwirtschaftsplan 2011 (www.bundesabfallwirtschaftsplan.at) bzw. in der Richtlinie für Recycling-Baustoffe (www.brv.at) angeführt. Diese Dokumente repräsentieren den Stand der Technik und sind daher bei der Verwertung verbindlich einzuhalten.

3. Altlastensanierungsgesetz

Grundlage für die Erfassung und Bewertung von Altablagerungen und Altstandorten sowie für die Finanzierung notwendiger Sicherungs- und Sanierungsmaßnahmen ist das Altlastensanierungsgesetz (ALSAG). Dieses Gesetz sieht jedoch auch eine Beitragspflicht für bestimmte Tatbestände vor, wie z.B. das Verfüllen von Geländeunebenheiten mit Abfällen. Ausnahmen von der Beitragspflicht bestehen beispielsweise lediglich dann, wenn mineralische Baurestmassen, wie Asphaltgranulat, Betongranulat, Asphalt/Beton-Mischgranulat, Granulat aus natürlichem Gestein, Mischgranulat aus Beton oder Asphalt oder natürlichem Gestein oder gebrochene mineralische Hochbaurestmasse eingesetzt werden und durch ein Qualitätssicherungssystem gewährleistet wird, dass eine gleichbleibende Qualität gegeben ist, und diese Abfälle im Zusammenhang mit einer Baumaßnahme im unbedingt erforderlichen Ausmaß zulässigerweise verwendet werden. Die Zuständigkeit der Einhebung dieser sogenannten Altlastenbeiträge liegt bei den Zollämtern. Durch flächendeckende Kontrollen der ALSAG-Behörden wurde in den letzten Jahren vor allem in der Baubranche das Bewusstsein für die umfassenden rechtlichen Rahmenbedingungen bei der Verwertung von Baurestmassen und Aushubmaterialien geschärft und bestand daher ein großer Bedarf an adäquater Fachinformation für alle am Bau beteiligten Zielgruppen.

4. Leitfaden für die ordnungsgemäße Abwicklung von Bauvorhaben

Im Baurestmassen-Leitfaden wurden wichtige Hinweise in einfacher Sprache für die Zielgruppen Bauherrn, Planer, Baubehörde, Bau- und Abbruchunternehmen sowie Recycler und Deponiebetreiber aufbereitet und in einer Schritt für Schritt Handlungsanleitung dargestellt.

4.1. Hinweise für den Bauherrn

Schritt 1: Informationen einholen

Bei allen Fragen zu Abbruch, Abtrag oder Aushub ist der erste Schritt der Weg zur Baubehörde. Ansprechpartner sind die Gemeinden, Magistrate und Bezirkshauptmannschaften. Dort erhält man Auskunft, welche Unterlagen im Zusammenhang mit einer Einreichung um Bau- oder Abbruchgenehmigung erforderlich sind. Für spezielle Fragen zum richtigen Umgang mit Abbruchabfällen steht neben den Bau- oder Recyclingfirmen auch das Amt der Steiermärkischen Landesregierung zur Verfügung.

Als Abfallbesitzer ist der Bauherr vielfältigen Verpflichtungen unterworfen. So ist er dazu verpflichtet, alle anfallenden Abfälle bereits am Anfallsort gemäß Baurestmassentrenn-VO ab Überschreitung bestimmter Mengenschwellen getrennt zu erfassen einem dafür befugten Abfallsammler oder -behandler nachweislich zur Verwertung oder Beseitigung zu übergeben. In der Praxis werden diese Verpflichtungen dem Bau- oder Abbruchunternehmen im Rahmen der Auftragserteilung übertragen.

Schritt 2: Einreichunterlagen erstellen

Vollständige Einreichunterlagen sichern dem Bauherrn ein schnelles und kostengünstiges Verfahren. Mit detaillierten Angaben in den Antragsunterlagen kann der Verfahrensablauf zur Bewilligung wesentlich beschleunigt werden. Inhalt der Einreichunterlagen, die auch den Anforderungen des § 32 Stmk. Baugesetzes entsprechen:

1. Nachweis des Eigentums (z.B. Grundbuchabschrift), nicht älter als sechs Wochen
2. Zustimmungserklärung des Grundeigentümers, wenn Antragsteller nicht selbst Bauherr ist
3. Anrainerverzeichnis
4. Lageplan mit Darstellung des geplanten Abbruchs/Abtrags/Aushubs
   - Darstellung der geplanten Zu- und Abfahrtswege
   - Vorhandene Planunterlagen nutzen (bei Behörde nachfragen)
5. Beschreibung der technischen Ausführung
   - Technische Beschreibung des Abbruchobjektes
   - Mengenangabe für Baurestmassen – Beachtung der Mengenschwellen der Verordnung zur *Trennung von bei Bautätigkeiten anfallenden Materialien*
6. Fotodokumentation
7. Gebäudeerkundung und Massenermittlung
8. Nachweis der Befugnis des Planers

Schritt 3: Antrag an Behörde stellen

Der Antrag zur Bewilligung eines Bau- oder Abbruchvorhabens sollte erst dann bei der Behörde eingebracht werden, wenn alle Unterlagen gemäß Schritt 2 zusammengestellt wurden und ein klares Konzept für den Umgang mit den anfallenden Baurestmassen vorliegt. Die Prüfung des Antrages wird durch die Baubehörde durchgeführt.

Sind die Antragunterlagen unvollständig kann die Behörde einen Verbesserungsauftrag mit Fristvorgabe erteilen. In bestimmten Fällen kann die Behörde technische Sachverständige hinzuziehen. Die Kosten dafür trägt der Bauherr.

Schritt 4: Bauverhandlung – Bescheid mit Auflagen abwarten

Die Verhandlung wird meist vor Ort im Zuge eines Lokalaugenscheins durchgeführt. Die Umrisse von zu errichtenden Gebäuden oder Gebäudeteilen bzw. geplante Schüttmaßnahmen (z.B. mit Recycling-Baustoffen) sind rechtzeitig vor der Bauverhandlung vom Bauherrn oder Planer im Gelände abzustecken.

Sind alle Unterlagen vollständig und ist das Abfallkonzept auf der Baustelle schlüssig wird von der Behörde ein Bescheid, eventuell unter Vorschreibung von Auflagen, ausgestellt. Der geplante Abbruch, Abtrag oder Aushub darf erst ab Rechtskraft des Bescheides durchgeführt werden.

Schritt 5: Auftrag vergeben und Bautätigkeit durchführen

Abbruch, Aushub und Abtrag sind von Bau- oder Entsorgungsunternehmen, die dafür eine entsprechende Befähigung haben, durchzuführen. Damit ist für den Bauherrn sichergestellt, dass die Arbeiten fach- und umweltgerecht durchgeführt werden, und keine bösen Überraschungen, wie ALSAG-Nachforderungen oder Kostenüberschreitungen, auftreten.

Nachweise und Befugnisse

Nach dem AWG 2002 hat der Bauherr als Abfallbesitzer die Pflicht, die anfallenden Abfälle nur an dazu befugte Abfallsammler und Behandler zu übergeben und diese explizit mit einer umweltgerechten Verwertung oder Beseitigung zu beauftragen. Von den beauftragten Betrieben ist somit ein Nachweis über die Erlaubnis zur Abfallsammlung bzw. Abfallbehandlung einzufordern.

Ausschreibung durch Planer bei größeren Aufträgen

Wenn auf Grund der Größe des Projekts eine Ausschreibung erfolgt, ist es sinnvoll diese von einem befugten Planer durchführen zu lassen.

Schritt 6: ALSAG-Beitrag ermitteln, anmelden und entrichten

Mit fälligen ALSAG-Beiträgen kann der Bauherr u.a. konfrontiert werden, wenn er die auf der Baustelle anfallenden Abfälle nicht an einen dafür befugten Abfallsammler oder -behandler übergibt oder wenn er Abfälle in Eigenregie, z.B. auf der Baustelle, verwertet und dabei nicht die entsprechenden Anforderungen gemäß Schritt 2 für Recycler und Deponiebetreiber einhält.

Altlastenbeitragspflicht besteht für:

- Deponieren von Abfällen
- Verfüllen von Geländeunebenheiten oder Vornehmen von Geländeanpassungen mit Bauschutt, Erd- und Bodenaushub oder Baurestmassen
- Verbringung von Abfällen zum Zwecke der Deponierung oder Verfüllung (z.B. mit Bauschutt oder Baurestmassen außerhalb des Bundesgebietes)
- Lagern von Abfällen länger als ein Jahr zur Beseitigung bzw. mehr als drei Jahre zur Verwertung

Altlastenbeiträge entfallen, wenn Baurestmassen, Erd- und Bodenaushub einer zulässigen Verwertung bzw. zulässigen Wiederverwendung zugeführt werden – siehe dazu *Abfallarten*.

Beitragsschuldner sind

- der Deponiebetreiber
- die notifizierungspflichtige Person bei Verbringung außerhalb des Bundesgebietes
- der Veranlasser (Auftraggeber) einer beitragspflichtigen Tätigkeit (Bauherr oder Bauunternehmer). Sofern dieser nicht feststellbar ist, ist der Beitragsschuldner derjenige, der die Tätigkeit duldet (z.B. der Grundbesitzer).

Der Beitragsschuldner hat Aufzeichnungen, getrennt nach Beitragsgrundlage, zu führen (sieben Jahre Aufbewahrungspflicht).

Werden Abfälle auf Deponien verbracht, entscheidet die Deponie(unter)klasse die Beitragshöhe:

Tabelle 1a: Altlastenbeiträge je angefangene Tonne, Stand Mai 2014

	EUR/Tonne
mineralische Baurestmassen (vgl. Anlage 2 der DepVO 2008)	9,20
Erdaushub (sofern nicht beitragsfrei)	9,20
andere mineralische Abfälle (vgl. Anhang 1, Tabelle 5 und 6 der DepVO 2008)	9,20
übrige Abfälle	87,00

Quelle: Bundesgesetz zur Finanzierung und Durchführung der Altlastensanierung, BGBl. 1989/299 idgF; Altlastensanierungsgesetz.

Tabelle 1b: Altlastenbeiträge je angefangene Tonne, Stand Mai 2014

	EUR/Tonne
Bodenaushubdeponie	9,20
Inertabfalldeponie	9,20
Baurestmassendeponie	9,20
übrige Abfälle - Reststoffdeponie	20,60
Massenabfalldeponie (Siedlungsabfälle)	29,80

Quelle: Bundesgesetz zur Finanzierung und Durchführung der Altlastensanierung, BGBl. 1989/299 idgF; Altlastensanierungsgesetz.

Der Altlastenbeitrag ist eine Selbstbemessungsabgabe. Der selbst zu berechnende Beitrag ist jedenfalls nach Ablauf des Kalendervierteljahres, in dem die Tätigkeit stattfand, dem Zollamt des Betriebssitzes anzumelden und abzuführen (bis spätestens 15. des zweitfolgenden Monats).

Schritt 7: Dokumentation führen

Nach allen durchgeführten Arbeiten durch befugte Unternehmen muss der Bauherr über eine Dokumentation bzw. einen Nachweis über den Verbleib der Abfälle verfügen. Werden die anfallenden Abfälle befugten Abfallsammlern oder Behandlern übergeben reichen als Nachweis für eine umweltgerechte Verwertung oder Beseitigung Rechnungsunterlagen, Lieferscheine und dergleichen. Diese Nachweise muss der Bauherr zumindest sieben Jahre aufbewahren und für nachträgliche Behördenprüfungen vorlegen können.

Werden Teile der anfallenden Abfälle in Eigenregie verwertet, z.B. Betongranulat für die Befestigung eines Parkplatzes, so sind für diese aufbereiteten Abfälle entsprechende

Aufzeichnungen hinsichtlich Art, Menge, Herkunft und Verbleib zu führen und sind zusätzlich detaillierte Unterlagen hinsichtlich deren Qualität einzuholen. Diese Unterlagen sind ebenfalls sieben Jahre aufzubewahren und der Behörde auf Verlangen vorzulegen.

4.2. Hinweise für die fachkundige Begleitung des Bauherren durch den Planer

Schritt 1: Bauherren beraten bzw. informieren

Die Planung für ein Bauvorhaben soll einen eventuell notwendigen Abbruch, Aushub oder Abtrag beinhalten. Ein professioneller Planer sollte möglichst frühzeitig beigezogen werden. In einem Erstgespräch folgende abfallwirtschaftliche Themen erläutert werden:

- Mengen und Qualitätskriterien bezüglich Abbruch, Aushub oder Abtrag,
- Möglichkeiten der Verwertung und Beseitigung und damit zu erwartende Kosten
- ALSAG-Verpflichtungen bei bestimmten Maßnahmen.

Diese Erstberatung ist grundsätzlich kostenlos und unverbindlich.

Schritt 2: Vorerkundung

Nachdem das Projekt definiert ist, werden nach der Gebäudeerkundung und der Massenermittlung für Baurestmassen, Aushub und Abtragsmaterial die Verwertungs- und Beseitigungsmöglichkeiten in einem Abfallwirtschaftskonzept dargestellt. Dieses beinhaltet u.a. die Maßnahmen zur Wiederverwendung auf der Baustelle, zur qualitätsgesicherten Aufbereitung, zur Verwendung für zulässige Geländeauffüllungen oder für übergeordnete Bauvorhaben oder Maßnahmen zur Deponierung.

Für die Grundlegende Charakterisierung von Aushubmaterial (gemäß Dep-VO) kann der Planer die Vorarbeiten leisten.

Schritt 3: Einreichunterlagen im Auftrag des Bauherrn für das Ansuchen um Bewilligung

Vollständige Einreichunterlagen sichern dem Bauherrn ein schnelles und kostengünstiges Verfahren. Mit detaillierten Angaben in den Antragsunterlagen kann der Verfahrensablauf zur Bewilligung wesentlich beschleunigt werden. Mit diesen Unterlagen kann der Planer schon vor der endgültigen Einreichung Kontakt mit den zuständigen Behörden (z.B.: Bauamt, Sachverständige, ALSAG-Behörde) aufnehmen, um die erforderlichen Unterlagen für das Verfahren zu optimieren.

Schritt 4: Auftragsvergabe

Abbruch, Aushub oder Abtrag sollen im Auftrag als eigene Position angeführt und auch vergeben werden. Eine Hilfestellung für die Angebotseinholung und Ausschreibung ist die funktionelle Leistungsbeschreibung Hochbau – Abbruch des Bundesministeriums für Wissenschaft, Forschung und Wirtschaft (www.bmwfw.gv.at).

Mit der Anbotslegung ist auch der Nachweis der Befugnis des Abbruch-, Abtrags- oder Aushubunternehmens zu erbringen. In der Ausschreibung sollten auch die Nachweise (z.B.: Lieferscheine, Deponierechnungen usw.) über die Entsorgung bzw. die Verwertung der anfallenden Abfälle definiert werden. Diese Nachweise sind von dem Bauherrn für die ALSAG-Behörde aufzubewahren. Die Sammlung der Unterlagen kann vom Planer übernommen werden.

Schritt 5: Örtliche Bauaufsicht

Um Kostenwahrheit und Risikominderung zu erreichen, sollte eine örtliche Bauaufsicht bereits zum Zeitpunkt der Abbruchsarbeiten beauftragt werden. Damit kann der Planer die Abfallmengen und die Verwertungs- und Beseitigungswege sowie die damit verbundenen Kosten überprüfen. Böse Überraschungen wie ALSAG-Verpflichtungen oder Mehrkostenforderungen können vermieden werden.

4.3. Hinweise für die Baubehörde

Schritt 1: Bauherren in der Bauberatung informieren

Die Information des Bauherrn im Vorfeld ist besonders wichtig. Der Bauherr sollte nach dem Gespräch (telefonisch/persönlich) wissen,

1. wie das Verfahren zum Abbruch des Gebäudes abgewickelt wird,
2. welche Einreichunterlagen für das Bauverfahren notwendig sind und wo es Unterstützung gibt (Planer),
3. welche Behörden gegebenenfalls noch zu kontaktieren sind, nachdem in bestimmten Fällen weitere/andere Genehmigungen einzuholen sind, wie z.B.:
   - Gewerbe-, Wasser-, Naturschutz- und Forstrecht (BH)
   - Abfallrecht (Landeshauptmann)
4. dass Baurestmassen grundsätzlich Abfälle sind und der Bauherr Abfallbesitzer ist,
5. dass es strenge Vorgaben für die Verwertung und Beseitigung von Baurestmassen gibt,
6. dass in Zusammenhang mit Baurestmassen, Abgaben nach dem Altlastensanierungsgesetz anfallen können.

Schritt 2: Prüfung der Einreichunterlagen – § 32 Stmk. Baugesetz

Vollständige Einreichunterlagen sichern dem Bauherrn ein schnelles und kostengünstiges Verfahren. Wenn die Einreichunterlagen nicht vollständig sind, gibt es die Möglichkeit einen Verbesserungsauftrag zu erteilen und hierfür eine angemessene Frist zu bestimmen.

Schritt 3: Einbinden von technischen Sachverständigen

Seitens der Behörde kann ein technischer Sachverständiger beigezogen werden. Die Kosten dafür trägt der Bauherr. In der Regel findet die Behörde bei einfachen Bau- oder Abbruchverfahren mit der Beiziehung eines bautechnischen Sachverständigen das Auslangen. Bei komplexeren Verfahren kann es allerdings auch erforderlich sein, Sachverständige aus anderen Fachbereichen in das Verfahren einzubinden.

Bei komplexen Abbrüchen mit einer Vielzahl an (gefährlichen) Abfallarten wird die Beiziehung eines abfallwirtschaftlichen Sachverständigen empfohlen. Das Erfordernis für die Beziehung von Sachverständigen soll in jedem Fall im Einvernehmen mit dem Bauherrn bzw. Planer erfolgen.

Schritt 4: (Vor-)Prüfung der örtlichen Gegebenheiten

Bei komplexen Bau- oder Abbruchvorhaben, insbesondere im dicht verbauten Gebiet, wird nach Vorliegen entsprechender Einreichunterlagen eine behördliche Prüfung der tatsächlichen Gegebenheiten vor Ort empfohlen. Nachdem in der Bauverhandlung erfahrungsgemäß nur ein begrenztes Zeitfenster zur Verfügung steht, ist eine umfassende Begehung, z.B. eines Abbruchobjektes oft nicht möglich. Sollte sich in der Bauverhandlung herausstellen, dass bestimmte Angaben im Projekt mit den realen Verhältnissen vor Ort nicht übereinstimmen, kann das zu teuren Verzögerungen im Verfahren kommen. Vorab-Begehungen der Baustelle durch die Behörde, evtl. im Beisein des Planers, führen zu mehr Effizienz bei der Durchführung der Verfahren. Die Baustellenbegehung sollte in jedem Fall protokolliert und durch Fotodokumente festgehalten werden.

Schritt 5: Bauverhandlung mit Lokalaugenschein abhalten

Vor Durchführung der Bauverhandlung sollte das Bau- oder Abbruchprojekt soweit gediehen sein, dass die geplanten Maßnahmen im Zuge des Lokalaugenscheins nachvollziehbar von der Behörde auf Plausibilität geprüft werden können. Umrisse von zu errichtenden Gebäuden oder Gebäudeteilen bzw. geplante Schüttmaßnahmen, z.B. mit Recycling-Baustoffen, sind im Gelände abzustecken. Sollen Abbruchmaterialien direkt vor Ort aufbereitet und auf der Baustelle eingesetzt werden, sind alle Maßnahmen, die damit in Zusammenhang stehen und soweit dafür eine gesetzliche Grundlage im Baugesetz vorhanden ist, in der Verhandlungsschrift detailliert festzuhalten bzw. ist der Bauwerber auf etwaige sonstige zuständige Behörden hinzuweisen.

Dem Thema *Abfallmanagement auf der Baustelle* sollte im Zuge der Bauverhandlung explizit Zeit gewidmet werden, um sowohl den Bauwerber aber auch alle anderen an der Verhandlung teilnehmenden Parteien für dieses Thema zu sensibilisieren.

Schritt 6: Bescheid (mit Auflagen) erstellen

Die Praxis hat gezeigt, dass abfallwirtschaftliche Belange (z.B. die Verwertung und Beseitigung anfallender Baurestmassen) nur unzureichend im Abbruchbescheid angesprochen werden. Der Leitfaden bietet daher Auflagenvorschläge an, die den

Baubehörden eine Hilfestellung bei der Bescheiderstellung bieten. Je detaillierter die Verwertungs- und Entsorgungswege der Bauabfälle angesprochen werden, desto weniger Spielraum bleibt für deren nicht ordnungsgemäße Beseitigung.

4.4. Hinweise für Bau-, Abbruch-, Erdbauunternehmen

Schritt 1: Abfallwirtschaftskonzept erstellen

Mit der Erstellung eines Abfallwirtschaftskonzeptes ist es möglich, einen Überblick über die anfallenden Abfallarten und Abfallmengen, sowie deren Maßnahmen zur Vermeidung, Trennung, Verwertung und Beseitigung zu bekommen. Das Abfallwirtschaftskonzept (AWK) enthält zudem Maßnahmen zur:

- Wiederverwendung von Baurestmassen auf der Baustelle
- qualitätsgesicherten Aufbereitung von Baurestmassen
- Verwendung von Baurestmassen für zulässige Geländeauffüllung oder übergeordnete Bauvorhaben
- Deponierung von nicht verwertbaren Baurestmassen

Die Erstellung des AWK bringt auch Klarheit, wer für die Einhaltung der jeweiligen Rechtsvorschriften zuständig ist und hilft Verantwortlichkeiten festzulegen. Auch die Abfalltrennung auf der Baustelle ist im Abfallwirtschaftskonzept vorgegeben. Richtige Abfalltrennung hilft Kosten zu sparen.

Schritt 2: Notwendige Zwischenlager genehmigen lassen

Ein Zwischenlager ist eine befestigte, behördlich genehmigte Fläche, wo Materialien für eine bestimmte Zeit gelagert und behandelt werden können. Werden Baurestmassen an einer Abbruchstelle für den Weitertransport oder die Aufbereitung in einer mobilen Anlage zwischengelagert, so ist für die Zwischenlagerung in der Regel eine Genehmigung nach der Gewerbeordnung (§ 74 ff GewO) einzuholen. Meist unterliegen gewerbliche Zwischenlager auch den Bestimmungen des Wasserrechts und den Bau- und Naturschutzvorschriften.

Eine Zwischenlagerung gemäß AWG 2002 (§ 2 Abs. 7 Z. 4) ist wie folgt zeitlich begrenzt:

- Jahre, wenn die Baurestmassen aufbereitet/verwertet werden,
- ein Jahr, wenn die Baurestmassen einer Beseitigung zugeführt werden.

Mit dem Genehmigungsantrag sind

- die zu erwartenden Arten (Schlüsselnummern) und Mengen an Baurestmassen,
- die durchschnittliche und maximal zwischenzulagernde Mengen sowie
- der Verbleib der Baurestmassen nach der Zwischenlagerung bekanntzugeben.

Auch für die technische Ausführung eines Zwischenlagerplatzes gibt es Vorgaben. Findet eine Überschreitung der Lagerfristen statt oder werden Abfälle außerhalb von genehmigten Anlagen oder an nicht für die Sammlung oder Behandlung vorgesehenen Orten gelagert und behandelt, so ist – neben einem möglichen abfallpolizeilichen Beseitigungsauftrag gemäß § 73 AWG 2002 - mit Ablauf des Kalendervierteljahres der Altlastenbeitrag zu entrichten (§ 3 Abs. 1 Z 1 ALSAG).

Schritt 3: Abbrucharbeiten fachgerecht ausführen

Abbruch-, Aushub- und Abtragsarbeiten sind bescheidgemäß, möglichst staubschonend und lärmmindernd, auszuführen. Diesbezügliche Infobroschüren werden im Leitfaden online angeboten. Nach der professionellen Baustelleneinrichtung und dem fachgerechten Abbruch, Aushub oder Abtrag (verwertungsorientierter Rückbau ÖNORM B 2251) sind die Baurestmassen nach Stoffgruppen zu trennen, zu verwerten und/oder zu beseitigen.

Die richtige Abfalltrennung hilft dem Unternehmen Kosten zu sparen. Auf der Baustelle ist für ausreichende und geeignete Sammelbehälter (Mulde/Container/Sackgestelle usw.) für die anfallenden Baurestmassen Sorge zu tragen. Die Wahl der Sammelbehälter ist in Abstimmung mit dem Entsorgungsunternehmen vorzunehmen. Um eine optimale Trennung der Abfälle zu erreichen, müssen die einzelnen Behältnisse beschriftet und das Baustellenpersonal in der ordnungsgemäßen Zuordnung der Baurestmassen unterwiesen werden.

Schritt 4: Baurestmassen qualitätsgesichert aufbereiten

Durch eine qualitätsgesicherte Aufbereitung von Baurestmassen können die im Rahmen von Abbrucharbeiten anfallenden Baurestmassen wieder zu Recycling-Baustoffen verarbeitet werden und stellen somit einen wertvollen Sekundär-Rohstoff dar. Dabei trägt eine möglichst sortenreine Erfassung der unterschiedlichen, bei Bautätigkeiten anfallenden Materialien in jedem Stadium des Aufbereitungsprozesses erheblich zu einer hohen Qualität der Sekundärprodukte bei. Die qualitätsgesicherte Aufbereitung von Baurestmassen ist auch in rechtlicher und finanzieller Hinsicht attraktiv, da auf diese Weise eine Beitragsfreiheit gemäß Altlastensanierungsgesetz erreicht werden kann. Unterschieden werden die Aufbereitung mit mobilen Anlagen direkt auf der Baustelle oder in genehmigten Zwischenlagern bzw. die Aufbereitung in stationären Anlagen.

Eine qualitätsgesicherte Aufbereitung erfordert jedenfalls folgende Schritte:

1. Die Aufbereitung der Baurestmassen hat in einer dafür behördlich genehmigten stationären oder mobilen Anlage zu erfolgen. Die aufzubereitenden Abfallarten (Schlüsselnummern) müssen vom Genehmigungsumfang der jeweiligen Anlage umfasst sein.

2. Eingangskontrolle: Visuelle Kontrolle des aufzubereitenden Materials (Baurestmassen). Das aufzubereitende Material muss aufbereitungswürdig sein, d.h. es muss weitestgehend frei von Holz, Kunststoff, Textilien, Heraklith, Gipskarton, Eternit, …. sein.

3. Aufbereitung des Materials gemäß den Vorgaben der Richtlinie für Recycling-Baustoffe. Dabei ist u.a. zu beachten:

- Es dürfen keine mit Fremdstoffen verunreinigten Baurestmassen in die Aufbereitung gelangen.
- Das aufbereitete Material muss frei von mineralischen oder organischen Verunreinigungen sein.
- Probenahme und Analytik erfolgt gemäß den Vorgaben der Richtlinie für Recycling-Baustoffe.

4. Nach Abschluss der Aufbereitungsarbeiten ist das produzierte Material von einer befugten Fachanstalt einer Prüfung zu unterziehen.

5. Um einen Recycling-Baustoff, für den europäische technische Spezifikationen vorliegen, als solchen in Verkehr setzen zu dürfen, bedarf es gemäß Steiermärkischem Bauproduktegesetz einer CE-Konformitätskennzeichnung. Da eine CE-Kennzeichnung keinen Rückschluss darauf zulässt, ob das Produkt durch unabhängige Stellen auf die Einhaltung der Richtlinien überprüft wurde, ist sie kein ausreichendes Kriterium für eine Beitragsfreiheit gemäß ALSAG.

Schritt 5: Bodenaushub charakterisieren

Sobald unbelasteter Bodenaushub den natürlich gewachsenen Boden verlässt, handelt es sich grundsätzlich um Abfall. Erfolgt der Wiedereinbau eines unbelasteten Bodenaushubmaterials an Ort und Stelle in Zusammenhang mit einem bautechnischen Zweck, handelt es sich nicht um Abfall.

Soll Bodenaushub ohne weitere Vorbehandlung oder Aufbereitung an anderer Stelle verwertet werden, ist eine genauere Untersuchung des Aushubmaterials durch eine externe befugte Fachperson- oder Fachanstalt gemäß Bundes-Abfallwirtschaftsplan 2011 notwendig. Dies beinhaltet die Beprobung möglichst vor der Aushub- oder Abtragstätigkeit und eine analytische Untersuchung auf einschlägige Parameter je nach Art und Herkunft des Aushubmaterials. Die vollständige Beprobung und analytische Untersuchung der Aushubmaterialien wird *Grundlegende Charakterisierung* genannt, welche im sogenannten *Beurteilungsnachweis* dokumentiert wird.

Bis zum Vorliegen des Beurteilungsnachweises darf das Material entweder nicht ausgehoben werden oder muss auf einem dafür zugelassenen Zwischenlager zwischengelagert werden.

Für die Verwertung von Kleinmengen an Bodenaushub (< 2000 Tonnen) aus unbedenklichen Bereichen ist unter bestimmten Bedingungen für die Grundlegende Charakterisierung keine analytische Untersuchung notwendig. Nachweise sind durch den Abfallerzeuger (Bauherrn) wie auch das ausgehobene Unternehmen zu erbringen.

Schritt 6: Zulässige Geländeverfüllungen und bautechnische Schüttungen vornehmen

Nicht verunreinigtes Bodenaushubmaterial kann im Zuge von Rekultivierungs- oder Untergrundverfüllungsmaßnahmen verwertet werden. Nicht verunreinigtes technisches Schüttmaterial (SN 31411 34 oder SN 31411 35) kann – auch ohne weitere Behandlung – als Baustoff im Zuge einer Baumaßnahme für bautechnische Zwecke wieder eingesetzt werden. In jedem Fall sind bei Verfüllungsmaßnahmen bzw. Rekultivierungsmaßnahmen folgende Schritte erforderlich:

1. Projekt erstellen:
   - Klarstellung mit welchen Materialien Baumaßnahmen oder Geländeverfüllung duchgeführt werden
   - Vorgaben der Rekultivierungsrichtlinie beachten
2. Vereinbarung mit dem Grundbesitzer (Schüttauftrag). Dies ist ein formloses Schreiben mit:
   - Grundstücknummer,
   - Auftrag und Definition, wer den Auftrag erteilt und wer der Ausführende ist,
   - Material und Menge,
   - Zeitraum
3. Bewilligung einholen (Gemeinde/Magistrat, Bezirkshauptmannschaft)
4. Mit den Verwertungsmaßnahmen (z.B. Schüttung) erst nach Vorlage aller erforderlichen Bewilligungen bzw. nach Rechtskraft des Bescheides beginnen.
5. ALSAG Verpflichtungen beachten

Schritt 7: ALSAG-Beitrag ermitteln, anmelden und entrichten

Der Altlastenbeitrag ist eine zweckgewidmete Abgabe, die für die Entsorgung, Verfüllung bzw. Verbringung von bestimmten Abfallarten eingehoben wird. Für die Prüfung und Erhebung des Altlastenbeitrages ist die Zollbehörde zuständig.

Schritt 8: Abfälle aufzeichnen gem. § 17 AWG 2002/EDM

Bauunternehmen können folgende Rollen im Rahmen der vorzunehmenden Bautätigkeiten einnehmen:

1. Dienstleister leisten an der Baustelle nur ihre baulichen Dienste, wie Abriss, Aushub usw. Sie unterliegen daher keiner Aufzeichnungspflicht gem. § 17 Abs. 1 AWG 2002. Die Aufzeichnungspflichten liegen in diesem Fall bei jenem befugten Abfallsammler oder -behandler, der die anfallenden Abfälle übernimmt.

2. Transporteure sind für den Transport zwischen der Anfallstelle und der Behandlungsanlage zuständig. Sie arbeiten im Auftrag eines Dritten (Abfallbesitzer) und unterliegen hinsichtlich nicht gefährlicher Abfälle gem. § 17 Abs. 2 Zif. 4 AWG 2002 keiner Aufzeichnungspflicht. Hinsichtlich des Transportes gefährlicher Abfälle gilt die Aufzeichnungspflicht mit Sammlung und Aufbewahrung der Begleitscheine gem. § 18 Abs. 1 AWG 2002 oder mit der Übermittlung der Begleitscheine durch den Übernehmer an den Landeshauptmann, im Wege über das elektronische Register (eRAS/EDM), als erfüllt.

3. Befugte Abfallsammler, die einen Vertrag zur Entsorgung der Abfälle mit dem Bauherrn haben, übernehmen damit die Verfügungsgewalt über die Abfälle und werden damit zum Abfallbesitzer. Damit hat der Sammler der Aufzeichnungspflicht gem. § 17 Abs. 1 AWG 2002 nachzukommen und getrennt für jedes Kalenderjahr, fortlaufende Aufzeichnungen über Art, Menge, Herkunft und Verbleib von Abfällen zu führen.

Bauunternehmen, die neben der Bautätigkeit auch die Rolle des Abfallsammler und -behandlers übernehmen, müssen sich gemäß § 22 AWG 2002 im elektronischen Register für Anlagen und Personen-Stammdaten (eRAS) registrieren und gemäß § 4 in Verbindung mit Anhang 1 der Abfallbilanzverordnung ihre Stammdaten eintragen.

Darüber hinaus haben Abfallsammler und -behandler gemäß § 5 in Verbindung mit Anhang 2 der Abfallbilanzverordnung Aufzeichnungen über Art, Menge, Herkunft und Verbleib von Abfällen, und damit auch von Baurestmassen, für jedes Kalenderjahr fortlaufend elektronisch zu führen.

Abfallsammler und -behandler haben eine Jahresabfallbilanz, zusammengefasst in einer einzigen XML-Datei, im Wege des Registers bis spätestens 15. März jeden Jahres, über das vorangegangene Kalenderjahr, an den Landeshauptmann zu melden.

4.5. Hinweise für Recycler und Deponiebetreiber

Schritt 1: Allgemeine Informationen zur Qualitätssicherung

An die Gewinnung von Baurestmassen, welche nach entsprechender Aufbereitung zu Recycling-Baustoffen veredelt werden sollen, ist bereits auf der Abbruchbaustelle eine Vielzahl von qualitätssichernden Maßnahmen geknüpft. Wichtigster Grundsatz dabei ist die getrennte Erfassung aller auf der Baustelle anfallenden Abfälle und deren Dokumentation. Bei Verdacht auf Schadstoffkontaminationen wird zusätzlich eine Schadstofferkundung gem. ONR 192130 (Schadstofferkundung von Bauwerken vor Abbrucharbeiten) empfohlen.

Ist der Recyclingbetrieb selbst nicht in der Lage auf diese Faktoren Einfluss zu nehmen, ist es ihm auch durch den Einsatz aufwändiger Aufbereitungstechnologie meist nicht mehr möglich qualitativ hochwertige Recycling-Baustoffe herzustellen.

Zu Recyclingbaustoffen können im Wesentlichen nur folgende Ausgangsmaterialien verarbeitet werden:

- Asphaltaufbruch,
- Betonabbruch,
- Tonziegel und Kalksandsteine,
- Naturgestein.

Sonstige Abbruchmaterialien, mineralischen Ursprungs, wie Mörtel, Styroporbeton, Fliesen, Gips, Faserzement usw. sind für die Herstellung von Recycling-Baustoffen in der Regel nicht geeignet und müssen somit bereits bei der allerersten Erfassung der Abbruchmassen ausgeschleust werden.

Qualitätssicherung von Recyclingbaustoffen bezeichnet nicht bloß eine jährliche analytische Untersuchung der hergestellten Gesteinskörnungen durch ein externes Labor sondern sie umfasst die gesamte Kette der Herstellung eines Recycling-Baustoffes von

- der sortenreinen Gewinnung beim Abbruch,
- über die Zwischenlagerung der Ausgangsmaterialien und Aufbereitung in behördlich genehmigten Anlagen,
- die laufende Eigen- und Fremdüberwachung nach einem exakt vorgegebenen normierten Prüfplan der auch regelmäßige chemische Analysen vorsieht,
- bis hin zur Zwischenlagerung der hergestellten Recycling-Baustoffe in wiederum behördlich genehmigten Zwischenlagern,
- den Einsatz von normkonformen Recycling-Baustoffen in den dafür normierten Einsatzgebieten,
- und alle damit in Zusammenhang stehenden Dokumentationspflichten.

Schritt 2: Baurestmassen qualitätsgesichert aufbereiten

Tabelle 2: Mengenschwellen der zu trennenden Stoffgruppen

Stoffgruppen	Mengenschwelle Tonnen
Bodenaushub	20
Betonabbruch	20
Asphaltaufbruch	5
Holzabfälle	5
Metallabfälle	2
Kunststoffabfälle	2
Baustellenabfälle	10
Mineralischer Bauschutt	40

Eine möglichst sortenreine Erfassung der unterschiedlichen, bei Bautätigkeiten anfallenden Materialien in jedem Stadium des Aufbereitungsprozesses trägt dabei erheblich zu einer hohen Qualität der Sekundär-Produkte bei.

Die Verordnung über die Trennung von bei Bautätigkeiten anfallenden Materialien schreibt die getrennte Sammlung und Verwertung von Baurestmassen vor, sofern diese Mengenschwellen überschritten werden.

Schritt 3: Deponierung der nicht verwertbaren Abfälle

Nicht verwertbare Baurestmassen sowie mineralische Aufbereitungsrückstände aus den Recyclinganlagen (z.B. Feinanteile) sind einer Ablagerung auf einer dafür zugelassenen Deponie zuzuführen. Für die Ablagerung dieser Abfälle sind die entsprechenden Vorgaben der Dep-VO 2008 anzuwenden. Die Kosten für die Deponierung von Baurestmassen auf einer Baurestmassendeponie betragen etwa 35 EUR je Tonne inkl. ALSAG-Beitrag (2014).

Schritt 4: Abfallübernahme und Eingangskontrolle

Bei der Übernahme von Baurestmassen auf einer Deponie zur Beseitigung sind folgende Papiere erforderlich:

1. Abfallinformation: Diese enthält neben grundlegenden Angaben (Abfallbesitzer, Anfallsort, Abfallart) vor allem die anzuliefernde Abfallmenge. Die Abfallinformation ist vom Abfallbesitzer zu erstellen und diese ist für jede einzelne Abfallart erforderlich.
2. Beurteilungsnachweis: Für Abfälle, die nicht ausdrücklich im Anhang 2 der Dep-VO 2008 gelistet sind, ist zusätzlich zur Abfallinformation ein Beurteilungsnachweis erforderlich. Dafür wird ein akkreditiertes Labor für eine Grundlegende Charakterisierung beauftragt und dieser wird die *Abfallinformation an die befugte Fachperson oder Fachanstalt* übermittelt. Es werden die wichtigsten Eigenschaften, die für eine dauerhafte Ablagerung relevant sind, ermittelt und der Beurteilungsnachweis erstellt – Vorlaufzeit etwa drei Wochen ab dem Zeitpunkt der Probenahme. Beide Unterlagen sind anschließend dem Deponiebetreiber vorzulegen.
3. Begleitschein: Die Vorlage eines Begleitscheines (elektronisch oder in Papierform) ist bei der Anlieferung von gefährlichen Abfällen (z.B. Asbestzementabfälle) auf der Deponie erforderlich.

Schritt 5: Abfälle aufzeichnen/EDM

Recycler bzw. Deponiebetreiber, die rechtlich über Abfälle verfügen (Abfallbesitzer), sind jedenfalls Abfallbehandler und unterliegen der Aufzeichnungspflicht gem. § 17 Abs. 1 AWG 2002. Deponiebetreiber müssen zusätzlich weiterführende Aufzeichnungen gem. § 17 Abs. 3 AWG 2002 führen. Darüber hinaus sind die Bestimmungen der Dep-VO 2008 einzuhalten.

Abfallsammler und -behandler müssen sich gemäß § 22 AWG 2002 im elektronischen Register für Anlagen und Personen-Stammdaten (eRAS) registrieren und gemäß § 4 in Verbindung mit Anhang 1 der Abfallbilanzverordnung ihre Stammdaten eintragen. Darüber hinaus haben Abfallsammler und -behandler gemäß § 5 in Verbindung mit Anhang 2 der Abfallbilanzverordnung Aufzeichnungen über Art, Menge, Herkunft und Verbleib von Abfällen, und damit auch von Baurestmassen, für jedes Kalenderjahr fortlaufend elektronisch zu führen. Abfallsammler und -behandler haben eine Jahresabfallbilanz im Wege des Registers bis spätestens 15. März des Folgejahres an den Landeshauptmann zu melden.

Schritt 6: ALSAG-Beitrag ermitteln, anmelden und entrichten

Grundsätzlich sind Baurestmassen einer Verwertung zuzuführen. Wenn dies nicht möglich ist, erfolgt die Entsorgung im Regelfall durch einen Entsorger im Auftrag der Baufirma bzw. des Bauherrn oder der Abfall wird in einer Deponie entsorgt. In diesem Fall wird der Deponiebetreiber den Altlastenbeitrag im Deponiepreis (bzw. der Entsorger im Entsorgungspreis) im Allgemeinen einrechnen. In vielen Fällen wird der Altlastenbeitrag dabei getrennt ausgewiesen. Aufgrund der sich möglicherweise verändernden Beitragssätze und -grundlagen wird empfohlen, auf die ausgewiesenen Altlastenbeiträge zu achten.

5. Erfahrungen und Ausblick

Der steirische Baurestmassen-Leitfaden wird seit seiner Einführung sehr gut angenommen, dies bestätigen die tatsächlichen Zugriffszahlen (keine Suchmaschinentreffer) auf die Website. Allein in den ersten drei Monaten wurden die Seiten über 20.000-mal aufgerufen. Nach weiteren sechs Monaten zeigte die Zugriffsstatistik bereits 50.000 Seitenaufrufe.

Im Jahr 2012 wurde das Projekt *Steirischer Baurestmassen-Leitfaden* mit dem dritten Platz beim österreichischen Abfallinnovationspreis Phönix ausgezeichnet.

Um das Informationsangebot für alle Zielgruppen zu verbessern, wurde 2013 eine Web-App programmiert. Damit steht der Leitfaden nunmehr Nutzern von Smartphones auch direkt auf der Baustelle zur Verfügung.

Mit der der für 2014 erwarteten neuen Baustoff-Recycling-Verordnung, werden sich auch geänderte Inhalte für den Baurestmassen-Leitfaden ergeben. Das Amt der Steiermärkischen Landesregierung wird sich sehr darum bemühen, durch rasche Anpassung die Attraktivität dieses Leitfadens zu erhalten.

6. Quellen

[1] Bundesgesetz zur Finanzierung und Durchführung der Altlastensanierung, BGBl. 1989/299 idgF; Altlastensanierungsgesetz.

[2] Bundesministerium für Land- und Forstwirtschaft, Umwelt und Wasserwirtschaft (Hrsg.), 2011: Bundesabfallwirtschaftsplan 2011.

[3] Richtlinie 2008/98/EG des Europäischen Parlaments und des Rates vom 19. November 2008 über Abfälle und zur Aufhebung bestimmter Richtlinien.

Waste Management

Waste Management, Volume 1
Publisher: Karl J. Thomé-Kozmiensky, Luciano Pelloni
ISBN: 978-3-935317-48-1
Company: TK Verlag Karl Thomé-Kozmiensky
Released: 2010
Hardcover: 623 pages
Language: English, Polish and German
Price: 35.00 EUR

Waste Management, Volume 2
Publisher: Karl J. Thomé-Kozmiensky, Luciano Pelloni
ISBN: 978-3-935317-69-6
Company: TK Verlag Karl Thomé-Kozmiensky
Release: 2011
Hardcover: 866 pages, numerous coloured images
Language: English
Price: 50.00 EUR

CD Waste Management, Volume 2
Language: English, Polish and German
ISBN: 978-3-935317-70-2
Price: 50.00 EUR

Waste Management, Volume 3
Publisher: Karl J. Thomé-Kozmiensky, Stephanie Thiel
ISBN: 978-3-935317-83-2
Company: TK Verlag Karl Thomé-Kozmiensky
Release: 10. September 2012
Hardcover: ca. 780 pages, numerous coloured images
Language: English
Price: 50.00 EUR

CD Waste Management, Volume 3
Language: English
ISBN: 978-3-935317-84-9
Price: 50.00 EUR

110.00 EUR
save 125.00 EUR

Package Price
Waste Management, Volume 1 • Waste Management, Volume 2 • CD Waste Management, Volume 2
Waste Management, Volume 3 • CD Waste Management, Volume 3

Order now on www.vivis.de
or

Dorfstraße 51
D-16816 Nietwerder-Neuruppin
Phone: +49.3391-45.45-0 • Fax +49.3391-45.45-10
E-Mail: tkverlag@vivis.de

TK Verlag Karl Thomé-Kozmiensky

Vom Gips zu Gips – Von der Produktion zum Recycling
– Ein EU-Life+ Projekt –

Jörg Demmich

1.	Ziele des Projekts	442
2.	Erreichte Ziele	443
3.	Bestandsaufnahme der gegenwärtigen Praktiken	444
3.1.	Abriss und Rückbau von Gebäuden	445
3.2.	Recyclingpraktiken	445
3.3.	Wiedereinbringung in den Produktionsprozess	446
4.	Weiteres Vorgehen	446
5.	Zusammenfassung	447
6.	Quellen	448

Spricht man vom Recycling von Bau- und Abbruchabfällen, so kommt diesem Abfalltyp allein wegen seines großen Mengenstroms – in Deutschland allein etwa achtzig Millionen t/a (ohne Boden und Steine) – eine besondere Bedeutung zu [2]. Auch in der EU spielt diese mineralische Abfallgruppe eine besondere Rolle, insbesondere im Hinblick auf das in der EU-Abfallrahmenrichtlinie [3] festgeschriebene Ziel, ab 2020 eine Verwertungsquote von siebzig MA-Prozent zu erreichen. Unter dieser Verwertungsquote sind die Vorbereitung zur Wiederverwendung, das Recycling und die sonstige stoffliche Verwertung (einschl. der Verfüllung von Tagebauen) von nicht gefährlichen Bau- und Abbruchabfällen subsumiert.

Eine wegen seines Mengenaufkommens zunächst untergeordnete Bedeutung haben dabei gipshaltige Bauabfälle, die jedoch aufgrund des Sulfatanteils und der im Rahmen der Ersatzbaustoffverordnung [1] angestrebten erheblichen Reduktion des Gipsanteils in RC-Baustoffen einer besonderen Beachtung bedürfen. Unter gipshaltigen Bau- und Abbruchabfällen sind insbesondere Gipsplatten (Gipskartonplatten, Gipsfaserplatten, Vollgipsplatten), mineralische Baustoffe mit anhaftendem Gipsputz und Calciumsulfat-Anhydrit-haltige Estriche zu verstehen. Den mengenmäßig größten Anteil nehmen dabei Gipsplatten ein, deren Menge aufgrund des in den letzten Jahrzehnten und auch zukünftig zunehmenden Trockenbaus weiterhin ansteigen wird. Ein besonderes Merkmal von Gipsplatten ist darüber hinaus, dass diese beim Rückbau von Gebäuden ohne großen Aufwand separiert werden können.

Darüber hinaus besitzt Gips im Gegensatz zu vielen anderen mineralischen Baustoffen die Besonderheit, dass er praktisch *unendlich* ohne Qualitätseinbußen recycelbar ist. Recycelte Gipsplattenabfälle können somit grundsätzlich als Sekundärrohstoff wie Naturgips und REA-Gips aus der Entschwefelung von Kohlekraftwerken wieder verwendet werden.

Vor diesem Hintergrund beschäftigt sich auch die Europäische Gipsindustrie, zusammengeschlossen in dem Verband Eurogypsum, mit dem Recycling von Gipsplatten.

1. Ziele des Projekts

Das Projekt *GtoG – Gips zu Gips – Von der Produktion zum Recycling* startete am 01.Januar 2013 und hat ein Projektvolumen von 3.566.250 EUR. Es wird zu fünfzig Prozent von der Europäischen Kommission als Life+ Projekt gefördert. Über dieses Programm werden Projekte finanziert, die einen wichtigen Beitrag zur Entwicklung und Durchführung der Umweltpolitik und des Umweltrechts der EU leisten. Das Life+ Programm erleichtert vor allem die Einbeziehung von Umweltaspekten in andere Politikfelder und trägt allgemein zur nachhaltigen Entwicklung in der Union bei.

Vor dem Hintergrund, dass Gipsabfälle die Eigenschaft besitzen, praktisch beliebig oft recycelbar zu sein, verfolgt das GtoG Projekt mit dem Focus auf Gipsplattenabfälle einen integralen Ansatz, bei dem insbesondere drei Bereiche miteinander verknüpft werden:

- Optimierung von Rückbautechniken mit dem Ziel, eine möglichst hohe Sortenreinheit für Gipsplattenabfälle zu erzielen.

- Weiterentwicklung von Recyclingtechnologien: Hauptzielsetzung der Aufbereitung und damit des Recyclings von Gipsplattenabfällen ist die Abtrennung des Papiers und weiterer Störstoffe vom Gipskern und die Rückführung des abgetrennten Gipses als Rohstoff in Gipsplattenwerke. Hierzu sollen bestehende Technologien weiter optimiert und Qualitätsanforderungen sowohl an den Input von Recyclinganlagen wie den recycelten Gips entwickelt und harmonisiert werden.

- Wiederverwendung des recycelten Gipses (RC-Gips) in ausgewählten Gipsplattenwerken: Steigerung des RC-Gipsanteils im Rohstoffinput bis 30 MA.-% und Erfassung/Dokumentation technischer und wirtschaftlicher Betriebsdaten in den einzelnen ausgewählten Gipswerken.

Unter Federführung von Eurogypsum sind gemäß Tabelle 1 insgesamt 16 Partner in dieses Projekt aus verschiedenen Bereichen involviert.

Mit diesem Projekt soll vor allem das umweltpolitische Ziel des Schließens von Kreisläufen erreicht werden. Dies bedeutet, dass der RC-Gips wieder als Rohstoff zur Verfügung gestellt wird und somit ein Gegenmodell zum häufig verfolgten *Downcycling* darstellt. Das Projekt soll insbesondere als Grundlage für die Erstellung von europäischen Leitfäden für *best practices* für die vor dem Rückbau durchzuführende Prüfung von Gebäuden und den eigentlichen Rückbau von Gipsplatten sowie die Optimierung von Recyclingtechnologien dienen.

Tabelle 1: Partner im Projekt GtoG

Labor	Universitäten	Abbruch-unternehmen	Recycling-unternehmen	Hersteller
Fundacion general universidad politecnica de Madrid LOEMCO (ES)	Universidad politecnica de Madrid (ES)	Occamat (FR)	Gips Recycling Danmark (DK)	Knauf Gips KG (DE)
	National Technical University of Athens (GR)	Pinault-Gapaix (FR)	New West Gypsum Rcycling (BE)	Saint-Gobain construction products (BE)
		KS Engineering (DE)		Siniat UK
		Recovering (FR)		Siniat FR
		Cantillon (UK)		Placoplâtre (FR)
		Recycling assistance (BE)		

2. Erreichte Ziele

Ergebnis des ersten Arbeitspaketes ist eine Bestandsaufnahme in acht ausgewählten Ländern (Frankreich, UK, Deutschland, Niederlande, Belgien, Griechenland, Spanien und Polen) über bereits existierende Gipsrecyclingaktivitäten, Rückbaupraktiken und umweltpolitische/-rechtliche Rahmenbedingungen. Der erste Teilbericht wurde am 30.09.2013 fertig gestellt. Die im Rahmen des GtoG Projektes angewandte Methodik besteht aus

- Literaturauswertung
- Fragebögen
- Beschreibung und Analyse der gegenwärtigen Praxis
- Wirtschaftliche Modellierung.

Bezüglich der Herkunft von Gipsplattenabfällen ist zu unterscheiden zwischen Produktionsausschuss, Abschnitten beim Neubau und der Weiterverarbeitung von Neuware sowie Gipsplattenabfällen aus dem Rückbau. Gängige Praxis in den untersuchten Ländern ist das Recycling von Produktionsausschuss in den jeweiligen Gipsplattenwerken und die Wiederverwendung des abgetrennten Gipskerns als Rohstoff. Das Sammeln und Recycling von Baustellenabfällen durch Entsorgungsunternehmen sowie die Rücknahme des qualitätsgerechten RC-Gipses in Gipswerken hat bereits vor einigen Jahren begonnen und nimmt insbesondere in Skandinavien, Frankreich, UK und Benelux zu.

Ein besonderes Problem stellt die überwiegend gängige Praxis dar, Gebäude abzureißen und nicht gezielt mit Separierung einzelner Typen von Bau- und Abbruchabfällen zurück zu bauen. Dies gilt auch für Gipsplattenabfälle. Die Folge ist eine häufig unzureichende Sortenreinheit von Gipsplattenabfällen, die die Qualität des RC-Gipses beinträchtigen. Damit sind nur die Deponierung der nicht sortenreinen Bau- und Abbruchabfälle oder ein Downcycling möglich. Darüber hinaus existieren in den untersuchten Ländern auch keine gesetzlichen Auflagen für den ordnungsgemäßen Rückbau von Gebäuden.

3. Bestandsaufnahme der gegenwärtigen Praktiken

Ein weiteres wesentliches Ergebnis der bisher im GtoG-Projekt durchgeführten Arbeiten war die Erfassung und Bestandsaufnahme der gegenwärtigen Praktiken in den Bereichen Abriss/Rückbau von Gebäuden, Recycling und Wiedereinbringung des RC-Gipses in den Produktionsprozess.

3.1. Abriss und Rückbau von Gebäuden

Die gängige Praxis in der EU und auch in den acht untersuchten EU-Mitgliedsländern ist häufig noch der Abriss von Gebäuden, bei dem ein Gemisch unterschiedlicher Bau- und Abbruchabfälle anfällt und keine Sortenreinheit gewährleistet werden kann. Bei den in Bild 1 dargestellten Gipsabfällen kann von einer Sortenreinheit nicht gesprochen werden.

Bild 1:   Qualitäten von Gipsabfällen im Anlieferzustand

Ein selektiver Abbruch von Gebäuden führt dagegen zu einer hohen Sortenreinheit. Mit Bezug auf Gipsplattenabfälle kann somit gewährleistet werden, dass aufgrund dieser hohen Sortenreinheit der Input in nachgeschaltete Recyclinganlagen und mit diesen der hergestellte RC-Gips eine hohe Qualität aufweist. Die Anreize für die vier Länder, in denen der selektive Abbruch von Gebäuden gängige Praxis ist, sind dem nachfolgenden Bild 2 zu entnehmen.

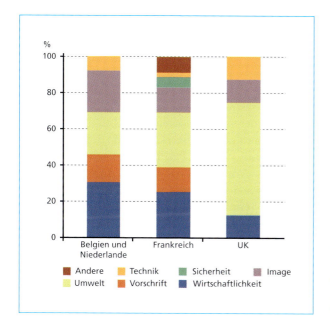

Bild 2:

Unterschiedliche Anreize für den selektiven Rückbau von Gebäuden

Es existiert allerdings noch eine Reihe von Problemen: Die meisten Architekten und Baufirmen sehen einen Rückbau nach der Nutzungsdauer eines Gebäudes nicht vor.

In den Ländern, in denen Abriss eine übliche Praxis ist, wird der selektive Rückbau meist als wesentlich teurer eingeschätzt. Im Gegensatz wird in den Ländern, in denen aber der Rückbau die allgemeine Praxis ist, dieser als eine Möglichkeit zur Kostenoptimierung gesehen.

3.2. Recyclingpraktiken

Eine Reihe von Herstellern von Gipsbaustoffen und -produkten recyceln ihren Produktionsausschuss in eigenen Anlagen. Die Tendenz geht jedoch zum Outsourcing, d.h. dass der Produktionsausschuss in zukünftig bestehenden externen Recyclinganlagen gemeinsam mit externen Gipsplattenabfällen aufbereitet wird. In Europa sind zurzeit nur zwei Marktführer im Gipsplattenrecycling tätig. Hier entwickelt sich zunehmend jedoch Wettbewerb. Es werden grundsätzlich zwei unterschiedliche Technologien zur Abtrennung des Papiers und anderer Störstoffe vom Gipskern verwendet: Einsatz von hoher kinetischer Energie, z.B. Verwendung von Prallbrechern oder Verwendung von Langsamläufern (z.B. Schneckenzerkleinerer), die den Karton mit Scherkräften abtrennen.

Grundsätzlich bestehen die Recyclingtechniken aus mehreren Zerkleinerungs- und Siebschritten. Eine weitere wesentliche Herausforderung ist die Beherrschung des Staubproblems, da Gipsplatten im Vergleich zu normalem Bauschutt ein wesentlich höheres Staubpotential aufweisen.

3.3. Wiedereinbringung in den Produktionsprozess

Bei der Verwendung von RC-Gips spielt insbesondere seine Qualität eine wesentliche Rolle. Aufgabe des GtoG-Projektes ist, aufgrund der noch durchzuführenden Versuche und weiterer Untersuchungen Qualitätsparameter festzulegen, die sowohl die technische Eignung als auch die Schadstoffbelastung des RC-Gipses regeln. Ein weiterer wesentlicher Punkt im Vergleich zu den anderen verwendeten Gipsrohstoffen Naturgips und REA-Gips aus der Entschwefelung von Kohlekraftwerken, ist die Begrenzung des Rest-Papieranteils, der unterhalb von 1 MA.-% zu halten ist, da er sonst erhebliche technische Nachteile (z.B. Erhöhung des Wasserbedarfs bei der Anmischung von Stuckgips) mit sich bringt. Des Weiteren soll durch weitergehende Untersuchungen geprüft werden, bis zu welchem Anteil RC-Gips dem Input von Natur- bzw. REA-Gips zugemischt werden kann.

Im Rahmen des GtoG-Projektes wurde auch abgefragt, welches die Anreize sind, die die Hersteller von Gipsbaustoffen und -produkten dazu führen, RC-Gips mit einzusetzen. Das Ergebnis zeigt die nachfolgende Tabelle.

	Untersuchte Länder	Meist genannte Anreize für Recycling
Zielländer innerhalb des GTOG PROJEKTS	Belgien	Ressourceneffizienz, Kundenwunsch und Anforderungen für Gipsplatten
	Frankreich	Kostenreduzierung
	Deutschland	Ressourceneffizienz
	Griechenland	Kundenwunsch und Kostenreduzierung
	Polen	Verbesserung der Rohstoffqualität
	Spanien	Ressourceneffizienz
	Niederlande	Ressourceneffizienz
	UK	Freiwillige Vereinbarung der Industrie mit der Regierung
Andere	Österreich	Kostenreduzierung und Nachhaltigkeit
	Italien	Kundenwunsch und Kostenreduzierung

Tabelle 2: Anreize der Gipsindustrie für den Einsatz von RC-Gips

Das Ergebnis zeigt, dass insbesondere die Themen Ressourceneffizienz (Schonung von natürlichen Rohstoffen) und der Kundenwunsch eine wesentliche Rolle spielen.

4. Weiteres Vorgehen

Bis zum Ende dieses Projekts im Dezember 2015 sollen insgesamt fünf Pilotprojekte in Großbritannien, Frankreich (2), Deutschland und Belgien durchgeführt werden, in denen an Beispielen der Abbruch von Gebäuden und die Separierung von Gipsplatten, die Optimierung der Recyclingtechnologien und die Verwendung von qualitätsgerechtem RC-Gips in bestehenden Gipsplattenanlagen sowohl im Hinblick auf technische wie betriebswirtschaftliche Eignung geprüft werden soll.

Pilotprojekte Rückbau

- Erstellung eines Referenzkataloges für Gipsplatten, die bereits vor 20 bis 30 Jahren hergestellt und verwendet wurden.
- Schaffung einer optimierten Methode, eine Qualitätsprüfung anfallender Bau- und Abbruchabfälle vor Rückbau durchzuführen.
- Untersuchung der wirtschaftlichen Herangehensweise beim Rückbau

Recyclinganlagen

- Aufbereitung der Gipsplattenabfälle on site an der Baustelle
- Kennzeichnung der jeweiligen Gipsabfälle und Anwendung der besten Recyclingpraktiken
- Erstellung von Qualitätsanforderungen bzw. Spezifikationen sowohl für den Input in Recyclinganlagen als auch für den RC-Gips.
- Zielsetzung: Erreichen des Endes der Abfalleigenschaft für RC-Gips.

Wiedereinbringung des RC-Gipses in Gipsplattenanlagen

- Erste Versuchsreihe: Normaler Betrieb
- Zweite Versuchsreihe: Erhöhung des Inputanteils von RC-Gips von 5 bis 30 MA.-%

5. Zusammenfassung

Das von der Europäischen Kommission geförderte EU-Life+ Projekt *Vom Gips zu Gips – Von der Produktion zum Recycling* verfolgt einen integralen Ansatz. Im Mittelpunkt steht die Aufbereitung von sortenrein separierten Gipsplattenabfällen, die sowohl beim Neubau als auch beim Rückbau von Gebäuden anfallen. Dabei soll der in den Gipsplattenabfällen enthaltene Gipskern zu einem qualitätsgerechten Sekundärrohstoff aufbereitet werden, der ohne weitere Maßnahmen in der Gipsindustrie wieder verwendet werden kann. Der integrale Ansatz umfasst dabei insbesondere folgende Bereiche:

Rückbau statt Abriss von Gebäuden: Ziel ist hierbei, unter wirtschaftlich optimierten Bedingungen durch selektiven Rückbau möglichst sortenreine Bau- und Abbruchabfälle zu erhalten, darunter auch Gipsplattenabfälle. Darüber hinaus sollen Methoden entwickelt werden, bereits vor Rückbau eine quantitative und qualitative Einschätzung der anfallenden Bau- und Abbruchabfälle vorzunehmen.

Recyclingtechniken: Die bereits bestehenden Recyclingtechniken für Gipsplattenabfälle sollen technisch und wirtschaftliche weiter optimiert werden.

Wiedereinbringung in den Produktionsprozess: Für den Recyclinggips als Output aus Recyclinganlagen sollen zunächst Qualitätsanforderungen abgeleitet werden, die sowohl die technische Eignung als auch die Schadstoffbelastung regeln.

In ausgewählten europäischen Gipsplattenwerken soll anschließend in Großversuchen der Anteil an qualitätsgerechtem Recyclinggips im Rohstoffinput für diese Anlagen auf bis zu 30 Prozent gesteigert und dabei diverse technische und betriebswirtschaftliche Daten erfasst und dokumentiert werden.

Mit diesem rund 3,6 Millionen EUR umfassenden Demonstrationsprojekt soll eine Grundlage für entsprechende Recyclingaktivitäten in der EU gelegt werden. Darüber hinaus soll die EU-Kommission auf der Grundlage der mit diesem Projekt erzielten Ergebnisse in die Lage versetzt werden, in der EU harmonisierte und einheitliche Rahmenbedingungen nicht nur für das Recycling von Gipsplattenabfällen festzulegen, die letztlich einen wesentlichen Beitrag zur europäischen Ressourceneffizienzpolitik leisten.

6. Quellen

[1] BMU: 2. Arbeitsentwurf (Stand 31.10.2012) *Verordnung zur Festlegung von Anforderungen für das Einbringen und das Einleiten von Stoffen in das Grundwasser, an den Einbau von Ersatzbaustoffen und für die Verwendung von Boden und bodenähnlichem Material – Mantelverordnung*

[2] Kreislaufwirtschaft Bau: Mineralische Bauabfälle 2010, Berlin 2013

[3] Richtlinie 2008/98/EG des Europäischen Parlamentes und des Rates vom 19.11.2008 über Abfälle und zur Aufhebung bestimmter Richtlinien (EU-Abfallrahmenrichtlinie)

Recyclingfähigkeit von Wärmedämmverbundsystemen mit Styropor

Andreas Mäurer und Martin Schlummer

1.	Herausforderungen	450
2.	Rohstoffliche Verwertung Hexabromcyclododekan-freier Wärmedämmverbundsysteme	451
3.	Energetische Verwertung	452
4.	Werkstoffliche Verwertung	452
5.	Ausblick auf die zukünftige Verwertungspraxis	454
6.	Quellen	454

In ihrem Positionspapier vom April diesen Jahres *Über den Sinn von Wärmedämmung* [6] kommt die Klimaschutz- und Energieagentur Baden-Württemberg gemeinsam mit renommierten unabhängigen Experten des Fraunhofer IBP und des Karlsruher Instituts für Technologie KIT zu folgenden Schlüssen: Etwa 40 Prozent des Endenergieverbrauchs in Deutschland entfällt auf den Gebäudesektor, mehrheitlich auf die Beheizung. Mit am Markt verfügbaren und technisch ausgereiften Lösungen, wie z.B. dem Einsatz von Wärmedämmverbundsystemen (kurz WDVS), lässt sich der Energiebedarf gegenüber Bestandsbauten um den Faktor 4 bis 10 reduzieren. Dabei liegen die energetischen Amortisationszeiten bei üblicherweise 2 Jahren und auch unter ungünstigen Bedingungen noch unter 5 Jahren. Damit ist der Einsatz von Wärmedämmverbundsystemen aus Sicht der Ressourceneffizienz als sehr sinnvoll zu bewerten.

Unter einem Wärmedämmverbundsystem versteht man ein System zum Dämmen von Gebäudeaußenwänden. Das Dämmmaterial (meist expandiertes Polystyrol, kurz EPS) wird in Form von Platten oder Lamellen durch Kleben und/oder Dübeln auf dem bestehenden Wanduntergrund aus Ziegel, Kalksandstein oder Beton befestigt und mit einer armierenden Putzschicht versehen. Wärmedämmverbundsysteme finden seit den 1970er Jahren Anwendung im Neubau sowie bei der energetischen Sanierung von Altgebäuden. Beim Gebäudeabriss oder Rückbau der WDVS entsteht ein Verbundabfall aus EPS und Mörtel, der bislang keiner Verwertung zugeführt wird. Der EPS-Anteil im Verbundabfall variiert dabei stark mit der verwendeten Rückbaumethode. Selbst manuelle Verfahren erzeugen nur EPS-Gehalte von 60 Prozent.

Die prinzipiellen Verwertungsmöglichkeiten für WDVS Abfälle wären vielfältig. Der mineralische Anteil könnte nach sauberer Trennung in Recyclingbaustoffen wiederverwendet werden. Komplexer ist die Situation für das EPS. Hier steht die energetische Verwertung im Wettbewerb mit werkstofflichen Verfahren (z.B. beim Einsatz zur Herstellung von Leichtbeton) und closed loop Recyclingansätzen. Das EPS-Recycling wird allerdings durch den Umstand erschwert, dass EPS bis dato mit etwa 0,7 - 1 Prozent Hexabromcyclododekan (HBCD) als Flammschutzmittel ausgerüstet wurde. Dieses wurde allerdings bereits 2008 von der ECHA (European Chemicals Agency) als PBT-Substanz (persistente, bio-akkumulative und toxische Substanz) in die Liste von besonders besorgniserregenden Stoffen aufgenommen. Damit erfüllt der Stoff alle Kriterien des Stockholmer Übereinkommens über persistente organische Schadstoffe, der *Stockholmer-POP-Konvention*. 2013 wurde HBCD im Zuge der sechsten Vertragsstaatenkonferenz dieser Konvention nun in Anhang A (Verbot) aufgenommen, die Teil der POPs-Liste ist. Das Expertengremium der Stockholmer Konvention hat die POP-Eigenschaften der Chemikalie bestätigt und damit den Grundstein für das weltweite Verbot unter der Konvention gelegt. Der Beschluss wurde formal im Mai 2013 umgesetzt und trat mit einer etwa einjährigen Übergangsphase in Kraft [5]. Damit darf HBCD-haltiges EPS nicht mehr einfach recycelt und als Recyclat vermarktet werden.

Als Reaktion darauf haben die Flammschutzmittelhersteller und EPS Produzenten global einen neuen polymeren bromierten Flammhemmer entwickelt, der ab 2014/2015 verbindlich in Neu-EPS eingesetzt wird.

Allerdings fällt aktuell nur etwa 1 Promille der verkauften WDVS-Menge als Abfall an, eine Menge die nicht ausreicht, um technische Recyclingverfahren im Industriemaßstab zu betreiben oder zu etablieren. WDVS-Systemen wird aber eine Lebensdauer von 25-30 Jahren nachgesagt, so dass in den kommenden Jahren ein verstärktes Aufkommen an WDVS-Abfällen erwartet wird. Diese Abfälle werden sowohl HBCD und auch das neue polymere Flammschutzmittel enthalten, da sie sowohl aus HBCD-haltigen Rückbaumengen als auch aus Abfällen vom Verbau neuer EPS-Platten mit neuem Flammschutzsystem bestehen. Aus heutiger Sicht wird der HBCD-Anteil im Abfall größer sein als der von der Stockholm Konvention noch festzulegende Grenzwert für die Einstufung als POP-Abfall (zur Diskussion steht derzeit ein Grenzwert von 50 ppm).

1. Herausforderungen

Die sichere und ökonomische Verwertung von WDVS-Abfällen steht damit vor großen Herausforderungen.

Zunächst ist eine sinnvolle WDVS-Erfassung auf der Baustelle notwendig. Ziel ist hier, den Anteil mineralischer Komponenten möglichst gering zu halten, da dieser separat erheblich leichter wiederverwertet werden kann. Dazu wurden in einem aktuellen Forschungsvorhaben verschiedene Rückbautechniken erprobt [9], die sehr EPS-reiche WDVS-Abfallfraktionen erzeugen können. Die angereicherten Abfälle dieser Techniken sind für eine nachfolgende Verwertung der EPS Fraktion prädestiniert, aber sie müssen sich am Markt erst noch etablieren.

Rückgebaute WDVS-Abfälle sind ferner sehr voluminös. So entstehen beim Rückbau eines Einfamilienhauses Volumina von mindesten 30 m³, in der Regel aufgrund fehlender Verdichtung eher 60 m³, bei einem Gewicht von etwa 500 kg. Der Transport dieser Abfallmengen über größere Strecken ist daher sehr ineffektiv [11]. Eine vorhergehende Verpressung des Abfalls wäre zwar technisch möglich, sie würde allerdings die für jede folgende Verwertung sinnvolle Verbundtrennung erheblich erschweren.

Wie unten noch dargelegt wird, stehen für HBCD-haltige und HBCD-freie WDVS- oder daraus gewonnene EPS Fraktionen verschiedene Verwertungsoptionen zur Wahl. Daher ist eine Trennung der Abfallströme nach Flammschutzmittel wünschenswert. Gängige Schnellanalysengeräte auf Basis von NIR, RFA oder Gleitfunkenspektroskopie sind allerdings nicht in der Lage, Materialien nach HBCD und neuem polymerem bromierten Flammschutzmittelsystem zu sortieren. Geeignete Verfahren hierzu sind daher erst noch zu entwickeln und zu etablieren.

Die größte Herausforderung besteht allerdings im Umgang mit WDVS-Fraktionen, die das POP gelistete HBCD enthalten. Hier stehen sich zwei Kerninteressen entgegen:

a) die sichere Zerstörung des HBCD und

b) die werkstoffliche Verwertung der enthaltenen mineralischen und polymeren Wertstoffe.

Beide Interessen lassen sich nur dann in Einklang bringen, wenn eine sichere und ausreichende Abtrennung des HBCD vom Abfall gelingt und HBCD-freie Recyclate erzeugt werden können.

Diese in Zukunft anzustrebende Trenntechnik muss zunächst den mineralische Anteil vom Polymer trennen, im zweiten Schritt aber das HBCD Additiv aus dem Polymer entfernen, ohne das Polymer nachhaltig (z.B. thermisch) zu schädigen.

2. Rohstoffliche Verwertung Hexabromcyclododekan-freier Wärmedämmverbundsysteme

Eine stoffliche Verwertung von post-consumer Styropor bietet sich im Bauwesen an. Das gemahlene Recycling-Material wird vorwiegend als Leichtzuschlag für Mörtel und Beton genutzt. Dies ist möglich, da die für diesen Anwendungsbereich besonders günstigen physikalischen Eigenschaften von Styropor (geringe Wärmeleitfähigkeit) auch nach der Nutzungsphase erhalten bleiben. Vermahlenes Alt-Styropor dient daher als Zuschlagstoff für Styropor-Leichtbeton, Dämmputze und Leichtputze sowie in der Tonindustrie.

Styropor-Leichtbeton ist ein mineralisch gebundener Leichtbeton, bei dem die Poren durch geschäumte Polystyrol-Partikel als Betonzuschlag gebildet werden. Die äußerst niedrige Schüttdichte der Schaumstoffpartikel ermöglicht die Herstellung von Leichtbeton mit einem auf die jeweilige Anwendung abgestimmten Rohdichtebereich und entsprechend breitem Eigenschaftsspektrum. Anwendungsmöglichkeiten von Styropor-Leichtbeton sind Frostschutz- und Tragschichten im Straßenbau, wärmedämmende Wandbausysteme im Hochbau, Gefälle- oder Ausgleichsestrich, sowie als Füllbeton in Deckenkonstruktionen.

In der Altbausanierung werden vermehrt Dämmputze mit Styropor als Zuschlag verwendet, was dem Putz nicht nur wärmedämmende Eigenschaften verleiht, sondern auch die Verarbeitung erleichtert. Als Dämm-Mörtel eignet er sich besonders zur Füllung von Aussparungen und Leitungsschlitzen. Für Leichtputze werden besonders die feingemahlenen EPS-Abfälle oder Fräs-/Sägestaub verwendet.

Porotonsteine sind gebrannte Tonziegel, die viele Poren enthalten, welche dem Stein seine wärmedämmende Eigenschaft geben. Die Anzahl der Poren sowie ihre Größe sind genau vorgegeben und erfordern einen *Porenbildner*, der sehr gleichmäßig in Form und Eigenschaft ist. Gemahlene Styropor-Abfälle mit einer Partikelgröße von 1 bis 4 mm, welches dem aufbereiteten Rohton zugesetzt wird, erfüllen diese Anforderungen. [10]

3. Energetische Verwertung

Die energetische Verwertung des hochkalorischen EPS geschieht vergleichsweise einfach in einer Müllverbrennungsanlage [14]. Flammschutzmittel stören den Verbrennungsprozess nicht und werden bei geeigneten Verbrennungsbedingungen (z.B. 2 s bei 900 °C) sicher und hinreichend zerstört. So belegt eine aktuelle Forschungsarbeit aus Japan [5] in bilanzierten Laborversuchen eine Zerstörungseffizienz von 99,9999 Prozent und 99,99999 Prozent für HBCD-haltige EPS und XPS-Abfälle. Auch die Emission polychlorierter und polybromierter Dioxine und Furane (PCDD/F und PBDD/F) lag weit unter dem gesetzlichen Grenzwert für PCDD/F bzw. dem für PBDD/F abgeleiteten Analogwert.

Diese Verwertungsvariante bietet damit eine sichere End-of-life-Option für den EPS-Anteil im WDVS Abfall. Allerdings wird bei der *energetischen Verwertung* lediglich der kalorische Wert der Abfälle genutzt – zumindest teilweise, je nach Wirkungsgrad der jeweiligen MVA. Aus rohstofflicher Sicht werden allerdings die polymeren Ressourcen dabei nur sehr schlecht genutzt, da die große aufgewendete Produktions- und Veredlungsenergie (vom Erdöl über Styrol-Fraktionierung mit Polymerisation und Schäumung) komplett verloren geht.

4. Werkstoffliche Verwertung

Aus Sicht der Ressourceneffizienz erscheint daher das folgende Alternativkonzept ökologisch vorteilhafter: Die Rückgewinnung des Polystyrols nach vorheriger Flammschutzmitteltrennung. Dies ist technisch mithilfe lösungsmittelbasierten Recyclingtechnologien erreichbar [3]. Das abgetrennte bromierte Flamschutzmittel könnte dann durch thermische Behandlung zur Bromrückgewinnung eingesetzt werden [15].

Eine Möglichkeit zum werkstofflichen Recycling von WDVS-Abfällen besteht in der Anwendung des CreaSolv Prozesses[1]. Der Prozess eignet sich generell für das Recycling von Polymeren aus Verbundstrukturen [7, 8]. Eine Verfahrensvariante für das Recycling von EPS wurde bis 2004 am Fraunhofer IVV in einem öffentlich geförderten InnoNet-Forschungsprojekt entwickelt (EPS-Loop, [2]) und seitdem am IVV optimiert.

---

[1] CreaSolv ist eine eingetragenes Markenzeichen der Creacycle GmbH, Grevenbroich

Seit 2011 erfolgt eine Applikation dieser Technologie im europäischen POLYSOLVE Projekt [4]. Dabei wird das Zielpolymer mit einem Lösungsmittel aus dem Verbundabfall gelöst und der Lösungsrückstand abgetrennt. Die Polymer-Lösung kann in einem folgenden Reinigungsschritt von mitgelösten Schad- und Störstoffen gereinigt werden. Dies wurde z.B. bereits für die Abtrennung bromierter Flammschutzmittel aus ABS und Polystyrol aus Elektroaltgeräten eingehend untersucht und nachgewiesen [12, 13]. Das Verfahrensprinzip ist in Bild 1 dargestellt.

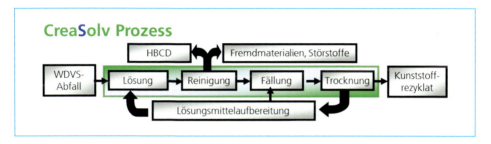

Bild 1: Verfahrensprinzip der werkstofflichen Aufbereitung HBCD-haltiger WDVS-Abfälle

Zunächst wird der WDVS Abfall mit einem Lösungsmittel benetzt. Dabei löst sich das expandierte EPS oder XPS auf und kann anschließend durch Fest-Flüssig-Trennung vom mineralischen Anteil separiert werden. Dieser wird dann thermisch vom Lösungsmittel befreit und als Recyclingbaustoff verwendet. Das eingesetzte Lösungsmittel ist dabei eine als non-VOC klassifizierte Flüssigkeit, die weit unterhalb des Flammpunktes eingesetzt wird. Daher ist die Verbundtrennung mithilfe des Lösungsmittels z.B. auch direkt am Anfallort, der Baustelle im Prinzip sicher machbar.

Die von Mineralien befreite Polymerlösung wird im zweiten Schritt extraktiv vom Flammschutzmittel HBCD und anderen Altadditiven sowie den niedermolekularen Abbauprodukten befreit, so dass eine reine hochwertige Recyclat-Lösung übrig bleibt. Dies geschieht in mehreren optimierten Prozesszyklen und kann an einen erforderlichen Zielwert des Recyclats (z.B. < 30 ppm HBCD oder aber bei Bedarf auch deutlich geringer) adaptiert werden. Schließlich wird das Lösungsmittel in der Trocknungsstufe vom Polymer getrennt und für den nächsten Lösungszyklus wiederverwendet. Das Recyclingprodukt, ein gereinigtes Polystyrolgranulat, ist marktfähig oder kann alternativ durch Zugabe eines Treibmittels (üblicherweise Pentan) wieder zu expandierfähigen EPS-Beads aufgearbeitet werden.

Das extraktiv abgereinigte HBCD wird ebenfalls vom Lösungsmittel getrennt und kann als hochbromhaltige und schwermetallfreie Fraktion zur Rückgewinnung von Brom verwendet werden. Dazu besteht im holländischen Terneuzen eine industrielle Anlage, die anorganische und organische Abfälle in einem thermischen Verfahren oxidiert und Brom zurückgewinnt. Das Brom findet dann z.B. zur Produktion des neuen polymeren bromierten Flammschutzmittels für die aktuelle WDVS-Produktion erneute Verwendung. Beide Stoffströme, sowohl das Polymer als auch das Flammschutzmittel, sind somit sehr hochwertig wiedergewonnen.

Dadurch ermöglicht die hier beschriebene Verfahrenskombination ein integriertes closed-loop Recycling von WDVS-Abfällen mit Styropor, denn die neu produzierten EPS-Paneele sollen natürlich auch wieder für neue WDVS-Anwendungen eingesetzt werden können. Das Forschungsinstitut für Wärmeschutz e.V. München hat bereits vor Jahren die guten mechanischen, thermischen und anwendungstechnischen Kennwerte von EPS-Recyclaten aus dem CreaSolv Prozess festgestellt.

Aktuelle Arbeiten am Fraunhofer IVV zielen auf die Optimierung der Technologie zur Umsetzung in Klein-Anlagen. Es ist auf Basis der aktuellen Entwicklungsarbeiten aber darauf hinzuweisen, dass eine vorgeschaltete mechanische Verbundtrennung anzustreben ist, die den mineralischen Abfall im Input für den Lösungsmittelprozess möglichst gering hält. Diese wird aktuell in Kooperationen mit Industriepartnern evaluiert und wird eine kostenoptimierte Verwertung des mineralischen Anteils gewährleisten.

5. Ausblick auf die zukünftige Verwertungspraxis

Da für das EPS-Recycling zurzeit aber noch keine CreaSolv Anlage im Industriemaßstab verfügbar ist, kann das Konzept noch nicht in der industriellen Praxis genutzt werden. Die Realisierung einer Erstanlage ist damit der notwendige Schritt, um die aussichtsreiche Technologie am Markt zu etablieren. Gelingt die Umsetzung in rentablen Kleinanlagen, könnte in naher Zukunft ein Netzwerk geeigneter Aufbereitungsanlagen dazu beitragen, das in den kommenden Jahren stark steigende WDVS-Abfallaufkommen werkstofflich optimal zu nutzen.

Parallel ist ein optimiertes Logistikkonzept zu entwickeln, dass WDVS-Abfälle bereits am Anfallort mechanisch aufbereitet und dann EPS-angereicherte WDVS-Abfälle regionalen CreaSolv Aufbereitungsanlagen zuführt. Zur Einsparung von Logistikkosten wurde bereits 2002 vorgeschlagen, für diese EPS Erfassung mobile Lösungsmitteltanks zu verwenden, in denen das voluminöse EPS gelöst und somit um den Faktor 10-20 verdichtet wird. Dies senkt die Transportkosten maßgeblich.

Beim CreaSolv Prozess gehen Ökonomie und Ökologie Hand in Hand wie Ökobilanzen, LCA und Kostenprojektionen von Recycling-Anlagen für andere flammschutzmittelhaltigen Polystyrol-Abfälle [1] bereits belegen.

6. Quellen

[1] Freegard, K.; Tan, G.; Morton, R.: Develop a process to separate brominated flame retardants from WEEE polymers. Final Report of WRAP project PLA- 037. http://www.wrap.org.uk/content/develop-and-commercialise-creasolv-process-weee-plastics. Banbury, 2006

[2] http://www.creacycle.de

[3] http://www.ivv.fraunhofer.de/de/geschaeftsfelder/kunststoff-rezyklate/recycling-eps-abfall.html

[4] http://www.polysolve.eu

[5] http://www.umweltbundesamt.de/themen/chemikalien/chemikalien-management/stockholm-konvention

[6] Kienzlen, V.; Erhorn, H.; Krapmeier, H.; Lützkendorf, Th.; Werner, J.; Wagner, A.: Über den Sinn von Wärmedämmung. Positionspapier von KEA, Fraunhofer IBP, Energieinstitut Vorarlberg, KIT und ebök GmbH. http://www.ivh.de/Start_I28.whtml, 8.4.2014

[7] Knauf, U.; Mäurer, A.; Holley, W.; Wiese, M.; Utschick, H.: Recycling von PVC/PET-Verbunden. Erzeugung sortenreiner Rezyklate und Prozessverfolgung. Kunststoffe 90, Nr. 2, S. 72 - 76, 2000

[8] Menz, V.; Lefevre, J.; Schlummer, M.: Werte wiedergewinnen. Kunststoffe 102, Nr. 7, S. 72 - 75, 2012

[9] Möglichkeiten der Wiederverwertung von Bestandteilen des Wärmedämm-Verbundsystems nach dessen Rückbau durch Zuführung in den Produktkreislauf der Dämmstoffe bzw. Downcycling in die Produktion minderwertiger Güter bis hin zur thermischen Verwertung. Forschungsinitiative Forschung Bau, Projektnummer F20-11-1-094; 10.08.18.7-12.24

[10] Mötzl H.; Bauer B.; Lerchbaumer S.; Torghele K.: Planungsleitfaden: Ökologische Baustoffwahl. Erstellt im Auftrag der Projektgruppe des Interreg IIIA – Projektes „Ökologisch Bauen und Beschaffen in der Bodenseeregion" vertreten durch den Umweltverband Vorarlberg. Wien, 2007

[11] Salhofer S.; Schneider F.; Obersteiner G.: The ecological relevance of transport in waste disposal systems in Western Europe. Waste Management 27 (8), S. 47–S. 57, 2007

[12] Schlummer, M.; Mäurer, A.; Arends, D.: Recycling flammgeschützter Kunststoffe aus Elektronikaltgeräten mit dem CreaSolv-Prozess. In: Hösel, G. (Ed.) Müll-Handbuch. Sammlung und Transport, Behandlung und Ablagerung sowie Vermeidung und Verwertung von Abfällen. Berlin: E.Schmidt (ESV-Handbücher zum Umweltschutz)

[13] Stockholm Convention. Guidance on Best Available Techniques and Best Environmental Practice for the Recycling and Disposal of Articles containing Polybrominated Diphenyl Ethers (PBDEs) under the Stockholm Convention on Persistent Organic Pollutants (Draft)

[14] Takigami H.; Watanabe M.; Kajiwara N.: Destruction behavior of hexabromocyclododecanes during incineration of solid waste containing expanded and extruded polystyrene insulation foams. Chemosphere, in press, 2014

[15] www.iclip-terneuzen.com/dbdocs/attachment_36.pdf

DIE BESTE ANLAGEFORM FÜR INVESTOREN!

ANLAGEN. MASCHINEN. MODULE.

Die Aufbereitung von MVA-Schlacken, Bauschutt- und Baumischabfällen und Schredderabfällen ist eine der Kernkompetenzen von TST.

Wie wir das schaffen?
www.trennso-technik.de

Oder rufen Sie uns gleich an:

TST trennt und sortiert mineralische Nebenprodukte und Abfälle!

MVA-Schlacke: Trennung von Ne-Metallen in schwere und leichte Metalle

Bauschutt-/Baumischabfälle: Abtrennung organischer Bestandteile (EBS) aus mineralischen Stoffen

Schredderabfälle: Trennung von Metallen und Mineralik

TRENNSO-TECHNIK   Trenn- und Sortiertechnik GmbH | Siemensstraße 3 | D - 89264 Weißenhorn
Tel: + 49 (0) 73 09 / 96 20 - 0 | E-Mail: info@trennso-technik.de | www.trennso-technik.de

Einsatz von Recycling-Baustoffen

Florian Knappe

1.	Grundkonzept	457
2.	Neuer Verwertungsansatz: R-Beton	458
3.	Optimierung im Straßen- und Wegebau	461
4.	Ausblick	463
5.	Quellen	464

1. Grundkonzept

Mineralische Bauabfälle stellen den mit Abstand größten Abfallmassenstrom dar. Trotzdem waren es in der Vergangenheit vor allem andere Abfallmassenströme, für die man sich um eine Optimierung der Kreislaufwirtschaft bemühte. Dass mit Mineralischen Bauabfällen bislang nicht ähnlich optimal umgegangen wird, rückte erst in den letzten Jahren in das Bewusstsein.

Nach den Angaben dem Monitoringbericht des Kreislaufwirtschaftsträgers Bau gelangten im Jahre 2010 knapp 96 Prozent des Straßenaufbruchs in ein Recycling. Aufgrund der hohen Ölpreise ist der Wiedereinsatz des Altasphaltes gerade in den Heißasphaltmischwerken zur Substitution vor allem von Bitumen auch wirtschaftlich attraktiv. Für Bauschutt lag die Recyclingquote bei 78 Prozent. Etwas über zwei Millionen Tonnen wurden dagegen über Deponien beseitigt, etwas über neun Millionen Tonnen wurden auf Deponien oder im Rahmen von Verfüllmaßnahmen verwertet. Diese Form der Verwertung ist mit keiner Ressourcenschonung verbunden. Die dort eingesetzten Massen stehen nicht in Konkurrenz zu Baustoffen aus primären Rohstoffen, es besteht kein Nutzen im Sinne von Substitutionserfolgen.

Es gibt demnach noch Optimierungspotenzial. Nicht alle Bauschuttmassen gelangen in Recyclinganlagen und werden dort zu RC-Baustoffen aufbereitet. Nicht alle Massen an mineralischen Bauabfällen werden wieder in den Wirtschaftskreislauf zurückgeführt.

Das gilt insbesondere für die Fraktion *Boden und Steine*, die einerseits den weitaus größten Anteil an den mineralischen Bauabfällen aufweist, andererseits zu etwa achtzig Prozent zur Beseitigung auf Deponien oder im Rahmen von Rekultivierungsmaßnahmen eingesetzt wird. Unter *Boden und Steine* verbirgt sich nicht nur klassischer Boden im Sinne von Erdaushub, sondern auch das Altmaterial aus dem Rückbau der Straßen (Altmaterial aus den ungebundenen Schichten) bis hin zu Gleisschotter.

Wie könnte eine hochwertige Verwertung mineralischer Abfälle aussehen, die unter anderem auch von der Abfallgesetzgebung eingefordert wird. Das alte KrWG/AbfG[1] benannte unter §5 Grundpflichten der Kreislaufwirtschaft: Eine der Art und Beschaffenheit des Abfalls entsprechend hochwertige Verwertung ist anzustreben. Hochwertig ist eine Verwertung demnach dann, wenn sie auf die wertgebenden Eigenschaften eines Stoffes/eines Abfalls abzielt und diese möglichst umfänglich nutzt.

Unter mineralischen Bauabfällen finden sich eine Vielzahl von Abfallarten mit deutlich unterschiedlichen Zusammensetzungen und Eigenschaften. Für alle diese mineralischen Bauabfälle ist jeweils eine Verwertung zu suchen, die den wertgebenden Eigenschaften im Einzelnen entspricht und dieses Potenzial möglichst umfassend nutzt. So sollte Hochbauschutt angesichts der Eigenschaften von Ziegelschutt und Altbeton auf den Baustellen bspw. nicht einfach zur Hinterfüllung von Arbeitsräumen oder zur Geländeprofilierung eingesetzt werden. Es entspricht nicht ihrem Potenzial und ihren Eigenschaften als sekundärer Rohstoff. Gelingt es, diese Materialien grundsätzlich einer hochwertigen Verwertung zuzuführen, werden diese einfachen Anwendungsmaßnahmen zudem für die mineralischen Abfallmassen wie insbesondere klassischem Erdaushub frei, die für keine anderen Einsatzzwecke geeignet sind.

Da immer mehr im Bestand gearbeitet wird (sowohl im Hochbau als auch im Straßen- und Wegebau), handelt es sich bei den Böden, die bspw. bei der Ausschachtung von Baugruben anfallen, immer mehr um Boden- Bauschuttgemische bzw. Siedlungsschutt. Gerade für diese ist eine Aufbereitung in Recyclinganlagen sinnvoll, in der es gelingt, Körnung von sandigen und lehmigen Fraktionen zu trennen. Nur mit diesen in sich homogenen Fraktionen mit beschreibbaren Eigenschaften sind Ausgangsmaterialien vorhanden, die als Grundstoff bzw. sekundärer Rohstoff wieder in den Wirtschaftskreislauf zurückgeführt werden können.

Nur so kann es gelingen, über alle Massenströme hinweg möglichst hohe Recyclingquoten zu erfüllen.

2. Neuer Verwertungsansatz: Recycling-Beton

Im Südwesten Deutschlands wurden vor diesem konzeptionellen Hintergrund die Grundlagen aufgegriffen, die bereits in den 90er Jahren durch das Verbundforschungsvorhaben Baustoffkreislauf im Massivbau [2] gelegt wurden. Mit der Initiierung und Begleitung konkreter Bauprojekte ist es gelungen, einen Beton in gewissem Umfang mittlerweile erfolgreich in der Baupraxis zu etablieren, der nicht nur auf primäre Rohstoffe, sondern auch auf Gesteinskörnungen zurückgreift, die aus der Aufbereitung von Hochbauschutt stammen. Vorbild war hierfür die Schweiz bzw. die Stadt Zürich, die vor vielen Jahren analog vorgegangen ist. In der Schweiz werden mittlerweile sieben Prozent der Betonnachfrage durch diese R(C)-Betone gedeckt [1].

---

1 Nach dem aktuellen Kreislaufwirtschaftsgesetz regelt §8 die Rangfolge und Hochwertigkeit von Verwertungsmaßnahmen

Aus der Praxis in der Schweiz wurde der Begriff RC-Beton übernommen. Mittlerweile wird dieser Baustoff in Südwestdeutschland treffender als ressourcenschonender Beton und damit als R-Beton kommuniziert.

Die als Pilotprojekte genutzten Bauvorhaben sind unter www.rc-beton.de [3] dokumentiert. Ausgehend von einem ersten Bauvorhaben in Ludwigshafen, dessen Begleitforschung sowie die Rezepturentwicklung durch die Deutsche Bundesstiftung Umwelt gefördert wurde, wurden auch in Baden-Württemberg mit der Stadtsiedlung Heilbronn und dem Bau- und Wohnungsverein aus Stuttgart Bauherren gewonnen, die prominente Baumaßnahmen ebenfalls als Pilotprojekte zur Verfügung stellten. Initiator war in diesen Fällen immer das Umweltministerium in Baden-Württemberg, das diese Bauprojekte und den derzeit erreichten Stand zu R-Beton im Januar dieses Jahres auf einem Fachsymposium [7] vorstellte.

Für die Verwendung für rezyklierte Gesteinskörnungen ist die Richtlinie des Deutschen Ausschuss für Stahlbeton *Beton nach DIN EN 206-1 und DIN 1045-2 mit rezyklierten Gesteinskörnungen nach DIN EN 12620* zu beachten. Es dürfen nur die Gesteinskörnungen Typ 1 und Typ 2 nach DIN EN 12620 verwendet werden. Für die R(C)-Betone gelten damit die gleichen die Produkteigenschaften regelnden Regelwerke wie für konventionelle Betone auch. Die Richtlinie des DAfStb benennt jedoch konkret die Betonsorten. So dürfen nur Betone maximal in der Druckfestigkeitsklasse C 30/37 und bestimmten Expositionsklassen hergestellt werden. Der Herstellung von Spann- und Leichtbetonen ist nicht zulässig. Je nach Expositionsklasse dürfen RC-Gesteinskörnungen des Typs 1 zu 25 bis 45 Prozent im Zuschlag einer Betonrezeptur enthalten sein, beim Typ 2 ist der Anteil auf 25 bis 35 Prozent begrenzt.

Nach DIN EN 12620 besteht die Gesteinskörnung nach Typ 1 aus mindestens neunzig Prozent Altbeton und ungebundenen Gesteinskörnungen und maximal zehn Prozent aus Mauerziegel, Kalksandsein und nicht-schwimmendem Porenbeton. Für Typ 2 liegen die Vorgaben bei mindestens siebzig Prozent bzw. maximal dreißig Prozent. In beiden Fällen sind Asphalte auf maximal 1 Prozent, Glas und sonstige nicht-schwimmende Fremdbestandteile auf ein Prozent bzw. zwei Prozent begrenzt. Schwimmende Fremdstoffe dürfen in beiden Fällen maximal ein Vol.-% ausmachen.

Bild 1: Altbetonhalde – Ausgangsmaterial für eine Gesteinskörnung nach Typ 1

Bild 2: Gesteinskörnung Typ 1

Da die Gesteinskörnung nach Typ 1 in ihrer Zusammensetzung und ihren Eigenschaften einer primären Gesteinskörnung am nächsten kommt, wurden die ersten R(C)-Betone auf dieser Grundlage hergestellt. Ausgehend von den genannten Pilotprojekten produzieren mehrere Betonwerke vor allem im Stuttgarter Raum seit geraumer Zeit diese Betone.

Zwei Betonwerke der Krieger-Gruppe im Stuttgarter Norden beliefern seit einiger Zeit soweit möglich sämtliche Baustellen mit R(C)-Beton. Nicht alle Baumaßnahmen in Baden-Württemberg, bei denen der Einsatz von R-Beton bekannt ist, haben ihre Betone aus diesen Werken bezogen. Es gibt daher noch weitere Produktionsstätten und eine gewisse Verankerung auf dem Markt, weit über gesonderte Pilot- oder gar Forschungsprojekte hinaus. Die Erfahrungen der Schweiz lehren, dass sich etwa neunzig Prozent der Betonnachfrage bei klassischen Baumaßnahmen grundsätzlich als R(C)-Beton abdecken lassen.

Hierauf aufbauend ist wieder mit Unterstützung des Umweltministeriums in Baden-Württemberg ein neuer Impuls gelungen. In Zusammenarbeit mit den Firmen Krieger (Beton) und Feeß (Bauschuttrecycling) wurden erfolgreich Betonrezepturen entwickelt, die auf die Gesteinskörnung nach Typ 2 zurückgreifen. Zudem musste eine Aufbereitungsstrategie entwickelt werden, mit der sich diese Gesteinskörnung auch über große Massenströme hinweg mit gleichbleibender Zusammensetzung und Eigenschaften herstellen lassen. Dabei sollte die Gesteinskörnung den zulässigen Anteil an Ziegelschutt von dreißig Prozent möglichst weitgehend ausschöpfen. Die Ergebnisse des Projektes wurden in einer Broschüre zusammengefasst [6].

Um die für die Gesteinskörnung geforderten Eigenschaften zu erreichen, bedarf es gerade für die ziegelreiche Komponente einer umfassenderen Aufbereitung. So ist eine Abtrennung von Feinmaterialien über ein Vorsieb unabdingbar. Der Siebschnitt kann hier durchaus groß angesetzt werden. Nur so wird ein Ausgangsmaterial hergestellt, das möglichst frei ist von Böden, Putzen und anderen Feinanteilen. Zudem müssen die Anteile der mineralischen Problemstoffe wie Leicht- und Gipsbaustoffe so gering wie möglich gehalten werden.

Bild 3: Ausgangsmaterial zur Herstellung der Ziegelkomponente einer Gesteinskörnung Typ 2

Bild 4: Gesteinskörnung Typ 2 für Betonwerke

Zur Herstellung einer Gesteinskörnung aus Beton und Ziegel im Verhältnis 70/30 hat sich als Strategie eine getrennte Aufbereitung bewährt. Altbetone und der ziegelreiche Bauschutt werden getrennt gebrochen. Die Mischung des Produktes erfolgt abschließend über einen Radlader. Um hier die richtigen Mischungsverhältnisse zu erhalten, bedarf es anfangs entsprechender Analysen des aufbereiteten Ziegelschutts und der Bestimmung der Zusammensetzung. Auch in diesem Massenstrom sind in der Regel in erheblichem Umfang Altbetone und ungebundene Gesteinskörnungen enthalten.

Die nach diesem Vorgehen produzierte Gesteinskörnung wies einen Ziegelanteil (Rb) von etwa 26 Prozent auf, bei einer Kornrohdichte von 2.161 kg/m³ und einer Wasseraufnahme nach zehn Minuten von 6,1 Prozent. Damit wurden die Anforderungen der Richtlinie des Deutschen Ausschuss für Stahlbeton (>2.000 kg/m³ und <15 Prozent) deutlich erfüllt. Entsprechend konnten alle entwickelten und geprüften Betonrezepturen (C 8/10 X0; C 12/15 X0; C 20/25 XC3; C 25/30 XC4 XF1 XA1; C 30/37 XC4 XF1 XA1) problemlos die geforderten Eigenschaften nachweisen.

Auch dieser Impuls aus Ende 2013 ist bereits im Markt umgesetzt worden. Die Gesteinskörnung wird von dem Bauschuttrecyclingunternehmen weiterhin produziert und dient der Belieferung eines benachbarten Betonwerkes.

In allen Fällen gilt: Die Herstellung und der Einsatz von R-Beton erfolgte innerhalb der bestehenden Regelwerke. Es handelt sich um einen zugelassen Baustoff. Die Verwendung in Baumaßnahmen bedarf daher keiner Begleitung durch klassische Forschungsprojekte. Um den Baustoff und seine Möglichkeiten bekannt zu machen, dürfte es jedoch sinnvoll sein, erste konkrete Bauvorhaben als Impulse zu nutzen. So lassen sich alle Beteiligten wie Architekten, Tragwerksplaner, bauausführende Firmen, Betonwerke, Bauschuttrecycler zunächst über den Baustoff und seine Möglichkeiten aus erster Hand informieren und insbesondere die Rohbauphase nutzen, eigene Eindrücke zu erhalten.

3. Optimierung im Straßen- und Wegebau

Der Straßen- und Wegebau gilt als der klassische Absatzweg für RC-Baustoffe. Analysiert man diese Absatzwege genauer, zeigt sich, dass RC-Baustoffe in vielen Regionen Deutschlands nicht im Oberbau einer Straße, d.h. im eigentlichen Bauwerk Straße, eingesetzt werden, sondern für untergeordnete Einsatzbereiche wie Dammschüttungen, Wälle, Bodenaustausch – Verbesserung der Tragfähigkeit des Untergrundes oder zur Errichtung von temporären Baustraßen verwendet werden.

Grundsätzlich ist die Akzeptanz für RC-Baustoffe auch in ambitionierteren Einsatzgebieten sowohl bei Kommunen wie auch bei den Straßenbauverwaltungen umso größer, je deutlicher diese einen Preisvorteil gegenüber den klassischen auf Basis von primären Gesteinskörnungen hergestellten Baustoffen aufweisen. Je weniger Abbaustätten für primäre Rohstoffe in den Regionen vorhanden sind, desto mehr bietet der Rückgriff auf RC-Baustoffe auch einen deutlichen ökonomischen Vorteil. Interessanterweise lässt sich oft eine sehr heterogene Situation antreffen. So gibt es durchaus Kommunen, die seit langem und mit guten Erfahrungen RC-Baustoffe auch als Frostschutz- und Schottertragschichten einsetzen, während im Zweifel direkt benachbarte Kommunen einen derartigen Einsatz bspw. über die entsprechende Gestaltung der Leistungsverzeichnisse kategorisch ausschließen. Dies gilt grundsätzlich analog auch für die für das übergeordnete Straßennetz zuständigen Stellen.

Wie die guten Beispiele jedoch immer belegen: Bauschuttaufbereiter sind grundsätzlich und ohne Probleme in der Lage, diese hochwertigen Baustoffe für den Straßen- und Wegebau in den geforderten Qualitäten herzustellen. Es scheitert in vielen Fällen an der fehlenden Akzeptanz seitens der Bauherren, teilweise gespeist aus schlechten Erfahrungen aus der weiteren Vergangenheit. Dass sich in der Aufbereitung mineralischer Bauabfälle vieles verbessert hat, sowohl in der Aufbereitungstechnik als auch in der Qualitätssicherung, ist vielen Bauherren nicht bekannt.

Der wichtigste Absatzweg ist bis dato die Aufbereitung zu hochwertigen Straßenbaustoffen wie insbesondere Frostschutz- und Schottertragschichten. Die Technischen Lieferbedingungen des Bundes und der Länder für Schichten ohne Bindemittel (TL SoB-StB 04), die auch für den kommunalen Straßenbau zugrunde gelegt werden, fordert dezidierte Eigenschaften des Straßenbauproduktes ein und dies unabhängig davon, aus welchen Ausgangsmaterialien diese hergestellt wurden.

Gerade Altmaterial aus dem Straßenkörper, d.h. die alten Frostschutz- und Schottertragschichten, sollten sich problemlos aufbereiten und wieder als solche einsetzen lassen. Sie wurden aus dem Straßenkörper entnommen, weil der über die Jahrzehnte hinweg wachsende Feinkornanteil insbesondere die Frostschutzeignung gefährdet. Wird das Material folglich abgesiebt und leicht gebrochen, lässt sich eine neue Sieblinie einstellen, die wieder einen Einsatz im Straßenkörper erlaubt. Diese hochwertigen Baustoffe lassen sich jedoch auch auf Basis anderer mineralischer Bauabfälle herstellen.

Für die Bauherren wichtig ist die Gewährleistung der geforderten Produkteigenschaften. Die genaue Rezeptur der Baustoffe und damit auch die Frage, ob und in welchem Umfang auf sekundäre Rohstoffe zurückgegriffen wird, ist nachrangig. Der Nachweis der baustofftechnischen Tauglichkeit erfolgt für Primär- und Sekundärbaustoffe in gleicher Weise durch die in Normen und technischen Richtlinien festgelegten Regelungen zur Güteüberwachung und Produktzertifizierung, so die Baustoffe gemäß TL SoB – StB 04 produziert und vermarktet werden.

Dies ist Bauherren nicht selten weitgehend unbekannt. Auf dieser Grundlage wurden jüngst sowohl in Rheinland-Pfalz als auch in Baden-Württemberg entsprechende Broschüren und Leitfäden erstellt sowie zahlreiche Veranstaltungen durchgeführt,

Bild 5: Frostschutzschicht aus RC-Material, eingebaut

die gute Praxisbeispiele und gezielt die Fragen der Produktion und Gütesicherung in den Mittelpunkt stellten [5]. Akzeptanz für die RC-Baustoffe wird man nur durch eine Qualifizierung der Aufbereitung und einer entsprechenden Güteüberwachung erhalten. Nur so lässt sich andererseits von Bauherren eine zumindest produktneutrale Ausschreibung (gemäß VBO) einfordern.

Eine derartige Bewirtschaftung sekundärer Ressourcen und Herstellung qualitativ hochwertiger, güteüberwachter Baustoffe ist wirtschaftlich dann gesichert, wenn diese Baustoffe auch einen entsprechenden Absatz finden bzw. diese bei den Ausschreibungen berücksichtigt werden. Die mit einem ambitionierten Stoffstrommanagement und guter Aufbereitungstechnik verbundenen Betriebskosten lassen sich nur dann rechtfertigen, wenn die hergestellten Produkte auch gemäß ihrer Eigenschaft vermarktet werden können und nicht nur in untergeordneten Baumaßnahmen eingesetzt werden. Vor allem im Straßen- und Wegebau ist die öffentliche Hand nahezu der einzige Bauherr und kann damit Stoffströme beeinflussen und Vorbild sein.

Eine häufig geäußerte Befürchtung ist ein erhöhter Kontrollaufwand beim Einsatz von RC-Baustoffen. Der Personalaufwand vor Ort auf der Baustelle sowie der generelle Überwachungsaufwand sind bei einem Einsatz von Baustoffen auf Basis von RC-Materialien vergleichbar mit dem von Primärgestein. Dies zeigen die vielen Erfahrungen der Kommunen, die seit Jahren in großem Umfang auf diese Baustoffe zurückgreifen.

Einen wichtigen Aspekt gilt es in diesem Zusammenhang auch immer zu kommunizieren. Will sich die öffentliche Hand als Bauherr im Straßen- und Wegebau Recyclinganlagen als gegenüber Deponien kostengünstige Entsorgungsoption erhalten, muss für einen ausreichenden Absatz der dort hergestellten gütegesicherten RC-Produkte gesorgt werden. Bauschuttrecycler können nur in dem Umfang Material zur Behandlung übernehmen, wie die daraus hergestellten Produkte auch wieder einen Absatz finden.

4. Ausblick

Gerade im Südwesten Deutschlands sind schon einige Strategien zur Optimierung der Bewirtschaftung mineralischer Bauabfälle im Sinne sekundärer Ressourcen auf den Weg gebracht worden. Es sind jedoch nur erste Schritte. Für eine umfassende Lösung bedarf es weiterer Anstrengungen.

Die Rückführung von Hochbauschutt in die Herstellung von Baustoffen für den Hochbau – wohl immer vor allem über Betonwerke möglich – wird umso interessanter werden, je mehr es gelingt, im R-Beton den Anteil an Mauerwerksschutt im Ausgangsmaterial zu erhöhen, und dies über die derzeitigen Regelungen hinaus. Aus Sicht des Ressourcenschutzes verspricht dies, deutlich höhere Anteile so in den Wirtschaftskreislauf rückführen zu können, dass primäre Rohstoffe substituiert werden können. Der Rückgriff auf derartige Ausgangsmaterialien würde den Verwertungsansatz aus Sicht der Bauschuttrecycler sowie der Betonwerke zudem wirtschaftlich noch interessanter machen.

Hier müssen die derzeit geltenden Regelwerke überprüft und an den neuen Stand der Technik angepasst werden. Versuche im Rahmen des Projektes zum Einsatz der Gesteinskörnung Typ 2 haben bereits gezeigt: es geht deutlich mehr.

Eine zentrale Aufgabenstellung wird zukünftig aber vorallem ein qualifizierterer Umgang mit Böden sein. Sie gilt es als sekundären Rohstoff zu verstehen und entsprechend zu nutzen. Damit ist die Notwendigkeit zur Errichtung entsprechender Aufbereitungslinien in den Recyclinganlagen notwendig. Lösungen, die eine Reinigung in Verbindung mit einer Klassierung versprechen (bspw. über Schwertwäsche), könnten hilfreich sein. Je homogener die produzierten Fraktionen, umso einfacher lassen sich für diese hochwertige Verwertungswege erschließen.

In der Aufbereitung von klassischen mineralischen Bauabfällen fallen zudem in erheblichen Umfang Feinmaterialien als Vorsiebmaterial oder Brechsande an. Werden diese analog zu den Böden aufbereitet, sind damit tendenziell auch eine Entfrachtung von Gips bzw. eine Reduktion der Sulfat-Belastung sowie eine Abscheidung von Fremdstoffen möglich [6].

Ein großes Problem stellen die Baustoffe dar, die derzeit aus Gründen der energetischen Optimierung eingesetzt und zukünftig zu Abfall werden. Dies gilt insbesondere dann, wenn es sich um quasi unlösbare Verbunde handelt. Das gilt sowohl für Konstruktionsverbunde als auch um Materialverbunde. Schon heute kommen auf die Recyclingwirtschaft Baustoffe zu, die sich mit der vorhandenen Technik und Aufbereitungsstrategie nicht verwerten lassen

5. Quellen

[1] Hoffmann, C.: Ressourceneffizienz im Betonrecycling – Rahmen und Möglichkeiten in der Schweiz, Vortrag auf der Tagung R13 des ABW e.V., 20. September 2013

[2] http://www.b-i-m.de/

[3] http://www.rc-beton.de/

[4] Institut für Energie- und Umweltforschung Heidelberg GmbH: Gezielte Aufbereitung von Bauschutt zur Einhaltung auch zukünftiger Sulfat-Grenzwerte. In: Ministerium für Umwelt, Klima und Energiewirtschaft Baden-Württemberg (Hrsg.): Informationsbroschüre, Veröffentlichung 05/2014 vorgesehen.

[5] Institut für Energie- und Umweltforschung Heidelberg GmbH: Leitfaden: Optimierung des Stoffstrommanagements für Böden und mineralische Bauabfälle. Ministerium für Wirtschaft, Klimaschutz, Energie und Landesplanung Rheinland-Pfalz (Hrsg.): 2012

[6] Institut für Energie- und Umweltforschung Heidelberg GmbH: Stoffkreisläufe von RC-Beton. In: Ministerium für Umwelt, Klima und Energiewirtschaft Baden-Württemberg (Hrsg.): Informationsbroschüre für die Herstellung von Transportbeton unter Verwendung von Gesteinskörnungen nach Typ 2., 2014

[7] Ministerium für Umwelt, Klima und Energiewirtschaft Baden-Württemberg, Ressourcenschutz in der Bauwirtschaft: Neue Entwicklung und Erfahrungen im Einsatz von ressourcenschonendem Beton (R-Beton) – http://www4.um.baden-wuerttemberg.de/servlet/is/113977/?shop=true&shopView=113936), 2014

Qualitätssicherung und ökologische Bewertung von Recyclingbaustoffen

Brigitte Strathmann

1. Bauaufsichtliche Anforderungen an die Umweltverträglichkeit von Betonausgangsstoffen 467
2. Bewertungskonzept 469
2.1. Allgemeines Bewertungskonzept 470
2.2. Bewertung von Betonausgangsstoffen 471
3. Anforderungen an die Qualitätssicherung 475
4. Zusammenfassung und Ausblick 476
5. Quellen 477

Bauprodukte dürfen nur verwendet werden, wenn sie bei ihrer Verwendung in baulichen Anlagen die Anforderungen der Bauordnungen der Länder erfüllen. In den Bauordnungen der Länder, sind die Schutzziele definiert, nach denen bauliche Anlagen zu errichten sind. Zu diesen Schutzzielen gehören außer der Standsicherheit, dem Brandschutz und anderen auch Leben, Gesundheit und die natürlichen Lebensgrundlagen. Auf europäischer Ebene wird in der Grundanforderung 3 *Hygiene, Gesundheit und Umweltschutz* der EU-Bauproduktenverordnung [17] ausgeführt:

> *3. Hygiene, Gesundheit und Umweltschutz*
>
> Das Bauwerk muss derart entworfen und ausgeführt sein, dass es während seines gesamten Lebenszyklus weder die Hygiene noch die Gesundheit und Sicherheit von Arbeitnehmern, Bewohnern oder Anwohnern gefährdet und sich über seine gesamte Lebensdauer hinweg weder bei Errichtung noch bei Nutzung oder Abriss insbesondere durch folgende Einflüsse übermäßig stark auf die Umweltqualität oder das Klima auswirkt:
>
> […]
>
> d) Freisetzung gefährlicher Stoffe in Grundwasser, Meeresgewässer, Oberflächengewässer oder Boden;
>
> e) Freisetzung gefährlicher Stoffe in das Trinkwasser oder von Stoffen, die sich auf andere Weise negativ auf das Trinkwasser auswirken

Die Grundanforderung 3 für Bauprodukte in den europäischen technischen Spezifikationen ist bisher inhaltlich kaum ausgeführt worden. Für die mangelhafte

Berücksichtigung von umwelt- und gesundheitsschutzbezogenen Leistungsmerkmalen in den Normen war insbesondere das Fehlen eines deutlichen Arbeitsauftrages an CEN[1] und EOTA[2] in den Bauproduktmandaten der Europäischen Kommission verantwortlich. Die Mandate werden zurzeit von der Europäischen Kommission um Anforderungen bezüglich des Umwelt- und Gesundheitsschutzes ergänzt. Die Anforderungen an die technischen Spezifikationen für Bauprodukte können derzeit noch nicht umgesetzt werden, weil harmonisierte Prüfverfahren für die Freisetzung von gefährlichen Stoffen in Boden und Wasser sowie in den Innenraum noch nicht standardisiert sind. Diese wurden in den letzten Jahren vom CEN/TC 351[3] entwickelt und befinden sich im Validierungsprozess [11].

Bei den europäischen technischen Spezifikationen für Bauprodukte der ersten Generation wurden hilfsweise ganz allgemeine Formulierungen zum Umwelt- und Gesundheitsschutz gewählt und teilweise bis heute beibehalten. So ist im Anhang ZA der harmonisierten europäischen Normen für Bauprodukte in der Regel folgende Anmerkung enthalten:

Anmerkung 1

Zusätzlich zu den konkreten Abschnitten dieser Norm, die sich auf gefährliche Stoffe beziehen, kann es weitere Anforderungen an die Produkte, die in den Anwendungsbereich dieser Norm fallen, geben, z.B. umgesetzte europäische Rechtsvorschriften und nationale Rechts- und Verwaltungsvorschriften. Um die Bestimmungen der EG-Bauproduktenrichtlinie zu erfüllen, müssen die besagten Anforderungen, sofern sie Anwendung finden, ebenfalls eingehalten werden.

Anmerkung 2

Eine Informations-Datenbank über europäische und nationale Bestimmungen über gefährliche Stoffe ist auf der Website der Kommission EUROPA (Zugang über http://ec.europa.eu/enterprise/construction/cpd-ds/) verfügbar.

Diese Formulierungen weisen auf den nationalen Weg zur Ausgestaltung der Anforderungen hin. Die technischen Spezifikationen selbst berücksichtigen den Umwelt- und Gesundheitsschutz folglich nicht hinreichend.

Für harmonisierte europäische Produktnormen, in denen das nationale deutsche Schutzniveau für den Umwelt- und Gesundheitsschutz nicht ausreichend berücksichtigt wurde, ist für die Verwendung in Deutschland eine allgemeine bauaufsichtliche Zulassung als Nachweis der Einhaltung der Anforderungen des Gesundheits- und Umweltschutzes erforderlich.

---

[1] Europäisches Komitee für Normung (Comité Européen de Normalisation)

[2] Europäische Organisation für Technische Zulassungen (European Organisation for Technical Approvals)

[3] Technisches Komitee bei CEN zur Entwicklung von Prüfverfahren für die Freisetzung von gefährlichen Stoffen in Innenräume bzw. Boden und Grundwasser im Rahmen von ER 3 der Bauproduktenrichtlinie

Die Erteilung der allgemeinen bauaufsichtlichen Zulassungen für den Umweltschutz erfolgt auf Basis von Zulassungsgrundsätzen. Für erdberührte Bauteile hat das Deutsche Institut für Bautechnik (DIBt) die *Grundsätze zur Bewertung der Auswirkungen von Bauprodukten auf Boden und Grundwasser* [10] unter Beteiligung der betroffenen Industrieverbände sowie der Bund-/Länderarbeitsgemeinschaften Wasser, Boden und Abfall erarbeitet.

Im Folgenden werden die umweltschutzbezogenen Anforderungen an Recyclingbaustoffe für die Verwendung in Beton dargestellt. Dabei wird der Begriff Recyclingbaustoffe für Baustoffe verwendet, die aus Abfällen/Sekundärrohstoffen hergestellt wurden. Außerdem werden hier nur die Ausgangsstoffe für Beton nach DIN EN 206-1[4] in Verbindung mit DIN 1045-2[5] behandelt, die den Landesbauordnungen unterliegen. Von den Landesbauordnungen ausgenommen ist der Verkehrswegebau. Daher gelten diese Darlegungen nicht für diesen Bereich. Bei der Verwendung von Recyclingbaustoffen im Verkehrswegebau gelten die Anforderungen des jeweiligen Rechtsbereichs.

Es werden die bei der Bewertung der umweltschutzbezogenen Anforderungen verwendeten *Grundsätze zur Bewertung der Auswirkungen von Bauprodukten auf Boden und Grundwasser* [10] sowie die Festlegungen zur Qualitätssicherung der Recyclingbaustoffe im Rahmen der Erteilung der allgemeinen bauaufsichtlichen Zulassungen erläutert.

1. Bauaufsichtliche Anforderungen an die Umweltverträglichkeit von Betonausgangsstoffen

Ob durch die Verwendung von Sekundärstoffen in Bauprodukten das Risiko einer Schadstoffanreicherung im Wertstoffkreislauf oder einer Schadstofffreisetzung in Boden und Grundwasser besteht, ist im Zulassungsverfahren zu überprüfen. Eine allgemeine bauaufsichtliche Zulassung kann nur erteilt werden, wenn keine Schadstoffanreicherung im Wertstoffkreislauf entsprechend § 7 Abs. 3 des Kreislaufwirtschaftsgesetzes [8] erfolgt und es nicht zu schädlichen Verunreinigungen des Grundwassers kommt.

Allgemeine bauaufsichtliche Zulassungen werden für nicht geregelte Bauprodukte erteilt. Nicht geregelt sind Bauprodukte, die wesentlich von den in Bauregelliste A Teil 1 [5] bekannt gemachten technischen Regeln abweichen oder für die es keine solchen Regeln gibt. Europäische harmonisierte Produktnormen werden vom DIBt

---

[4] DIN EN 206-1:2001-07 Beton – Teil 1: Festlegung, Eigenschaften, Herstellung und Konformität
DIN EN 206-1/A1:2004-10 Beton – Teil 1: Festlegung, Eigenschaften, Herstellung und Konformität; Deutsche Fassung EN 206-1:2000/A1:2004
DIN EN 206-1/A2:2005-09 Beton – Teil 1: Festlegung, Eigenschaften, Herstellung und Konformität; Deutsche Fassung EN 206-1:2000/A2:2005

[5] DIN 1045-2:2008-08 Tragwerke aus Beton, Stahlbeton und Spannbeton; Teil 2: Beton – Festlegung, Eigenschaften, Herstellung und Konformität – Anwendungsregeln zu DIN EN 206-1

Tabelle 1: Regelungen zum Umweltschutz für Normen für Betonausgangsstoffe

Bauprodukt	Derzeitige Regelung zum Umweltschutz
Sulfathüttenzement DIN EN 15743[6]	Bauregelliste B Teil 1 lfd. Nr. 1.1.1.5 zusätzlich gilt: **Anlage 07**: Das Bauprodukt/der Bausatz darf nur dann als Außenbauteil, d.h. im unmittelbaren oder mittelbaren Kontakt mit Wasser und Boden, verwendet werden, wenn der Nachweis der Umweltverträglichkeit durch eine allgemein bauaufsichtliche Zulassung geführt wird.
Flugasche für Beton DIN EN 450-1[7] und DIN EN 450-2[8]	BRL B Teil 1 lfd. Nr. 1.1.2.3 zusätzlich gilt: **Anlage 1/1.5** Die Umweltverträglichkeit der Flugaschen ist mit einer allgemeinen bauaufsichtlichen Zulassung nachzuweisen.
Pigmente für Beton DIN EN 12878[9]	Bauregelliste B Teil 1 lfd. Nr. 1.1.2.5 zusätzlich gilt: **Anlage 1/1.10**: Für die Verwendung in standsicherheitsrelevanten Bauteilen aus Stahlbeton oder Spannbeton ist für Pigmente in Lieferform (Pigmentmischungen und wässrige Pigmentpräparationen) gemäß Bauregelliste A Teil 1, lfd. Nr. 1.3.3.3, nachzuweisen, dass das Pigment keine korrosionsfördernde Wirkung auf den im Beton eingebetteten Stahl hat. Für organische Pigmente ist die Umweltverträglichkeit mit einer allgemeinen bauaufsichtlichen Zulassung nachzuweisen.
Gesteinskörnungen für Beton DIN EN 12620[10]	Bauregelliste B Teil 1 lfd. Nr. 1.1.3.1 zusätzlich gilt: **Anlage 1/1.3**: 1. Gesteinskörnungen dürfen für tragende Bauteile nur verwendet werden, wenn deren Konformität gemäß dem System „2+" bescheinigt wird. 2. Für rezyklierte und industriell hergestellte Gesteinskörnungen außer kristalliner Hochofenstückschlacke, Hüttensand und Schmelzkammergranulat ist die Umweltverträglichkeit mit einer allgemeinen bauaufsichtlichen Zulassung nachzuweisen. 3. Für Gesteinskörnung bei Lieferung von einem Zwischenhändler zum Verwender gilt Bauregelliste A Teil 1, lfd. Nr. 1.2.9. 4. Bei natürlichen und rezyklierten Gesteinskörnungen für die Verwendung in tragenden Bauteilen gilt im Hinblick auf die Alkali-Kieselsäure-Reaktion Bauregelliste A Teil 1, lfd. Nr. 1.2.7.1 bzw. 1.2.7.2.
Leichte Gesteinskörnung für Beton DIN EN 13055-1[11] und DIN EN 13055 1/ Berichtigung 1[12]	BRL B Teil 1 lfd. Nr. 1.1.3.2 zusätzlich gilt: **Anlage 1/1.4** 1. Gesteinskörnungen dürfen für tragende Bauteile nur verwendet werden, wenn deren Konformität gemäß dem System „2+" bescheinigt wird. 2. Für rezyklierte und industriell hergestellte Gesteinskörnungen außer Blähglimmer (Vermikulit), Blähperlit, Blähschiefer, Blähton und Ziegelsplitt aus ungebrauchten Ziegeln ist die Umweltverträglichkeit mit einer allgemeinen bauaufsichtlichen Zulassung nachzuweisen. Der Nachweis ist bei gesinterter Steinkohlenflugasche und Kesselsand aus Wärmekraftwerken gemäß DIN 1045 2, Abschnitt 5.2.3.6, nur dann zu führen, wenn außer Kohle Sekundärbrennstoffe mitverbrannt werden. 3. Für leichte Gesteinskörnung bei Lieferung von einem Zwischenhändler zum Verwender gilt Bauregelliste A Teil 1, lfd. Nr. 1.2.10. 4. Bei natürlichen leichte Gesteinskörnungen außer Tuff, Naturbims und Lava ist die Alkaliempfindlichkeit für die Verwendung in tragenden Bauteilen mit einer allgemeinen bauaufsichtlichen Zulassung nachzuweisen.

[6] DIN EN 15743:2010-04 Sulfathüttenzement – Zusammensetzung, Anforderungen und Konformitätskriterien; Deutsche Fassung EN 15743:2010
[7] DIN EN 450-1:2012-10 Flugasche für Beton – Teil 1: Definition, Anforderungen und Konformitätskriterien; Deutsche Fassung EN 450-1:2012
[8] DIN EN 450-2:2005-05 Flugasche für Beton – Teil 2: Konformitätsbewertung; Deutsche Fassung EN 450 2:2005
[9] DIN EN 12878 Pigmente zum Einfärben von zement- und/oder kalkgebundenen Baustoffen – Anforderungen und Prüfverfahren; Deutsche Fassung EN 12878:2005 + AC:2006
[10] DIN EN 12620:2008-07 Gesteinskörnungen für Beton; Deutsche Fassung EN 12620:2002+A1:2008
[11] DIN EN 13055-1:2002-08 Leichte Gesteinskörnungen – Teil 1: Leichte Gesteinskörnungen für Beton, Mörtel und Einpressmörtel; Deutsche Fassung EN 13055-1:2002
[12] DIN EN 13055-1 Berichtigung 1:2004-12 Berichtigung zu DIN EN 13055-1:2002-08

in der Bauregelliste B Teil 1 [5] veröffentlicht. Reicht die europäische harmonisierte Produktnorm nicht aus, um die Anforderungen an den Boden- und Grundwasserschutz abzudecken, wird in der Bauregelliste B Teil 1 darauf hingewiesen, dass eine allgemeine bauaufsichtliche Zulassung für den Umweltschutz erforderlich ist.

In Tabelle 1 sind die Betonausgangsstoffe nach harmonisierten europäischen Normen dargestellt, die eine allgemeine bauaufsichtliche Zulassung für den Umweltschutz benötigen.

Für rezyklierte Gesteinskörnungen existierte früher die DIN 4226-100[13]: Diese Norm war in der Bauregelliste A Teil 1 bekannt gemacht worden. Die Norm DIN 4226-100[13] enthielt die Anforderungswerte des Kapitels *Bauschutt* der LAGA Mitteilungen M 20 [12] und umfasste daher außer dem Nachweis der betontechnologischen Eignung auch die Anforderungen an die Auswirkungen auf Boden und Grundwasser. Nach der Veröffentlichung von europäischen harmonisierten Normen sind generell entsprechende nationale Normen zurückzuziehen. Daher wurde nach der Veröffentlichung von DIN EN 12620[10] die DIN 4226-100[13] aus der Bauregelliste A Teil 1 gestrichen. DIN EN 12620[10] umfasst außer natürlichen Gesteinskörnungen auch rezyklierte und industriell hergestellte Gesteinskörnungen. Anforderungen an die Auswirkungen auf Boden und Grundwasser werden in der Norm nicht gestellt und waren daher national über die Anlage 1/1.3 der Bauregelliste B Teil 1 [1] hinzuzufügen.

Die Bauproduktenverordnung [17] schafft den Rahmen für das Inverkehrbringen von Bauprodukten in Europa. Für die Verwendung gelten weiterhin die Anforderungen des jeweiligen Mitgliedstaates, in Deutschland die Landesbauordnungen. Für die in Tabelle 1 dargestellten Bauprodukte hat daher der Hersteller für das Inverkehrbringen in Europa eine Leistungserklärung auf Basis der betreffenden Norm zu erstellen und die CE-Kennzeichnung anzubringen. Für die Verwendung in Deutschland ist für die Umweltverträglichkeit der in Tabelle 1 genannten Bauprodukte eine allgemeine bauaufsichtliche Zulassung beim DIBt zu beantragen. Im Rahmen des Zulassungsverfahrens sind die Anforderungen der *Grundsätze zur Bewertung der Auswirkungen von Bauprodukten auf Boden und Grundwasser* [10] nachzuweisen, die im Folgenden erläutert werden.

2. Bewertungskonzept

Das DIBt hat die *Grundsätze zur Bewertung der Auswirkungen von Bauprodukten auf Boden und Grundwasser* [10] in Zusammenarbeit mit den Bund-/Länderarbeitsgemeinschaften Wasser, Abfall und Boden, des Umweltbundesamts, des Bundesbau- und Bundesumweltministeriums sowie Vertretern von Hochschulen, Prüfstellen und Industrieverbänden erarbeitet.

Die Grundsätze beinhalten in Teil I das allgemeine Bewertungskonzept. In einem Teil II wird das Bewertungskonzept für ausgewählte Bauprodukte konkretisiert. Derzeit liegen Kapitel für Betonausgangsstoffe, Kanalsanierungsmittel und Schleierinjektionen vor.

---

[13] DIN 4226-100:2002-02 Gesteinskörnungen für Beton und Mörtel – Teil 100: Rezyklierte Gesteinskörnungen

Weitere Bauprodukte werden nach Prüfprogrammen beurteilt, die auf Basis des allgemeinen Bewertungskonzeptes erarbeitet wurden. Im Teil III werden die Analyseverfahren aufgelistet, die bei der Prüfung anzuwenden sind.

2.1. Allgemeines Bewertungskonzept

Für die Bewertung der Auswirkungen von Bauprodukten auf Boden und Grundwasser sind die Lage des Einbauorts zum Grundwasser sowie die Materialeigenschaften maßgebend. Daraus ergibt sich eine Unterscheidung in wasserdurchlässige und wasserundurchlässige Bauweisen (Bild 1).

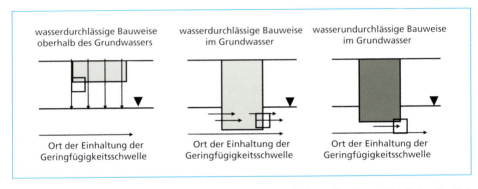

Bild 1: Bauweisen und Ort der Beurteilung (Ort der Einhaltung der Geringfügigkeitsschwelle)

Wird das Bauprodukt im Grundwasser eingebaut, wird es vom Grundwasser umströmt oder durchströmt. Der vom Wasserrecht festgelegte Ort der Beurteilung ist der Kontaktbereich zwischen dem Bauprodukt und dem Grundwasser. Für die wasserrechtliche Vorsorge für das Grundwasser ist der Ort der Beurteilung bei Bauprodukten, die über dem Grundwasser eingebaut werden (d.h. mindestens 1 m über dem höchsten zu erwartenden Grundwasserstand), die Unterkante des Bauprodukts. Die wasserrechtlichen Vorgaben für die Festlegung des Ortes der Beurteilung sind in den *Grundsätzen des vorsorgenden Grundwasserschutzes bei Abfallverwertung und Produkteinsatz (GAP-Papier)* der Bund-/Länderarbeitsgemeinschaft Wasser (LAWA) [15] niedergelegt.

Am Ort der Beurteilung müssen die Anforderungen des Wasserhaushaltsgesetzes [9] eingehalten werden. Von der LAWA wurde mit Geringfügigkeitsschwellen [14] definiert, wann eine Änderung der Beschaffenheit des Grundwassers als geringfügig eingestuft wird. Werden die Geringfügigkeitsschwellen am Ort der Beurteilung überschritten, wird von einer Grundwasserverunreinigung ausgegangen.

Das allgemeine Bewertungskonzept sieht ein zweistufiges Verfahren vor. In Stufe 1 werden zunächst alle Inhaltsstoffe ermittelt und bewertet. Dies geschieht zumeist anhand der vom Hersteller gegenüber dem DIBt offenzulegenden Rezeptur. Bei der Bewertung der Inhaltsstoffe werden u.a. folgende Kriterien herangezogen:

- gesetzliche Verwendungsverbote oder Beschränkungen sind einzuhalten,
- mutagene und kanzerogene Stoffe dürfen nicht enthalten sein,
- Abfälle müssen die abfallrechtlichen Anforderungen erfüllen,
- Stoffe, die als *umweltgefährlich* nach der CLP-Verordnung (EG) Nr. 1272/2008 [16] zu kennzeichnen sind, sind zu vermeiden.

In Stufe 2 werden die mobilisierbaren Inhaltsstoffe ermittelt und bewertet. Zur Prognose der zu erwartenden Konzentrationen am Ort der Beurteilung ist ein praxisnahes Eluat der Bauprodukte herzustellen. Das Eluat wird hinsichtlich allgemeiner Parameter (z.B. pH-Wert, elektrische Leitfähigkeit), stofflicher Parameter (z.B. Schwermetalle) sowie ggf. biologischer Parameter untersucht und bewertet. Bei der Bewertung von Schwermetallen werden mit einer Übertragungsfunktion die im Eluat gemessenen Konzentrationen in die am Ort der Beurteilung auftretenden Werte umgerechnet und diese mit den Geringfügigkeitsschwellen der LAWA verglichen.

Bei Freisetzung von organischen Inhaltsstoffen, für die in der Regel keine Geringfügigkeitsschwellen existieren, sind die Auswirkungen auf Grundwasser und Boden mit biologischen Parametern (ökotoxikologische Tests) wie Daphnien-, Leuchtbakterien-Lumineszenz- oder Algentests zu bewerten.

Im Rahmen des Zulassungsverfahrens sind die auf der Grundlage dieses Bewertungskonzeptes erzielten Ergebnisse derart zu berücksichtigen, dass bei Nichterfüllen der Anforderungen die Zulassung nicht erteilt werden kann. Werden die Anforderungen erfüllt, ist davon auszugehen, dass das bewertete Bauprodukt im betrachteten Anwendungsfall keine schädlichen Bodenveränderungen oder eine Grundwasserverunreinigung zur Folge hat und auch die abfallwirtschaftlichen Anforderungen eingehalten sind und die Zulassung kann erteilt werden.

2.2. Bewertung von Betonausgangsstoffen

Im Kapitel 1 *Betonausgangsstoffe und Beton* von [10] wird das unter Abschnitt 2.1. dargestellte allgemeine Bewertungskonzept für Betonausgangsstoffe konkretisiert. Die Bewertung von Ausgangsstoffen für Zementsuspensionen im Erd- und Grundbau ist nicht Bestandteil des Kapitels, da Zementsuspensionen keine mit Konstruktionsbeton vergleichbaren w/z-Werte aufweisen.

Beton kann in der gesättigten sowie in der ungesättigten Bodenzone eingesetzt werden. Er wird als Frischbeton verarbeitet und liegt, sobald er erhärtet ist, als Festbeton vor. Gefügedichter Beton wird als wasserundurchlässig eingestuft. Da wasserundurchlässige Bauarten über dem Grundwasserspiegel in der Regel aus Sicht des Grundwasser- und Bodenschutzes unproblematischer als der Einbau im Grundwasser sind, wird der Anwendungsfall einer wasserundurchlässigen Bauart im Grundwasser untersucht und bewertet.

Da bei der Bewertung von Sekundärrohstoffen als Betonausgangsstoffe keine Rezeptur hinterlegt werden kann, werden die Inhaltsstoffe gemäß Stufe 1 durch Prüfung der Stoffgehalte im Feststoff und Eluat gemäß den LAGA Mitteilungen M 20 [12] ermittelt und bewertet. Als zulässige Obergrenze für den Einsatz in Bauprodukten gemäß der Landesbauordnungen gelten für die Stoffgehalte im Feststoff die Werte aus Tabelle 1 des Anhangs 3 der Eckpunkte (EP) der LAGA für eine *Verordnung über die Verwertung von mineralischen Abfällen in technischen Bauwerken* [7]. Für die Stoffgehalte im Eluat gelten die jeweiligen abfallspezifischen Z2-Werte, wenn es für den Sekundärrohstoff ein abfallspezifisches Kapitel gibt (z.B. Kapitel Bauschutt). Wenn dies nicht der Fall ist, gelten die Z2-Werte Boden der LAGA TR Boden 2004 [13]. Liegen für bestimmte Parameter keine Obergrenzen in den zitierten Regelwerken vor, wird eine zulässige Obergrenze nach Beratung im zuständigen Sachverständigenausschuss des DIBt festgelegt.

Bei Überschreitung der Zuordnungswerte Z2 (Eluat oder Feststoff) kann keine allgemeine bauaufsichtliche Zulassung erteilt werden. Werden die jeweiligen Zuordnungswerte Z2 eingehalten, ist die Freisetzung der mobilisierbaren Schwermetalle zu untersuchen und zu bewerten.

Hierfür wird der Standtest gemäß Richtlinie des Deutschen Ausschusses für Stahlbeton *Bestimmung der Freisetzung anorganischer Stoffe durch Auslaugung aus zementgebundenen Baustoffen, Teil 1: Grundlagenversuch zur Charakterisierung des Langzeitauslaugverhaltens* (DAfStb-Richtlinie) [5] durchgeführt. Beim Standtest nach DAfStb-Richtlinie wird ein Betonprobekörper mit vorgegebenen Probekörperabmessungen in deionisiertes Wasser gelegt. In bestimmten Abständen wird das Eluat gewechselt und untersucht; die gesamte Prüfdauer beträgt 56 Tage. Im Rahmen des in der Einleitung erwähnten CEN/TC 351 wird ein Entwurf einer harmonisierten Prüfnorm für einen Standtest (prCEN/TS 16637-3; noch unveröffentlicht) erarbeitet. Dieser Normentwurf ähnelt in wesentlichen Teilen dem der DAfStb-Richtlinie. Die Eluatwechsel und die Prüfdauer stimmen jedoch nicht exakt überein. Sobald die harmonisierte Prüfnorm vorliegt, wird sie auch im Rahmen der Zulassungsverfahren angewendet werden.

Da die Ergebnisse des Laborversuchs (Standtest nach DAfStb-Richtlinie) nicht der in der Realität auftretenden Konzentration entsprechen, sind die Ergebnisse der Laborversuche mit Übertragungsfunktionen auf die Realität umzurechnen. Beim Einbau von Beton im Grundwasser entstehen an der Oberfläche der Betonkonstruktion hohe Stoffkonzentrationen, die aber mit der Zeit und Entfernung stark abnehmen. Daher ist bei der Festlegung der Übertragungsfunktion eine kleinräumige und zeitliche Mittelung der Stoffeinträge zulässig (siehe auch [15]). Die Übertragungsfunktion für die Bewertung von Beton mit dem Standtest ist in Anhang II-B des Teiles II von [10] ausführlich beschrieben. Im Ergebnis existiert eine Formel, mit der die Geringfügigkeitsschwellen für anorganische Parameter in zulässige Freisetzungsraten für den Standtest umgerechnet werden. In Bild 2 ist die Übertragungsfunktion schematisch dargestellt. Werden im Standtest von den Betonprobekörpern die zulässigen Freisetzungsraten für alle relevanten Parameter eingehalten, ist die Einhaltung der Grundsätze nach [10] nachgewiesen.

Bei dem dargestellten Verfahren werden die mobilisierbaren Inhaltsstoffe der Betonausgangsstoffe mit einem Elutionsversuch mit Betonprobekörper bewertet. Für die Herstellung des zu untersuchenden Betons ist die Zusammensetzung vorgegeben.

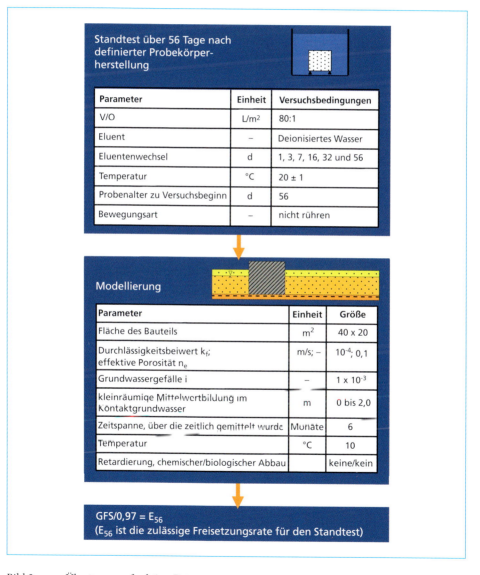

Bild 2: Übertragungsfunktion Beton

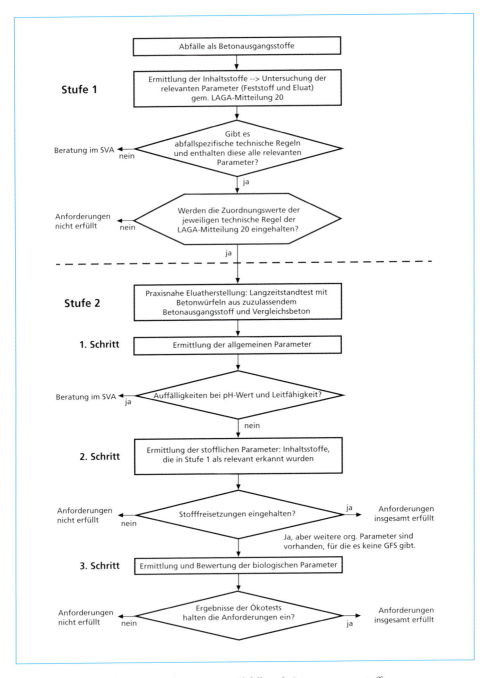

Bild 3:   Ablaufschema zur Bewertung von Abfällen als Betonausgangsstoffe

Da bei der Untersuchung von Betonprobekörpern eine Zuordnung der freigesetzten Parameter zu dem zuzulassenden Betonausgangsstoff schwierig ist, wird auch eine Vergleichsmischung der Betonrezeptur ohne den zuzulassenden Betonausgangsstoff untersucht. Soll also eine rezyklierte oder industriell hergestellte Gesteinskörnung zugelassen werden, wird ein Betonprobekörper mit dieser zuzulassenden Gesteinskörnung (ggf. bis zu dem für die Anwendung beantragten Höchstgehalt) hergestellt. In der Vergleichsmischung wird eine natürliche Gesteinskörnung verwendet.

Der Standtest ist derzeit nur für die Untersuchung von anorganischen Parametern standardmäßig geeignet. Organische Parameter können ggf. auch im Standtest untersucht werden. Bei der Untersuchung und Bewertung von organischen Stoffen wird aber immer der zuständige Sachverständigenausschuss des DIBt einbezogen, da noch keine ausreichenden Erfahrungen für die Bewertung organischer Parameter vorliegen.

Der Standtest ist derzeit nur für die Untersuchung von anorganischen Parametern standardmäßig geeignet. Organische Parameter können ggf. auch im Standtest untersucht werden. Bei der Untersuchung und Bewertung von organischen Stoffen wird jedoch der zuständige Sachverständigenausschuss des DIBt einbezogen, da ausreichende Erfahrungen für die Bewertung organischer Parameter noch nicht vorliegen.

In Bild 3 ist das Ablaufschema der Bewertung von Abfällen als Betonausgangsstoffe im Überblick dargestellt.

Die Bewertung der mobilisierbaren Inhaltsstoffe mit dem Standtest umfasst nur die Festbetonphase. Für die Fälle, in denen der Beton im Kontakt mit Grundwasser aushärtet (z.B. Unterwasserbeton) müssen andere Prüf- und Bewertungsverfahren gewählt werden. Hierzu wurden in den letzten Jahren umfangreiche Forschungsvorhaben [2, 3, 4] durchgeführt. Die Prüf- und Bewertungsverfahren befinden sich aber noch in der Entwicklung.

Teilweise können bei Betonausgangsstoffen auch die Ermittlung und die Bewertung der Radioaktivität notwendig sein. Die Radioaktivität von Betonausgangsstoffen hat aber eher eine Relevanz für die Nutzer von Gebäuden und weniger für Boden und Grundwasser. Deshalb wird sie in diesem Artikel nicht behandelt.

3. Anforderungen an die Qualitätssicherung

Bezüglich der Qualitätssicherung von Recyclingbaustoffen ist im Zulassungsverfahren des DIBt vorgesehen, dass die Zulassungsprüfungen (wie in Abschnitt 2.2. beschrieben) nur von Prüfstellen durchgeführt werden können, die vom DIBt hierfür benannt werden. Auf der Liste des DIBt befinden sich nur Stellen, die sich an Laborvergleichsuntersuchungen zum Standtest beteiligt haben.

Die allgemeine bauaufsichtliche Zulassung wird in der Regel für fünf Jahre erteilt und kann auf Antrag um weitere fünf Jahre verlängert werden. Für den Nachweis der Übereinstimmung der Bauprodukte mit der allgemeinen bauaufsichtlichen Zulassung sind in den Landesbauordnungen verschiedene Übereinstimmungsnachweisverfahren vorgesehen. Für Betonausgangsstoffe hat die Bestätigung der Übereinstimmung mit einem Übereinstimmungszertifikat einer für die Bauproduktgruppe anerkannten Zertifizierungsstelle auf Basis einer werkseigenen Produktionskontrolle und einer Fremdüberwachung durch eine anerkannte Überwachungsstelle zu erfolgen.

Umfang und Häufigkeit der werkseigenen Produktionskontrolle sind vom jeweiligen Betonausgangsstoff abhängig. Ferner werden in der Zulassung die einzuhaltenden Obergrenzen für Schwermetalle und die entsprechenden Prüfverfahren vorgegeben. In der Regel sind Sekundärrohstoffe als Betonausgangsstoffe im Rahmen der werkseigenen Produktionskontrolle und Fremdüberwachung auf die im Zulassungsverfahren geprüften Schwermetalle nach den Prüfverfahren der LAGA Mitteilungen M 20 [12] im Feststoff und/oder Eluat zu untersuchen. Untersuchungen von Betonprobekörpern werden im Rahmen von werkseigener Produktionskontrolle und Fremdüberwachung nicht mehr verlangt.

Die Ergebnisse der werkseigenen Produktionskontrolle sind aufzuzeichnen und auszuwerten. Die Aufzeichnungen sind mindestens fünf Jahre aufzubewahren und der für die Fremdüberwachung eingeschalteten Überwachungsstelle vorzulegen. Entsprechen die Ergebnisse den festgelegten Überwachungswerten nicht, sind vom Hersteller unverzüglich die erforderlichen Maßnahmen zur Abstellung des Mangels zu treffen. Die werkseigene Produktionskontrolle ist durch eine Fremdüberwachung regelmäßig, mindestens jedoch zweimal jährlich, zu überprüfen.

Im Rahmen der Verlängerung der Geltungsdauer der allgemeinen bauaufsichtlichen Zulassung sind die Ergebnisse der Fremdüberwachung vorzulegen. Ändern sich die Prüfbedingungen oder Anforderungen während der Laufzeit der Zulassung, können weitere Prüfungen für die Verlängerung der Geltungsdauer der Zulassung gefordert werden.

4. Zusammenfassung und Ausblick

Bei der Verwendung von Abfällen/Sekundärbaustoffen in Bauprodukten sind gemäß den Landesbauordnungen in Deutschland die Anforderungen an die Auswirkungen auf Boden und Grundwasser nachzuweisen. Unterliegen die Bauprodukte europäisch harmonisierten Normen, in denen der Umweltschutz noch nicht ausreichend berücksichtigt wird, ist die Umweltverträglichkeit mit einer allgemeinen bauaufsichtlichen Zulassung nachzuweisen. Für welche Bauprodukte dies gilt, ist den Bauregellisten zu entnehmen. Die Umweltverträglichkeit im Rahmen der Erteilung allgemeiner bauaufsichtlicher Zulassungen wird auf Basis der *Grundsätze für die Bewertung der Auswirkungen von Bauprodukten auf Boden und Grundwasser* [10] bewertet.

Allgemeine bauaufsichtliche Zulassungen für Betonausgangsstoffe sind im Zulassungsverzeichnis 3 *Betontechnologie* auf der Internetseite des DIBt www.dibt.de zu finden. Die vom DIBt erteilten allgemeinen bauaufsichtlichen Zulassungen können gegen eine Gebühr von dieser Internetseite bezogen werden.

Sobald die harmonisierten Prüfmethoden für die Freisetzung von gefährlichen Stoffen des CEN/TC 351 vorliegen, sollen die Normenausschüsse die Freisetzung von gefährlichen Stoffen in die jeweiligen harmonisierten Produktnormen aufnehmen. Die europäische Kommission überprüft derzeit alle Normungsmandate, um zu klären, in welchen Mandaten Anforderungen an die Freisetzung von gefährlichen Stoffen zu ergänzen sind.

Das Mandat M/125 *Gesteinskörnungen* wurde schon hinsichtlich der nationalen Anforderungen zur Freisetzung von gefährlichen Stoffe, z.B. denen aus Deutschland (Tabelle 1) ergänzt. Dementsprechend sind zukünftig bei einer Überarbeitung der DIN EN 12620[10] und der DIN EN 13055-1[11] die Prüfanforderungen hinsichtlich der Auswirkungen der Gesteinskörnungen auf Boden und Grundwasser aufzunehmen. Für das Inverkehrbringen in Deutschland wird die Angabe der Prüfergebnisse als Leistungsmerkmal der Leistungserklärung notwendig sein.

Die Bewertung der Ergebnisse ist den Mitgliedstaaten vorbehalten. So wären dann für die Verwendung in Deutschland die ausgewiesenen Prüfergebnisse mit den zulässigen Freisetzungsraten zu vergleichen. Weitere Informationen zur Umsetzung der Prüfverfahren in harmonisierte Normen können den Vorträgen des DIN-Workshop *Europäische Harmonisierung der Bewertung der Freisetzung gefährlicher Stoffe aus Bauprodukten – der aktuelle Stand* vom 13. Februar 2014 entnommen werden [6]. Wenn die Prüfung der Freisetzung aller in Deutschland relevanten Parameter aus den Gesteinskörnungen in der DIN EN 12620[10] und DIN EN 13055-1[11] enthalten wären und somit über die Ausweisung der Prüfergebnisse eine Bewertung der Auswirkungen der Gesteinskörnungen auf Boden und Grundwasser möglich wäre, würde die Notwendigkeit für eine zusätzliche allgemeine bauaufsichtliche Zulassung für den Nachweis der Umweltverträglichkeit entfallen.

5. Quellen

[1] Bauregelliste A, Bauregelliste B und Liste C; DIBt; Ausgabe 2014/1

[2] Brameshuber, W.; Vollpracht, A.: Prüfverfahren und Entwicklung von Prüfkriterien zur Bewertung der Auslaugung umweltrelevanten Stoffe aus Frischbeton. Aachen: Institut für Bauforschung, 2003. – Forschungsbericht Nr. 817

[3] Brameshuber, W.; Vollpracht, A.: Prüfverfahren und Entwicklung von Prüfkriterien zur Bewertung der Auslaugung umweltrelevanten Stoffe aus Frischbeton - Fortsetzungsprojekt. Aachen: Institut für Bauforschung, 2005. – Forschungsbericht Nr. 817/1

[4] Brameshuber, W.; Vollpracht, A.: Erarbeitung eines Bewertungskonzepts zur Auslaugung aus Frischbeton. Aachen: Institut für Bauforschung, 2007. – Forschungsbericht Nr. 944

[5] Deutscher Ausschuss für Stahlbeton, DAfStb-Richtlinie: Bestimmung der Freisetzung anorganischer Stoffe durch Auslaugung aus zementgebundenen Baustoffen, Teil 1: Grundlagenversuch zur Charakterisierung des Langzeitauslaugverhaltens, Ausgabe Mai 2005, Beuth Verlag, Berlin und Köln

[6] DIN-Workshop Europäische Harmonisierung der Bewertung der Freisetzung gefährlicher Stoffe aus Bauprodukten – der aktuelle Stand; http://www.beuth.de/de/artikel/workshop-gefaehrlicher-stoffe-aus-bauprodukten-download

[7] Eckpunkte (EP) der LAGA für eine Verordnung über die Verwertung von mineralischen Abfällen in technischen Bauwerken vom 31.08.2004

---

[10] DIN EN 12620:2008-07 Gesteinskörnungen für Beton; Deutsche Fassung EN 12620:2002+A1:2008

[11] DIN EN 13055-1:2002-08 Leichte Gesteinskörnungen – Teil 1: Leichte Gesteinskörnungen für Beton, Mörtel und Einpressmörtel; Deutsche Fassung EN 13055-1:2002

[8] Gesetz zur Förderung der Kreislaufwirtschafts und Sicherung der umweltverträglichen Bewirtschaftung von Abfällen (Kreislaufwirtschaftsgesetz – KrWG) vom 24.02.2012

[9] Gesetz zur Ordnung des Wasserhaushalts (Wasserhaushaltsgesetz – WHG) vom 31.07.2009

[10] Grundsätze zur Bewertung der Auswirkungen von Bauprodukten auf Boden und Grundwasser, Teile I-III, 2011, herunterzuladen von der DIBt-Homepage www.dibt.de

[11] Ilvonen, O., Kirchner, D.: Europäische Harmonisierung der Prüfnormen für die Freisetzung gefährlicher Stoffe aus Bauprodukten – auf dem Weg zu einer CE-Kennzeichnung mit Emissionsklassen. DIBt Mitteilungen 4/2010, S. 151-158

[12] LAGA Mitteilung M 20: Anforderungen an die stoffliche Verwertung von Mineralischen Abfällen – Technische Regel, Erich Schmidt Verlag

[13] Länderarbeitsgemeinschaft Abfall: Anforderungen an die stoffliche Verwertung von mineralischen Abfällen: Teil II: Technische Regeln für die Verwertung, 1.2 Bodenmaterial (TR Boden), Stand 05.11.2004, herunterzuladen von LAGA-Homepage www.laga.de

[14] Länderarbeitsgemeinschaft Wasser: Ableitung von Geringfügigkeitsschwellen für das Grundwasser, Dezember 2004, herunterzuladen von der LAWA-Homepage www.lawa.de

[15] Länderarbeitsgemeinschaft Wasser: Grundsätze des vorsorgenden Grundwasserschutzes bei Abfallverwertung und Produkteinsatz (GAP-Papier), Mai 2002, herunterzuladen von der LAWA-Homepage www.lawa.de

[16] Verordnung (EG) Nr. 1272/2008 des europäischen Parlaments und des Rates vom 16. Dezember 2008 über die Einstufung, Kennzeichnung und Verpackung von Stoffen und Gemischen, zur Änderung und Aufhebung der Richtlinien 67/548/EWG und 1999/45/EG und zur Änderung der Verordnung (EG) Nr. 1907/2006

[17] Verordnung (EU) Nr. 305/2011 vom 09.03.2011, Amtsblatt der Europäischen Union Nr. L88/5

Produktgestaltung mit Sekundärrohstoffen aus der Baustoff- und Keramikindustrie

Ulrich Teipel

1.	Forschungsverbund Forcycle	480
2.	Produktgestaltung	481
3.	Prozesstechnik – Aufbereitungstechnologien	482
4.	Zusammenfassung	488
5.	Quellen	488

Die Baustoffindustrie ist der Industriezweig, in dem die größten Massenströme verarbeitet werden. Somit stellen die Sekundärbaurohstoffe und vor allem der Bauschutt einen der größten Abfallströme in Deutschland dar. Die zukünftigen Herausforderungen – die Abnahme an natürlichen Ressourcen und die Verknappung von Deponieraum – können mit dem gegenwärtigen Stand der Technik des Bauschuttrecyclings nicht beantwortet werden.

In der Bundesrepublik Deutschland fallen jährlich etwa sechzig Millionen Tonnen Bauschutt, bestehend aus Beton,- und Mauerwerksbruch, an. Der Monitoringbericht der Arbeitsgemeinschaft Kreislaufwirtschaftträger Bau zeigt, dass etwas siebzig Prozent recycelt werden [1]. Dies bedeutet, dass 15 bis 20 Millionen Tonnen Bauschutt jährlich deutschlandweit noch nicht recycelt werden; nur knapp fünf Prozent gelangen als hochwertiges Produkt in den Hochbau. Recycling-Baustoffe werden vornehmlich im Straßenbau eingesetzt. Zweitgrößtes Anwendungsfeld ist der Erdbau mit etwa zwölf Millionen Tonnen pro Jahr. Nur ein geringer Teil des aufbereiteten Betonbruchs findet als rezyklierte grobe Gesteinskörnung zurück in den Normalbeton [4-6]. Das Problem des Sekundärrohstoffes Mauerwerksbruch ist seine extreme Heterogenität. Mauerwerksbruch kann neben den Wandbaustoffen Ziegel, Beton und Mörtel auch Fliesen oder Porzellan von Waschbecken und Toiletten enthalten. Diese Heterogenität ist auch bei gewissenhaft durchgeführten und standardisierten Abbruch- und Rückführungsmaßnahmen nicht zu verhindern. Hierzu müssten neue Aufbereitungsprozesse mit integrierten Sortier- und Trennverfahren entwickelt werden. Die Heterogenität der Baustoffe wird mit Zunahme neuer komplexer Materialen in der Bauindustrie

– z.B. neuartige Verbundwerkstoffe – immer größer und stellt eine bedeutsame Aufgabe für die Baustoffrecyclingindustrie dar. Bei der Baustoffaufbereitung durch Zerkleinerung – Brechen und Mahlen – entsteht ein erheblicher Anteil an Feingut, für den noch keine zufrieden stellenden Versorgungswege gefunden wurden.

Es müssen Technologien, innovative Prozesse und logistisch umsetzbare Möglichkeiten gefunden werden, um aus Sekundärrohstoffen der Bauindustrie neue hochwertige Produkte herzustellen und diese am Markt zu platzieren. Aus heterogenen, körnigen mineralischen Rohstoffen werden durch die Anwendung neuer Verfahren hochwertige Produkte mit definierten Eigenschaftsprofilen hergestellt. Die neuen nachhaltigen Strategien müssen so ausgerichtet sein, dass sich ein funktionierender Markt für Recyclingbaustoffe entwickelt, in dem Sekundärbaurohstoffe und Primärrohstoffe gleichwertig und unter gleichen Bedingungen nachgefragt und eingesetzt werden.

1. Forschungsverbund Forcycle

Das Bayerische Staatsministerium für Umwelt und Verbraucherschutz (StMUV) hat sich zum Ziel gesetzt, stoffspezifische Technologien für die innovative Nutzung von Sekundärrohstoffen zu verbessern. In enger Zusammenarbeit zwischen Forschung und Industrie sollen Technologien und Verfahren entwickelt werden, mit denen die Produktion und der Einsatz von Sekundärrohstoffen verbessert werden können. Dafür hat das Bayerische Staatsministerium für Umwelt und Verbraucherschutz (StMUV) die Förderung des Forschungsverbunds *ForCycle* beschlossen und im Januar 2014 auf den Weg gebracht. Der Forschungsverbund soll Recyclingprozesse und Wiederverwertungsstrategien von Funktionsmaterialien – Metalle, mineralische Baustoffe und Kompositmaterialien – entwickeln und optimieren, für diese Funktionsmaterialien Wege in die umweltpolitisch und wirtschaftlich gewünschte Stoffstromkreislaufwirtschaft ermöglichen, einschlägige Wirtschaftsunternehmen in den Forschungsverbund strategisch integrieren, die bayerische Recyclingwirtschaft stärken, eine Ressourcenstrategie für Sekundärrohstoffe entwickeln und Vorschläge zu deren Umsetzung erarbeiten. Das strategische Konzept des ForCycle-Verbundes beruht auf einer Rohstoffbetrachtung, die den Wertschöpfungsprozess eines Rohstoffs und seiner Funktionen in den Blick nimmt. Die stoffspezifische Ressourcenstrategie verfolgt, analysiert und bewertet den Lebenszyklus eines Rohstoffs von der Förderung über die Aufbereitung, die Funktionalisierung für die Produktion und die Nutzung bis zur Entsorgung und seine mögliche Rückführung in den Stoffkreislauf. Projekte im Verbund sind: Entwicklung einer Gesamtlösung zur effektiven Rückgewinnung von Buntmetallen aus Industrieabwässern, ressourceneffiziente Faser-Matrix Separation für das Recycling von Carbonfaserstrukturen, niedrig schmelzende Zucker-Harnstoff Gemische zur Extraktion von Metallen und anderen Werkstoffen, neuartige biogene Hybridpolymere aus Cellulose und Chitin, Recycling von Metall-Kunststoffverbunden und Hybridwerkstoffen, Recycling von Kompositbauteilen aus Kunststoffen als Matrixmaterial, Produktgestaltung mit Sekundärrohstoffen in der Baustoff- und Keramikindustrie, Aufreinigung von Gebrauchs- und Spezialgläsern zur Dissipationslimitierung und Rückgewinnung von Wertmetallen.

2. Produktgestaltung

Die Produktgestaltung hat das Ziel, Produkte mit definiertem Eigenschaftsprofil zu entwickeln und unter ökonomischen und ökologischen Bedingungen am Markt zu platzieren. Die Gestaltung von partikulären Produkten und dispersen Systemen ist ein für das jeweilige Stoffsystem spezifischer Vorgang von hoher Komplexität, der zur Erstellung eines gewünschten Produktprofils eine optimale Kombination der physikalischen, chemischen und ggf. biologischen Eigenschaften erfordert. Eine wesentliche Aufgabe der Produktgestaltung besteht darin, die anwendungsorientierten Anforderungen partikulärer Produkte und disperser Systeme reproduzierbar zu erzeugen und definiert zur Verfügung zu stellen.

Beispiele für Produkteigenschaften sind: Dispergierbarkeit, Farbe, Geschmacksmaskierung, Lagerstabilität, Staubneigung, rheologisches Verhalten, Explosionsneigung, Agglomerationsstruktur oder -neigung, Haftverhalten, Festigkeit, Durchströmungsverhalten und Bauteilporosität.

Viele dieser Produkteigenschaften werden häufig auf Basis empirischer Optimierung verarbeitungs- und anwendungsbezogen bestimmt. Die Produkteigenschaften stehen in engem Zusammenhang mit den physikalischen Eigenschaften des dispersen Systems, den Dispersitätseigenschaften. Der funktionale Zusammenhang zwischen den Produkt- und Dispersitätseigenschaften kann für chemisch identische Produkte durch die Eigenschaftsfunktion

$$\xi_i = f(\kappa_j) \tag{1}$$

beschrieben werden. Diese Gleichung zeigt, dass die Produkteigenschaften ξ_i in hohem Maße von den Dispersitätseigenschaften κ_j abhängig sind.

Für partikuläre Produkte, wie zerkleinerte Sekundärbaustoffe und disperse Systeme wichtige Dispersitätsgrößen sind u.a.: Partikelgröße und Partikelgrößenverteilung, Morphologie, Polymorphie, Kristallinität, Struktur, Partikelporosität, Schüttdichte, Benetzbarkeit.

Für die Zukunft besteht eine wesentliche Aufgabe und Herausforderung darin, für eine bestimmte Produktgruppe diese Eigenschaftsfunktion ξ_i näher zu beschreiben. Partikel mit definierten Dispersitätseigenschaften können unter Berücksichtigung der Prozessfunktion durch verfahrenstechnische Prozesse wie die Zerkleinerung oder Agglomeration erzeugt werden.

Die Dispersitätseigenschaften partikulärer Produkte stellen über die Eigenschafts- und Prozessfunktion eine Verbindung zwischen dem Aufgabegut, dem jeweiligen Verfahren und den geforderten anwendungsorientierten Produkteigenschaften des Endproduktes dar.

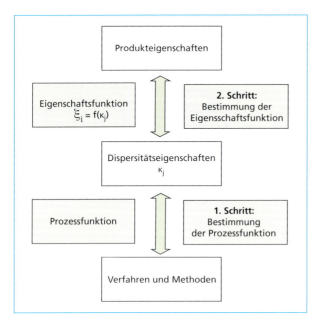

Bild 1:

Produktgestaltung

3. Prozesstechnik – Aufbereitungstechnologien

Baustoffabfälle aus dem Hochbau sind heterogene Gemische mineralischer Baustoffe, wie Beton oder Kalksandstein, Ziegel oder Mörtel, Putz und Dämmstoffe. Um diese Baureststoffe in Produkte zu überführen, müssen in einem ersten Schritt die Stoffe getrennt werden. Da die Baustoffe in ihrem primären Aufgabengebiet in dieser Zusammensetzung ihre Funktion erfüllen müssen, ist nicht davon auszugehen, dass sich ihre Zusammensetzung in nächster Zeit ändert. In vielen Fällen sind Fremdbestandteile und variierende Anteile von z.B. Ziegel in Beton des Sekundärmaterials nachteilig für den Recycling-Prozess und das Endprodukt. Das inhomogene Stoffsystem Baureststoffe tritt sowohl in Form unterschiedlicher Materialen, als auch mit unterschiedlichen Größen und Größenverteilung der Bauschutt-Partikel auf.

Tabelle 1: Bestandteile von Bauschutt

Baustoffabfälle		
Erdreich	Ziegel	Gips
Beton	Kalksandstein	Blähton
Fliesen	Mörtel	Steinwolle

Bild 2: Ausgangsmaterial Mauerwerksbruch

Mit der Aufbereitungstechnik sollen Sekundärrohstoffe aus Baustoffabfall (Bild 2) so hergestellt werden, dass ein hochwertiger Recycling-Baustoff mit definiertem Eigenschaftsprofil erzeugt wird. In der Baustoffindustrie dominieren einfache und robuste Maschinen und Anlagen wie Brecher und grobe Siebe. Hier ist nicht die Produktqualität sondern die Störanfälligkeit der Maschine oder Anlage das wichtigste Kriterium. Oft sind die Aufbereitungstechnologien für Baustoffabfälle an die Technologien für primäre Baustoffe angelehnt. Für die Herstellung höherwertiger Produkte oder Vorprodukte aus sekundären Baurohstoffen müssen neue Prozesse entwickelt oder vorhandene Prozesse modifiziert werden.

Um Recyclingmaterialien mit hinreichender Produktqualität zu produzieren und am Markt zu etablieren, müssen bei der Konzeption der Verfahren die Besonderheiten der Sekundärrohstoffe, wie Inhomogenität, Partikelgrößenverteilung, Fein- oder Grobgutanteil oder Aggregate/Cluster aus verschiedenen Materialien berücksichtigt werden. Des Weiteren ist zu beachten, dass Recyclingbaustoffe die Anforderungen der Umweltverträglichkeit erfüllen müssen.

Bild 3 zeigt schematisch die erforderlichen Prozessschritte zur Aufbereitung und Produktgestaltung von sekundären mineralischen Baurohstoffen.

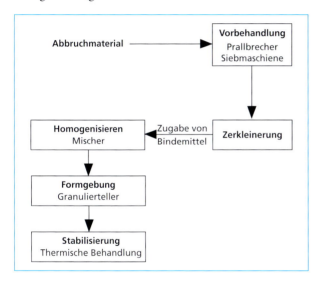

Bild 3: Aufbereitung von Baustoffabfällen

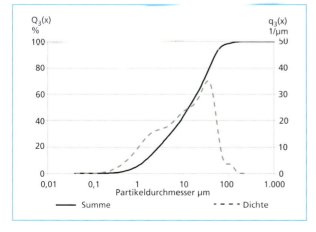

Bild 4: Volumensummen- und Dichtefunktion

483

In einem ersten Prozessschritt muss der Bauschutt durch Grobzerkleinerung in einem Brecher – ggf. zweistufig Backen- und Prallbrecher – grobe Klassierung des vorzerkleinerten Materials mit einer Siebmaschine und ggf. einer Strömungssortierung – z.B. Windsichtung – des Grobgutes des Siebmaschinenprozesses zur Abtrennung von Leichtstoffen wie Papier, Kunststofffolien, Dämmstoffen, Holz usw. vorbehandelt werden.

Bild 5: Mit einer Kugelmühle zerkleinerter Mauerwerksbruch

Ein wichtiger Prozessschritt ist die Zerkleinerung der Bauschuttfraktionen. Aufgrund der unterschiedlichen, heterogenen Baustoffabfälle müssen in Zukunft verschiedenen Zerkleinerungsverfahren und deren Wirksamkeit in Bezug auf die Herstellung homogener Fraktionen untersucht werden. Bild 4 zeigt die Volumensummen- und Volumendichtefunktion von in einer Kugelmühle zerkleinertem Mauerwerksbruch. Diese Fraktion besitzt eine typische Partikelgröße von $x_{90,3} < 100$ μm, was für die weiteren Schritte der Verarbeitung, insbesondere für die Formgebung, vorteilhaft ist. Der Medianwert der Partikelgrößenverteilung liegt bei $x_{50,3} = 30$ μm (siehe auch Bild 5). Es ist zur Zeit noch unklar, mit welchem optimalen Energieeintrag und mit welcher Beanspruchungsart – Druck, Schlag oder Prall – diese Sekundärrohstofffraktionen nach der Vorzerkleinerung – Brechen – beansprucht werden müssen und welche Zerkleinerungsmaschinen – Prallmühlen, Hammermühlen oder Kugelmühlen o.ä. – den gewünschten Zerkleinerungsgrad liefern. Auch die Prozessparameter, wie die Beanspruchungsdauer, die erzielbare mittlere Partikelgröße, die Partikelgrößenverteilung, die Beanspruchungsintensität, die erforderliche Zerkleinerungsarbeit und die mögliche Energieausnutzung und der Zerkleinerungsgrad sind zur vollständigen Beschreibung des Prozessschritts Zerkleinerung zu ermitteln.

Bild 6: Grüngranulate nach dem Agglomerationsprozess mit einem Tellergranulator

Dem Stoffstrom, der als innovativer Baustoff aufbereitet wird, wird vor der Homogenisierung in einem Mischer Blähmittel zugegeben. Anschließend wird dieses Gemisch in einer Granulieranlage, z.B. einem Tellergranulator oder einem Hochenergiemischer, zu Agglomeraten unterschiedlicher Größe verarbeitet. Durch die mögliche Variation der Größe und der Festigkeit der Grünkörper können diese für unterschiedliche Einsatzgebiete gefertigt werden [2, 3, 7]. Auch die Möglichkeit der gezielten Einstellung der Dichte und der Porosität dieser Agglomerate eröffnet zusätzliche Einsatzmöglichkeiten für neue Produkte im Bauwesen und anderen Industriezweigen. Bild 6 zeigt Grüngranulate die durch Aufbauagglomeration in einem Tellergranulator (Bild 7) hergestellt wurden.

Bild 7: Tellergranulator

Für den Einsatz in der Bauindustrie sollen die Produkte, wenn sie z.B. als Leichtzuschlagsstoffe oder als Schüttung zur Wärme-/Schalldämmung eingesetzt werden sollen, folgende Spezifikationen besitzen: Die Agglomeratgröße soll nach Möglichkeit 8 mm nicht überschreiten ($x < 8$ mm), die Schüttdichte soll zwischen 300 kg/m³ $< \rho_{Schütt} <$ 800 kg/m³ betragen, wobei $\rho_{Schütt} <$ 350 kg/m³ angestrebt wird. Im Endprodukt liegt die minimale Kornfestigkeit idealerweise bei $\sigma > 2$ N/mm², mindestens jedoch bei 1 N/mm². Betonschädliche Salze, Schwermetalle und eine Brennbarkeit des Materials sind zu vermeiden. In Bild 8 ist die Volumensummenverteilung des Produktes nach der Aufbauagglomeration dargestellt. Es zeigt sich, dass 100 Prozent aller an der Fraktion beteiligten Agglomerate kleiner oder gleich 8 mm sind, so dass u.a. die Bedingung der Agglomeratgröße erfüllt werden konnte.

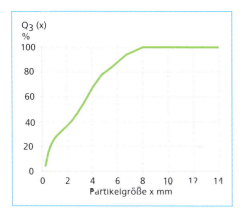

Bild 8: Partikelgrößenverteilung der Agglomerate

Beispielhaft ist in Bild 9 der Einfluss der Feuchtigkeit auf die Agglomeration von Mauerwerksbruch dargestellt. Der Feuchtigkeitsanteil φ wurde auf die Trockenmasse, die nach einer Trocknung von 24 Stunden bei 80 °C erreicht wurde, bezogen. Ein höherer Feuchtigkeitsgehalt des Mauerwerksbruchs bewirkt tendenziell eine höhere Agglomeratgröße, wie die Ergebnisse mit 10,6 Prozent und 24,4 Prozent Feuchtigkeit zeigen.

Für den Agglomerationsvorgang sind die interpartikulären Wechselwirkungen und das Benetzungsverhalten von Mauerwerksbruch von besonderer Bedeutung. Bei der Aufbauagglomeration von Mauerwerksbruch wird als Bindemittel Wasser eingesetzt. Im Folgenden soll kurz auf die Benetzungseigenschaften von mineralischen

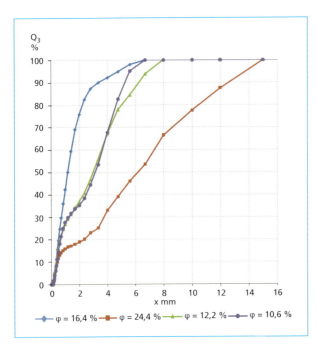

Bild 9: Volumensummenverteilung Mauerwerksbruch in Abhängigkeit des Feuchtegehaltes φ

Sekundärrohstoffen am Beispiel Mauerwerksbruch eingegangen werden. Hierzu werden im ersten Schritt die Grenzflächenspannungen detektiert, die im Dreiphasensystem Wasser, Mauerwerksbruch und Umgebungsluft auftreten. Aus diesen Grenzflächenspannungen resultiert ein spezifischer Kontaktwinkel zwischen der Partikeloberfläche des Mauerwerksbruchs und der Flüssigkeit (Wasser). Dieses Phänomen kann mit der Durchströmung einer Schüttung aus Mauerwerksbruchpartikeln in der Kombination mit der Sorptionsmethode und der modifizierten Washburn-Gleichung untersucht werden [8].

$$m_F^2 = \frac{\rho_F^2 \cdot A^2 \cdot (c \cdot \bar{r}) \cdot \gamma_{F,G} \cdot \cos\delta}{2 \cdot \eta_F} \cdot t \qquad (2)$$

Hierin sind m_F die Masse der adsorbierten Flüssigkeit, δ der Randwinkel, $\gamma_{F,G}$ die Grenzflächenspannung zwischen Flüssigkeit und Partikeloberfläche, c der Orientierungsfaktor der Partikelschüttung, r der mittlere Radius, A die Grenzfläche des freien Volumens und η_F die Viskosität des Wassers. Bild 10 zeigt das Sorptionsverhalten von Mauerwerksbruchpartikeln und Wasser. Hieraus ergibt sich, bei den Bedingungen, ein Randwinkel von $\delta = 79{,}6°$. Diese kann durch Zugabe von Zusatzstoffen oder Hilfsstoffe verringert werden, was zu deutlich verbesserten Agglomerationsbedingungen führen würden.

In dem letzten Prozessschritt werden die Grünkörper (Granulate) durch thermische Behandlung (Sinterung) oder hydrothermale Behandlung oder ggf. den Einsatz von Bindemitteln stabilisiert.

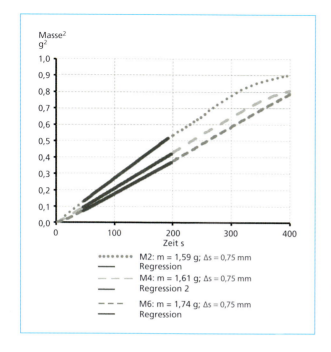

Bild 10:

Benetzungsverhalten Mauerwerksbruch und Wasser

Unter Anwendung dieser Prozesskette sollen aus sekundären Baurohstoffen neue Produkte mit besonderen definierten Eigenschaftsprofilen erzeugt werden. Die Anwendungsgebiete der Produkte aus recyceltem Baumaterial sind vielfältig.

Zum Beispiel können Zuschlagsstoffe für Leichtbeton, Materialien zur Wärmedämmung oder zum Schallschutz und Baumaterialien, bei denen eine poröse Struktur erforderlich ist, hergestellt werden. Im Bereich der Agrarindustrie können die neuen Produkte mit porösen Strukturen als Hydrokultursubstrate, Dachbegrünungssubstrate, Beimischungen zu Pflanzsubstraten oder Trägermaterial für Düngemittel, Pflanzenschutzmittel oder Mikroorganismen Einsatz finden. Zur Verbesserung der Ressourceneffizienz in diesem Industriebereich ist eine Erhöhung der Recyclingquote für Bauschutt ein wichtiges anzustrebendes Ziel.

Bild 11: Produkte aus Sekundärbaurohstoffen

4. Zusammenfassung

Baustoffabfälle stellen den größten Abfallstrom in der Bundesrepublik Deutschland dar. Zurzeit werden etwa siebzig Prozent der sekundären Baustoffe verwertet, wobei der Straßen- und Tiefbau dominiert und nur fünf Prozent der recycelten Stoffe in den Hochbau gelangen. Insbesondere für Baustoffabfälle aus Mauerwerks- und Betonbruch stehen zurzeit noch keine technologischen Lösungen zur Verfügung, um hochwertige Produkte aus Sekundärrohstoffen am Markt zu platzieren. Hierzu besteht noch deutlicher Forschungsbedarf, um Technologien und Prozesse zu entwickeln, so dass aus Sekundärbaurohstoffen neue Produkte mit besonderen definierten Eigenschaftsprofilen entstehen.

5. Literatur

[1] Arbeitsgemeinschaft Kreislaufwirtschaftsträger Bau, Mineralische Baustoffabfälle Monitoring 2008, Bericht zum Aufkommen und zum Verbleib mineralischer Bauabfälle, Berlin 2011

[2] Hennig, M.; Schindhelm, S.; Teipel, U.: Steigerung der Ressourceneffizienz durch die Entwicklung von Agglomerationsverfahren für partikuläre Rohstoffe. In: Teipel, U.; Schmidt, R. (Hrsg.): Rohstoffeffizienz und Rohstoffinnovationen, Fraunhofer Verlag, Stuttgart, 2011, Band 2, 303 - 316

[3] Hennig, M.; Teipel, U.: Aufbereitung von sekundären mineralischen Baustoffen. Schüttgut 20 (2014) 1, 54 - 58

[4] Müller, A.: Baustoffrecycling. Österreichische Wasser- und Abfallwirtschaft 11-12/2011, S. 224-230

[5] Schnell, A.; Müller, A: Entwicklung von Technologien zur Herstellung von Leichtgranulaten aus Heterogenen Bau- und Abbruchabfällen. In: Rohstoffeffizienz und Rohstoffinnovationen U. Teipel (Ed.) Fraunhofer Verlag, Stuttgart, 2010, 235 - 247

[6] Schnell, A.; Müller, A.; Ludwig, H.-M. : Heterogener Mauerwerksbruch als Rohstoffbasis zur Herstellung von leichten Gesteinkörnungen. Tagungsband 18. Int. Baustofftagung Weimar, 2012, Band 2, 1098 - 1106

[7] Schindhelm, S.; Schnell, A.; Hennig, M.; Schwieger, B.; Müller, A.; Teipel, U.: Aufbereitung von sekundären Baurohstoffen durch Agglomeration. Chemie Ingenieur Technik 84 (2012) 10, 1798 - 1805

[8] Teipel, U.; Mikonsaari, I.: Determining Contact Angles of Powders by Liquid Penetration, Part. Part. Syst. Charact. 21 (2004) 255 - 260

Raw material challenges in refractory application

Erwan Guéguen, Johannes Hartenstein and Cord Fricke-Begemann

1. Introduction 490

2. Basics on refractories and their application 492

3. Importance of raw material quality 493

4. Actual raw material supply 495

5. Recycled materials as solution 497

6. Innovative separation technology for high-grade recycling of refractory waste using non destrictive technologies 498

7. Conclusions and summary 501

8. References 501

Uncountable products and things of our life as well as the creation of public infrastructure need the basic materials. These can never be produced without different high temperature processes for which a certain quantity of refractories materials is needed to cope with hot materials, but refractories are mostly not in the public perception. Refractories have accompanied for at least three centuries the industrial production and they have undergone a lot of developments and are today smart and well performing products.

The properties of modern refractories are mainly based on a small number of naturally occurring high quality raw materials which are imported from different countries; China being by far the most important one volume wise. The prices of refractory raw materials rose in the last decade by 30 percent in minimum and over 300 percent in maximum, whereas the prices of the sold refractory products could not follow this trend.

One possibility to overcome these issues is to make spent refractories re-usable. The use of recycled spent refractory materials has in two aspects a positive impact: one is the environmental part by reducing pollution and the protection of natural raw material resources; the other is the cost stabilisation or even reduction in manufacturing new refractories.

The recycling of refractories needs sophisticated processes to separate the used refractory itself from adhering metal, slags and altered parts; further a clear material detection which allows a separation into different material classes is needed. The first step is currently well practised in several industries. Mastering the second step by the introduction of a non-destructive laser based analysing and sorting system seems a promising route to convert undefined refractories into homogeneous re-usable refractories. First practical tests have shown the ability of such a system to distinguish different refractory material classes based on the analyses of three major elements.

1. Introduction

Refractory materials are without exception solids which can withstand high temperatures. They should keep their mechanical function, even in contact with corrosive liquids and gases, for a required period of time. Refractory materials are called as *refractory* when their *melting point* is higher than 1500 °C and as *highly refractory* when 1700 °C is exceeded. Usually they do not possess a distinct melting point; they soften and melt in a specific and usually narrow temperature range. The end point of melting has not much significance; the start and the interval for softening are much more important for the application of the individual refractory material (Figure 1).

Refractory materials are required for a lot of industrial melting processes such as in the production of steel, aluminium and copper; but also for the production of non-metallic materials such as burnt lime, cement clinker, glass and coke; and finally for

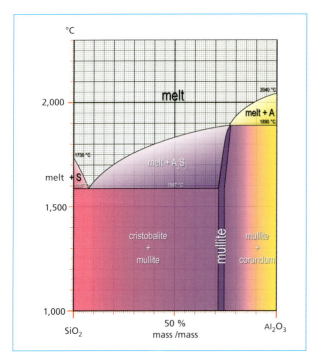

Figure 1:

Phase diagram $SiO_2 - Al_2O_3$ showing melting intervals

Raw Material	Formula	Reaction	Melting Point	Main Sources
Silica	SiO_2	acid	1,720 °C	Global
Fireclay	$SiO_2 + Al_2O_3$	acid	1,100 °C	Global
Aluminia Selicate	$SiO_2 + Al_2O_3$	acid	1,350 °C	China
Alumina	Al_2O_3	neutral	2,050 °C	synthetic
Zirkonia	ZrO_2	neutral	2,715 °C	South Africa
Zircon	$ZrSiO_4$	neutral	1,775 °C	Australia
Chromite	$FeCr_2O_4$	neutral	2,265 °C	South Africa
Spinel	$MgAl_2O_4$	neutral	2,135 °C	synthetic
Magnesia	MgO	basic	2,820 °C	China
Sinter Dolomite	$CaO + MgO$	basic	2,370 °C	Europe / Global
Graphite	C	neutral	3,600 °C	China

Table 1:

Important refractory raw materials

the production of refractories (e.g. magnesia, alumina, doloma, chamotte or synthetic spinel) themselves.

Refractory materials have to protect the vessel and must support the production process and last but not least keep the required heat.

Refractory materials are differentiated product groups:

- shaped products, also called bricks,
- unshaped products, also called monolithics,
- functional products and
- heat-insulating products.

The shaped products are further differentiated by the type of the used bonding:

- ceramic bonded bricks (carbon free) or fired bricks,
- carbon bonded bricks, or tempered bricks.

Refractories are mainly based on six oxides and some of their minerals between them: SiO_2, Al_2O_3, MgO, CaO, Cr_2O_3 and ZrO_2 (Table 1). Very often carbon in different forms is used as addition. Occasionally borides and nitrides for special applications as well as some base metals as antioxidant for the carbon are used (Figure 2).

Refractories are classified according to their chemical reaction behaviour in acidic, neutral and basic products. This is important for the correct application and compatibility with the operation process in which they take part. Refractories face not only the product processed; they have to cope also with slags and dusts or with corrosive vapours which occur also in the same process. The best overall adaption of the refractory products to the different process steps will result in reduced wear / corrosion or better performance.

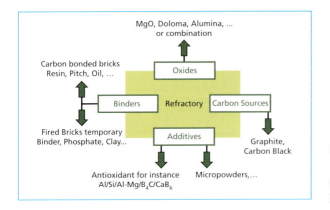

Figure 2:

General scheme for refractory product conception

2. Basics on refractories and their application

Based on the quantities of used refractories their main applications are steel production and cement production. In 2013 1607 Mt (million metric tonnes) crude steel and 3780 Mt of cement were produced. Both industries used accumulated 67 percent of the global refractory consumption of about 27.6 Mt. The remaining 33 percent of refractory materials are used in the non-ferrous (5 percent), glass (5 percent), foundry (2.3 percent), ceramic (2.2 percent), petro-chemical (1.6 percent), incineration & power generation (1.6 percent) and other industries.

When inspecting the actual refractory demand in different regions in detail one can see that PR China is today (2012) with 55 percent by far the largest consumer, followed by Asia & Oceania using 13 percent, the European Community with 8 percent and North America with 8 percent. The residual other regions such as Japan, Middle East, the CI

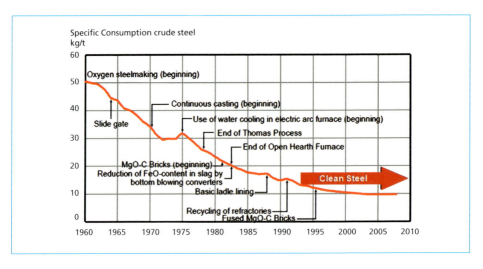

Figure 3: Development of specific refractories consumption

Source: Statisches Jahrbuch der Stahlindustie

States, Africa and Latin America use together 16 percent. Years ago Europe, Japan and North America accounted for more than 50 percent! The evolution of different heavy industry cores in Asia is the driving factor and will progress further.

The specific refractory consumptions in the steel industry have been decreasing since the 1950's. The steel industry had a specific consumption of around 50 kg / t of crude steel. Over the past 65 years the grades have switched from chamotte bricks with high porosity to highly sophisticated engineered materials. The consumption was reduced to around 10 kg / t by several major improvements in the primary steel production process, such as the replacement of the so-called Thomas-Process by Basic-Oxygen-Furnaces and of the Open-Hearth-Furnaces by Electric-Arc-Furnaces. The secondary step in steelmaking changed from bloom casting to continuous casting machines which reduced the demand for refractories also drastically (Figure 3).

In the cement industry one can see over the last six decades the same trend of decreasing specific refractory consumptions. Starting in the 1950's with plus 2 kg / t (refractories / cement clinker) we are today in average at 0.9 kg / t. In most modern kilns already less than 0.2 kg / t is achieved. The driving force here was the changes from the wet process for clinkering to the dry process; followed by the introduction of preheating towers and precalciners.

Taking the specific refractory consumption of the 1950's and the industrial production of today the refractory demand would calculate to approx. 150 Mt instead of 27.6 Mt. This comparison shows the real progress in development, quality and performance of products from the *hidden* refractory industry. On the other side it shows also the need for the *shrinking* of the refractory industry resulting in the merging of former competitors to new global acting enterprises.

3. Importance of raw material quality

Well selected raw materials are the crucial part for the development and the production of satisfactory refractory products. The raw material properties influence directly and indirectly important refractory properties.

Raw materials have to match at least six different properties for the production of high performance refractory products:

- sufficient initial grain size;
- density / porosity;
- main mineral / oxide share;
- limits in reducible oxides and / or fluxing oxides;
- molar balance of important oxides;
- crystal size of the main mineral / oxide.

Magnesia sinter for example has to have high density plus 3.30 g / cm^3, an MgO share plus 97.5 percent, an iron oxide share less 0.5 percent, a molar lime silica ratio of 3.0, an MgO crystal size plus 120μm.

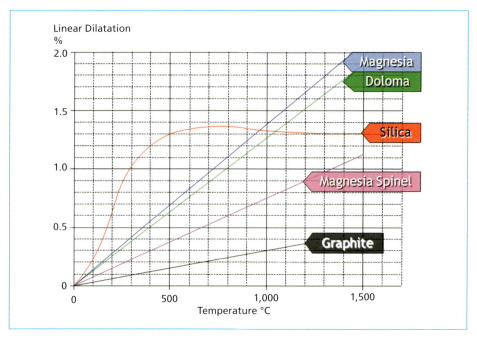

Figure 4: Thermal expansions of different refractory minerals

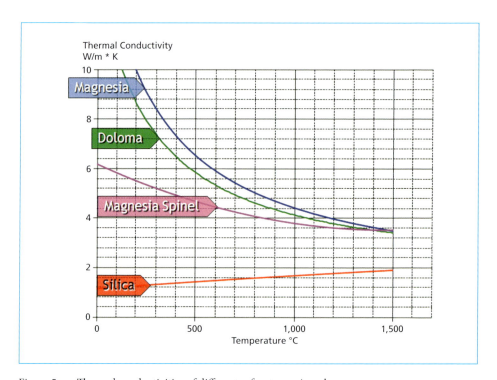

Figure 5: Thermal conductivities of different refractory minerals

High-grade refractory bauxite has to have a density plus 3.35 g / cm³, an alumina share of 86 to 88 percent, a titania share less than 3 percent, an iron oxide share less than 1.5 percent, and a low alkali share.

Graphite has to have a high packing density; a fixed carbon content of plus 96 percent; ash content less than 3 percent, low sulphur content; a sufficient flake size plus 100μm.

The properties of the final refractory products such as thermal expansion, heat capacity, thermal conductivity and *refractoriness* are solely influenced by the used raw materials / minerals (Figure 4 and Figure 5).

The density, porosity, permeability, crushing strength, modulus of rupture and elasticity and thermal shock resistance are mainly determined by the raw materials and the production process of the refractories themselves. Most important is the packing or *green* density achieved by an appropriate grain size distribution and a sophisticated moulding of the individual article or brick. The subsequent firing or tempering gives finally the desired properties.

The wear and corrosion resistance of the refractory products depend on both the raw materials and the conditions in use; like steel grades and slag types in steel production units; on kiln types and local atmospheres in the cement manufacturing.

The highest wear rates are often observed at the points with the highest temperatures and high thermal loads. Localised wear can be seen in different vessels at the triple junction of solid refractory, molten slag and hot ambient gas atmosphere which is triggered by the so-called Marangoni Convection. In the zones were the refractories are in contact with metal or slag only very limited wear is to observe. A lining for a vessel must have zones of different dedicated refractory grades for each different wear pattern.

4. Actual raw material supply

In 2012 in Europe around 51 percent of the refractory production of about 1.73 Mt were basic bricks mainly magnesia and around 22 percent high alumina bricks which contain a high share of refractory bauxite and tabular alumina. Additionally graphite was used for basic and high alumina bricks to improve their thermal shock resistance and rejection of molten metal. The situation for the supply for these three raw materials is shown in detail below.

Magnesia:

Large deposits of magnesite ($MgCO_3$) are the basis for sintered or fused magnesia. Sintered magnesia (MgO) is usually fired in shaft or rotary kilns to remove the carbonate and sintering it to low porosity; for calcination and sintering often separate furnaces / kilns are used. Fused magnesia is manufactured by electrical fusion either directly from the carbonate or from the calcined magnesia. In 2012 worldwide 8.5 Mt of magnesia (MgO) were produced; 4.15 Mt = 49 percent in PR China (Figure 6). Other production countries were Russia (12 percent), Turkey (6 percent), Austria (5 percent) and Brazil (5 percent). Deposits and reserves of $MgCO_3$ are virtually endless, about 13.5 billion tonnes.

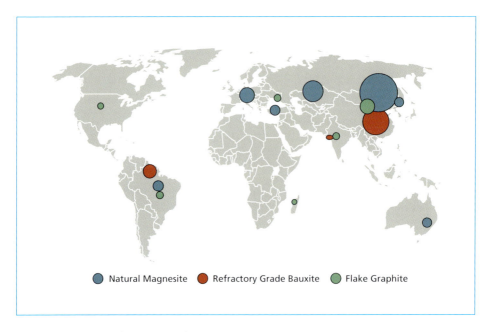

Figure 6: Sources of important refractory raw minerals

Source: PRE Fédération Européene des Fabriacnts des ProduitsRefractairies

Bauxite:

Sintered (refractory) bauxite and tabular alumina are both based on the natural mineral bauxite (in majority different Al- Fe-Hydrates). In the case of refractory bauxite the raw bauxite is processed and fired at temperatures above 1500 °C. In the case of sintered (tabular) alumina the raw bauxite is chemically leached in the Bayer-Process where iron oxide and titania are removed, the resulting pure alumina hydroxide is first calcined to alumina and then fired at temperatures above 1800 °C. In 2011 around 5.2 Mt of refractory grade bauxite was produced worldwide; 77 percent in PR China; followed by Russia (9 percent), India (7 percent), Guyana (6 percent) and Brazil (1 percent). Suitable deposits for manufacturing refractory bauxite grades are limited worldwide. Chinese supply still dominates international markets in particular after the Guyana bauxite mining operations were taken over by Chinese owners (Figure 6). Substitution of bauxite is possible in minor extent by natural andalusite and synthetic mullite.

Graphite:

Graphite occurs as natural mineral in different metamorphic rocks and needs a beneficiation by milling and flotation before it can be used as flake graphite with plus 95 percent carbon in refractory products. In 2012 worldwide 1.10 Mt (million metric tonnes) of graphite were produced; 0.75 Mt = 68 percent came from PR China (Figure 6). The next largest producers were India (13.5 percent) and Brazil (6.8 percent). Very limited substitution can be made by other carbon sources and synthetic graphite.

5. Recycled materials as solution

As described above, the raw materials are of primary importance for the refractory industry with availability of quality materials and security of supply as main topics [2]:

- raw materials accounts for about 40 to 50 percent of the refractory costs
- raw materials have the major influence on the quality of the finished products
- refractory industry depends heavily on raw materials imports coming mainly from China
- raw material prices have increased significantly within the last years

The prices of refractory raw materials increase 30 percent to 300 percent over the last decade, whereas the prices of the sold refractory products could not follow this trend. In particular the prices for dead burned and fused magnesia increased by 185 percent; the prices for bauxite by 295 percent due to new export regulations of the government of PR China (Figure 7).

Closing the material loop of refractories, the use of spent refractories for the production of new refractory products will reduce the total cost of raw materials and will make the production of refractories in Europe more competitive. For society as a whole, scarcity of primary raw materials and environmental concerns drive the need for sustainable waste treatment and working towards closing material cycles.

The refractory linings in steel production units and as well in cement kilns are never used in their complete quantities. There are always minimum residual lining thicknesses needed, without them the heat protection of the steel shells would be lost.

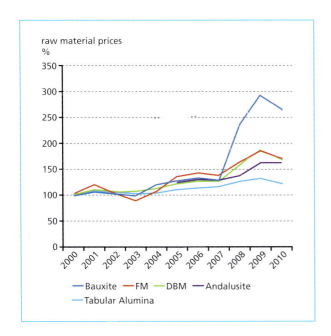

Figure 7:

Development of refractory raw minerals prices

Source: PRE Fédération Européene des Fabricants des ProduitsRefractairies

In ladles approx. 25 percent of the initial working lining is left, in electric arc furnaces 30 percent and in basic oxygen furnaces around 35 percent. In cement kilns approx. 25 percent of the refractories are left but actually not recycled in Europe and most of the other countries.

The residual refractories are only partially infiltrated by slags and metal, 80 to 90 percent of the residual bricks are not affected. These materials are recycled in steel plants since the 1990's according to EC regulations aiming for environmental protection by reducing the quantities of dump materials and land-fill. It is to consider that these residual refractories are not only *residues*; they have a commercial value, in particular when they are reprocessed, *upgraded* and purified. For example residual magnesia carbon bricks from the converters are recycled and re-used for manufacturing magnesia carbon bricks for ladle slag lines in the same steel plant.

From the available refractory materials at least seven different refractory products are usually recycled in remarkable quantities: fired chamotte, fired andalusite, fired bauxite, fired magnesia and fired dolomite. Carbon bonded refractories are also recycled: magnesia-carbon with and without antioxidants, in these grades not only the oxide minerals are important, the carbon share of about 5 to 15 percent is also appreciated. Chamotte and andalusite usually is re-used in unshaped refractory mixes; the recycled doloma bricks are used as slag conditioners.

Main challenge in the recycling process is the proper separation of the initial *waste* material ensuring its re-usage in significant quantities. The purity of spent refractories is of vital importance in re-using them in high quality refractories. The presence of unwanted impurities in the recycled refractory materials would decrease the durability of the new finished products, or would limit the amount of recycled material that can be admixed to the primary raw material.

Efficient separation of the different refractory materials based on their chemical composition combined with an efficient removal of unwanted impurities is therefore essential to achieve high-grade recycling and re-use of spent refractories.

6. Innovative separation technology for high-grade recycling of refractory waste using non destrictive technologies

In 2013 the European Commission has approved to fund new research projects shaping a more resource efficient economy in Europe. The projects, that involve collaboration from research organisations and private companies, aim at tackling the challenges of recycling *waste* materials in order to avoid land-fill and environmental pollution and last but not least to save money.

RefraSort (innovative technologies for high-grade recycling refractory waste using non destructive technology) is one of the projects funded by the EC. The project is executed by a consortium of seven partners from three European countries. The objective of RefraSort is to develop an automated sorting and separation technology for used

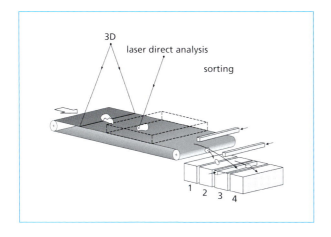

Figure 8:

Schematic of a sensor-based sorting system using laser direct analysis for material identification

refractory material without comminution which provides pure high-quality secondary raw materials adapted to the needs of the refractory production, thereby maximizing its valorisation potential.

A key technology to enable automated separation is the identification of individual pieces of spent refractories. Direct laser analysis promises to fulfil the sensor requirements for industrial operation in a separation plant. Figure 8 depicts the principle of a laser-based sorting system. Material pieces are singularized and fed onto a continuously moving conveyor where they are inspected. Based on the findings, the pieces are afterwards directed into specific material fractions, for example by using air jets at the end of the conveyor.

In the process shown the pieces are first visually inspected with the aid of a laser line projection to determine position, size and geometry of each object. In a following step, their chemical composition is determined by laser direct analysis. Using an intense laser pulse a small amount of material from the object is vaporised and excited to induce element specific optical emissions, which are spectroscopically analysed. This measurement technique is known as laser-induced breakdown spectroscopy (LIBS) and suited to reveal the multi-elemental composition of arbitrary materials fast, sensitive and contact-free. LIBS has been used for industrial process control for over a decade [1], where it is employed for, e.g., monitoring metal and raw material composition and the control of by-products such as slags. For recycling purposes LIBS has been demonstrated to be the first sensing technique able to distinguish individual wrought aluminium alloys.

For the sorting of a used refractories, besides the issues of mechanical handling, also the laser-based material identification has to solve a series of specific challenges which arise, for example, from the broad variety of refractory materials used, the internal heterogeneity of the material and the possible surface contaminations by residues from their previous use. These will be approached by spatial control of the laser excitation and laser-induced surface cleaning as an integrated process. The laser excitation on a refractory brick is imaged in Figure 9.

Figure 9:

Laser-induced plasma on a piece of used refractory

The ability of LIBS to distinguish the main types of refractory materials is shown by the preliminary results given in Figure 10. Eight different materials were studied and the intensities of selected spectroscopic features originating from the elements Ca, Mg and Si are plotted. The viewgraph allows distinguishing directly between type A material which is based on MgO, type B containing both MgO and CaO, and type C which is produced from mainly SiO_2 and Al_2O_3. Additionally, differences within those main classes are also observed between the different formulations. The statistical significance of the separation is indicated by the 1-sigma error bars of repeated measurements each taking less than a second. Further elements including Al and C are also observed simultaneously and incorporating them in the data evaluation is expected to allow identifying the composition of the sub-classes and providing a reliable basis to sort refractory material with high purity and enable improved high-grade recycling.

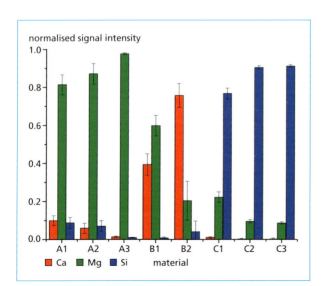

Figure 10:

Preliminary results of laser spectroscopic signals obtained for selected elements to distinguish the main types of refractory materials

7. Conclusions and summary

The re-use of spent refractories will become mandatory in future in the refractory industry due to environmental and commercial reasons.

The introduction of the laser based analysing and integrated sorting system currently developed in the project RefraSort will allow precise discrimination of the main refractory material classes and sub-classes from a stream of undefined used refractory products.

This novel technology will enable the refractory industry to re-use a larger quantity of spent materials than is the case today and to counterbalance the commercial impacts of highly volatile raw material prices.

8. References

[1] Noll, R. et al.: Laser-induced breakdown spectroscopy expands into industrial applications. Spectrochimica Acta Part B, 93 (2014), 41–51.

[2] Schmidt-Whitley, R.: The European refractory industry faces new challenges. 50th Congress of the Spanish Ceramic and Glass Society, 27-29 October 2010, PRE Conference Paper

Acknowledgements

The RefraSort project has received funding from the European Union's Seventh Programme for research, technological development and demonstration under grant agreement No 603809.

Recycling und Rohstoffe

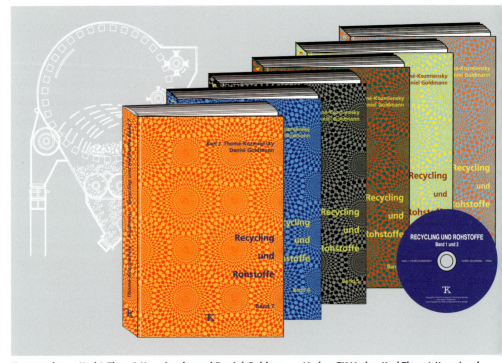

Herausgeber: Karl J. Thomé-Kozmiensky und Daniel Goldmann • Verlag: TK Verlag Karl Thomé-Kozmiensky

CD Recycling und Rohstoffe, Band 1 und 2		Recycling und Rohstoffe, Band 2		Recycling und Rohstoffe, Band 3	
ISBN:	978-3-935317-51-1	ISBN:	978-3-935317-40-5	ISBN:	978-3-935317-50-4
Erscheinungsjahr:	2008/2009	Erscheinungsjahr:	2009	Erscheinungsjahr:	2010
		Hardcover:	765 Seiten	Hardcover:	750 Seiten, mit farbigen Abbildungen
Preis:	35.00 EUR	Preis:	35.00 EUR	Preis:	50.00 EUR

Recycling und Rohstoffe, Band 4		Recycling und Rohstoffe, Band 5		Recycling und Rohstoffe, Band 6	
ISBN:	978-3-935317-67-2	ISBN:	978-3-935317-81-8	ISBN:	978-3-935317-97-9
Erscheinungsjahr:	2011	Erscheinungsjahr:	2012	Erscheinungsjahr:	2013
Hardcover:	580 Seiten, mit farbigen Abbildungen	Hardcover:	1004 Seiten, mit farbigen Abbildungen	Hardcover:	711 Seiten, mit farbigen Abbildungen
Preis:	50.00 EUR	Preis:	50.00 EUR	Preis:	50.00 EUR

Recycling und Rohstoffe, Band 7
ISBN: 978-3-944310-09-1
Erscheinungsjahr: 2014
Hardcover: 532 Seiten, mit farbigen Abbildungen
Preis: 50.00 EUR

175.00 EUR
statt 320.00 EUR

Paketpreis
CD Recycling und Rohstoffe, Band 1 und 2
Recycling und Rohstoffe, Band 2 bis 7

Bestellungen unter www.vivis.de
oder

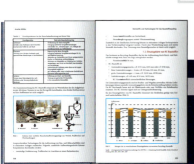

Dorfstraße 51
D-16816 Nietwerder-Neuruppin
Tel. +49.3391-45.45-0 • Fax +49.3391-45.45-10
E-Mail: tkverlag@vivis.de

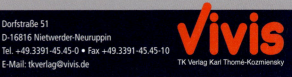

TK Verlag Karl Thomé-Kozmiensky

Einführung des Recyclings von Kieselgur in die Praxis der Bierherstellung

Eberhard Gock, Volker Vogt, Tobias Leußner, Günther Hoops und Heiko Knauf

1.	Ausgangssituation	503
2.	Gewinnung von Kieselgur	506
3.	Kieselgur im Brauprozess	507
4.	Recycling von Kieselgur aus Filterschlämmen	510
4.1.	Laboruntersuchungen	510
4.2.	Pilotbetrieb	512
4.3.	Industriebetrieb	517
5.	Zusammenfassung	520
6.	Literatur	522

1. Ausgangssituation

Kieselgur ist ein natürlicher mineralischer Rohstoff, der aus silikatischen Skelettstrukturen abgestorbener Kieselalgen besteht. Diese Skelettstrukturen verleihen der Kieselgur eine außergewöhnlich große Oberfläche und Porosität. Durch die weitgehend chemische und thermische Beständigkeit sind heute die wichtigsten Einsatzfelder die Bereiche Füllstoffe, Bindemittel und Filtermittel. In Deutschland liegt der Gesamtverbrauch bei etwa 100.000 Tonnen pro Jahr. 20.000 Tonnen werden zur Klarfiltration in Brauereien verwendet. Bild 1 zeigt eine Collage von REM-Aufnahmen verschiedener Kieselgurtypen.

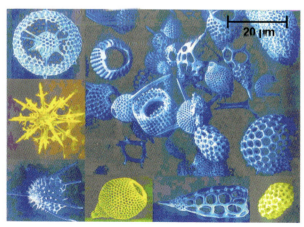

Bild 1:

REM-Aufnahmen verschiedener Kieselgurtypen

Obgleich in der Welt noch genügend Kieselgurlagerstätten vorhanden sind, ist Kieselgur als natürliches fossiles Produkt prinzipiell nur in begrenzter Menge verfügbar. Verunreinigte Kieselgurprodukte, wie die Filterschlämme aus den Brauereien, stellen zunehmend ein Abfallproblem dar. Insgesamt fallen in Deutschland jährlich über 70.000 Tonnen organisch belastete Filterschlämme mit fünfzig bis siebzig Prozent Wassergehalt an.

In der Vergangenheit wurden Kieselgurfilterschlämme über die Kanalisation entsorgt [14]. Aufgrund von Versandungen der Kanäle ist diese Praxis in der Abwassertechnik nicht mehr zugelassen. Derzeit gebräuchlichster Entsorgungsweg ist das Ausbringen auf landwirtschaftlichen Nutzflächen zur Bodenverbesserung. Die Entsorgungskosten pro Tonne Kieselgur (TS) erreichen bis hundert Euro. Im Sinne der Nachhaltigkeit wurden Recyclingverfahren entwickelt, die sowohl die thermische als auch die chemische Behandlung voraussetzen.

Das thermische Recycling von Kieselgurfilterschlämmen wird von der Tremonis GmbH, Dortmund [2] angewendet. Die Filterschlämme aus etwa sechzehn deutschen Brauereien werden auf achtzig Prozent TS durch Abpressen entwässert. Der Filterkuchen wird dann auf zwei Prozent Restfeuchte getrocknet und in einer Hochtemperaturmischkammer bei 780 °C geglüht. Das als Tremogur vertriebene Regenerat wird von vielen Brauereien mit einem Anteil von bis zu dreißig Prozent der Frischgur zugemischt.

Ein alternativer thermischer Verfahrensvorschlag kommt vom wissenschaftlich-technisch-ökonomischen Zentrum (WTÖZ) in Berlin. Im Gegensatz zum Tremonisverfahren sieht es die Trocknung des sedimentierten Filterschlammes in einem Wirbelschichttrockner auf fünf Prozent Restfeuchte vor. In einem nachgeschalteten Wirbelbettcalcinator wird bei 850 °C geglüht und die Kieselgur mit Zyklonen aus dem Gasstrom abgeschieden [3, 4].

Die Henninger Bräu AG schlägt ein nass-chemisches Verfahren vor, bei dem der Kieselgurfilterschlamm mit fünfprozentiger Natronlauge bei achtzig bis neunzig °C gelaugt wird [5, 14].

Nach einem rumänischen Verfahrensvorschlag werden Filterschlämme in Wasser suspendiert und die Kieselgur mit Aluminiumhydroxid geflockt. Nach Dekantieren der überstehenden Trübe wird die gereinigte Kieselgur mit Hilfe von Zyklonen klassiert [13].

Weitere Verfahrensvorschläge [1, 12] befassen sich mit der enzymatischen Regenerierung, wobei die Verunreinigungen im Filtermittel durch Proteasen-b-Glucanasen und Amylasen hydrolisiert werden.

Tabelle 1 fasst die verfahrenstechnischen Merkmale der aufgeführten Recyclingverfahren und -konzepte zusammen. Durch thermische Behandlung (Tremonis, WTÖZ) ergeben sich Strukturschädigungen, so dass das Ausbringen nur bei dreißig bis fünfzig Prozent liegt. Ein anderer Nachteil ist die Anreicherung von Aluminium, Eisen, Calcium und Kupfer aus der Verdampfung des Brauwassers. Der Aufwand für die Verfahrenstechnik und die Energie bei der Wärmeerzeugung ist hoch sowie der CO_2-Ausstoß.

Bei allen nass-chemischen Recyclingvorschlägen wird der geforderte Restgehalt an organischen Komponenten mit unter zwei Prozent Glühverlust nicht erreicht [6]. Vorschläge zur Behandlung des Abwassers, das durch einen sehr hohen CSB-Wert und Aufsalzung gekennzeichnet ist, werden nicht gemacht.

Tabelle 1: Gegenüberstellung von verschiedenen Recyclingvorschlägen für die Aufbereitung von Kieselgur-Filterschlämmen

	Einheit	Tremonis-Verfahren	WTÖZ-Verfahren	Henninger-Verfahren	Rumän. Verfahren
Produkte					
Ausbeute	%	35 - 50	35 – 50	80	80
Metalle		Fe, Al, Ca, Cu	Fe, Al, Ca, Cu	keine	Al
Organikgehalt	%	< 1	< 1	2 – 8	4 – 7
Staubentwicklung		möglich	möglich	keine	keine
Verfahrensschritte					
Filtermittelbehandlung		Entwässerung Trocknung HT-Behandlung	Trocknung HT-Behandlung	Rührlaugung Entwässerung	Dispergierung Wäsche Klassierung
Abwasserbehandlung		biologischer Abbau	kein Konzept	kein Konzept	kein Konzept
Abluftbehandlung		Biofilter	Schlauchfilter	entfällt	entfällt
Stoff- und Energieströme					
Reagenzien	kg/t TS	keine	keine	NaOH 140-350	$Al_2(SO_4)_3$
Frischwasser	m³/t TS	kein	kein	> 5	16 - 60
Energie		hoch (780 °C, wenige Sek.)	hoch (850 °C, wenige Sek.)	gering (80 °C, 60 min)	keine (20°C, 30 min)
Feste Abfälle	kg/t TS	keine	keine	keine	keine
Abwasser	m³/t TS	k.A.	k.A.	> 5	16 - 60
CSB	g/l	k.A.	k.A.	60	6 bis 35
Salze	g/l	-	-	50 - 140	< 2
Abluft		k.A.	k.A.	entfällt	entfällt

Quellen:

Finis, P.; Galaske, H.: Recycling von Brauerei-Filterhilfsmitteln – Tremonis-Verfahren bewährt sich in NRW. In: Sonderdruck aus Brauwelt Nr. 49. 1988, S. 2332-2347

Fischer, W.; Dülsen, R.: Ergebnisse der Bierfiltration mit Kieselgurregenerat. In: Brauwelt Nr. 46. 1990, S. 2153-2162

Henninger-Bräu AG (Hrsg.): Regenerierung von Kieselgur. Frankfurt: Deutsches Patentamt, Offenlegungsschrift DE 3623484 A1, 1986

Sever, R. et al.: Verfahren und Anlage zur Regenerierung von Kieselgur aus der Bierfiltration, RO 90973, 1985

Die bis heute vorgeschlagenen Entsorgungs- und Verwertungsmöglichkeiten sind in Bild 2 zusammengefasst.

Von dem oben genannten Entwicklungsstand gingen die Recyclinguntersuchungen [9], die in diesem Beitrag vorgestellt werden, aus [7, 8, 16]. Es handelt sich um ein Kooperationsprojekt zwischen dem Institut für Aufbereitung, Deponietechnik und Geomechanik der TU Clausthal, der Heinrich Meyer-Werke Breloh GmbH & Co. KG und der Privatbrauerei Wittingen, das von der Deutschen Bundesstiftung Umwelt unter dem Aktenzeichen: 14072 gefördert wurde.

Eberhard Gock, Volker Vogt, Tobias Leußner, Günther Hoops, Heiko Knauf

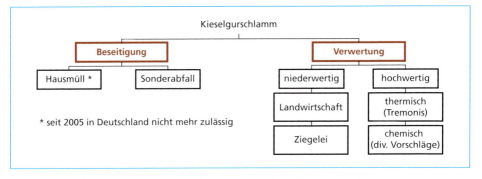

Bild 2: Bisherige Entsorgungswege für Kieselgur-Filterschlämme aus Brauereien

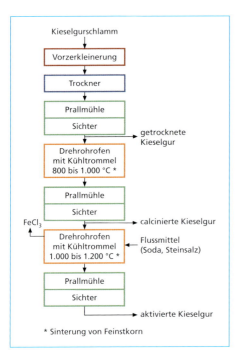

Bild 3: Aufbereitungsverfahren für Rohkieselgur

Daten nach: Paschen, S.: Kieselgur – Gewinnung, Aufbereitung und Verwendung. In: Erzmetall 39 (1986), Nr. 4, S. 153 ff

2. Gewinnung von Kieselgur

Kieselgur wird überwiegend im Tagebau abgebaut, da Stollenbetrieb zu hohe Kosten verursacht. Die Kieselgurlagerstätten können Mächtigkeiten bis zu dreißig Metern erreichen. Diese fossilen Sedimente von Diatomeenpanzern sind in der ganzen Welt zu finden. Die größten Vorkommen in den USA sind tertiäre Meerwasserguren. In Deutschland entstanden im jüngeren Pleistozän rinnenförmige Kieselgur-Süßwasserseen durch die Gletschertätigkeiten, des jeweils vorhergehenden Glazials. Der Kieselgurabbau in Deutschland ist vor etwa zwanzig Jahren wegen Unrentabilität eingestellt worden. Das Aufbereitungsverfahren für Rohkieselgur wird in Bild 3 gezeigt [11].

Es handelt sich im Wesentlichen um thermische Prozessstufen, da nur auf diesem Weg die organischen Substanzen wirtschaftlich entfernt werden können. Der Wert der Kieselgurkonzentrate wird bestimmt vom technischen Aufwand. Der größte Aufwand ist für die Erzeugung von aktivierter Kieselgur erforderlich. Die Rohguren enthalten häufig Sulfidminerale, unter anderem Arsenverbindungen, die bei den amerikanischen Guren besonders hoch sind. Die durchschnittlichen charakteristischen Kenngrößen für Kieselgurprodukte werden in Tabelle 2 angegeben.

Entscheidend für die Filtrationseigenschaften sind die Porositäten, die in der Größenordnung von achtzig bis neunzig Prozent liegen. Die Porositäten werden bestimmt durch die Permeabilitäten, gemessen in Darcy.

Chemische Zusammensetzung	Einheit	chemisch-physikalische Eigenschaften
Silikat (SiO_2)	%	80 bis 90
Aluminiumoxid (Al_2O_3)	%	0,1 bis 6
Eisenoxid (Fe_2O_3)	%	Spuren bis 3
Phosphorpentoxid (P_2O_5)	%	< 0,1
Kaliumoxid (K_2O)	%	0,5 bis 3
Natriumoxid (Na_2O)	%	0,5 bis 3
Calciumoxid (CaO)	%	0,5 bis 2
Magnesiumoxid (MgO)	%	< 1
organischer Schwefel	%	< 0,1
lösliches Eisen	ppm	1 bis 86
Arsen*	ppm	< 5
Wassergehalt	%	0,1 bis 5
Dichte trocken	kg/m³	290 bis 400
Dichte feucht	kg/m³	320 bis 480
Permeabilität	Darcy	0,02 bis 10
Wasserwert	l/h	5 bis > 300
Ausglühverluste	%	0,1 bis > 2
Feuchtigkeit	%	0,2 bis 1,0
pH**		5 bis 10
Alkalität	g NaOH/kg	0,3 bis 3,0
Porosität	%	80 bis 90
Lösliche Stoffe	%	0,5 bis 2,5
Spezifische Oberfläche	m²/g	1 bis 22
Teilchengröße	µm	0,1 bis 200
Siebrückstand (2.000 mesh/cm²)	%	< 6
Sandgehalt	%	< 2

* besonders hoch bei USA Gur
** je nach Aktivierungsmittel NaCl/$CaCl_2$

Tabelle 2:

Chemische Zusammensetzung und chemisch-physikalische Eigenschaften der Kieselgur

3. Kieselgur im Brauprozess

Nach dem Reinheitsgebot dürfen bei der Bierherstellung nur Malz, Hopfen, Hefe und Brauwasser eingesetzt werden. Die regionalen Besonderheiten und der Verfahrensablauf bestimmen die Geschmacksrichtung der Brauprodukte. Entscheidend für die Haltbarkeit ist die Filtration der Trubstoffe, die mit Hilfe der Kieselguranschwemmfilter bewerkstelligt wird. Bild 4 zeigt das Grundverfahrensschema der Bierherstellung.

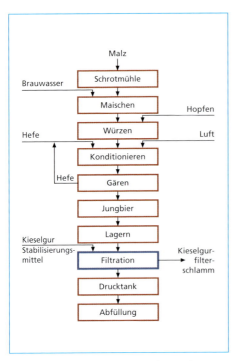

Bild 4: Grundverfahrensschema der Bierherstellung

Das in der Schrotmühle gemahlene Malz wird mit Brauwasser gemaischt, mit Hopfen gewürzt und unter oxidierenden Bedingungen einem Gärprozess unterworfen. Das entstehende Jungbier wird gelagert und nach einer definierten Reifezeit einer Filtration der Trubstoffe unterzogen. Das in Drucktanks gespeicherte Filtrat ist das Produkt für die Abfüllung.

Die einzusetzenden Filtermittelarten und deren Massenverhältnisse sind vom Typ der Filteranlage abhängig. Im Einzelnen handelt es sich um Rahmenfilter sowie Spaltkerzen- und Horizontalsiebfilter. Die jeweiligen Filtermittelchargen ergeben sich aus den spezifischen Prozessbedingungen. Tabelle 3 zeigt beispielhaft die Einsatzmengen und -anteile einzusetzender Filtermittelarten in einer kleinen Brauerei.

Tabelle 3: Einsatzmengen und Anteile der Filtermittelarten in einer kleinen Brauerei

	Einheit	Grobgur	Feingur	feine Mittelgur	Stabilisierungsmittel
1. Voranschwemmung (VA)	kg	25			
2. Voranschwemmung (VA)	kg		35	35	
Laufende Dosierung (LD)	kg		46	50	87,5
Gesamtmasse	kg	25	81	120	87,5
Anteil	%	8	26	38	28

Die dem Filtermittel zugesetzten Stabilisierungsmittel, überwiegend Kieselgele und Polyvinylpolypyrrolidon (PVPP), haben einen Anteil von etwa zehn bis dreißig Prozent.

Die Zusammensetzung der Filtermittel kann abweichen, da in Abhängigkeit von der filtrierten Biersorte und dem erreichten Druckverlust kurzfristig Änderungen von Mischung und Dosiermengen möglich sind. Weiterhin wird die Zusammensetzung von der Filtrationsdauer einer Charge bestimmt. Während die erste und zweite Voranschwemmung fixe Größen darstellen, ist die Menge der laufenden Dosierung der Laufzeit und der Biermenge proportional.

Qualitätsprüfung	Frischkieselgur	
	Grobgur	Feingur
Nassvolumen	< 300 g/l besser < 270 g/l	< 300 g/l besser < 270 g/l
bierlösliche Bestandteile		
Fe	< 100 ppm besser < 50 ppm	< 50 ppm
As	< 5 ppm	< 5 ppm
Ca	< 500 ppm	< 400 ppm
Al	< 75 ppm	< 75 ppm
Korngröße		
> 90 µm (90 – 63 µm)	< 5 %	–
> 63 µm (63 – 0 µm)	–	< 1 %

Tabelle 4: Qualitätsanforderungen an Frischkieselgur in Brauereien

Die allgemeinen Qualitätsanforderungen an Frischguren für Brauereien unterschieden nach Grobgur und Feingur werden in Tabelle 4 angegeben. Es handelt sich um die Nassvolumina, die bierlöslichen Bestandteile und die Korngrößenbereiche.

Tabelle 5: Stoffdaten von Frischkieselgur, Kieselgurfilterschlamm und Hefe

	Einheit	Frischkieselgur	Hefe	Kieselgurfilterschlamm
d50	µm	12 (fein) 25 (grob)	3 - 10	ca. 13
Feststoffdichte	kg/m³	2.100 - 2.200	< 1.250	
Wassergehalt	%		60 - 85	60
Glühverlust	%	0,1 - 2	88 - 94	ca. 11
bierlösliche Bestandteile			135 - 320	
Al	ppm	< 75		
Fe	ppm	< 50		
Ca	ppm	< 400		

Für das produktionsintegrierte Recycling kommen nur frische Kieselgurfilterschlämme in Betracht, da sie zur aeroben Gärung neigen. Die Stoffdaten von Frischkieselgur, Kieselgurfilterschlamm und Hefe werden in Tabelle 5 angegeben.

Auffällig ist der hohe Glühverlust von etwa elf Prozent im Kieselgurfilterschlamm, der bis zu 94 Prozent aus Hefe besteht. Bei der Veraschung beträgt der Anteil an Trockensubstanz sechs bis zwölf Prozent. Neben Silikaten ist die Zusammensetzung im Wesentlichen Eisen, Mangan, Kobalt, Kupfer, Zinn, Molybdän, Arsen, Chrom und Spuren von Schwefel, Aluminium, Silizium und Barium.

Die in Tabelle 6 gezeigten Daten lassen erkennen, dass bei der thermischen Behandlung von Kieselgurfilterschlamm mit der Aufkonzentrierung von Schadstoffen zu rechnen ist, die eine geschlossene Kreislaufführung des Recyclings in Frage stellen, so dass im Gegensatz zu nassen Verfahren mit frischer Gur verschnitten werden muss.

Substanz	Einheit	Anteil an der Trockensubstanz
Asche/ anorganische Substanz	%	6 bis 12
Eisen	ppm	135 bis 320
Mangan	ppm	5 bis 35
Kobalt	ppm	1,8
Kupfer	ppm	14 bis 30
Zink	ppm	30 bis 117
Molybdän	ppm	0,1
Arsen	ppm	< 2
Chrom	ppb	305 bis 509
in Spuren		
Schwefel, Aluminium, Silizium, Barium, Blei, Zinn und Vanadium	ppm	< 0,1

Tabelle 6: Zusammensetzung des anorganischen Anteils des Kieselgurfilterschlammes nach Veraschung

4. Recycling von Kieselgur aus Filterschlämmen

Für die Recyclinguntersuchungen an der TU Clausthal standen Kieselgurfilterschlämme von verschiedenen Brauereien zur Verfügung. Aus dem Stand der Kenntnis (Punkt 1) geht hervor, dass eine nass-mechanische Trennung eine Alternative sein könnte, wobei ein möglichst geringer Einsatz von Wasser, Energie und Reagenzien angestrebt werden muss.

4.1. Laboruntersuchungen

In der Verfahrenstechnik kommen üblicherweise für die Trennung von Zweistoff-Systemen Waschprozesse in Betracht, die nach dem Gegenstromprinzip arbeiten. Entgegen stehen Agglomerationsvorgänge in den Suspensionen, die überwunden werden müssen. Bei Kieselgurfilterschlämmen bilden die Hauptkomponenten Kieselgur und Bierhefe sowohl mechanisch als auch physikalisch-chemisch stabile Agglomerate, die nicht dispergierbar sind. Derartige Phänomene treten bei der Flotation von Rohstoffen durch oberflächenaktive Dispergierung auf. Bestimmend dabei sind die Ladungszustände der beteiligten Komponenten. Insbesondere bei silikatischen und anderen oxidischen Partikeln werden die Oberflächenladungen unter anderem vom pH-Wert beeinflusst. Ursache sind die sich in wässriger Phase aufbauenden elektrischen Doppelschichten, die abhängig von Struktur und Polarität ihrer Ladung Abstoßungs- und Anziehungswechselwirkungen z.B. Flockung zwischen den Partikeln bewirken. Beschrieben wird die elektrische Wechselwirkung zwischen den Oberflächen hydrophiler Stoffe und der flüssigen Phase durch das Stern-Graham-Modell [15]. Die Potenzialdifferenz zwischen Gleitebene in der Doppelschicht und Lösung kann durch das elektro-kinetische Potenzial bestimmt werden, das als Zeta-Potenzial bezeichnet wird.

Im alkalischen Bereich von pH 10,6 ergibt sich für Feingur ein sehr niedriges Zeta-Potenzial und eine entsprechend hohe Oberflächenladung, so dass durch elektrische Abstoßungskräfte die Flockenbildung verhindert wird, die der Hauptstörfaktor für eine Trennung durch Sedimentation darstellt. Dieser Zusammenhang zwischen pH-Wert und Zeta-Potenzial wird in Bild 5 für frische Feingur gezeigt.

Diese Ergebnisse mit reiner Feingursuspension können nicht ohne weiteres auf Waschprozesse für Kieselgurfilterschlämme übernommen werden, da die Suspensionen durch die Hefe hoch organikhaltig sind. Bei Kieselgurfilterschlämmen, die sowohl Kieselgur als auch Hefe enthalten, führt die Zugabe von NaOH zu einer selektiven Veränderung der Oberflächenladungen beider Komponenten; während die Grobgur durch Sedimentation

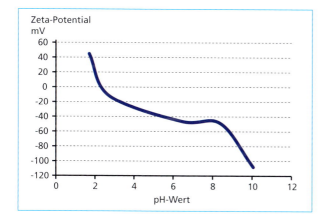

Bild 5:

Zusammenhang zwischen pH-Werten und Zeta-Potenzial bei frischer Feingur-Suspension (Becogur 100)

abgetrennt werden kann, verlagert sich das Problem auf die Trennung von Feingur und kolloidalen Hefeanteilen. Das Erscheinungsbild ist Feingur in trübem Waschwasser bzw. Kolloide in trübem Waschwasser. In Bild 6 sind die Zeta-Potenzialbestimmungen von Feingur in trübem Waschwasser bzw. Kolloiden in trübem Waschwasser im Vergleich zu Feingur in reinem Wasser dargestellt.

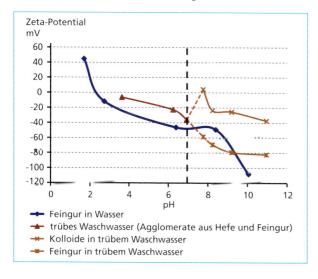

Bild 6:

Zeta-Potenziale der Feingurpartikeln und der organischen Kolloide in Abhängigkeit vom pH-Wert

Es ergibt sich ab pH 7 eine Trennung zwischen Feingur und Kolloiden, wobei die Feingur ohne Kolloidteilchen zu adsorbieren, sedimentiert werden kann. Da die Sinkgeschwindigkeit der freien Feingurpartikeln sehr klein ist, sind Eindicker mit großem Platzbedarf wie in der Abwassertechnik erforderlich. Es wurde daher versucht, diesen Engpass durch Zyklontechnik zu beseitigen.

4.2. Pilotbetrieb

Im Mittelpunkt stand die Entwicklung einer geeigneten industriell einsetzbaren Trenntechnik. An der Partikelgrößendichteverteilung in Bild 7 wird das Problem deutlich sichtbar. Es werden die Partikelverteilung im Kieselgurfilterschlamm und mögliche Partikelverteilungen im Regenerat und im Abwasser gegenübergestellt.

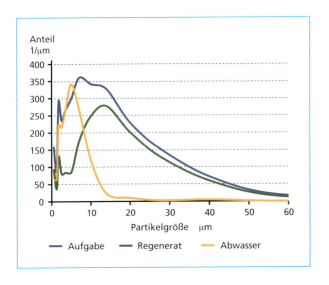

Bild 7:

Partikelgrößenverteilungen bei nass-mechanischem Recycling

Die erforderliche Trennkorngröße liegt unter zehn µm. In Anlehnung an die Kaolinaufbereitung wurde überprüft, ob Mini-Zyklone für das Trennproblem einsetzbar sind. Als Voraussetzung wurde ein Konzept zur nass-mechanischen Trennung durch Gegenstromwäsche entworfen. Es beruht auf der in Bild 8 gefundenen Organikreduktion mit Hilfe von vier Waschstufen.

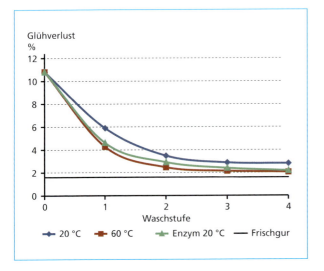

Bild 8:

Anteil der Glühverluste bei Waschversuchen über 4 Stufen

Nach Einstellung des pH-Wertes auf zehn mit NaOH wurde bei Temperaturen von zwanzig bzw. sechzig °C gearbeitet. Zum Vergleich wird das Waschergebnis beim Einsatz von Enzymen gezeigt. Wie zu sehen ist, kann ein Recyclingprodukt mit einem Glühverlust < 2 Prozent bei einer organischen Ausgangsbelastung von etwa elf Prozent erzielt werden. Damit waren die Voraussetzungen für eine technische Entwicklung erfüllt. Die Verfahrensweise für das Gegenstromwaschen ist in Bild 9 dargestellt. Es enthält vier Waschstufen und eine Abwassernachbehandlungsstufe, von der der kolloidale organische Anteil aus dem Prozess ausgeschleust wird.

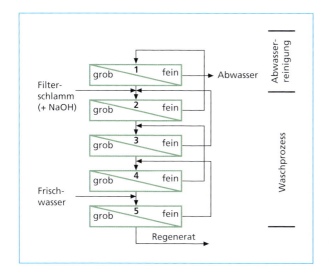

Bild 9:

Verfahrensfließbild für das kontinuierliche Waschen zum Recycling von Kieselgur aus Filterschlämmen

Zur Realisierung dieser Anordnung kam die Zyklontechnik in Betracht. Es wurden verschiedene Bauarten von Hydrozyklonen überprüft. Sehr kleine Hydrozyklone für Partikelgrößen unter zehn μm weisen eine Trenncharakteristik auf, die als *Fish Hook* Effekt bezeichnet wird. Die Trennkurve für kleinste Partikel steigt dabei unterhalb der Trennkorngröße im Feinstkornbereich etwa < 5 μm wieder an. Vorteilhaft für die Trennung ist daher die sehr geringe Dichte der organischen Kolloide, so dass sie bevorzugt im Überlauf ausgetragen werden und nur ein geringer Teil in den Bereich des Fehlkornaustrages von Feingut ins Grobgut (Dead Flux Effekt) gerät.
Bild 10 zeigt den Verlauf der theoretischen Trennfunktion im Vergleich zur gemessenen.

Die sehr umfangreichen theoretischen Untersuchungen zu Mini-Zyklonen [17] erlauben leider nicht, reale Trennaufgaben zufriedenstellend zu modellieren. Optimierungsmaßnahmen müssen daher empirisch erfolgen.

Für Mini-Hydrozyklone, die technisch selten eingesetzt werden, wird bei einem Durchmesser von zwanzig Millimeter ein erreichbarer Trennschnitt von fünf μm angegeben. Die kleinsten kommerziell erhältlichen Hydrozyklone werden von den Firmen AKW Apparate und Verfahren GmbH & CO. KG sowie von Krebs Engineers Tucson AZ, USA hergestellt. Die Durchmesser liegen bei 10 bis 12,5 Millimeter.

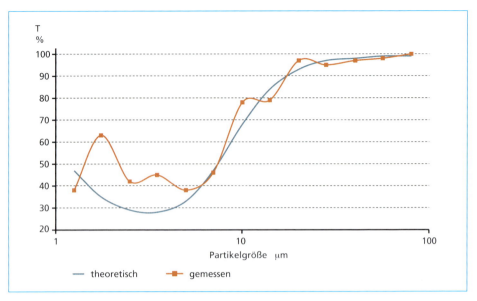

Bild 10: Typische Trennkurve eines Mini-Hydrozyklons mit Dead Flux Effekt und Fish Hook Effekt; Trennschnitt 8 µm

Bild 11: Eigenbau eines Mini-Hydrozyklons mit einem Durchmesser von zehn Millimeter an der TU Clausthal

Zur Orientierung wurden zunächst Mini-Zyklone im Eigenbau hergestellt. Die Zyklongeometrie wurde so gestaltet, dass eine einfache Befestigung des Zyklons auf einem Zulaufrohr von zwölf Millimeter mittels einer Schelle erfolgen konnte. Bild 11 zeigt einen aus Polyuretan gefertigten Mini-Zyklon mit einem Innendurchmesser von zehn Millimeter.

Nach Untersuchungen mit Einzelzyklonen ergab sich das in Bild 12 dargestellte Fließbild für eine halbkontinuierliche Gegenstromwaschanlage.

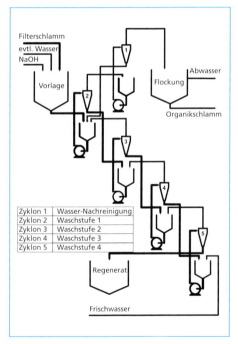

Bild 12: Verfahrenstechnisches Fließbild einer Anlage zum halbkontinuierlichen Gegenstrom-Waschen von Kieselgur-Filterschlämmen mit Mini-Hydrozyklonen

Am Institut für Aufbereitung, Deponietechnik und Geomechanik der TU Clausthal wurde auf der Grundlage der genannten Detailuntersuchungen eine Technikumsanlage für das Recycling von Kieselgurfilterschlämmen mit einem Durchsatz von dreihundert l/h gebaut. Die Anlage besteht aus einer Konditioniervorlage für den Filterschlamm, einer Dosierpumpe für die Aufgabe, vier Waschstufen, einer Abwasserbehandlungsstufe und einem Sammelbehälter für die Regenerate. Ein Foto der Anlage zeigt Bild 13.

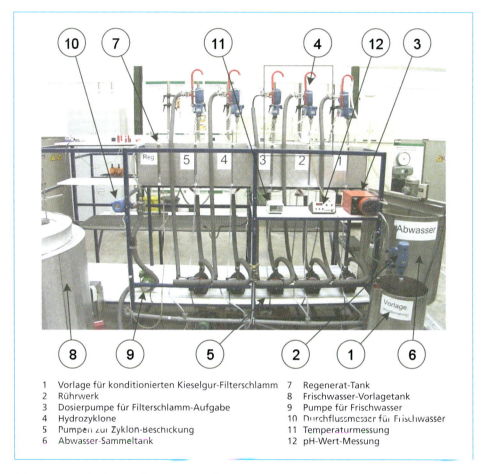

1 Vorlage für konditionierten Kieselgur-Filterschlamm
2 Rührwerk
3 Dosierpumpe für Filterschlamm-Aufgabe
4 Hydrozyklone
5 Pumpen zur Zyklon-Beschickung
6 Abwasser-Sammeltank
7 Regenerat-Tank
8 Frischwasser-Vorlagetank
9 Pumpe für Frischwasser
10 Durchflussmesser für Frischwasser
11 Temperaturmessung
12 pH-Wert-Messung

Bild 13: Technikumsanlage zum Recycling von Kieselgurfilterschlämmen: halbkontinuierliches Gegenstrom-Waschen mit Mini-Hydrozyklonen

Die einzelnen Waschstufen wurden separat mit unterschiedlichen Düsenkombinationen getestet. Bei Stufe zwei steht ein möglichst hohes Ausbringen im Vordergrund, das durch ein großes Splitverhältnis (Volumenanteil Unterlauf) erreicht werden kann. Die Stufen vier und fünf müssen eine gute Eindickung des Regenerats erreichen, was durch kleinere Splitverhältnisse erzielt wird. Die Funktionsfähigkeit der Nachreinigungsstufe ist entscheidend für ein möglichst hohes Ausbringen. Die variierten Betriebsparameter zeigt Tabelle 7.

Tabelle 7:   In der Technikumsanlage eingesetzte Düsenkombinationen und Betriebsparameter

Hydrozyklon-Stufe	Einheit	Stufe 1	Stufe 2	Stufe 3	Stufe 4	Stufe 5
Düsenkombination Oberlauf : Unterlauf	mm	3,2; 2,0	3,2; 2,5	3,2; 2,5	3,2; 2,0	3,2; 2,0
Splitverhältnis etwa	%	23	29	28	23	23
Soll-Betriebsdruck	bar *	3	3	3	3	3
Temperatur	°C	20	20	20	20	20

*: Abweichungen durch manuelle Durchsatzregelung bis ca. ± 15 %

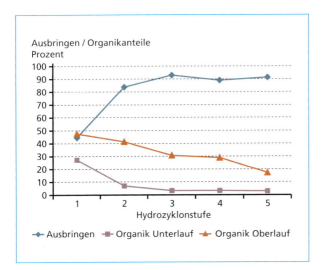

Bild 14:

Ausbringen der einzelnen Waschstufen der Technikumsanlage und ihre jeweiligen Organikanteile

Das Trennergebnis der einzelnen Waschstufen ist Bild 14 zu entnehmen.

Während im Oberlauf nach fünf Waschstufen der Organikanteil bei zwanzig Prozent liegt, erreicht der Unterlauf eine Verminderung des Organikanteils auf kleiner zwei Prozent. Das Ausbringen wird für jede Waschstufe einzeln ausgewiesen. In Tabelle 8 wird ein Überblick über die Versuchskomplexe zur Optimierung der Technikumsanlage gegeben.

Betriebsdaten	Versuchskomplexe %		
	1	2	3
Splitverhältnis der Gesamtanlage	18,84	27,60	22,44
Ausbringen der Gesamtanlage	72,50	79,84	84,98
TS-Gehalt Aufgabe	3,35	3,48	3,64
TS-Gehalt Abwasser	1,56	1,43	1,07
TS-Gehalt Regenerat	11,07	8,84	12,54
Glühverlust Abwasser	38,82	41,68	41,29
Glühverlust Regenerat	2,13	1,96	2,04

Tabelle 8:

Zusammenstellung von Versuchsergebnissen zur Optimierung der Technikumsanlage

Das maximal erreichte Ausbringen mit der Technikumsanlage lag bei 85 Prozent bei einem Organikgehalt von etwa zwei Prozent. Die Filtrationseigenschaften des Regenerats wurden bei der Versuchs- und Lehranstalt für Brauerei in Berlin getestet. Analysiert wurden der Gehalt an löslichem Calcium und Eisen, die Haltbarkeit sowie die sensorische Qualität des Filtrats (Verkostung). Es ergab sich folgende Bewertung:

- bedenkenlose Einsatzfähigkeit des Filtermittelregenerats im Bierproduktionsprozess ohne mögliche Auswirkungen auf das Produkt,
- deutliches Einsparpotenzial bei den Stabilisierungsmitteln.

4.3. Industriebetrieb

Von den Kooperationspartnern wurde beschlossen, auf der Grundlage der Forschungsergebnisse im Pilotbetrieb die Integration des Verfahrens in den technischen Maßstab zu betreiben. Als Anlagenbauer wurde die Firma ATM Vlotho GmbH gewonnen. Die Privatbrauerei Wittingen GmbH erklärte sich bereit, die ersten Industrieversuche durchzuführen. Koordiniert wurden die Arbeiten von den Heinrich Meyer Werken-Breloh GmbH & Co. KG. Das Konzept einer produktionsintegrierten Recyclinganlage für Kieselgurfilterschlämme zeigt Bild 15.

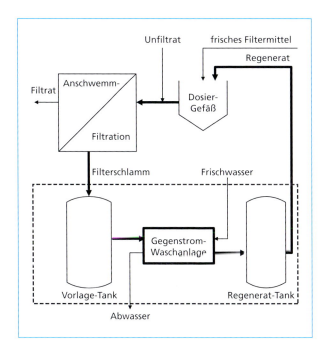

Bild 15.

Konzept einer produktionsintegrierten Kieselgur-Recyclinganlage

Es wurden folgende Forderungen an die anlagentechnische Umsetzung gestellt:

- Regenerierung der Filtercharge eines üblichen Filterapparates von fünfhundert Kilogramm TS in einer Schicht,

- Modulartiger Aufbau zur beliebigen Erweiterung,
- Volumendurchsatz pro Modul bis 1500 l/h,
- Variierbarkeit der Anzahl der Zyklone,
- Zugelassene Werkstoffe aus dem Lebensmittelbereich.

Die eingesetzten Hydrozyklone wurden leicht austauschbar gestaltet, um Optimierungen der Trennwirkung zu gewährleisten. Eine besondere Anforderung war eine hygienegerechte Geometrie, die Totträume vermeidet und den einfachen Ein- und Ausbau der Zyklone mit Hilfe einer Klemmschelle ermöglicht. Aus der Kieselguraufbereitung ist bekannt, dass Kieselgur aufgrund ihrer Mohs-Härte hohen Verschleiß bei der hydraulischen Förderung verursacht. In der ersten Erprobungsphase wurden deshalb Druckzylinder für die Förderung der Kieselgursuspensionen eingesetzt. Der Gedanke war dabei, die Suspension berührungslos zu transportieren und den entsprechenden Vordruck auf die Zyklone pneumatisch zu regeln. In der Einfahrphase stellte sich heraus, dass die Synchronisierung der Prozessstufen eine präzise Regelung benötigt. Aufgrund der Schaumentwicklung ergaben sich jedoch Störungen der Füllstandssonden. Daraufhin wurde festgelegt, die Förderung wie bereits im Pilotbetrieb wieder auf Kreiselpumpen umzurüsten. Bereits in der Einfahrphase war das Schaumproblem deutlich größer als erwartet. Bild 16 zeigt beispielhaft die Störung des Produktaustrages durch Schaumbildung.

Bild 16: Pilotanlage im Betrieb mit Austrag des Schaumes durch eine Sammelrinne

Bild 17: Pilotanlage mit verbesserter Schaumableitung und Sprühköpfen

Das Problem der zu großen Schaumbildung im Bereich der Sammelrinne für das Regenerat konnte schließlich durch die Installation von Sprühköpfen behoben werden (Bild 17).

Qualitätsbeeinträchtigungen des Regenerats bei fortgesetzter Kreislaufführung über 25 Regenerat-Filtrationszyklen wurden nicht beobachtet. Eine Keimbelastung der regenerierten Filtermittelsuspensionen fand bei planmäßigem Betrieb nicht statt. Die Einsparmöglichkeit von Anteilen des Stabilisierungsmittels konnte grundsätzlich bestätigt, aber nicht abschließend quantifiziert werden.

Aus den ermittelten Daten des Probebetriebes wurde beispielhaft für eine Brauerei mit einer Jahresproduktion von 1,5 Millionen Hektoliter entsprechend der Kapazität der Brauerei Feldschlößchen AG ein Kostenvergleich zwischen herkömmlicher Filtration und produktionsintegriertem Recycling vorgenommen und in Tabelle 9 gegenübergestellt.

	Einheit	Wert	EUR
Herkömmliche Filtration			
Kieselgur	t	150	82.500
Stabilisierungsmittel	t	30	49.500
Entsorgungskosten	t (TS)	180	9.000
Gesamtkosten			**141.000**
Produktionsintegriertes Recycling			
Kieselgur	t	26	14.300
Stabilisierungsmittel	t	15	24.750
Wasser	m³	3.900	4.290
Abwasser	m³	3.900	6.825
Natronlauge	t	2,5	375
Elektrische Energie	kWh	19.800	2.574
Entsorgungskosten	t (TS)	41	2.000
Wartung und Ersatzteile			15.000
Gesamtkosten			**70.114**

Tabelle 9:

Jährlicher Rohstoff-Verbrauch und Betriebskosten mit und ohne Filtermittel-Recycling für eine Brauerei mit 1,5 Millionen hl/a (Stand 2007)

Wird eine Einsparsumme von 70.000 EUR pro Jahr mit den notwendigen Investitionskosten von etwa 200.000 EUR in Relation gesetzt, beträgt die Amortisierungszeit knapp drei Jahre.

Generell kann davon ausgegangen werden, dass bei Einführung des Recyclingverfahrens mit einer Halbierung der laufenden Kosten gerechnet werden kann. Der Gurverbrauch bei einem Bierausstoß von mehr als eine Million Hektoliter pro Jahr liegt bei mehr als 150 Tonnen, die auf bis zu 26 Tonnen gesenkt werden können. Die Betriebskostenrechnung ergab, dass für Brauereien dieser Produktionskapazität der Einsatz des Recyclingverfahrens auch unter den konservativ angenommenen Randbedingungen wirtschaftlich ist.

Dieses Ergebnis war Anlass für die Bitburger Braugruppe GmbH mit einem jährlichen Bierausstoß von etwa vier Millionen Hektolitern im Jahr 2010, die von der Privatbrauerei Wittingen GmbH modifizierte Recyclinganlage zu kaufen und in den Produktionsprozess zu integrieren.

Nach Kleinversuchen und Vorlage umfassender Analysenergebnisse hinsichtlich der Mikrobiologie, der Filtrierbarkeit und des Trübungsverhaltens wurde die Anlage in die Produktion eingesetzt und durch Optimierungsmaßnahmen in den vollautomatischen Filtrationsablauf integriert. Bild 18 zeigt die Kieselgur-Recyclinganlage in der Filtrationsabteilung der Bitburger Braugruppe GmbH. Da die Anlage ein Prototyp ist, treten noch gelegentlich Störungen auf, so dass hinsichtlich Wartungs- und

Instandhaltungskosten noch keine endgültige Aussage getroffen werden kann. In Tabelle 10 werden beispielhaft ermittelte technische Betriebsdaten für KW 12 und KW 13, 2014 angegeben. Das durchschnittliche Ausbringen liegt bei fünfzig Prozent bei einem TS-Gehalt von durchschnittlich 19 Prozent. Der Durchlässigkeitsbeiwert der Recyclinggur liegt im Bereich einer Frischgur.

Bild 18:

Kieselgur-Recyclinganlage in der Filtrationsabteilung der Bitburger Braugruppe GmbH

Gegenwärtig wird der Kieselgurfilterschlamm des halben Kieselgureinsatzes, entsprechend 125 Tonnen pro Jahr, über die Recyclinganlage gefahren. Im Jahr 2013 wurden bereits dreißig Tonnen regenerierte Kieselgur im Filtrationsprozess eingesetzt. Im Sinne der Nachhaltigkeitsstrategie der Bitburger Braugruppe GmbH zur Ressourcenschonung kann damit der Frischgurbedarf deutlich gesenkt werden, gleichzeitig erschließt sich ein Einsparpotenzial bei den Entsorgungskosten. Das Ergebnis von 2013 soll im Jahr 2014 übertroffen werden.

5. Zusammenfassung

In einem von der Deutschen Bundesstiftung Umwelt geförderten Kooperationsprojektes zwischen Universität, Kieselgurerzeuger und Brauereiindustrie wurde ein nassmechanisches Verfahren für das Kieselgurrecycling in der Brauereiindustrie entwickelt. Das Verfahren beruht auf der Desagglomeration von Kieselgur und Hefe mit Hilfe der Grenzflächenmodifikation durch die Wasserstoffionenkonzentration. Vom Technikumsmaßstab im Institut für Aufbereitung, Deponietechnik und Geomechanik der TU Clausthal über den Pilotbetrieb bei der Privatbrauerei Wittingen GmbH wurde es bei der Bitburger Braugruppe GmbH in den vollautomatischen Filtrationsablauf integriert. Das Ausbringen für die Recyclinggur liegt bei fünfzig Prozent. Die Anwendung des Verfahrens ist ab einem Bierausstoß von einer Million hl/a wirtschaftlich. Die Qualität entspricht den Anforderungen an Frischgur. Der Verfahrensentwicklung liegt eine Patentierung [10] zugrunde.

Recycling von Kieselgur in der Bierherstellung

Tabelle 10: Auszug aus den Betriebsergebnissen zum Kieselgurrecycling in der Bitburger Braugruppe GmbH

Datum	aus Filter	Gurschlamm Zusammensetzung aus				Vortank		TS Gehalt		Lauge	pH	Betrieb der Anlage	Recyclinggur Menge	Ausbeute	TS Gehalt TQB	Durch-lässig-keit TQB
	lfd. Nr	FW14	FP2	Beco	Recgur	%	m³	%	kg	L		Stunden	kg	%	%	darcy
Summe KW12									2125				1181,9	56		
23. Mrz.	49	62,7	758,7	330,3	181,2	98	4,31	21,34	920	15	10	11,52			19,4	428
25. Mrz.	50	62,3	808,3	269,9	249	100	4,4	16,97	747	15	10	11,73			17,7	348
25. Mrz.	51	62,5	903,9	286,2	154,3	50	2,2	25,12	553	8	10	6,37			19,4	428
Summe KW13									2220				974,5	44		
27. Mrz.	53	63,1	815,2	171,7	233,6	100	4,4	20,94	921	15	10	11,73			19,2	358
1. Apr.	54	63,3	640,5	296,1	283,1	98	4,31	16,69	720	15	10	11,52				
1. Apr.	55	62,1	806,6	265,4	140,2	100	4,4	19,23	846	15	10	11,73			16,7	290
3. Apr.	57	61,7	699,2	214	314,6	50	2,2	22,12	487	7,5	10	6,37				

6. Literatur

[1] Filtrox Werke AG (Hrsg.): Verfahren und Vorrichtung zur Reinigung eines Filterhilfsmittels. St. Gallen: Europäisches Patentamt, EP 0611249A1, 1994 bzw. United States Patent US5801051, 1998

[2] Finis, P.; Galaske, H.: Recycling von Brauerei-Filterhilfsmitteln – Tremonis-Verfahren bewährt sich in NRW. In: Sonderdruck aus Brauwelt Nr. 49. 1988, S. 2332-2347

[3] Fischer, W.: Die thermische Wiederaufbereitung der Kieselgurschlämme. In: Brauwelt Nr. 42. 1990, S. 1820-1826

[4] Fischer, W.; Dülsen, R.: Ergebnisse der Bierfiltration mit Kieselgurregenerat. In: Brauwelt Nr. 46. 1990, S. 2153-2162

[5] Henninger-Bräu AG (Hrsg.): Regenerierung von Kieselgur. Frankfurt: Deutsches Patentamt, Offenlegungsschrift DE 3623484 A1, 1986

[6] Knirsch, M.; Penschke, A.; Meyer-Pittroff, R.: Die Entsorgungssituation für Brauereiabfälle in Deutschland. In: Brauwelt Nr. 33/34. 1997, S. 1322-1326

[7] Leußner, T., Gock, E.: Aufbereitung von Kieselgur in Filterschlämmen aus Brauereien mit Hilfe von Mini-Hydrozyklonen, 3. In: Kolloquium Sortieren. Berlin: 09.-10.10.2003, S. 198-207

[8] Leußner, T., Gock, E.: Recycling von Kieselgur-Filterschlämmen aus Brauereien mithilfe von Mini-Hydrozyklonen. Mainz: wlb – Wasser, Luft, Boden, 6, Vereinigte Fachverlage Mainz, 2004, S. 44-47

[9] Leußner, T.: Recycling von Kieselgur-Filterschlämmen aus der Brauindustrie, Dissertation TU Clausthal, 2007

[10] Leußner, T., Gock, E., Kähler, J.: Verfahren zur Regenerierung von Filtermitteln, insbesondere Kieselgur. Europäisches Patent, EP1418001, angemeldet von Heinrich Meyer-Werke Breloh GmbH & Co. KG am 18. Okt. 2003, erteilt am 16.Mai 2007

[11] Paschen, S.: Kieselgur – Gewinnung, Aufbereitung und Verwendung. In: Erzmetall 39, Nr. 4, 1986, S. 153 ff

[12] Schenk-Filterbau GmbH (Hrsg.): Anschwemmfilter und Verfahren zu seiner Reinigung. Waldstetten: Deutsches Patentamt, DE 19652500, 1998

[13] Sever, R. et al.: Verfahren und Anlage zur Regenerierung von Kieselgur aus der Bierfiltration, RO 90973, 1985

[14] Sommer, G.: Die nasse Aufbereitung der gebrauchten Kieselgur in der Brauerei. In: Brauwelt Nr. 17. 1988, S. 666-669

[15] Stern, O.: Zur Theorie der elektrischen Doppelschicht. In: Zeitschrift für Elektrochemie 30, Nr. 11, 1924, S. 508-516

[16] Vogt, V., Leußner, T., Gock, E.: Recycling of diatomite-(Kieselguhr)-filter-sludges from breweries using mini-hydrocyclones. In: International Symposium on Recycling Technologies for heavy metal containing ash, slag and sludge. Tainan/Taiwan: 27. April 2007, S. 106-118

[17] Yuan, H.: Hydrocyclones for the separation of yeast and protein particles. PhD-Thesis, Department of mechanical engineering, University of Southampton, 1996

Weiterführende Literatur

Mineralische Nebenprodukte und Abfälle

Bergthaler, W.: Zum Entwurf der österreichischen Recyclingbaustoffverordnung am Beispiel der Stahlwerksschlacken – Chronik eines (vorläufig) gescheiterten abfallrechtlichen Regelungsversuchs und Grund zur Hoffnung. In: Thomé-Kozmiensky, K. J. (Hrsg.): Aschen-Schlacken-Stäube aus Abfallverbrennung und Metallurgie. Neuruppin: TK Verlag Karl Thomé-Kozmiensky, 2013, S. 21-28

Bertram, H.-U.: Neues Recht für die Verwertung mineralischer Abfälle aus Sicht des Vollzuges. In: Thomé-Kozmiensky, K. J.; Goldmann, D. (Hrsg.): Recycling und Rohstoffe, Band 4. Neuruppin:TK Verlag Karl Thomé-Kozmiensky, 2011, S. 309-333

Bertram, H.-U.: Die Regelungsasymmetrie bei der Entsorgung von mineralischen Abfällen. In: Thomé-Kozmiensky, K. J.; Goldmann, D. (Hrsg.): Recycling und Rohstoffe, Band 3. Neuruppin:TK Verlag Karl Thomé-Kozmiensky, 2010, S. 401-429

Bertram, H.-U.: Verteilen – Vergraben – Vergessen – Grundsätzliche Überlegungen zur Verwertung von mineralischen Abfällen. In: Thomé-Kozmiensky, K. J. (Hrsg.): Recycling und Rohstoffe, Band 1. Neuruppin: TK Verlag Karl Thomé-Kozmiensky, 2008, S. 11-31

Bertram, H.-U.: Kreislaufwirtschaft ohne Deponien?. In: Thomé-Kozmiensky, K. J. (Hrsg.): Mineralische Nebenprodukte und Abfälle – Aschen, Schlacken, Stäube und Baurestmassen. Neuruppin: TK Verlag Karl Thomé-Kozmiensky, 2014, S. 129-149

Böhme, M.: Feste Gemische in der Verordnung über Anlagen zum Umgang mit wassergefährdenden Stoffen (AwSV). In: Thomé-Kozmiensky, K. J. (Hrsg.): Mineralische Nebenprodukte und Abfälle – Aschen, Schlacken, Stäube und Baurestmassen. Neuruppin: TK Verlag Karl Thomé-Kozmiensky, 2014, S. 71-79

Burmeier, H.: Verwertung von mineralischen Abfällen – Stellungnahme zum Entwurf der Ersatzbaustoff- und der Bodenschutzverordnung. In: Thomé-Kozmiensky, K. J. (Hrsg.): Recycling und Rohstoffe, Band 1. Neuruppin: TK Verlag Karl Thomé-Kozmiensky, 2008, S. 51-57

Demmich, J.: Stellungnahme der Industrie zum Arbeitsentwurf der Mantelverordnung. In: Thomé-Kozmiensky, K. J. (Hrsg.): Aschen-Schlacken-Stäube aus Abfallverbrennung.und Metallurgie Neuruppin: TK Verlag Karl Thomé-Kozmiensky, 2013, S. 3-19

Demmich, J.: Rechtliche Rahmenbedingungen für die Verwertung mineralischer Abfälle. In: Thomé-Kozmiensky, K. J.; Goldmann, D. (Hrsg.): Recycling und Rohstoffe, Band 5. Neuruppin: TK Verlag Karl Thomé-Kozmiensky, 2012, S. 733-748

Demmich, J.: Zukünftige rechtliche Rahmenbedingungen für die Verwertung mineralischer Abfälle. In: Thomé-Kozmiensky, K. J.; Versteyl, A. (Hrsg.): Schlacken aus der Metallurgie – Rohstoffpotential und Recycling – Band 1. Neuruppin: TK Verlag Karl Thomé-Kozmiensky, 2011, S. 25-40

Fahrni, H-P.: Schweizerische Technische Verordnung über Abfälle (TVA) – Verwertungsbedingungen für Rückstände aus Metallindustrie, Abfallverwertungsanlagen und Kraftwerken. In: Thomé-Kozmiensky, K. J. (Hrsg.): Aschen-Schlacken-Stäube aus Abfallverbrennung und Metallurgie. Neuruppin: TK Verlag Karl Thomé-Kozmiensky, 2013, S. 29-42

Fischer, R.: Anmerkungen zum Stand der Ersatzbaustoffverordnung. In: Thomé-Kozmiensky, K. J.; Goldmann, D. (Hrsg.): Recycling und Rohstoffe, Band 2. Neuruppin: TK Verlag Karl Thomé-Kozmiensky, 2009, S. 683-693

Kersandt, P.: DK 0-Deponie oder Verfüllung? – Rechtliche Rahmenbedingungen für die Ablagerung mineralischer Abfälle. In: Thomé-Kozmiensky, K. J.; Goldmann, D. (Hrsg.): Recycling und Rohstoffe, Band 5. Neuruppin: TK Verlag Karl Thomé-Kozmiensky, 2012, S. 725-732

Oberdörfer, M.: Datengrundlagen und Bewertung von Schlackenanalysen. In: Thomé-Kozmiensky, K. J. (Hrsg.): Aschen-Schlacken-Stäube aus Abfallverbrennung und Metallurgie. Neuruppin: TK Verlag Karl Thomé-Kozmiensky, 2013, S. 65-75

Quensell, T.: Planung und Genehmigung einer Deponie der Klasse I – Strategische und unternehmerische Gesichtspunkte. In: Thomé-Kozmiensky, K. J. (Hrsg.): Recycling und Rohstoffe, Band 1. Neuruppin: TK Verlag Karl Thomé-Kozmiensky, 2008, S. 315-319

Sager, D.; Wruss, K.; Lorber K. E.: Die Entsorgung von Schlacken in Österreich. In: Thomé-Kozmiensky, K. J. (Hrsg.): Recycling und Rohstoffe, Band 1. Neuruppin: TK Verlag Karl Thomé-Kozmiensky, 2008, S. 33-50

Scur, P.: Mineralische Sekundärrohstoffe für die Verwertung in der Zementindustrie –Anforderungen an die Qualität –. In: Thomé-Kozmiensky, K. J. (Hrsg.): Aschen-Schlacken-Stäube aus Abfallverbrennung und Metallurgie. Neuruppin: TK Verlag Karl Thomé-Kozmiensky, 2013, S. 411-421

Schmitz, M.; Sievers, H.: Entwicklungen auf den Märkten für mineralische Rohstoffe. In: Thomé-Kozmiensky, K. J.; Goldmann, D. (Hrsg.): Recycling und Rohstoffe, Band 6. Neuruppin: TK Verlag Karl Thomé-Kozmiensky, 2013, S. 129-139

Starke, R.: Die geplante österreichische Recycling-Baustoffverordnung. In: Thomé-Kozmiensky, K. J. (Hrsg.): Mineralische Nebenprodukte und Abfälle – Aschen, Schlacken, Stäube und Baurestmassen. Neuruppin: TK Verlag Karl Thomé-Kozmiensky, 2014, S. 51-58

Stoll, M.: Recycling von mineralischen Abfällen – Aktueller Stand und Ausblick aus Sicht der Wirtschaft. In: Thomé-Kozmiensky, K. J. (Hrsg.): Mineralische Nebenprodukte und Abfälle – Aschen, Schlacken, Stäube und Baurestmassen. Neuruppin: TK Verlag Karl Thomé-Kozmiensky, 2014, S. 11-28

Thomé-Kozmiensky, K. J.: Konkurrierende Aspekte im Umweltschutz. In: Thomé-Kozmiensky, K. J. (Hrsg.): Mineralische Nebenprodukte und Abfälle – Aschen, Schlacken, Stäube und Baurestmassen. Neuruppin: TK Verlag Karl Thomé-Kozmiensky, 2014, S. 3-9

Wruss, W.; Kochberger, M.: Österreichische Recyclingbaustoffverordnung – Stellungnahme aus der Wirtschaft. In: Thomé-Kozmiensky, K. J. (Hrsg.): Mineralische Nebenprodukte und Abfälle – Aschen, Schlacken, Stäube und Baurestmassen. Neuruppin: TK Verlag Karl Thomé-Kozmiensky, 2014, S. 29-50

Rückstände aus der Verbrennung von Abfällen und Biomassen

Trockenentschlackung

Blatter, E.; zur Mühlen, M.; Langhein, E.-C.: Die praktische Umsetzung der Trockenentschlackung. In: Thomé-Kozmiensky, K. J. (Hrsg.): Mineralische Nebenprodukte und Abfälle – Aschen, Schlacken, Stäube und Baurestmassen. Neuruppin: TK Verlag Karl Thomé-Kozmiensky, 2014, S. 173-194

Fleck, E.; Langhein, E. C.; Blatter, E.: Metallrückgewinnung aus trocken ausgetragenen MVA-Schlacken. In: Thomé-Kozmiensky, K. J. (Hrsg.): Aschen-Schlacken-Stäube aus Abfallverbrennung und Metallurgie. Neuruppin: TK Verlag Karl Thomé-Kozmiensky, 2013, S. 323-339

Martin, J. J. E.; Langhein, E.-C.; Eickhoff, N.: Verwertung von trocken ausgetragenen Aschen/Schlacken aus der Abfallverbrennung. In: Thomé-Kozmiensky, K. J.; Goldmann, D. (Hrsg.): Recycling und Rohstoffe, Band 2. Neuruppin: TK Verlag Karl Thomé-Kozmiensky, 2009, S. 717-727

Quicker, P.; Zayat-Vogel, B.; Pretz, T.; Garth, A.; Koralewska, R.; Malek, S.: Nasse und trockene Entaschung in Abfallverbrennungsanlagen – Erkenntnisse für die Überarbeitung des BVT-Merkblatts Abfallverbrennung. In: Thomé-Kozmiensky, K. J. (Hrsg.): Mineralische Nebenprodukte und Abfälle – Aschen, Schlacken, Stäube und Baurestmassen. Neuruppin: TK Verlag Karl Thomé-Kozmiensky, 2014, S. 153-170

Nassentschlackung

Quicker, P.; Zayat-Vogel, B.; Pretz, T.; Garth, A.; Koralewska, R.; Malek, S.: Nasse und trockene Entaschung in Abfallverbrennungsanlagen – Erkenntnisse für die Überarbeitung des BVT-Merkblatts Abfallverbrennung. In: Thomé-Kozmiensky, K. J. (Hrsg.): Mineralische Nebenprodukte und Abfälle – Aschen, Schlacken, Stäube und Baurestmassen. Neuruppin: TK Verlag Karl Thomé-Kozmiensky, 2014, S. 153-170

Muchowa, L.; Eberhard, S.: Metallrückgewinnung aus nass ausgetragener KVA-Schlacke. In: Thomé-Kozmiensky, K. J. (Hrsg.): Aschen-Schlacken-Stäube aus Abfallverbrennung und Metallurgie. Neuruppin: TK Verlag Karl Thomé-Kozmiensky, 2013, S. 311-321

Aufbereitung von Asche/Schlacke

Briese, D.; Duill, B.; Westholm, H.: Der Markt für MVA-Schlacken. In: Thomé-Kozmiensky, K. J.; Goldmann, D. (Hrsg.): Recycling und Rohstoffe, Band 5. Neuruppin: TK Verlag Karl Thomé-Kozmiensky, 2012, S. 811-817

Dott, W.; Dossin, M.; Lewandowski, B.; Schacht, P.: Bioleaching von Schwermetallen aus Aschen und Schlacken mit gleichzeitiger Rückgewinnung von Phosphat. In: Thomé-Kozmiensky, K. J. (Hrsg.): Aschen-Schlacken-Stäube aus Abfallverbrennung und Metallurgie. Neuruppin: TK Verlag Karl Thomé-Kozmiensky, 2013, S. 555-564

Fraissler, G.; Kaufmann, K.; Kaiser, S.; Jaritz, G.: Inertisierungsverfahren für Wirbelschichtaschen. In: Thomé-Kozmiensky, K. J. (Hrsg.): Aschen-Schlacken-Stäube aus Abfallverbrennung und Metallurgie. Neuruppin: TK Verlag Karl Thomé-Kozmiensky, 2013, S. 437-447

Fuchs, C.; Schmidt, M.: Aufbereitung und Wiederverwertung von Schlacken aus Abfallverbrennungsanlagen unter Rückgewinnung von NE-Metallen. In: Thomé-Kozmiensky, K. J. (Hrsg.): Aschen-Schlacken-Stäube aus Abfallverbrennung und Metallurgie. Neuruppin: TK Verlag Karl Thomé-Kozmiensky, 2013, S. 399-410

Koralewska, R.: Verfahren zur Inertisierung von Aschen/Schlacken aus der Rostfeuerung. In: Thomé-Kozmiensky, K. J. (Hrsg.): Aschen-Schlacken-Stäube aus Abfallverbrennung und Metallurgie. Neuruppin: TK Verlag Karl Thomé-Kozmiensky, 2013, S. 423-435

Lück, T.: Verfahren der Scherer + Kohl GmbH zur weitergehenden Schlackeaufbereitung. In: Thomé-Kozmiensky, K. J. (Hrsg.): Optimierung der Abfallverbrennung 1. Neuruppin: TK Verlag Karl Thomé-Kozmiensky, 2004, S. 621-641

Muchova, L.; Eberhard, S.: Innovative Aufbereitungsanlage für Kehrichtschlacke in der Schweiz. In: Thomé-Kozmiensky, K. J. (Hrsg.): Aschen-Schlacken-Stäube aus Abfallverbrennung und Metallurgie. Neuruppin: TK Verlag Karl Thomé-Kozmiensky, 2013, S. 311-321

Schiffmann, O.; Breitenstein, B.; Goldmann, D.: Rückstände aus der thermischen Behandlung von Altholz – Herausforderungen und Lösungsansätze. In: Thomé-Kozmiensky, K. J. (Hrsg.): Mineralische Nebenprodukte und Abfälle – Aschen, Schlacken, Stäube und Baurestmassen. Neuruppin: TK Verlag Karl Thomé-Kozmiensky, 2014, S. 261–271

Seifert, S.; Thome, V.; Karlstetter, C.; Maier, M.: Elektrodynamische Fragmentierung von MVA-Schlacken – Zerlegung der Schlacke in ihre Einzelteile und Abscheidung von Chloriden und Sulfaten –. In: Thomé-Kozmiensky, K. J. (Hrsg.): Aschen-Schlacken-Stäube aus Metallurgie und Abfallverbrennung. Neuruppin: TK Verlag Karl Thomé-Kozmiensky, 2013, S. 353-365

Thomé-Kozmiensky, K. J.: Möglichkeiten und Grenzen der Verwertung von Sekundärabfällen aus der Abfallverbrennung. In: Thomé-Kozmiensky, K. J. (Hrsg.): Aschen-Schlacken-Stäube aus Abfallverbrennung und Metallurgie. Neuruppin: TK Verlag Karl Thomé-Kozmiensky, 2013, S. 79-279

Thomé-Kozmiensky, K. J., Löschau, M.: Aufkommen und Entsorgungswege mineralischer Abfälle – am Beispiel der Aschen/Schlacken aus der Abfallverbrennung. In: Thomé-Kozmiensky, K. J. (Hrsg.): Recycling und Rohstoffe, Band 1. Neuruppin: TK Verlag Karl Thomé-Kozmiensky, 2008, S. 173-220

Einsatz von Asche/Schlacke

Briese, D.; Duill, B.; Westholm, H.: Der Markt für MVA-Schlacken. In: Thomé-Kozmiensky, K. J.; Goldmann, D. (Hrsg.): Recycling und Rohstoffe, Band 5. Neuruppin: TK Verlag Karl Thomé-Kozmiensky, 2012, S. 811-817

Briese, D.; Herden, A.; Esper, A.: Markt für Sekundärrohstoffe in der Baustoffindustrie bis 2020 – Kraftwerksnebenprodukte, MVA-Schlacken und Recycling-Baustoffe. In: Thomé-Kozmiensky, K. J. (Hrsg.): Mineralische Nebenprodukte und Abfälle – Aschen, Schlacken, Stäube und Baurestmassen. Neuruppin: TK Verlag Karl Thomé-Kozmiensky, 2014, S. 117-127

Fischer, R.: Verwendung von Hausmüllverbrennungsschlacke nach gegenwärtigen und zukünftigen Regelwerken – als ein Beispiel für die Ersatzbaustoffe. In: Thomé-Kozmiensky, K. J. (Hrsg.): Mineralische Nebenprodukte und Abfälle – Aschen, Schlacken, Stäube und Baurestmassen. Neuruppin: TK Verlag Karl Thomé-Kozmiensky, 2014, S. 209-240

Literatur

Greinert, J.: Vermarktung von MVA-Schlacken – Erfahrungen aus Hamburg. In: Thomé-Kozmiensky, K. J.; Goldmann, D. (Hrsg.): Recycling und Rohstoffe, Band 5. Neuruppin: TK Verlag Karl Thomé-Kozmiensky, 2012, S. 819-836

Martin, J. J. E.; Langhein, E.-C.; Eickhoff, N.: Verwertung von trocken ausgetragenen Aschen/Schlacken aus der Abfallverbrennung. In: Thomé-Kozmiensky, K. J.; Goldmann, D. (Hrsg.): Recycling und Rohstoffe, Band 2. Neuruppin: TK Verlag Karl Thomé-Kozmiensky, 2009, S. 717-727

Millat, J.: Anmerkungen zur abfallrechtlichen, insbesondere ökotoxikologischen Einstufung von Schlacken aus Abfallverbrennungsanlagen. In: Thomé-Kozmiensky, K. J. (Hrsg.): Recycling und Rohstoffe, Band 1. Neuruppin: TK Verlag Karl Thomé-Kozmiensky, 2008, S. 221-232

Onkelbach, A.; Schulz, J.: Ersatzbaustoffe – Grundlagen für den Einsatz von RC-Baustoffen und HMV-Asche im Straßen- und Erdbau. In: Thomé-Kozmiensky, K. J. (Hrsg.): Mineralische Nebenprodukte und Abfälle – Aschen, Schlacken, Stäube und Baurestmassen. Neuruppin: TK Verlag Karl Thomé-Kozmiensky, 2014, S. 243-260

Schiffmann, O.; Breitenstein, B.; Goldmann, D.: Rückstände aus der thermischen Behandlung von Altholz – Herausforderungen und Lösungsansätze. In: Thomé-Kozmiensky, K. J. (Hrsg.): Mineralische Nebenprodukte und Abfälle – Aschen, Schlacken, Stäube und Baurestmassen. Neuruppin: TK Verlag Karl Thomé-Kozmiensky, 2014, S. 261–271

Thomé-Kozmiensky, K. J.: Möglichkeiten und Grenzen der Verwertung von Sekundärabfällen aus der Abfallverbrennung. In: Thomé-Kozmiensky, K. J. (Hrsg.): Aschen-Schlacken-Stäube aus Abfallverbrennung und Metallurgie. Neuruppin: TK Verlag Karl Thomé-Kozmiensky, 2013, S. 79-279

Thomé-Kozmiensky, K. J.; Löschau, M.: Aufkommen und Entsorgungswege mineralischer Abfälle – am Beispiel der Aschen/Schlacken aus der Abfallverbrennung. In: Thomé-Kozmiensky, K. J. (Hrsg.): Recycling und Rohstoffe, Band 1. Neuruppin: TK Verlag Karl Thomé-Kozmiensky, 2008, S. 173-220

Metallrückgewinnung

Breitenstein, B.; Goldmann, D.; Quedenfeld, I.: ReNe-Verfahren zur Rückgewinnung von dissipativ verteilten Metallen aus Verbrennungsrückständen der thermischen Abfallbehandlung In: Thomé-Kozmiensky, K. J. (Hrsg.): Aschen-Schlacken-Stäube aus Abfallverbrennung und Metallurgie. Neuruppin: TK Verlag Karl Thomé-Kozmiensky, 2013, S. 341-352

Bunge, R.: Wieviel Metall steckt im Abfall? In: Thomé-Kozmiensky, K. J. (Hrsg.): Mineralische Nebenprodukte und Abfälle – Aschen, Schlacken, Stäube und Baurestmassen. Neuruppin: TK Verlag Karl Thomé-Kozmiensky, 2014, S. 91-103

Deike, R.; Ebert, D.; Schubert, D.; Ulman, R.; Warnecke, R.; Vogell, M.: Recyclingpotenziale von Metallen bei Rückständen aus der Abfallverbrennung. In: Thomé-Kozmiensky, K. J. (Hrsg.): Aschen-Schlacken-Stäube aus Abfallverbrennung und Metallurgie. Neuruppin: TK Verlag Karl Thomé-Kozmiensky, 2013, S. 281-294

Fleck, E.; Langhein, E. C.; Blatter, E.: Metallrückgewinnung aus trocken ausgetragenen MVA-Schlacken. In: Thomé-Kozmiensky, K. J. (Hrsg.): Aschen-Schlacken-Stäube aus Abfallverbrennung und Metallurgie. Neuruppin: TK Verlag Karl Thomé-Kozmiensky, 2013, S. 323-339

Frey, R.; Brunner, M.: Rückgewinnung von Schwermetallen aus Flugaschen der Müllverbrennung. In: Thomé-Kozmiensky, K. J. (Hrsg.): Optimierung der Abfallverbrennung 1. Neuruppin: TK Verlag Karl Thomé-Kozmiensky, 2004, S. 667-680

Fuchs, C.; Schmidt, M.: Extraktion von Kupfer und Gold aus Feinstfraktionen von Schlacken. In: Thomé-Kozmiensky, K. J. (Hrsg.): Mineralische Nebenprodukte und Abfälle – Aschen, Schlacken, Stäube und Baurestmassen. Neuruppin: TK Verlag Karl Thomé-Kozmiensky, 2014, S. 197-207

Fuchs, C.; Schmidt, M.: Aufbereitung und Wiederverwertung von Schlacken aus Abfallverbrennungsanlagen unter Rückgewinnung von NE-Metallen. In: Thomé-Kozmiensky, K. J. (Hrsg.): Aschen-Schlacken-Stäube aus Abfallverbrennung und Metallurgie. Neuruppin: TK Verlag Karl Thomé-Kozmiensky, 2013, S. 399-410

Gosten, A.: Potential des Metallrecyclings durch Abfallverbrennung. In: Thomé-Kozmiensky, K. J.; Goldmann, D. (Hrsg.): Recycling und Rohstoffe, Band 6. Neuruppin: TK Verlag Karl Thomé-Kozmiensky. 2013, S. 455-470

Muchowa, L.; Eberhard, S.: Metallrückgewinnung aus nass ausgetragener KVA-Schlacke. In: Thomé-Kozmiensky, K. J. (Hrsg.): Aschen-Schlacken-Stäube aus Abfallverbrennung und Metallurgie. Neuruppin: TK Verlag Karl Thomé-Kozmiensky, 2013, S. 311-321

Schlumberger, S.; Bühler, J.: Zinkrückgewinnung aus Filterstäuben nach dem FLUREC-Verfahren. In: Thomé-Kozmiensky, K. J. (Hrsg.): Aschen-Schlacken-Stäube aus Abfallverbrennung und Metallurgie. Neuruppin: TK Verlag Karl Thomé-Kozmiensky, 2013, S. 377-396

Simon, F. G.; Holm, O.: Aufschluss, Trennung, Rückgewinnung von Metallen aus Rückständen thermischer Prozesse – Verdopplung der Metallausbeute aus MVA-Rostasche –. In: Thomé-Kozmiensky, K. J. (Hrsg.): Aschen-Schlacken-Stäube aus Abfallverbrennung und Metallurgie. Neuruppin: TK Verlag Karl Thomé-Kozmiensky, 2013, S. 297-310

Entsorgung von Rückständen aus der Abgasbehandlung

Bauer, R.; Fischer, P.; Swieszek, G.: Recycling der Reaktionsprodukte aus der Abgasreinigung mit Natriumbicarbonat. In: Thomé-Kozmiensky, K. J. (Hrsg.): Aschen-Schlacken-Stäube aus Metallurgie und Abfallverbrennung. Neuruppin: TK Verlag Karl Thomé-Kozmiensky, 2013, S. 367-376

Frey, R.; Brunner, M.: Rückgewinnung von Schwermetallen aus Flugaschen der Müllverbrennung. In: Thomé-Kozmiensky, K. J. (Hrsg.): Optimierung der Abfallverbrennung 1. Neuruppin: TK Verlag Karl Thomé-Kozmiensky, 2004, S. 667-680

Karpov, S.; Boutoussov, M; Hermann, L.: Inertisierung von Flug- und Filteraschen der Abfallverbrennung mit dem Pellet-Verfahren. In: Thomé-Kozmiensky, K. J. (Hrsg.): Optimierung der Abfallverbrennung 1. Neuruppin: TK Verlag Karl Thomé-Kozmiensky, 2004, S. 643-656

Kersandt, P.: Rechtliche Aspekte des Bergversatzes von Filterstäuben In: Thomé-Kozmiensky, K. J. (Hrsg.): Mineralische Nebenprodukte und Abfälle – Aschen, Schlacken, Stäube und Baurestmassen. Neuruppin: TK Verlag Karl Thomé-Kozmiensky, 2014, S. 81-90

Mocker, M.; Stenzel, F.; Franke, M.: Potential der Metalle in Stäuben. In: Thomé-Kozmiensky, K. J. (Hrsg.): Aschen-Schlacken-Stäube aus Abfallverbrennung und Metallurgie. Neuruppin: TK Verlag Karl Thomé-Kozmiensky, 2013, S. 55-63

Rottlaender, G.: Technik, Kapazitäten und Preisentwicklung der Untertage-Entsorgung in Deutschland. In: Thomé-Kozmiensky, K. J. (Hrsg.): Aschen-Schlacken-Stäube aus Abfallverbrennung und Metallurgie. Neuruppin: TK Verlag Karl Thomé-Kozmiensky, 2013, S. 677-688

Schlumberger, S.; Bühler, J.: Metallrückgewinnung aus Filterstäuben der thermischen Abfallbehandlung nach dem FLUREC-Verfahren. In: Thomé-Kozmiensky, K. J. (Hrsg.): Aschen-Schlacken-Stäube aus Abfallverbrennung und Metallurgie. Neuruppin: TK Verlag Karl Thomé-Kozmiensky, 2013, S. 377-396

Schmidt, H.-D.; Lack, D.: Aufbereitung von Filterstäuben für den Untertageversatz. In: Thomé-Kozmiensky, K. J. (Hrsg.): Mineralische Nebenprodukte und Abfälle – Aschen, Schlacken, Stäube und Baurestmassen. Neuruppin: TK Verlag Karl Thomé-Kozmiensky, 2014, S. 273-283

Versteyl, A.; Kersandt, P.: Rechtliche Rahmenbedingungen für die Verwertung von Filterstäuben. In: Thomé-Kozmiensky, K. J.; Goldmann, D. (Hrsg.): Recycling und Rohstoffe, Band 5. Neuruppin: TK Verlag Karl Thomé-Kozmiensky, 2012, S. 749-758

Rückstände aus Kohlekraftwerken

Briese, D.; Herden, A.; Esper, A.: Markt für Sekundärrohstoffe in der Baustoffindustrie bis 2020 – Kraftwerksnebenprodukte, MVA-Schlacken und Recycling-Baustoffe. In: Thomé-Kozmiensky, K. J. (Hrsg.): Mineralische Nebenprodukte und Abfälle – Aschen, Schlacken, Stäube und Baurestmassen. Neuruppin: TK Verlag Karl Thomé-Kozmiensky, 2014, S. 117-127

Nordsieck, H.; Zander, A.; Rommel, W.: Verwertung von Kraftwerksaschen bei Baumaßnahmen – Baustoffherstellung und Straßenbau. In: Thomé-Kozmiensky, K. J.; Goldmann, D. (Hrsg.): Recycling und Rohstoffe, Band 3. Neuruppin: TK Verlag Karl Thomé-Kozmiensky, 2010, S. 451-459

Stock, U.; Schultz-Sternberg, R.; Waldner, G.: Zertifizierte Steinkohlenflugasche im Spannungsfeld zwischen Bauproduktenrecht und Abfallrecht. In: Thomé-Kozmiensky, K. J. (Hrsg.): Aschen-Schlacken-Stäube aus Abfallverbrennung und Metallurgie. Neuruppin: TK Verlag Karl Thomé-Kozmiensky, 2013, S. 661-675

Zingk, M.; Weißflog, E.; Kempf, W.-D.: Verwertung von Rückständen aus Kohlekraftwerken. In: Thomé-Kozmiensky, K. J.; Goldmann, D. (Hrsg.): Recycling und Rohstoffe, Band 2. Neuruppin:TK Verlag Karl Thomé-Kozmiensky, 2009, S. 695-708

Nebenprodukte aus der Metallurgie

Eisen und Stahl

Adamczyk, B.; Brenneis, R.; Kühn, M.; Mudersbach, D.: Verwertung von Edelstahlschlacken – Gewinnung von Chrom aus Schlacken als Rohstoffbasis. In: Thomé-Kozmiensky, K. J. (Hrsg.): Recycling und Rohstoffe, Band 1. Neuruppin: TK Verlag Karl Thomé-Kozmiensky, 2008, S. 143-160

Arlt, K.-J.: Aufbereitungstechnik zur Erzeugung von Produkten aus Stahlwerksschlacken. In: Thomé-Kozmiensky, K. J. (Hrsg.): Mineralische Nebenprodukte und Abfälle – Aschen, Schlacken, Stäube und Baurestmassen. Neuruppin: TK Verlag Karl Thomé-Kozmiensky, 2014, S. 343-352

Arlt, K.-J.; Joost, M.: Neue Aufbereitungstechnologie von Stahlwerksschlacken bei der AG der Dillinger Hüttenwerke. In: Heußen, M.; Motz, H. (Hrsg.): Schlacken aus der Metallurgie – Ressourceneffizienz und Stand der Technik – Band 2. Neuruppin: TK Verlag Karl Thomé-Kozmiensky, 2012, S. 129-138

Bialucha, R.; Merkel, T.; Motz, H.: Technische und ökologische Rahmenbedingungen bei der Verwendung von Stahlwerksschlacke. In: Thomé-Kozmiensky, K. J.; Versteyl, A. (Hrsg.): Schlacken aus der Metallurgie – Rohstoffpotential und Recycling – Band 1. Neuruppin: TK Verlag Karl Thomé-Kozmiensky, 2011, S. 133-149

Dahlmann, P.; Endemann, G.; Fandrich, R.; Kesseler, K.; Motz, H.: Zur Bedeutung der Stahlwerksschlacke als Sekundärbaustoff und Rohstoffpotential. In: Thomé-Kozmiensky, K. J.; Goldmann, D. (Hrsg.): Recycling und Rohstoffe, Band 5. Neuruppin: TK Verlag Karl Thomé-Kozmiensky, 2012, S. 785-796

Endemann, G.: KrWG, AwSV und MantelV – Auswirkungen auf die Stahlindustrie und ihre Nebenprodukte. In: Heußen, M.; Motz, H. (Hrsg.): Schlacken aus der Metallurgie – Ressourceneffizienz und Stand der Technik – Band 2. Neuruppin: TK Verlag Karl Thomé-Kozmiensky, 2012, S. 21-31

Foth, H.: Humantoxikologische Bewertung von Schlacken aus der Stahlindustrie. In: Thomé-Kozmiensky, K. J.; Versteyl, A. (Hrsg.): Schlacken aus der Metallurgie – Rohstoffpotential und Recycling – Band 1. Neuruppin: TK Verlag Karl Thomé-Kozmiensky, 2011, S. 151-162

Geißler, G.; Ciocea, A.; Raiger, T.: Baustoffliche Verwertung und Umweltverträglichkeit von Elektroofenschlacke – Langzeitstudie am Beispiel der B16. In: Thomé-Kozmiensky, K. J. (Hrsg.): Mineralische Nebenprodukte und Abfälle – Aschen, Schlacken, Stäube und Baurestmassen. Neuruppin: TK Verlag Karl Thomé-Kozmiensky, 2014, S. 353-363

Geißler, G.; Ciocea, A.; Mooser, A.: Verwertung von Elektroofenschlacke. In: Thomé-Kozmiensky, K. J.; Goldmann, D. (Hrsg.): Recycling und Rohstoffe, Band 6. Neuruppin: TK Verlag Karl Thomé-Kozmiensky, 2013, S. 635-647

Geißler, G.; Ciocea, A.; Mooser, A.: Aufbereitung und Verwertung von Elektroofenschlacke. In: Thomé-Kozmiensky, K. J.; Versteyl, A. (Hrsg.): Schlacken aus der Metallurgie – Rohstoffpotential und Recycling – Band 1. Neuruppin: TK Verlag Karl Thomé-Kozmiensky, 2011, S. 91-100

Gerigk, U.: REACH-Auswirkungen für Eisenhüttenschlacken. In: Heußen, M.; Motz, H. (Hrsg.): Schlacken aus der Metallurgie – Ressourceneffizienz und Stand der Technik – Band 2. Neuruppin: TK Verlag Karl Thomé-Kozmiensky, 2012, S. 51-57

Gock, E.; Vogt, V.; Sittard, M.; Lhotzky, K.; Bartsch, S.: Verwertung von deponierten eisenreichen Filterstäuben der Stahlindustrie durch Pelletierung. In: Thomé-Kozmiensky, K. J.; Goldmann, D. (Hrsg.): Recycling und Rohstoffe, Band 6. Neuruppin: TK Verlag Karl Thomé-Kozmiensky, 2013, S. 583-605

Guldan, D.: Aufbereitung von Edelstahlschlacken. In: Thomé-Kozmiensky, K. J. (Hrsg.): Aschen-Schlacken-Stäube aus Abfallverbrennung und Metallurgie. Neuruppin: TK Verlag Karl Thomé-Kozmiensky, 2013, S. 565-586

Heußen, M.; Markus, H.-P.: Ressourcenmanagement eines Elektrostahlwerks. In: Thomé-Kozmiensky, K. J. (Hrsg.): Aschen-Schlacken-Stäube aus Abfallverbrennung und Metallurgie. Neuruppin: TK Verlag Karl Thomé-Kozmiensky, 2013, S. 485-505

Höllen, D.; Pomberger, R.: Mineralogie und Auslaugbarkeit von Stahlwerksschlacken. In: Thomé-Kozmiensky, K. J. (Hrsg.): Mineralische Nebenprodukte und Abfälle – Aschen, Schlacken, Stäube und Baureststmassen. Neuruppin: TK Verlag Karl Thomé-Kozmiensky, 2014, S. 377-385

Hornberg, H.; Kaiser, L.: Metallurgische Einblasanlagen für die Qualitätsoptimierung von Stahlwerksschlacken und das Recycling von Filterstäuben. In: Thomé-Kozmiensky, K. J. (Hrsg.): Aschen-Schlacken-Stäube aus Abfallverbrennung und Metallurgie. Neuruppin: TK Verlag Karl Thomé-Kozmiensky, 2013, S. 507-522

Hüttenmeister, D.; Senk, D.: Überblick über aktuelle Forschungsvorhaben zur Rückgewinnung der thermischen Energie aus flüssiger Hochofenschlacke. In: Thomé-Kozmiensky, K. J. (Hrsg.): Mineralische Nebenprodukte und Abfälle – Aschen, Schlacken, Stäube und Baureststmassen. Neuruppin: TK Verlag Karl Thomé-Kozmiensky, 2014, S. 327-340

Jöbstl, R.: Anforderungen an die umweltfreundliche Entsorgung von Stahlwerksschlacken am Beispiel der LD-Schlacken. In: Thomé-Kozmiensky, K. J. (Hrsg.): Aschen-Schlacken-Stäube aus Abfallverbrennung und Metallurgie. Neuruppin: TK Verlag Karl Thomé-Kozmiensky, 2013, S. 523-539

Joost, M.: Bedarfsgerechte Herstellung von Produkten aus Eisenhüttenschlacken. In: Thomé-Kozmiensky, K. J. (Hrsg.): Recycling und Rohstoffe, Band 1. Neuruppin: TK Verlag Karl Thomé-Kozmiensky, 2008, S. 161-171

Kesseler, K.; Möller, J.; Still, G.: Technische Möglichkeiten der Rückgewinnung – Bedarfsgerechte Herstellung von Produkten aus Eisenhüttenschlacken. In: Thomé-Kozmiensky, K. J.; Versteyl, A. (Hrsg.): Schlacken aus der Metallurgie – Rohstoffpotential und Recycling – Band 1. Neuruppin: TK Verlag Karl Thomé-Kozmiensky, 2011, S. 103-118

Kleimt, B.; Dettmer, B.; Haverkamp, V.; Deinet, T.; Tassot, P.: Erhöhung der Energie- und Materialeffizienz der Stahlerzeugung im Lichtbogenofen – optimiertes Wärmemanagement und kontinuierliche dynamische Prozessführung. In: Heußen, M.; Motz, H. (Hrsg.): Schlacken aus der Metallurgie – Ressourceneffizienz und Stand der Technik – Band 2. Neuruppin: TK Verlag Karl Thomé-Kozmiensky, 2012, S. 77-103

Kupka, T.; Scholz, R.: Rückführung von Hüttenreststoffen der Stahlindustrie, insbesondere eisenreichen Filterstäuben, in den Konverterprozess. In: Thomé-Kozmiensky, K. J.; Goldmann, D. (Hrsg.): Recycling und Rohstoffe, Band 6. Neuruppin: TK Verlag Karl Thomé-Kozmiensky, 2013, S. 607-621

Markus, H. P.; Hofmeister, H.; Heußen, M.: Schlackenkonditionierung im Elektrolichtbogenofen: – Metallurgie und Energieeffizienz. In: Heußen, M.; Motz, H. (Hrsg.): Schlacken aus der Metallurgie – Ressourceneffizienz und Stand der Technik – Band 2. Neuruppin: TK Verlag Karl Thomé-Kozmiensky, 2012, S. 105-126

Markus, H. P.; Hofmeister, H.; Heußen, M.: Die Lech-Stahlwerke in Bayern – ein modernes Elektrostahlwerk und seine Schlackenmetallurgie. In: Thomé-Kozmiensky, K. J.; Goldmann, D. (Hrsg.): Recycling und Rohstoffe, Band 5. Neuruppin: TK Verlag Karl Thomé-Kozmiensky, 2012, S. 761-784

Merkel, T.: Nutzung von Eisenhüttenschlacken. In: Thomé-Kozmiensky, K. J.; Goldmann, D. (Hrsg.): Recycling und Rohstoffe, Band 4. Neuruppin: TK Verlag Karl Thomé-Kozmiensky, 2011, S. 355-368

Meyer, C.; Wichmann, M. G.; Spengler, T. S.: Recycling von Eisenhüttenschlacken – Technischökonomische Analyse und Bewertung. In: Thomé-Kozmiensky, K. J. (Hrsg.): Aschen-Schlacken-Stäube aus Abfallverbrennung und Metallurgie. Neuruppin: TK Verlag Karl Thomé-Kozmiensky, 2013, S. 465-484

Literatur

Mocker, M.; Faulstich, M.: Baustoffliche Verwertung und Umweltverträglichkeit von Elektroofenschlacke – Langzeitstudie am Beispiel der B16. In: Thomé-Kozmiensky, K. J. (Hrsg.): Mineralische Nebenprodukte und Abfälle – Aschen, Schlacken, Stäube und Baurestmassen. Neuruppin: TK Verlag Karl Thomé-Kozmiensky, 2014, S. 365-375

Mocker, M.; Faulstich, M.: Umweltverträglichkeit von Elektroofenschlacken im Straßenbau anhand von Langzeitstudien. In: Heußen, M.; Motz, H. (Hrsg.): Schlacken aus der Metallurgie – Ressourceneffizienz und Stand der Technik – Band 2. Neuruppin: TK Verlag Karl Thomé-Kozmiensky, 2012, S. 169-173

Mocker, M.; Stenzel, F.; Franke, M.: Potenzial der Metalle in Stäuben. In: Thomé-Kozmiensky, K. J. (Hrsg.): Aschen-Schlacken-Stäube aus Abfallverbrennung und Metallurgie. Neuruppin: TK Verlag Karl Thomé-Kozmiensky, 2013, S. 55-63

Motz, H.: Technische, ökologische und gesetzliche Aspekte bei der Verwendung von Eisenhüttenschlacken. In: Thomé-Kozmiensky, K. J. (Hrsg.): Recycling und Rohstoffe, Band 1. Neuruppin: TK Verlag Karl Thomé-Kozmiensky, 2008, S. 59-77

Motz, H.; Mudersbach, D.; Bialucha, R.; Ehrenberg, A.; Merkel, T.: Sechzig Jahre Schlackenforschung in Rheinhausen – Ein Beitrag zur Nachhaltigkeit. In: Thomé-Kozmiensky, K. J. (Hrsg.): Mineralische Nebenprodukte und Abfälle – Aschen, Schlacken, Stäube und Baurestmassen. Neuruppin: TK Verlag Karl Thomé-Kozmiensky, 2014, S. 287-302

Mudersbach, D.; Motz, H.: Zukunftstechnologien für Energie- und Bauwirtschaft – am Beispiel der Schlacken aus der Elektrostahlerzeugung. In: Heußen, M.; Motz, H. (Hrsg.): Schlacken aus der Metallurgie – Ressourceneffizienz und Stand der Technik – Band 2. Neuruppin: TK Verlag Karl Thomé-Kozmiensky, 2012, S. 151-167

Pichler, C.; Antrekowitsch, J.: Alternative Verfahren zur Aufarbeitung von Stäuben aus der Stahlindustrie. In: Thomé-Kozmiensky, K. J. (Hrsg.): Mineralische Nebenprodukte und Abfälle – Aschen, Schlacken, Stäube und Baurestmassen. Neuruppin: TK Verlag Karl Thomé-Kozmiensky, 2014, S. 399-409

Pichler, C.; Unger, A.; Antrekowitsch, J.: Rückgewinnung von Wertmetallen aus Stahlwerksstäuben durch ein reduzierendes Metallbad. In: Thomé-Kozmiensky, K. J. (Hrsg.): Aschen-Schlacken-Stäube aus Abfallverbrennung und Metallurgie. Neuruppin: TK Verlag Karl Thomé-Kozmiensky, 2013, S. 587-598

Rekersdrees, T.; Schliephake, H.; Schulbert, K.: Aufbau und Prozessführung des Lichtbogenofens unter besonderer Berücksichtigung des Schlackenmanagements. In: Thomé-Kozmiensky, K. J. (Hrsg.): Mineralische Nebenprodukte und Abfälle – Aschen, Schlacken, Stäube und Baurestmassen. Neuruppin: TK Verlag Karl Thomé-Kozmiensky, 2014, S. 305-325

Rustige, H.: Entphosphorung von Abwässern im Festbett auf Basis von Elektroofen- und Konverterschlacke – Ein Pilotprojekt. In: Heußen, M.; Motz, H. (Hrsg.): Schlacken aus der Metallurgie – Ressourceneffizienz und Stand der Technik – Band 2. Neuruppin: TK Verlag Karl Thomé-Kozmiensky, 2012, S. 139-150

Senk, D. G.; Hüttenmeister, D.: Stahl und Schlacke – Ein Bund fürs Leben. In: Heußen, M.; Motz, H. (Hrsg.): Schlacken aus der Metallurgie – Ressourceneffizienz und Stand der Technik – Band 2. Neuruppin: TK Verlag Karl Thomé-Kozmiensky, 2012, S. 69-74

von Billerbeck, E.; Ruh, A.; Kim, D.: Verarbeitung von Filterstäuben aus der Elektrostahlerzeugung im Wälzprozess. In: Thomé-Kozmiensky, K. J. (Hrsg.): Mineralische Nebenprodukte und Abfälle – Aschen, Schlacken, Stäube und Baurestmassen. Neuruppin: TK Verlag Karl Thomé-Kozmiensky, 2014, S. 387-397

Weitkämper, L.; Wotruba, H.: Rückgewinnung von Metallen aus metallurgischen Schlacken. In: Thomé-Kozmiensky, K. J. (Hrsg.): Recycling und Rohstoffe, Band 1. Neuruppin: TK Verlag Karl Thomé-Kozmiensky, 2008, S. 133-141

Wotruba, H.; Weitkämper, L.: Aufbereitung metallurgischer Schlacken. In: Thomé-Kozmiensky, K. J.; Goldmann, D. (Hrsg.): Recycling und Rohstoffe, Band 6. Neuruppin: TK Verlag Karl Thomé-Kozmiensky. 2013, S. 623-633

Wulfert, H.; Jungmann, A.: Herstellung hochwertiger Baustoffe aus Stahlwerksschlacken nach nahezu vollständiger Metallrückgewinnung. In: Thomé-Kozmiensky, K. J. (Hrsg.): Aschen-Schlacken-Stäube aus Abfallverbrennung und Metallurgie. Neuruppin: TK Verlag Karl Thomé-Kozmiensky, 2013, S. 541-553

Nichteisenmetalle

Antrekowitsch, H.; Paulitsch, H.; Pirker, A.: Reststoffe aus der Aluminium-Sekundärindustrie. In: Thomé-Kozmiensky, K. J. (Hrsg.): Aschen-Schlacken-Stäube aus Abfallverbrennung und Metallurgie. Neuruppin: TK Verlag Karl Thomé-Kozmiensky, 2013, S. 297-310

Friedrich, B.; Zander, M.; Kemper, C.: Rückgewinnung von Kupfer und Kobalt aus Schlacken der NE-Metallurgie. In: Thomé-Kozmiensky, K. J. (Hrsg.): Aschen-Schlacken-Stäube aus Abfallverbrennung und Metallurgie. Neuruppin: TK Verlag Karl Thomé-Kozmiensky, 2013, S. 599-614

Mocker, M.; Stenzel, F.; Franke, M.: Potential der Metalle in Stäuben. In: Thomé-Kozmiensky, K. J. (Hrsg.): Aschen-Schlacken-Stäube aus Abfallverbrennung und Metallurgie. Neuruppin: TK Verlag Karl Thomé-Kozmiensky, 2013, S. 55-63

Wotruba, H.; Weitkämper, L.: Aufbereitung metallurgischer Schlacken. In: Thomé-Kozmiensky, K. J.; Goldmann, D. (Hrsg.): Recycling und Rohstoffe, Band 6. Neuruppin: TK Verlag Karl Thomé-Kozmiensky, 2013, S. 623-633

Bauabfälle und sonstige mineralische Nebenprodukte und Abfälle

Bielig, T.; Kuyumcu, H. Z.: Erfassung und Bewertung nicht-intendierter Outputs in Bergbaubetrieben – ein systemanalytischer Ansatz. In: Thomé-Kozmiensky, K. J.; Goldmann, D. (Hrsg.): Recycling und Rohstoffe, Band 2. Neuruppin: TK Verlag Karl Thomé-Kozmiensky, 2009, S. 657-670

Bräumer, M.: Veredlung von Mineralstoffen aus Abfall durch Nassaufbereitung mit der Vertikalsetzmaschine. In: Thomé-Kozmiensky, K. J.; Goldmann, D. (Hrsg.): Recycling und Rohstoffe, Band 2. Neuruppin: TK Verlag Karl Thomé-Kozmiensky, 2009, S. 381-387

Bräumer, M.: Rollattrition für feinkörnige Mineralien, Erze oder Metalle. In: Thomé-Kozmiensky, K. J.; Goldmann, D. (Hrsg.): Recycling und Rohstoffe, Band 5. Neuruppin: TK Verlag Karl Thomé-Kozmiensky, 2012, S. 595-603

Demmich, J.: Vom Gips zu Gips – Von der Produktion zum Recycling – Ein EU-Life+ Projekt. In: Thomé-Kozmiensky, K. J. (Hrsg.): Mineralische Nebenprodukte und Abfälle – Aschen, Schlacken, Stäube und Baurestmassen. Neuruppin: TK Verlag Karl Thomé-Kozmiensky, 2014, S. 441-448

Duwe, C.; Goldmann, D.: Stand der Forschung zur Aufbereitung von Shredder-Sanden. In: Thomé-Kozmiensky, K. J.; Goldmann, D. (Hrsg.): Recycling und Rohstoffe, Band 5. Neuruppin: TK Verlag Karl Thomé-Kozmiensky, 2012, S. 495-506

Elwert, T.; Goldmann, D.; Schirmer, T.; Strauß, K.: Mineralogisches Verhalten von Seltenerdelementen in Schlacken – aus einem pyrometallurgischen Recyclingansatz für Neodym-Eisen-Bor-Magnete. In: Thomé-Kozmiensky, K. J. (Hrsg.): Mineralische Nebenprodukte und Abfälle – Aschen, Schlacken, Stäube und Baurestmassen. Neuruppin: TK Verlag Karl Thomé-Kozmiensky, 2014, S. 411-420

Gock, E.; Vogt, V.; Leußner, T.; Hoops, G.; Knauf, H.: Einführung des Recyclings von Kieselgur in die Praxis der Bierherstellung. In: Thomé-Kozmiensky, K. J. (Hrsg.): Mineralische Nebenprodukte und Abfälle – Aschen, Schlacken, Stäube und Baurestmassen. Neuruppin: TK Verlag Karl Thomé-Kozmiensky, 2014, S. 503-522

Goldmann, D.; Gierth, E.: Rückgewinnung von Metallen aus feinkörnigen mineralischen Abfällen. In: Thomé-Kozmiensky, K. J. (Hrsg.): Recycling und Rohstoffe, Band 1. Neuruppin: TK Verlag Karl Thomé-Kozmiensky, 2008, S. 239-253

Guéguen, E.; Hartenstein, J.; Fricke-Begemann, C.: Raw material challenges in refractory application. In: Thomé-Kozmiensky, K. J. (Hrsg.): Mineralische Nebenprodukte und Abfälle – Aschen, Schlacken, Stäube und Baurestmassen. Neuruppin: TK Verlag Karl Thomé-Kozmiensky, 2014, S. 489-501

Himmel, W.; Mitterwallner, J.: Der Steirische Baurestmassenleitfaden. In: Thomé-Kozmiensky, K. J. (Hrsg.): Mineralische Nebenprodukte und Abfälle – Aschen, Schlacken, Stäube und Baurestmassen. Neuruppin: TK Verlag Karl Thomé-Kozmiensky, 2014, S. 423-439

Jandewerth, M.; Denk, M.; Gläßer, C.; Mrotzek, A.; Teuwsen, S.: Reduktion von Rohstoffimporten durch Wertstoffgewinnung aus Hüttenhalden – Entwicklung eines multiskalaren Ressourcenkatasters für Hüttenhalden. In: Thomé-Kozmiensky, K. J. (Hrsg.): Aschen-Schlacken-Stäube aus Abfallverbrennung und Metallurgie. Neuruppin: TK Verlag Karl Thomé-Kozmiensky, 2013, S. 639-657

Literatur

Mäurer, A.; Schlummer, M.: Recyclingfähigkeit von Wärmedämmverbundsystemen mit Styropor. In: Thomé-Kozmiensky, K. J. (Hrsg.): Mineralische Nebenprodukte und Abfälle – Aschen, Schlacken, Stäube und Baurestmassen. Neuruppin: TK Verlag Karl Thomé-Kozmiensky, 2014, S. 449- 455

Müller, A.: Rohstoffe und Technologien für das Baustoffrecycling. In: Thomé-Kozmiensky, K. J.; Goldmann, D. (Hrsg.): Recycling und Rohstoffe, Band 4. Neuruppin: TK Verlag Karl Thomé-Kozmiensky, 2011, S. 335-354

Nagy, A. A.; Goldmann, D.; Gock, E.; Schippers, A.; Vasters, J.: Sanierung einer Bergbaualtlast – Rückbau und Metallrecycling durch Biotechnologie. In: Thomé-Kozmiensky, K. J. (Hrsg.): Recycling und Rohstoffe, Band 1. Neuruppin: TK Verlag Karl Thomé-Kozmiensky, 2008, S. 321-340

Schnell, A.; Müller, A.; Rübner, K.; Ludwig, H.-M.: Mineralische Bauabfälle als Rohstoff für die Herstellung leichter Gesteinskörnungen. In: Thomé-Kozmiensky, K. J.; Goldmann, D. (Hrsg.): Recycling und Rohstoffe, Band 5. Neuruppin: TK Verlag Karl Thomé-Kozmiensky, 2012, S. 469-494

Schu, K.: Veredlung von Mineralstoffen aus Abfall – Darstellung anhand des NMT-Verfahrens. In: Thomé-Kozmiensky, K. J. (Hrsg.): Recycling und Rohstoffe, Band 1. Neuruppin: TK Verlag Karl Thomé-Kozmiensky, 2008, S. 235-238

Skutan, S.: Bestimmung der Wert- und Schadstoffpotentiale von Abbruchobjekten – Probenahme aus dem Schutt. In: Thomé-Kozmiensky, K. J.; Goldmann, D. (Hrsg.): Recycling und Rohstoffe,Band 2. Neuruppin: TK Verlag Karl Thomé-Kozmiensky, 2009, S. 437-445

Teipel, U.: Produktgestaltung mit Sekundärrohstoffen aus der Baustoff- und Keramikindustrie. In: Thomé-Kozmiensky, K. J. (Hrsg.): Mineralische Nebenprodukte und Abfälle – Aschen, Schlacken, Stäube und Baurestmassen. Neuruppin: TK Verlag Karl Thomé-Kozmiensky, 2014, S. 479-488

Zingk, M.: Aufbereitung und Verwertung von Gipsplattenabfällen. In: Thomé-Kozmiensky, K. J.; Goldmann, D. (Hrsg.): Recycling und Rohstoffe, Band 2. Neuruppin: TK Verlag Karl Thomé-Kozmiensky, 2009, S. 709-715

Recyclingbaustoffe/Sekundärbaustoffe

Bischlager, O.: Verwertung von Recyclingbaustoffen im Straßenbau in Bayern. In: Thomé-Kozmiensky, K. J.; Goldmann, D. (Hrsg.): Recycling und Rohstoffe, Band 2. Neuruppin: TK Verlag Karl Thomé-Kozmiensky, 2009, S. 673-681

Briese, D.; Herden, A.; Esper, A.: Markt für Sekundärrohstoffe in der Baustoffindustrie bis 2020 – Kraftwerksnebenprodukte, MVA-Schlacken und Recycling-Baustoffe. In: Thomé-Kozmiensky, K. J. (Hrsg.): Mineralische Nebenprodukte und Abfälle – Aschen, Schlacken, Stäube und Baurestmassen. Neuruppin: TK Verlag Karl Thomé-Kozmiensky, 2014, S. 117-127

Daehn, C.: Einsatz von Ersatzbaustoffen in Bayern – Stand und Perspektiven –. In: Thomé-Kozmiensky, K. J. (Hrsg.): Aschen-Schlacken-Stäube aus Abfallverbrennung und Metallurgie. Neuruppin: TK Verlag Karl Thomé-Kozmiensky, 2013, S. 43-52

Dahlmann, P.; Endemann, G.; Fandrich, R.; Kesseler, K.; Motz, H.: Zur Bedeutung der Stahlwerksschlacke als Sekundärbaustoff und Rohstoffpotential. In: Thomé-Kozmiensky, K. J.; Goldmann, D. (Hrsg.): Recycling und Rohstoffe, Band 5. Neuruppin: TK Verlag Karl Thomé-Kozmiensky, 2012, S. 785-796

Fischer, R.: Verwendung von Hausmüllverbrennungsschlacke nach gegenwärtigen und zukünftigen Regelwerken – als ein Beispiel für die Ersatzbaustoffe. In: Thomé-Kozmiensky, K. J. (Hrsg.): Mineralische Nebenprodukte und Abfälle – Aschen, Schlacken, Stäube und Baurestmassen. Neuruppin: TK Verlag Karl Thomé-Kozmiensky, 2014, S. 209-240

Geißler, G.; Ciocea, A.; Raiger, T.: Baustoffliche Verwertung und Umweltverträglichkeit von Elektroofenschlacke – Langzeitstudie am Beispiel der B16. In: Thomé-Kozmiensky, K. J. (Hrsg.): Mineralische Nebenprodukte und Abfälle – Aschen, Schlacken, Stäube und Baurestmassen. Neuruppin: TK Verlag Karl Thomé-Kozmiensky, 2014, S. 353-363

Hettler, S.: Recyclingbaustoffe im Vergaberecht. In: Thomé-Kozmiensky, K. J. (Hrsg.): Mineralische Nebenprodukte und Abfälle – Aschen, Schlacken, Stäube und Baurestmassen. Neuruppin: TK Verlag Karl Thomé-Kozmiensky, 2014, S. 59-69

Literatur

Klein, T.: Mineralische Sekundärbaustoffe im Straßenbau. In: Thomé-Kozmiensky, K. J.; Goldmann, D. (Hrsg.): Recycling und Rohstoffe, Band 3. Neuruppin: TK Verlag Karl Thomé-Kozmiensky, 2010, S. 431-440

Knappe, F.: Einsatz von Recycling-Baustoffen. In: Thomé-Kozmiensky, K. J. (Hrsg.): Mineralische Nebenprodukte und Abfälle – Aschen, Schlacken, Stäube und Baurestmassen. Neuruppin: TK Verlag Karl Thomé-Kozmiensky, 2014, S. 457-464

Mesters, K.; Özdemir, E.: Umweltverträglichkeit von Baustoffen aus industriellen Prozessen sowie Recycling-Baustoffen. In: Thomé-Kozmiensky, K. J.; Goldmann, D. (Hrsg.): Recycling und Rohstoffe, Band 5. Neuruppin: TK Verlag Karl Thomé-Kozmiensky, 2012, S. 797-809

Meyer, N.; Emersleben, A.: Einsatzmöglichkeiten von recyceltem Altglas im Verkehrswegebau. In: Thomé-Kozmiensky, K. J.; Goldmann, D. (Hrsg.): Recycling und Rohstoffe, Band 3. Neuruppin: TK Verlag Karl Thomé-Kozmiensky, 2010, S. 441-450

Mocker, M.; Faulstich, M.: Baustoffliche Verwertung und Umweltverträglichkeit von Elektroofenschlacke – Langzeitstudie am Beispiel der B16. In: Thomé-Kozmiensky, K. J. (Hrsg.): Mineralische Nebenprodukte und Abfälle – Aschen, Schlacken, Stäube und Baurestmassen. Neuruppin: TK Verlag Karl Thomé-Kozmiensky, 2014, S. 365-375

Mocker, M.; Faulstich, M.: Umweltverträglichkeit von Elektroofenschlacken im Straßenbau anhand von Langzeitstudien. In: Heußen, M.; Motz, H. (Hrsg.): Schlacken aus der Metallurgie – Ressourceneffizienz und Stand der Technik – Band 2. Neuruppin: TK Verlag Karl Thomé-Kozmiensky, 2012, S. 169-173

Motz, H.; Mudersbach, D.; Bialucha, R.; Ehrenberg, A.; Merkel, T.: Sechzig Jahre Schlackenforschung in Rheinhausen – Ein Beitrag zur Nachhaltigkeit. In: Thomé-Kozmiensky, K. J. (Hrsg.): Mineralische Nebenprodukte und Abfälle – Aschen, Schlacken, Stäube und Baurestmassen. Neuruppin: TK Verlag Karl Thomé-Kozmiensky, 2014, S. 287-302

Mudersbach, D.; Motz, H.: Zukunftstechnologien für Energie- und Bauwirtschaft – am Beispiel der Schlacken aus der Elektrostahlerzeugung. In: Heußen, M.; Motz, H. (Hrsg.): Schlacken aus der Metallurgie – Ressourceneffizienz und Stand der Technik – Band 2. Neuruppin: TK Verlag Karl Thomé-Kozmiensky, 2012, S. 151-167

Müller, A.: Rohstoffe und Technologien für das Baustoffrecycling. In: Thomé-Kozmiensky, K. J.; Goldmann, D. (Hrsg.): Recycling und Rohstoffe, Band 4. Neuruppin: TK Verlag Karl Thomé-Kozmiensky, 2011, S. 335-354

Nordsieck, H.; Zander, A.; Rommel, W.: Verwertung von Kraftwerksaschen bei Baumaßnahmen – Baustoffherstellung und Straßenbau. In: Thomé-Kozmiensky, K. J.; Goldmann, D. (Hrsg.): Recycling und Rohstoffe, Band 3. Neuruppin: TK Verlag Karl Thomé-Kozmiensky, 2010, S. 451-459

Onkelbach, A.; Schulz, J.: Ersatzbaustoffe – Grundlagen für den Einsatz von RC-Baustoffen und HMV-Asche im Straßen- und Erdbau. In: Thomé-Kozmiensky, K. J. (Hrsg.): Mineralische Nebenprodukte und Abfälle – Aschen, Schlacken, Stäube und Baurestmassen. Neuruppin: TK Verlag Karl Thomé-Kozmiensky, 2014, S. 243-260

Rübner, K.; Weimann, K.; Herbst, T.: Möglichkeiten der Nutzung industrieller Reststoffe im Beton. In: Thomé-Kozmiensky, K. J. (Hrsg.): Recycling und Rohstoffe, Band 1. Neuruppin: TK Verlag Karl Thomé-Kozmiensky, 2008, S. 289-311

Schmidmeyer, S.: Markt für mineralische Recycling-Baustoffe – Erfahrungen aus der Praxis. In: Thomé-Kozmiensky, K. J. (Hrsg.): Mineralische Nebenprodukte und Abfälle – Aschen, Schlacken, Stäube und Baurestmassen. Neuruppin: TK Verlag Karl Thomé-Kozmiensky, 2014, S. 105-116

Schnell, A.; Müller, A.; Rübner, K.; Ludwig, H.-M.: Mineralische Bauabfälle als Rohstoff für die Herstellung leichter Gesteinskörnungen. In: Thomé-Kozmiensky, K. J.; Goldmann, D. (Hrsg.): Recycling und Rohstoffe, Band 5. Neuruppin: TK Verlag Karl Thomé-Kozmiensky, 2012, S. 469-494

Schröder, P.: Voraussetzungen für die Zulassung von Recyclingmaterial als Baustoff. In: Thomé-Kozmiensky, K. J. (Hrsg.): Recycling und Rohstoffe, Band 1. Neuruppin: TK Verlag Karl Thomé-Kozmiensky, 2008, S. 275-288

Literatur

Starke, R.: Die geplante österreichische Recycling-Baustoffverordnung. In: Thomé-Kozmiensky, K. J. (Hrsg.): Mineralische Nebenprodukte und Abfälle – Aschen, Schlacken, Stäube und Baurestmassen. Neuruppin: TK Verlag Karl Thomé-Kozmiensky, 2014, S. 51-58

Strathmann, B.: Qualitätssicherung und ökologische Bewertung von Recyclingbaustoffen. In: Thomé-Kozmiensky, K. J. (Hrsg.): Mineralische Nebenprodukte und Abfälle – Aschen, Schlacken, Stäube und Baurestmassen. Neuruppin: TK Verlag Karl Thomé-Kozmiensky, 2014, S. 465-478

Wagner, R.: Anforderungen an den Einbau von mineralischen Ersatzbaustoffen und an Verfüllungen. In: Thomé-Kozmiensky, K. J. (Hrsg.): Recycling und Rohstoffe, Band 1. Neuruppin: TK Verlag Karl Thomé-Kozmiensky, 2008, S. 3-9

Wies, C.: Vollzugserfahrungen mit der Verwertung von Schlacken im Straßen- und Erdbau in Nordrhein-Westfalen. In: Thomé-Kozmiensky, K. J.; Versteyl, A. (Hrsg.): Schlacken aus der Metallurgie – Rohstoffpotential und Recycling – Band 1. Neuruppin: TK Verlag Karl Thomé-Kozmiensky, 2011, S. 43-49

Wruss, W.; Kochberger, M.: Österreichische Recyclingbaustoffverordnung – Stellungnahme aus der Wirtschaft. In: Thomé-Kozmiensky, K. J. (Hrsg.): Mineralische Nebenprodukte und Abfälle – Aschen, Schlacken, Stäube und Baurestmassen. Neuruppin: TK Verlag Karl Thomé-Kozmiensky, 2014, S. 29-50

Wulfert, H.; Jungmann, A.: Herstellung hochwertiger Baustoffe aus Stahlwerksschlacken nach nahezu vollständiger Metallrückgewinnung. In: Thomé-Kozmiensky, K. J. (Hrsg.): Aschen-Schlacken-Stäube aus Abfallverbrennung und Metallurgie. Neuruppin: TK Verlag Karl Thomé-Kozmiensky, 2013, S. 541-553

Dank

„Unsere Printmedien werden Sie nie recyceln wollen."

Attraktive Werbemittel für einen beeindruckenden Kongressauftritt.

Wir sind Ihr kompetenter Partner bei der Produktion von Druck- und Onlinemedien

- **Layout & Satz**
- **Kongresseinladungen**
- **Tagungsdokumentationen**
- **Zeitschriftendruck**
- **WebDesign**

Als erste Münchner Druckerei haben wir bereits 1996 ein Qualitätsmanagementsystem nach ISO 9000 eingeführt. 2005 gehörten wir zu den Pionieren bei der Umsetzung des ProzessStandard Offsetdruck. Und seit dem Frühjahr 2008 setzen wir Papier aus vorbildlicher Forstwirtschaft mit zertifiziertem Nachweis ein.

Mediengruppe
UNIVERSAL
Grafische Betriebe München GmbH

Kirschstraße 16
80999 München
Tel. 089 548217-0
www.universalmedien.de

Dank

Der Herausgeber dankt den an diesem Buch beteiligten Personen und Unternehmen. In erster Linie danke ich den Autoren, die mit ihren Manuskripten den Rohstoff für dieses Buch geliefert haben. Für sie war es zusätzliche Arbeit und Belastung. Herausgeber und Verlag danken den Autoren mit dem ihren Leistungen angemessenen Umgang mit ihren Manuskripten und mit der Qualität der Präsentation. Dazu gehört auch die Vorstellung der Autoren im Anhang dieses Buchs; hier finden die Leser nicht nur die Kontaktdaten der Autoren, sondern auch deren Porträtfotos, soweit die Autoren dies erlauben.

Die Qualität des Buchs ist auch dem Engagement der Unternehmen zu verdanken, die mit den Inseraten eine weitere Voraussetzung für die Qualität der Redaktion, des Satzes und des Drucks sowie der buchbinderischen Verarbeitung geschaffen haben. Dank der Qualität und der Zahl der Beiträge erreicht die werbende Wirtschaft ein interessantes Fachpublikum.

Die Mitarbeiter des Verlags waren besonders gefordert, wenn Manuskripte hohe Anforderungen an die Bearbeitung stellten.

Das Verlags-Team

Dr.-Ing. Stephanie Thiel hat an der fachlichen Konzeption des Buchs und in der Redaktion mitgearbeitet. M.Sc. Elisabeth Thomé-Kozmiensky und Dr.-Ing. Stephanie Thiel haben die Verbindung mit der werbenden Wirtschaft gepflegt.

Ginette Teske hat die Buchplanung sowie die Zusammenarbeit mit der Druckerei, den Autoren und Inserenten organisatorisch geleitet. Darüber hinaus hat sie gemeinsam mit Cordula Müller, Fabian Thiel, Janin Burbott, M.Sc. Elisabeth Thomé-Kozmiensky und Gabriele Spiegel zahlreiche Zeichnungen angefertigt, Tabellen erstellt, die Texte bearbeitet und die Druckvorlage gesetzt. Die Gestaltung des Autorenverzeichnisses hat Cordula Müller übernommen.

Großen Dank schulden Herausgeber und Verlag der Druckerei Mediengruppe Universal Grafische Betriebe München GmbH für die sorgfältige Verarbeitung unserer Vorlagen zu einem ansehnlichen Buch hoher Qualität. Die Mitarbeiter dieses Unternehmens schafften es wiederum, das Buch pünktlich auszuliefern. Das belohnen wir mit unserer andauernden Treue.

Das Zusammenwirken von Autoren, werbender Wirtschaft, Redaktion, Druckvorstufe und Druckerei kommt dieser Publikation zugute. Das Ergebnis dieser Arbeit wird von den Lesern geschätzt, weil die Bücher über lange Zeit als wichtige Informationsquelle betrachtet werden und die tägliche Arbeit unterstützen.

Daher wird auch dieses Buch die verdiente Verbreitung und Würdigung finden.

Dem Herausgeber ist es ein Bedürfnis, allen an diesem Buch Beteiligten voller Bewunderung für ihre hervorragenden Leistungen zu danken.

Juni 2014

Karl J. Thomé-Kozmiensky

Autorenverzeichnis

Autorenverzeichnis

Privatdozent Dipl.-Ing. Dr. mont. Jürgen Antrekowitsch S. 399
Leiter des Christian Doppler Labors für Optimierung und
Biomasseeinsatz beim Recycling von Schwermetallen
Montanuniversität Leoben
Franz-Josef-Straße 18
A-8700 Leoben
Tel.: 0043-38.42-402-52.50
Fax: 0043-38.42-402-52.52
E-Mail: juergen.antrekowitsch@unileoben.ac.at

Dr.-Ing. Klaus-Jürgen Arlt S. 343
Geschäftsführer der MSG Mineralstoffgesellschaft Saar mbH
Leiter Umweltschutz/-technik der AG Dillinger Hüttenwerke
Werkstraße 1
66763 Dillingen/Saar
Tel.: 068.31-47-36.39
Fax: 068.31-47-38.76
E-Mail: klaus.arlt@dillinger.biz

Ministerialrat Dr.-Ing. Heinz-Ulrich Bertram S. 129
Niedersächsisches Ministerium für Umwelt,
Energie und Klimaschutz
Ref. 36 Abfallwirtschaft, Altlasten
Archivstr. 2
30169 Hannover
Tel.: 0511-120.32 56
Fax: 0511-120.99.32.56
E-Mail: heinz-ulrich.bertram@mu.niedersachsen.de

Dr.-Ing. Ruth Bialucha S. 287
Abteilungsleiterin Umwelt und Verkehrsbau
FEhS – Institut für Baustoff-Forschung e.V.
Bliersheimer Straße 62
47229 Duisburg
Tel.: 020.65-99.45.63
Fax: 020.65-99.45.10
E Mail: r.bialucha@fehs.de

Edi Blatter S. 173
Directeur
SATOM SA
Z.I. Boeuferran
CH-1870 Monthey
Tel.: 0041-24-472.77.77
Fax: 0041-24-472.82.02
E-Mail:info@satom-monthey.ch

543

Martin Böhme S. 71

Bundesministerium für Umwelt, Naturschutz,
Bau und Reaktorsicherheit (BMUB)
Ref. WR I 3 Gewässerschutz
Stresemannstraße 128 – 130
10117 Berlin
Tel.: 030-183.05-46.73
Fax: 030-183.05-43.75
E-Mail: martin.boehme@bmub.bund.de

Dipl.-Ing. Boris Breitenstein S. 261

Technische Universität Clausthal
Institut für Aufbereitung, Deponietechnik und Geomechanik
Walther-Nernst-Straße 9
38678 Clausthal-Zellerfeld
Tel.: 053.23-72-21.35
Fax: 053.23-72-23.53
E-Mail: boris.breitenstein@tu-clausthal.de

Dipl.-Kfm. Dirk Briese S. 117

Geschäftsführer
trend:research GmbH
Parkstraße 123
28209 Bremen
Tel.: 04.21-437.30-0
Fax: 04.21-437.30-11
E-Mail: dirk.briese@trendresearch.de

Professor Dr. Rainer Bunge S. 91

Hochschule für Technik Rapperswil (HSR)
Institut für Umwelt- und Verfahrenstechnik (UMTEC)
Oberseestraße 10
CH-8640 Rapperswil
Tel.: 0041-55-222-48.62
Fax: 0041-55-222-48.61
E-Mail: rbunge@hsr.ch

Dipl.-Wirtsch.-Ing. Alexandra Ciocea S. 353

Verkaufsleiterin
Max Aicher Umwelt GmbH
Bichlbruck 2
83451 Piding
Tel.: 086.54-774 01-12
Fax: 086.54-774.01-29
E-Mail: a.ciocea@max-aicher.de

Autorenverzeichnis

Dr.-Ing. Jörg Demmich S. 441

Bereichsleiter Synthetische Gipse
Knauf Gips KG
Am Bahnhof 7
97346 Iphofen
Tel.: 093.23-31-10.47
Fax: 093.23-31-11.30
E-Mail: demmich.joerg@knauf.de

Dr.-Ing. Andreas Ehrenberg S. 287

Abteilungsleiter Baustoffe, Bindemittel, Beton, Chemie
FEhS – Institut für Baustoff-Forschung e.V.
Bliersheimer Straße 62
47229 Duisburg
Tel.: 020.65-99.45.50
Fax: 020.65-99.45.10
E-Mail: a.ehrenberg@fehs.de

Dipl.-Ing. Tobias Elwert S. 411

Technische Universität Clausthal
Institut für Aufbereitung, Deponietechnik und Geomechanik
Walther-Nernst-Str. 9
38678 Clausthal-Zellerfeld
Tel.: 053.23-72-21.19
Fax: 053.23-72-23.53
E-Mail: tobias.elwert@tu-clausthal.de

Dipl.-Geogr. Anna Esper S. 117

Projektleiterin Umwelt- und Entsorgung
trend:research GmbH
Theodor-Heuss-Ring 62
50668 Köln
Tel.: 0221-91.40.76-0
Fax: 0221-91.40.76 11
E-Mail: anna.esper@trendresearch.de

Professor Dr.-Ing. Martin Faulstich S. 365

Geschäftsführer
CUTEC Institut an der Technische Universität Clausthal
Leibnizstraße 21 + 23
38678 Clausthal-Zellerfeld
Tel.: 053.23-933-120
Fax: 053.23-933-100
E-Mail: martin.faulstich@cutec.de

Autorenverzeichnis

Stadtdirektor a.D. Rechtsanwalt Reinhard Fischer   S. 209

Geschäftsführer Bundesvereinigung Recycling-Baustoffe
und Interessengemeinschaft der Aufbereiter und Verwerter
von Müllverbrennungsschlacken (IGAM)
Düsseldorfer Straße 50
47051 Duisburg
Tel.: 0203-992.39-25
Fax: 0203-992.39-95
E-Mail: reinhard.fischer@baustoffverbaende.de

Dr. Cord Fricke-Begemann   S. 489

Gruppenleiter Materialanalytik
Fraunhofer-Institut für Lasertechnik ILT
Steinbachstr. 15
52074 Aachen
Tel.: 02.41-89.06-196
Fax: 02.41-89.06-121
E-Mail: cord.fricke-begemann@ilt.fraunhofer.de

Dipl.-Ing. Christian Fuchs   S. 197

stellv. Geschäftsführer/Vertriebsleiter
LAB GmbH
Bludenzer Straße 6
70469 Stuttgart
Tel.: 07.11-222.49.35-20
Fax: 07.11-222.49.35-99
E-Mail: christian.fuchs@labgmbh.com

Dipl.-Ing. Andrea Garth   S. 153

Rheinisch-Westfälische Technische Hochschule Aachen
Institut für Aufbereitung und Recycling (I.A.R.)
Wüllnerstraße 2
52062 Aachen
Tel.: 02.41-80-957.17
Fax: 02.41-80-922.32
E-Mail: garth@ifa.rwth-aachen.de

Dipl.-Ing. Georg Geißler   S. 353

Geschäftsführer
Max Aicher Umwelt GmbH
Bichlbruck 2
83451 Piding
Tel.: 086.54-774.01-11
Fax: 086.54-774.01-29
E-Mail: g.geissler@max-aicher.de

Autorenverzeichnis

Professor Dr.-Ing. habil. Eberhard Gock   S. 503

Technische Universität Clausthal
Institut für Aufbereitung, Deponietechnik und Geomechanik
Walther-Nernst-Str. 9
38678 Clausthal-Zellerfeld
Tel.: 053.23-72-20.37
Fax: 053.23-72-23.53
E-Mail: gock@aufbereitung.tu-clausthal.de

Professor Dr.-Ing. Daniel Goldmann   S. 261, 411

Technische Universität Clausthal
Institut für Aufbereitung, Deponietechnik und Geomechanik
Walther-Nernst-Str. 9
38678 Clausthal-Zellerfeld
Tel.: 053.23-72-27.35
Fax: 053.23-72-23.53
E-Mail: goldmann@aufbereitung.tu-clausthal.de

Dr. Erwan Guéguen   S. 489

Technical Director EMEA
Magnesita Refractories SCS
63 Rue Du Petit Bruxelles
FR-59303 Valenciennes
Tel.: 0033-327.20-12.44
Fax: 0033-327.20-12.59
E-Mail: erwan.gueguen@magnesita.com

Dipl.-Geol. Johannes Hartenstein   S. 489

Projektmanager Forschung und Entwicklung
Magnesita Refractories GmbH
Dolomitstr. 10
58099 Hagen
Tel.: 023.31-34.95-550
Fax: 023.31-34.95-519
E-Mail: johannes.hartenstein@magnesita.com

Andreas Herden   S. 117

Fachbereichsleiter
trend:research GmbH
Parkstraße 123
28209 Bremen
Tel.: 0421-437.30-0
Fax: 0421-437.30-11
E-Mail: andreas.herden@trendresearch.de

Rechtsanwalt Dr.-Ing., Steffen Hettler, M. Sc. S. 59

Kapellmann und Partner Rechtsanwälte mdB
Josephspitalstraße 15
80331 München
Tel.: 089-24.21.68-71
Fax: 089-24.21.68-61
E-Mail: steffen.hettler@kapellmann.de

Univ.-Lektor Hofrat Dipl.-Ing. Dr. techn. Wilhelm Himmel S. 423

Nachhaltigkeitskoordinator des Landes Steiermark
Amt der Steiermärkischen Landesregierung
Abt. 14, Ref. Abfallwirtschaft und Nachhaltigkeit
Bürgergasse 5a
A-8010 Graz
Tel.: 0043-316-877-21.53
Fax: 0043-316-877-24.16
E-Mail: wilhelm.himmel@stmk.gv.at

Dipl.-Min. Dr. rer. nat. Daniel Höllen S. 377

Montanuniversität Leoben
Department Umwelt- und Energieverfahrenstechnik
Franz-Josef-Straße 18
A-8700 Leoben
Tel.: 0043-38.42-402-51.10
Fax: 0043-38.42-402-51.02
E-Mail: daniel.hoellen@unileoben.ac.at

Günther Hoops S. 503

Heinrich Meyer-Werke
Breloh GmbH & Co. KG
Breloher Straße 95-101
29633 Munster

Dipl.-Ing. Dennis Hüttenmeister S. 327

Rheinisch-Westfälische Technische Hochschule Aachen
Institut für Eisenhüttenkunde
Intzestraße 1
52072 Aachen
Tel.: 02.41-80-958.43
Fax: 02.41-80-921.68
E-Mail: dennis.huettenmeister@iehk.rwth-aachen.de

Autorenverzeichnis

Rechtsanwalt Dr. Peter Kersandt S. 81

Andrea Versteyl Rechtsanwälte
Bayerische Straße 31
10707 Berlin
Tel.: 030-3.18.04.17-0
Fax: 030-3.18.04.17-41
E-Mail: kersandt@andreaversteyl.de

Dipl.-Ing. Dae-Soo Kim S. 387

Projektingenieur
Befesa Steel Services GmbH
Forschung und Entwicklung
Balcke-Dürr-Allee 1
40882 Ratingen
Tel.: 02.03-758.16-81
Fax: 02.03-758.16-60
E-Mail: daesoo.kim@befesa.com

Dipl.-Geogr. Florian Knappe S. 457

ifeu-Institut für Energie- und Umweltforschung
Heidelberg GmbH
Wilckensstraße 3
69120 Heidelberg
Tel.: 062.21-47.67-26
Fax: 062.21-47.67-19
E-Mail: florian.knappe@ifeu.de

Braumeister/Techn. Betriebswirt Heiko Knauf S. 503

Abteilungsleiter Filtration/Abfüllung
Bitburger Braugruppe
Römermauer 3
54634 Bitburg
Tel.: 065.61-27.70
Fax: 065,61-827.70
E-Mail: heiko.knauf@bitburger-braugruppe.de

Prokurist Dipl.-Ing. Michael Kochberger S. 29

Ingenieurconsulent für Technische Chemie
ESW Consulting Wruss ZT GmbH
Rosasgasse 25-27
A-1120 Wien
Tel.: 0043-1-812.53.18-17
Fax: 0043-1-812.53.18-5
E-Mail: michael.kochberger@wruss.at

549

Autorenverzeichnis

Dr.-Ing. Ralf Koralewska   S. 153

Martin GmbH für Umwelt- und Energietechnik
Forschung und Entwicklung
Leopoldstraße 248
80807 München
Tel.: 089-356.17-246
Fax: 089-356.17-299
E-Mail: ralf.koralewska@martingmbh.de

Dipl.-Chem. Dittmar Lack   S. 273

Abteilungsleiter Entsorgungs- und Versatztechnik
K-UTEC AG Salt Technologies
Am Petersenschacht 7
99706 Sondershausen
Tel.: 036.32-610-142
Fax: 036.32-610-105
E-Mail: dittmar.lack@k-utec.de

Dipl.-Ing. Eva-Christine Langhein   S. 173

Martin GmbH für Umwelt- und Energietechnik
Verfahrenstechnik Service
Leopoldstr. 248
80807 München
Tel.: 089-356.17-245
Fax: 089-356.17-299
E-Mail: eva.langhein@martingmbh.de

Dr.-Ing. Tobias Leußner   S. 503

Schloßstraße 32
06800 Jeßnitz
Tel.: 0176-70.00.25.52
E-Mail: tobias@leussner.de

Dipl.-Ing. Sasa Malek   S. 153

Martin GmbH für Umwelt- und Energietechnik
Innovation und Nachhaltigkeit
Leopoldstraße 248
80807 München
Tel.: 089-356.17-268
Fax: 089-356.17-299
E-Mail: sasa.malek@martingmbh.de

Autorenverzeichnis

Dr. Andreas Mäurer   S. 449

Abteilungsleiter Kunststoff-Recycling
Fraunhofer-Institut für Verfahrenstechnik und Verpackung (IVV)
Giggenhauser Straße 35
85354 Freising
Tel.: 081.61-491-330
Fax: 081.61-491-331
E-Mail: andreas.maeurer@ivv.fraunhofer.de

Dr.-Ing. Thomas Merkel   S. 287

Geschäftsführer
Fachverband Eisenhüttenschlacken e.V.
Bliersheimer Straße 62
47229 Duisburg
Tel.: 020.65-99.45-48
Fax: 020.65-99.45-10
E-Mail: th.merkel@fehs.de

Dipl.-Ing. Josef Mitterwallner   S. 423

Amtssachverständiger für Abfallwirtschaft
Amt der Steiermärkischen Landesregierung
Abt. 14, Ref. Abfallwirtschaft und Nachhaltigkeit
Bürgergasse 5a
A-8011 Graz
Tel.: 0043-316-877-21.57
Fax: 0043-316-877-24.16
E-Mail: josef.mitterwallner@stmk.gv.at

Professor Dr. Mario Mocker   S. 365

Fraunhofer-Institut für Umwelt-, Sicherheit- und
Energietechnik UMSICHT
Kreislaufwirtschaft
An der Maxhütte 1
92237 Sulzbach-Rosenberg
Tel.: 096.61-908-417
Fax: 096.61-908-469
E-Mail: mario.mocker@umsicht.fraunhofer.de

Dr.-Ing. Heribert Motz   S. 287

Geschäftsführer und Institutsleiter
FEhS – Institut für Baustoff-Forschung e.V.
Bliersheimer Straße 62
47229 Duisburg
Tel.: 020.65-99.45-31
Fax: 020.65-99.45-10
E-Mail: h.motz@fehs.de

Autorenverzeichnis

Dr.-Ing. Dirk Mudersbach   S. 287

Abteilungsleiter Sekundärrohstoffe/Schlackenmetallurgie
FEhS – Institut für Baustoff-Forschung e.V.
Bliersheimer Straße 62
47229 Duisburg
Tel.: 020.65-99.45-47
Fax: 020.65-99.45-10
E-Mail: d.mudersbach@fehs.de

Dipl.-Ing. Astrid Onkelbach, M.Sc.   S. 243

REMEX Mineralstoff GmbH
Hamburger Straße 6
40221 Düsseldorf
Tel.: 02.11-93.88.85-46
Fax: 02.11-93.88.85-20
E-Mail: astrid.onkelbach@remex.de

Dipl.-Ing. Christoph Pichler   S. 399

Christian Doppler Labor für Optimierung und
Biomasseneinsatz beim Recycling von Schwermetallen
Franz-Josef-Straße 18
A-8700 Leoben
Tel.: 0043-38.42-402-52.59
Fax: 0043-38.42-402-52.52
E-Mail: christoph.pichler@unileoben.ac.at

**Universitätsprofessor Dipl.-Ing. Dr. mont.
Roland Pomberger**   S. 377

Montanuniversität Leoben
Lehrstuhl für Abfallverwertungstechnik und Abfallwirtschaft
Franz-Josef-Straße 18
A-8700 Leoben
Tel.: 0043-38.42-402-51.01
Fax: 0043-38.42-402-51.02
E-Mail: roland.pomberger@unileoben.ac.at

Universitätsprofessor Dr.-Ing. Thomas Pretz   S. 153

Prodekan und Institutsleiter
Rheinisch-Westfälische Technische Hochschule Aachen
Institut für Aufbereitung und Recycling (I.A.R.)
Wüllnerstraße 2
52056 Aachen
Tel.: 02.41-809.57-00
Fax: 02.41-809.22-32
E-Mail: pretz@ifa.rwth-aachen.de

Autorenverzeichnis

Professor Dr.-Ing. Peter Quicker S. 153

Rheinisch-Westfälische Technische Hochschule Aachen
Lehr- und Forschungsgebiet Technologie der Energierohstoffe
Wüllnerstraße 2
52062 Aachen
Tel.: 02.41-80-955.98
Fax: 02.41-80-926.24
E-Mail: quicker@teer.rwth-aachen.de

Tanja Raiger S. 353

Max Aicher Umwelt GmbH
Bichlbruck 2
83451 Piding
Tel.: 086.54-77.01-15
Fax: 086.54-774.01-29
E-Mail: t.raiger@max-aicher.de

Dr.-Ing. Tim Rekersdrees S. 305

Leiter Prüf- und Messtechnik
Georgsmarienhütte GmbH
Neue Hüttenstraße 1
49124 Georgsmarienhütte
Tel.: 054.01-39-45.94
Fax: 054.01-39-46.96
E-Mail: tim.rekersdrees@gmh.de

Dipl.-Ing. Andreas Ruh S. 387

Projektingenieur
Befesa Steel Services GmbH
Forschung und Entwicklung
Balcke-Dürr Allee 1
40882 Ratingen
Tel.: 02.03-758.16-80
Fax: 02.03-758.16-60
E-Mail: andreas.ruh@befesa.com

Oliver Schiffmann, M.Sc. S. 261

STEAG New Energies GmbH
Feedstockmanagement
Sankt Johanner Straße 101 – 05
66115 Saarbrücken
Tel.: 06.81-94.94-27.45
Fax: 06.81-94.94-064.27.45
E-Mail: oliver.schiffmann@steag.com

Autorenverzeichnis

Dr. Thomas Schirmer S. 411

Technische Universität Clausthal
Lehrstuhl für Mineralogie, Geochemie und Salzlagerstätten
Adolph-Römer-Straße 2A
38678 Clausthal-Zellerfeld
Tel.: 053.23-72.29-17
E-Mail: thomas.schirmer@tu-clausthal.de

Dr. Henning Schliephake S. 305

Geschäftsführer
Georgsmarienhütte GmbH
Neue Hüttenstraße 1
49124 Georgsmarienhütte
Tel.: 054.01-39-40.07
Fax: 054.01-39-44.25
E-Mail: henning.schliephake@gmh.de

Dr. Martin Schlummer S. 449

Fraunhofer-Institut für Verfahrenstechnik und Verpackung IVV
Giggenhauser Str. 35
85354 Freising
Tel.: 081.61-491-750
E-Mail: martin.schlummer@ivv.fraunhofer.de

Stefan Schmidmeyer S. 105

Geschäftsführer
Baustoff Recycling Bayern e.V.
Max-Joseph-Straße 5
80333 München
Tel.: 089-551.78-457
Fax: 089-551.78-459
E-Mail: info@baustoffrecycling-bayern.de

Dipl.-Ing. Hans-Dieter Schmidt S. 273

Geschäftsführer
GTS Grube Teutschenthal Sicherungs GmbH & Co. KG
Straße der Einheit 9
06179 Teutschenthal
Tel.: 03.46.01-35-618
Fax: 03 46.01-35-690
E-Mail: hans-dieter.schmidt@grube-teutschenthal.de

Autorenverzeichnis

Martin Schmidt S. 197

LAB Geodur
Oberallmendstrasse 20a
CH-6300 Zug
Tel.: 0041-41-766.88.11
Fax: 0041-41-761.04.16
E-Mail: m.schmidt@geodur.ch

Dr. rer. nat. Klaus Schulbert S. 305

Leiter Umwelt
Georgsmarienhütte GmbH
Neue Hüttenstraße 1
49124 Georgsmarienhütte
Tel.: 054.01-39-43.41
Fax: 054.01-39-44.29
E-Mail: klaus.schulbert@gmh.de

Dr. Jürgen Schulz S. 243

Vertriebsleiter
MAV Mineralstoff–Aufbereitung und -Verwertung GmbH
Bataverstraße 9
47809 Krefeld
Tel.: 021.51-574-917
Fax: 021.51-574-949
E-Mail: juergen.schulz@mav-gmbh.com

Universitätsprofessor Dr.-Ing. Dr. h.c. Dieter Georg Senk S. 327

Rheinisch-Westfälische Technische Hochschule Aachen
Lehrstuhl für Metallurgie von Eisen und Stahl
Intzestraße 1
52072 Aachen
Tel.: 02.41-80-957.92
Fax: 02.41-80-923.68
E-Mail: senk@iehk.rwth-aachen.de

Dipl.-Ing. Roland Starke S. 51

Bundesministerium für Land- und Forstwirtschaft,
Umwelt und Wasserwirtschaft
Abt. VI/6 Abfalllogistik, Vermeidung und
produktbezogene Abfallwirtschaft
Stubenbastei 5
A-1010 Wien
Tel.: 0043-1-515.22-34.33
E-Mail: roland.starke@bmlfuw.gv.at

Autorenverzeichnis

Dipl.-Kfm. Michael Stoll   S. 11

Vorsitzender
Bundesvereinigung Recycling-Baustoffe e.V. (BRB)
Düsseldorfer Straße 50
47051 Duisburg
Tel.: 02.03–99.239-0
Fax: 02.03–99.239-98
E-Mail: info@recyclingbaustoffe.de

Dipl.-Ing. Brigitte Strathmann   S. 465

Deutsches Institut für Bautechnik
Umweltschutz, Nachhaltigkeit
Kolonnenstraße 30 B
10829 Berlin
Tel.: 030-787.30-316
Fax: 030-787.30-113.16
E-Mail: bip@dibt.de

Dr. Karl W. Strauß   S. 411

Akademischer Oberrat, Kustos der Geosammlung
Technische Universität Clausthal
Lehrstuhl für Mineralogie, Geochemie und Salzlagerstätten
Adolph-Roemer-Straße 2a
38678 Clausthal-Zellerfeld
Tel.: 053.23-72-25.86
Fax: 053.23-72-28.10
E-Mail: karl.strauss@tu-clausthal.de

Professor Dr.-Ing. Ulrich Teipel   S. 479

Technische Hochschule Nürnberg
Mechanische Verfahrenstechnik
Wassertorstraße 10
90489 Nürnberg
Tel.: 09.11-58.80-14.71
Fax: 09.11-58.80-54.75
E-Mail: ulrich.teipel@th-nuernberg.de

Professor Dr.-Ing. habil. Dr. h. c.   S. 3
Karl J. Thomé-Kozmiensky

Dorfstraße 51
16816 Nietwerder
Tel.: 03391-45.45-0
Fax: 03391-45.45-10
E-Mail: tkverlag@vivis.de

Autorenverzeichnis

Dr.-Ing. Volker Vogt — S. 503

Technische Universität Clausthal
Institut für Aufbereitung, Deponietechnik und Geomechanik
Walther-Nernst-Str. 9
38678 Clausthal-Zellerfeld
Tel.: 053.23-72-26.22
Fax: 053.23-72-23.53
E-Mail: vogt@aufbereitung.tu-clausthal.de

Eckhard von Billerbeck — S. 387

Geschäftsführer
BEFESA Zinc Duisburg GmbH
Richard-Seiffert-Straße 1
47249 Duisburg
Tel.: 02.03-758.16-10
Fax: 02.03-758.16-60
E-Mail: eckhard.vonbillerbeck@befesa.com

Universitätsprofessor Dipl.-Ing. Dr. techn. Werner Wruss — S. 29

Geschäftsführer
ESW Consulting Wruss ZT-GmbH
Rosasgasse 25 - 27
A-1120 Wien
Tel.: 0043-1-812.53.18-0
Fax: 0043-1-812.53.18-5
E-Mail: werner.wruss@wruss.at

Dipl.-Ing. Battogtokh Zayat-Vogel — S. 153

Rheinisch-Westfälische Technische Hochschule Aachen
Technologie der Energierohstoffe (TEER)
Wüllnerstraße 2
52062 Aachen
Tel.: 02.41-809.66.95
Fax: 02.41-809.26.24
E-Mail: zayat-vogel@teer.rwth-aachen.de

Dipl.-Ing. Marcel zur Mühlen — S. 173

Verkaufsleiter
Martin GmbH für Umwelt- und Energietechnik
Projekte und Akquisition
Leopoldstr. 248
80807 München
Tel.: 089-356.17-191
Fax: 089-356.27-191
E-Mail: marcel.zurmuehlen@martingmbh.de

Inserentenverzeichnis

Förderer

Wir danken den Inserenten

Inserentenverzeichnis

Georgsmarienhütte GmbH S. 304, 341

Neue Hüttenstraße 1
49124 Georgsmarienhütte
Tel.: 05401-39-0
Fax: 05401-39-44.25
E-Mail: marketing@gmh.de
www.gmh.de

LAB Geodur S. 196, 224

Riedstrasse 11/13
CH-6330 Cham
Tel.: 0041-41-760-25.32
E-Mail: labgmbh@labgmbh.com
www.labgmbh.de

MARTIN GmbH für Umwelt- und Energietechnik S. 152, 172, 202

Leopoldstraße 248
80807 München
Tel.: 089-356.17-0
Fax: 089-356.17-299
E-Mail: mail@martingmbh.de
www.martingmbh.de

Mediengruppe UNIVERSAL S. 538

Kirschstraße 16
80999 München
Tel.: 089-54.82.17-0
Fax: 089-55.55.51
www.universalmedien.de

MTR Main-Taunus-Recycling GmbH S. 171, 208

Steinmühlenweg 5
65439 Flörsheim am Main
Tel.: 06145-92.60-0
Fax: 06145-92.60-40.11
E-Mail: pr@deponiepark.de
www.deponiepark.de

Inserentenverzeichnis

Pollutex GbR   S. 183

Am See 14
76646 Bruchsal
Tel.: 07257-930.17-10
Fax: 07257-930.17-11
E-Mail: info@pollutex.de
www.pollutex.de

RECYCLING magazin   S. 104

Hackerbrücke 6
80335 München
Tel.: 089-8.98.17-0
Fax: 089-8.98.17-350
E-Mail: info@recyclingmagazin.de
www.recyclingmagazin.de

REMEX Mineralstoff GmbH   S. 10, 242

Hamburger Straße 6
40221 Düsseldorf
Tel.: 0211-938.885-0
Fax: 0211-938.885-10
E-Mail: info@remex.de
www.remex.de

RHOMBOS-VERLAG Bernhard Reiser   S. 398

Kurfürstenstraße 17
10785 Berlin
Tel.: 030-261-94.61
Fax: 030-261-63.00
E-Mall: verlag@rhombos.de
www.rhombos.de

STEINERT Elektromagnetbau GmbH   S. 184, 223

Widdersdorfer Straße 329-331
50933 Köln
Tel.: 0221-49.84-0
Fax: 0221-49.84-102
E-Mail: sales@steinert.de
www.steinert.de

Inserentenverzeichnis

TBF + Partner AG S. 150, 195, 272

Herrenberger Straße 14
71032 Böblingen
Tel.: 07031-23.80.66-0
Fax: 07031-23.80.66-9
E-Mail: tbf.d@tbf.ch
www.tbf.ch

TRENNSO-TECHNIK S. 241, 456
Trenn- und Sortiertechnik GmbH

Siemensstraße 3
89264 Weißenhorn
Tel.: 07309-96.20-0
Fax: 07309-96.20-30
E-Mail: info@trennso-technik.de
www.trennso-technik.de

Schlagwortverzeichnis

Schlagwortverzeichnis

A

Abbrucharbeiten 433
Abbruchmaterialien 125
Abbruch- und Sanierungsmaßnahmen 53
Abfallende 118
  vorzeitiges 57
Abfallendeproblematik 37
Abfallendeverordnung 37
Abfallverbrennung 122, 209
Abfallverbrennungsanlagen 117, 119, 153
Abfallverbrennungsschlacke
  Aufbereitung 198
  Feinstfraktion 197
Abgasreinigung 120
Abriebfestigkeit 36
ALSAG 29, 31, 425
ALSAG-Beitrag 427
Altasphalt 58
Altbeton 459
Alterung der Asche 267
Altholz
  thermische Behandlung 263
    Rückstände 261
Altlastenbeiträge 428
Altlastensanierungsgesetz 29, 31, 425
Aluminate 380
Aluminium
  aus Schlacke 98
anerkannte Regeln der Technik 66
Anlagenplanung und -errichtung
  Auswirkungen der AwSV 77
Anzeigeverfahren 238
Aschefraktionen 265
Asche/Schlacke 153
ASFINAG 29, 40
Asphalt
  recycelter 31
Asphaltbau 109
Asphaltdeckschichten 352
Asphaltgranulat 31
Asphaltschichten
  offenporige 358
Asphalttragschichten 352
Aufbereitungsmaschineneinsatz 35
Auffüllungsschicht 228
Ausbrand 163
Ausbrandparameter 180
Auslaugverhalten
  von Stahlwerksschlacken 300, 377
Austragsförderrinne 175
AwSV 71

B

Bären 344
Bau-, Abbruch-, Erdbauunternehmen 432
Bauabfälle 105, 125
  gipshaltige 441
  mineralische 457
  Preisentwicklung 112
Baubehörde 430
Bauherr 425
Bauprodukte 465
Baurestmassenleitfaden
  Steirischer 423
Baurestmassen-Recycling 51
Bauschutt 14, 244
Baustellenabfälle 14, 443
Baustoffabfälle 488
Baustoffe 154, 290, 307
  auf Gipsbasis 14
Baustoffindustrie 479
Baustoffrecyclingverband 39
  österreichischer 29
bautechnische Anforderungen 228
Bau- und Abbruchabfälle 14, 441
Bauvorhaben
  Leitfaden für die ordnungsgemäße
    Abwicklung 425
Bauwirtschaft 119
Bauxite 496
Befesa Zinc Duisburg GmbH 387
Bergversatz
  von Filterstäuben 81
  Wesen und rechtliche Grundlagen 275
beste verfügbare Technik 156
Beton 458
Betonausgangsstoffe
  bauaufsichtliche Anforderungen
    an die Umweltverträglichkeit 467
  Bewertung 4/1
Bierherstellung 503
BigBag-Versatz 276
Bindemittelzusatz 307
Biomasseaschen 261
  thermische Konditionierung 268
Biomasseheizkraftwerk 263
Boden 14
Bodenaushub 434
Brauereien 503
Brundtland-Kommission 173
Bundesabfallwirtschaftsplan (BAWP) 29
Bundesverwertungsverordnung 235

567

Schlagwortverzeichnis

C

Carbonatisierung
  von Aschen 267
Carlowitz
  Hans Carl von 173
Chongquing University 327
Chrom
  Mobilisierung und Refixierung 379
CSIRO 327

D

Damm 249
Dämmmaterial 449
Dammschüttmaterial 356
Deponie 129
Deponiebau 209, 228
Deponiebedarf 141
Deponiebetreiber 436
Deponieersatzbaustoff 267
Deponieklasse I 142
Deponieklasse II 144
Deponieverordnung 350
Dichtungsbaustoffe 344
  mineralische 343
Dichtungsschicht 228
Dickstoffversatz 82
Dillinger Hüttenwerke 335, 343
Direkt-Hochofen-Zement-Verfahren 337
Direktversatz 82
Dispersitätseigenschaften 481
Drehstromlichtbogenofen 313
Düngemittel 294, 312, 344
Düngemittelverordnung 351

E

Edelmetalle 96
  Extraktion aus Schlackefeinstfraktionen 203
  Rückgewinnung 200
Edelmetallgehalte 154
Einbauklassen 114, 232
Einbauweisen 232
Einkehrsplitt 58
Eisenabscheidung 187
Eisenhüttenschlacken 66, 343
  Anwendungsgebiete 67
  Forschung 288
  Umweltverträglichkeit 299

Eisen- und Stahlindustrie 327
Elektrogeräte 154
Elektrolichtbogenofenstaub 399
  Anfall und Recycling 402
Elektroofenschlacke 354, 365
  Umweltverträglichkeit 368
Elektrostahlerzeugung 356
Elektrostahlwerk 305, 312
EloMinit 354
Eluatparameter 36
Eluatstabilität 267
Energieeffizienz 327
Entaschung 265
Entschlackung 153
  nasse 168
  trockene 97, 153, 168, 174
Entschlackungskanal 175
EPS-Recycling 454
Erdbau 106, 227, 249
Erdbaumaßnahmen 228
Erlaubnis
  wasserrechtliche 238
Ersatzbaustoffe 59, 222, 249
Ersatzbaustoffverordnung 235
Ersatzbrennstoff-Kraftwerke 117
EU-Abfallrahmenrichtlinie 441
EU-Bauproduktenverordnung 465
EU-Chemikalienrecht 225
EU-Stoffrichtlinie 225
EU-Zubereitungsrichtlinie 225
Extraktion von Edelmetallen
  aus Schlackefeinstfraktionen 203

F

Fahrbahndecke 228
Fehlwürfe 154
FEhS 287, 327
Feineisen 343
Feinschlacke 175
Feinstfraktion von MV-Schlacken
  Aufbereitung 199
Fe-Metallkonzentrat 154
Fe-/NE-Metallrückgewinnung 209
Ferrite 381
Feuerfestmaterial 489
Feuerungsführung 163
Filteraschen/Flugaschen 120

Schlagwortverzeichnis

Filterstäube 81, 264
  Aufbereitung für den Untertageversatz 273
  aus der Elektrostahlerzeugung 387
  Bergversatz 82
Flammhemmer
  polymere bromierte 450
Flämmschlacken 343
Flammschutzsystem 450
Flugaschen 120
Flugplätze 228
Fluidatbett 330, 333
Fluoride 382
Flüssigstahlerzeugung 308
Forschungsgesellschaft für Straßen- und Verkehrswesen (FGSV) 250
Forschungsverbund Forcycle 480
Freilagerfläche 347
Fremdanteil 36
Frostbeständigkeit 36
Frostschutzschicht 251, 312, 356
Frostschutztragschicht 227
Frostwiderstand 222

G

Gasreformierung
  endotherme 329
Gebäude
  Abriss 444
  Rückbau 444
    statt Abriss 447
Gefährlichkeitsmerkmale 225
Gegenstrom-Waschen
  mit Mini-Hydrozyklonen 515
Geländeverfüllungen 228, 435
Gemischregel der AwSV 75
Gem.Rd.Erlasse NRW 255
Georgsmarienhütte 308
Geringfügigkeitsschwellenwerte 369
Gestein
  salinares 273
Gesteinskörnung 459
GFS-Werte 369
Gießpfannenschlacke 309, 343
Gipsabfälle 442
Gipsplatten 441
Gleichstrom-Elektrolichtbogenofen 308, 313
Gleisbau 293
Gleisschotter 29, 49
Gleisschottererersatz 309
Gleisunterbau 309
Gold 197
Granulat aus Gestein
  recyceltes 31
Granulatnachbehandlung 335
Granulator 330
Granulierung 332
Granulierungsverhalten 332
Graphite 496
Grobasche 265
Grobschlacke 175
Großkraftwerke 117
Grundwasserschutz 238
Grundwasserwannen 361
Güteüberwachung 232, 240, 243

H

Hafenbereiche 228
Halogenentfernung
  beim Klinkern 407
Hausmüllverbrennungsasche 244
Hinwil 187
Hochbaurestmassen 29, 31
Hochbausand 31
Hochbauschutt 458
Hohbausplitt 31
Hochbauziegelsand 31
Hochbauziegelsplitt 31
Hochintensitätsmagnete 198
Hochofen 327
Hochofenschlacke 228, 287, 327
Hochofenschlackenforschung 289
Hochofenzement 291
Hokkaido University 327
Hüttensand 287, 290

I

Industriebau 359

K

Kalibergwerke 228
Kalk-Düngemittel 343
Kalzination 337
Kalzinierungsreaktion 337

569

Kesselaschen 122
Kieselgur
 Recycling 503
Kieselgur-Filterschlämme
 aus Brauereien 506
Klinker 406
Klinkerproduktion 337
Klinkerprozess 400
Konverter 327
Konverterschlacke 343
Kraftwerksnebenprodukte 119
Kreisläufe
 Schließen 442
Kreislaufwirtschaft 129
 vollständige 129
Kreislaufwirtschaftsgesetz 118
Kupfer 197
KVA Buchs 174
KVA KEZO Hinwil 174
Kyoto University 327

L

LAGA 245
LAGA-Regelungen 232
Lagerflächen 228
Länderarbeitsgemeinschaft Abfall 245
Langzeitsicherheitsnachweis 86, 88
Lärmschutz 252
Lärmschutzwall 228, 249
laser spectroscopic signals 500
LD-Schlacke 296
Leichtbeton 451
Lichtbogenofen 305
Life+ Programm 442
Lötverbindungen 154

M

Magnesia 495
Mantelverordnung 14, 235
Markt
 für Schlacken, Aschen und Filterstäube 119
Mauerwerksbruch 482
Metall
 im Abfall 91
Metallrückgewinnung 154, 175
metallurgische Prozesskette 305

Methan-Dampfreformierung 329
Mineralogie 412
Mineralstoffaufbereitungsanlage 343
Mineralstoffprodukte 346
Mineralwolle 360
Mischkalkulation 68
Montanuniversität Leoben 327
Monthey 173
MSG Mineralstoffgesellschaft Saar 343
München Nord 174
MVA-Schlacken 93
 Bestimmung der Metallgehalte 99

N

Nachhaltigkeit 173
Nassaustrag 98
Nassentschlackung 153, 155, 265
Naturmaterialien 68
NdFeB-Magnete 411, 414
Nebenprodukte 60, 118, 307
 industrielle 59
NE-Metallkonzentrat 154
Neodym-Eisen-Bor-Magnete 411, 414
Nichteisenmetallabscheidung 187
Null-Abfall-Gesellschaft 131

O

Oberflächenabdichtung 309, 350
OPA
 offenporige Asphaltschichten 358
Oxide 380
Oxygenstahl 307

P

Parkplätze 228
Paul Wurth 327, 335
Pfannenofen 305
Phosphor 414
Polymere aus Verbundstrukturen
 Recycling 452
Polystyrol 449
 Rückgewinnung 452
Probenahme 92
Produktgestaltung 481

Q

Qualitätssicherung 35, 436
Qualitätssicherungssystem 56, 352

R

RC-Baustoffe
  siehe Recyclingbaustoffe
REA-Gips 120
REA-Gips-Urteil 83
Recycler 436
Recyclingbaustoffe 52, 125, 244
  Akzeptanz 461
  Förderung des Einsatzes 112
  im Vergaberecht 59
  Markt 105
  ökologische Bewertung 465
  Qualitätssicherung 465, 475
Recyclingbaustoffverordnung 29
  geplante österreichische 51
Recyclingbeton 29, 458
Recycling-Gesellschaft 146
Recyclinggips 446
Recyclinghochbaurestmassen 29
Recyclingsand 31
Recyclingtechnologien 442
refractory 489
Reststoffe
  aus Kohlekraftwerken 117
Roheisengesellschaft Saar 343
Rohschlacke 154, 209
Rohstoffsubstitution 29
Rostasche 264
  Charakterisierung
      hinsichtlich Wertstoffinhalt 94
Rostfeuerung 153
Rostschlacke 163
Rückbau 35
Rückbaupraktiken 443
Runderlasse 232

S

Salinar 282
Salzbergwerke 228, 273
Salzkavernen 273
Sanierungsvorhaben 53
SATOM SA 174
Säulenverfahren 237

Schadstoffanreicherung
  im Wertstoffkreislauf 136
Schadstoffentfrachtung 135
Schadstofferkundung 53
Schadstoffgehalt 123
Schadstoffsenke 129
Schlackebeete 344
Schlacke-Kohle-Reaktionssystem 401
Schlacken 122, 305
  metallurgische 305, 307
  sekundärmetallurgische 305, 309, 312
Schlackenaufbereitung 187
Schlackenforschung 287
Schlackengranulierung 333
Schlackenhandling 305
Schlackenkühlung 179
Schlackenmanagement 305
Schlackenmetallurgie 297
Schlackenschacht 177
Schlackenstaub 179
Schlackenwärmerückgewinnung 328
Schlackeprodukte 352
Schlacke-Stahlkugel-Briketts 335
Schlackeverblaseprozess 400
Schlagfestigkeit 222
Schottertragschicht 249, 312
Schüttelverfahren 237
Schüttgutversatz 276
Schweiz 174
SDHL-Wälzprozess 391
Sekundärrohstoffe 118
  aus der Baustoff- und
      Keramikindustrie 479
Seltenerdelemente 411
Separatsammlung 91
  von Haushaltsbatterien 94
Siemens VAI 327
Silikate 379
Slagfertilizer 295
Sonderbetriebsplan-Pflicht 88
sorting system
  sensor-based 499
Spinelle 380
Stahl
  verzinkter 388
Stahlerzeugung 305
Stahlschrotte
  Recycling 388
Stahlwerksprozess 344

571

Schlagwortverzeichnis

Stahlwerksschlacken 57, 228, 293, 307, 343
   Mineralogie und Auslaugbarkeit 377
   Modifizierung 383
Stahlwerksstäube 392, 402, 404
   zinkhaltige 399
Stäube
   aus der Stahlindustrie 399
   zinkhaltige 388
Steine 14
Stoffkreislauf 134
Strahlenschutz 361
Strahlmittel 360
Straßenaufbruch 14, 244
Straßenbau 66, 106, 123, 227, 249
Straßenbaustoffe 462
Straßenunterbau 249
Streusplitt (Einkehrsplitt) 58
Styropor-Leichtbeton 451
Sumitomo Metal Industries 327

T

TBRC (Top Blown Rotary Converter) 404
Thomaskalk 296
Thomasphosphat 288, 296
Thomasschlacke 287
ThyssenKrupp Steel AG 327
Tiefbaurestmassen 29
TL Gestein-StB 04 245
Tongruben-Urteil 82
Tragschichten 251
trend:research 119
Trockenaustrag 97, 168, 174
   Rückgewinnung von NE- und
      Edelmetallen 199
Trockenentschlackung 97, 153, 168, 173
Trockengranulationsanlage 328
Trockenschlacke 185
   mechanische Aufbereitung 164
Trockenschlackenaustragsanlagen 175
Tunnelausbruch 29
Twin Roll Casters 338
Twin-Roller 327

U

Umweltbundesamt 48
Umweltschutz
   konkurrierende Aspekte 3

Untergrundstabilisierung 359
Untertagedeponie 81
Untertageversatz 228
Urban Mining 173

V

Verbrennungsrost 175
Verbrennungsrückstände 122, 155, 264
Verbundstoffe 154
Verfüllung von Gruben 14
Vergaberecht 59
Verkehrsbau 292
Versatz
   bergrechtliche
      Zulassungsvoraussetzungen 88
   hydraulischer 276
   untertägiger 228
Versatzbergbau
   Kapazitäten 275
Versatzmaterial 82
Versatztauglichkeit
   bauphysikalische 277
   gesundheitliche 277
Versatztechniken
   Kapazitäten 275
Versatzverordnung 228
Verwertererlasse 232
Verwertung 17
   um jeden Preis 133
   versatztechnische 276
   vollständige 136
VOB-Regelungen 61
Voestalpine Stahl AG 327
Voest Alpine Stahl GmbH 29, 43, 331

W

Wälzanlagen 390
Wälzofen 392
Wälzoxid 391, 394
Wälzprozess 399
Wälzschlacke 399
Wärmedämmung 449
Wärmedämmverbundsysteme
   mit Styropor 449
   Recyclingfähigkeit 449
wash-off-Effekt 372

Wasserbau 293
Wasserbaustein 309
Wasserschutzgebiete 248
Wegebau 123, 228, 461
　offener 309
Wertschöpfung 191
Windsichter 175
Wirtschaftskammer Österreich 29, 46

Z

Zement 333
Zementindustrie 343
Zentralkokerei Saar 343
Zerkleinerung
　selektive 100
Ziegelindustrie 360
Ziegelsand 31
Ziegelschutt 460
Ziegelsplitt 31
Zink 388, 399
Zinkoxid 400
Zwischenlager 432
Zyklonasche 264, 266